本书受到中华环境保护基金会生产者责任延伸制度推进基金资助

用于未来汽车的铅酸电池

Lead–Acid Batteries for Future Automobiles

Jürgen Garche
Eckhard Karden
Patrick T. Moseley
David A. J. Rand

编著

吴旭 何艺 译

华中科技大学出版社
http://www.hustp.com
中国·武汉

Elsevier Inc.
230 Park Avenue,
Suite 800,
New York, NY 10169, USA

Lead-Acid Batteries for Future Automobiles,1st edition
Copyright © 2017 Elsevier Inc. All rights reserved.
ISBN—13: 9780444637000

This translation of Lead-Acid Batteries for Future Automobiles,1st edition by Jürgen Garche, Eckhard Karden, Patrick T. Moseley and David A. J. Rand was undertaken by Huazhong University of Science and Technology Press and is published by arrangement with Elsevier Inc.

Lead-Acid Batteries for Future Automobiles,1st edition by Jürgen Garche, Eckhard Karden, Patrick T. Moseley and David A. J. Rand 由华中科技大学出版社进行翻译,并根据华中科技大学出版社与爱思唯尔公司的协议约定出版。

《用于未来汽车的铅酸电池》(吴旭,何艺译)
ISBN: 9787568079327
Copyright © 2022 by Elsevier Inc and Huazhong University of Science and Technology Press.
All rights reserved. No part of this publication may be reproduced or transmitted in any form or by any means, electronic or mechanical, including photocopying, recording, or any information storage and retrieval system, without permission in writing from Elsevier Inc and Huazhong University of Science and Technology Press.

Printed in China by Huazhong University of Science and Technology Press under special arrangement with Elsevier Inc. This edition is authorized for sale in the People's Republic of China only, excluding Hong Kong SAR, Macau SAR and Taiwan. Unauthorized export of this edition is a violation of the contract.

湖北省版权局著作权合同登记　图字:17-2022-048 号

图书在版编目(CIP)数据

　　用于未来汽车的铅酸电池/(德)约尔根·加尔谢等编著;吴旭,何艺译.—武汉:华中科技大学出版社,2022.4
　　ISBN 978-7-5680-7932-7
　　Ⅰ.①用…　Ⅱ.①约…　②吴…　③何…　Ⅲ.①铅蓄电池-研究　Ⅳ.①TM912.1
　　中国版本图书馆 CIP 数据核字(2022)第 049095 号

用于未来汽车的铅酸电池　　　　　　　　　　　　Jürgen Garche, Eckhard Karden,
Yongyu Weilai Qiche de Qiansuan Dianchi　　　　　Patrick T. Moseley, David A. J. Rand　编著
　　　　　　　　　　　　　　　　　　　　　　　　　　吴　旭　何　艺　译

策划编辑:徐晓琦　杨玉斌　　　　责任编辑:刘艳花　　　　　　　封面设计:原色设计
责任校对:刘　竣　　　　　　　　责任监印:周治超
出版发行:华中科技大学出版社(中国·武汉)　　　电　话:(027)81321913
　　　　　武汉市东湖新技术开发区华工科技园　　　邮　编:430223
录　　排:武汉市洪山区佳年华文印部　　　　　　　印　刷:武汉科源印刷设计有限公司
开　　本:710mm×1000mm　1/16　　　　　　　　印　张:38
字　　数:677 千字　　　　　　　　　　　　　　　版　次:2022 年 4 月第 1 版第 1 次印刷
定　　价:268.00 元

本书若有印装质量问题,请向出版社营销中心调换
全国免费服务热线: 400-6679-118　竭诚为您服务
版权所有　侵权必究

译者序

　　"十四五"以来，我国生态文明建设进入了以降碳为重点战略方向、推动资源循环协同增效、促进经济社会发展全面绿色转型并释放结构性潜能的关键时期。这对电化学环境工程的分支学科人才培养、科技创新、成果转化等各方面工作，提出了更高的要求。

　　华中科技大学吴旭教授课题组，致力于发展"电化学环境工程学"，在学科平台和产学研结合的科技成果推广等方面获得了一定的工作成效。铅酸电池是电池工程领域最为经典的产品之一，发展经历一百六十余年仍占据大部分蓄电池市场份额。作为生产者责任延伸制度的试点行业，铅酸电池在我国电池领域率先实现了先进的资源循环再生和全生命周期污染防控。同时，铅电极正在电化学环境工程领域的工业废水处理、废盐电解、电转燃气等技术中萌发崭新的应用前景。发展铅的电化学环境工程技术，构建铅资源国内大循环，将不断促进我国科技进步、生态文明进步、铅产业提质增效，符合新时代社会主义生态文明建设的内涵。

　　Jürgen Garche 等四位铅酸电池领域的国际权威专家编著的这本《Lead-Acid Batteries for Future Automobiles》非常系统地介绍了铅酸电池的技术起源、发展历程、最新成果、产业方向，尤其是介绍了其在未来汽车中的应用前景和铅资源循环方面的国外案例。我们翻译出版本书主要有两个目的：一方面，通过向相关专业的学生、学者系统性地介绍铅酸电池国际发展前沿，可以丰富学科内涵，提高学科建设成效；另一方面，希望以铅酸电池技术的发展为抓手，推动铅的电极过程理论研究，以及再生铅等方面的技术创新，这对铅资源大循环产业的生态化转型升级具有深刻意义。

在这本书的翻译出版过程中，课题组的袁笃、王路阳、薛雅文、李金东、熊睿、谢梦茹、古月圆、王芳等同志协助完成了主要内容的翻译工作，王茜、吴丹丹、易娟、石霖、韦聚才、王子璇、黄烨等同志参与了全书的译文校对工作。同时，感谢我校出版社的徐晓琦、杨玉斌等同志在本书审校出版流程中的大力支持。需要说明的是，铅循环产业本身也在不断进行科技创新，铅循环产业生态化的实践场景也在不断涌现，在中文版出版之际，国内已出现了从生态环境系统工程的角度分析铅循环产业结构转型升级的新方法，以及铅液流电池等新型铅电池产品。

由于译者水平有限，译文中难免有不足之处，敬请读者斧正。

吴 旭

2022 年 4 月于中国光谷

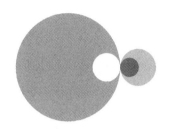 # 编写人员名单

J. Albers

江森自控汽车电池有限责任公司 & 有限合伙企业,汉诺威,德国

J. Badeda

亚琛工业大学,亚琛,德国

于利希-亚琛研究联盟,于利希,德国

亚琛工业大学计算机系,亚琛,德国

M. Bremmer

罗伯特·博世公司,莱昂贝格,德国

C. Chumchal

福特德国,科隆,德国

M. Denlinger

福特汽车公司,迪尔伯恩研究与创新中心,迪尔伯恩,美国

J. P. Douady

埃克塞德科技集团,热讷维耶,法国

S. Fouache

埃克塞德科技集团,热讷维耶,法国

J. Furukawa

古河电池株式会社(古河电池有限责任公司),横滨市,日本

J. Garche

燃料电池与蓄电池咨询公司,乌尔姆,德国

M. Gelbke

储能工厂小型有限责任公司 & 有限合伙企业,巴特司塔福斯坦,德国

T. Hildebrandt

江森自控汽车有限公司,汉诺威,德国

M. Huck

亚琛工业大学,亚琛,德国

于利希-亚琛研究联盟,于利希,德国

J. Kabzinski

亚琛工业大学,亚琛,德国

于利希-亚琛研究联盟,于利希,德国

E. Karden

福特汽车公司,亚琛研究与创新中心,亚琛,德国

A. Kirchev

法国替代能源和原子能委员会,勒伯吉特杜拉克,法国

J. Kizler

罗伯特·博世公司,莱昂贝格,德国

M. Königsmann

罗伯特·博世公司,莱昂贝格,德国

B. Kronenberg

罗伯特·博世公司,莱昂贝格,德国

M. Kuipers

尤里希研究中心,亚琛,德国

D. Kurzweil

福特德国,科隆,德国

P. Kurzweil

应用技术大学,安贝格,德国

M. Kwiecien

亚琛工业大学,亚琛,德国

于利希-亚琛研究联盟,于利希,德国

L. T. Lam

澳大利亚联邦科学与工业研究组织,南克莱顿,维多利亚州,澳大利亚

N. Maleschitz

埃克塞德科技集团

E. Meissner

江森自控汽车电池有限责任公司 & 有限合伙企业,汉诺威,德国

A. H. Mirza

RSR 技术有限公司,达拉斯,得克萨斯州,美国

C. Mondoloni

标致雪铁龙集团拉加雷纳-科隆布技术中心,拉加雷纳-科隆布,法国

P. T. Moseley

先进铅酸电池联合会,达勒姆,北卡罗来纳州,美国

T. J. Moyer

东宾夕法尼亚制造股份有限公司,莱昂斯区,宾夕法尼亚州,美国

A. Osada

日本电池联盟,东京市,日本

S. Peng

理士国际技术有限公司,福特希尔兰奇,加利福尼亚州,美国

K. Peters

格伦银行,英国曼彻斯特沃斯利

R. D. Prengaman

RSR 技术有限公司,达拉斯,得克萨斯州,美国

D. A. J. Rand

澳大利亚联邦科学与工业研究组织,南克莱顿,维多利亚州,澳大利亚

M. Ruch

罗伯特·博世公司,莱昂贝格,德国

J. F. Sarrau

埃克塞德科技集团,热讷维耶,法国

D. U. Sauer

亚琛工业大学,亚琛,德国

于利希-亚琛研究联盟,于利希,德国

亚琛工业大学计算机系,亚琛,德国

C. Schmucker

罗伯特·博世公司,莱昂贝格,德国

E. Schoch

罗伯特·博世公司,莱昂贝格,德国

J. Schöttle

罗伯特·博世公司,莱昂贝格,德国

P. Schröer

亚琛工业大学,亚琛,德国

于利希-亚琛研究联盟,于利希,德国

K. Smith

东宾夕法尼亚制造股份有限公司,莱昂斯区,宾夕法尼亚州,美国

R. Wagner

储能工厂小型有限责任公司 & 有限合伙企业,巴特司塔福斯坦,德国

A. Warm

福特汽车公司,亚琛研究与创新中心,亚琛,德国

J. Wirth

亚琛工业大学,亚琛,德国

于利希-亚琛研究联盟,于利希,德国

作者简介

Jürgen Garche

Jürgen 在 1970 年于德国德累斯顿工业大学 (DUT) 获得理论电化学的 PhD 学位,在 1982 年 于同一所大学获得应用电化学研究的 Dr. Habil 头衔。他 1970 年到 1990 年在 DUT 担任电池和 燃料电池的高级研究员。

1991 年至 2004 年,他担任德国乌尔姆太阳 能与氢能研究中心电化学储能与能量转换部负责 人。退休后,他在乌尔姆成立了燃料电池与蓄电 池咨询公司 (FCBAT),至今仍然活跃。

曾任山东大学(中国)和罗马第一大学(意大利)客座教授,现任乌尔姆大 学高级教授。他拥有 300 多篇出版物和 10 项专利,并且是 5 本书和 2 种期刊 的共同主编。

Eckhard Karden

Eckhard 于 1995 年获得物理学文凭,并于 2001 年获得亚琛工业大学 (RWTH) 的电气工程博士学位,其项目涉及铅酸电池的 CAE 建模和电化学 阻抗谱。他曾在电力电子和电气驱动研究所(ISEA)担任高级工程师 2.5 年,

之后加入福特汽车公司在德国亚琛新成立的研究与创新中心（RIC）。他一直专注于低压电源和微型和轻度混合动力应用的电池。作为一名技术专家，他与福特的全球工程中心密切合作，并参与了福特第一代微混合动力汽车的加强型富液式电池、电池传感器和充电策略的概念工作、规范和组件验证计划。他是德国、欧洲和国际启停技术和微混合电池标准化工作组的积极成员。

Patrick T. Moseley

Patrick 于 1968 年获得英国达勒姆大学的晶体结构分析 PhD 学位。1994 年，于同一所大学在材料科学研究领域获得 D. Sc 学位。

他在英国原子能局哈威尔实验室工作了 23 年，在那里他将晶体结构和材料化学的研究背景带到了铅酸和其他电池的研究中，从而对该学科在传统电化学领域的关注重点开展了许多补充工作。

从 1995 年起，他担任北卡罗来纳州国际铅锌研究组织的电化学经理和先进铅酸电池联合会的项目经营者。2005 年，他还成为先进铅酸电池联合会的主席。从 1989 年到 2014 年，Moseley 博士担任 *Journal of Power Sources* 的编辑长达 25 年。2008 年，他被保加利亚科学院授予 Gaston Planté 奖章。

David A. J. Rand

David Rand 博士，拥有 AM、PhD、ScD 头衔，澳大利亚技术科学与工程学院（FTSE）院士，在剑桥大学接受教育，在那里他进行了燃料电池的研究。1969 年，他加入了澳大利亚政府在墨尔本的联邦科学与工业研究组织（CSIRO）。在进一步探索燃料电池工作机制和

选矿电化学技术后，David 在 20 世纪 70 年代后期成立了 CSIRO 电池研究小组，并一直担任该小组的领导者，直到 2003 年。他是在 1992 年建立先进铅酸电池联合会的六位科学家之一，并于 1994 年开始担任其经营者。作为首席研究科学家，David 曾担任 CSIRO 的氢能和可再生能源科学顾问，直到 2008 年退休。他仍然活跃在该组织内，担任名誉研究员，并自世界太阳能汽车挑战赛于 1987 年开始举办以来一直担任其首席能源科学家。David 于 1991 年被英国皇家化学学会授予法拉第（Faraday）奖章，并于 1996 年被保加利亚科学院授予联合国教科文组织 Gaston Planté 奖章。他于 1998 年成为了澳大利亚技术科学与工程学院院士，并于 2013 年成为澳大利亚勋章成员，以表彰其在储能领域对科学和技术发展所做出的贡献。

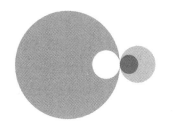

前言

自 1859 年由加斯顿·普兰特发明铅酸电池之后已过去了 160 多年,而铅酸电池仍然在所有可充电电池系统中具有最高的使用频率;它占据了全世界市场需求的一半以上。多年来,铅酸技术的产品性能为满足日益增长的用户需求一直保持着持续进步的态势,并且铅酸电池已成为全球标准化的商业产品。

在 20 世纪 70 年代,阀控式铅酸电池(VRLA)的研发是一项重大技术突破。最终,在 20 世纪 90 年代,这种激进的新设计进入了苛刻的汽车应用领域。2004 年,由本书编者中三人参与编著/合编、由爱思唯尔出版的《阀控式铅酸电池》一书中总结了 VRLA 在汽车和工业应用领域取得成功的那些科学技术的进展。而相比于继续承担该书的修订版工作,我们决定编纂一本直接介绍汽车铅酸电池领域发展的新书。

随着电池设计和材料的进步,加强型富液式铅酸电池(EFB)近年来应运而生,其性能和耐用性几乎与汽车 VRLA 匹配,并较 VRLA 成本大幅降低。无论是发达的还是新兴的公路运输市场,这两种技术均已允许入门级电气化动力系统实现大规模运行,因此可极大地减少 CO_2 的排放。并且创新仍在持续,例如集成了一种超电容功能的超级电池™(the UltraBattery™)。

进一步减少排放仍然是汽车工业的重点,而为此进行一项新的努力是将目标放在了自动驾驶上。后者需要建立完整的、全新的、舒适的、安全的功能。有趣的是,动力系统与底盘系统和车辆控制这两种技术都更加趋向于依赖电气化,两者都对汽车电池提出新技术的需求。除了面对新的车辆技术所提出的挑战,汽车铅酸电池也面临着其他电池化学反应体系的竞争,特别是能满足这些技术应用需求的锂离子技术正在逐渐发展成熟。在定义这本新书的涉猎范围时,我们尝试在电池自身技术和与车辆集成相关的工程方面的技术之间创造一个平衡。

我们很高兴本书的作者不仅仅只有电池技术人员和科学家,还有来自汽车行业的经验丰富的专家。我们特别享受编辑各章时与不同行业的合作者相互学习的经历,同时对能与所有作者共同努力和进行富有成果的讨论表示感激。我们已经选择按字母顺序列出大家的名字,并感谢爱思唯尔团队的帮助,特别是 Christine McElvenny、Kostas Marinakis 和 Vijayaraj Purush。

Jürgen Garche

Eckhard Karden

Patrick T. Moseley

David A. J. Rand

缩写词

以下列出的缩写词是在不同章节中所使用的缩写词,仅使用一次的缩写词在这里不被列出。

ABS   Acrylonitrile butadiene styrene,丙烯腈-丁二烯-苯乙烯

ABS   Antilock brake system,防抱死制动系统

AC,a. c.   Alternating current,交流电

AGM   Absorptive glass-mat;absorbent glass-mat(battery),吸收性玻璃毡;吸液玻璃毡(电池)

ALABC   Advanced Lead-Acid Battery Consortium,先进铅酸电池联合会

AM   Active mass,活性物质

ANN   Artificial neural network,人工神经网络

ASIL   Automotive Safety Integrity Level,汽车安全完整性等级

ATO   Antimony-doped tin oxide,锑掺杂二氧化锡薄膜

BCI   Battery Council International,国际电池理事会

BET   Brunauer, Emmett, Teller method for measuring surface area,布鲁诺乐、埃米特、泰尔勒比表面积测量法(BET 比表面积测量法)

BEV   Battery electric vehicle,电池电动车

BMS   Battery management system; also: battery monitoring system, battery monitoring sensor,电池管理系统,也称电池监控系统、电池监测传感

器

BSD　Battery state detection,电池状态监测

CAN bus　Controller area network bus,控制器局域网总线

CENELEC　Comité Européen de Normalisation Électrotechnique (English: European Committee for Electrotechnical Standardization),欧洲电工标准化委员会

CC　Constant current,恒电流

CCA　Cold-cranking amps,冷启动电流

Cn　Capacity nominal,标称

CFD　Computational fluid dynamics,计算流体力学

COS　Cast-on-strap process,汇流排铸焊

CSIRO　Commonwealth Scientific and Industrial Research Organisation,澳大利亚联邦科学与工业研究组织

CV　Constant voltage,恒电压

DC,d. c.　Direct current,直流电

DCA　Dynamic charge-acceptance,动态充电接受能力

DLC　Double-layer capacitor,双电层电容器

DoD　Depth-of-discharge,放电深度

DOE　Department of Energy (USA),美国能源部

DPC　Dynamic pulse cycling,动态脉冲循环

DSA　Dimensionally stable anode,尺寸稳定阳极

EAC　Electrochemically active material,电化学活性物质

EC　Ethylene carbonate,碳酸亚乙酯

ECU　Electronic control unit,电子控制单元

E/E　Electrical/electronic,电气/电子

EEC　Equivalent electrical circuit,等效电路

EEM　Electrical energy management,电能管理

EFB　Enhanced flooded battery (also known as IFB: improved flooded battery),加强型富液式铅酸电池(也称 IFB:改良型富液式铅酸电池)

EIS　Electrochemical impedance spectroscopy,电化学阻抗谱

EKF　Extended Kalman filter,扩展卡尔曼滤波器

EN   European standard,欧洲标准(欧标)

EPS   Electric power system,电力系统

EUCAR   European Council for Automotive R&D,欧洲汽车研发理事会

EoD   End-of-discharge,放电终止

EoL   End-of-life,使用寿命终止

EPAS   Electronic power-assisted steering,电子助力转向

EV   Electric vehicle,电动车

FCEV,FCV   Fuel cell electric vehicle,燃料电池电动车

GB/T   Guobiao tuijian (Chinese standard/recommendation),国标推荐(中国标准/推荐)

GPS   Global positioning system,全球定位系统

HER   Hydrogen evolution reaction,析氢反应

HEV   Hybrid electric vehicle,混合动力电动车

HiL   Hardware-in-the-loop,硬件回路

HRD   High-rate discharge,高倍率放电

HRPSoC   High-rate partial state-of-charge,高倍率部分荷电状态

ICE   Internal combustion engine,内燃机

ICEV   Internal-combustion-engined vehicle,内燃机车辆

IEC   International Electrotechnical Commission,国际电工委员会

IFB   Improved flooded battery,改良型富液式铅酸电池

ILA   International Lead Association,国际铅协会

ILZRO   International Lead Zinc Research Organization,国际铅锌研究组织

ISG   Integrated starter-generator,集成式启动发电机

ISO   International Organization for Standardization,国际标准化组织

ISOLAB   Installation and safety optimised lead-acid battery,安装和安全优化的铅酸电池

ISS   Idling start-stop,怠速启停

I_{start} Current while starting the engine,启动发动机时的电流

IU charge   Charge with constant current (I) followed by a charge with constant voltage (U),恒电流(I)充电后跟随一个恒电压(U)充电

IUI charge   Charge with constant current (I) followed by a charge with constant voltage (U) followed by a charge with reduced constant current (I),恒电流(I)后跟随一个恒电压(U)充电,之后再跟随一个电流降低的恒电流(I)充电

JIS   Japan Industrial Standard,日本工业标准

KOL   Key off load (resistor),切断负载(电阻)

LDV   Light-duty vehicle,轻型车辆

LFP   Lithium iron phosphate ($LiFePO_4$) cathode material; also used as term for a lithium-ion battery with LFP and graphite anode,磷酸铁锂(LiFePO$_4$)正极材料,也可用于描述使用 LFP 和石墨负极的锂离子电池

LMO   Lithium manganese spinel ($LiMn_2O_4$) cathode material also used as term for a lithium-ion battery with LMO and graphite anode,锰酸锂($LiMn_2O_4$)正极材料,也用于描述使用 LMO 和石墨负极的锂离子电池

LTO   Lithium titanate (e. g. , $Li_4Ti_5O_{12}$) anode material also used for a lithium-ion battery with LTO and normally used cathodes,钛酸锂(如 $Li_4Ti_5O_{12}$)负极材料,也用于描述使用 LTO 与一些通常使用的正极(如 NMC、NCA、LFP)的锂离子电池

MH   Metal hydride,金属氢化反应

MHT   Micro-hybrid test (according to prEN50342-6),微混合测试(根据 prEN50342-6)

MP   Measuring point,测量点

NAM   Negative active material,负极活性材料

NCA   Lithium-nickel-cobalt-aluminum oxide ($LiNiCoAlO_2$) cathode material; also used as term for a lithium-ion battery with NCA and graphite anode,镍钴铝($LiNiCoAlO_2$)正极材料,也可用于描述使用 NCA 和石墨负极的锂离子电池

NaS   Sodium-sulfur battery,钠硫电池

$NaNiCl_2$ Sodium-nickel chloride battery (brand name ZEBRA),钠-氯化镍电池(商标名为斑马,ZEBRA)

NEDC   New European Driving Cycle,新欧洲驾驶循环测试标准

NiCd   Nickel-cadmium battery,镍镉电池

NiMH　Nickel-metal hydride battery,镍氢电池

NiZn　Nickel-zinc battery,镍锌电池

NMC　Lithium-nickel-manganese-cobalt oxide（LiNiMnCoO$_2$）cathode material, also used as term for a lithium-ion battery with NMC and graphite anode,镍钴锰（LiNiMnCoO$_2$）正极材料,也可用于描述使用 NMC 与石墨负极的锂离子电池

OCV　Open-circuit voltage,开路电压

OE　Original equipment,原始设备

OEM　Original equipment manufacturer,原始设备制造商

PAM　Positive active-material,正极活性材料

PC　Propylene carbonate（electrolyte）,碳酸丙烯酯(电解质)

PCL　Premature capacity loss,早期容量损失

PE　Polyethylene（separator）,聚乙烯(分离器)

PDE　Partial differential equation,偏微分方程

PEL　Permissible exposure limit,允许排放极限

PHEV　Plug-in hybrid electric vehicle,插电式混合动力电动车

PP　Polypropylene（separator）,聚丙烯(隔板)

PSD　Power spectral density,功率谱密度

PSoC　Partial state-of-charge,部分荷电状态

PVC　Polyvinyl chloride,聚氯乙烯

QM　Quality management,质量管理

RVC　Reticulated vitreous carbon,网状玻璃碳

RC　Reserve capacity,储备容量

SAE　Society of Automotive Engineers,美国汽车工程学会

SCE　Saturated calomel electrode,饱和甘汞电极

SBA　Japanese standard group classification,日本蓄电池工业会

SEI　Solid electrolyte interface（in lithium-ion systems）,固态电解质界面(在锂离子系统中)

SEM　Scanning electron microscopy,扫描电子显微镜

SG,sp. gr.　Specific gravity,比重

SHE　Standard hydrogen electrode,标准氢电极

SLI　Starting-lighting-ignition（battery），启动照明点火（电池）

SoC　State-of-charge，荷电状态

SoH　State-of-health，健康状态

SP　Setpoint，定位点

SSV　Stop-start vehicle，启停车辆

SUV　Sports utility vehicle，运动型实用汽车

TTP　Through-the-partition（intercell）welding，穿壁（池间）焊接

UPS　Uninterruptible power supply，不间断电源

USABC　United States Advanced Battery Consortium，美国先进电池联盟

VDA　Verband der Automobilindustrie（German Automobile Industry Association），德国汽车工业协会

VOC　Volatile organic carbon，挥发性有机物

VRLA　Valve-regulated lead-acid，阀控式铅酸电池

WLTC　Worldwide harmonized light duty vehicle test cycle，全球轻型车测试规范

WLTP　Worldwide harmonized light duty vehicle test procedure（which includes WLTC），世界协调轻型汽车测试规程（包括 WLTC）

ZEV　Zero emission vehicle，零排放汽车

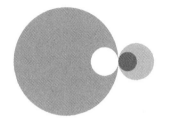

目录

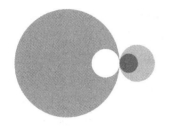

第1章
未来汽车以及其对电池要求的发展趋势

E. Karden

福特汽车公司,亚琛研究与创新中心,亚琛,德国

1.1 汽车中的铅酸电池:依然足够好吗?

在汽车发展的初期,人们并不知道内燃机(internal combustion engines,ICE)会在接下来的世纪里成为最主流的车辆驱动技术。在 20 世纪的第一个十年,电池电动车(battery electric vehicles,BEV)的销量迅速超过早期蒸汽动力汽车。在 1900 年前后,一群像费迪南德·保时捷(Ferdinand Porsche)这样受雇于名为洛纳(Lohne)的运输工具制造商的年轻工程师们研发了由铅酸电池提供驱动力的电动汽车。为了克服行驶里程限制与充电式蓄电池自身重量带来的负面影响,保时捷接下来研发了世界上最早的混合动力车系列 Lohner-Porsche Mixte(1902),该车在电动轮轴马达和小型化的电池基础上,增加了一个戴勒姆(Daimler)引擎和一个发电机。从经济角度讲,这一概念面临着两个动力系统带来的高成本,因此依然只是一种奢侈品。

从 1910 年到 1930 年的二十年间,汽油(与柴油)车(内燃机车辆,ICEV)分享到的市场份额急剧上升。这种发展状况部分上是由于从石油中制得的燃料价格更低、丰度与比能量更高。其他重要的成功因素包括一些提升了内燃机汽车的舒适度与可靠性的技术创新,这可以看作是引入汽车最低程度电气化的开端。手动曲柄在引入电子启动发动机(凯迪拉克,Cadillac,1912)后变得不再必要,同时磁力点火被需要一个发电机和一个充电式蓄电池的低成本电池点火(博世,Bosch,1925)取代。一旦可以使用电力,像前照灯与雨刮器这样的部件同样可以变为电动式。像亨利·福特(Henry Ford)这样量产机动车的先驱进一步地制造了实验型的BEV(在这一项目中,为了较铅酸电池减轻重量福特于1913年左右采用了爱迪生的镍-铁电池),但依然不能找到一个经济可行的、能够替代在我们今天看来是传统动力系统的新动力系统。

在汽车发展的历史上,铅酸电池技术在转折中存活了下来,第一次作为新动力系统和各种舒适功能的"使能"技术。在铅酸电池由牵引电池到启动照明点火(starting lighting ignition, SLI)电池的转变的过程中其被进行了大幅度的尺寸缩小,这也同时减小了它的重量负载。其他的电化学储能技术虽在比能量上更胜一筹,但难以在稳健性操作、简便控制以及通常的成本方面与铅酸电池形成竞争。更高的引擎曲柄扭矩要求与像燃料点火、转向、制动辅助以及座位加热这样额外的电气功能仍然由基本相同的能量供应系统进行负责,在1960年这一供电系统电压加倍到了12 V,同时交流发电机以相较早期直流发电机更高的效率进行发电。像交流发电机与启动机一样,SLI电池已演化成广泛标准化的商品部件。技术进步依然在聚乙烯隔板、聚乙烯外壳、无锑板栅合金与吸收性玻璃毡(AGM)隔板等领域中进行着,上面列出的仅占很少的一部分。在必要的领域,技术创新配合增长的汽车耐久性与可靠性需求而不断进行着。一个同样重要但经常被忽视的铅酸电池创新驱动力是成本减量化。成本减量化导致许多生产过程的优化,连续制版也许算是该领域最近的技术创新进展。

一个世纪后,随着全球年汽车产量超过6700万辆,同时商用车产量超过2200万辆,社会对限制石油消费与二氧化碳(CO_2)排放的需求成为汽车发展的主要驱动力。新的电动发动机技术、电力电子技术以及并联与功率分流的混合动力系统配置减少了电池电力与混合电力动力系统在经济性和性能表现上的不足。基于镍氢电池(NiMH)与更为近期的锂离子电池技术的混合动力与纯电动的车辆产品已实现量产。

与此同时,大量与舒适安全相关的功能正在电气化,其中有作为重点研究目标的自动驾驶。像这样的新的电气功能所要求的峰值电力、电压质量与充电吞吐量将达到一个新的水平。此外,供电系统的可靠性与安全性概念必须作为一个整体进行配套的工程设计,这同时也会对储能系统的要求带来相当大的影响。

对于铅酸电池及其背后的电池与铅产业而言,日益增长的性能要求与成熟的竞争性技术都会给它们带来相当大的挑战。铅酸电池依然能够捍卫其在混合与纯电动汽车中占有市场地位的 12 V 电力系统中的"特别的那个储能系统的领先地位吗？它会在将来作为成本上具有吸引力的 48 V 电池甚至有机会进入下一代更高水平的电气化动力系统的行列吗？当将电池尺寸标准化后，48 V 轻混合动力与大于 200 V 的全混合动力电池电化学池单元的负荷循环是非常相近的。这项特征是否会帮助铅酸电池在锂离子电池已建立优势的混合牵引电池贸易领域打开一扇新的竞争之门呢？

在可以预见的未来(在汽车贸易领域一般是 5 到 10 年)将出现许多种与动力系统电气化以及高性能供电系统有关的概念，它们将在市场上形成竞争。它们中的许多会首先被引入到高端汽车产品行业中，举例而言，锂离子电池将在奢侈品跑车行业取代铅酸电池，而主流汽车产品中哪种概念将有机会持续深耕发展或成为使用主流却依然没有定论，即使在有着最高增长速率但却也有着最高成本敏感性的新兴市场中也是如此。不过有两件事情已经被确定下来：① 市场对于车用电化学储能技术的兴趣依然保持在一个很高的水平；② 铅酸电池依然是其他供选择的电池技术在非常多的应用情境下的基准对比产品。图 1.1 展示了近期出版的少量市场前景分析之一，由一个电池供应商提供，涉及上述情形。

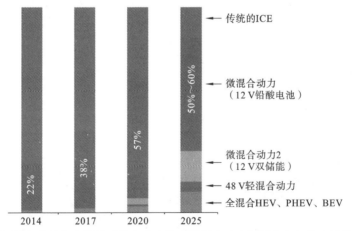

图 1.1 由欧洲、北美与中国构成的组合市场中微混合动力与更高电气化水平的汽车的各自期望市场占有率。**图片转载来源**：H. Budde-Meiwes, Dynamic Charge Acceptance of Lead-Acid Batteries for Micro-Hybrid Automotive Applications, Aachen, 2016. **本图表经由下列文献的数据修改绘制而成**：C. Rosenkranz, D. Weber, J. Albers, in: Advanced Automotive Battery Conf., AABC Europe, Mainz, 2016

在所有的这类情景下，电池研发者与汽车工程师将被要求能进行相互理解。对于汽车工程师而言，这意味着汽车设计的目标需要按系统与子系统水

的形式来对待电池组件的要求,现在这越来越频繁地通过并不对任何
培自采取偏见的方式进行;对于铅酸电池研发者而言,这意味着需要尽早
汽车工业未来的需求,进行坦率的差异分析,尽可能地寻找经济可行的多
技术方案,并且防止他们的公司与工厂消耗完全不实际的时间与金钱。为
卫他们 12 V 汽车电池这一核心业务,这将需要以一种包括可行性论证以及
标准测试研发的新的合作方式以进行技术基准测试,而这一切全都要基于以
客户为中心的强烈导向。

这一节描述了汽车与电池制造商所处的两个不同业界间的搭触界面,它
从通用汽车产品循环寿命的要求概述开始,以研发和验证过程为出发点,并且
包括了质量管理与回收。

1.2 汽车工业的需求

1.2.1 需求级联与 V 模型

对像汽车这样复杂的系统进行工程设计的过程中会用到几个通用的系统
工程方法。一个重要的例证是根据 V 模型进行级联目标设定以及验证,如图
1.2 所示。图中 V 模型的左侧代表了对需求的解构以及对系统性能规范的创
建。通过制定整车层级的目标(例如,以每消耗一加仑燃油所行驶的英里数
(mpg)或每行驶 100 km 消耗燃油升数为指标的燃料经济性),一个汽车制造
产品研发组织需要为下列汽车设计的组成部分来派生需求:

- 系统(例如动力系统或电力电子系统);
- 子系统(例如供电系统);
- 组件(例如牵引电池或 SLI 电池)。

图 1.2　系统工程与验证的 V 模型

通过满足所有子系统与组件需求的方式进行设计以确保整车层级的目标
同样被实现。因此,设计检验将在每个组件、子系统与系统上独立进行。根据
集成到下一更高级别的子系统或系统后的检验结果,级联需求的迭代改善将
可能成为必要的要求。

在理想情况中,所有为组件提出的性能与耐久性需求将通过这样的系统化方式进行级联。但是在实际上,许多使用过去需求的成熟组件可能仅通过过去好几代工程师凭经验进行调整。举例来说,SLI 电池的冷启动能力在确定的电流配置(与额定冷启动电流 CCA 相关)下由最小电压需求所定义,它的定义在不同地区间(北美、欧洲、日本)有所不同,在每一地区的不同原始设备制造商(OEM)间也可能有所不同。相反地,在像 AGM 电池与燃料直接注入技术这样的铅酸电池技术或引擎技术得到进化后,上述这些需求与测试方法没有一项有着实质上的改变。一种极度简化的 CCA 评测理念已能够粗略地分选出电池和动力系统领域的接触界面间存在的技术需求。汽车的冷启动功能要求实际上在整个电池使用寿命周期中都需要进行,电池工作时的 SoC 在现实中会处于一个相当宽泛的变化范围内,考虑到这些标准化电池 CCA 测试都是在全新制造、满电的电池中进行的,这可能会让人对这些测试方案感到惊喜。一项更严苛的组件水平的检验不仅包含了处于部分荷电状态(PSoC)中的旧电池,也要求对处于如润滑油老化这样种类繁多的噪声因子的影响下的引擎的冷启动有更为详尽的了解。最终,一项能快速评估任何新启动机电池技术的设计与产品容量的发布测试将再次必须为不同引擎种类进行通用化,理想化的情况下其能由所有制造商共同提出,并在电池使用初期就能投入应用,同时能为现实世界中可能出现的如电池老化这样的现象提供特定技术储备。如果这一任务只涉及铅酸 SLI 电池的成本优化,那么解决起来可能过于棘手。但基于一个世纪的铅酸电池经验所留下的简单要求很可能并不适用于评估非主流的 SLI 电池技术。举例而言,早期的锂离子 SLI 电池由于其低热容与低温下的高内部损失而带来的自发热现象,在 10 s 或 30 s 的 CCA 持续时间里可观测到一个上升电压。此外,较铅酸电池而言,锂离子电池的功率输出对温度变化更加敏感。显然,对实际情况中大部分工作于 $-30\ ℃$ 或更低温度下的锂离子电池的冷启动性能而言,采用在 $0\ ℉=-18\ ℃$ 的温度下恒电流持续放电 30 s 的评估方式并不合适。

一般来说,新技术的发明人往往(特别是新兴风投资本时)倾向于过分看重过去测试的成功。而他们应进行更加谨慎的分析,并能就潜在顾客、车辆与系统水平层面的需求找到他人合作以尽早发现创新技术可能带来的各种新失效机制。对一项给定的应用必须能尽早理解与之相关的全部需求,举例而言,一项新技术可能可以提供极好的制动能量回收性能与循环容量,但如果要将其投入经典 12 V 应用,则新技术还需要具有已存在的 SLI 电池所具有的其他功能。如果涉及新材料或生产工艺(的创新),则必须研究在极大范围的用户使用条件下新的失效机理,特别是在考虑振动与环境温度时。

汽车工业设计中另一个可能驱动决策的重要方面在于发展风险。在级联目标设定过程的早期阶段中,必须做出基础性技术选择甚至供应商的挑选。对于一个大生产规模的项目,此处的风险必须降到最低,同时在可变成本上也不能有过多让步。在许多种情境下这将会排斥创新技术。对于小生产规模的项目,特别是高端的那一部分,可能会引入新技术,例如电气化底盘系统。但为了支持在这些项目中提到的系统,必须要做出既偏向低风险(从而使项目投入时间具有稳健性),又有利于可变成本和具有其他功能的商品的共性上的选择。因此,这种情形将引起下列例子中出现的现象:尽管锂离子电池在这一领域已证明了自己的优越性,但仍有少部分的 48 V 系统使用超级电容器启动,同时这一技术在做出决定的时间点里并不成熟[3]。

1.2.2 稳健性与可靠性

对包括供电系统(也可参见 13 章 13.2.6 节)在内的汽车系统而言,稳健性与可靠性是非常重要的要求。

在所有水平的汽车系统工程里都运用了一种称为失效模式与影响分析(FMEA)的重要方法。早在生产开始前,它就用来评估所研究项目的潜在失效机理、它们对于系统运行的影响(严重性)、潜在的根本原因与发生概率(可能性)以及避免失效或早期检出的可能的应对方法。对于一个设计 FMEA(DFMEA),处于研究的项目是那些技术性系统或组件,例如作为汽车供电系统组件之一的 SLI 电池。一个过程 FMEA(PFMEA)分析了组件的生产过程以及在生产与装配的每一步所有可能出现的失效。DFMEA 与 PFMEA 二者都是建立测试方法与过程控制的工具,每当原始设备制造商发布一款新产品或新工艺时都会使用它们仔细地进行检查。

每当供电系统会对功能上的安全性产生影响时,ISO 26262 为此推荐了额外的注意事项。例如,这可能是电动转向或者制动系统面临的问题。只要引擎以及交流发电机处于运行中,来自电池与交流发电机的过量电力供应可能在某个危害分析与风险评估中被认为是明显的。这种情形在引擎于高车速下关闭(进行启停)时可能会改变,此时对储能系统所单独需要的汽车安全完整性等级(ASIL)要求可能会提高,同时也可能需要高度可靠的电池监测系统或双电池系统(参见第 15 章)。与安全相关的电源功能的工程要求是一个复杂的话题,目前还没有现成的简单解决方案。

1.2.3 材料、环境、回收

安全性对原始设备制造商及其消费者而言至关重要,在组件水平与整车水平上都必须加以考虑。铅酸是一种已得到深入了解且成熟的系统,其水基电解质本质上是安全的,因此该系统中电池起火与爆炸事件的发生极其罕见。

铅酸电池中质量最大的部分是重金属铅,以及具有潜在毒害性的液体硫酸。但上述材料只要还在电池中,就并不会对消费者或环境产生重大风险。举例来说,它们不会形成挥发性的有毒物质。由于汽车设计必须保证汽车驾驶者在汽车碰撞情形下能够得到保护,这就需要铅酸电池在处于碰撞区时依然能满足上述要求。如果汽车设计不能排除电解液泄漏带来的问题,AGM 电池就可能成为泄漏等安全问题上的固定选择。过去几十年间生产和回收铅与含铅电池相关的环境与劳动保护标准已达到了很高的保护水平。在给定电力与封装(即热力学相关)要求下极低水平的水耗让全世界的许多车辆都不再需要补充电解液,从而消除了服务人员潜在的伤害风险。

微混合动力技术的引入极大提升了铅酸电池的 CO_2 足迹:铅酸电池的寿命循环评估[4]表明它们的使用带来的 CO_2 排放量的降低远超生产造成的排放,参见图 1.3。

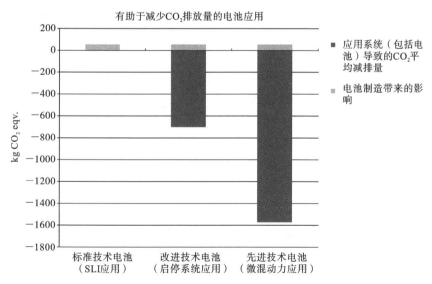

图 1.3　电池在一辆汽车的全使用寿命期间所生成与减少的 CO_2 对比。设想的电池技术在 1.4.1 节中进行讨论。图片来源:V. C. Usbeck, A. Kacker, J. Gediga, Life Cycle Assessment of Lead-Based Batteries for Vehicles. http://www.acea. be/uploads/publications/LCA_of_Pb-based_batteries_for_vehicles_-_Executive_ summary_10_04_2014.pdf, April 2014,已从 Thinkstep(原 PE international)处获得引用许可

汽车制造商在产品设计时必须保证产品具有高回收效率。铅酸电池是目前唯一的在资源闭环流动下运行的电池技术,举例来说,欧洲超过99%的铅酸电池在使用寿命结束后被收集与回收用于未来铅酸电池的使用。一个铅酸电池中的回收材料约占85%。目前其他电池技术并不具有这样的特征。《欧洲报废车辆指令2000/53/EC指令》(ELV指令)旨在提高报废车辆的回收率,避免其他回收物质流(例如铁片)带来的污染。铅酸电池通过其高回收效率已实现了这两个目标。对回收技术更详细的综述参见第20章。

1.3 整车水平的需求

1.3.1 供电系统功能

传统上,12 V汽车电池具有以下供电功能[5,6]:

● 启动冷引擎(钥匙启动,key start);

● 当钥匙处于off挡(例如停车灯)或交流发电机出现问题时,如果交流发电机的输出不能满足电力需求(例如在怠速情况下),则向车辆负载提供电力;

● 在所有电动模组进入休眠模式后提供静态负载,通常在现代车辆中这一电流为10~20 mA,同时需要满足引擎在经过设定的数周停车时间后依然能在中等环境温度下启动的要求;

● 通过缓冲快速波动的供电需求来保持电压质量,而在像启停系统或底盘电控系统这样的创新型系统中波动的振幅与频率往往会增加。

车辆的电力电子系统越来越多的功能对供电系统提出了重大的改进要求。与舒适相关的负载的增加,当交流发电机未工作或在有限的输出下工作(例如引擎怠速运转)时,会导致PSoC条件下浅循环期间的电池能量(Wh)或电荷(Ah)吞吐量显著增加。相比之下,新的瞬态负载对峰值功率和电压质量方面的要求相当苛刻。这样的瞬态负载的电压电流配置关系图例参见图13.3与第13章,图15.2、图15.3与第15章。像这样的负载包括一些电动驾驶辅助与底盘电控系统,除了其他好处之外,这些系统还将为不同水平的自动驾驶提供支持。

与安全性相关的功能的电气化通常要求12 V系统能提供高水平的可靠性[7]。如果单个无监控电池不能满足这些需求,就需要使用高可靠性的电池监控与诊断和/或双电池系统。大型瞬态负载中存在的敏感性负载所带来的收紧的电压限制将对储能系统提出进一步要求,可能转化为对电池内阻与开路电压(锂离子电池与铅酸电池的对比参见图15.12与第15章)的组合需求或最终驱使引入双电池甚至双电压拓扑结构。

SLI 电池能在足够短的行驶时间内对内完成再充电过程,这项供电系统功能是保证所有其他电池功能得以维持的基础。要实现这一必备功能,对交流发电机(规格与控制,参见 13.2.1 节)和电池提出了一定的要求。对于 SLI 电池来讲,对其的要求包括了静态充电接受能力要求:电池在冬季条件(例如 0 ℃ 或 −18 ℃)下,在一个典型的市区驾驶时间(10～30 min)内,从低的 SoC (例如 50%)下开始充电时的最小充电电流或最小充电电量水平。近期,部分原始设备制造商还补充提出了一些针对超长时间停泊后 SoC 恢复能力的测试方法与相关要求,长时间的停泊后电池由于静态负载与自放电而被放掉了相当大一部分的额定容量电量。

1.3.2 传动系统电气化功能

在纯电动汽车与插电式混合动力电动车(PHEV)中,动力系统电气化从电源中引入电力,提供了一种可作为推进动力的能量选择(见图 1.4)。相比之下,全混合动力汽车则仍然使用油箱中的燃料作为专用的首要能量来源,通过切换内燃机的操作点与进行制动能量回收来提高能量使用效率。全混合动力汽车可以使用电力行驶有限的距离,而一些插电式混合动力电动车在相同的动力系统基础上,配上较大的牵引电池即可极大提高电力行驶距离。而轻混合与中混合动力汽车与前两者不同,它们仅具备电力推进辅助,但没有实质上的全电力行驶功能。不过实际上,这些功能性在不同混合动力级别的汽车中的区分并没有完全严格的界定:如果一些 48 V 概念系统实现了像电动停泊控制这样最小意义上的电力行驶功能,但由于其低装机电功率,它们依然不会被归类为全混合动力汽车。微混合动力汽车则没有采用主动扭矩辅助,只使用了引擎启停、制动能量回收、为提高燃料经济性和减少二氧化碳排放与/或提

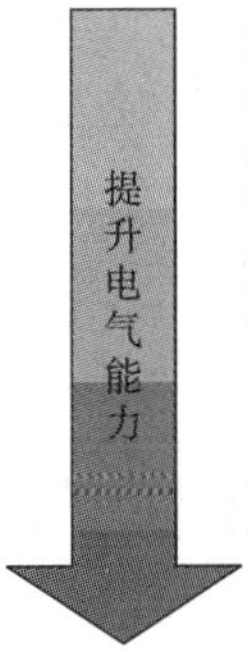

功能 等级	ICE 启停系统	制动 能量回收	辅助 推进	纯电力 驱动
微混合动力	是	低	(极低)	
轻混合动力	是	中	高	(极低)
全混合动力	是	高	高	高
插电式混合动力	是	高	高	高
增程器	是	高		高
电动汽车		高		高

提升电气能力

图 1.4 混合动力类型(纵轴)与功能性(横轴)

高加速表现(一些时候可用专业术语描述为"被动推进")而进行的减少引擎扭矩的交流发电机控制策略。图 1.5 显示了可以在低电压的微混合与轻混合动力汽车中所能实现的最大制动回收能量,它的值取决于装机发电机发电量与电池的动态充电接受能力(DCA)二者的函数。动态充电接受能力在 1.5.4 节中进行阐述。

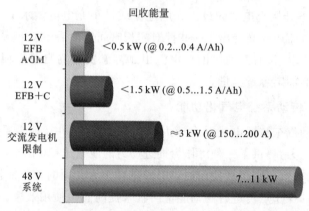

图 1.5 在约占 90%的用户使用条件下,低电压微混合与轻混合系统的制动能量回收功率限制[8]。EFB+C 代表优化动态充电能力的加强型富液式铅酸电池(EFB),其相对普通铅酸电池利用有效交流发电机峰值功率的比例显著更高,一致性更强

如图 1.5 所示,在传统的具有单铅酸电池的 12 V 电力系统中有可能实现微混合动力汽车的功能。12 V 微混合动力系统可在现行欧洲标准驾驶循环(NEDC)下,根据车辆与动力系统的性质,减少 4%～8%的燃料消费与二氧化碳排放[9,10]。在基于全球轻型汽车测试循环(WLTC)的新规则下,其利润稍有降低但依然十分可观。

在一些应用中,12 V 交流发电机被带式传动启动机/发电机所取代,根本上是带有二极管桥式整流器的爪极电机被 MOSFET 双向交流/直流转换器所替代。与传统的启动机马达相比,这种设置可以驱动爪极电机,使发动机以令人更舒适的方式重启。原则上,也可以通过带式传动启动机/发电机为小型与袖珍型汽车提供小型底端扭矩辅助功能。在一些市场上,税收立法进一步促进了类似这样的最小化轻混合动力功能在 12 V 系统中的投入使用。

1.4 用于高级电力供应与轻动力系统混合技术的低压系统拓扑选项

在从全车到动力系统与/或供电系统的各级联目标的选择中,必须考虑储能系统拓扑结构。而采用哪一种拓扑结构,应根据车型、动力系统要求、设计特色与原始设备制造商需求等进行考虑。

1.4.1　12 V 单电压单电池

传统的供电系统拓扑将作为不同应用场景中的基线系统存在。在引入微混合交流发电机控制策略后(参见第 13 章),储能系统的 PSoC 操作成为一项必要功能,并使得电池传感器主要以被集成入电池负极端子夹(negative battery terminal clamp)的形式引入(参见第 14 章)。采用 AGM 或加强型富液式铅酸电池代替传统 12 V 富液式铅酸电池,在深、浅循环的稳健性层面都表现出明显提升的组件耐久性(这一做法被看作是一项技术改进,如图 1.3 所示,见 1.5.3 节)。此外,铅酸电池可能还需要进一步优化以实现更多的制动能量回收(先进铅酸技术如图 1.3 所示,EFB+C 如图 1.5 所示,见 1.5.4 节)。如果铅酸电池被电压兼容的锂离子电池替代,则可以大大减轻汽车重量,但是后者目前还不能完全满足电池需达到的技术要求,尤其是对安装所在引擎室中的高温环境和极端冬季气候的低温环境等使用条件(参见第 2 章 2.5.1 节)。任何新技术的应用前提是必须证明在出现任何不能预见的失效时,其安全性功能受到的影响都足够低。对于铅酸电池来说,在引入集成电池传感器后的单位时间内出现故障次数(failure in time,FIT)频率已经相当低,因此可以进入应用。

1.4.2　12 V 双(或多)储能装置

储能系统可以被看成由两个(或更多)铅酸电池构成。举例来说,一个电池用于负责引擎启动,另一个电池用于稳定车辆的电压质量,并可能同时承担循环要求中的主体部分。这样的拓扑允许两个子网间的分离,其中之一可能操纵高能耗负载,而另一个用于为那些敏感性负载维持电压质量。根据在供电系统中所承担的任务,系统中的两块电池可能完全相同,也可能在规格上有所差别,如一个安装于引擎室,为引擎启动而设计的小型传统富液式电池与引擎的电路连接很短,同时一个小型摩托电池或大型耐循环的 AGM 电池位于车辆后方。这样的双电池系统以及储能系统失效时对其中各电池的要求见13.3.7 节与 15.3.1 节的阐述。至少对于工程试制而言,双电池储能系统也能作为具有休息室型卡车的 24 V 供电系统,在该应用场景下与住宿相关的负载提出了以日为周期的深度循环挑战(参见 18.6.2 节)。

最近,将铅酸电池与双电层电容器、锂离子电池或镍氢电池(NiMH)电池其中之一组合起来的双储能系统面世。在许多情形下,其首要的目标是增加制动能量回收。在这些配置中,许多都具有直流/直流转换器或控制开关阵列,在两个储能系统之间控制能量流的同时,允许辅助储能装置在无需等同于12 V系统电压的操作电压下工作。先进的电池化学体系中,一些特定的技术方案可以使铅酸电池在开路电压与制动能量回收的最大可允许交流发电机电压之间的电压窗口下进行平行操作。关于铅酸电池加其他储能技术形式的双储能系统的一些设计概念与相关需求将在第15章中进行讨论,同时在该章也提供了一些更深入的参考。

1.4.3　12 V+48 V 双电压、双储能装置

基础的48 V供电系统可以采用与12 V启动机-发电机具有相同动力系统拓扑的带式传动启动机-发电机(参见1.3.2节)。供选择的动力系统配置中可能有附带曲柄或变速器的电机。在任何情形下,将电机功率从12 V交流发电机(或启动机-发电机)的额定功率 $2\sim3.5$ kW 提高到48 V装置的典型峰值功率 $7\sim11$ kW 的操作都将使制动能量回收水平增加,超过典型驾驶循环下的普通电力负载消耗。为进一步实现节省燃料与 CO_2 排放减量,大多数48 V汽车还会加入一些电气化动力系统功能——通过启动机-发电机(轻混合动力)进行直接推进辅助或电力助推,这两者都可以通过缩小引擎尺寸使二次燃料得到节约。可以预期,未来大多数计划用于中期量产的48 V项目,都会将新型电动或电气化车辆功能与二氧化碳排放减量进行结合[11]。

1.4.4　12 V+高电压混合动力牵引

截至目前,仅有中混合、全混合、插式混合动力汽车与全电动汽车使用了先进电池技术(NiMH、锂离子)作为高电压牵引电池。然而,这些车辆也采用12 V供电系统,用于所有照明、娱乐系统和多驾驶辅助系统等上一代的电气电子功能,同时也为高电压牵引系统的控制器供应电能,并使其在车辆停泊时能被完全关闭。这一12 V供电系统通常由一个同时在车辆停泊时供应静态负载铅酸启动电池提供缓冲,关于这一方面的更多讨论可参见13.4节。

1.5　未来的储能系统需求

1.5.1　可用容量和额定容量

启动电池的额定容量并不能完全用于电池功能。即使没有 PSoC 管理策略,在车辆运行中的充电条件也无法对电池进行完全充电,并且有极少数消费者还会在电池 SoC 约为 $70\%\sim80\%$ 时就会停泊车辆。相反地,由于冬季的低电池荷电状态,电池启动容量会显著下降,此时 SoC 值介于 $30\%\sim50\%$。在

上述两种 SoC 水平之间,电池的所有电容性功能必须全部工作,例如,供应停车几周时的钥匙关闭(key-off)模式负载关键负载供应、交流发电机故障时的可靠跛行返程模式(limp-home operation)、舒适和酒店负载等。诸如停泊车辆的移动通信功能的增加会为车辆带来静态电流流失以及对电池可用性容量的需求增加。汽车制造商用于定制电池以满足此类功能要求的设计规范在统计学用户数据分析与模拟工具还未被发明出来之前就已被制定,但是长期积累的经验已经对此进行了验证。

显然,电池技术的改变可以缩小尺寸(就标称容量而言)。首先,对电池状态探测的准确性与可靠性算法的提升可以降低电池放电的安全性裕度。其次,具有提高后的静态和动态充电接受能力的电池可以确保处于最糟糕情形下消费者在电池 SoC 比现有水平高 5% 或 10% 的情况下可靠地停泊他们的车。相似地,冬季气候环境中功率性能迅速下降,如果下限可以向下移动,可用 SoC 窗口将扩大。举例来说,锂离子启动电池在温度降低的情况下较铅酸电池而言表现出更为强烈的功率下降现象,但对 SoC 的变化则较为不敏感。再考虑到其一致的充电接受能力,这可能会使锂离子启动机电池的 C_{20} 额定值低于其要更换的 AGM 电池的 C_{20} 额定值。

1.5.2 放电功率性能

SLI 电池的功率性能在历史上被表述为通过一些人工测试配置测出冷启动电流,这在 1.2.1 节中已有讨论。对于 12 V 双电池系统中的辅助电池或通过电力牵引机进行冷启动的混合电动车而言,这些过时的需求可能不再有用。应该研发新的更能代表一般的动态负载情况的测试配置。为了给新设计(如由摩托车电池衍生出的)与技术(如锂离子电池)做准备,这些配置应能应用于更低的可用的 SoC 范围的下限,而不是用于充满电的电池。尽快标准化 12 V 辅助电池的新动态负载性能测试方法将非常有用。

1.5.3 浅循环寿命、在部分电荷电状态下的使用寿命

从历史上看,循环损耗是出租车等重负荷应用中 SLI 电池的主要失效模式。普通汽车中日渐增加的电气设备也增加了 12 V 汽车电池的循环使用率,而放电深度(DoD)可能会有很大差异。电气化底盘系统等瞬态大功率负载仅导致高电流振幅(通常为 1~3 C 倍率)的短脉冲(≪1% DoD)。相比之下,当山引擎关闭后的随身照明、娱乐系统或室内装饰等舒适负载引起时,每个事件的循环深度可能会很大(有时 > 10% DoD)且处于中等速率(通常为 0.2~0.5 C)。

任何种类的动力系统混成技术都会大大增加循环电池的使用量,而量

化的产量要求在混成水平之间会有很大差异[12]。微混合动力汽车通常需要少于 10 Wh/km 的电能。轻、中、全混合动力电池的吞吐量范围为 30～120 Wh/km[13,14]。插电式混合动力汽车或混合电动汽车的纯电动驾驶的推进力消耗能量为 100～300 Wh/km,具体取决于车辆的重量和驾驶条件。

为了允许实现再生制动,所有混合电动车中的电池在 PSoC 下进行操作,这为短暂再生脉冲提供大量的充电接受能力。与之形成对比的是,经典的 12 V 汽车电池在历史上是在固定交流发电机输出电压(参见 13.3.1 节)下进行持续充电。但是,现场研究表明,传统乘用车中的 SoC 分布已经非常广泛,许多电池在 SoC 为 50% 左右运行,而不会引起明显的问题[15,16]。微混合动力汽车的 SLI 电池的启停与再生制动通过强制增加额外的大量吞吐加剧了这种情形。电池容量中相当大的一部分会在电池服役寿命早期就由于硫化而失效,对于富液式电池特别是负极较低的位置是这样。

与优化了冷启动与电压质量的那些电池设计的功率容量相比,汽车 12 V 电池的充电吞吐的绝大部分主体在中放电速率下发生,甚至在具有先进的制动能量回收与暂态负载的车辆中也是这样。相比之下,用于轻混合、中混合、全混合动力车辆的牵引电池通常会预设一个峰电流,该峰电流的大小与产生大部分(更高)的吞吐量时的典型电流处于一个数量级,例如以均方根电流 I_{rms} 的形式测量。对于这些应用,引入了高倍率部分荷电状态(HRPSoC)与相关循环测试这样的术语[17]。在轻混合或中混合动力应用的 AGM 电池中已取得良好效果的几种设计措施对于 12 V 微混合动力电池不一定同样有用,尤其是当它们使用 EFB 技术时。

自 1990 年以来,在第一批高级汽车开始大幅提高电气特性含量后,就针对 12 V 铅酸电池引入了针对特定技术的 PSoC 循环测试[18]。例如,在 17.5% DoD 和约 C/3 放电速率的条件下进行部分循环测试,后来成为 EN 50342-6: 2015 的一部分。为了启停技术的广泛推广,原始设备制造商们自 2006 年引入了额外的 PSoC 测试,使用在位于 0.5 C 与 1 C 间的典型负载电流与限制充电事件下非常浅的循环(1%～2% DoD)的测试方法。

图 1.6 给出了铅酸电池耐久性的要求水平的双对数图,该图展示了循环吞吐量随循环深度的变化。为启停微循环,在 17.5% DoD 下进行 PSoC 循环与 50% DoD 下经典循环所制定的循环测试定义细节可参见第 19 章中参考的相关标准。必须指明的是像温度、放电速率、充电电压、充电因数与目标 SoC 水平这样的循环相关条件在不同的为启停微循环制定的测试定义间差别很大。同时,这里每一个单独的因子都对循环耐久性具有重要影响。此外,限制

电池寿命的老化机理在每个测试中都有根本性的不同,例如对于富液式与加强型富液式铅酸电池通常有:① 微循环测试中的负极表面硫酸盐化;② 50%DoD 时正极活性物质(PAM)的降解;③ 在 17.5%DoD 下由酸浓度非均质分布而导致的不同电极高度区产生的负极硫酸化与正极活性物质降解同时出现的现象。因此,在这类测试中对循环吞吐进行直接对比可能会对分析某一项独立的老化机制影响带来误导。但是,可以假设已根据最佳应用知识选择了每个测试定义和要求级别,因此它们应代表各个 DoD 级别的典型汽车铅酸电池耐久性设计案例。图 1.6 中的点仅表示标准化的需求级别;一些原始设备制造商的要求和一些现有电池产品远远超出了这些最低要求。

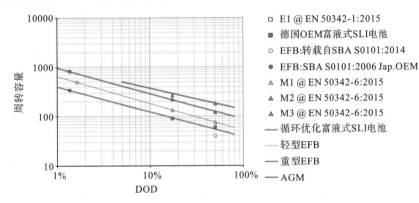

图 1.6 电池循环寿命,以吞吐量的形式进行计算,是微循环放电深度(DoD)的函数。关于 M1、M2 与 M3 耐久性水平可参见表 5.3,第 5 章

举个例子,几个日本原始设备制造商的启停电池(参见参考文献[19]与[20])在 SBA S0101:2006 启停耐久性测试中取得 60000 圈循环的成绩。在上述测试中,JIS D23 型 EFB 电池的典型 C_{20} 被设想为 60 Ah,基于这一设想对电池施加的 DoD 为 1.37%。对 DoD 与圈数进行相乘得到的值稍大于 $800C_n$ 充电吞吐,该值即为图 1.6 中的实心圆点。图 1.6 表明了在传统富液式、不同级别的加强型富液式铅酸电池与 AGM 电池间存在跨度较大的循环容量差距。举例而言,在 50%DoD 下最高与最低循环寿命要求间的倍数比例达到了4.5。特别是从深度循环与高温抗腐蚀稳定性层面来讲,对电池提出高耐久性要求通常也会使电池的重量变大。这种相关性不适用于较浅的循环寿命,并且某些基于 SBA 的日本规格设计的最轻质的 EFB 产品可能会超过为加大深度循环耐久性而设计的重型欧洲产品的启停循环测试耐久性。这些观察结果说明了一个明显的事实,即在不同的电池组件中添加更多的铅可能有助于防止 PAM 降解或板栅腐蚀,但对负硫酸盐的影响很小。随着微混合动力汽车实

践经验的不断增长,并考虑到电气内容增加带来的新要求,此处将讨论的循环寿命要求和权衡取舍,例如电池重量。

本节中引用的测试定义是专门针对已完备的铅酸汽车电池的高科技技术。为评估例如锂离子启动电池这样潜在可供选择的技术,需要设计新的测试方案并加之以标准化,使其能找出各个技术特定的失效机理与潜在的缺陷。此外,由于任何潜在可供选择的技术事实上成本更高,因此这些技术可能将研究目标投向更长的服役寿命上(例如一辆车的全生命周期),使其超过铅酸电池的寿命(通常为 $4 \sim 7$ 年),这一目标指标能在所有吞吐量需求上产生来决效应。

1.5.4 动态充电接受能力(DCA)

微混 12 V 电池的 DCA 可能被定义为在应用 PSoC 微循环策略的代表性行程中所有能量回收事件的平均充电电流,也同样应当被标准化为电池的标称容量。典型的能量回收时间的持续时间在 $1 \sim 20$ s,在下坡行驶时可能会更长一些。由于能量回收机(发动机未加油,并且从车轮连接到发电机的动力传动系统)会延伸至总行程时间的 $\frac{1}{12} \sim \frac{1}{6}$,最通常为 $10\% \sim 12\%$(强烈取决于交通状况和驾驶方式),因此最大化燃料节省可发生在以下情形:在电池充电电流可能超过 150 A 的能量回收下交流发电机处于满负荷状态时,同时还有在剩余的绝大多数时间下引擎处于加注燃料或处于怠速关闭(idle-off)时电池对 12 V 负载进行放电供能的过程中。当主要的对 DCA 的需求的驱动因素体现在启停有效性上时,充电持续时间(即在拥挤的城市路况下的启停事件之间的时间)可能会略微变得更长,但依然低于 60 s。

高 DCA 提供了下列好处:

● 通过在引擎运行期间(即在喷射燃油时)使交流发电机扭矩最小化来节省燃油和二氧化碳排放量,参见 1.3.2 节;

● 由于在启停事件后能更快速地进行电池充电,因而具有高启停有效性,特别是在冬季气温条件下处于拥堵的城市交通状况时,电池处于上述条件下可能是最难实现电荷平衡的;

● 使具有大量电气特征内容的车辆中供电系统具有更高的稳健性,特别是在低大气温度下,这是由于这一条件下电池更高的平均电池 SoC 与使电池出现无意中 SoC 下降至较低水平的旅行会变得距离更短;

● 使电池有减重与尺寸缩小的机会,特别是在微混合动力与 PSoC 应用硫化与充电不足等最主要的失效机理的领域。

在与铅酸电池相关的案例中,DCA 容量对电池短期充/放电行为高度敏感[21,22]。例如,在相同的温度和 SoC 下,在先前的高速率放电之后,DCA 可能比充电周期后的 DCA 高几倍[23]。在消费者的汽车经历了几周或数月的持续 PSoC 操作后,DCA 将下降至一个水平,该水平取决于控制策略、车辆用途、温度以及电池固有 DCA 容量,参见图 5.15。与铅酸电池 DCA 相关的预处理与磨合效应将在 4.2 节中进行讨论。低(平均)放电倍率与高(高至 3C)目标充电倍率的不对称性是微型混合动力车的 DCA 的特征,并且这些 DCA 要求难以被铅酸电池满足:铅酸电池在冬季条件高倍率放电下表现强劲(且强于大多数先进电池),但通常充电时间长、速率慢。

评估普通的混合动力电池 DCA 的测试程序同样被进行了定义[13,14,24,25],但这些程序在处理了 HRPSoC 操作的同时也包含了为建立操作 SoC 而进行的高倍率充电和/或放电步骤,后者将会使铅酸电池与其他电化学系统进行对比时造成严重的结果偏差。因此,有必要为微混合电动车中的 EFB 与 AGM 电池研发特定技术的 DCA 测试方法。研发测试方法的目标是使用一块新电池以预测在实际条件下电池处于 PSoC 时进行持续微循环操作的平均电池能量回收充电电流(例如标准化至 C_{20} 容量)。上述的真实条件包括:

- 电池最近未进行放电(或充电)至目前的 SoC 状态;
- 制动能量恢复在微循环过程的时间分配占总时间的 10%～12%;
- 在休息模式与车钥匙位于 off 挡(key-off)的电量消耗时期后包含钝化在内的磨合效应(run-in effect)得到了考虑。

作为对比,经典(静态)的充电接受测试(参见 1.3.1 节)旨在通过连续充电解决冬季条件下从低 SoC 开始进行能量回收的问题。另一方面,微循环耐久性测试由于通常为加速得到结果而采用高放电率(大致与充电速率形成对称)且仅有相当少的休息时间,因此没有展示实际的磨合(run-in)DCA。

早期 OEM(原始设备制造商)量化 DCA 的程序与被 SBA S0101:2014 进行标准化后的"充电接受能力 2(charge-acceptance 2)"测试建立了以通过低倍率(I_{20} 或 I_5)放电使电池达到 80% 或 90% 荷电状态(state-of-charge,SoC)并在使用高倍率充电脉冲作用于电池前时电池休息 0～24 h 的方案。通常会根据集成电流或充电脉冲施加 5 s 或 10 s 后的瞬间电流来定义电池功能需求。已经有证明指出,这些方法为处于真实领域职责下的 AGM 电池的磨合(run-in)DCA 模拟测算提供了相当好的相关性,但不适用于富液式电池或加强型富液式电池。由 EN 50342-6:2015 引入的 DCA 测试为所有铅酸电池技术提供了更好的模拟测算相关性,但它需要使用一项更复杂的微循环机制,其模拟了一周的真实世界中电池的微混合操作[27]。

如图 5.15 所示,标准富液式电池、加强型富液式铅酸电池以及 AGM 电池在模拟消费者使用过程的持续 PSoC 操作磨合后 DCA 标准化为一个较低的水平。通过改变碳添加剂(参见第 7 章来获取细节综述与更多参考文献)这样的手段修饰负极来显著提高 EFB 与 AGM 电池的 DCA 是有可能的。然而,这些提升会产生测试中高温耐久性下降的问题,例如在水消耗测试中对电池进行持续过充电(参见 1.5.6 节)的观测——这是一个可能会陷入两难的问题,在高DCA 要求被全球原始设备制造商采纳前它需要更多的研究与测试来解决。

1.5.5　电池检测与管理

除了新的电化学池技术以外,将储能设备与电力和传动控制系统进行集成的整体性解决方案获得了越来越多的关注。传统上,车载电池被视为被动的独立组件。能量管理与混合动力系统首要的任务是对电池精确检测与主动控制。

电池检测即基于典型物理参数、电流、电压与温度等来持续计算与应用相关的电池状态质量。一段时间内,对牵引电池而言这种类型的配置相当寻常,但从 2003 年起具有高成本效益的传感器/处理器单元被广泛引进到要求苛刻的 12 V SLI 电池应用中(参见第 14 章)。

12 V 电池管理的案例有温度补偿交流发电机设定点曲线,以及通过智能交流发电机控制进行主动 PSoC 操作与周期性刷新充电循环以使流化现象最小化。13.3 节就电池与具有现代 12 V 供电系统的车辆的关联提供了更深度的见解。为专注于混合牵引电池,系统集成度自然变得更加复杂,同时电池管理也囊括了多种功能,例如维持上界与下界温度阈值与对电池温度梯度进行限制作用的电池堆热管理。

1.5.6　包装、环境条件与重量

汽车电池必须在大多数环境条件下能稳定工作,这需要电池在使用寿命期间能满足包含抗振动与防酸泄漏在内的大量需求。汽车中的绝大多数,例如超过 80% 在欧洲售出的新车,电池都被安装在引擎舱中。其他供选择的电池放置位置包括引擎盖(阀盖)下的隔热区域、汽车后备厢(行李舱)下或后排座位下。双电池系统中的小型辅助电池可在其他地方寻得,例如客舱地板下或前排座位下。

对于典型的引擎电池所在位置,室温可能超过 90 ℃并因此会使电池温度达到一个相当高的水平,特别是在没有外部通风的停泊车辆中。铅酸电池,甚

至是 AGM 电池[28]都已被证明能在承受这些条件的情况下处于安全状态,同时许多使用 60 ℃(例如 EN 50342-1:2015 的水消耗环节)与 75 ℃(例如结合了循环与腐蚀测试的 SAE J2801)操作条件的测试程序都证明了这一点。在北美洲市场中,这样的高温测试在历史上曾支配了对耐久性的要求与 SLI 电池的设计。对于其他供选择的储能技术而言,尤其是使用有机电解质时,其高温耐受性远低于铅酸电池。电池放置位置限定在引擎舱中对于已有的汽车平台设计而言限制了那些需要额外大量空间的附加保护措施的采用。对像锂离子启动机电池这样可供选择的储能电池,重新选择放置位置不仅要求汽车某一部分具有大而宽阔的空间使其能有效防护高温与冲击,同时也会造成例如连线、保险以及其他汽车集成功能的变化带来额外成本的增加。

像其他大多数已有的测试方法一样,对于最前沿的电池类型而言,实际场景下的高温气候耐受能力与像水消耗(60 ℃)或 SAE J2801(75 ℃)这样的实验室测试结果的相关性已经获得了大量证据的支持,但在技术革新后不一定成立。在历史上,SAE J2801 的引入就是一个能证明这一点的案例:这一测试程序(SAE J2801)成功用于具有重力铸造的正极板栅的 SLI 电池,但在使用新连续制版工艺的电池测试上却显示了较差的高温气候出租车车队测试结果的相关性。同样地,具有测试温度从 40 ℃到 60 ℃、持续时间从 21 天到最多 84 天不等的用于水消耗的连续过充电测试,通过对低锑、钙合金富液式与 AGM 电池的顺利测试成功指导了工业生产。但对于新的提高 DCA 的负极修饰(参见 1.5.4 节)而言,初始的测试结果表明连续过充电结果显著夸大了特别是负极活性物质中碳添加剂带来的效应[29]。因此引入新的测试方法与需求以避免实验室的人工测试阻碍创新方法的发明是必要的。另外,一个激进的技术创新诸如引入锂离子启动机电池将要求对新需求的研发与测试方法的验证,以正确地评估实际场景高温气候耐受性与可能的热保护措施的实际效果。

减重是现代汽车系统都要面对的另一项挑战。启动用电池作为汽车中最重的独立部分之一,在这一趋势下同样不能例外,因为几乎各个替代性技术都可能带来多达 10 kg 的减重。到现在,技术不足(特别是在极端温度下)限制了锂离子启动电池在豪华车(跑车)中的应用,这些电池的热保护区域位置通常在车辆内已被确定,同时在严酷的冬季条件下进行户外停车可能不被认为是这种车设计冷启动需求所需要考虑到的使用场景。

1.6 讨论

当高水平电气化动力系统的增长率受到像税收激励与二氧化碳超级排放

权(super-credits)这样的政治决策影响,人们对它们的规模预测有些难以确定时,人们对当前一种趋势的出现几乎没有怀疑,这一趋势即为:由于传统内燃机驱动车辆的保有量依然相当大,对于储能系统的要求将在近期经历很大的改变,这是由于微混合动力车将作为入门级二氧化碳减排技术而快速增长,以及对许多暂态高功率电气负载的广泛引入将对电压质量、功率表现与储能系统可靠性提出新的要求。

与此同时,从一百年前第一次引入 SLI 电池起,汽车工业不仅致力于提高铅酸技术,而且会严肃地评估其他可供选择的储能技术[30]。目前还不足以实现锂离子电池应用,但在提高 DCA 与循环容量的同时可以实现相当可观的电池重量缩减。

总的来说,铅酸汽车电池技术不仅受到新的应用驱动型需求的挑战,还受其他竞品技术的挑战。这些挑战只有到铅酸电池产业辨明那些受消费者关注的产品强项与发展机遇,并对其进行进一步研发,且不否认与忽视其缺陷与威胁时,才能得以解决。

缩写词列表

AGM   Absorptive glass-mat   吸收性玻璃毡

ASIL   Automotive Safety Integrity Level   汽车安全完整性等级

BEV   Battery electric vehicle   电池电动车

CCA   Cold-cranking amps   冷启动电流

DoD   Depth-of-discharge   放电深度

EFB   Enhanced flooded battery   加强型富液式铅酸电池

FIT   Failure-in-time   单位时间内出现故障次数

FMEA   Failure modes and effects analysis   失效模式与影响分析

HEV   Hybrid electric vehicle   混合动力电动车

HRPSoC   High-rate partial state-of-charge   高倍率部分荷电状态

ICE   Internal combustion engine   内燃机

OEM   Original equipment manufacturer   原始设备制造商

PAM   Positive active-material   正极活性材料

PHEV   Plug-in hybrid electric vehicle   插电式混合动力电动车

PSoC   Partial state-of-charge   部分荷电状态

SLI   Starting-lighting-ignition (battery type)   启动照明点火(一种电池类型)

SoC   State-of-charge   荷电状态

参考文献①

[1] H. Budde-Meiwes, Dynamic Charge Acceptance of Lead-Acid Batteries for MicroHybrid Automotive Applications, Aachen, 2016.

[2] C. Rosenkranz, D. Weber, J. Albers, in: Advanced Automotive Battery Conf., AABC Europe, Mainz, 2016.

[3] M. Schneider, in: Advanced Automotive Battery Conf., AABC Europe, Mainz, 2016.

[4] V. C. Usbeck, A. Kacker, J. Gediga, Life Cycle Assessment of Lead-Based Batteries for Vehicles, April 2014. http://www. acea. be/uploads/publications/LCA_of_Pb-based_ batteries_for_vehicles_-_Executive_summary_10_04_2014. pdf. Reprinted with permission from Thinkstep (formerly PE International).

[5] E. Karden, P. Shinn, P. Bostock, J. Cunningham, E. Schoultz, D. Kok, J. Power Sources 144 (2005) 505-512.

[6] R. Brost, in: D. A. J. Rand, P. T. Moseley, J. Garche, C. D. Parker (Eds.), Valve-Regulated Lead-Acid Batteries, Elsevier, Amsterdam, 2004, pp. 327-396.

[7] J. Albers, I. Koch, in: 14th European Lead Battery Conf. (14ELBC), September 2014. Edinburgh, UK.

[8] E. Karden, A. Warm, R. Rymond, Y. Nagata, P. Shinn, in: 14th European Lead Battery Conf. (14ELBC), September 2014. Edinburgh, UK. 24 Lead-Acid Batteries for Future Automobiles.

[9] E. Karden, S. Ploumen, E. Spijker, D. Kok, D. Kees, P. Phlips, in: Energiemanagement und Bordnetze, Haus der Technik, Essen, Germany, October 2004.

[10] M. Hafkemeyer, F. El-Dwaik, A. Heim, J. Liebl, J. Stauber, F. Traub, in: VDI Berichte 1907, 2005, pp. 747-757.

[11] T. Dörsam, S. Kehl, A. Klinkig, A. Radon, O. Sirch, in: ATZ elektronik, vol. 7, 2012, pp. 21-25.

[12] E. Karden, S. Ploumen, B. Fricke, T. Miller, K. Snyder, J. Power

---

① 本书参考文献格式直接引用英文版对应内容。

Sources 168 (2007) 2-11.

[13] DOE/ID-11070, FreedomCAR 42 Volt Battery Test Manual, April 2003, http://www. uscar. org/consortia&-teams/USABC/Manuals/ FreedomCAR_42V_Battery_Test_Manual. pdf.

[14] DOE/ID-11069, FreedomCAR Battery Test Manual For Power-Assist Hybrid Electric Vehicles, October 2003, http://www. uscar. org/ consortia&-teams/USABC/Manuals/ FreedomCAR_Power_Assist_Battery_Test_Manual. pdf.

[15] Ch Diegelmann, BMW Efficient Dynamics powered by Intelligent Energy Balancing, in: 7th Int. Advanced Automotive Battery Conf. (AABC-07), Long Beach, California, May 2007.

[16] C. Hiron, W. Boegel, T. Vu Mai, C. Anis-Legay, in: 7th Int. Conf. on Lead-Acid Batteries (LABAT 2008), Varna, Bulgaria, June 2008.

[17] P. T. Moseley, J. Power Sources 127 (2004) 27-32.

[18] E. Nann, C. Kuper, P. Schlichenmaier, in: VDI Berichte 1789, VDI-Verlag, Düsseldorf, 2003, pp. 337-361.

[19] J. Furukawa, T. Takada, in: 12th Asian Battery Conference, Shanghai, China, September 2007.

[20] T. Takeuchi, K. Sawai, Y. Tsuboi, M. Shiota, S. Ishimoto, S. Osumi, N. Hirai, in: 11th European Lead Battery Conf. (11ELBC), Warsaw, Poland, September 2008.

[21] D. U. Sauer, H. Blanke, E. Karden, J. Kowal, B. Fricke, R. Hecke, in: 11th European Lead Battery Conf. (11ELBC), Warsaw, Poland, September 2008.

[22] S. Schaeck, A. O. Störmer, F. Kaiser, L. Koehler, J. Albers, H. Kabza, J. Power Sources 196 (2011) 1541-1554.

[23] H. Budde-Meiwes, D. Schulte, J. Kowal, D. U. Sauer, R. Hecke, E. Karden, J. Power Sources 207 (2012) 30-36.

[24] EUCAR Traction Battery Group, High Voltage HEV Traction Battery Test Procedure, Draft, April 2004.

[25] VDA Initiative Energy Storage System for HEV: Test specification for Li-ion battery systems, Release 1. 0 (2007-03-05).

[26] E. Karden, F. Jöris, H. Budde-Meiwes, D. U. Sauer, in: 13th Euro-

pean Lead Battery Conf. (13ELBC), Paris, France, September 2012.

[27] E. Karden, in: ALABC Workshop Innovations in LeadeAcid Batteries (ILAB-E), Würzburg, Germany, April 2015.

[28] J. Albers, in: 11th European Lead Battery Conf. (11ELBC), Warsaw, Poland, September 2008.

[29] E. Karden, in: Advanced Battery Power e Kraftwerk Batterie, Aachen, Germany, April 2015.

[30] N. Maleschitz, in: 8th World Lead Conf., Amsterdam, Netherlands, March 2016.

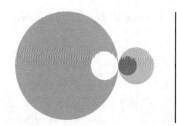

第2章
未来汽车电池概述

P. Kurzweil[1], J. Garche[2]

[1] 应用技术大学,安贝格,德国

[2] 燃料电池与电池咨询,乌尔姆,德国

2.1 电动汽车电池的一般要求

目前应用于汽车的电池需要兼备高容量和高功率,以便在较大的范围内实现灵活加速并且更好地回收制动能量。在混合动力汽车中,电池必须提供短暂的峰值负载,而由内燃能源提供基本能量并使电池保持几乎恒定的荷电状态(SoC)。使电池达到更高的可靠性和安全性一直是人们追求的方向。在智能电网中,多种汽车电池(插电式混合动力)的系列组合可能在未来的虚拟存储系统中发挥更多作用。

在城市交通中,小型电动汽车(空车质量为 1500 kg,驱动电池质量为 300 kg)的预测行驶距离 d(单位为 km)与电池的比能量 W(单位为 Wh/kg)呈线性关系,即

$$d \approx 2W$$

现有锂离子牵引电池(80~120 Wh/kg)的可行驶距离为 160~240 km。以恒定速度 80 km/h 进行远距离行驶,理论距离将增大至 $d = 4.5W$。

美国先进电池联盟(USABC)对先进汽车电池提出了一系列的发展目标:350 Wh/kg(C/3),750 Wh/L(C/3),300 W/kg(10 s 峰值负载),700 W/kg(30 s),

1000 圈充放电循环寿命，运行环境温度－30～＋52 ℃，充电时间＜7 h，15 min 内充电至 80％荷电状态(SoC)，每月自放电＜1％。目前 3.6 V 锂离子电池技术最高可实现比能量(能量密度)220 Wh/kg(450 Wh/L)，锂聚合物电池的能量密度达到 250 Wh/kg(400 Wh/L)，薄膜锂电池在单电池级的能量密度可达 250 Wh/kg。

2010 年，美国阿贡国家实验室预测，到 2020 年，锂电池系统的比能量(能量密度)将达到 200 Wh/kg(375 Wh/L)，2030 年之后达到 300 Wh/kg(550 Wh/L)，即二十年后电池的性能参数将是当时的 2.5 倍。

现有的锂离子电池汽车包括戴姆勒"Smart"、宝马(BMW)"i3"、雷诺(Renault)"Zoe"、菲亚特(Fiat)"500"、日产(Nissan)"Leaf"、三菱(Mitsubishi)"i-MEV"、本田(Honda)"Fit"、科达(Coda)"EV"和特斯拉(Tesla)"Model S"等。丰田(Toyota)等领先汽车制造商目前正在推动固态、硫化锂和锂聚合物等锂电池技术的新发展。

虽然大多数锂离子电池技术是针对插电式混合动力电动车(PHEV)和电池电动汽车(BEV)的，但是由于锂离子电池高比能量/功率和长使用寿命，这一技术在微混合和轻混合动力汽车方面同样也有所应用。如果能克服成本和高温/低温条件电池行为等缺点，锂离子电池将成为铅酸电池的重要竞争对手。

图 2.1 总结了各电动汽车类型和适应的电池要求。

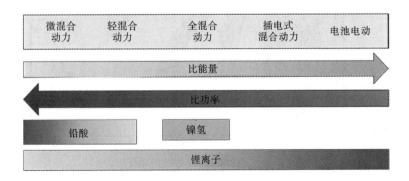

图 2.1　各电动汽车类型和适应的电池要求

表 2.1 和图 2.2 给出了不同电池系统在性能、成本、寿命和安全方面的概况。

表 2.1　电动汽车的具体电池参数(单电池级别的粗略估计)

电池 类型	比能量 /(Wh/kg)	比功率 /(W/kg)	循环 圈数	效率	每月自放电 (25 ℃)	目前电池的 近似成本 /($/(kW/h))
铅酸	35	150	400	80%	3%～5%	80 SLI 电池 200 工业电池
镍镉	50	400	1500	70%	20%	450
镍氢	90	300	1000	75	30%	650 工业电池 200 消费电池
镍锌	75	500	500	70%	20%	350
ZEBRA (Na/NiCl$_2$)	160 单电池 90 电池	150	2000	90%	仅热自放电	800
锂离子	200	400	1500	93%	2%～3%	350 工业电池 170 消费电池

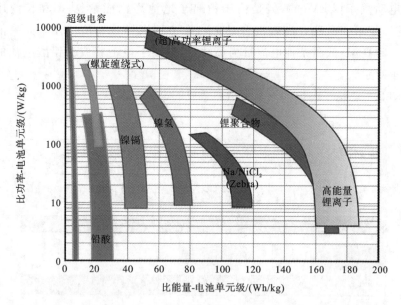

图 2.2　不同电池系统的拉贡(Ragone)图。S. Scharner, P. Lamp, E. Hock-geiger, AABC 2010, 5 月 17 日至 21 日, 奥兰多。免费使用: 宝马

　　本节主要给出了目前的汽车电池技术与铅酸电池技术相比所具备的优势和面临的挑战,对未来的电池技术及其可能的市场进行了讨论。

2.2 铅酸蓄电池储能

自 19 世纪以来,稳健的铅酸电池系统已被用于车辆的电力推进和启动照明点火(SLI)[1-3]。近的应用包括电网中的调度电力、桥接电力和稳定电力。有关铅酸电池的更多信息在本书中都有所涉及。

2.3 碱性电池

碱性电池[4]为移动式应用提供了成熟的存储技术(见表 2.2)。但是镍镉(NiCd)、镍氢、镍锌、镍铁和银锌系统已逐渐被锂离子电池取代。因此本节对电动汽车中运用比例较少的镍铁和银锌电池系统没有进一步讨论。

表 2.2　碱性蓄电池参数特性表

系统	电池放电反应	额定数据和属性
镍镉	$(-)Cd+2OH^- \rightarrow Cd(OH)_2+2e^-$	理论:$1.2 \sim 1.3$ V;244 Wh/kg
	$(+)NiO(OH)+H_2O+e^- \rightarrow Ni(OH)_2+OH^-$	实际:$35 \sim 49$ Wh/kg(5 h),32 Wh/kg(1 h),134 Wh/L(5 h),最大 700 W/kg,$\leqslant 8000$ 圈,$-40 \sim 60$ ℃
		挑战:记忆效应,能量效率 65%,每月自放电 15%~20%
镍铁	$(-)Fe+2OH^- \rightarrow Fe(OH)_2+2e^-$	理论:1.36 V;265 Wh/kg
	$(+)NiO(OH)+H_2O+e^- \rightarrow Ni(OH)_2+OH^-$	实际:30 Wh/kg(5 h),23 Wh/kg(1 h),$\leqslant 70$ Wh/L,100 W/kg,2000 圈,成本低
		挑战:能量效率 50%,快速自放电,析氢,过时
银锌	$(-)Zn+2OH^- \rightarrow Zn(OH)_2+2e^-$	理论:1.85 V
	$(+)AgO+H_2O+2e^- \rightarrow Ag+2OH^-$	实际:120 Wh/kg(5 h),800 W/kg,约 100 圈
	AgO 表示银(Ⅰ,Ⅲ)-氧化物。阴极:羟基锌和 ZnO	挑战:快速自放电,析氢,昂贵,用于卫星、月球车、鱼雷等
镍锌	$(-)Zn+2OH \rightarrow Zn(OH)_2+2e^-$	理论:1.73 V;323 Wh/kg
	$(+)NiO(OH)+H_2O+e^- \rightarrow Ni(OH)_2+OH^-$	实际:80 Wh/kg(5 h),60 Wh/kg(1 h),200 W/kg,$\leqslant 200$ 圈,能量效率 55%,未商业化

系统	电池放电反应	额定数据和属性
镍氢	$(-)MH + OH^- \rightarrow H_2O + M + e^-$	理论:1.3 V
	$(+)NiO(OH) + H_2O + e^- \rightarrow Ni(OH)_2 + OH^-$	实际:1.2 V(5 h),76 Wh/kg(5 h),275 Wh/L(5 h),210 W/kg(20 min),$\geqslant$700 圈,$-20\sim60$ ℃,每月自放电20%,微小的记忆效应
	$(-)NiO(OH) + H_2O + e^- \rightarrow N_1(OH)_2 + OH^-$	1.30 V,快速自放电,具备 H_2 电极 (Pt/Ni/PTFE)和压力容器($30\sim40$ bar) 等复杂结构。阴极:β-NiOOH 通过 NiO $+5Co(OH)_2$ 预充电。过时
	$(+)\frac{1}{2}H_2 + OH^- \rightarrow H_2O + e^-$	
	过充:$(-)2OH^- \rightarrow 2e^- + \frac{1}{2}O_2 + H_2O$ $(+)2H_2O + 2e^- \rightarrow 2OH^- + H_2$	
锌空气	$(-)Zn + 2OH^- \rightarrow Zn(OH)_2 + 2e^-$ $(+)\frac{1}{2}O_2 + H_2O + 2e^- \rightarrow 2OH^- + H_2$	膏状阳极(ZnO、PTFE、PbO、纤维素)和双功能氧阴极(Ni / Pt / C)。二次电池尚未实现

2.3.1 镍镉电池

1901 年,E. W. Jungner 描述了镍镉电池,T. A. 爱迪生(T. A. Edison)描述了镍铁电池(也称为钢制蓄电池)。在电动汽车应用中,Jungner 的含板式电极片的电池蓄电器在电动车应用领域更优于爱迪生的电池。1928 年,Ackermann 和 Schlecht 引入了烧结镍电极,制成具有大电极表面积的电池用于飞行器。1947 年,G. Neumann 发现了密封式碱性电池的重组机制,使得便携式电池在 20 世纪 50 年代成为可能。在 20 世纪 70 年代,引入了聚合物担载负极。20 世纪 80 年代末,M. Oshitan 在日本发现了可用于电池正极的泡沫镍材料。2005 年,Saft 采用烧结和泡沫技术,使用聚合物担载正极制成了密封电池。

2.3.1.1 汽车电池应用

目前,尽管镍镉电池技术相比铅酸电池具有一些优势,但镍镉电池在电动汽车中的应用较少。其原因在于镍镉电池技术的成本相对较高,并且有法律对镉的使用进行了限制,尤其是在欧盟。在过去,镍镉电池由于在其闲置时间(冬季)易于存储而被用作摩托车的 SLI 电池。在前锂电时代,镍镉电池被用作牵引电池。1993 年至 2003 年期间生产了约 2800 辆标致（Peugeot）106E 汽车，其中包括由 20 个液冷帅福得（Saft）STM-5MRE 模块组成的 120 V/100 Ah 镍镉电池，其能量密度为 54 Wh/kg（C/3）。

优势：与铅酸电池相比，镍镉系统可以更长时间承受放电状态下的深度放电和能量存储，提供更长的循环寿命、更高的比能量和能量密度、更高的比功率和功率密度以及良好的低温表现。

挑战：与铅酸相比，镍镉更昂贵，使用了有毒性的镉，具有显著更快的自放电和负电池电压温度系数，可能导致恒压充电时的热失控。此外，在重复部分放电和或存储不完全充电的电池之后，记忆效应值得一提，充电后的可用容量显著损失。

2.3.1.2　电池化学

镍镉电池由镍正极（阴极）和镉负极（阳极）置于氢氧化钾溶液中组成。随着充电的进行，氢氧化镍（Ⅱ）质子化，形成热力学不稳定的氢氧化镍（Ⅲ）和更高的氢氧化物。镍正电极（0.49 V SHE）的平衡电位高于 pH 14 水的氧化电位（0.401 V SHE），因此高于水的稳定窗口。随着充电的进行，氢氧化镉在正极板上被还原为金属镉（−0.81 V SHE）。因为 pH 14 时水的还原电位等于 −0.83 V SHE，所以镉电极热力学稳定。

放电过程：

（−）阳极反应：$Cd + 2OH^- \rightarrow Cd(OH)_2 + 2e^-$

（＋）阴极反应：$NiO(OH) + H_2O + e^- \rightarrow Ni(OH)_2 + OH^-$

电池反应：$Cd + 2NiO(OH) + 2H_2O \rightarrow Cd(OH)_2 + 2Ni(OH)_2$

实际的电极过程非常复杂，并且会形成溶解态物质（氢氧化镉，更高价态的氢氧化镍）。在充电和放电过程中氢氧化物的质量保持不变，而水量（0.67 mL/Ah）和电解质浓度的变化对体积没有大的影响。

热力学数据：

$$\Delta E^0 = E_{阴极} - E_{阳极} = [+0.49 - (-0.81)]\ V = 1.30\ V$$

$$q = \frac{2F}{M} = 165\ Ah/kg$$

$$w = q \cdot \Delta E^0 = 215\ Wh/kg$$

而实际上比能量为 50 Wh/kg，即约 23% 的热力学值，这归咎于过量的活性物质（足够的使用寿命所必需的）、不完全的活性物质利用率和非活性电池部件的重量。

负极：微晶 CdO 粉，在碱性溶液中形成氢氧化镉。热力学势为 −0.809 V

SHE,容量为 477 Ah/kg。

正极:位于穿孔钢板(袋板或管板)或多孔烧结镍上的带有导电性改进剂(石墨、镍毡)的氢氧化镍(Ⅱ)物质。热力学数据:+0.450 V SHE,294 Ah/kg。载体材料分别用硝酸镍和硝酸镉溶液浸泡;氢氧化物借助碱液或电解形成而沉淀,由于阴极析氢而使 pH 值发生变化。

电解质:通常为 21% 氢氧化钾(密度 1.17 g/cm³)。LiOH 和 NaOH 电导率比 KOH 低。然而,与 $[K(H_2O)]^+$ 相比,$[Li(H_2O)_3]^+$ 和 $[Na(H_2O)_2]^+$ 更大的水合物体积改善了 LiOH 和 NaOH 中镍电极(+)在高温下的性能。高碱度通过体积变化降低寿命为代价来确保 α/γ-镍电极的容量。氢氧化物浓度和密度不是电池 SoC 的衡量标准。在连续充电过程中电解消耗的水必须重新填充。由于具有通风口,电池不应被翻倒。

隔板:具有改进润湿性的无纺聚烯烃隔板。电池必须充满电解液(1.5～2.5 mL/Ah)以避免隔板变干。过充电池会暴露出爆炸的危险,因为气态氧不能从正极扩散到负极并通过溢流电池中的安全阀逸出。

2.3.1.3 镍电极

氢氧化镍由于其良好的可逆性和循环稳定性,似乎是碱性电池的最佳正极材料[5]。β-Ni(OH)$_2$ 呈现出边缘桥接的 NiO$_6$-八面体的片状结构;氢原子位于氧原子组成的正四面体环境中片层间的上方或下方。随着充电的进行,质子从六方主晶格中迁移出来。

(+)充电:

H$_2$Ni^{Ⅱ}O$_2$(或 Ni(OH)$_2$)+OH$^-$→HNi^{Ⅲ}O$_2$(或 NiOOH)+H$_2$O+e$^-$

实际容量几乎达到 289 Ah/kg 的理论热力学容量(氢氧化镍)。

实际上,在 α-Ni(OH)$_2$ 和 β-Ni(OH)$_2$(放电状态)、β-NiOOH 和 γ-H$_x$K$_y$NiO$_2$·zH$_2$O(充电状态)两相之间发生复杂的固态反应。过充电时,热力学稳定的富含钾的 γ 相通过水合引起溶胀,从而使隔板在实际的电池中变干。放电时,γ 相被还原成不稳定的 α 相,在溶解和沉淀后形成 β-Ni(OH)$_2$。

掺杂:由于质子空位和堆垛层错,共沉淀 Co(Ⅲ)提高了放电状态下 1000 倍氢氧化镍晶格的电子电导率。每个百分比的钴降低 Ni(OH)$_2$ 电极的电位 5 mV,这有利于形成电解质分解。此外,高的析氧过电位也是被需要的目标。在 60～70 ℃ 时,由于竞争性的析氧,未掺杂的镍电极在实际过程中无法充电。共沉淀的二价金属离子(镉、锌和镁)通过减少层的静电排斥和改善氧超电势来防止形成 γ 相。

2.3.1.4 镉电极

金属镉作为负电极,在充电状态下呈现六方晶格($a=298$ pm,$c=562$ pm)。由于需要在不导电的氢氧化物中产生导电中心,实际中要预先进行依附氧重组以及阴极镉的预放电,其中后者会造成高达 50% 的容量损失,这使得 366 Ah/kg(Cd(OH)$_2$)或 477 Ah/kg(Cd)的热力学容量无法实现。

镉的氧化和还原遵循溶解-沉淀机制,其中涉及一种复杂的离子——氢氧化镉离子$[Cd(OH)_4]^{2-}$,它决定了电池在低温下($-40\sim-20$ ℃)的放电电流。尽管如此,镍铬合金比铅酸、镍铬合金和锂电池具有更好的低温性能。

结晶抑制剂。随着过充电和存储,氢氧化物电极因为活性物质的重新结晶而老化,活性表面积损失。Ni(OH)$_2$、Mg(OH)$_2$ 和 Y$_2$O$_3$ 等成核剂可以限制不需要的晶体生长。

穿过隔板的镉针和树枝状晶体会增加自放电并引起短路电流。快速脉冲充电和剧烈的温度变化会严重减少镍镉电池的使用寿命。

2.3.1.5 开口式镍镉电池

在充电结束时,过充会导致水的电解以 0.34 g/Ah 的速率进行。

(一)阴极反应: $4H_2O+4e^-\rightarrow2H_2+4OH^-$

(+)阳极反应: $4OH^-\rightarrow O_2+2H_2O+4e^-$

电池反应: $2H_2O\rightarrow2H_2+O_2$

免维护的碱性电池具有尺寸极小的正极,在充电期间它被电解产生的氧气包覆,氧分子扩散到负极并在那里与水重新结合。

2.3.1.6 气密式镍镉电池

镉电极(一)比镍电极(+)具有更大的容量,三个原因如下。

(1) 随着过量充电,镍表面析氧在镉析氢之前开始。

(+)常规充电:$NiO(OH)+H_2O+e^-\rightarrow Ni(OH)_2+OH^-$

过充: $4OH^-\rightarrow O_2+2H_2O+4e^-$

(一)常规充电: $Cd(OH)_2+OH^-\rightarrow Cd+2OH^-$

氧还原: $\frac{1}{2}O_2+H_2O+2e^-\rightarrow2OH^-$

(2) 溶解氧在镉电极表面被还原。

(3) SoC 达到 90% 之前镉表面不会析氢,密封式电池则无法达到(负电荷储备)。

典型额定数据:充电电压为 $1.4\sim1.5$ V;充电结束电压大约 1.7 V。最大容量:50 Ah,由于过充电产生的废热。已经通过技术措施解决了电池内部电极变化过程产生气压导致的爆炸危险。

对于镍镉电池的电化学池设计,请参阅镍氢电池(NiMH)部分(2.3.2.5 节)。

2.3.1.7 操作性能和热量管理

半充电碱性电池的开路电压约为 1.30 V(25 ℃)。温度系数 $-0.7\sim-0.2$ mV/K 独立于荷电状态。

充电特性:$U(t)$ 持续上升,直至达到额定电压。由于过量充电,特别是在大电流下,产生氧气,部分氧气与水重新结合,电压稍微下降,电池内部的压力增加。

放电特性:$U(t)$ 在平均电压 1.25 V(C/5)或 1.2 V(1C=以额定容量给出的电流放电)下进行,并相当平稳,这是由于正极的两相反应(在 $Ni(OH)_2$ 和 NiOOH 之间)允许系统只有一个自由度。

热管理:由于充电过程中的吸热反应(26 kJ/mol),镍镉电池冷却下来,其电压低于热电中性电压 $En=\Delta H/(zF)\approx1.43$ V;高于 1.43 V 时出现放热。过充电和氧气复合后的温度突变可用于荷电状态控制。放电(低于1.43 V)始终放热。镍镉电池在 $10\sim50$ ℃ 的温度范围内可以大电流放电。低至 -30 ℃ 时,镉电极(一)的性能下降。

充电方法如下。

(1) 开口式碱性电池首先以恒电流(CC)充电,直到电池电压超过一定值,然后施加恒电压(CV)直至达到泄漏电流。

(2) 在 CC / CV 充电过程中,免维护密闭式电池过热,因为电池电压在充电结束时突然下降。因此,使用小的恒电流($C/10\sim C/5$)充电至额定电压的 150%。

(3) 恒电流(C/2 到 2C)充电需要通过侦测电压降($-\Delta U\approx0.015$ V 或 $\Delta U/U\approx0.1\%$)或电池加热($\Delta T/\Delta t$)避免过充。过度充电至 105%~115% 无法避免,并限制电池寿命。该方法在慢速充电 <0.5C 以及温度高于 40 ℃ 时失效,因为缺乏显著的电压变化。

自放电:在 40 ℃ 下,氧气的不断析出与还原造成的每周 20% 的初始自放电最终会得到改善。

$$(+)2NiO(OH)+H_2O\rightarrow2Ni(OH)_2+1/2O_2$$
$$(-)Cd+1/2O_2+H_2O\rightarrow Cd(OH)_2$$

在后期阶段,自放电主要受电解液中的含氮杂质控制(详情参见镍氢电池)。

$$(-)\ NO_3^- + 2e^- + H_2O \rightarrow NO_2^- + 2OH^- \text{(镉表面)}$$

$$(+)\ NO_2^- + 2OH^- \rightarrow NO_3^- + 2e^- + H_2O \text{(镍表面缓慢发生)}$$

老化:请参阅镍氢电池。

对于镍镉电池,尤其是可逆老化(记忆效应):持续的不完全放电(平循环)会导致容量损失。电池"记住"不完整的放电过程,放电比设计电压小 $0.05\sim$ $0.1\ V$。这种行为的确切原因是未知的,据推测镍晶格中的质子重排会伴随电导率下降。因此,现代电池应该不定时进行完全地充放电。幸运的是,记忆效应是可逆的:通过多次放电循环到 $SoC=0$,以及小电流充满电,可以消除这种影响。

存储:镍镉和镍氢电池可以在 $30\sim50\ ℃$ 下存储,不会永久损失性能。在长时间存储期间形成大的氢氧化镉颗粒,增加充电电压,使得镍镉电池在小电流下充电,以避免不希望的析氢。存储期间的容量损失是可逆的。

2.3.2 镍氢电池(NiMH)

这种现代电源基于氢氧化物溶液中的储氢电极[4]。在 20 世纪 60 年代后期,荷兰飞利浦的研究人员发现了合金 $LaNi_5$,它能够通过形成氢化物来存储氢。到 20 世纪 80 年代末,镍氢电池中的储能合金比镍镉电池的能量密度提高了 $30\%\sim40\%$。2004 年,AB_{3-4} 型金属合金(使用镁、稀土和过渡金属)得到发展。

2.3.2.1 汽车应用

过去,镍氢电池被用于通用汽车"EV1"、本田"EV Plus"和福特"Ranger EV"等纯电动汽车。虽然大型镍氢电池系统面临高额成本,但小型 1 kWh 镍氢电池已经成功应用于混合动力汽车中,例如丰田"普锐斯"、本田"Insight"、福特"Escape Hybrid"、雪佛兰"Malibu Hybrid"和本田"思域 Hybrid"。第一辆丰田"普锐斯"于 1997 年推出。截至 2015 年,丰田售出 800 万辆混合动力车,其中大部分都使用镍氢电池。表 2.3 给出了丰田普锐斯四代镍氢电池的发展概况。丰田宣布新一代普锐斯也将使用锂离子电池。镍氢和锂离子电池的组合被考虑用于 12 V 双微混合电池系统,例如 LIB(10 Ah)/ NiMH(15 Ah)[6]。

与铅酸相比,镍氢电池具有以下优点:耐受深度放电,在放电状态下能够长时间存放,具有更长的循环寿命,更高的比能量和能量密度,更高的比功率和功率密度(低于镍镉电池)。

表2.3　丰田普锐斯四代镍氢电池的发展概况

规格	1997 普锐斯 （第一代,仅日本）	2000 普锐斯 （第二代）	2004 普锐斯 （第三代）	2010 普锐斯 （第四代）
	圆柱形的	棱柱形的	棱柱形的	棱柱形的
电化学池（模块）	240(40)	228(38)	168(28)	168(28)
标称电压	228.0 V	273.6 V	201.6 V	201.6 V
标称容量	6.0 Ah	6.5 Ah	6.5 Ah	6.5 Ah
比功率	800 W/kg	1000 W/kg	1300 W/kg	1310 W/kg
比能量	40 Wh/kg	46 Wh/kg	46 Wh/kg	44 Wh/kg
模块质量	1.09 kg	1.05 kg	1.045 kg	1.04 kg
模块尺寸	35(oc)×384(L)	19.6×106×275	19.6×106×285	19.6×106×285

与铅酸相比的挑战:成本更高,自放电明显更快,负电压温度系数,然而,在充电过程中通过金属氢化物的生成放热可进行补偿。已经观察到记忆效应,但不如镍镉电池那样严重,并且不再出现在现代镍氢电池中。

2.3.2.2　电池化学

负极 H_2 储氢电极($LaNi_5$、$NiTi_2$、Ni 合金、Co、Ce、La、Nd、Pr、Sm)在放电期间吸收原子氢,在充电过程中从晶格释放氢气。

放电过程:

（一）阳极氧化：$MH+OH^- \rightarrow H_2O+M+e^-$

（＋）阴极还原：$NiO(OH)+H_2O+e^- \rightarrow Ni(OH)_2+OH^-$

电池反应：$MH+NiO(OH) \rightarrow M+Ni(OH)_2$

热力学数据:电池电压与镍镉系统类似,$\Delta E^0 = E_{阴极} - E_{阳极} = [0.49-(-0.82)]$ V ≈ 1.31 V。比荷 $q = \dfrac{F}{M} = 165$ Ah/kg,比能量 $w = q \cdot \Delta E^0 = 216$ Wh/kg,超过实际值(80 Wh/kg)。

充电:所施加的 $0.01 \sim 10$ bar 的氢气压力会在金属氢化物电极处产生 $0.84 \sim 0.77$ V 的平衡电势(相对标准氢电极)。

（一）$2M+H_2 \rightarrow 2MH$

过充:过度充电会电解水产生氢气和氧气。在免维护的镍氢电池中,氢化物电极(一)的尺寸大于镍电极(＋),因此释放在镍电极上的氧可以通过电解质迁移到氢化物电极,并在那里再结合形成水。总的来说,过度充电的能量转化为热量;充电装置使用 O_2 还原过程中的轻微电压降作为断电信号。

（＋）常规充电：$Ni(OH)_2+OH^-\rightarrow NiO(OH)+H_2O+e^-$

过充：$\qquad\qquad 4OH^-\rightarrow O_2+2H_2O+4e^-$

（－）常规充电：$\quad M+H_2O+e^-\rightarrow MH+OH^-$

氧还原：$\qquad\qquad \frac{1}{2}O_2+H_2O+2e^-\rightarrow 2OH^-$

正极（阴极）：泡沫镍。见镍镉系统（参见 2.3.1.2 节）。

电解质：浸润 30％KOH 的聚合物无纺布。循环过程中氢氧化物浓度和电解液体积保持不变。

2.3.2.3　金属氢化物负极

诸如 $LaNi_5$ 的 AB_5 型的铝镍铁存储合金由六边形镧-镍和镍层组成。随着充电，氢溶解在固溶体中形成 α 相和 β 相，由此主晶格膨胀 25％。循环过程中的体积变化会导致表面不稳定，从而容易腐蚀并分解成非常小的颗粒。因此，纯 $LaNi_5$ 不适用于电池。

铝、锰和钴元素掺杂可改善金属间化合物的体积，并且充电所需的平衡压力从 $p(H_2)=1.7\ bar$ 降低至约 $0.1\ bar$。较大的原子（Al、Mn）取代晶格位置上的镍。钴虽然价格昂贵，但通过形成中间的氢化物相（$3\sim3.5\ H/mol$），可以降低由体积变化引起的机械应力 $\alpha\rightarrow\gamma\rightarrow\beta$，从而提高循环过程中的老化稳定性。

镧的替换。金属间化合物按化学计量组成，例如 $LaNi_3$、La_2Ni_7 和 La_5Ni_{19}，含有 75％～90％的镍。很多金属能够完全替代镧。超化学计量相 $LaNi_{4.85}\sim LaNi_{5.4}$ 在 1270 ℃时稳定。商业合金如 $LaNi_{3.55}Mn_{0.4}Al_{0.3}Co_{0.75}$（320 Ah/kg）具有良好的使用寿命。层状结构 $La_{1-y}Mg_yNi_x$（$3<x<4.0<y<1$）中的镁将比容量提高到 400 Ah/kg，并缓解晶格应力。A_2B_7 和 A_5B_{19} 型合金是 AB_5 和 A_2B_4 结构的组合，可提供大容量和长寿命。

2.3.2.4　操作性能和热管理

充电/放电行为和充电方法：见镍镉电池。

热管理：在镍氢电池中，充电和放电是具有 $En=1.28\ V$ 的放热反应。在吸热充电期间的冷却（可逆热量 36 kJ/mol）被金属氢化物形成放热过度补偿。氢化物电极（－）的温度限制在 0 ℃以下，而镍电极（｜）往往会在 60 ℃以上产生不必要的氧气释放。

自放电：在 40 ℃下，每周 20％的初始自放电是由于缓慢的析氧，但随着时间的推移而改善。

$$(+)2NiOOH+H_2O \rightarrow 2Ni(OH)_2+\frac{1}{2}O_2$$

$$(-)2MH+\frac{1}{2}O_2 \rightarrow 2M+H_2O$$

室温下,每月大约 20% 的自放电是由带电的镍电极通过产生亚硝酸氨氧化还原对和氢解吸的副反应引起的,反应过程如下:

$$(1)\ 6NiOOH \rightarrow 2Ni_3O_4+3H_2O+\frac{1}{2}O_2$$

$$(2)\ 6NiOOH+NH_3+H_2O+OH^- \rightarrow 6Ni(OH)_2+NO_2^-$$

$$NO_2^-+6MH \rightarrow NH_3+H_2O+OH^-+6M$$

$$(3)\ 2NiOOH+H_2 \rightarrow 2Ni(OH)_2$$

在后期阶段,自放电由电解质中的含氮杂质来控制,这是烧结型镍电极制造工艺的结果,其主要通过电化学还原 $Ni(NO_3)_2$ 来制备。用硝酸盐在电解质中形成硝酸盐/亚硝酸盐梭。在负电极上,硝酸盐被还原成亚硝酸盐: $(-)NO_3^-+H_2O+2e^- \rightarrow NO_2^-+2OH^-$;$MH+OH^- \rightarrow M+H_2O$。在负极产生的亚硝酸根离子可以扩散到正极,在那里再次被氧化成硝酸根离子: $(+)NO_2^-+2OH^- \rightarrow NO_3^-+H_2O+2e^-$;$NiOOH+H_2O+e^- \rightarrow Ni(OH)_2+OH^-$。这种硝酸盐/亚硝酸盐相互转化的结果是电池的自放电。随着温度升高,自放电增加。

老化:镍氢电池同镍镉电池一样可以提供 $10\sim15$ 年的寿命。缓慢老化过程的四个影响如下。

(1) 电镀造成隔膜金属化,并导致自放电,最终导致短路。

(2) 在浮充电结束时,由于 γ-Ni 相(+)的形成,放电特征显示 70 mV 的高电压台阶,在几个循环后再次消失。在高温下,在 LiOH 电解质中不可逆地形成镍酸锂($LiNiO_2$),其将电池电压降低 120 mV(与 NiOOH 相比)。

(3) 镍氢电池往往会腐蚀氢化物电极(-)。在 $LaNi_{3.55}Mn_{0.4}Al_{0.3}Co_{0.75}$ 合金中,元素腐蚀排列如下:稀土金属>铝>锰>镍、钴。平衡式为

$$2.15La+1.15H_2O \rightarrow La(OH)_{1.15}+1.15LaH$$

水的分解导致分离器变干。腐蚀会消耗存储合金,并以充电容量为代价产生放电储备(LaH)。

(4) 镍氢电池也会部分发生可逆老化(记忆效应),参阅镍镉老化部分。

2.3.2.5　电池设计

镍氢和镍镉电池商业化已经采用了圆柱形、扁平、绕线、堆叠、双极、免维护、排气调节和开放敞开式电池的设计。

在规格为 AAA、AA、A、Cs、C、D 和 F 的圆柱形电池中,正极、隔膜和负极卷成螺旋形卷状,组装在镀镍钢制外壳中(一)。电接点焊接在一起,电解液根据电极和隔板的孔体积填充,压入具有安全阀和绝缘 O 形密封圈的盖子,通过化成形成活性物质。

在矩形平行六面体电池中,定制电极和隔膜装在一个盒子里。填充电解质溶液后,电池用安全阀密封。在未来的双极性模块中,单体电池被逐层串联。

2.3.3 镍锌电池

基于爱迪生在 1901 年的专利,镍锌(NiZn)系统已有 100 多年的历史。20 世纪初用于轨道车的镍锌电池循环次数有限。20 世纪 60 年代,镍锌电池被用作军用硅锌电池的替代品。20 世纪 70 年代和 80 年代,电动汽车应用得以实现。直到 2004 年,Evercel 公司改进了镍锌系统。PowerGenex 正在美国和中国生产先进的商业镍锌电池,例如用于消费类应用的尺寸为 AA 的电池。

2.3.3.1 汽车应用

20 世纪 80 年代,通用汽车公司用 115 V/150 Ah 镍锌电池(339 kg,206 L,50 Wh/kg)在一辆汽车(1150 kg)中演示了车辆驱动。1998 年,Evercel 公司生产的 11.2 kWh 镍锌电池使用在 Pivco Citi Bee 型小汽车上。几乎同时由 Trapos 制造的电动汽车(EV 利用镍铬电池和铅酸电池)以 40 km/h 的速度进行了测试。205 kW(12 kWh)的镍锌电池提供 172 km 的运行距离,而使用一个 280 kg(7.0 kWh)铅酸电池的车子只能行驶 69 km。Eagle-Picher 制造了一台 18 kWh(90 V/200 Ah)镍锌整体电池,并在 Solectria 车上进行了测试。Eagle-Picher 的镍锌电动船在 20 世纪 70 年代创下了国际水面航行速度纪录。后来,PowerGenex 研发了用于微混合和轻混合动力系统的镍锌系统。法国 PSA 和德国汽车供应商 HELLA 已经表达了对该系统的兴趣。作为 12 V/80 Ah AGM 电池的替代品,13.2 V/55 Ah 镍锌电池的重量为 10.1 kg,使用寿命为 5 年,72 Wh/kg[7]。同时,镍锌系统被提出用于 48 V 轻混合动力[8]。

优势:在使用寿命期间具有高动态充电接受能力(DCA)、宽温度范围、良好的冷启动能力、耐高温性;发动机启动期间的电压稳定性;简单的电池管理和控制;成本在铅酸和镍镉之间,约为 300 美元每千瓦时。

挑战:与铅酸相比,其成本高,快速地自放电。

2.3.3.2 电池化学

放电反应如下。

(一)阳极氧化: $Zn+2OH^- \rightarrow Zn(OH)_2+2e^-$ (-1.24 V)

（＋）阴极还原： $2NiO(OH)+2H_2O+2e^-\rightarrow 2Ni(OH)_2+2OH^-$　（0.49 V）

总反应： $2NiO(OH)+2H_2O+Zn\rightarrow 2Ni(OH)_2+Zn(OH)_2$　（1.73 V）

充电反应如下。

总反应： $2Ni(OH)_2+Zn(OH)_2\rightarrow 2NiOOH+2H_2O+Zn$

过充反应：　　　　　　　　$H_2O\rightarrow H_2+\dfrac{1}{2}O_2$

自放电反应如下：

$$（＋）2NiOOH+H_2O\rightarrow 2Ni(OH)_2+\dfrac{1}{2}O_2$$

$$（－）Zn+H_2O\rightarrow ZnO+H_2$$

$$Zn+\dfrac{1}{2}O_2\rightarrow ZnO$$

热力学数据：电池电压，$\Delta E^0=E_{cathode}-E_{anode}=[0.49-(-1.24)]\text{ V}\approx$ 1.73 V，高于镍镉和镍氢系统（要求特殊的充电器）。比能量 $w=q\cdot\Delta E^0=$ 326 Wh/kg。

实际数据：75 Wh/kg，即热力值的 23％。与镍镉相反，由于电解质损失和大电流负载时过热导致的再分配，造成内阻（$P=I^2R$）逐渐增大，镍锌电池（500 Wh/kg）在运行寿命期间逐渐丧失比能量。在 25 ℃时，每月自放电约 20％。存储温度在 50 ℃以上，建议存储不要超过三年。约 500 次循环（与镍镉和镍氢相比较低）的寿命是由于氢氧化锌在电解质中的不可逆溶解。锌电极遭受形状变化和枝晶化。

负极（锌）：氧化锌与添加剂（锌金属、锌合金、碳、导电聚合物等）混合以改善导电性和腐蚀稳定性。25％的氧化钙附加形成锌酸钙，这是一种比普通的氢氧化锌更难溶解的放电产物。不幸的是，添加剂会降低电池的能量密度，关键合金会限制放电和充电速率。锌电极通常使用压缩粉末或糊剂（穿孔箔、泡沫或多孔金属）来制造各种衬底，这类似于金属氢电极，典型的有铜或镀铜材料。纳入的表面层抑制锌沉积电势下的析氢，并且在负极经历极化的条件下稳定[9]。

正极：氢氧化镍阴极，见 2.3.1.2 节。

电解质：由于锌枝晶的生长和锌化合物的溶解，镍锌电池需要电解质混合物（KOH/NaOH/LiOH）、缓冲剂和循环寿命改进剂（如氟化物、硼酸盐和硅酸盐）。

隔板：作为电解质储库并阻止锌迁移，通常使用微孔聚丙烯，例如厚度为 0.025 mm 的 CELGARD。该材料用表面添加剂进行处理，以减小孔径并提高抗锌渗透性。

2.4 高温钠电池

20 世纪 80 年代以来,在氧化物固体陶瓷电解质[10]中使用液体钠,已经研发出千瓦级别的电池并应用于汽车和军事,如 $NaNiCl_2$ 系统(图 2.3(a))和 NaS 系统(图 2.3(b))。

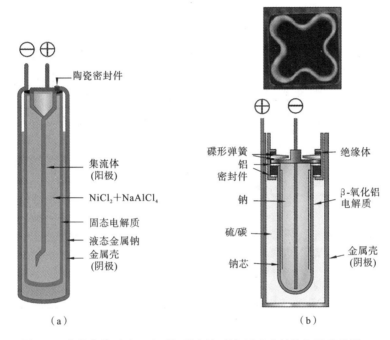

图 2.3　高温电池:(a) $NaNiCl_2$ 蓄电池;(b) NaS 电池和三叶草设计

2.4.1　汽车应用

钠-氯化镍电池(ZEBRA)在纯电动汽车中用于示范项目,例如,雷诺"Twingo""Smart"和"Panda";"Think City",3.5t 依维柯"Daily Electric"运输车;混合动力和纯电动巴士,例如 Autodromo 电动公共汽车、Cito 电动公共汽车、EVO 电动混合动力客车、MAN Electric Bus 巴士、LARAG Wil 巴士、戴姆勒 MB410E 和 Nova RTS[11]。目前,除了少量的研究和研发活动外,$NaNiCl_2$ 系统对汽车应用的重要性相对较低。但是,除了铅酸、镍铬合金和锂离子电池外,EUROBAT 未来的汽车电池趋势分析(直到 2025 年)都倾向于ZEBRA 技术[12]。钠硫电池不再适用于汽车应用。高温钠电池复杂的热管理系统不适用于小型 SLI 相关系统。

较铅酸电池的优势:比能量和比能量密度更高,不受热管理引起的温度问题和高能效。

缺点主要由两种钠电池（NaS、NaNiCl₂）的高操作温度（约 300 ℃）造成：需要热控制管理，因为仅能接受很少的热循环次数；热自放电限制停车时间（"机场效应"）；由钠与硫反应引起的安全问题，或与液体电解质（NaAlCl₄）不太严重的安全问题；目前成本相对较高。

2.4.2 钠-氯化镍电池

ZEBRA[13] 为 Zeolite Battery Research Africa 或者 Zero Emission Battery Research Activities（起始于 1985 年）的简称，它们基于高温卜液态钠负极和固态 $NiCl_2$ 电极（+）。ZEBRA 目前由 FZ Sonick（意大利 FIAMM 和瑞士 MES-DEA 的合资企业）制造，适用于固定式和汽车应用。通用电气以 Durathon（2012）的商标名称致力于军事应用。2015 年，该公司放弃了该项目。

2.4.2.1 电池化学

液态钠被加入 β-氧化铝固体电解质中。氯化镍电极浸入熔融的四氯铝酸钠（NaAlCl₄）中。随着充电，氯化物与镍反应，产生氯化镍；从氯化钠中形成金属钠。

放电反应如下。

（－）阳极氧化： $\quad\quad 2Na \rightarrow 2Na^+ + 2e^-$

（+）阴极还原： $\quad NiCl_2 + 2e^- \rightarrow Ni + 2Cl^-$

电池反应： $NiCl_2 + 2Na^+ + 2e^- \rightarrow Ni + 2NaCl \quad (2.58 V)$

负极（阳极）：制外壳壁的金属钠（熔点 98 ℃）。在电化学池中存在过量镍的情况下可通过电化学反应生成活性物质（钠和金属氯化物），这一过程中无有毒的氯气产生。

$$2NaAlCl_4 + Ni \rightarrow NiCl_2 + 2Na + 2AlCl_3$$

正极（阴极）：存在于固体电解质容器中镍粉和氯化钠的混合物，被液态钠离子导体 $NaAlCl_4$（300 ℃）涂覆。钠、镍和氯以三相（$NiCl_2$、NaCl、Ni）形式存在，因此温度和压力可以随自由度变化而变化，而根据吉布斯的相位规则，势能必须保持恒定。

ZEBRA 的一种变体可以降低氯化镍和氯化铁的内阻。在镍电池和铁电池的并联组合中，镍电池将首先开始放电，直到电池电压达到与铁电池相同的值，然后后者开始放电，直到电能耗尽。放电特性显示出两个固定电压平台。当电化学池在大电流放电且电压下降到铁电池的电压水平以下时，镍和铁沉积同时发生。

其他反应：$FeCl_2 + 2Na^+ + 2e^- \rightarrow Fe + 2NaCl$　（2.35 V）

固态电解质：易碎的 β-氧化铝（含钠的 Al_2O_3）形成用于传导钠离子的传导杯容器，在大于 250 ℃ 的温度下具有良好的传导性。除了作为电解液的功能外，β-氧化铝还具有分隔功能。在紧急情况下，当液态钠与铝酸钠接触时，反应产物可再次封闭固体电解质中的裂缝，如大裂缝的形成会致使期望之外的铝生成，从而导致短路。

$$NaAlCl_4 + 3Na \rightarrow 4NaCl + Al$$

材料和电池设计。一个钠金属氯化物电池由 18% 的镍、16% 的铁、4% 的铜、26% 的卤化物盐、16% 的 β-氧化铝、10% 的不锈钢、4% 的结构钢、4% 的热绝缘和 2% 的其他部分组成。

在电池制造过程中，正极被填充了镍粉和氯化钠。当密封后的电池首次充电时，会通过电化学反应产生对空气敏感的活性物质。随着时间的推移镍颗粒倾向于形成更大的颗粒，因此使用具有多孔芯的碳毡实现了与固体电解质的接触。额外添加的氟化钠和铝粉改善了导电性。硫化铁阻止了镍颗粒的凝聚。负极中的钢壳将钠压制在 β-氧化铝电解质上。最近此类电池的研发使用了三叶形 β-氧化铝管，由于它们提高了表面积，所以能允许电池使用更大的电流。

2.4.2.2　运行表现

ZEBRA 的性能劣于钠硫电池（见表 2.4）。

表 2.4　高温电池的性能参数

性 能 参 数	名　　　称	
	ZEBRA	钠硫
放电电池反应	（－）$2Na \rightarrow 2Na^+ + 2e^-$	（－）$2Na \rightarrow 2Na^+ + 2e^-$
	（＋）$NiCl_2 + 2e^- \rightarrow Ni + 2Cl^-$	（＋）$3S + 2Na^+ + 2e^- \rightarrow Na_2S_3$
电池电压/V	＜2.5 V；300 ℃	2.1 V；350 ℃
比能量/(Wh/kg)	90～120	110～145（热力学值 790）
能量密度/(Wh/L)	140～170	80～120
比功率/(W/kg)	150～250	60～80
功率密度/(W/L)	250～300	40～60

效率：因为副反应不存在，库仑效率几乎达到 100%。能量效率达到 90%，不包括热量损失。

性能参数：热力学电池电压为 2.58 V，实际电压 2.3～2.5 V。能量与功率比(约 2 h⁻¹)超过了钠硫电池的能量与功率比(约 0.5 h⁻¹)。寿命：2500～5000 次循环。

自放电：电化学反应不起作用。20 kWh 电池的废热流量为 120 W，在不使用外部加热的条件下必须通过电池放电来提供。热自放电为每天约 15%。

电池管理：陶瓷电解质管的生产技术将电池容量限制在约 30 Ah，因此必须对多个单电池进行并联和串联以实现大容量和高电压。单个电池的故障可能会导致短路，因此需要对电池进行监控。ZEBRA 在电流限制下以恒压方式充电，然后在最后一段时间恒流充电。32 Ah 电池选择 15 A 和 2.67 V 作为最佳充电操作值。充电状态达到大约 5 h 后，当实测充电安时达到理论计算的容量值后，电流下降到 0.5 A。充电电压达到 2.85 V 时会严重影响电池电阻，因此它应仅用于将电池在 75 min 内充电到额定容量的 80%。

寿命：在 80% 的放电深度和 14 年的浮动寿命期间已报道约 4500 次循环的案例。取决于固体电解质的稳定性和与在正极充电和放电期间活性表面积的损失相关的镍颗粒逐渐粗化的情况，可以获得一些充电放电循环为 2000～5000 次的电池数据。在 265℃ 下，镍颗粒上会生长出氯化钠表面层。在正极中引入添加剂(如 NaBr、NaI、S、Al、Fe 和 FeS)可改善循环寿命；加入铝可形成生长 NaAlCl₄ 的区域；加入硫使镍表面中毒来抑制晶粒生长；加入铁可以改善电流密度，并通过较低的电位防止过度充电。

安全：在冷却期间，电池中出现有问题的机械应力，这可能使固体电解质中产生裂缝，导致短路故障。在不必要的过充电和深度放电期间，液态第二电解质 NaAlCl₄ 能够吸收危险的钠。

（一）过充(3.05 V)：　　　　$Ni + 2NaAlCl_4 \rightarrow 2Na + 2AlCl_3 + NiCl_2$

（+）深度放电(1.58 V)：　　　$3Na + NaAlCl_4 \rightarrow Al + 4NaCl$

在过度充电期间，铝酸盐通过反应产生了钠储备。电池在制造后的第一次充电的过程中会在负极处产生过量的钠，这些钠可以在低电压下被消耗掉。

ZEBRA 位于内壳和外壳之间绝热的双壁容器内。通过碰撞测试已证明了其在电动车辆内的机械稳定性。但是，如果固体电解质由于事故而断裂，则钠将与具有相对较低反应能量的液态 NaAlCl₄ 电解质反应。

2.4.3　钠硫电池

钠硫电池是 1980—1995 年 Asea Brown Boveri 和 Silent Power Ltd 为其车辆研发的。然而由于安全原因，这一研发已停止。目前，NGK(日本)正在生产为不移动的应用所提供的钠硫电池。对于钠硫电池的反应见表 2.4。

2.5　锂离子电池

锂电池被认为是各种便携式应用、电动工具、电动车以及更多固定存储系统的最新技术。以下两种技术可以区分锂离子电池。

（1）在液体电解质中具有金属锂阳极的系统（仅用于纽扣电池）或聚合物电解质（锂金属活性较小的聚合物锂电池用于电动车辆，由博洛雷（Bolloré）研发）；

（2）液态或高分子电解质中含有锂嵌合物或锂合金电极（无金属锂）的锂离子电池，目前几乎用于所有应用领域，包括汽车。

今天的锂离子电池[14-16]利用由石墨和金属氧化物制成的所谓嵌入型电极，以避免金属锂与液体或聚合物电解质的剧烈反应以及形成锂枝晶。J. B. Goodenough 和同事于 1979 年发现了 Li_xMO_2（M＝Co、Ni、Mn）金属氧化物簇。20 世纪 80 年代后期，D. W. Murphy、B. Scrosati 和同事们发明了摇椅技术。1991 年，索尼第一个商业化了基于石墨和钴酸锂的锂离子电池。后来，加拿大的摩力能源有限公司（Moli Energy Ltd.）研发出锂镍氧化物，而贝尔通信研究实验室（Bell Communications Research Laboratory）发现了锂锰尖晶石。Goodenough 于 1996 年获得了磷酸铁锂的专利。新的 5 V 阴极材料和大容量阳极目前正在全球范围内进行研究，这可能在不久的将来为电动汽车提供更强大的电池。

锂离子电池相较于铅酸电池的优势：高比能量和比能量密度，高比功率和比功率密度，更长的寿命。

挑战：高成本，弱化的低温和高温性能，复杂的回收过程和安全风险。

2.5.1　汽车应用

锂离子技术已征服了不移动的储能和所有汽车领域消费应用。锂离子电池在微混合/轻混合动力汽车中相较于铅酸蓄电池以及全混合动力汽车中相较于镍氢电池（NiMH）更具有竞争力。电池电动车和插电式混合电动汽车需要电池具有高比能量用于长距离行驶，锂离子电池可提供超过镍氢电池 1/3 的比能量。全混合动力车需要电池具有高比功率，镍氢电池或锂离子电池都适合在这种车型中工作，而更低的价格对锂离子电池有利。微混合/轻混合动力车对锂离子电池的动力、动态充电接受、能量和使用寿命表示欢迎。然而，锂离子电池的挑战是在价格以及低温和高温下的表现。

锂离子电池的电池化学对具体应用起重要作用。动力应用（SSV/微混合/轻混合动力汽车,全混合动力汽车)更倾向于钛酸锂阳极(LTO)和磷酸铁锂(LFP)阴极。能源应用(PHEV、BEV)要求锰酸锂(LMO)、镍锰钴氧化物(NMC)和镍钴铝(NCA)的石墨阳极和阴极。LTO 系统需要更多的电化学池以解决阳极的低电压(约 1.5 V vs. Li/Li+)问题。LFP 电池在充电和放电期间会提供或多或少相对更恒定的电池电势,这使得通过电池电压确定荷电状态变难(见表 2.5)。

表 2.5　锂离子电池材料的应用和性能

	NCA	NCM	LMO	LFP	LTO
SSV/微混合/轻混合动力	+	+	++	+++	+++
全混合动力汽车	++	++	++	+++	+++
PHEV	++	++	++	++	++
BEV	+++	+++	+	+	+
容量	+++	++	+	++	++
功率	+	++	++	++	+++
热稳定性	−	+	++	+++	+++
安全性	−	+	++	+++	+++
循环寿命	+	++	+	+++	+++
成本	−	+	+++	+++	+

−:差;+:一般;++:良好;+++:优秀。

2.5.1.1　电池电动车

市场上已经有一些使用锂电池的全电池电动车在销售。表 2.6 给出了最重要的电池电动车概述。大多数汽车使用锂离子电池,但市场上也有锂金属固体聚合物电池(Bluecar 中 Bolloré 的 Batscap 电池)。

表 2.6　目前电池电动车(BEV)中使用的锂离子电池

汽车公司	型号	电池厂家	阴极	阳极	容量/(Ah)	电池类型	电池能量密度/(Wh/L)	电池比能量/(Wh/kg)
宝马	i3	三星	LMO+NMC	Gr	60	柱状	237	126
Bolloré	Bluecar	Batscap	LFP	Li		柱状	364	228
Coda	EV	力神	LFP	Gr	16	柱状	226	116

汽车公司	型号	电池厂家	阴极	阳极	容量/(Ah)	电池类型	电池能量密度/(Wh/L)	电池比能量/(Wh/kg)
戴姆勒	Smart	LG 化学	NMC	Gr	50	袋状	270	140
菲亚特	500	三星	NMC-LMO	Gr	64	柱状	243	132
本田	飞度	东芝	NMC	LTO	20	柱状	200	89
三菱	i-MEV	锂能源日本公司	LMO-NMC	Gr	50	柱状	218	109
日产	聆风	AESC	LMO-NCA	Gr	50	袋状	309	155
雷诺	Zoe	LG 化学	NMC-LMO	Gr	36	袋状	275	157
特斯拉	Model S	松下	NCA	Gr	3.1	圆柱状	630	233

Gr,石墨。

2.5.1.2 启停车辆/微混合/轻混合动力电动车

启停车辆和微混合动力车能够使用传统的板网架构,但只有磷酸铁锂-石墨化学体系才能直接用于 12 V 系统。

● 磷酸铁锂-石墨与 12 V 网格兼容。四个单电池的串联组合可以充电至 15 V 并可以在低至 12 V 的条件下进行工作。六个磷酸铁锂-钛酸锂单电池可以在 16 V 以上充电。

● 三个镍锰钴氧化物-石墨和镍钴铝-石墨电池可产生的最大电压为 12 V。四个镍锰钴氧化物-石墨和镍钴铝-石墨电池可在 14~16 V 工作,因此电池无法充满电。五个具有钛酸锂阳极的电池可以充电至 16 V。

然而,钛酸锂阳极使所有传统的阴极材料都能符合板网要求[17]。在这些 LTO 体系中,LTO/LFP 由于其高功率和高安全性[17]而最受关注。尽管如此,由于成本原因,微混合动力应用的"标准"系统是石墨/LFP 系统。

在 48 V 应用中,典型的选择是由 12/13 个 NMC-石墨和 NCA 氧化物-石墨电池或 14 个 LFP-石墨电池或 20~22 个 NMC-LTO 电池组成的高功率电池串联连接。

表 2.7 比较了 12 V 锂离子电池(Gr / LFP)和 12 V 吸收性玻璃毡(AGM)电池。

表 2.7 12 V 锂离子(LG 的石墨/LFP)和 AGM 电池的比较[76,77]

	石墨/LFP 60 Ah	AGM,90 Ah
25 ℃下容量,0.1 C/Ah	61	90
25 ℃下容量,1.0 C/Ah	60	65
额定电压/V	13.2	12.6
100%SoC 下 CCA,18 ℃/A	880	—
100%SoC 下 CCA,−25 ℃/A	820	∼700
寿命/年	>10	3∼5
重量/kg	10	24

这种石墨/LFP 系统已经在一些高档车中被商业化使用(见表 2.8)。

表 2.8 使用锂离子电池的商用微混合动力车的案例

	车辆制造	车辆型号	发行年	预估服务单位数量	电池制造商
1	梅赛德斯 梅赛德斯-AGM	S-class SLS AGM Coupe 365 AMG Coupe	2013	12k	A123 systems (LFP)
2	宝马	M3	2014	<1k	日本汤浅 (GS Yuasa) (LFP)

2.5.1.3 挑战

与铅酸电池相比,锂离子电池具有比能量/比功率的优势。其关于汽车应用的缺点将在下文中进行讨论。

1. 低温表现

通过化学组分选择(例如 LTO/LFP)和通过加热电池[18]以及电池自加热[19]都可以解决存在的问题。使用集成在电池中的惰性镍箔(EC 电源的全气候(All-Climate)电池)自加热可以对电池进行加热,例如在 12.5 s 内使用 3%的电池能量将电池温度从 −20 ℃升至 0 ℃,或在 30 s 内使用 5%的电池能量将电池温度从 −40 ℃升至 0 ℃[20]。

2. 高温表现

由于寿命和安全原因,40∼50 ℃是最高工作温度范围;因此,如何将电池放置在 HEV 的内燃机部分而不是放在后备厢,是一个挑战。

3. 安全

通过使用更稳定的活性材料(见表 2.5)和主动/被动安全装置(如电池管理系统(BMS))可以实现高安全性的锂离子电池系统,电池管理系统集成在电池壳体中控制关键操作参数。

4. 成本

2020 年以后的详细成本分析[37]预计约为 150 美元每千瓦时。但这种乐观的预计值仍然与铅酸电池约 80 美元每千瓦时的成本有差距。然而,高的成本可以通过锂离子电池长使用寿命和低重量得到补偿。

预计在微混合/轻混合动力车和启动点火电池领域,锂离子电池市场份额每年增长 5%[21]。

2.5.2 电池化学

由于锂在 20 ℃的密度为 0.534 g/cm³,其标准电位为 $E^0 = -3.045$ V,因此锂是所有用于大功率电池的金属中最轻的。锂金属电极倾向于在多次充放电循环之后沉积出不均匀的枝晶,这可能导致短路、起火和爆炸。为了降低这种安全风险,采用所谓的嵌入型电极,其能够在液体或固体电解质中可逆地存储和释放锂离子,但是比能量较低(见图 2.4)。

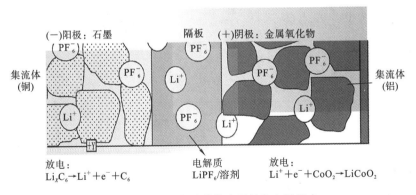

图 2.4 锂离子电池的基本设计和电极反应

通常,石墨碳用作负极(放电时阳极),金属氧化物用作正极(放电时阴极)。电解质是锂盐在有机溶剂混合物中的溶液,这里的锂盐主要是碳酸盐。石墨中的活性材料通过在电极表面,即固体电解质界面(SEI)[22]上,形成保护层而与溶剂缓慢反应。这一固体电解质界面用于锂离子传导并降低石墨与电解质的反应速率。

在放电期间,锂离子进入正极并离开负极。在充电过程中,锂嵌入(插入)和脱嵌过程被颠倒过来,这就是为什么锂离子技术会与摇椅这样具有摆动效应的事物做比较。

（＋）放电过程的嵌入：$Li_{1-x}M^{IV}O_2 + xLi^+ + xe^- \rightarrow LiM^{III}_{1-x}O_2$

（－）放电过程的脱嵌：$Li_xC_6 \rightarrow xLi^+ + xe^- + C_6$

约 3.7 V 的开路电压是由两种电极材料中锂离子的吉布斯自由熵的变化引起的，这直接取决于摩尔分数 x。

$$\Delta G = \Delta G^0 + RT\ln\frac{x}{1-x} = -xF\Delta E$$

在将锂插入正极并完成负极排空的整个过程结束时，电池电压下降到 2.7 V 的截止电压，为防止电池材料损坏，电压不应低于此值。

2.5.3 负极材料（放电：阳极）

大多数商业电化学池使用碳作为负极[23]，在充电过程中发生锂的嵌入过程（见表 2.9）。有前景的新材料包括钛酸盐、锂合金和锂氧化物。

表 2.9 锂离子电池的负极（阳极）材料

	石墨（可石墨化，软碳）	非晶质（硬碳）	尖晶石 $Li_4Ti_5O_{12}$（LTO）	金属氧化物（SnO_2，SiO_2）	锡复合材料（TCO）	硅合金（$Li_{4.4}Si$）	金属锂
电压 vs. Li /Li^+ /V	0.05~0.2	0.1~0.7	1.56	0.05~0.6	0.05~0.6	0.05~0.6	0
比容量：①热力学 /(Ah/kg)	372	—	175	—	约1000	4000	3830
②实际 /(Ah/kg)	约350	约200	约170	约750	约600	—	—
比功率 /(W/kg)	一般	好	非常好	好	好	好	差
循环寿命	好	一般	非常好	差	差	差	差
寿命	非常好	好	非常好	差	差	差	差
前沿技术进展	商业化	商业化	商业化	中期	中期	长期	过时
成本	好	一般	一般	一般	好	好	好

2.5.3.1 石墨

天然石墨。自 1990 年以来，高容量的低结晶度石墨已经被使用[24]；这是一种低成本的材料,可以在有机碳酸盐中对锂离子进行充电直至形成热力学的 LiC_6 结构,从而达到与之相对应的 372 Ah/kg 的比容量。实际上,每 6 个碳原子对应 0.9 个 Li^+ 和约 335 Ah/kg(石墨)或者每 6C 对应 0.5Li^+(汽油焦炭)都可以实现。嵌入发生在 0.20~0.05 V vs. Li/Li^+ 的小电压窗口内。恒流充放电特性以三个步骤呈现出来(见图 2.5)。

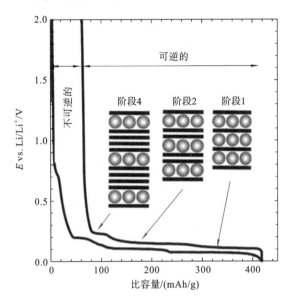

图 2.5　锂离子电池:一个石墨电极的充放电性能

在充电(插入)期间,石墨层之间的距离扩大约 10%。在第一次充电时,有机溶剂(碳酸亚丙酯)不可避免地分解,由此形成固体电解质界面(SEI),其代价是约 80 Ah/kg 不可逆损失的电池容量。传导锂离子的 SEI 由锂盐(Li_2O、LiF、Li_2CO_3 等)和聚烯烃组成,能够补偿循环过程中石墨材料的体积变化而不产生裂纹。在电池寿命期间,SEI 根据 $t^{1/2}$ 定律进行持续生长。在负电极电位(<0 V vs. Li/Li^+)下,大电流充电或低温锂离子嵌入后,锂金属可以从高 Li^+ 浓度溶液中被镀覆在相界处。

人造石墨也称为合成石墨,主要由石墨化、非石墨化碳的热处理或在 2100 K 以上的碳氢化合物的化学气相沉积所获得。

中碳微球(MCMB)是球形石墨颗粒,通过 1000 ℃ 以下的热处理获得。高比能量(300~900 Ah/kg)与较差的可逆性和适中的循环寿命形成对比。涂层质量中的球形颗粒流动性更好,需要更少的黏合剂。

无定形碳。呋喃、酚醛树脂、纤维素和糖在 1000℃ 热处理过程中保持无定形,因为它们是不可石墨化的硬碳(用作活性炭)。虽然循环寿命良好,但容量低于石墨(见表2.10)。

表 2.10　用于锂离子电池的石墨负极材料的性质

	天然石墨	人工石墨	软碳	硬碳
原材料	—	焦炭	沥青	聚合物树脂
比容量/(Ah/kg)	375	325	250	200
结构	规则的层状晶格		低秩序	无秩序
高电流下使用	低	低	好	非常好

2.5.3.2　钛酸锂(LTO)

$Li_4Ti_5O_{12}$ 或 $Li[Li_{0.33}Ti_{1.67}]O_4$ 或 $2Li_2O \cdot 5TiO_2$ 是一种强大的阳极材料,具有热稳定性和 170 Ah/kg(热力学 175 Ah/kg)的容量。由于其具有三维缺陷-尖晶石结构,这种零应变材料允许锂离子嵌入而无体积变化。

(一)放电:　　$Li_{2.33}Ti_{1.67}O_4 \rightarrow Li_{1.33}Ti_{1.67}O_4 + Li^+ + e^-$

不幸的是,电势高达 vs. Li/Li^+ 1.562 V;但在 0~170 Ah/kg 的平台内保持恒定,所以不形成 SEI。因此,与 SEI 有关的石墨的缺点,如不良的低温行为和有限的充电电流不会出现。然而,比能量只能达到石墨阳极的一半,因为约 1 V 的电池电压缺失。为弥补电导率不足需要纳米颗粒和碳涂层。该材料适用于电动汽车的大功率电池,具有良好的低温性能,但比能量降低。

可还原的过渡金属氧化物。今天作为锂离子电池中的阳极材料的金属氧化物是不稳定的和昂贵的(约 750 Ah/kg,0.8~1.6 V vs. Li/Li^+)。过渡金属钒酸盐 $LiMVO_4$(M=Mn、Fe、Co、Ni、Cu、Cd、Zn)和 MgV_2O_6 在第一次放电时形成纳米颗粒,这允许其在随后的循环中形成氧化锂。

金属沉积:　　　　$MVO_4 + 4Li \rightarrow 2Li_2O + M + VO_2$

(一)充电:　　　　$M + xLi^+ + xe^- \rightarrow Li_xM$

2.5.3.3　锂合金

在 0.05~0.60 V vs. Li/Li^+ 的电势范围内,金属合金是紧凑、轻便、便宜且功能强大的选择。(锡)1000 Ah/kg 和(硅)> 4000 Ah/kg 的比容量与较差的稳定性和安全性问题形成了对比。

$$Li_{4.4}Si(4212\ Ah/kg) > Li(3861\ Ah/kg) > Li_2Si_5 > Li_3As > Li_2Sn_5$$
$$\approx LiAl > Li_3Sb > Li_3Bi, LiC_6(339\ Ah/kg)$$

锂合金在锂的插入和脱层过程中会产生不必要的体积变化,从而使电极

逐渐被破坏,即"电化学研磨"过程。体积膨胀从 312%(Li_2Si_5)到 10%(LiC_6)不等:

$$Li_2Si_5 > Li_2Sn_5 > Li_3Bi, \quad Li_3As > Li_3Sb > LiAl, \quad LiZn \gg LiC_6$$

锂锡合金已实现商业化(富士 1997:$SnB_{0.56}P_{0.4}Al_{0.42}O_{3.6}$),尽管产品在此期间停产。锂硅合金 $Li_{4.4}Si$(0.047 V vs. Li/Li^+)在短循环周期内提供 4212 Ah/kg 的比容量。硅石墨复合材料在 0.6 V vs. Li/Li^+ 时实现了约 1500 Ah/kg 的比容量。2015 年,首次引入了具有硅复合阳极的商用电池(LG 化学 18650-INR18650MJ1,3.5 Ah;松下 18650-NCR18650GA,3.45 Ah;三星 SDI-INR18650-35E,3.5 Ah)。

2.5.4　正极材料(放电:阴极)

目前锂离子电池的能量密度主要取决于正极容量(见图 2.6)。

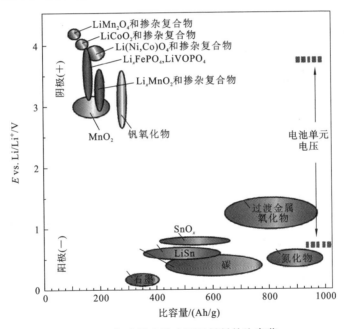

图 2.6　锂离子电池中不同材料的比电荷

在正电极(放电期间的阴极),发生电化学还原,由此锂阳离子插入正电极材料(M)中。

(+)阴极:　　　　　　　　$M + Li^+ + e^- \rightarrow M(Li)$

第一代和第二代的 4 V 材料价格昂贵,并且存在安全问题,LFP(见表 2.11)除外。阴极材料的结构决定了嵌入锂离子的流动性,从而决定了离子电导率。

表 2.11　目前使用不同阴极材料和石墨阳极的锂离子电池

正极	$LiCoO_2$	$LiMn_2O_4$ 尖晶石	$LiNi_{0.8}Co_{0.15}Al_{0.05}O_2$	$LiNi_{0.33}Mn_{0.33}Co_{0.33}O_2$	$LiNiO_2$	$LiFePO_4$
缩写	(LCO)	(LMO)	(NCA)	(NMC)	(LNO)	(LFP)
电池电压/V	3.7	3.8	3.7	3.7	3.2～4.2	～3.5
电压 vs. Li/Li^+ /V	3.0～4.4 (3.9)	3.0～4.5	—	—	3.8	—
热力学容量 /(Ah/kg)	274	296			192	168
热力学容量 /(Ah/L)	706	634			919	—
实际/(Ah/kg)	～140	～120	～190	～160	～170	—
比能量比能量 /(Wh/kg)	90～180	160	140	<180	高	80～120
能量密度 /(Wh/L)	220～350	270	—	—	—	—
比功率/(W/kg)	小	高	高	中等	中等	中等
循环圈数/#	～1000	>1000	中等	差	中等	>2000
安全性	中等	好	中等	中等	中等	安全
价格	昂贵	便宜	昂贵	昂贵	中等	中等

- Li_xFePO_4 的橄榄石晶格仅允许线性的离子迁移(1D)。安全性和循环稳定性好,价格适中;但比电容和电压是电力推进的挑战(见图 2.7(a))。
- 层状氧化物如 $LiCoO_2$ 和 $Li_{1-x}(Ni_{0.33}Mn_{0.33}Co_{0.33})O_2$(简称 NMC)为锂阳离子(2D)提供了二维的离子迁移。具有高比容量和中等的安全性的同时面临相当高的成本(见图 2.7(b))。
- $Li_xMn_2O_4$ 尖晶石晶格保证所有空间方向上的三维导电性(3D)。尽管性能优异、价格适中,但这种商业材料在普通电解质溶液中的稳定性还需要进一步改进(见图 2.7(c))。

2.5.4.1　钴酸锂(LCO)

1991 年,索尼生产的第一款商业可充电锂离子电池引入了钴酸锂 $LiCoO_2$ = $Li_{1-x}CoO_2$(LCO),从那时起它已成为最突出的阴极材料。表 2.12 给出了关于钴酸锂系统的概述。

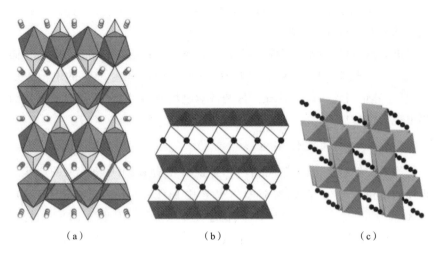

（a）　　　　　　　　（b）　　　　　　　　（c）

图 2.7　线性、二维和三维的锂离子迁移在(a) 橄榄石，$LiFePO_4$（·Li），在 PO_4 四面体和 FeO_6 八面体之间；(b) $LiCoO_2$（·Li）层状结构，钴在八面体中心；(c) $LiMn_2O_4$（·Li）尖晶石结构，锰在八面体中心

表 2.12　关于钴酸锂系统的概述[15]

	放电反应和热力学数据	E^0/V	Wh/kg	Wh/L
（＋）阴极	嵌入（电化学还原）:			
	$Li_{1-x}Co^{IV}O_2+xLi^++xe^-\rightarrow LiCo_x^{III}Co_{1-x}^{IV}O_2$	vs. Li:	—	—
	$Li_{0.5}CoO_2+1/2Li\rightarrow LiCoO_2$	3.90	534	2723
（－）阳极	脱嵌（电化学氧化）			
	$Li_xC_6\rightarrow xLi^++xe^-+6C$	0.15	—	—
电化学池反应	$\frac{1}{2}LiC_6+Li_{0.5}CoO_2\rightarrow 3C+LiCoO_2$	3.75	375	1432
	商业电池的典型值	3.7～3.75	140～210	240～580

性能参数：额定电池电压 3.7 V；操作电压 3.5～4.3 V（参比 Li/Li$^+$）；在容量保持 80%～90% 时长时间稳定循环圈数大于 500；比容量为 140～160 Ah/kg（热力学上为 274 Ah/kg）。

工艺现状：对于消费类电子产品来说，是成熟且安全的，虽然钴对人类健康和环境有害。

电极反应：在放电过程中，锂离子嵌入氧化钴电极与之结合，在充电过程中再释放出来。超过 5.2 V 的过充电会形成二氧化钴（$LiCoO_2\rightarrow Li^++e^-+$

CoO_2),二氧化钴会释放氧气,向低级氧化物转化。由于有机电解质的存在,氧气的释放有起火和爆炸的风险。

改进后的电极:掺杂电荷转移空穴会改善电极的导电性和 LCO 的存储容量。铝会增强电极的稳定性,抑制氧气析出。$LiAl_{0.15}Co_{0.85}O_2$ 的电池电压更高,而且比容量可达 160 Ah/kg。掺杂镁对电极有害,因为镁会造成多余的第二相出现。

2.5.4.2　锂镍氧化物(LNO 和 NCA)

将昂贵的钴替换为低成本的镍后,锂镍氧化物 $LiNiO_2$(LNO)的层状晶格使得还原电位正移 0.25 V(3.6～3.8 V 参比 Li/Li^+),比容量相比 $LiCoO_2$ 提高约 30%(约 170 Ah/kg)。LNO 热稳定性差于 LCO,因此当 LNO 结构瓦解时,有机质电解质中存在很大的安全风险。

锂镍钴铝 $LiNi_{1-x-y}Co_xAl_yO_2$(NCA)材料尽管合成复杂,但是目前已经由帅福得、松下电动汽车能源公司(Panasonic EV Energy)、松下电子(Matsushita)和锂科技(Lithium Technology)等在 3.7 V 电池中实现了商业化应用(3.7 V 参比 Li/Li^+,容量为 190～200 Ah/kg)。掺杂氟化锂会提高电池的可逆容量和循环稳定性。NCA 的适度温度稳定性的改善可以通过氟化铝涂层来实现。

2.5.4.3　锰氧化物固溶体 Li(Ni、Mn、Co)O_2(NMC)

掺杂惰性阳离子(Al、Ga、Mg、Ti)的混合晶体结构会增强锂金属氧化物 $LiMO_2$(M=Co、Ni、Mn)层状结构的稳定性[25]。为了利用氧化还原对 Fe^{IV}/Fe^{III} 和 Mn^{IV}/Mn^{III},需要用堆叠的 $LiFeO_2$ 和 $LiMnO_2$ 相进行软(化学)合成。

锂锰氧化物 $Li_{1-x}MnO_2$(LMO)在充电过程中会完全分解,因为非活性的正交晶系比电化学活性物质更加稳定。在放电过程(脱锂)达到 $Li_{0.5}MnO_2$ 以下时,会形成尖晶石结构的 $LiMn_2O_4$,随之产生电压降。

在电动汽车中通常更倾向于使用锂镍锰钴氧化物 $LiNi_{1-x-y}Mn_xCo_y$(NMC),因为 NMC 电池容量高且电压高(3.2～4.2 V)。然而,当电池电压超过 4.4 V 时,会观察到内部阻抗增加造成加速老化的现象。虽然理论容量为 274 Ah/kg,但是 NMC 中锂的可利用率只有 66%,实际的容量为 160 Ah/kg、电池电压为 3.7 V 和能量密度约为 592 Wh/kg。充放电过程中的体积变化在 1%～2%。钴可以提高电导率;锰甚至在充电电压大于 4.4 V 时也有利于电极的稳定。掺杂铝可以抑制氧气的释放。通常使用的材料是 NCM333($LiNi_{0.33}Mn_{0.33}Co_{0.33}O_2$)。容量很高但是稳定性较差的 NCM532、NCM622、和 NMC811 也在研发中。

尽管已经进行了十几年的研究发展,NMC 依然存在镍混合占据锂的位点而造成的不可逆容量的问题。为了避免任何晶格的崩塌,在充电过程中锂不能完全脱出。新型的工艺可以减少 25% 锰和钴的用量、增加镍的用量,旨在达到能量密度 190 Ah/kg。NMC 阳极可以与 LMO 阴极联合使用。

用于 5 V 电池的锂过量 $LiMnO_3$[26]。主要由阿贡国家实验室研发的新型固溶体 Li_2MO_3-$LiMO_2$(M = Ni、Mn、Co、Cr)利用了惰性占位体 Li_2MnO_3 以稳定 LMO 的晶体结构:层间复合,$x Li_2 MnO_3 \cdot (1-x) LiMO_2$,层状-尖晶石复合,$x Li_2 MnO_3 \cdot (1-x) LiMn_2 O_4$。过嵌锂材料如 $0.3 Li_2 MnO_3 \cdot 0.7 LiMn_{0.5} Ni_{0.5} O_2$ 可以达到 250 Ah/kg 的中等功率容量,但是其循环稳定性较差。

2.5.4.4　锰酸锂 $LiMn_2O_4$(LMO)

锰酸锂 $LiMn_2O_4$ 或者 $Li_{1+x}Mn_{2-x}O_4$($x \leqslant 0.8$)为尖晶石结构,其中锰的热力学价态为 +3.5,因为 Mn(Ⅲ) 和 Mn(Ⅳ) 同时存在。在充电过程中(脱锂),会形成更多的 Mn(Ⅳ)。在充电特性表现为平台时可以观察到相变化,直到电压大于 4.4 V 时形成亚稳态的 γ-MnO_2。即使在参比 Li/Li^+ 的电势大于 5 V时,Mn_2O_4 晶格中的锂还没有完全脱离,因此所幸不会形成二氧化锰。

充电过程:　　　$LiMn_2O_4 \rightarrow Li_{1-x}Mn_2O_4 + xLi^+ + xe^-$

LMO 系统的概述见表 2.13。放电过程中的工作电压参比 Li/Li^+ 接近 4.1 V;比容量(100～120 Ah/kg)比 $LiCoO_2$ 低 10%～20%。其优势在于 LMO 尖晶石可以以高电流放电(>5C)。

表 2.13　LMO 系统的概述[15]

	放电和热力学数据	E^0/V	Wh/kg	Wh/L
(+)阴极	嵌入(电化学还原)	参比 Li		
	$0.8Li + Li_{0.2}Mn_2O_4 \rightarrow LiMn_2O_4$	4.00	474	2044
(-)阳极	脱嵌(电化学氧化)			
	$Li_xC_6 \rightarrow xLi^+ + xe^- + 6C$	0.15	—	—
电池反应	$0.8LiC_6 + Li_{0.2}Mn_2O_4 \rightarrow 4.8C + LiMn_2O_4$	3.85	346	1225

LMO 尖晶石具有化学和热力学稳定、廉价、安全、无毒,并且环境友好等特点。锂离子在空间网格中嵌入和脱嵌速度快,即电流容量高。溶剂分子不能渗入晶格点阵之中。充放电循环过程中的体积变化比层状结构要小。但是 LMO 尖晶石在高温下缺乏高循环和存储容量的稳定性。

固态的 Mn^{3+} 异化转化：

简写为 $\qquad 2Mn^{3+}(s) \rightarrow Mn^{2+}(l) + Mn^{4+}(s)$

液相中 Mn^{2+} 会迁移到阳极，造成阳极损坏。

锰掺杂尖晶石：$Mn(III)$ 的稳定性可以通过以下方法来提高：通过过量锂来提高 $Mn(IV)$ 的比例；掺杂铝、铌或锆；将氧替换为氟；表面涂覆除酸剂，一种抑制 $Mn(II)$ 溶解的电解质添加剂。

用于 5 V 电池的尖晶石材料：目前锂离子电池的研究目标是实现更高的电流、电压和容量，因此稳定的电解质成为电池面临的挑战。$Li_{1-x}(M_{0.5}Mn_{1.5})O_4$ 在额外放电水平下的电压参比 Li/Li^+ 为 5.1 V。尖晶石结构的 $Li_{1-x}(M_{0.5}Mn_{1.5})O_4$（LMNS）可以以石墨为对电极（4.8 V），也可以以 LTO 为对电极（3.2 V）。$Li[Ni_{0.5}Mn_{1.5}]O_4$（148 Ah/kg）在以锂化石墨为对电极时的平均电势为 4.75 V，在放电过程中会形成 $Ni(IV)$。

2.5.4.5 磷酸铁锂（LFP）

J. B. Goodenough、A. Manthiram、A. K. Padhi 和 K. S. Nanjundaswam（1989、1997 年）等人提出的锂-过渡金属磷酸盐在大型锂离子电池的应用中表现出一定优势，它环境友好，作为较大型电池的电极材料价格较低。磷酸铁锂呈现橄榄石形空间晶格，构成了磷酸铁锂矿。锂离子可以穿过晶格中相邻畸变八面体中的线性扩散通道（D1）。磷酸铁锂由 $LiOH$、H_3PO_4 和 $Fe(NO_3)_3$ 在 700 ℃下制备而成。在充电过程中（脱嵌）磷酸铁锂转化为磷酸铁，因此锂离子会通过扩散现象传递；在放电时，磷酸铁锂可以在 3.4 V 处保持很好的电压平台。尽管磷酸铁锂的热力学容量为 168 Ah/kg，但是其材料性能表现至少比 LCO 低 14%。磷酸铁锂材料的一个优势在于循环使用过程中橄榄石结构内部的机械压力一直很低。磷酸铁锂表现出化学和热力学性质稳定，保证了较好的循环稳定性，价格低廉而且无毒。磷酸铁锂在温度高达 300 ℃时也不会分解，可以耐受过充电和短路的影响。磷酸铁锂不会释放氧气，在温度小于 300 ℃时不会出现热失控。对 LFP 系统的概述见表 2.14。

电导率的改进：橄榄石结构电导率较低（$<10^{-9}$ S/cm），可以通过缩短扩散路径和添加涂层来改善，添加高导电性的炭黑或碳纳米管，制备 FeP_x、Fe_3O_4 或 $LiFePO_4$ 纳米颗粒的表面涂层。

用于 5 V 电池的掺杂磷酸铁锂：掺杂锰、钴或镍可以提高电池的工作电压和能量密度。实现 CO^{3+}/CO^{2+} 为 4.8 V 和 Ni^{3+}/Ni^{2+} 为 5.1 V（参比 Li/Li^+）的电压平台，需要新型的电解质系统。由于导电性中等，$Li_{1-x}MnPO_4$（LMP）产生参比 Li/Li^+ 为 4.1 V 的极稳定电压平台。富镁材料 $LiFe_{0.15}Mn_{0.85}PO_4$（LFMP）

表 2.14　LFP 系统的概述[15]

	放电和热力学数据	E^0/V	Wh/kg	Wh/L
（＋）阴极	嵌入（电化学还原）	参比 Li		
	$Li+FePO_4 \rightarrow LiFeO_4$	3.45	586	2110
（一）阳极	脱嵌（电化学氧化）			
	$Li_xC_6 \rightarrow xLi^+ + xe^- + 6C$	0.15	—	—
电池反应	$LiC_6 + FePO_4 \rightarrow 6C + LiFeO_4$	3.30	385	1169
	商业电池性能	3.3	55～160	120～290

的比容量为 150 Ah/kg,4.0/3.4 V,能量密度约为 590 Wh/kg。

用于 5 V 电池的橄榄石氟化物:富锂材料如果每个分子中可以有两个具有氧化还原活性的锂离子,就可以存储更多的能量。天然羟磷锂铁矿石 $LiFe^{III}(PO_4)(OH)$ 呈现出与 $LiM(YO_4)X$ 类型相同的组成,结合了氧化还原活性金属 M,P 区元素 Y＝P,S 和 X＝O,OH 或 F。$Li_2Fe(PO_4)F$ 材料的电位为 3.6 V,能量密度为 115 Ah/kg。$Li_2Mn(PO_4)F$ 具有让人印象深刻的热力学比功率(1218 Wh/kg)与体积(功率密度 3708 Wh/L)。

铁镁磷酸盐 $Li_2MP_2O_7$(M＝Fe、Mn、Co)可能在理论上能在电压大于55 V时循环其中第二个锂原子,虽然目前还没有合适的电解质。天然钠磷锰铁矿 $A_3^I BC_2^{III} Al(Fe^{II}, Mn^{II})_{14}(PO_4)_{12} \cdot x(H_2O, OH)$(其中 A＝Na、K;B＝Ca、Sr、Ba、Pb、Fe;C＝Al、Fe)可以在其宽度为 50 pm 的平行的原子通道内容纳锂离子。

2.5.4.6　发展中的先进材料

新材料研究的方向是在长使用寿命和低成本的基础上追求高能量密度和功率密度。未来的 5 V 电池要求全新的低阻抗电解质。高于＋4.3 V(阴极)和低于＋1 V(阳极)的电极电势都超出了传统电解质的稳定范围。然而,目前还并没有研发出适用于未来 5 V 电池的电解质。

大表面积的薄层电极和加强锂离子可以使电池功率更大、容量更高。稳定化添加剂用于改善电极和电解质之间钝化层(SEI)的性能。

2.5.5　电解质

2.5.5.1　液态有机电解质

目前锂离子电池的电解质是由 20％～50％的碳酸乙烯酯和其他碳酸酯类(DMC、DEC、EMC)或酯类(EA、MB)物质以及导电盐和优化的最少添加剂混合而成的。

导电盐。大多数情况下,会使用具有稳定阴离子的复合盐类(如 $LiPF_6$、$LiBF_4$ 和 $LiClO_4$ 等)作为电解质中的导电盐,它们用于提供锂离子和保证电解质离子导电性。磺酰胺锂(LiTFSI)和草酸硼酸锂(LiBOB)在近期的研究中被证明可以替代常用的 $LiPF_6$。氟烷基磷酸盐应用于 5 V 电池有优势,但是 $LiPF_6$ 仍然是最佳的导电盐。

商业锂离子电池中使用的 $LiPF_6$ 遇水会分解:$LiPF_6 + H_2O \rightarrow 2HF + LiF + POF_3$;$LiPF_6 + 4H_2O \rightarrow 5HF + LiF + H_3PO_4$。同时,复合形式的阴离子 PF_3 和 PF_5 会腐蚀铝集流体,因此需要在集流体上涂覆氟化铝保护层。以 EC/EMC(1∶1)为溶剂的 0.75 mol/L 的 $LiPF_6$ 的电导率为 9.7 mS/cm(25 ℃),可用温度范围为 $-20\sim60$ ℃。1 mol/L 的 $LiPF_6$ 在碳酸丙烯酯(PC)中的电导率为 5.8 mS/cm,在 EC/DMC(1∶1)中的电导率为 10.7 mS/cm,在超过 4.65 V(参比 Li/Li^+)时会被氧化,热解温度为 70 ℃。

溶剂通过降低盐分子内的库仑力促使导电盐电离。在第一次充电时,溶剂主要在负极上分解(化成过程),从而形成一层所谓 SEI 的钝化层[28]。黏性溶剂比流动液体溶剂分解慢,但是其导电性差。

(1)碳酸乙烯酯(EC)与 PC 不同,它会在石墨电极表面形成成分可能为乙烯碳酸锂的保护层。在电势为 $+0.9$ V 参比 Li/Li^+(玻碳电极)或 $+0.8$ V(石墨电极)到 $+6.2$ V 参比 Li/Li^+(玻碳电极)范围内可以起保护作用。$LiPF_6$ 具有良好的在有机碳酸盐中的锂嵌入作用。

(2)PC 的氧化电位为 $+6.6$ V(参比 Li/Li^+),但是它会复合嵌入到石墨中,材料会因此导致体积变化而损坏。PC 可以与石油焦和非晶质碳电极结合使用。

电解液添加剂[29]用于避免不需要的电解产气和第一次充放电循环造成的容量变化。

(1)碳酸亚乙烯酯和碳酸乙烯亚乙烯酯作为 SEI 改良剂可以通过形成碳酸聚偏二乙烯酯层来钝化阳极(一),改良剂还包括一些无机成分。

(2)阴极(+)保护添加剂可以捕获水和酸杂质,并且阻止碳酸盐氧化和 CO_2 的析出。三丁胺、硅酮和二甲基乙酰胺会中和酸杂质。醚类,例如 12-冠醚-4,可以优先溶解锂离子并且抑制 PC 在石墨电极上的共嵌入。

(3)稳定剂可以减缓 $LiPF_6$ 盐的热分解并且削弱 PF_5 在有机溶剂中的活性。

(4)过充电保护剂在略低于电解质分解的氧化电位条件下引起高度可逆的

自放电。不好的是,这一行为会影响电池的功率性能。以一些苯甲醚衍生物(例如 2,5-二叔丁基-1,4-二甲氧基苯(氧化电位 >3.9 V 参比 Li/Li^+)和 1,4-二氟-2,5-二甲基苯(>4.2 V)等)作为氧化还原体系的话,长期稳定性较差。

(5)阻断添加剂(例如联苯或环己基苯)在电压过高时会生长,形成聚合物层以隔绝正极,然而与此同时负极上会析出氢气。

(6)阻火剂在电池上形成一层绝热碳层并阻断燃烧所必需的自由基反应的发生。

(7)锂沉积促进剂会抑制锂在石墨电极(−)上沉积时钝化层(SEI)上针状枝晶和海绵状锂的生长。氟代碳酸乙烯酯是有效的沉积促进剂,因为它会分解成碳酸亚乙烯酯和氢氟酸,但代价是它会降低循环效率和自放电。

2.5.5.2　离子液体

目前离子液体(常温下自身电离的盐)的电导率还不能满足商业锂离子电池应用的要求。1-乙基 3-甲基咪唑阳离子(emim)和磺酰亚胺阴离子(TFSI)在 25 ℃时的电导率为 15 mS/cm。离子液体黏性大,对水敏感,充放电循环稳定性差。添加导电盐后,离子液体由于结晶混合盐相的形成,其黏度和电导率会进一步恶化。LiTFSI 盐在甲级咪唑-$(CH_2)_3SO_3$ 电解液中的电导率为 0.1 mS/cm(50 ℃)。由于离子液体太过昂贵,直到现在使用离子液体的电池系统还未商业化。

2.5.5.3　固态电解质

无机固态电解质中锂离子为单一的移动物质,当锂离子从晶体孔隙或者玻璃体孔洞之间通过时的转移数接近 1。但是,这些材料的离子电导率很低,不能广泛应用于全固态储能电池(见 2.6.3 节)。锆酸镧锂 $Li_7La_3Zr_2O_{12}$(LLZO)的电导率为 10^{-4} S/cm。石榴石 $Li_5La_3M_2O_{12}$(M=No、Ta)与金属锂相比有更高的稳定性,可以耐受高达 6 V 的电位。无定形的锂磷氮氧化物($LiPON$,$Li_{2.9}PO_{3.3}N_{0.46}$,由磷酸锂在氮气氛围中溅射制成)自身是玻璃态的电绝缘体,在 25 ℃时的锂离子电导率为 3.3×10^{-6} S/cm,在高达 5.5 V 的电位下也有良好的电化学稳定性。硫化物 $Li_{3.25}Ge_{0.25}P_{0.75}S_4$ 是目前研究中锂超级离子导体中稳定性最好的,25 ℃下的离子电导率为 0.0022 S/cm。

聚合物电解质[30]大部分基于无溶剂聚乙烯氧化(PEO)和高导电性盐(例如 $LiN(CF_3SO_2)_2$、LiFTSI)在宽电化学窗口下形成的共熔聚合物。高分子量干聚合物(25 ℃下的电导率为 $10^{-6} \sim 10^{-4}$ S/cm)的电导率与其无定形态的程度直接相关,最低的可能玻璃化温度控制着离子迁移。侧链上的可溶性基团可以增加自由度并提高离子电导率,但是会使机械强度降低。聚合物链有序排列会增强其离子电导率;液态晶体链式聚合物在加热(或者保持极化状态下)会得到近似液体的电导率,并且降回室温后仍然保持高电导率状态。将低离子电导率的 $PEO:LiXF_6$($X=P$、As、Sb)晶体复合物中 XF_6 部分替换为其他一价或二价阴离子,可以将其电导率提高两个数量级。

复合聚合物电解质中利用塑化剂作为固体聚合物中的分子链润滑剂:胶体包含 $60\%\sim95\%$ 的液态电解质,这种电解质的电导率约为液态溶液的 $20\%\sim50\%$。以 PEO 为基质的胶体可以实现超过 0.001 S/cm 的离子电导率。向 PEO 中添加纳米颗粒填料,例如氧化铝、氧化钛或氧化硅,可以成倍地增加电导率,将抑制结晶化的时间延长数周,并且增加锂的表观传递数($PEO_{20}LiClO_4/8\%$ Al_2O_3:从 0.31 到 0.77;$PEO_{20}LiBF_4/ZrO_2$ 层:从 0.32 到 0.81)。

2.5.6 分离膜

液态电解质电池中的分离膜[31]必须能阻挡电极之间的电子传递并且保证离子的自由通过。即使在极端的操作条件下,分离膜也必须保证电极之间的隔绝。分离膜的材料必须化学稳定,约 $25~\mu m$ 厚,表观孔隙率低于 $1~\mu m$,这样可以存储足够多的液态电解质并且阻止电极颗粒的穿透。为了确保均匀的电流分布,同时抑制负极的枝晶化,分离膜的渗透率必须保持均匀。分离膜对离子传递的阻抗与厚度、孔隙率和迂曲度有关。

聚烯烃分离膜分为两种:干燥过程制备的聚烯烃分离膜(GELGARD,PP-PE-PP)的孔隙结构为开放式的直孔,湿润过程制备的聚烯烃分离膜(Exxon Mobile "Tonen",PE)的孔隙结构是迂曲式的。优化电池的能量密度需要使用厚度低至 $10~\mu m$ 的隔膜。

无纺布隔膜是指由大量的天然或者合成纤维通过树脂或热塑性纤维黏合而成的隔膜。由于厚度小于 $20~\mu m$ 的无纺布隔膜难以制备,且隔膜表面粗糙,无纺布隔膜只作为胶体电解质电池的支撑构架使用。

无机复合物隔膜通过在聚合物基质中添加超细金属氧化物或金属碳酸盐颗粒制备而成,其中的碳酸亚烷基酯、贝塔丁内酯和其他的有机溶剂可以提高隔膜的润湿性。无机复合物隔膜有良好的热稳定性。为了提高电池的稳定性,在聚烯烃分离膜和无纺布分离膜的一侧或两侧添加无机层(由黏结剂黏接的 Al_2O_3、SiO_2、TiO_2 等)的工艺越来越多。Degussa 的"Separion"隔膜由柔性穿孔无纺布聚合层、聚对苯二甲酸乙二醇酯(PET)和两侧的多孔陶瓷涂层(Al_2O_3/SiO_2)复合而成。利用无机黏接溶胶实现氧化铝粉末在 PET 基体上的涂覆。

2.5.7　单电池和电池组的设计

圆柱电池(18650)：直径 18 mm，高 65 mm，包含卷制成圆柱形的阳极与隔膜、阴极与隔膜。优点：生产快速，相对便宜，高能量密度，由于单电池的能量很低，所以安全性较高。缺点：体积利用率低(约 50%)，连接费用高，容易失效。目前出现了一系列更高标准的圆柱电池：21700(Samsung SDI)、20700(Panasonic)和 20650(LG Chem)。

方形电池：在一个方形容器中包含一个或多个堆叠的平板形式的层状结构的方形电池。容器的存在使方形电池的机械稳定性更强，并且体积利用率高(约 75%)，但是生产费用高。

软包装电池(咖啡包形式)：由于软包装电池使用轻质包装物，所以能量密度更高，体积利用率高(约 75%)，自身柔性，生产费用相对较低。缺点：机械强度低，有安全隐患(膜，电流中断)，难以整合成电池组。软包装电池也称为锂聚合物电池，聚合物指的是包装材料而不是聚合物电解质。

在电动汽车电池领域，这些电池结构都有应用。Tesla 在 Tesla S 型汽车中使用超过 7000 个 18650 圆柱电池以节约成本，因为 18650 圆柱电池是成熟的商业化电池。大多数汽车制造商更倾向于方形电池和软包装电池，因为它们的能量密度更高。

高比能量的锂离子聚合物电池(180～210 Wh/kg)已经应用于混合电动汽车(HEV)中，平均放电倍率高达 10 C 以上。Saft 公司公布了一种超高比能量(VHP)锂离子电池技术，功率密度高达 8 kW/kg(2 s)以及 12 kW/kg(毫秒级)，这种电池技术应用于 F-35 飞机的 270 V 应急电池之中。最近 LTC 公司研发的锂离子单电池容量为 500 Ah，能量含量为 1.8 kWh。

在全固态薄层电池中，固相的负极层、固相电解质层和正极层在基底上依次排列。两个电极都有使锂离子嵌入、脱嵌的能力。在放电过程中，负极中的锂离子向正极迁移。金属锂大多数通过真空热蒸气沉积制备；固态电解质和氧化物电极通过射频溅射、射频磁控溅射、化学气相沉积、静电雾化沉积、脉冲激光沉积和溶胶凝胶法制备。电解质可以是 LiPON 或者含锂玻璃态物质(例如，$Li_{3.6}Si_{0.6}P_{0.4}O_4$、$Li_{6.1}V_{0.61}Si_{0.39}O_{5.36}$、$Li_2SO_4/Li_2O/B_2O_3$、$Li_2S/SiS_2/P_2S_5$、$LiI/Li_2S/P_2S_5/P_2O_5$)。

2.5.8　性能数据、寿命及老化

锂离子电池与传统电池相比有优势，但是也有不足(见表 2.15)。电动汽车的驱动要求高能量密度和短时功率强度，因此电池需要有短时充电的能力。

表 2.15　锂二次电池的特征参数

	优　　势	不　　足
性能参数	电池电压高(3.0～4.2 V),比能量高(电池水平下为 90～240 Wh/kg,200～500 Wh/L),比功率大(达到 500 W/kg)。 放电倍率高(40 C);快速充电(<3 h);>80% DoD 时均可实现有效功率。 循环超过 1000 圈;可深度循环;库仑效率愊近 100%。 自放电水平低(20 ℃下每月为 2%～10%)。 无记忆效应;无需激活;可以耐受微循环	化学反应性;化学物质的稳定性。 比镉镍电池的内阻更高。 高温下和放电小于 2 V 时性能会逐渐降低;过充电会造成容量损失和热逃逸。 温度范围:－20～＋60 ℃。 撞击时会发生泄漏和热逃逸
电池设计	重量轻;电池小,有效容量高。 可以对容量和电流倍率进行优化。 没有自由液态电解液;可以实现胶体电解质和固态电解质	安全防护和电路保护要求高。 运输的管理条件严格。 首选充电模式:恒电压、恒电流
应用和成本	从用户电子设备到电动汽车	比铅酸电池成本更高

比能量。电池的热力学能量储量 W_m 只与活性物质有关,有

$$W_m = \frac{W}{m} = \frac{-\Delta G}{M} = \frac{zFU_0}{M} = Q \cdot \Delta E$$

Q 表示比电荷量,是指摩尔质量 M 的电极活性物质所提供的电荷量。在实际情况下,一般只有大约四分之一的热力学能量储量可以得到利用,这时活性物质利用率不能达到 100%,并且电池还有除活性物质之外的物质构成,包括电解质、分离膜、集流体、导线、电池壳和其他必需的组件。

比功率受电池的内部阻抗限制,包括电解质阻抗和电极反应的过电势。

功率 $P = UI = U_0 - IR_i$,内阻通过测量阳极(－)和阴极(＋)的过电势得到 $R_i = R_e + I(\eta_+ + \eta_-)$,参比电池质量 m 可得比功率为

$$P_m = \frac{P}{m} = \frac{UI}{m} = \frac{I^2 R_i}{m} = \frac{(U_0 - \eta_+ - |\eta_-| - IR_{el})l}{m}$$

大功率电池的代表特征是超薄电极(50～100 μm)和超薄隔膜(<25 μm)。高比能量电池的电极需要达到 150～200 μm 厚。

锂离子电池的内部阻抗在中等电量条件下接近常数,但是会在满充和满放状态下增大。低温下电池内阻会增大,因此传统的锂离子电池系统尤其是聚合物系统在温度过低时不能应用于供能。

能量功率比。典型锂离子电池的平均电池电压为 3.6 V;因此一个锂离子电池的电压输出与三个镍氢电池相等。锂离子电池的比能量超过铅酸电池的 3~4 倍。应用于便携设备的锂离子电池的比能量高达 250 Wh/kg(650 Wh/L)[32]并且比功率可达 1500 W/kg(20 s);能量功率比约为 $W_m/P_m \approx 6$。Rogone 曲线(见图 2.1)表示,比能量为 160~190 Wh/kg 的锂离子电池在小电流放电条件下比功率较低。对功率的要求增加后,单电池的比功率会下降到 50~90 Wh/kg。在电池组中比功率下降的程度会更严重,要比单电池测试下降约 25%~33%。一些大功率电池允许 5 min 内将电量充至 80%(荷电状态;有效放电容量与存储总能量之比),也就是电流倍率高达 10 C~15 C。并且,高放电倍率(40 C)可以为混合动力汽车的加速提供驱动力。在实际使用过程中,荷电状态的范围决定了电池实际的有效容量,例如,荷电状态在 25%~90% 范围使用的电池容量只有 65%,但是电池荷电状态范围也可以拓宽至 15%~95%。

效率。电池的电效率指的是输出电压效率和库仑效率,$\eta_{el} = \eta_U \eta_C$。内阻较低加上没有显著的副反应,锂离子电池的库仑效率(放电量与充电量之比)接近 100%。因此电压效率(放电平均电压和充电平均电压之比)决定了电池的电效率,随着电池的温度从 0 ℃升高到 40 ℃,电池的电效率可以从 90% 提高至 98%。放电电流的增加会加剧极化现象,因此会导致电效率降低。效率与充电因数(库仑效率的倒数)、放电深度、电流、浮充时间、放电时间以及其他相关因素有关。锂二次电池可以深度放电接近 100%,在达到 80% 放电深度时还能保持满功率状态(放电深度 DoD,放电能量与存储的总能量之比),而铅酸电池在 80% 深度放电时功率只有 50%。因此,锂离子电池的储能效率比其他电池更高。锂离子电池的循环能量效率(放电能量与充电能量之比)超过 90%。

充放电特征。图 2.8(a)表示了锂离子电池充放电的四个特征区段。

(1) 锂离子电池适合以恒电流充电。在初始电压跃升(主要由电解质阻抗造成)之后,电池电压持续增加。充电电流倍率一般为 1 C,太高的电流倍率会在负极上形成一层锂镀层,这会使电池容量快速衰减。

(2) 在充电终止时,电流接近为 0(泄漏电流),电池电压在中等荷电状态下达到稳定。最后充电这一段(达到充电截止电压)最好以恒压充电进行。

(3) 满充电池在恒流下的放电过程首先是一段初始电压降,这主要由电解质阻抗造成(IR 降,$U_R = IRe$),随后电压或多或少会进一步下降。允许的最高放电倍率一般比充电倍率高。

(4) 在放电终止时,负载电流接近为 0,电池电压达到与最低荷电状态对应的稳定常数。截止电压设置为 2.3 V,这是为了防止活性物质的不可逆损失

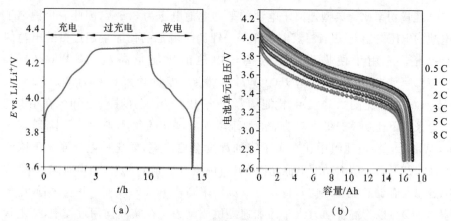

图 2.8 (a) 锰酸锂电池在存在氧化还原剂(来源:ZSW)条件下的充放电特征曲线;(b) 锂离子电池(KOKAM 17 Ah, 3.7 V)在不同放电倍率下的实际放电特征曲线

和再充电时可能发生的危险。

高电流倍率下(电流等于电流倍率和容量之积)的放电特征曲线(电池电压和放电容量的关系)中电池电压会变得更低。在高放电倍率和低温下电池的有效容量会有所损失(见图 2.8(b))。

自放电的程度与铅酸电池近似。锂离子充电一次后的电量可以保持数周;20 ℃时每周电量损失约 0.5%,40 ℃时约 2%,60 ℃时 4%~10%。电池保存电量与存储时间的关系可以用一个指数函数表示,其中,满充电池的放电速度比欠充电池要快。在智能锂离子电池系统中,长期存储时的自放电是由于内置的电压检测电路持续运行造成的。在低荷电状态下自放电速率会降低(见下面存储部分)。

寿命。电池自放电过程中会在锂离子电池的负极生长一层 SEI,这会缩短电池的使用寿命和循环寿命。不管电池的充放电过程如何,老化电池输出的能量比新电池小。锂离子电池会在高温下受损,并且过冲会造成容量损失。

老化[33,34]会造成内阻增加,表现为电压降增加,以及电池所能输出电流减小。尽管如此,锂离子电池的循环寿命也超过了大多数其他商用电池。有时失效曲线会有一个几乎可见的变点,在这一点之后老化过程会变得更快(因此有关于不同老化速度转化的机理模型)。下面是 5 个关于容量损失和功率损失的老化模型。

(1) 阳极表面必要的 SEI 膜的过度增长,这会消耗锂离子,从而导致容量降低。

(2) 溶剂分子可能会与锂离子一起嵌入电极活性物质中,这会损坏晶体结构并阻止锂离子的进一步嵌入。

（3）电解质自身会分解，分解速度与温度和电压负载有关。

（4）在循环充放电过程中，电极材料的结构会发生变化，由于活性物质的持续沉积溶出，电极的完整性会在循环过程中受损。

（5）在高温和高充电倍率时电极表面会形成锂镀层。

使老化过程最慢的最佳操作温度为 20 ℃～30 ℃[35]。

存储。锂离子电池的适宜存储温度应该低于室温，但是不能使电解液冻结（约－40 ℃），并且不能在满冲状态下存储。满冲状态下的锂离子电池在 0 ℃ 下每年会损失约 6% 的容量，25 ℃时约 20%，40 ℃时约 35%，60 ℃时约 40%。当以 50% 的充电状态存储时，在 0 ℃、25 ℃、40 ℃、60 ℃下的容量损失相应为 2%、4%、15%、25%。过高和过低的荷电状态都要避免。满充电的电池如果短路的话化学能会转化为热能。荷电状态过低时电池的阳极电势会升至铜集流体的溶解电势。扩散至分离膜中的 Cu^{2+} 会在下次充电时转化为金属铜，从而造成短路。因此存储时的自放电预留电量必须保证在 35% 左右。

2.5.9　成本

工业用锂电池包含哪些类型很难给出一个确切的统计数据[36]。对于电动汽车用的锂离子电池组，主要生产商的报价为 300 美元到 600 美元（见图 2.9）。到 2020 年，锂离子电池预计的目标成本为 150 美元每千瓦时，这会大大推动电动汽车的商业化。

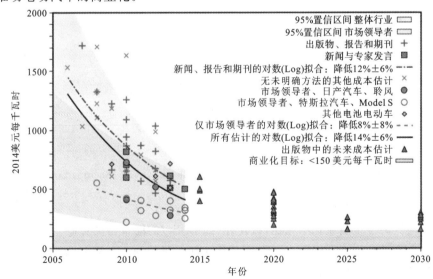

图 2.9　锂离子电池成本的评价与预测。After B. Nykvist, M. Nilsson, Nat. Climate Change 5 (2015)329

2.6 锂离子电池之后的电源发展

250 Wh/kg(整电池)或 350 Wh/kg(单电池)可能是锂离子电池技术能达到的最高比能量,这是一个可持续发展的电动汽车市场的要求(DoE)。发展新的电池技术十分必要。一些研究活动可以追溯到 20 世纪 70～80 年代的石油危机,那时就有人预见到了未来对储能电池的需求。不同的专家对基于锂离子电池的新型电池商业化进行了预测,他们预计锂硫电池在 2025 年之前会实现商业化,而锂空气电池会在 2030 年后实现商业化。因此,下面会介绍一些新的电池概念,有的已经研究成熟,有的还处于试验阶段。所有的后锂离子电池系统都面临着相对较低的比能量的问题,这限制了它们在电池系统和混合动力汽车中的直接应用。超级电容可以作为混合动力系统中电池的功率放大器。锂离子电池和后锂离子电池系统的材料发展路径见图 2.10。

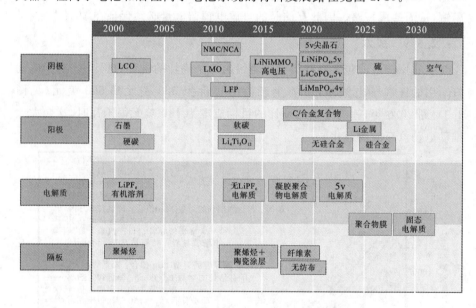

图 2.10 锂电池系统的材料发展历程 Ch. Pillot (Avicenne Energy, France)

2.6.1 锂硫电池

与锂离子金属氧化物相比,硫化锂(如 Li_2S_8)的能量密度更高。硫化锂的理论比能量约为 2600 Wh/kg,实际应用中比能量约为 350 Wh/kg。但是其体积能量密度并未提高,仍约为 350 Wh/L。

电池化学过程。锂硫电池[38]的构成包括一个锂阳极(一)和一个硫阴极(+),如图 2.11(a)所示。在放电过程中会形成可溶性的硫化锂,并且 Li_2S 会沉积在正极的碳基体上。在充电过程中,Li_2S 不会变回硫单质,而是会形成多硫化物阴离子$[S_x]^{2-}$,它会扩散穿过电解质,作为一个穿梭体,导致自放电。

（＋）阴极：$S+2Li^+ \rightarrow Li_2S+2e^-$（放电过程中硫被还原）

$$S_8 \rightarrow Li_2S_8 \rightarrow Li_2S_6 \rightarrow Li_2S_4 \rightarrow Li_2S_3 \rightarrow Li_2S_2 \rightarrow Li_2S$$

（－）阳极：$\qquad\qquad 2Li \rightarrow 2Li^+ + 2e^-$

自放电：$\qquad\qquad S_8 \rightarrow Li_2S_8 \rightarrow Li_2S_4 \rightarrow Li_2S_3$

在硫阴极,在 S_8（满电状态）向 Li_2S 转化的过程中,随着放电深度的变化会形成不同的还原产物:12.5%DoD(2.4 V)时形成 Li_2S_8,25%DoD(2.2 V)时形成 Li_2S_4,50%DoD 时形成 Li_2S_2,最终完全放电时(2.05 V)形成 Li_2S。随着放电深度的加深,化学反应的过程会越来越深入硫单质颗粒的内部。放电过程中的产物和它们的电势如图 2.11(b)所示。虽然电池电势只有 2.1 V,但是锂硫电池可以承受更高的过电势。

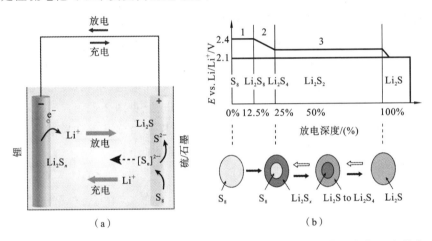

图 2.11 锂硫电池:(a) 电池设计和电极反应造成循环过程中的体积变化;(b) 放电过程中的电位变化

挑战[39]。因为硫单质是绝缘物质(25 ℃时电导率仅为 5×10^{-30} S/cm),所以硫电极必须使用聚合物黏接剂将单质硫与导电材料黏接形成复合电极,例如碳材料(粉末或多壁式纳米管)。硫化物 Li_2S_2 和 Li_2S 不溶于电解质,会在电极表面形成惰性层。因此,实际使用中必须限制放电深度。可以通过一些技术手段来减小锂硫电池的自放电现象,例如在锂电极上添加保护层,将多孔分隔材料替换为膜材料,使用胶体电解质和硫化物溶解性低的溶剂。路易斯(Lewis)酸,例如 BF_3,可以抑制多硫化物的形成。

在对电解质的研究中[40,41]发现,四乙二醇二甲醚和 1,3-二氧戊环构成的混合电解质适合形成稳定的 SEI。对于低温下电池的容量急剧下降的问题（20 ℃ 时约 1300 Ah/kg 下降为 −10 ℃时 360 Ah/kg），添加 5％的乙酸甲酯可以缓解。

电池的循环寿命与电解质的量有关，因此必须防止失水造成比能量损失。只有在电解质和硫单质的比值 E/S ≤ 3 时，电池才能实现较高的能量密度，但是此时使用寿命较短。提高 E/S 可以加长使用寿命但是会降低能量密度[42]。金属锂阳极的枝晶生长现象仍然是锂硫电池面临的问题。目前研究的热点是新型的锂锡-碳复合材料。

原型[43]。锡安电力(Sion Power)研发的锂硫电池(2.2 Ah)具有超过 350 Wh/kg(350 Wh/L)的比能量，但是其循环寿命较短且存在严重的自放电现象。

2.6.2 锂空气电池

锂空气电池系统[44]是一个未来储能的新概念，它包括有机电解质和水相电解质两种[45]。非水相电解质锂空气电池的热力学比能量为 3505 Wh/kg，水相电解质锂空气电池比能量为 3582 Wh/kg，实际的比容量为 400～500 Wh/kg[46]。锂空气电池可以分为非质子溶剂锂空气电池、水相锂空气电池、固体锂空气电池和非质子溶剂/水相复合锂空气电池(见图 2.12)。

电池反应。锂空气电池的阳极为金属锂，阴极是由多孔碳和覆载的氧还原催化剂构成的气体扩散电极。放电过程中的方程如下：

（−）阳极：
$$2Li \rightarrow 2Li^+ + 2e^-$$

（＋）阴极：
$$O_2 + 2e^- + H_2O \rightarrow OH^- + HO_2^-$$
$$2Li^+ + 2OH^- \rightarrow 2LiOH$$

热力学的氧还原电势为 +1.229 V SHE，锂氧化电势为 −3.045 V SHE，所以锂空气电池的开路电势为 $\Delta E^0 = E_{cathode}^0 - E_{anode}^0 \approx 4.27$ V。在一些大胆的设想中，溶解氧可以来自海水，在 pH 为 8.2 时电势为 3.79 V。

$$2Li + 0.5O_2 + H_2O \rightarrow 2LiOH \ (3.45 \ V, \ pH \ 14)$$
$$2Li + 0.5O_2 + 2H^+ \rightarrow 2Li^+ + H_2O \ (4.27 \ V, \ pH \ 0)$$

在非水相电解质中，主反应为锂的氧化。虽然海水电池(pH 8.2)也可以获得 2.56 V 的电势，但通常需要避免水的分解。

$$2Li + O_2 \rightarrow Li_2O_2 (2.97 \ V)$$
$$2Li + 0.5O_2 \rightarrow Li_2O$$
$$2Li + 2H_2O \rightarrow 2LiOH + H_2 (2.22 \ V, \ pH \ 14)$$

在实际的电池中，氧电极反应的动力学抑制需要较高的充电电压，同时其

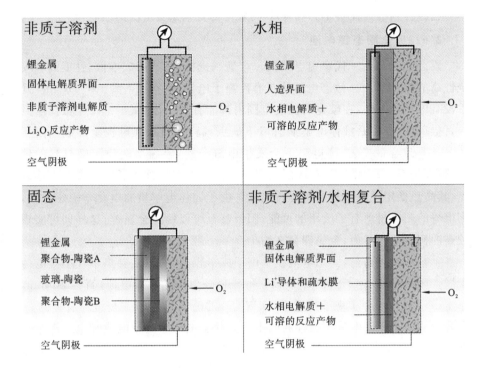

图 2.12 不同的锂空气电池系统。 改进自 G. Girishkumar, B. McCloskey, A.C. Luntz, S. Swanson, W. Wilcke, J. Phys. Chem. Lett. 1 (2010) 2193-22032193-2203

放电电压较低,因此其效率、比能量和比功率会受到氧电极的限制。在碳电极上,即使在低电流密度下氧还原的效率也较低($U_{out}/U_{in} = 2.5 \text{ V}/4.5 \text{ V} \approx 55\%, 0.04 \text{ mA/cm}^2$)。碳基 PtAu 催化剂可将氧电极的效率提高至 $U_{out}/U_{in} = 2.7 \text{ V}/3.7 \text{ V} \approx 73\%^{[47,48]}$,但商业电池不会使用这样昂贵的材料。

水稳定电极。最近的研究提出了在质子或非质子溶剂中固态电解质保护的锂电极。水相电解质虽然可以避免氧电极的堵塞,但是在锂金属电极上需要一层锂离子传导中间层,并且需要固体电解质保护层,材料可以是氮化锂、磷酸金属锂盐或者硫化物玻璃。

挑战[49]。截至目前,水相锂空气电池通常作为一种一次电池技术进行研究。对于锂空气电池系统需进行进一步研究以提高其可逆性,并减少枝晶生长。目前锂空气电池样品的充放电循环寿命约为 100 圈,由此说明容量衰减很快。目前尚待解决的问题包括:①溶剂在空气电极处的蒸发;②潮湿氧气导致的进水;③二氧化碳的存在导致碳酸锂形成的不可逆现象;④空气电极上氧气传质缓慢;⑤过氧化锂堵塞空气电极的孔洞。

已经提到的低比功率和约 60% 的效率都是未来要解决的问题。

2.6.3 全固态锂电池

固态电池是下一代牵引电池的一个新兴选择，它具有成本低、性能高和安全性高的优点[50,51]。液态电解质具有高离子电导率（室温下约 10^{-3} S/cm），几乎没有电子导电性，在较宽的温度范围内都能有效工作（从零下几十摄氏度到一百摄氏度）。但是液体电解质有以下缺点：高可燃性；在电极上形成高阻抗的 SEI 导致容量损失；高电势下会发生电解分解，限制高电势阴极材料的使用；热失控时会形成 HF；有泄漏的风险。固体电解质锂离子电池没有上述缺点，其高热稳定性允许较高的运行温度。由于固体电解质的电化学稳定性强，高电势的阴极材料有了应用的可能，阳极甚至可以使用金属锂，这样即可实现较高的比能量。然而，金属锂会在约 180 ℃ 下融化。

工艺现状。目前，固态电池技术由于成本较高，所以主要集中在小型电池领域。Infinite Power Solutions Inc. 和 Sakti3 生产的纽扣电池（直径 20 mm，厚 1 mm，85 mAh）实现了超过 1000 Wh/L 的能量密度[52]。全世界有大约 20 家公司实现了固态电池原型样品的生产。固态电池为大型电池和电动汽车带来了机遇。"Batscap"of Bolloré 使用金属 Li 作为阳极，V_2O_5 作为阴极，采用 PEO-LiTFSI 聚合物电解质；2.7 kWh 的电池模组，31 V，25 kg，25 L，最大功率 8 kW，110 Wh/kg；"Blue Car"采用 10 个该电池模组构成的 27 kWh 电池，运行里程约为 250 km，充电时间为 6 h。目前约有 3000 台这种电动汽车处于应用中[53]。固态体系由于不需要冷却系统，因此重量更小，节省空间，较锂离子电池更加适用于电动汽车。Volkswagen 购入了 US QuantumScape 5% 的股份，而博世收购了 US Seeon，这两家都是研发聚合物电池体系的美国公司。丰田正在研发使用陶瓷电解质的全固态电池，其研发的 2 Ah 模型电池（C/Li_2S-P_2S_5/NCM）可以达到约 400 Wh/L 和 250 W/L。

材料。全固态电池的化学反应过程通常与液态电解液电池相同。阳极材料包括碳、钛酸盐、锂合金和金属锂；阴极材料有锂氧化物（LCO、NCA）、磷酸盐（LFP）、钒氧化物[51]，以及未来微观结构的 5 V 电池材料。聚合物电解质材料主要是添加导电盐（Li[CF$_3$SO$_2$]$_2$N）（LiTFSI））的 PEO 材料。陶瓷电解质材料中可能采用的有 LiPON、Li$_{10}$GeP$_2$S$_{12}$ 或 Li$_2$S-P_2S$_5$。

挑战。如图 2.13 所示，室温下聚合物电解质的离子导电性较差（10^{-6}~10^{-5} S/cm）；在 60~100 ℃ 时可以达到锂离子电池的一般水平。固态陶瓷电解质的电导率与液态有机电解质接近（10^{-4}~10^{-3} S/cm），但由于固体电解质与固体电极间的接触较差，以及晶界电阻的存在，会增大整体阻抗。为了解决这些问题,薄层电池已经发展到 0.1 mm 厚,仅为最薄的柱状液体电解质锂离子电池厚度的十分之一。混合电解质由固态电解质和少量液态电解质构成。

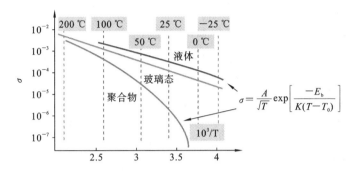

图 2.13　聚合物电解质、玻璃态电解质和液态有机锂离子传导电解质的阿伦尼乌斯(Arrhenius)图(比电导率和温度倒数的关系)。After M. Armand, The future of lithium-metal batteries, Munich Battery Discussions, March 17-1817-18, 2014

与液态电解质电池相比,全固态电池的比能量密度较低。在 25000 个数量范围内的小电池制造的成本主要来自昂贵的原子层沉积(ALD)过程。目前低成本的非真空生产方法在研发之中,预计生产成本为 100 美元每千瓦时。

2.6.4　金属-空气电池

金属-空气电池和金属-离子电池都以锌、镁、钙和铝为电池材料,由于这些材料为两电子或三电子金属,与锂空气电池和钠空气电池相比,其能量体积密度更大。然而金属空气电池的效率(约 60%)和功率都比较低,原因在于空气电极的过电势很高。

氧电极的功率较低,可能需要和动力电池一起构成混合动力系统。由于再充电过程复杂,金属空气电池系统可能不会应用于 SLI 或者微混合/中混合动力电池。

1. 在汽车中的应用

(1) 锌空气电池。

Gulf General Atomic 公司在 1960 年就开始研发锌空气电池,并发布了一款搭载 20 kWh 电池的 mini-moke 吉普车。在 20 世纪 70 年代,通用汽车在一辆 1350 kg 的汽车上进行了机械式可充电的 35 kWh 电池的测试。1995 年,Lawrence Livermore National Laboratory (LLNL)研发的雷诺 R5. Several 6 V/300 W 电池组件被应用于 Santa Barbara 的小型公共汽车中。从 1997 年起,SlovenianMiro Zoric 公司联合 Singapore Polytechnic 公司在新加坡进行

小、中型公共汽车用锌空气电池的研发。在 20 世纪 90 年代末期,德国公司 ZOXY 研发的锌空气电池被应用于 Utah 的货车上,在温度低于 0 ℃下行驶里程达到 760 km。与此同时,加利福尼亚的电动汽车在高温下行驶里程达到了 1650 km。这些二次电池只能循环充放电 10 次。1995 年,German Post 有 64 辆货车搭载了 Electric Fuel Ltd. (EFL)公司生产的 650 kg 锌空气电池,它们的行驶里程约为 300 km,采用机械式方式进行再充电,在电池中心站替换掉原来的锌电极并以电解工艺进行电池再生。

(2)铝空气电池。

以色列公司 Phinergy 正在研发铝空气电池。他们宣称电池的比能量和比功率分别可达 $250\sim400$ Wh/kg 和 $15\sim130$ W/kg[55]。在 2013 年,这种由水活化的电池驱动了一辆汽车行驶 2000 km。电池通过替换铝阳极进行机械化充电。

2. 电池化学

金属空气电池将阴极的氧还原与阳极的金属溶解结合。典型的电池反应产物为氧化物或氢氧化物。

$$4M+nO_2 \rightarrow 4MO_{0.5n}$$
$$4M+nO_2+2nH_2O \rightarrow 4M(OH)_n$$

反应不停的氧气电极[56]的热力学容量可达 3350 Ah/kg,这不会影响电池容量的计算。

3. 挑战

电位相对 SHE 负 0.4 V 以上的贱金属会在碱性溶液中自发地发生氧化反应,所以铝必须在中性溶液中使用,而碱金属必须在有机溶液中使用。金属空气电池的电池电压目前远低于锂离子电池,且充放电循环能力很差。

比能量(Wh/kg):　Li＞Al＞Mg≫Na＞Zn＞Fe＞Cd≫Pb

能量密度(Wh/L):　Al≫Fe≫Zn＞Mg,Cd＞Pb＞Li＞Na

电池电压(V):　Li≫Mg,Na＞Al≫Zn＞Cd,Fe＞Pb

4. 钠空气电池[57,58]

这种吸气式电池的空气电极的过电位很高,且效率很低,这是因为在有机碳酸酯电解质中会形成 Na_2O_2。尽管如此,钠氧电池可以在 2.9 V 下进行再充电,且不存在锂氧系统的副反应。钠空气电池的放电电压仅为 1.8 V。

$$Na^+ +O_2+e^- \longrightarrow NaO_2 (2.263\ V;1105\ Wh/kg\ Na_2O,\ 2643\ Wh/kg\ Na)$$
$$2Na^+ +O_2+2e^- \longrightarrow Na_2O_2 (2.330\ V)$$
$$4Na^+ +O_2+4e^- \longrightarrow 2Na_2O (1.946\ V)$$

5. 锌空气电池[59]

基于锌在氢氧化钾溶液中的溶解和氧气在碳电极上的还原,这种电池在实际应用中的性能参数为 1.2 V,150～200 Wh/kg,100～200 Wh/L。尽管循环过程中会发生电解质体积变化和枝晶生长,可机械化再生的锌空气电池系统仍然是未来有希望作为牵引电池的电池技术。

2.6.5 除锂离子电池以外的金属离子电池

使用廉价材料的金属离子电池是后锂电时代最有前景的电池技术。但目前的性能数据还不理想。

钠离子电池[60,61]。未来的低成本电池可能利用钠离子在水相或非水相电解质中构成钠离子电池。目前,其面临着电池设计和负极钝化的挑战。

（一）阳极： $Na(C) \Longrightarrow C + Na^+ + e^-$

（十）阴极： $Host + Na^+ + e^- \Longrightarrow Na(Host)$

目前钠离子电池的容量和电位较低,分别为 116 Ah/kg 和 2.7 V SHE,这是由于较大的钠离子(半径为 980 pm)在石墨晶格中的嵌入较慢,而且钠离子的摩尔质量(23 g/mol)是锂离子的三倍。由于使用金属钠做负极很危险,因此需要研发新型的嵌入式电极。在电池中存在可溶性的乙二醇醚(聚乙烯醚类)会与钠离子共沉积进入石墨中。

（一）$Na(聚乙烯醚类)_2C_{20} \rightarrow 20C + [Na(聚乙烯醚类)_2]^+ + e^-$

实验中的正极材料使用层状的三维多孔结构材料,并且掺杂氧化锰、氧化钴、磷酸铁和硫酸铁。

镁离子电池[62,63]。一种可充电镁离子电池的开创性研究以 $Mg_xMo_6S_8$ 为电极,以有机氯铝酸镁在四氢呋喃或聚醚(甘醇二甲醚)中的溶液为电解质,该电池实现了 60 Wh/kg,充放电循环的圈数超过 2000 圈。在放电过程中,镁发生溶解,镁离子嵌入硫化物主晶格中(1.1 V 参比 Mg/Mg^{2+})。

（一）阳极： $Mg \Longrightarrow Mg^{2+} + 2e^-$

（十）阴极： $xMg^{2+} + 2e^- + Mo_6S_8 \Longrightarrow Mg_xMo_6S_8$

除了金属镁阳极,铋、锡和镁合金也被提出应用于镁离子电池的阳极。但是,镁不能在水溶液中沉积,因为镁的氧化物和氢氧化物的形成是不可逆的。乙醚溶剂中的格氏试剂 RMgX(R＝烷基;X＝Br、Cl)可以抑制镁的钝化。THF 中的复合电解质 $Ph_2Mg \cdot 3AlCl_3$(Ph—苯基)有 3 V 的电势窗口,充放电循环效率接近 100%。目前研究中的电解质包括氯铝酸盐、硼酸盐、有机硅配合物和 Mg^{2+} 导电聚合物电解质。

镁硫转换电极[64]存储能量的形式不是离子的嵌入,而是镁(阳极)和硫(阴极)合成硫化镁的化学反应。虽然这种电池体系的参数保证包括 1.77 V、1671 Ah/kg、3459 Ah/L,但是尚未找到合适的电解质。

2.6.6　卤化物电池

利用阴离子的嵌入反应设计充电电池目前只是实验室阶段的概念。

氟化物电池[65,66]结合了贱金属(钙、锂或镧),利用氟(电位 2.87 V SHE)以实现高达 6 V 的电池电压。氟离子被用作是电极之间的移动相,而非强氧化性的氟。

(一)阳极：
$$M + xF \Longleftrightarrow MF_x + xe^-$$

(十)阴极：
$$M'F_x + xe^- \Longleftrightarrow M' + xF^-$$

电池总反应：
$$M'F_x + M \Longleftrightarrow M' + MF_x$$

Ca/CoF_3 体系可以实现 3.59 V 的热力学电池电压和 45 Ah/kg 的比容量。其循环寿命尚低,功率较小,同时还需要研发适合氟离子传导的电解质。

双离子电池利用复合阴离子,例如双三氟甲烷磺酰亚胺根(TFSI$^-$),它会在充电时同时嵌入阳极和阴极中。

2.6.7　氧化还原液流电池

氧化还原液流电池[67,69]采用可溶性物质在电极上的氧化还原过程进行电能的存储与释放,电解液在存储容器中循环(见图 2.14)。目前该种电池的能量密度和功率密度低于铅酸电池。要满足电动汽车需求的话,氧化还原液流电池系统需要实现长时间稳定性和低成本的有机氧化还原体系。

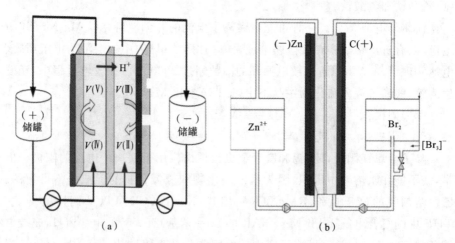

图 2.14　(a) 钒氧化还原液流电池;(b) 锌溴电池

汽车应用。对于电驱动系统,未来的液流电池可以通过在填充站机械添加液态活性物质实现再生,而不用花费时间进行充电。通常液流电池的问题在于其比功率较低。NanoFlowcell 是 Lichtenstein 的一家新兴公司,"Quant F"汽车中的液流电池可达 600 Wh/kg 和 6000 Wh/kg,可行驶里程为 1000 km,目前这些数据还没有被证实。包括 36 V/5 kW 的钒液流电池和两个 40 L 储罐(1.85 M 钒电解质)的高尔夫球车可以支持的运行里程为 17 km,含两个 60 L(3-M 电解质)的运行里程约为 40 km。从 1983 年起,位于米尔兹楚希拉克(澳大利亚)的 Studiengesellschaft für Energiespeicher und Antriebssysteme(SEA)就研发了电动车用锌/溴电池,例如在 Postal Service 的 Volkswagen van 上搭载的 45 kWh/216 V(700 kg)电池可供运行的行驶里程为 220 km(50 km/h)。还有菲亚特 Panda 上也搭载了 18 kWh 锌溴电池(72 V,250 Ah,360 kg,能量效率为 80%)。德国公司 Hotzenblitz 也研发了一款搭载 15 kWh/114 V 锌溴电池的电动汽车。丰田汽车公司也研发了用于城市运输车辆"EV-30"的锌溴电池,这种两座车辆设计针对建筑物内、购物中心、小型社区和火车站的人群的交通使用需求。

液流电池系统过于复杂,不适用于小型 SLI 和微混合动力汽车。

铁铬氧化还原液流电池[70]。从 1970 年起,NASA 就开始研发氧化还原活性盐溶液,其可以在由膜分隔的半电池中的聚合物黏接石墨电极上进行可逆的氧化还原反应。放电反应过程如下:

(一)阳极氧化: $Cr^{2+} \Longleftrightarrow Cr^{3+} + e^-$ ($E^0 = -0.41$ V)

(+)阴极还原: $Fe^{3+} + e^- \Longleftrightarrow Fe^{2+}$ ($E^0 = +0.77$ V)

电池总反应: $Fe^{3+} + Cr^{2+} \Longleftrightarrow Fe^{2+} + Cr^{3+}$ ($\Delta E^0 \approx 1.18$ V)

尽管化学材料廉价,但是其存在着能量密度低、自放电水平高和充电过程析氢等问题。该技术在日本和美国已经实现固定储能系统的构建。

钒氧化还原液流电池[71]。这是目前发展最成熟的氧化还原液流电池,利用的是硫酸中不同价态的钒离子,其由储槽向膜电池供给。碳毡电极上的放电反应过程如下,与充电过程正相反:

(+)阴极还原: $VO_2^+ + 2H^+ + e^- \Longleftrightarrow VO^{2+} + H_2O$ ($E^0 = +1.00$ V)

(一)阳极氧化: $V^{2+} \Longleftrightarrow V^{3+} + e^-$ ($E^0 = -0.26$ V)

膜扩散: $H^+(-) \Longleftrightarrow H^+(+)$

实际应用时,50%SoC 状态下电池电压为 1.4 V,满充状态下为 1.6 V。比能量较低,共计为 25~30 Wh/kg。阴极电解质和阳极电解质的颜色表示了钒的不同价态:V(Ⅱ)紫色,V(Ⅲ)绿色,V(Ⅳ)蓝色,V(Ⅴ)黄色,在半荷电状态下呈青绿色。首次充电时两个半电池的硫酸电解液中分别为 V(Ⅲ)和

$V(Ⅳ)$，分别转化为 $V(Ⅱ)$ 和 $V(Ⅴ)$（见图 2.14(a)）。

锌溴电池。锌溴电池中固态的锌在放电时溶解，在充电时重新沉积。负载在聚合物黏接碳材料电极上的溴会形成 $[Br_3]^-$ 和 $[Br_5]^-$，它们通过有机基质结合并且在储槽中因重力而分离，因此它们不能扩散到锌阳极。另外，阴极和阳极空间通过聚合物膜分隔。简而言之，放电反应过程如下：

（一）阳极氧化： $Zn \rightleftharpoons Zn^{2+} + 2e^- \ (E^0 = -0.76 \ V)$

（＋）阴极还原： $[Br_3]^- + 2e^- \rightleftharpoons 3Br^- \ (E^0 = +1.09 \ V)$

电池总反应： $Zn + [Br_3] \rightleftharpoons Zn^{2+} + 3Br^- \ (\Delta E^0 \approx 1.85 \ V)$

工作原理示意图如图 2.14(b)所示。根据热力学理论，电池电压计算得到的比能量为 440 Wh/kg。但是该电池技术存在很多问题，包括峰值功率低、材料成本不低、锌枝晶问题、腐蚀、自放电程度高、过充时析氢和电解质系统存在漏电电流。Premium Power 实现了双极电堆（30 kW，45 kWh）。澳大利亚的研究中搭载 45 kWh 电池的电动汽车行驶了超过 80000 km。

多硫化物-溴氧化还原液流电池。通过两个半电池中的具有氧化还原活性的阴离子构建实现了再生燃料电池（商业名称为 Regenesys），电解质分别为多硫化钠和三溴化钠，两个半电池腔室由阳离子交换膜分隔。放电反应的开路电压为 1.36 V，充放电循环效率为 75%。

（一）阳极氧化： $2[S_2]^{2-} \rightleftharpoons [S_4]^{2-} + 2e^- \ (E^0 = -0.27 \ V)$

（＋）阴极还原： $[Br_3]^- + 2e^- \rightleftharpoons 3Br^- \ (E^0 = +1.09 \ V)$

电池总反应： $Zn + 2[S_2]^{2-} \rightleftharpoons Zn^{2+} + [S_4]^{2-} \ (\Delta E^0 \approx 1.36 \ V)$

这个电池系统存在的问题还有溴和硫化氢的蒸发、电流密度低、检测复杂等，所以该技术尚未应用于电动汽车。

可溶性铅酸液流电池。在这个简单的实验系统中利用的是可溶性铅盐，例如甲基磺酸铅。碳电极上的放电过程中，铅离子向溶液转移。

（一）阳极氧化： $Pb \rightleftharpoons Pb^{2+} + 2e^- \ (E^0 = -0.13 \ V)$

（＋）阴极还原： $PbO_2 + 4H^+ + 2e^- \rightleftharpoons Pb^{2+} + 2H_2O \ (E^0 = +1.46 \ V)$

电池总反应： $Pb + PbO_2 + 4H^+ \rightleftharpoons 2Pb^{2+} + 2H_2O \ (\Delta E^0 \approx 1.59 \ V)$

该技术目前存在的问题有功率低、缺少合适的双极板电极、充电过程的铅枝晶以及酸和铅离了的浓度变化等。该技术不需要隔膜，单个电池腔室已经足够。

新概念利用金属和金属氧化物的沉积、溶出反应以及固相和液相的转化。基于醌类物质可以设计出非金属电池。

2.7　超级电容

所谓的双电层电容器或超级电容[72,74]是利用有机电解质中两个碳电极之间相界面的电容进行储能,利用电介质的特性和类似电池的法拉第反应。相比一般的能量密度(典型值为 5 Wh/kg),超级电容在脉冲放电下可以得到很高的功率密度(高达 10 kW/kg)。作为一个联合了传统电容和电池的新技术,这样的储能装置可以进行非常快速地充放电,所以该技术的应用方向包括助推器和 HEVs 中制动能量回收以及混合动力电池。目前在世界范围内已经有很多公司实现了活性炭材料的商业化,而金属氧化物和导电聚合物的商业化目前则很少。

2.7.1　汽车应用

在 2010 年,PSA 标致雪铁龙(Peugeot-Citroën)宣布了其第二代微混合动力系统"e-HDi",搭载该系统的车型为雪铁龙 C4 和 C5。该微混合动力系统包括一个 70 Ah 的密封铅酸电池,并且由带有电力电子系统和超级电容(Maxwell Boostcap 600 F/5V)的 Continental Automotive-sourced 公司的"e-booster"系统支持。该电容器克服了需要 100 Ah 电池来为柴油发动机的重启提供动力的问题。在发动机重启时电容电压降约为 0.5 V,这远小于部分 SoC 下铅酸电池的电压降,并且电容技术可以在 5 s 内以 0.1 V/s 的倍率进行充电再生。

在"Mazda6""Mazda3"和"CX-5"电池中搭载的马自达(Mazda)i-ELOOP系统中包括一个 25 V 的超级电容,一个 5 kW 的交流发电机和一个降压型DC/DC 转化器。超级电容扩展了铅酸电池的循环寿命和其在发动机机箱中的耐用性,这使在电池使用间隔内的燃油经济性得到提高[78]。

2.7.2　碳技术

电池化学过程。商业化的双电层电容器以高比表面积的碳材料为基体,并在碳材料上发生额外的类似电池的氧化还原反应(法拉第电容)。大致上平板电容器形式的超级电容的电容 C(法拉第形式)和存储能量 W 的关系如下:

$$C = \varepsilon_0 \varepsilon_r \frac{A}{d}, \quad W = \frac{1}{2}CU^2$$

其中,d 表示纳米级别的双电层电容厚度或者电极(单电池)间距,A 是实际的电极横截面面积,ε 为电极和电解质界面的表观介电常数。但是,超级电容的容量和内阻受频率、电压和温度的影响很大,因此超级电容的赝电容 $C(\omega, U,$

T)是实际测量得到的,而不是一个电容常数。

$$C(U)=\frac{dQ}{dU}, \quad C_\omega=\frac{\mathrm{Im}\underline{Y}(\omega)}{\omega}=\frac{-\mathrm{Im}\underline{Z}(\omega)}{\omega\cdot\left|(\mathrm{Im}\underline{Z}(\omega))^2+(\mathrm{Re}\underline{Z}(\omega))^2\right|}$$

其中,Q 是电荷量,U 是电压,$\underline{Z}$ 是阻抗(Re 是实部,Im 是虚部),$\underline{Y}$ 是导纳,ω 是角频率。

工艺现状。电池电压为 2.3~3 V,单个电池电容为 10~5000 F,内阻(ESR)为几豪欧姆,比能量为 3~10 Wh/kg,比功率为 1~10 kW/kg,典型峰值功率为 8~80 kW/kg。允许满放电和深度放电。库仑效率大于 99%,循环寿命大于 1 Mio。使用寿命大于 10 年。

材料。卷绕式电池中的商用带式电极大多数基于活性的碳材料,由含氟聚合物黏接、以炭黑为添加剂、以铝作为基材、以电解液为有机溶液(季铵盐的乙腈或 PC 溶液)。一些电池材料在目前商业化超级电容中并没有太多应用,例如碳纤维、金属氧化物、导电聚合物以及水相溶剂和固态电解质。隔膜的材料包括微孔聚烯烃无纺布或者通过亲水处理制成的聚四氟乙烯(PTFE)拉伸膜。聚乙烯-聚丙烯(PE-PP)三层分离膜和发泡 PTFE 材料的生产已经有几年的时间了。

优势。纳米孔隙碳材料有很高的比表面积(高达 2000 m^2/g),可以控制材料的孔隙结构和尺寸分布、润湿性和电导率。如果活性炭材料的平均电容为 15~25 mF/cm^2,比表面积为 1000 m^2/g,那么材料的电容可达 150~250 F/g。在乙腈或 PC 溶剂中,碳材料的典型电容为 0.15 F/cm^2(100~180 F/g,70~130 F/cm^3)。新型的石墨材料可以实现更佳的性能。超级电容的优势在于其功率水平,在开始放电后超级电容可以瞬间得到千瓦级的功率响应。超级电容的安全性较高,因为电解质的量很少,其失效的原因通常是阻抗变高(而不是短路)。

挑战。与普通电池相比,超级电容的能量密度很小。电池电压受电解质的分解电压(<3 V)影响很大,在水相体系里更低。超级电容的老化有两个主要原因:一是聚合物黏接电极的逐渐瓦解,二是不当操作电压和高温造成的意外电解。两者都会导致阻抗的增加和容量的下降。

2.7.3　混合动力系统

铅酸-电容混合系统。电力推进系统需要电池提供很高的电流。深度放电,也就是电池在较宽的电势窗口保持高电流直至电池接近满放,这种操作条件严重限制了电池的寿命。电池和超级电容的混合动力技术结合使用二氧化铅电极、海绵铅电极和碳电极的复合电极,以改善部分 SoC 下铅酸电池的循环寿命和动力学性能,从而满足混合动力汽车的要求。目前已经有实现商业化的超级电池™,见第 12 章。

锂离子电容混合系统。斯巴鲁技术研究(Subaru Technical Research)和富士重工(Fuji Heavy Industries)展出了一种以活性炭材料做正极,以锂离子嵌入型碳电极做负极的新型电池。混合电容器的电容值与正极的活性物质量 m 有关,$C = C_+ m_+ / (m_+ + m_-)$,因为 $C_- \gg C_+$。电池电压为 3.8~4.0 V,其中锂离子嵌入电极的电势接近为常数,在低于约 3 V 时碳电极将电荷传至负极。电解质是六氟磷酸锂的 PC 溶液。最低电池电压为 1.9~2.2 V,电池内阻为 0.24~0.43 Ω/cm^2。2000 F/3.8 V 装置测得的比能量为 10 Wh/kg,峰值比功率约为 1.3 kW/kg。

2.8 燃料电池

燃料电池技术可以通过电化学反应实现氢气和氧气的冷燃烧,这种电池称为氢氧燃料电池。燃料电池技术有很多应用,包括卡车、火车、摩托车、船只、潜水艇、赛车和飞机。目前最先进的电动汽车中使用的是聚合物电解质燃料电池(PEMFC)。

2.8.1 汽车应用

与传统电池不同,燃料电池的功率(电堆)和能量/容量(燃料箱)可以分别控制。长途行驶的汽车需要巨大的电池,然而功率一定的燃料电池可以通过在适度范围内增大燃料箱来实现容量的增加。行驶距离 d 和电池质量 m 呈斜率为 b 的线性关系($d = bm + m_0$)。传统电池技术的 b 较大,而燃料电池的 m_0 较大、b 较小。所以,传统电池技术适合短途行驶,燃料电池更能满足长途行驶的需求。

电动汽车。1959 年,Allis-Chalmers 以一个 15 kW 的碱性燃料电池(AFC)驱动了一台拖拉机。碱性燃料电池(Apollo)和 PEM 电池(Gemini)在航天项目中的应用激起了汽车制造商对燃料电池的兴趣。GM 在 1966 年将 150 kW(32 个 5 kW)的 AFC 电池应用于一台 Chevrolet Electrovan 中,实现了 200 km 的行驶。1967 年,Karl Kordesch 研发了一台 AFC/NiCd 混合动力摩托车,其中燃料电池以肼为燃料。同时,德累斯顿工业大学(TU Dresden)/BAE(德国)公司研发了一种以肼-空气 AFC 为动力的 3 kW 叉车。1970 年,Union Carbide 公布了一种搭载 6 kW AFC 和铅酸电池的混合动力汽车,行驶里程为 200 km。1972 年,日本国家先进工业科学技术研究所(AIST)、松下和大发(Daihatsu)联合生产了一种轻型货车,该货车搭载 5.2 kW 的肼-空气 AFC,每行驶 80 km 消耗 1 L 肼。1998 年,零排放汽车公司(ZEVCO)在伦敦投放一批搭载 5 kW AFC 的出租车。虽然 AFC 电池使用无铂催化剂,成本相对较低,但是其空气补偿问题(CO_2 去除)限制了其商业化。电动汽车用燃料电池的焦点在于 PEMFC。第一辆 PEMFC 汽车在 1993 年由 Energy Partners-Consulier 实现,该车搭载三台 15 kW PEMFC,可以驱动汽车行驶超过 90 km。戴姆勒-奔驰在 20 世纪 90 年代初期开始燃料电池的研发。不同的汽车生产厂商都有自己的燃料电池展示车型[75]。截至 2016 年,有 3 种不同的燃料电池汽车实现了商业化。

(1) 现代"Tuscon ix35",在 2014 年行驶里程 425 km,搭载 100 kW PEMFC 和锂离子电池,0.95 kWh,租赁价格为 600 美元。

(2) 丰田"Miray",在 2015 年行驶里程 500 km,搭载 114 kW PEMFC 和镍氢电池 1.6 kWh,价格为 58500 美元,79000 欧元。

(3) 本田"FCX Clarity",在 2016 年行驶里程 480 km,搭载 100 kW PEMFC 和锂离子电池 1.2 kWh,价格为 67300 美元。

对于轻型车,可以使用直接甲醇电池(DMFC),以甲醇为燃料,但是功率较低。

公交车。已经实现了燃料电池在公交车中的应用。VanHool N. V 公司的 A330FC 型混合动力公交车搭载了 120 kW PEMFC 和 24 kWh 锂离子电池(LTO)。富士电机(Fuji Electric)在汽车中搭载 50 kW 的磷酸燃料电池(PAFC),UTC 实现了 100 kW PAFC 的应用。这些磷酸燃料电池的操作温度需要一直保持在 200 ℃。

燃料电池辅助动力装置(FC-APU)。考虑使用一些低效率的装置,例如发电机,来减少 CO_2 的排放。皮带发电机的效率为 30%～50%(最高转速下),集成式启动发电机的效率为 80%。一些新概念,例如线控驱动和线控制动会使平均功率需求提高到 2～4 kW。仅仅提供电能的燃料消耗每 100 km 就要 1.5～3 L,另外空调系统也需要较多电能。卡车发动机空转时每小时消耗 3 L 燃料,或者输入 30 kW 的闲置热功率。对于辅助动力装置(APU),燃料电池相比低效率的 ICE/发电机系统,可以将 40% 的效率损失转化为合适的动力输出。

燃料电池作为一个二次系统,最好可以以柴油和汽油为原料,这需要一个重整过程,这使 PEMFC 系统变得更复杂。固体氧化物燃料电池(SOFC)可以在其内部实现燃料重整。这种电池的原型机由 Delphi 和 BMW 在 2001 年联合研发。Eberspächer(德国)展出了其研发的一个 3 kW SOFC 系统,效率为 30%,NO_x 排放量很低,没有柴油颗粒排放,外部噪声强度为 58 dB(A),车内 小于 40 dB(A)。与重型卡车发动机空转时相比,CO_2 的排放可以削减 70%。 净功率为 3 kW 时柴油消耗为 1.0 L/h。

2.8.2　电池化学过程和电池设计

燃料电池可以使用聚合物、液体、固体或熔融盐作为电解质,这也是技术 发展的缩影。燃料通常是纯氢,在阳极被氧化(负极);空气中的氧气在阴极被 还原(正极)。电极反应与水电解过程正好相反。

聚合物电解质燃料电池(PEMFC):两个碳电极由薄层质子交换膜分隔, 电极上涂覆分散均匀的碳载铂催化剂,泵进湿润燃气。电池热力学平衡态电 压为 1.23 V,实际工作时约为 0.8 V。

$$(-)2H_2 \rightarrow 4H^+ + 4e^-$$

$$(+)O_2 + 4H^+ + 4e^- \rightarrow 2H_2O$$

优势:膜电极组件可以通过双极板实现电池堆组建,从而得到高比功率 (约为 1 kW/kg);电效率较高,50%~68%(电池),43%~50%(天然气系统)。 挑战:氢气中的 CO 杂质会污染铂催化剂;膜的干化和冻结;成本仍较高。

直接甲醇燃料电池(DMFC):这种 PEM 燃料电池的变体以液态或气态的 甲醇为燃料,实际电池电压约为 0.5 V(理论平衡电压为 1.186 V)。

$$(-)CH_3OH + H_2O \rightarrow CO_2 + 6H^+ + 6e^-$$

$$(+)\frac{3}{2}O_2 + 6H^+ + 6e^- \rightarrow 3H_2O$$

优势:不需要对燃料进行处理。挑战:甲醇会通过扩散和电渗透穿过膜, 在阳极被氧化;催化剂相对活性不高;功率和效率较低(电池 20%~30%)。

碱性燃料电池(AFC):电极为镍电极,电解质为 30%氢氧化钾溶液。

$$(-)H_2 + 2OH^- \rightarrow 2H_2O + 2e^-$$

$$(+)\frac{1}{2}O_2 + H_2O + 2e^- \rightarrow 2OH^-$$

优势:催化剂成本低,效率高,氧还原动力学快,操作温度低。挑战:需要 纯氧以防止电解液中 K_2CO_3 的形成;电极的腐蚀和碱金属类氢氧化物造成的 气体通道腐蚀。

磷酸燃料电池(PAFC):电极为覆载铂催化剂的碳电极,电解质为高温磷 酸(190 ℃),燃料为氢气(来自蒸气重整或者天然气)和空气。

$$(-)2H_2 \rightarrow 4H^+ + 4e^-$$

$$(+)O_2+4H^++4e^-\rightarrow 2H_2O$$

优势:兆瓦级的原型机可以实现热电联产。挑战:电极寿命不高,电解液导电性不强。

熔融碳酸盐燃料电池(MCFC):这种高温技术使用熔融的碱金属碳酸盐,基质为绝热材料,温度约为 630 ℃。由于一些技术问题,MCFC 还未应用于一般道路电动汽车中。不过,MCFC 在大型船只项目中已有应用。

$$(-)H_2+[CO_3]^{2-}\rightarrow H_2O+CO_2+2e^-$$
$$(+)O_2+2CO_2+4e^-\rightarrow 2[CO_3]^{2-}$$

优势:电池电压为 0.75 V(热力学理论平衡电压为 1.04 V);基于镍-铬材料和氧化的烧结镍材料的电极成本低;可以承受 CO 的污染;可以在阳极附近通过内部重整产生氢气;可以进行热电联产。挑战:CO_2 的循环,电极腐蚀造成的短路;对硫敏感。

固体氧化物燃料电池(SOFC):电极材料为镍或掺杂钙钛矿(例如 LaSrMnO$_3$),在电极上涂覆传导氧离子的平板或管式固态电解质(ZrO$_2$/Y$_2$O$_3$(YSZ))。

$$(-)2H_2+O^{2-}\rightarrow 2H_2O+4e^-$$
$$(+)O_2+4e^-\rightarrow 2O^{2-}$$

优势:电池电压为 0.88～0.93 V(空气或纯氧中);CO 耐受材料;燃料电极处可以实现天然气的内部重整;电效率高 60%～65%(电池),55%～65%(天然气系统)。挑战:材料的温度稳定性;邻近电池连接处陶瓷导体的电互联。

参考文献

铅酸

[1] J. Garche, et al. , Encyclopedia of Electrochemical Power Sources, in: Secondary Batteries:Lead Acid Batteries, vol. 4, Elsevier, Amsterdam, 2009, pp. 550-864.

[2] P. Kurzweil, Gaston Planté and his invention of the lead-acid battery. The genesis ofthe first practical rechargeable battery, J. Power Sources 195 (2010) 4424-4434.

[3] D. A. J. Rand, P. T. Moseley, Energy storage with lead-acid batteries, in: P. T. Moseley,J. Garche (Eds.), Electrochemical Energy Storage for Renewable Sources and GridBalancing, Elsevier, Amsterdam, 2015 (Chapter 13).

镍-镉与镍-金属氢化物

[4] P. Bernard，M. Lippert，Nickel-cadmium and nickel-metal hydride battery energystorage（SAFT），in：P. T. Moseley，J. Garche（Eds.），Electrochemical Energy Storage forRenewable Sources and Grid Balancing，Elsevier，Amsterdam，2015（Chapter 14）.

[5] C. Daniel，J. O. Besenhard（Eds.），Handbook of Battery Materials，Wiley-VCH，Weinheim，2011.

钠电池

[6] C. Mondoloni，Energy-Storage Solutions for Advanced 14 V Systems，AABC 2016，Mainz（Germany），January 28，2016.

[7] http://www. car-engineer. com/nickel-zinc-batteries-for-future-stop-start-psasystems/.

[8] J. Phillips，The Evolution of Micro-hybrid EV Systems using Nickel-Zinc Energy Storage，in：31st Int. Battery Seminar，Ft. Lauderdale，March 10-13，2014，Proceedings，pp. 515-543.

[9] M. Fetcenko，J. Koch，M. Zelinsky，Nickelemetal hydride and nickelezinc batteries forhybrid electric vehicles and battery electric vehicles，in：B. Scrosati，J. Garche，W. Tillmetz（Eds.），Advances in Battery Technologies for Electric Vehicles，Woodhead，Amsterdam，2015，pp. 103-126（Chapter 6）.

[10] P. T. Moseley，D. A. J. Rand，High-temperature sodium batteries for energy storage，in：P. T. Moseley，J. Garche（Eds.），Electrochemical Energy Storage for Renewable Sourcesand Grid Balancing，Elsevier，Amsterdam，2015（Chapter 15）.

[11] T. M. O'Sullivan，C. M. Bingham，R. E. Clark，Zebra Battery Technologies for the AllElectric Smart Car，SPEEDAM，in：International Symposium on Power Electronics，Electrical Drives，Automation and Motion，2006，pp. 834-836，834-11.

[12] EUROBAT，A Review of Battery Technologies for Automotive Applications，2014. http://www. curobat. org/sites/default/files/a_review_of_batteries_for_automotive_applications_-_full_report_0. pdf.

[13] J. I. Sudworth，R. C. Galloway，Secondary batteries：high temperature systems. Sodiumnickel chloride，in：J. Garche，et al. （Eds.），Encyclo-

pedia of Electrochemical Power Sources, vol. 4, Elsevier, Amsterdam, 2009, pp. 312-323.

锂离子电池

[14] R. Korthauer (Ed.), Handbuch Lithium-Ionen-Batterien, Springer, Berlin, 2013.

[15] P. Kurzweil, Lithium battery energy storage: state of the art including lithiumeair andlithiumesulfur systems, in: P. T. Moseley, J. Garche (Eds.), Electrochemical EnergyStorage for Renewable Sources and Grid Balancing, Elsevier, Amsterdam, 2015, pp. 269-307 (Chapter 16).

[16] B. Scrosati, K. M. Abraham, W. van Schalkwijk, J. Hassoun, Lithium Batteries, Advanced Technologies and Applications, John Wiley & Sons, Hoboken, 2013.

[17] J. S. Wang, P. Liu, S. Soukiazian, H. Tataria, M. Dontigny, A. Guerfi, K. Zaghib, M. W. Verbrugge, J. Power Sources 256 (2014) 288-293.

[18] Y. Ji, ChY. Wang, Electrochim. Acta 107 (2013) 664-674.

[19] Ch. Y. Wang, G. Zhang, Sh Ge, T. Xu, Y. Ji, X. G. Yang, Y. Leng, Nature 529 (2016) 515.

[20] Ch. Y. Wang, Personal communication, June 24, 2016.

[21] N. Maleschitz, Lead-Acid Battery Technology Advances and the threat of Li-IonTechnology 8th World Lead Conference, Amsterdam, 30-31 March 2016.

[22] S. An, J. Li, C. Daniel, D. Mohanty, Sh Nagpure, D. L. Wood Ⅲ, Carbon 105 (2016) 52-76.

[23] K. Kinoshita, K. Zaghibb, Negative electrodes for Li-ion batteries, J. Power Sources110 (2) (2002) 416-423.

[24] M. Inaba, Negative electrodes: graphite, in: Encyclopedia of Electrochemical PowerSources, vol. 5, Elsevier, Amsterdam, 2009, pp. 198-208.

[25] S. Dou, Review and prospect of layered lithium nickel manganese oxide as cathodematerials for Li-ion batteries, J. Solid State Electrochem. 17 (4) (2013) 911-926.

[26] A. Kraytsberg，Y. Ein-Eli，Higher，stronger，better. A review of 5 Volt cathode materialsfor advanced lithium-ion batteries，Adv. Energy Mater. 2 (8) (2012) 922-939.

[27] A. Ritchie，W. Howard，Recent developments and likely advances in lithium-ionbatteries，J. Power Sources 162 (2) (2006) 809-812.

[28] P. B. Balbuena，X. Y. Wang（Eds.），Lithium Ion Batteries：Solid Electrolyte Interphase，Imperial College Press，London，2004.

[29] S. S. Zhang，A review on electrolyte additives for lithium-ion batteries，J. PowerSources 162 (2) (2006) 1379-1394.

[30] D. Golodnitsky，Electrolytes：single lithium ion conducting polymers，in：J. Garche，et al.（Eds.），Encyclopedia of Electrochemical Power Sources，vol. 5，Elsevier，Amsterdam，2009，p. 112.

[31] S. S. Zhang，A review on the separators of liquid electrolyte Li-ion batteries，J. PowerSources 164 (2007) 351-364.

[32] V. Muenzel，A. F. Hollenkamp，A. I. Bhatt，J. de Hoog，M. Brazil，D. A. Thomas，I. Mareelsa，J. Electrochem. Soc. 162 (8) (2015) A1592-A1600.

[33] J. Vetter，M. Winter，M. Wohlfahrt-Mehrens，in：J. Garche，et al.（Eds.），Encyclopediaof electrochemical power sources，Secondary Batteries e Lithium RechargeableSystems e Lithium-Ion：Aging Mechanisms，vol. 5，Elsevier，Amsterdam，2009，pp. 393-403.

[34] L. S. Kanevskii，V. S. Dubasova，Degradation of lithium-ion batteries and how to fight it：A review，Russian J. Electrochem. 41 (1) (2005) 1-16.

[35] T. Waldmann，M. Wilka，M. Kasper，M. Fleischhammer，M. Wohlfahrt-Mehrens，J. PowerSources 262 (2014) 129-135.

[36] R. Berger，Battery Material Cost Study and Battery Value Chain Study，2011.

锂-硫

[37] B. Nykvist，M. Nilsson，Nat. Climate Change 5 (2015) 329.

[38] J. R. Akridge，Y. V. Mikhaylik，N. White，LieS fundamental chemistry and application tohigh-performance rechargeable batteries，Solid State Ionics 175 (2004) 243-245.

[39] N. Ding, S. W. Chien, T. S. A. Hor, Z. Liu, Y. Zong, Key parameters in design of lithiumesulfur batteries, J. Power Sources 269 (2014) 111-116.

[40] J. Scheers, S. Fantini, P. Johansson, A review of electrolytes for lithiumesulfur batteries, J. Power Sources 255 (2014) 204-218.

[41] M. Agostini, D. -J. Lee, B. Scrosati, Y. K. Sun, J. Hassoun, Characteristics of Li_2S_8-tetraglyme catholyte in a semi-liquid lithium-sulfur battery, J. Power Sources 265(2014) 14-19.

[42] M. Hagen, P. Franz, J. Tübke, J. Power Sources 264 (2014) 30-34.

[43] L. Chen, L. L. Shaw, Recent advances in lithiumesulfur batteries, J. Power Sources 267(2014) 770-783.

锂-空气

[44] I. Kowalczk, J. Read, M. Salomon, Lieair batteries: a classic example of limitationsowing to solubilities, Pure Appl. Chem. 79 (2007) 851-860.

[45] S. J. Visco, V. Y. Nimon, A. Petrov, K. Pridatko, N. Goncharenko, E. Nimon, L. De Jonghe, Y. M. Volfkovich, D. A. Bograchev, Aqueous and nonaqueous lithium-air batteriesenabled by water-stable lithium metal electrodes, J. Solid State Electrochem. 18 (2014)1443-1456.

[46] D. Capsoni, M. Bini, St Ferrari, E. Quartarone, P. Mustarelli, J. Power Sources 220 (2012)253-263.

[47] D. Aurbach, M. Daroux, P. Faguy, E. Yeager, The electrochemistry of noble metalelectrodes in aprotic organic solvents containing lithium salts, J. Electroanal. Chem. 297 (1991) 225-244.

[48] Y. C. Lu, Z. Xu, H. A. Gasteiger, S. Chen, et al. , Platinum-gold nanoparticles: a highlyactive functional electrocatalyst for rechargeable lithiumeair batteries, J. Am. Chem. Soc. 132 (35) (2010) 12170-12171.

[49] H. -G. Jung, J. Hassoun, J. -B. Park, Y. -K. Sun, B. Scrosati, An improved high-performance lithium-air battery, Nat. Chem. 4 (2012) 579-585.

全固态电池

[50] J. B. Goodenough, P. Singh, J. Electrochem. Soc. 162 (2015) A2387-

A2392.

[51] J. G. Kim，B. Son，S. Mukherjee，N. Schuppert，A. Bates，O. Kwon，M. J. Choi，H. Y. Chung，S. Park，J. Power Sources 282 (2015) 299-322.

[52] http://www. prnewswire. com/news-releases/new-4v-solid-state-battery-technologyachieves-record-energy-density-1000whl-174738491. html.

[53] Y. Brunet，Energy Storage，John Wiley & Sons，2013 (Chapters 2. 3. 1. 9).

钠-离子与钠-空气

[54] J. Janek，Ph Adelhelm，Zukunftstechnologien，in：R. Korthauer (Ed.)，Handbuch LithiumIonen-Batterien，Springer，Berlin，2013，pp. 199-217 (Chapter 16).

[55] A. Yadgar，The Future is in the Air，1st Intern. Zn-Air Battery Workshop，Ulm (Germany)，June 4，2016.

[56] L. Jörissen，Secondary batteries，metal air systems：bifunctional oxygen electrodes，in：Encyclopedia of Electrochemical Power Sources，vol. 4，Elsevier，Amsterdam，2009，p. 356.

[57] P. Hartmann，C. L. Bender，M. Vracar，A. K. Dürr，A. Garsuch，J. Janek，P. Adelhelm，A rechargeable room-temperature sodium super-oxide (NaO$_2$) battery，Nat. Mater. 12(2013) 228-232.

[58] P. Barpanda，G. Oyama，S. Nishimura，S. -C. Chung，A. Yamada，A 3. 8 V earth-abundantsodium battery electrode，Nat. Commun. 5 (2014) 4358.

[59] H. Arai，Metal storage/metal air (Zn，Fe，Al，Mg)，in：P. T. Moseley，J. Garche (Eds.)，Electrochemical Energy Storage for Renewable Sources and Grid Balancing，Elsevier，Amsterdam，2015，pp. 337-344 (Chapter 18).

[60] B. L. Ellis，L. F. Nazar，Sodium and sodium-ion energy storage batteries，Current opinionin solid state and materials，Science 16 (2012) 168-177.

[61] D. Datta，J. Li，V. B. Shenoy，Defective Graphene as a High-Capacity Anode Material forNa-and Ca-Ion Batteries，ACS Appl. Mater. Interfaces 6 (2014) 1788-1795.

金属-空气,金属-离子与阴离子电池

[62] Y. Gofer, O. Chusid, D. Aurbach, R. Gan, Magnesium Batteries, in: J. Garche, et al. (Eds.), Encyclopedia of Electrochemical Power Sources, vol. 4, Elsevier, Amsterdam, 2009, pp. 285-301.

[63] P. Saha, M. K. Datta, O. I. Velikokhatnyi, A. Manivannan, D. Alman, P. N. Kumta, Rechargeable magnesium battery: current status and key challenges for the future, Prog. Mater. Sci. 66 (2014) 1-86.

[64] J. Cabana, L. Monconduit, D. Larcher, M. R. Palacín, Beyond intercalation-based Li-ionbatteries: The state of the art and challenges of electrode materials reactingthrough conversion reactions, Adv. Mater. 22 (2010) E170-E192.

[65] G. G. Amatucci, N. Pereira, Fluoride based electrode materials for advanced energystorage devices, J. Fluorine Chem. 128 (2007) 243e262.

[66] A. Reddy, M. Fichtner, Batteries based on fluoride shuttle, J. Mater. Chem 21 (2011)17059-17062.

氧化还原液流电池

[67] P. Alotto, M. Guarnieri, F. Moro, Redox flow batteries for the storage of renewableenergy: A review, Rene. Sustain. Energy Rev. 29 (2014) 325-335.

[68] D. Pletcher, F. C. Walsh, R. G. A. Wills, Flow Batteries, in: J. Garche (Ed.), Encyclopedia of Electrochemical Power Sources, Vol. 4, Elsevier, Amsterdam, 2009, pp. 745-749.

[69] C. Menictas, M. Skyllas-Kazacos, T. M. Lim (Eds.), Advances in Batteries for Medium andLarge-Scale Energy Storage: Types and Applications, Woodhead Publishing, 2014.

[70] K. Kordesch, G. Simader, Fuel Cells and Their Applications, Wiley-VCH, Weinheim, 2001(Chapter 4. 8).

[71] G. Tomazic, M. Skyllas-Kazacos, Redox Flow Batteries, in: P. Moseley, J. Garche (Eds.), Electrochemical Energy Storage for Renewable Sources and Grid Balancing, Elsevier, Amsterdam, 2015 (Chapter 12).

超级电容器

[72] F. Béguin, E. Frackowiak (Eds.), Supercapacitors: Materials, Systems and Applications, Wiley-VCH, Weinheim, 2013.

[73] B. E. Conway，Electrochemical Supercapacitors，Fundamentals and Technological Applications，Kluwer Academic/Plenum Publishers， New York，1999. Reprint 2014.

[74] P. Kurzweil，Electrochemical Double-layer Capacitors，in：P. T. Moseley，J. Garche（Eds.），Electrochemical Energy Storage for Renewable Sources and Grid Balancing，Elsevier，Amsterdam，2014，pp. S. 345-S. 407（Chapter 19）.

燃料电池

[75] https：//en. wikipedia. org/wiki/List_of_fuel_cell_vehicles；https：//en. wikipedia. org/wiki/List_of_buses.

[76] W. Jeong，Lithium-Ion Battery Technology for Low-Voltage Hybrids：Present and Future，AABC Asia 2014，AABTAM Symposium，Kyoto， May 19-23，2014.

[77] P. Kurzweil，Fuel Cell Technology（in German），SpringerVieweg， Wiesbaden，2013. Andliterature given therein.

[78] A. Kume，Mazda 'i-ELOOP' regeneration energy storage system and strategy，AABC Asia 2014.

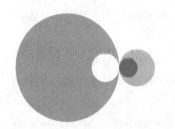

第3章
铅酸电池基本原理

D. A. J. Rand[1] , P. T. Moseley[2]

[1] 澳大利亚联邦科学与工业研究组织,南克莱顿,维多利亚州,澳大利亚

[2] 先进铅酸电池联合会,达勒姆,北卡罗来纳州,美国

3.1 运行原理

加斯东·普朗特(Gaston Planté)在 1859 年开展实验之后,首个报道了一种可以从一对浸入硫酸溶液并接受充电电流的铅板中获得有用放电电流的现象[1]。后来,卡米尔·富尔(Camille Fauré)提出了涂浆极板的概念。虽然随着新出现的性能挑战,需要不时地进行设计调整以使电池得以应对,但是基本的电化学原理已经保持了 150 年不变。因此,尽管其核心概念是古老的,铅酸电池仍然一直是汽车中使用最广泛的可再充电电池系统。

随着电力公司的出现,普兰特的发明已成为一种在各种各样的职责下存储电能的通用手段。确实,今天我们所了解的整个文明世界的福祉都依赖于这种电化学技术。随着社会为道路运输寻求可持续发展的未来,这种电池很可能会继续为未来的汽车提供动力以及存储可再生能源发挥作用。

图 3.1(a)以示意图和等式的形式展现了铅酸电池在放电期间发生的过程。可以看出,HSO_4^- 离子迁移到负极并与铅反应生成 $PbSO_4$ 和 H^+ 离子。该反应释放两个电子,从而在电极上产生过量的负电荷,通过外电路将电子流

动释放到正电极。在正电极上，PbO_2 中的铅也转化为 $PbSO_4$，同时生成水。因此，在两种电极极性下，$PbSO_4$ 逐渐等量地生成，同时伴随着电解质溶液浓度的降低。从而在两个电极处，电子的实心导体（正极板中的半导体二氧化铅 PbO_2，负极中的金属铅 Pb）与硫酸反应，形成不导电固体产物硫酸铅 $PbSO_4$。两个放电反应伴随着固相体积的增加。PbO_2 以两种结晶形式存在，即 α-PbO_2（正交晶系）和 β-PbO_2（四方晶系），后者占主导相，并且有证据表明两种多晶型物的相对丰度影响电池的性能。

与其他化学电池相比，铅酸电池的电极反应是不寻常的，如上所述，电解质（硫酸）也是反应物之一。事实上，电解质浓度（或"相对密度"，rel. dens.——传统上称为"比重"，sp. gr.）的降低是确定已放电程度，或是相反地确定电池荷电状态（SoC）的方便手段。

在充电过程中，两个电极处的电化学过程相反。当电池接近完全充电时，大部分 $PbSO_4$ 已经转化为 Pb 或 PbO_2，进一步的电流通过将增大负极上的氢气析出和正极上的氧气析出，参见图 3.1(b)。气体以化学计量的比例释放，并且在传统电池设计的情况下，该特征导致电池电解质溶液中的水分损失。与放电过程相反，直到接近充电结束、气体释放提供了电解质溶液的良好混合之前，相对密度不与电池的 SoC 相关。

铅酸电池的基本充电和放电反应涉及溶解-沉淀机制，这称为"双硫酸盐化理论"，由格莱斯顿（Gladstone）和特赖布（Tribe）在 1882 年首先提出[3]。换句话说，电极的放电和充电可以被看作是溶解进入铅离子的稀溶液和从铅离子的稀溶液中电镀出来的过程。应该注意的是，有以下三个关键因素，使得铅酸电池能够作为储能装置有效运行。

（1）与热力学预期相反，铅从酸中释放氢气的速度只有微乎其微的程度，即有高的氢过电位，如图 3.1(b) 所示。

（2）正极上高的氧过电位使得 $PbSO_4$ 在开始有明显的氧气析出之前转化为 PbO_2，如图 3.1(b) 所示。

（3）虽然 $PbSO_4$ 在电解质溶液中的溶解度足以促进电极溶解-沉淀反应，但其值太低以至于在充放电循环期间材料几乎没有迁移。从而保持了高度的可逆性，并且极大地保持了电极板的多孔结构。

总而言之，由于电解质溶液在放电和充电反应中的参与，铅酸电池的操作方式在可充电电化学系统中是独一无二的。这一特性为 SoC 的测定提供了一种可能的手段，但也确实对性能造成了一定限制。

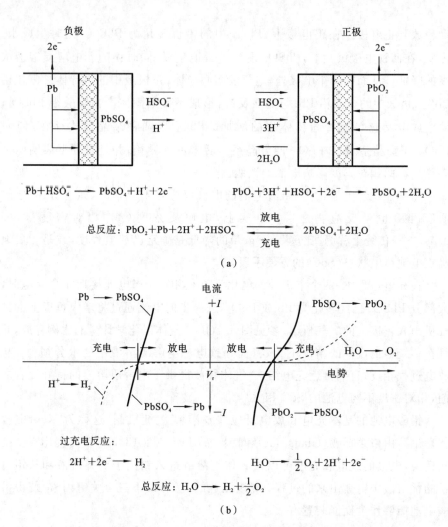

图3.1 (a) 铅酸电池放电中的电化学过程；(b) 各电极的电流-电位特性示意图。

D. A. J. Rand, P. T. Moseley. Secondary Batteries-Lead-Acid Systems: Overview. Encyclopedia of Electrochemical Power Sources, Elsevier. 2009, pp. 550-575, ISBN: 978-0-444-52093-7

3.2 开路电压

正负极开路电压和随之的电池开路电压(OCV)同时取决于电解质浓度和温度。此外，正极的标准电位还受 PbO_2 晶体变化的影响，即四方晶系(β-PbO_2)和正交晶系(α-PbO_2)；活性材料主要由 β-PbO_2 组成。对于一个 H_2SO_4 的 1-1 分解来说，在电极上发生的电位决定过程可以如下表示。

正极

$$PbO_2 + 3H^+ + HSO_4^- + 2e^- \xrightarrow[\text{充电}]{\text{放电}} PbSO_4 + 2H_2O \qquad (3.1)$$

$$E_r = E^\circ + (3RT/2F)\ln a_{H^+} + (RT/2F)\ln a_{HSO_4^-} - (RT/F)\ln a_{H_2O} \quad (3.2)$$

其中,E_r 是可逆电极电位(V);E° 是标准电极电位(V);R 是气体常数(J/(K·mol));T 是绝对温度(K);F 是法拉第(C/mol);a 是给定种类的活性度。α 和 β-PbO_2 的 E° 值略有不同,但通常引用的是伯德(Bode)[4]给出的统一值为 1.6901 V。

负极

$$Pb + HSO_4^- \xrightarrow[\text{充电}]{\text{放电}} PbSO_4 + 2e^- + H^+ \qquad (3.3)$$

$$E_r = E^\circ + (RT/2F)\ln a_{H^+} - (RT/2F)\ln a_{HSO_4^-} \qquad (3.4)$$

其中,$E^\circ = -0.3584 \text{ V}$[4]。

结合式(3.2)和式(3.4),给出以下铅酸电池的开路电压(OCV)的表达式:

$$V = V^\circ + (RT/F)\ln a_{H^+} + (RT/F)\ln a_{HSO_4^-} - (RT/F)\ln a_{H_2O} \quad (3.5)$$

或者

$$V = V^\circ + (RT/F)\ln(a_{H_2SO_4}/a_{H_2O}) \qquad (3.6)$$

根据上面给出的 E° 值,可以得出 V° 的值为 2.0485 V。

OCV 随电解质浓度变化的变化如图 3.2 所示。图线是根据多篇不同文献中的数据构建的[5-8]。电压在酸相对密度超过 1.05 后均匀增加,并且可以得到以下经验公式:

$$V \approx \text{rel. dens. } (g/cm^3) + 0.84 \qquad (3.7)$$

在牵引电池中通常使用的电解质浓度(即相对密度为 1.25~1.30 g/cm³)下,室温下电池的 OCV 约为 2.1 V。值得注意的是,这一电压是使用水性电解质的各种类型商业电池中最高的。为简单起见,标称或"额定"值通常取 2.0 V。但应记住,OCV 仅由极板上的酸浓度决定。因此,电压不会与相对密度读数一致,除非电池中各处的酸浓度一致。达到这种状态需要几个小时的时间。不稳定的电压总是会高于充电后瞬间电池的实际值,在放电之后降低。如上所述,由于电解质溶液的不完全混合,在充电时间的大部分期间相对密度变化存在滞后。

OCV 也受温度的影响。这个表现是由于活性材料和电解质溶液间界面的微小变化,以及不同温度下的溶液活度效应。

OCV 的温度系数与相对密度(>1.04)是正相关的,即 OCV 随着温度的升高而增加。对于深循环电池,通常假设热系数约为 0.2 mV/℃。

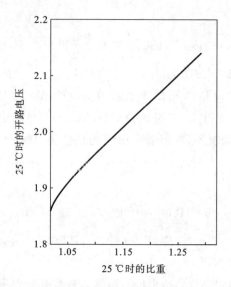

图 3.2 铅酸电池的开路电压随电解质浓度变化的变化。作者原创

最后,应该理解的是,在实际应用中 OCV 受压力的影响可以忽略不计[9]。例如,在 25 ℃、酸浓度为 3.74 M 时,压力系数仅为 -3.32×10^{-5} μV/Pa[4]。

3.3 放电和充电期间的电压

铅酸电池正极和负极的充放电曲线如图 3.3 所示。施加负载后,电池电压瞬间下降(区域 A)。这种效应是由电池内的电动力学和质量传递限制引起的。曲线的倾斜部分(区域 B)由双电容的放电产生。铅酸电池在完全充电状态下的内部电阻为毫欧姆数量级,具体值取决于电池的设计和尺寸、极板制备方法和温度。由于板材材料被转化为硫酸铅和电解质溶液中的酸被耗尽,放电期间电池电阻增加。硫酸铅沉积在活性材料的孔隙中,从而抑制了酸的进入。铅的这种孔隙阻塞效应在高放电率下一个是特别的问题。温度的降低也会阻碍酸的扩散,并且通过增加电解质溶液的黏度来减缓对流。

放电曲线中的电位最小值(见图 3.3C 区)被称为"电压骤降(coup de fouet)"或"鞭状纹路(whip crack)"。早期的研究[10-12]表明,这种现象受限于阳极板的行为,更具体地说,是受限于 β-PbO$_2$ 多晶型物。然而,后来的研究[13]表明负极也会产生影响。在高放电率下,电压骤降尤为明显,即达到最小值的时间变短,最小值本身也更小了。电压下降会妨碍 PbSO$_4$ 的成核。于是,活性材料的孔隙中的溶液由于电化学反应产生的 Pb^{2+} 将过饱和,并且正电极的电位将降低。在电极电位最小时,Pb^{2+} 被耗尽。由此产生的 PbSO$_4$ 核的生长速

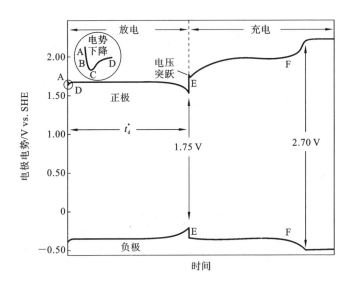

图 3.3　铅酸电池正极和负极的放电-充电特性示意图(t_d^* 是达到
电池设定的截止电压的放电时间)。作者原创

率将比离子的形成更快,从而电极电位(并因此电池电压)会增加。最终会达到电化学反应和 $PbSO_4$ 晶体的成核→生长速率相等的状态,并观察到一个电压的平台(见图 3.3D 区)。

如图 3.3 所示,电池化学的进一步放电导致酸浓度逐渐降低,并伴随电压下降。起初电压缓慢下降,但接着在接近放电终止时突然下降,这意味着电化学池即将衰竭。在超出这个点后,从电化学池中提取更多能量是不切实际的(也是有害的)。假设电化学池在电压曲线的"拐点"达到 100% 放电深度(DoD)是标准做法。终止电压同时取决于深循环操作的放电速率和温度,通常取 1.75 V(即对电池,平均每个电化学池 1.75 V)。电化学池的电输出通常受到一个或另一个电极的限制;或者在一些情况下也受电解质溶液的限制。通常建议在深循环应用中使用"负极局限"设计[14],用于保护在电池运行中更容易降解的正极。

类似地,在充电开始时在正极上观察到电势的最大(或尖峰)电位(见图 3.3E点)。有研究[12]认为,这个特征可能源于覆盖放电活性材料内表面的绝缘 $PbSO_4$ 层的电阻。

图 3.3 还显示了正极和负极在再充电期间发生的电位变化。可以看出,在放电电流关闭之后,正极的电位立即上升,而负极的电位下降(见图 3.3 区域 E),直到电池的 OCV 达到约 2.0 V。在恒电流充电过程中,电池电压稳定

增加。在约 2.4 V(区域 F)下,几乎所有的 $PbSO_4$ 在正、负极分别转化回 PbO_2 和 Pb。如图 3.1(b)所示,两个电极的电位迅速上升至水的电解分解成为主导步骤时的值,并且电池开始产生"气"。随着充电接近完成,电池电压稳定在约 2.70 V。最终电压的值取决于电池的设计、板栅合金的组成、负极板添加剂的类型、充电速率以及温度。需要注意的是,为了最大限度地减少气体产生和正极板栅腐蚀,在充电的最后阶段,电池电压通常会调节到较低的值(典型为 2.35~2.45 V)。

对已发表的文献[13]的评估总结认为,质量传递的限制可能同时涉及放电时电压骤降的特点和充电时最初的峰值。在一次放电开始时,当电极孔隙率达到最大值时,会急剧消耗活性材料孔隙内的 HSO_4^- 离子,最终形成浓度过电位。在再充电开始的瞬间,孔隙被放电产物部分封闭,这可能导致 HSO_4^- 浓度的局部增加,使得观察到的电池电压增加,形成尖峰,直到通过持续去除硫酸铅晶体,完全打开空隙。

这两种效应——放电期间的最小电位和再充电期间的最大电位,与电池的端电压相比都很小,并且在汽车电池运行中通常被认为是不重要的。

3.4 设计和制造

要最大限度地提高电池性能,关键的技术挑战包括促进反应物的供应、接触和相互作用的连续性。这原则上要求:①提供充分的酸;②高表面积的固态反应物;③保持活性物质颗粒之间的良好接触(特别是在充放电时表现出膨胀趋势的正极板中);④最小化 $PbSO_4$ 的绝缘效果。

铅酸电池的通用设计是在铅或铅合金集电器上涂覆和加工活性物质而制成的"极板",见 3.4.1 节。正极板的一种替代形式为使用管式结构封装活性物质,每个管配备同轴集电器,见 3.4.2 节。最近针对高功率应用的电池设计具有一对正负极板,其与玻璃毡隔板交错并缠绕在圆柱形罐中,参见 3.4.3 节。这种设计模仿了普朗特提出的第一代实用性铅酸电池。图 3.4 给出了这些不同极板的几何示意图。

3.4.1 涂膏极板

人多数铅酸蓄电池采用正负极板堆叠的结构,且电极板与隔板交错排列。多年来,板栅的厚度大幅度减少,从 20 世纪 60 年代的 2 mm 以上,到今天的 0.8 mm 左右。几个因素的结合,尤其是铸造技术的改进和电池充电控制系统的增强,使隔板厚度的减少变得可行且可接受。过度充电可能导致正极板栅

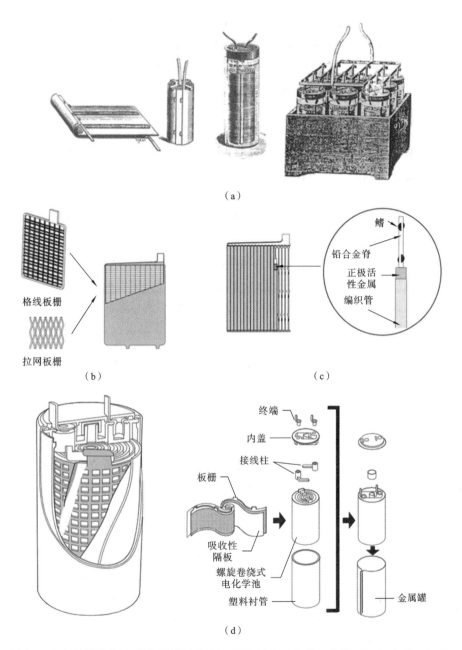

图 3.4 （a）普朗特电池；（b）极板；（c）管式正极板；（d）卷绕式电池。D. A. J. Rand, P. T. Moseley. Secondary Batteries-Lead-Acid Systems: Overview. Encyclopedia of Electrochemical Power Sources, Elsevier, 2009, pp. 550-575. ISBN: 978-0-444-52093-7

(v.i.)的严重腐蚀，导致结构弱化和最终的极板失效。因此，习惯上采用厚板栅来确保足够的电池寿命。通过较好的电压控制来限制腐蚀程度和无缺陷板栅涂布工艺的发展，现在越来越薄的板栅已经变得可行。

用于极板的活性材料首先通过在球磨机中使铅块与空气反应，或者在炉子中使空气与熔融铅（"巴顿锅（Barton-pot）"方法）反应而制成，所产生的粉末被称为"铅氧化物"，由一氧化铅（PbO）和未反应的铅颗粒（"游离的铅"）组成。在制电极板的下一阶段，将铅氧化物与硫酸溶液反应制成浆。在制浆过程中，大量的铅氧化物转化为各种形式的碱式硫酸铅。这些化合物起到巩固和强化糊状物的作用——这个过程可能与水泥的形成相似。用于负铅板的混合物中包括某些少量的添加剂，即硫酸钡、木质素磺酸盐和炭黑。三种添加剂统称为"蓬松剂"，可改善电池的低温性能，延长电池的循环寿命。第 7 章中将讨论这些添加剂的益处。涂板过程包括从顶部漏斗向水平通过的板栅上输送铅膏。

涂板后，需要使电极板快速干化，然后固化。后一阶段包括将堆叠的板放置在恒定温度和湿度的房间中一段时间。这种处理使得碱性硫酸铅进一步反应和活性物质中游离铅的完全氧化反应。通过这些过程，活性物质被硬化和强化。最后，这些板与隔板一起安装在电池中，焊接成极性相同的组，并且通过电化学充电"成型"以在正极上产生二氧化铅、在负极上产生海绵状铅金属。

3.4.2 管式极板

牵引电池和固定电池管板技术制造的引入使铅酸电池在重负荷下可以获得更长的使用寿命。在管式电池中，正极板由一系列基本上类似于梳子的垂直铅合金柱或"手指"构成，见图 3.4(c)。它们被插入由玻璃或聚酯编织或毡制纤维制成的管中充当集电器。这些管可以单独安装，也可以连接在一起（"手套"设计），间距等于脊柱之间的距离。管子在底座上用塑料盖密封，安装在一个普通的杆上。铅氧化物和红铅（Pb_3O_4）的混合物通常用于制备填充在柱和管壁之间的环空中的活性材料。然后将极板浸入硫酸中（所谓的"酸洗"过程），将大部分氧化铅转化为硫酸铅。在负极板的生产中进行的技术工艺与用于平板的技术工艺相同。采用管式设计，不可能脱落活性物质，除非严重的电池误操作导致管子分裂。下面在专栏中讨论活性物质的脱落。

专栏　铅酸电池常见故障模式

1. 正极板膨胀

由于放电反应的固体产物（$PbSO_4$）比反应物（PbO_2）占据更大的体积，重复放电和再充电导致了正极活性材料的膨胀。PbO_2 转化为 $PbSO_4$ 使体积增加 92%，而 Pb 转化为 $PbSO_4$ 使体积增加 164%。膨胀既可以发生在极板的平面内(若板栅被不断增长的腐蚀层所拉伸),也可以发生在垂直于极板的方向(通过活性材料本身的膨胀)。电池的再充电可恢复大部分 PbO_2,但是不在原始体积内。相比之下,负极板没有表现出同样的膨胀趋势,这可能是因为铅比二氧化铅更软,因此当向体积更大的硫酸铅转化时,活性材料更容易被压缩。随着循环的进行,正极板的逐渐膨胀导致越来越多的活性材料与集流体断连,这又降低了电池的电气性能。具体而言,极板的机械完整性由于活性材料的团聚结构逐渐分解成单独的微晶而降低。最终,可能会发生材料脱落,并引发"覆斑"和"刺出"等次生问题。这些问题指正极活性材料颗粒向负极板转移以及随后在充电过程中还原为铅,从而可分别形成能桥接极板的延伸沉积物(覆斑)和(或)能刺破隔板的枝晶(刺出),进而引起短路。

补救措施如下。

铅锑合金的使用提高了正极板栅的蠕变强度,从而延缓了极板平面内的生长。对于正极板的平板设计,可以通过向极板组施加压缩力来缓和垂直于极板的膨胀。管状正极板配有管套,活性材料可被限制并减少膨胀、断裂和脱落的趋势。在 VRLA 情况下,铅钙合金替代了铅锑合金,以通过将锑转移到负极板来抑制析氢,但这降低了板栅的蠕变强度,因此极板平面内的膨胀可能再次成为问题。不过,由于极板堆体保持在压缩力作用下,这一压力可用于抵抗活性物质的膨胀。该问题还可以通过在远低于充电峰值的窄范围 SoC 上循环来缓解。

2. 失水

过充电期间氢气和氧气的产生会使电解质溶液的体积减少到部分活性材料与液相失去接触的程度。这个过程是自加速的,因为失水会增加电池的内阻,这反过来又会导致充电过程过热,从而增加水分蒸发流失的速度。还应注意,电池的产气倾向会受到杂质存在的强烈影响。

补救措施如下。

失水可以通过"补水"来弥补。在 VRLA 中,其失水情况被改善到不再需要定期补充。但是负极的析氢和正极的板栅腐蚀的确仍导致着一定程度的失水。

3. 酸分层

在充电时,极板内部和极板之间会产生硫酸,并且具有相对密度更高的高浓度酸会倾向于集中在电池底部。酸的垂直浓度梯度的产生(所谓的"分层")会导致活性材料的不均匀利用,从而不可逆地形成 $PbSO_4$,缩短使用寿命。酸分层也可能导致正极板栅的不规则腐蚀和生长。

补救措施如下。

通过设置电池在长时间的过充电期间专门放气，可以实现搅拌酸来消除酸的浓度梯度。在 VRLA 的设计中，放气这种补救措施并不可用，但是可以通过将电解质溶液固定于 AGM 隔板或凝胶态中，基本消除酸分层。

4. 不完全充电

如果任一电极持续充电不足，无论是充电方式有缺陷，或是物理性变化使电极无法达到足够的电势，都可能使可用电池容量迅速下降。

补救措施如下。

电池管理系统可为在 PSoC 负载下运行的传统电池组提供支撑，该管理系统会定期要求完全充电以保持容量（所谓的"电池均衡充电"）。

5. 腐蚀

正极板栅易受腐蚀。板栅、微观结构、极板电位、电解质溶液的组成以及温度会影响这一削弱过程的速率。腐蚀产物的电阻通常比板栅大，因此会降低电池的输出。腐蚀产物相对原来的板栅合金还会占据更多的体积，因此随着腐蚀的发生，板栅的基本尺寸增加。在某些极端情况下，腐蚀会导致板栅解体和极板崩塌。

补救措施如下。

正极板栅的腐蚀可以通过在 PSoC 范围内运行电池来显著减少，并且尽量消除可能存在的充电顶点的时间（腐蚀最严重的时候）。

6. 负板硫酸盐化

如果铅酸电池暴露在过高的充电速率下，则可能会达到本应将铅转化回活性材料的反应无法适应所有充电电流的程度。然后，除了正常的充电反应之外，只有发生寄生反应（例如析氢）才能承受全电流。这种低效率的"电荷接受"几乎仅在负极板上发生，负极板上活性材料的表面积大大低于正极板的。这种形式的低效率表现为负极板上硫酸铅的累积，并导致早期电池失效。如果应用要求电池在大部分使用寿命内保持在 PSoC 上（例如在用于存储可再生能源的系统中），则本问题会更加严重。

补救措施如下。

适当的板栅设计和添加合适形式的额外碳，尤其是像在超级电池™中采用的办法，在很大程度上克服了这个问题。

7. 单电池失衡

在多电池组中，由于制造过程中存在微小差异或温度的微小差异，重复的放电-充电循环会导致各单元电池的荷电状态出现差异。使用的单电池越多，发生故障的可能性就越大,随之而来的是电池可靠性的下降。电动或混动电动汽车应用中使用的电池尤其面临着这种单电池失衡的威胁,这些电池组为实现 200～300 V 或更高的工作电压而由长串的串联单电池组成。该问题对于需要并联电池组才能实现所需的容量或功率水平的情况会更加复杂。

补救措施如下。

为这种可能的故障模式提供动态解决方案(并且考虑电池的老化和运行条件),电池管理系统可能会包含某种电池平衡方案以防止某个单电池承受过度使用压力。已经有几种解决方案被提出,并且需要权衡充电时间、效率损失和系统组件成本之间的关系。这些技术大体上分为以下两类。

(1) 主动电池平衡。

主动电池平衡是将电荷从一个或多个处于高 SoC 的单电池转移到一个或多个处于低 SoC 的单电池,从而使前者不会过度充电,而后者不会深度放电。由于同时为所有单电池提供独立充电是不切实际的,因此必须按顺序施加平衡电荷。考虑到每个单电池的充电时间,该均衡过程会非常耗时,周期以小时为单位。

(2) 被动电池平衡。

耗散技术是找到电池组中荷电最高(如显示出较高的电池电压)的电池,并通过旁路电阻器消除多余的能量,直到其电压或荷电水平与较弱电池上的电压相匹配。

借助以上措施,铅酸电池可在其各种应用中获得相当长的使用寿命。

3.4.3 卷绕式(绷带)极板

作为正极板和负极板的并排放置的替代方案,两个极板可以缠绕成螺旋状以形成圆柱形的单元。两个电极各有几个电流输出接头,见图 3.4(d)。这种特性使得电池的潜力得到扩展,并且赋予这种电池以高放电倍率(高功率)能力。然而,这种铅酸电池的制造比生产平板设计的制造更为复杂。图 3.4(d)所示的组件被称为"螺旋缠绕"或"果冻卷"设计。

3.4.4 加强型富液式电池

在汽车电池应用的大部分历史中,铅酸电池都是采用将极板浸入流动式电解液的形式,并在预先的设计中,已经考虑过充产生的氢气与氧气,使其自由扩散到空气中。消散的气体代表电解液中的水分损失,但这可以在定期的维护操作中进行更换。不幸的是,这项技术在用于新兴的启停和微混合动力汽车应用时显示出其他缺点,这些应用涉及在 PSoC 上进行大量微循环操作以及动态充电接受(参见第 1 章)制动能量回收。尽管具有这些额外的功能,电池仍然能够满足启动器电池的所有其他要求,例如低速容量、冷启动能力、耐腐蚀性和低水消耗。

为了应对新的挑战,对传统的富液式铅酸设计进行了一些修改,最终的产品被标注为"加强型富液式电池"或 EFB。新技术包括以下进展:

- 通过添加类似面纱的多孔聚酯材料(称为"稀松布")来减少活性材料的脱落,以增强正极板;
- 通过结合使用车辆自然运动的结构元素来减少酸分层,以搅拌电解质溶液;
- 通过电池设计、质量比和质量密度的专有技术,加大深度和提高部分循环能力;
- 通过添加额外的碳和/或其他添加剂,增强负极板性能;
- 改进的板栅合金和结构以及负极极耳的防腐蚀保护;
- 使用更多极板的极群、更薄的极板或两者结合,达到更高的铅利用率。

制造商将 EFB 电池定义为开放(富液式)的铅酸启动器电池,具有额外的设计特征,与标准的充电电池相比,可显著提高启动性能、循环能力和使用寿命,特别是对启停车辆。该技术免维护,成本低于阀控式铅酸电池(VRLA)替代品(参见 3.4.5 节),但功率和耐用性略低。图 3.5 给出了剖面图,显示了现代 EFB 电池的突出特点。

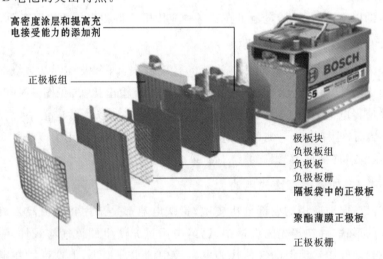

图 3.5　具有加强型富液式铅酸电池技术的博世 S5 电池。图中创新性的功能特征使用加粗的字体标注。由 Robert Bosch Kft 提供

3.4.5　阀控电池

在 20 世纪末,铅酸电池经历了一次大的功能改变。在许多年间,研究人员尝试过研发"密封式"电池以克服需要将补充电解质溶液中的水分作为日常操作的问题。人们同样希望"防泄漏"电池能以任意朝向进行部署(其垂直方向,其侧向,甚至将其倒转过来),并且因此工程师在设计装置时具有更大的灵活度。起初,人们在电池内部气体的催化重组上投入了许多努力,但这一解决方案被证明是不切实际的。然而,成功在 VRLA 发明时到来了。最初的商业装置由 Sonnenschein GmbH 在 1960 年末设计[15],并且在 1970 年 Gates Energy Products,Inc. 也提出设计构型[16,17]。它们分别就是"凝胶(gel)"与吸收性玻璃毡(AGM)技术(v. i.)。初始的 Gates 公司的产品是卷绕式 D 电化学池式的产品,其也以 Cyclon 的名称为人所知。

阀控式铅酸电池(AGM)如今被应用于启动内燃机车辆(ICEV)以及为所有辅助电气设备供电的交通运输用途中。做固定式用途时,AGM 与凝胶电池都用于在医院、旅馆、工厂、超市、计算机中心、电话交换台以及其他任何在主要电力供应出现故障时需要维护持续供电的地方提供紧急电力供应。关于 VRLA 更详尽的科学、技术以及应用的信息可参见文献[18]。

VRLA 电池被设计在一个"内部氧循环"(或"氧重组循环")下运行,参见图 3.6[19]。氧气在充电过程靠后的步骤中以及对正极过充电时生成,即

$$H_2O \rightarrow 2H^+ + \frac{1}{2}O_2 \uparrow + 2e^- \tag{3.8}$$

氧气经由隔板介质到负极中的气体空间(无论是 AGM 还是凝胶)传递,并且在负极上被还原("重组")为水,即

$$\frac{1}{2}O_2 + Pb + H_2SO_4 \rightarrow PbSO_4 + H_2O + Heat \tag{3.9}$$

在对一个 VRLA 电化学池进行充电的过程中需要考虑另外两个反应。它们是负极上的析氢:

$$2H^+ + 2e^- \rightarrow H_2 \tag{3.10}$$

以及正极板栅的腐蚀:

$$Pb + 2H_2O \rightarrow PbO_2 + 4H^+ + 4e^- \tag{3.11}$$

因此,对 VRLA 电化学池的充电可能较其富液式的对比对象而言更加复杂。在与 VRLA 电化学池相关的情形中,热力学/动力学条件能够允许六个单独的反应以显著的速率进行,上述六个反应分别是:两个充电反应(以反应式(3.1)与式(3.3)进行的充电形式)以及四个二次反应(式(3.8)～

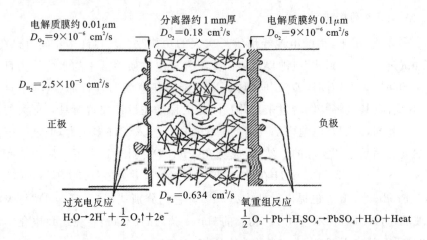

图 3.6 VRLA 电化学池的内部氧循环概念图。氧气能通过未饱和吸附电解质的玻璃毡隔板中任意的开放气孔从正极板到达负极板[19]。R. F. Nelson Chapter 9-Charging Techniques for VRLA Batteries Valve-Regulated Lead-Acid Batteries,2004，Pages 241-293，Elsevier. ISBN：0-444-50746-9

式(3.11))。

氧循环,由反应式(3.8)与式(3.9)定义,将负极的电位移向一个更正的值,并且因此将析氢速率降至一个相当低的水平(即显著低于老式富液式电池设计)。一个单行、卸压阀被提供用于该电池以确保即使少量的产氢也不会在电池中产生高压力(也就是术语"阀控")。由于极板同时被充电,之前产生的硫酸铅立即通过反应式(3.3)的逆反应被还原为铅。这恢复了电化学池中的化学平衡,即在化学计量领域的术语中,反应式(3.8)、式(3.9)与式(3.3)的净值之和为零。因此,部分被输送到电化学池中的电能被氧重组循环所消耗并且被转化为了热能,而不是化学能。

只要过充电流维持在适当的水平,充电与重组反应就可以保持在平衡下且只会产生极少的净产气。举例而言,考虑富液式电化学池在 2.45 V 的恒电压(CV)下充电的场景,参见图 3.7。正极处的电流主要被析氧(I_{O_2})与板栅腐蚀(I_C)所消耗并且被负极处的析氢消耗(I_{H_2})所平衡。然而,在一个阀控电池中氧还原($I_{O_2\text{-red}}$)改变了负极电位(ΔV)且析氢速率(I_{H_2})大大降低,但与传统的富液式电池系统相比,未完全将析氢现象隔除。由于高重组效率与电化学池中无氧损失,析氢的速率被正极腐蚀的速率所平衡。总的来讲,氧气在负极上重组的速度是与电化学池设计、工作条件与过充电管制相关的一个复杂函数。与之相反,对经历深度放电循环工作的电池的充电显得更加复杂,由于几个竞争性反应的相关动力学阻碍了电池充满电。如果充电不能被正确管理,电流可能持续被内部氧气循环所消耗,因此负极永远不能达到满 SoC 状态。

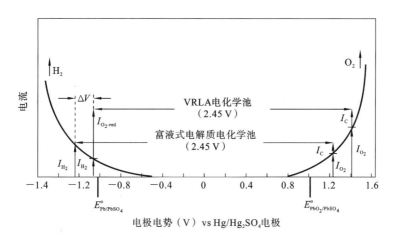

图 3.7 富液式与 VRLA 电化学池在 2.45 V 恒电压充电时的电流分配(注意:阳极与阴极电流在符号上相反,但为了方便起见将它们呈现在了电势轴的同一端上)。D. A. J. Rand, P. T. Moseley. Secondary Batteries-Lead-Acid Systems: Overview. Encyclopedia of Electrochemical Power Sources, Elsevier, 2009, pp. 550-575. ISBN: 978-0-444-52093-7

在早先曾提到过,有两种技术用于在 VRLA 电化学池中提供气体空间。一种解决方案是将电解质溶液放置于同样也被用作隔板的一块 AGM 中,另一种解决方案是将电解质溶液固定为同样用作隔板的凝胶。气体经由如图 3.6[19] 所示的 AGM 中的通道通行,或经由凝胶中的裂纹通行。一个对应的氢重组循环不太可能实现,这是由于气体在正极上的氧化要慢得多。

AGM 电池中使用的玻璃毡隔板材料由不同长度与直径玻璃纤维混合而成。酸(即"wicking")在这些玻璃线绳中的良好通行能力对于电池合适运行是必要的。起初,为实现这一行为,人们设想需要高比表面积的纤维(1.6~2.0 m²/g)。然而,随后的研究与研发发现低比表面积的线绳(1.1~1.3 m²/g)在大大降低成本的情况下也可以提供可以接受的性能表现。AGM 通常含酸在其最大饱和度的 90%~95%,而剩余的体积用于允许气体通过,因此气体重组可以发生。AGM 隔板必须与极板密切接触以允许对电池充电与放电过程中离子的快速输运。为实现给予这一接触所需的"堆叠压力",电化学池群组与电池容器之间需要有紧密的贴合。

锑不再被包含在 VRLA 电化学池的板栅合金中,由于这一元素降低了氢过电位,同时因此会促进负极产气。需要对引入其他可能有同样效果的元素(典型的,像痕量杂质)加以关注以及预防。正极与负极上的过量产气都会导致各自的选择性放电[20]。铅-钙-锡合金受到了用于浮动型 VRLA 电池制造商的青睐,而铅-锡合金更受循环型电池的欢迎。

如果电化学池一开始时装满了酸,内部氧循环就不能运转,因为氧气通过液相扩散的速率较通过气体空间扩散大约低了四个数量级,参见图 3.6[19]。该电化学池随后会表现得像一个传统的富液式设计一样。为达到满充电,初始的氧气(从正极放出),与随后的氧气(从正极放出)和氢气(从负极放出)会被生成并通过阀放出。水的损失会逐渐创造出气体空间(由于凝胶的干燥或 AGM 中所含电解质溶液的体积减小)并允许氧气的输运进行。从电化学池中释放的气体降到了一个非常低的水平。

如果氧循环进行得非常艰难就会产生局部热,负极板的放电变得困难,并且逐渐进行的硫酸盐化从酸浓度最高的极板底部开始。氧循环的函数与隔板材料的微观结构(AGM 的设计)与使用的充电算法的性质有着微妙的联系,尤其是在接近满充电时。

VRLA 电池的优点与缺点在表 3.1 中列出。虽然它们中的许多是两种电化学池设计所共有的,凝胶电化学池较 AGM 的对比对象而言,展现了较低的电解质分层现象。

表 3.1　阀控式铅酸电池相较于富液式铅酸电池的优点/缺点

优点/缺点
·无添加水
·无酸溢出
·酸雾量极少,因此是用于敏感电子器材的理想选择;同样将终端腐蚀问题最小化
·易于运输并且可空运
·没有特殊的通风要求
·可以在横置的状况下工作
·占地小(电池可以被多重堆叠)
·极少量的酸分层(仅凝胶电池如此)
·在室温下更少的过充电要求
·好的高倍率、放电容量(仅 AGM 电池如此)

缺点
·需要小心地进行充电

缺点
• 热管理更为关键,特别是对于 AGM 电池
• 满充电电压显著的变化量
• 在温度上升时对过充电的要求增加
• 深度放电循环寿命通常在最佳工作条件下较低
• 不能测量比重
• 在干充电状态下无效
• 保质期最长为两年

具有 AGM 设计的电池有着很低的内阻,因此展现出优异的高倍率性能。凝胶电池的更高内阻是使用传统微孔隔板抑制了短路导致的,如果不进行抑制,则生长的铅枝晶会连接电极之间的空间。

阀控式铅酸电池较富液式铅酸电池而言更易受电化学池间失衡的影响。这一问题不仅由电化学池性质的固有差异所导致,同时也与氧重组效率的差异有关。后面的这种并发症会导致负极行为的不同,反过来提高了满充电电压的可变性。举例而言,在恒电流(CC)或恒电压(CV)充电下(v.i.),负极板的电位可以处于两个反应电压之间,在每个电池中的变化可高达 100 mV。作为结果,在充电过程中,任何弱势的电化学池不能得到完全充电并且在下一次放电过程中将被放电至更深的深度。这将导致随后的充电过程中更高程度的充电不足。这一过程在每次循环中重复,逐渐地,直到最羸弱的电化学池被极大程度地过放电。这一问题可以通过使用合适的充电程序来最小化。描述重组效率对于恒电压(CV)充电过程中满充电电压的影响以及电流均衡的结果必然性的原理图如图 3.8 所示,ΔV 代表了负极电势的变化量。

3.4.6 超级电池™(Ultrabattery™)

在已为新一代车辆提出的电力系统中,电池将被要求能够以与目前已有的 12 V 车载电池形式(即启动照明点火,"SLI"电池)所承担的工作职责相当不同的形式进行工作。通常,电池能为车载电气功能提供大量电能,以及在一些系统中作为燃料节省方案的一个组成部分,必须能容纳通过"再生制动"回收的电能。在这些职责下,电池必须在部分荷电状态(PSoC)下持续工作,同时能接受在极高的倍率下进行充电。除此以外,高倍率放电对于引擎启动与动力辅助而言是必要的。总的来说,电池被认为要承担高倍率 PSoC 职责,或更简略地被称为"HRPSoC 职责(duty)"。

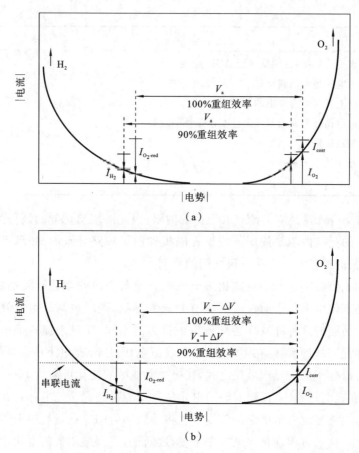

（a）

（b）

图 3.8　具有不同氧重组效率 VRLA 电化学池/电池在恒电压充电过程下展现出的不同满充电状态下的充电电压的原理图：(a) 两个电化学池，其中每个都在一个施加的电压 V_a 下进行充电，通过具有 100% 重组效率的电化学池的电流要高于仅具有 90% 重组效率的电化学池；(b) 在(a)中所述的两个电化学池串联并在 $2V_a$ 电压下充电，图中展现的两个电化学池的个体电压分别在 V_a 的基础上变化了 $\pm\Delta V$，同时通过两个电化学池的电流相等；作者的原创工作

　　当在 PSoC 条件下放电时，这通常会在涉及再生制动的车辆中出现，铅酸电池会遇到名为硫酸铅（放电反应的产物）倾向在负极板上聚集的问题。这一被称为"硫酸化"的问题导致了电力损失与电池的早期失效。由澳大利亚联邦科学与工业研究组织（CSIRO）发明的超级电池™[21,22] 提供了解决这一问题的有效手段。超级电池™将 VRLA 电池与不对称超级电容器组合在一个单个的单元内，并无需额外的电子控制装置。这一混合结构的原理参见图 3.9。一个 VRLA 电化学池，具有一个二氧化铅正极板与一个海绵铅负极板，与一个

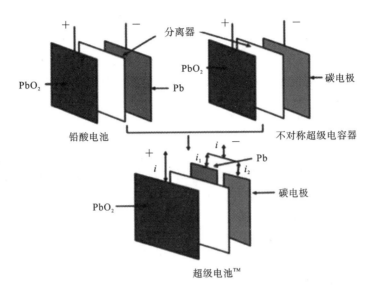

图 3.9 超级电池™的工作原理。作者的原创工作

不对称超级电容器进行组合,该超级电容器由一个二氧化铅正极板与一个碳基负极板(即一个电容器电极)组成。由于 VRLA 电化学池与不对称超级电容器的正极具有相同的构成,这两个设备可以通过将电容器电极与 VRLA 负极板进行内部并联而被集成到同一个工作单元中。依据这项设计,组合负极的总充放电电流由两部分构成,也就是电容器电流与 VRLA 负极板电流。因此,电容器电极现在可以像一个与负极板共享电流的缓冲器一样工作,并且因此保护其免受高倍率的充放电。

这一创新机制给予了超级电池™三个较传统铅酸电池具有价值的优势。

(1)负极在 HRPSoC 循环下不会被硫酸盐化,因此进行周期调节的需求(遍历一个满 SoC)被避免。

(2)极大提高了高倍率充放电下的充电接受能力。

(3)能实现长系列串联连接的电化学池自发的自平衡——是一个能克服周期性均衡化需求的机制。

为未来车辆应用所提供的超级电池™的技术演变、设计与性能,可参见第12章。

3.4.7 超级电容器混合

用于解决负极板硫酸化的一个可供选择的方案已由 Axion Power International 公司提出,该公司已将所有负极活性材料用碳代替。其结果是一个混合装置,具有将二氧化铅作为活性材料的传统正极板,对应配备一个碳负极,电解质是硫酸。这一 Axion 的设备,虽然被打上了铅-碳(PbC)电池的标签,实际上是一个超级电容器,有非常高的充电接受能力,该充电接受能力能够在长的循环寿命下持续——其宣称在 1600 圈循环后还能达到 100%DoD。电化学池的电压与 SoC 显著相关,并且其比能量(Wh/kg)较传统铅酸电池要低。因此,PbC 电池是最适合用于包含高倍率充电和/或放电的应用场景。

3.5　充电

处于充电时间被限制或在 PSoC 状态下工作的应用场景的铅酸电池很少被完全充电,这是由于它们有限的充电接受能力。这种情形使得硫酸盐化与早期容量损失的现象变得严重。然而当使用合适的充电策略后,大多数损失的容量都可以被恢复。下列传统的[23]与探索性的[24,25]方法被用于铅酸电池的充电。

3.5.1　恒电流(CC)充电

在这种方案中,通过进行一系列步骤使得恒电流施加在电池上。当恒电压算法的首要危害被人们视为充电不足时,对恒电流充电的主要担心因素则集中在过充电上。考虑到电压并没有得到控制,此时电化学池会在高电压下持续一段可观的时间,从而导致产气与板栅腐蚀。

典型的 VRLA 电化学池在恒电流(CC)充电过程中的压力、温度与电压特征参见图 3.10(a)。电化学池的压力一直较低,直到电化学池达到 80%SoC,此时正极板也开始析出氧气。在这个时间节点,或者较此时很短的一段时间后,负极板开始析氢。在电流的主体部分开始用于生成气体的条件下,可以根据过充电的倍率来对应进行排气。最终,产气率达到了一个稳定的值,该值与使用的特定过充电条件的特征有关。电化学池的温度状况与压力状况相似,但在时间上有滞后。在氧气于负极板上重组并放热时会出现一个温度的上升。在达到峰值水平后,电化学池电压由于氧重组"拉低"了负极板电位而下降。显然,这一部分曲线的形状并不与富液式电化学池所展现的相同。

从好的一面来说,恒电流充电确保了所有的电化学池能够在每次循环下达到满充电状态。恒电流充电的优点包含如下:在一个易于测定的确定安时输入的情况下快速与可控的充电是可能实现的;电化学池间的充电均衡化在每一次循环时都能发生;只要在充电的末期阶段使用一个被控制的电流,温度补偿不再必要并且不太可能出现热量散失。

3.5.2　恒电压(CV)充电

这一充电方法,在欧洲有时被称为 IU 充电(在这里 I 表示电流,U 在德语

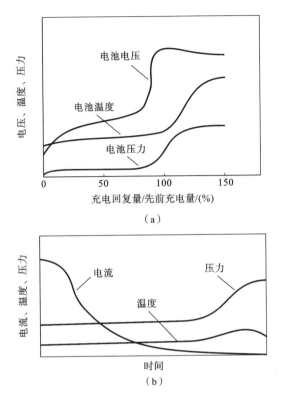

图 3.10　典型的 VRLA 电化学池特征,在(a)恒电流与(b)恒电压充电过
　　　　　程中。作者的原创工作

国家中是表示电压的符号),是一种让放电电池以一个设定位于过充电区的电
压值以及将电流限制在不会损害电池的范围内进行充电的技术。因此这一流
程可以更准确地被描述为"电流限制的恒电压(CV)充电"。充电过程的早期,
电压会相对较低,电流限制几乎会立刻达到。充电过程会保持在电流被限制
的状态直到电池电压达到了预设值——一个被称为"浮动"的电压。恒电压充
电的优势在于过充电现象被最小化,因此可以通过充电电压和电流限制的选
择来实现快速或慢速充电。缺点包括:①随着充电电流下降,需要长时间充电
"收尾";②可能出现充电不足以及容量下降,同时电化学池间完全均等不容易
实现;③当使用相对高的电流限制时会导致热流失。
　　VRLA 电化学池在恒电压充电下的压力以及温度特征参见图 3.10(b),
该特征与经历恒电流充电的电化学池相当不同。像上文中所提及的那样,在
电化学池达到完全充电时充电电流会下降。这意味着与经历恒电流充电(参
见下一部分)相比会有更少的产气(以及排气),更少的氧重组以及更少的产

热。因此,温度上升趋势会显著变小或者可能在上升后伴随一个下降,具体情况根据充电电压决定。

3.5.3 恒电压-恒电流(CV-CC)组合

铅酸电池充电的另一种方法是通过将恒电流与恒电压技术使用所谓的 IUIa 算法结合的形式进行,其中 IUIa 中的字母"a"表示自动(automatic)切断。这是一个简单的电流限制恒电压充电过程再搭配以最后阶段低水平的恒电流进行充电。由于具有简单的 IU(CV)程序,充电电流在电池电压达到预设值前一直处于被限制的状态下,而在电池电压达到预设值后电流开始指数下降。随后开始进行收尾阶段的恒电流充电以完成整个充电过程,而不受恒电压方案中存在的长时间的"收尾"现象带来的影响。CV-CC 充电方法适用于诸如在电动汽车运行中所经历的循环应用。

3.5.4 当对阀控电池充电时面对的另一个问题

上述谈到的三种充电方法在传统富液式电池的整个使用寿命期间都是有用的。对于 VRLA,必须投入精力去调整所使用的充电方法的细节,以适应整个使用寿命期间活性材料孔状结构饱和以及隔板发生变化的趋势;否则,随着使用时间的增加,充电电流中进入内部氧气循环的比例会发生变化(变多)。

3.5.5 快速充电

在许多年间,人们认为任何类型的铅酸电池都不能进行快速充电,由于正极活性材料会出现不能修补的损伤。然而在 20 世纪 90 年代早期,加拿大柯明哥(Cominco)的研究人员展示了一种不同的电流限制的恒电压方法,在该方法中使用了一种"无内阻电压",甚至可以对 AGM 型的 VRLA 进行快速充电[24]。与此同时,一个由澳大利亚 CSIRO 研发并由先进铅酸电池联合会(ALABC)提供支持的脉冲电流技术,其对于富液式电池与 VRLA 而言,不仅能减少充电时间,还能增加循环寿命[25]。快速充电通常能将电池充电至大约 95%SoC。一个规律的完全充电对于防止充电不足导致的电池退化以及使每个单体电化学池的 SoC 均是非常重要的。

随后德国太阳能和氢能研究中心(Zentrum für Sonnenenergie-und Wasserstoff-Forschung,ZSW)开展的一项工作[26]演示了一个电流逐渐下降的快速充电技术,其可以将带有薄管板正极的 VRLA 电池在少于 30 min 的时间内充电至 80%。除此以外,总的由产气带来的水损失与传统充电方法相比降低了 65%,由此降低了向"干涸"状态进发的速度。快充技术对正极板集流体产生了显著的腐蚀防护,同时减少了伴随的活性物质的"软化",较传统技术体系相比实现了更长的循环寿命。负极在此处成为高循环圈数下的容量决定因素。

ZSW 的研究表明了在快速充电时不均衡的电流分布是进一步延长循环寿命的阻碍。高电流下测得的更少的同质电流分布以及电极底部不足的充电都被观测到并被视为特别存在的问题。快速充电的应用被证明很有希望,但一些板栅设计上的修改可能被证明是为得到最佳收益而进行的。

3.5.6 脉动电流的影响

脉动电流(ripple current)是整流器或相似的电力调节设备的输出中不被期望出现的组成部分。电池制造商为给定的电池能暴露在何种程度的脉动电流下设定了一个限制值。充电系统应当被设计能在这样的限制下运行,否则电池中可能会产生过量的热并且正极板栅腐蚀会加剧。

3.6 铅酸电池中的热管理

3.6.1 热的产生

电池在充-放电循环中产生热,这些热必须被释放到环境中以防止电池温度持续上升。热效应源于电化学池反应的熵变("可逆热效应"),同时也源于过电位因素导致的能量损失与欧姆电阻("焦耳加热(Joule heating,也称电阻加热)")。上述效应中的前者影响相对更小,并且在充电时使产热增加而放电时相对应地会使电池降温。与之形成对比的是,焦耳加热在充电和放电时都会产生。合适的热管理能保证电池温度不会超过安全水平且维持电池中所有电化学池单元处于尽可能小的温度区间内。允许温度梯度变大而导致的不利后果是电化学池之间不一致的荷电状态与健康状态,这些电化学池会处于可导致提前失效的境况下。

过充电会导致 VRLA 较富液式电池有极高的温度上升。在上述对比中,后者的电池设计,使产生的大量热通过充电过程中产生的气体进行逸散。除此以外,VRLA 内部氧气循环中产生的热,参见反应式(3.8)与式(3.9),可以变得相当可观[27],尤其在老化的电池中,由于隔板干涸,故允许氧重组以非常高的速率进行。因此,较富液式的对比对象而言,在 VRLA 上需要更加密切地关注热生成与热管理。

电池在充电与放电过程中温度的变化率,$dT/dt(K/s)$,由文献[27]给出:

$$dT/dt = (dQ_g/dt - dQ_d/dt)/C_b \tag{3.12}$$

此处,dQ_g/dt 是单位时间产热量(J/s 或 W);dQ_d/dt 是单位时间散热量(J/s 或 W);C_b 是构成电池的材料的热容(J/K)。热容根据下式进行定义:

$$C_b = \sum m(i)C_p(i) \tag{3.13}$$

此处,$m(i)$是组分 i 的质量(g);$C_p(i)$是组分 i 的比热(J/(g·K))。VRLA 电池的比热 C_p 在 $0.7\sim0.9$ J/(g·K) 的范围区间,而富液式电池的对应值在 1 J/(g·K) 左右。造成差异的原因主要是富液式设计中电解液的添加。

当一个电池处于产生的热量与释放的热量平衡时,即 $dQ_g/dt = dQ_d/dt$,会达到一个平衡温度状态。当产生的热量超过释放的热量时,可能会导致"热量逃离(thermal runaway)"。

3.6.2 热释放

将热从电池中释放到其周围环境中通常经由下列三点机制。

(1) 通过电池部件与外壳壁传导热量流。

(2) 热辐射。

(3) 空气的自由对流。

实际过程中,电池的冷却首要的发生位置在电池的外壳壁这一侧。其底部表面通常与一个固体表面进行接触,该表面会获得与电池相同的温度并使电池温度与热量显著下降。电池的上表面在热交换中起到的作用微乎其微,这是由于其没有与电解质溶液直接接触,它们之间由气体构成的中间层仅有很低的导热率,因而阻止了热交换。

可以经由电池外壳壁进行传导的每单位面积的导热量(W/m²)参见下式:

$$dQ/dt = \lambda(\Delta T/x) \tag{3.14}$$

此处,λ 是导热率(W/(m·K));x 是介质的厚度,也就是电池外壳壁的厚度(m);ΔT 是电池外壳壁两边的温差(K)。对于塑料材料,λ 的数量级在 0.2 W/(m·K)左右。因此,举例而言,通过厚度为 3 mm 外壳壁的导热量为 67 W/(m·K)。

电解质溶液的热导率高于塑料,而铅较上述两者更高。因此,内部的热流动较通过外壳壁而言更快,这主要是由于电极的热导率,同时在电池外壳壁侧测得的温度通常可以代表对电化学池平均温度的一个优质的估测值。但这一估测值没有为高倍率充电的场景进行调整。

通过辐射过程的单位时间下单位面积的热损失量(W/m²)遵循斯蒂芬-玻尔兹曼(Stefan-Boltzmann)定律,也就是

$$dQ/dt = \varepsilon\sigma T^4 \tag{3.15}$$

此处,ε 是斯蒂芬-玻尔兹曼常数(5.67×10^{-8} W/(m²·K⁴));σ 是材料相对于理想的辐射源的辐射系数(对于一般用于电池外壳壁的塑料材料这一值约为

0.95); T 是绝对温度(K)。对于电池与环境之间温度差相对小的场景,每一单位温度差(K)的热释放为[27]

$$dQ/dt = 5 \sim 6 \ W/(m^2 \cdot K) \tag{3.16}$$

对于电池与环境之间温度差相对小,同时具有最小的两壁间距(约 1 cm)的场景时,每单位温度差(K)下电池外壳壁通过空气自由对流去除热的速率为[27]

$$dQ/dt = 2 \sim 4 \ W/(m^2 \cdot K) \tag{3.17}$$

对于一个不与外界支撑物接触的电池而言,总热释放参见下式:

$$dQd/dt = dQ/dt \ (\text{辐射,radiation}) + dQ/dt \ (\text{传导,conduction}) \tag{3.18}$$

上式的第二个因子受到空气对流的热去除速率的限制。因此,每单位温差对应的总热释放为式(3.16)与式(3.17)的和,即

$$dQ_d/dt = 7 \sim 10 \ W/(m^2 \cdot K) \tag{3.19}$$

明显地,热辐射与空气自由对流的组合过程对于去除所有通过电池外壳传导的热量来说是不够的(即按本节上述给出的例子中 67 W/(m² · K)的量)。通过使用液体冷却剂在电池外表面强制流动可以实现更高的热去除速率。

正如 3.6.1 节所提到的,如果热生成与热释放之间的平衡不能被适度地管控住,电化学池间的温度会上升,同时会导致一个自动加速的"热量逃离"过程。

3.7 失效模式与补救措施

限制铅酸电池寿命与导致最终失效的因素可以是相当复杂的。其中较其他因素而言最具有决定性的因素与电池的设计、材料构造、生产质量和使用条件有关。为了寻找出影响电池寿命的首要决定性因素,首先需要辨识出哪些是"灾难性"的电池失效事件,即电池突然不能实现正常功能;同时哪些是"能改进"的失效,即在电池服役期间容量逐渐降低。

灾难性的失效通常易于去诊断与定义。以下问题是经常遭遇到的:

● 不正确的电化学池设计与组件选择。举例而言,由于极板与隔板的故障导致的短路;

● 电池生产时赢弱的质量控制。举例而言,极板/终端间连接变松,和/或极板-汇流条、汇流条-终端或电化学池-电化学池之间弱连接的断裂导致的开路;被污染所影响;

● 对电池不正确的操作使用("滥用")。举例而言,有充电不足、过充电、

低电解质溶液量(对于富液式系统而言)、振荡、高环境温度、有害的外来物质的进入、在不充足的充电下存储时间的延长;

● 外部和/或内部损害。举例而言,容器外壳与封装的破损、终端被破坏、电解质溶液泄漏。

明显地,上述问题中有着程度明确的重叠现象,而电池失效也正由这些效应的组合所导致。

"能改进"的失效更加难以预测与解释。通常,其表现出与最佳表现相比有微小的偏差,这源于制造过程的变量与服役使用所处的条件所带来的极板特征的微量变化。取决于材料、工艺与电池设计的参数被人们视作"内部参数",而那些被电池使用条件所决定的参数称为"外部参数"。这一分类详见下文。

内部参数:

● 铅氧化物的化学组成与物理性质;

● 组成(包括添加剂)、密度、涂敷方法、铅膏的装载量与颗粒尺寸(对于平板电极而言);

● 化学组成与固化极板(平板型)或酸浸极板(管型)的结构;

● 化成后极板的化学组成与结构;

● 极板厚度;

● 板栅的组成与工艺条件;

● 电解质溶液的组成(包括添加剂);

● 隔板的选择;

● 电化学池设计。

外部参数:

● 使用前的存储时间;

● 充放电频率与电流密度(倍率);

● 放电深度(DoD);

● 经受部分或完全放电状态的时间;

● 重新充电的电压与电流;

● 过充电程度;

● 温度;

● 电解质溶液浓度的一致性及其维护。

这两串参数都对电池的最终失效产生不同程度的影响。最普遍的铅酸电池失效模式在专栏 3.1 中进行了描述,同样在当中提及的还有对应的补救措施。铅酸电池实际的运行寿命取决于运行过程中的 DoD 以及电池所处的环境温度。在最佳条件下电池寿命可延长到 15 年左右。

3.8　容量

一个铅酸电池在一个恒定放电倍率下展现出的容量（Ah）由许多因素决定，这些因素包括电化学池的设计与结构、电池已经历的循环体制（历史）、电池的年龄、维护程度与所处温度。典型的铅酸牵引电池在不同的倍率下的放电曲线参见图 3.11。可实现的容量取决于放电倍率，举例来说，从 30 min 放电过程中得到的容量仅为一个 10 h 放电过程容量的一部分。温度反过来能影响有效容量，但随着温度上升，腐蚀速率也会上升，特别是对正极板栅而言。此外，"热量逃离"的风险会加剧，即充电电流使温度升高，并因此允许更高电流进入，使温度循环更高，是一个正反馈的过程。

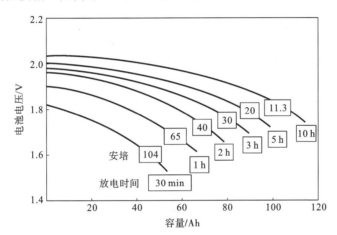

图 3.11　铅酸电池在不同倍率下的放电曲线。D. A. J. Rand, P. T. Moseley. Secondary Batteries-Lead-Acid Systems: Overview. Encyclopedia of Electrochemical Power Sources, Elsevier, 2009, pp. 550-575. ISBN: 978-0-444-52093-7

运行在范围变小的 DoD 下的过程，即 PSoC 职责，通常会使循环寿命较在更大范围 DoD 下运行的更长，参见图 3.12。然而这一优点可能会被负极板的充电效率带来的挑战所抵消。通常，这一效率会一直很高，直到充电接近全部完成，因此 PSoC 工作模式应该会受到欢迎。然而在高倍率充电的情况下，充电效率被降低，即使在极板没有处于满 SoC 时也是如此。

简要来说，铅酸电池的电化学池中有效的容量取决于在一般温度下可实现的组件电阻与传质速率。好的容量要求有能够充分供应的酸、高表面积的

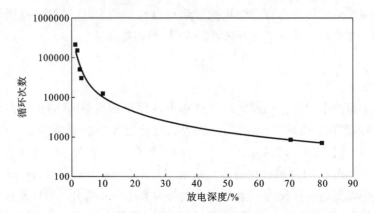

图 3.12 螺旋卷绕式 VRLA 电池中循环寿命与放电深度的变量关系。Courtesy of Exide Technologies. D. A. J. Rand, P. T. Moseley. Secondary Batteries – Lead-Acid Systems: Overview. Encyclopedia of Electrochemical Power Sources, Elsevier, 2009, pp. 550-575. ISBN: 978-0-444-52093-7

固态反应物、活性物质颗粒间的接触能一直维持在稳健的水平下(尤其是在充放电工作中展现出膨胀趋势的正极板上,v. i.)以及最小化 PbSO₄ 的隔绝效应。

经历循环职责的电池(正如在电池电动车上的)通常在其容量降至初始值 80%时被视为寿命到达终点。

3.9 自放电

一块典型的铅酸电池在 20 ℃的温度下每月自放电在 1%~5%。这一放电反应包含水分解形成氢气和氧气,这是一个热力学有利的反应,但由于正极与负极的高过电位而反应速率相对较慢。自放电的速率随着温度上升而增加。如果这一过程在电池没有进行"刷新"充电的情况下被允许持续进行,随后放电产物硫酸铅被证明会越来越难以发生逆转化并且电池会变得难以工作。

3.10 动态充电接受能力

由上所述,当传统设计的铅酸电池的负极板暴露在高倍率充电的场景下,甚至从 PSoC 开始时,一部分的充电电流会从预想的充电反应中脱离并进入附带的第二反应,即氢气的产生(不被期望的)。换句话说,"动态充电接受能力"(参见第 1 章与第 7 章)被限制,因此使负极板上硫酸铅的逐渐聚集并导致电化学池失效。铅酸电池的高倍率充电接受能力可以通过将合适类型的额外碳材料加入负极板中联合使用来提升,这些碳材料不仅包括用于作为少量的活性材料,还有被用于作为像超级电池™的特征层的。更多细节参见第 7 章与第 12 章。

3.11 总结

虽然铅酸电池是一种成熟的产品,具有长时间与优良口碑记录的商业化表现,对于被视为未来汽车能量/电力存储系统所要求的功能进步的创新工作模式所面临的挑战仍至少在以下四个领域可以看到:

- 提高动态充电接受能力(DCA);
- 无论在负极活性材料中使用何种支持性碳时都能将产气与水损失最小化;
- 在温度上升时表现提高;
- 在 HRPSoC 循环时抑制腐蚀。

关于稳健的高功率设计、可持续材料构建、用于未来汽车应用的最优化充放电管理系统的研究仍然在继续。实现 DCA 的持续性发展,同时使电池工作寿命接近汽车的寿命,将保证铅酸技术仍然能作为未来汽车一个关键的设计元素。

缩写、首字母缩写词和首字母缩略词

a   Activity of species which is usually specified as a subscript   物质种类的活度,通常以角标形式注明

AGM   Absorptive glass-mat   吸收性玻璃毡

ALABC   Advanced Lead-Acid Battery Consortium   先进铅酸电池联合会

CC   Constant-current   恒电流

CSIRO   Commonwealth Scientific and Industrial Research Organisation 澳大利亚联邦科学与工业研究组织

CV   Constant-voltage   恒电压

DCA   Dynamic charge-acceptance   动态充电接受能力

DoD   Depth-of-discharge   放电深度

E° Standard electrode potential   标准电极电位

Er Reversible electrode potential 可逆电极电位

EFB Enhanced flooded battery 加强型富液式铅酸电池

EFC Enhanced flooded cell 加强型富液式单电池

F Faraday (96485 coulombs per mole) 法拉第（96485 库仑每摩尔）

HRPSoC High-rate partial state-of-charge 高倍率部分荷电状态

ICE Internal combustion engine 内燃机

ICEV Internal-combustion-engined vehicle 内燃机车辆

IU European term used to describe a method of constant-current constant-voltage charging 欧洲术语,用于描述一种恒电流-恒电压充电的方法

IUIa European term used to describe a method of constant-current-constant-voltage-constant-current charging 欧洲术语,用于描述一种恒电流-恒电压-恒电流充电的方法

OCV Open-circuit voltage 开路电压

PSoC Partial state-of-charge 部分荷电状态

rel. dens. Relative density 相对密度

R Gas constant (8.3145 joules per degree per mole) 气体常数（8.3145 每度每摩尔）

SLI Starting-lighting-ignition 启动照明点火

sp. gr. Specific gravity 比重

SoC State-of-charge 荷电状态

T Absolute temperature 绝对温度

VRLA Valve-regulated lead-acid 阀控式铅酸电池

ZSW Zentrum für Sonnenenergie-und Wasserstoff-Forschung 太阳能和氢能研究中心

参考文献

[1] G. Planté, C. R. Acad, Sci. Paris 50 (1860) 640-642.

[2] C. A. Fauré, C. R. Acad, Sci. Paris 92 (1881) 951-953.

[3] J. H. Gladstone, A. Tribe, Nature 25 (1882), p. 221 and p. 461.

[4] H. Bode, Lead-Acid Batteries, translated by R. J. Brodd, K. Kordesch, John Wiley & Sons, Inc. , New York, 1977.

[5] G. W. Vinal, Storage Batteries, John Wiley & Sons, Inc. , New York, 1940.

[6] G. W. Vinal, D. N. Craig, J. Research Nat. Bureau of Standards 24 (1940) 475.

[7] H. S. Harned, W. J. Hamer, J. Am. Chem. Soc 57 (1935) 27-33.

[8] A. J. Salkind, J. J. Kelly, A. G. Cannone, in: D. Linden (Ed.), Handbook of Batteries, seconded, McGraw-Hill, New York, 1995, pp. 24.1-24.89.

[9] K. R. Bullock, J. Power Sources 51 (1994) 1-18.

[10] E. Willihnganz, J. Electrochem. Soc. 102 (1955) 99-101.

[11] H. B. Mark, J. Electrochem. Soc. 109 (1962) 634-638.

[12] D. Berndt, E. Voss, in: D. H. Collins (Ed.), Batteries 2, Research and Development in Non-Mechanical Electrical Power Sources, Pergamon Press, Oxford, 1965, pp. 17-26.

[13] M. Perrin, A. Delaille, in: J. Garche, C. K. Dyer, P. T. Moseley, Z. Ogumi, D. A. J. Rand, B. Scrosati (Eds.), Encyclopedia of Electrochemical Power Sources, vol. 4, Elsevier, Amsterdam, 2009, pp. 779-792.

[14] R. J. Hill, D. A. J. Rand, R. Woods, in: L. J. Pearce (Ed.), Power Sources 11, Research and Development in Non-Mechanical Electrical Power Sources, International Power Sources Symposium Committee, Leatherhead, 1987, pp. 103-124.

[15] O. Jache, Lead-Acid Type Storage Battery, U. S. Patent 3,257,237, June 21, 1966.

[16] D. H. McClelland, J. L. Devitt, Maintenance-Free Type Lead Acid, U. S. Patent 3,862,861, January 28, 1975.

[17] J. Devitt, J. Power Sources 64 (1997) 153-156.

[18] D. A. J. Rand, P. T. Moseley, J. Garche, C. D. Parker (Eds.), Valve-Regulated Lead-Acid Batteries, Elsevier, Amsterdam, 2004, pp. 1-565.

[19] R. F. Nelson, in: D. A. J. Rand, J. Garche, P. T. Moseley, C. D. Parker (Eds.), Valve-Regulated Lead-acid Batteries, Elsevier, Amsterdam, 2004, p. 243.

[20] L. T. Lam, N. P. Haigh, C. G. Phyland, N. C. Wilson, D. G. Vella, L. H. Vu, D. A. J. Rand, J. E. Manders, C. S. Lakshmi, in: Proc.

INTELEC '98, San Francisco, 1998, pp. 452-460.

[21] L. T. Lam, D. A. J. Rand, High Performance Lead-Acid Battery, Australian Provisional Application No. 2003905086, September 18, 2003.

[22] L. T. Lam, N. P. Haigh, C. G. Phyland, D. A. J. Rand, High performance energy storage devices, International Patent WO/2005/027255, March 24, 2005.

[23] R. F. Nelson, in: D. A. J. Rand, J. Garche, P. T. Moseley, C. D. Parker (Eds.), Valve-regulated Lead-acid Batteries, Elsevier, Amsterdam, 2004, pp. 241-293.

[24] T. G. Chang, E. M. Valeriote, D. M. Jochim, J. Power Sources 48 (1994) 163-175.

[25] L. T. Lam, H. Ozgun, O. V. Lim, J. A. Hamilton, L. H. Vu, D. G. Vella, D. A. J. Rand, J. Power Sources 53 (1995) 215-228.

[26] V. Svoboda, H. Doering, J. Garche, J. Power Sources 144 (2005) 244-254.

[27] D. Berndt, J. Power Sources 100 (2001) 29-46.

第4章
关于铅酸电池的
研究课题

M. Kwiecien[1,2] , P. Schröer[1,2] , M. Kuipers[3] , D. U. Sauer[1,2]

[1] 亚琛工业大学,亚琛,德国

[2] 于利希-亚琛研究联盟,于利希,德国

[3] 尤里希研究中心,亚琛,德国

由于铅酸电池长期以来一直在汽车市场的储能装置中占有主流地位,因此无论在原始设备还是在售后行业中都通常被认为是一种成熟的商品。因此,与相当多研究其他替代性的电池化学成分的研究工作相比,电池和汽车行业、大学或政府对铅酸电池技术的研究投入很少。然而,车载铅酸电池在功能(例如启停和舒适负载)、耐久性(例如最小耗水量)、燃料经济性(例如制动能量的回收)和成本(例如连续电极生产)等方面不断响应新需求且经历了许多创新的情况却经常被忽视。最近对吸收性玻璃毡(AGM)电池、加强型富液式铅酸电池(EFB)和电池监测传感器(BMS)的主流推广就是铅酸电池技术持续改进的明显例证。此外,协作产业研究项目以及风险投资资金的初创公司一直在探索一些新的应用场景,例如 48 V 轻混合动力牵引电池的使用。在新兴的混合动力推进电池原始设备制造商(OEM)市场主要由先进储能技术构成的同时,铅酸电池也在 12 V 启动照明点火(SLI)电池的既有核心业务中面临挑战。造成这样的发展现状的原因是先进的储能技术正在向豪华跑车这样最初的利基市场中稳步发展,这样的市场为减轻重量的目标可以付出相当高的价格,也无需在意在极端温度下电池的性能是否会显著下降。未来二十年,新

的车辆功能要求和竞争技术对铅酸电池的地位的挑战将会逐渐增加。为了捍卫其已建立的 12 V 核心业务的半壁江山并占有更多份额，更迫切地为了在如 48 V 存储系统这样的新型汽车应用场景中形成竞争力，铅酸电池公司将需要加快创新步伐。例如，在具有毫不妥协的高温耐久性的同时具有更好的动态充电接受能力，以提高能量回收期间的燃料节省能力。在对更高能量和功率密度有需求的同时，更高循环寿命的需求对混合动力推进应用提出了一系列挑战。本节概述了目前正在进行的研究工作，包括铅酸电池技术及其与车辆之间的交互，即电池监测和操作策略。

4.1 节总结了有关电池本身的研究主题，即活性质量和格栅材料、电化学池本身及其组件的设计，这些话题将在本书的其他章节中更详细地讨论以作为参照扩充。关于不同操作条件对电池性能和耐久性的影响的进阶知识可用于优化车辆控制策略，例如对燃料经济性改进的关注，这一优化过程是 4.2 节的主题。4.3 节描述了与铅酸电池监测相关的研究课题，这是所有类型电池使电池性能最大化的所有先进控制策略的先决条件。先进的电池不仅可以与铅酸 12 V 电池竞争，还可以在双电池系统中与它们共享能量/动力存储功能，双电池系统这一话题在 4.4 节进行概述。

4.1 设计与材料

改进铅酸电池设计与材料的目的在于在车辆应用中满足为铅酸电池提出的新的需求，这些需求包括更高的动态充电接受能力（DCA），在高电流率与恒定启动能力下部分荷电状态（SoC）时有更好的浅循环表现。主要的研究力量必须被投入到为再生制动过程中产生的高倍率充电电流而提高目前相对较低的 DCA 上。如果铅酸电池成为轻混合或全混合牵引应用中可能的储能系统，则比功率与高材料利用率的提高同样被高度需要。在接下来的章节中，从包括电化学池概念与可供选择的设计的电池化学到材料提升与物理修饰等当代铅酸电池研究话题，将被提及并进行讨论，在这一过程中关注焦点聚集于目前与未来车辆应用中的所需要求。

4.1.1 供选择的电池化学

铅酸电池在使用过程中会出现负极硫酸盐化、局部活性降低和容量损失等老化现象，造成这些现象的原因之一是充电过程形成的硫酸盐晶体的溶解度比较低[1]。研究人员试图通过改变电池化学过程来实现电池 DCA 性能的提升，尤其是针对电池负极，减少负极的硫酸盐化。相关的技术案例包括混合超级电容和超级电池™。

4.1.1.1　混合超级电容

已经有研究人员提出了将铅酸电池（以 AGM 为代表）的负极替换为一个双电层电极的电化学池概念,这可能会提供额外的赝电容,典型的是由活性炭组成(见第 7 章)。在这个双电层中可以缓冲高倍率的电流,所以电池的充电能力可以得到提高,同时消除了负极的硫酸盐化。在其他电池化学体系中也有类似于这种混合电容概念的研究,包括锂离子体系。文献[2]是一篇关于这类混合电容概念的综述,基于铅材料的混合电容设计方案也包含在内。所有的这种混合电容概念都有相似的特点,即牺牲稳定的电池输出电压以换取性能优势和(或)循环耐久性。混合电容的能量密度和比能量都远低于铅酸电池。在目前 14 V 汽车动力系统中,电压范围限制较窄已成为常态,混合超级电容由于其较大的输出电压波动而不能代替 12 V 的 SLI 电池。然而,一些拓扑系统中建议使用混合超级电容作为额外的储能设备,并配套开关阵列或者直流/直流转换器(例如,28 V/14 V 或 48 V/14 V)来控制混合超级电容的输出电压波动,从而优先实现再生制动中能量的最大化利用。在这个应用领域内,铅酸混合超级电容将与传统的超级电容和大功率先进电池技术进行竞争(见第 15 章)。

4.1.1.2　超级电池™

超级电容可以从根本上解决铅酸电池电化学过程中固有的 DCA 性能差的缺点,但是超级电容并联困难,这使其只能利用自身可以实现的输出电压的一小部分,这一部分的值在铅酸电池的平衡电压和充电电压之间。超级电池™将超级电容与铅酸电池结合到一个电池单元内,将活性炭层和 $PbSO_4/Pb$ 负极并联。活性炭层和 $PbO_2/PbSO_4$ 正极结合形成混合超级电容,它可以吸收短时间内的高倍率充电电流,之后将其缓慢释放到负极实现其电化学充电过程。在实验室和现场测试中已经证实超级电池可以提高充电接受能力和充电均衡性。从物理过程的角度讲,在传统的海绵状铅电极板涂板后层压上多孔活性炭薄层,这样就得到了超级电池的电极。超级电池概念由澳大利亚国家研究组织 CSIRO 的一个研究小组首次提出,然后由日本 Furukawa 电池公司实现其工业化生产,并将其授权给其他地区的几个电池公司。相同形式的负极修饰技术也被应用在方形 AGM 电池(应用于轻混合的牵引系统和固定应用)和 14 V 微混合系统的 EFB 中。在轻混合系统的持续高倍率部分 SoC 循环工况下,已经证明超级电池的 DCA 性能和循环寿命都远优于普通的

AGM 电池,然而还是不及大功率锂离子电池[3]。详细的技术描述和优势介绍见第 12 章。

4.1.2 供选择的电化学池设计概念

汽车电池一般都设计成整块的方形电池,以铅板栅作为两极的集流体,在每个板栅的顶部有一个约为 1 cm 宽度的极耳连接在铸条上。在设计新型电池结构时,每一个组件的设计可能重新进行考虑,特别是对于轻混合或全混合的牵引电池(48 V 或更高的系统电压),对这几类电池而言,提高比功率、提高物质利用率和增加高倍率的循环寿命等优化措施是最优先的需求。电池几何结构的优化不能克服铅酸电池接受高倍率充电时存在的内在缺点,所以对于轻混合或全混合的电池应用场景,需要额外对负极活性物质(NAM)进行优化(见 4.1.3 节)。

第 11 章 11.4 节会讨论一些电池结构,包括双极和准双极结构、极板为螺旋卷绕式的电化学池、正负极极耳分别在极板堆体结构不同的两侧的 AGM 电池。设计这些电池结构的目的是实现电池内均匀的电流分布,并且增加活性物质利用率。也有对电池集流体/板栅的材料的研究,例如使用碳材料做集流体,出发点在于泡沫碳有很高的比表面积,可能会提高铅酸电池的活性物质利用率和能量密度。第 10 章会讨论进一步的集流体优化,尤其是低腐蚀环境和高活性物质电导率的负极集流体,一般的优化目标是通过使用更少的集流体材料减少质量并且提高活性物质利用率。在某些条件下(例如使用碳毡),甚至 12 V 的 EFB 或者微混合应用下的 AGM 的 DCA 性能都会得到增强。

4.1.3 材料改良

在不改变铅酸电池基础电化学原理的情况下,其所用的材料仍然是进行改良的目标。例如,若为了大幅度降低水的消耗而去除合金板栅中的锑,则需要寻找能以最小的间接成本实现提升膏体附着力、提升防腐能力与降低耗材的同时保持机械硬度的其他合金(见第 9 章)。用于扩展器的合成材料已实现了改良,例如在高温条件下的耐久性方面(见第 7 章)。上述以及其他方面的改良总是需要研究与研发(R&D)工程师与工艺工程师之间进行密切互动:研究与研发工程师优化电池性能与耐久性,同时工艺工程师也需要确保电池制造商依然能保持产品的高质量和高产量。例如,所使用合金的改变至少直接影响了板栅制造、极板制造(例如膏体附着力)、固化以及汇流排铸焊(COS)过程。这些优化和平衡过程虽然还未在期刊论文上发表,但已经使材料和组件的改良可以实现。

近 20 年来,已发布的铅酸电池材料研究中最活跃的领域是通过对 NAM 的优化来改善其 DCA。碳添加剂的研究始于日本,并找到了进入第一个商用汽车产品的道路——用于 42 V 轻混合动力车的 36 V 隔板蓄电池。然而由于其在汽车行业中的成本/效益预期不足,42 V 概念在还未实现大规模应用之前就中断了。在日本,类似的添加剂用于服务于启停技术的主流推出的 12 V EFB 和始于 2008 年左右的微混合动力技术。在其他市场中,汽车制造商非常不愿意接受利用新型碳 NAM 添加剂来改善 DCA,因为根据欧洲和北美的 OEM 的电池性能规范过充测试,它会增加水的消耗和气体的排放[4]。含碳添加剂的铅酸电池如果必须保持低失水率,则无法达到可接受发动机恢复期间发电机能产生的 3 kW 左右功率的充电接受能力[5]。当充电接受能力提高时,必须更加注意活性物质中高含量的炭黑或石墨对容量和冷启动性能的负面影响[6]。然而,一些碳种类可以改善局部 SoC 的(浅)循环寿命且只对氢过电位有很小的影响,它们已被引入几种 EFB 和 AGM 产品中。为解释碳对 DCA 影响的机理,已发展出了几种理论,但还未有一种令人满意。总而言之,氢过电位的降低、碳与 NAM 材料之间的反应以及蓄电池寿命的演变都是活跃的研究领域。第 7 章给出了关于这类工作的现状报告。

4.1.4 启动照明点火电池的物理修饰

20 世纪 90 年代起在全球范围内投入使用的 AGM 电池由于欧洲豪华汽车的电池循环(吞吐量)需求的快速增长而得以被采用。尽管阀控电池本质上比相应的富液式电池对热更敏感,但进一步的优化使大规模生产(连续制版)具有成本效益,而且使其能几乎不受限制地用于热发动机舱。第 6 章总结了汽车 AGM 技术及其研究进展。

2006 年开始,启停和微混合动力技术在日本和欧洲迅速崛起,这就要求对已建立的棱形格栅极板富液式 SLI 电池进行低成本修饰,以提高浅循坏的耐久性(此外,一些原始设备制造商使用 NAM 添加剂来优化 DCA,见 4.1.3 节)。电解质分层是修饰时需要面对的一个现象,相对于没有电解质分层的电池,它会降低充电性能,加速老化过程且缩短寿命[1]。同时,由于电解质分层会加剧蓄电池中电流的不均匀分布,DCA 也会受其影响。

在正极板上附着无纺布除了可以使电池具有较高的质量负荷和质量密度外,还会显著提高其循环寿命,无纺布由玻璃或合成纤维或两者的混合物组成,并通常在连续制版过程中替换粘贴纸。这种材料通过提供机械支撑来减少循环磨损,并在一定程度上减少酸分层。后者的影响如文献[7]中的描述,并已应用于一些 EFB 产品的负极。Furukawa[8]证明了对于应用于富液式超级电池™的活性炭多孔层的酸分层具有类似的流体力学作用。另一种防止酸分层的对策是在电池前部插入塑料实现电解质被动混合。当电池容器随车辆移动时,这些组件在电池容器的横向加速过程中搅动液体流动[9,10]。在汽车应用中,工业电池内利用泵进行电解质主动混合并不现实。这种方法的缺点是沉积物会堵塞管道,必须手动移除,而这样就会增加对维护工作的投入。

通过这些物理性的修饰,最先进的 EFB(见第 5 章)的循环的耐久性几乎与汽车使用级 AGM 蓄电池相当——电池研发工作在一件 15 年前难以想象的事上取得了令人印象深刻的成功。

4.2 操作策略

然而,在传统车辆中交流发电机使用恒电压对电池充电,在微混合动力车中交流发电机的控制形式更为精密。微混合动力车使用的通常策略是使电池保持在一个部分荷电状态中,从而确保启动能力和在再生制动期间接受充电的可能性[11]。此外,如果电池在低的荷电状态下进行操作,一些像硫酸化之类的老化机制会加速进行。必须对目标荷电状态范围及其公差进行权衡,使其在顶部范围内具有容纳再生制动能量的容量的同时,在底部范围内具有充足的放电电能。荷电状态可能在对电池施加零或者极少的正电时保持在一个被期望的范围中,见第 13 章 13.3 节。铅酸电池的操作历史对其在给定荷电状态与温度下的动态充电接受能力(DCA)有着很强的影响[11]。Sauer 等人的工作表明,标准车载铅酸电池的动态充电接受能力在放电过后瞬间的动态充电接受能力明显高于充电过后,而这项指标同样与施加充电脉冲之前的休息期的持续时间相关[12]。图 5.15 表明,除此以外,铅酸电池可能需要几个月的时间才能使因容量测试而暂时升高的动态充电接受能力恢复到一个稳定值,而频繁放电措施的使用(仅包括启停与基本负载)可使动态充电接受能力上升。在这些条件下,典型富液式电池、加强型富液式铅酸电池与 AGM 电池的动态充电接受能力在 0.2 A/Ah 左右。这是一种电池的磨合效应,不应该被误解为老化:电池可以在这种低动态充电接受能力的水平下多年满足所有用电系统功能的需求。事实上高初始动态充电接受能力是电池在被安装入试验台或车辆前所执行电池调节的效果。如果忽略这一点,动态充电接受能力将从电池刚开始使用时就更接近磨合完成的水平。

像在正常驾驶过程中对电池进行主动放电这样的创新性的操作策略可能被引入来试图进一步提升动态充电接受能力。这样额外的吞吐量必须被保持在技术特定的限制范围内以避免电池过早失效。主动放电必须要为电池的一些首要功能小心翼翼地维持电池的能量与电力容量。举例来说,电池应当通过降低交流发电机设定值来强制进入放电状态。更多关于电池额外放电的例子包括"航行"与"滑行"功能,即车轮不需要扭矩的时候首先会通过解耦甚至关闭发动机(以及交流发电机)来减少发动机阻力损失。目前还需要更多的研究去回答关于主动放电策略是否提供了一种在不减少使用寿命的同时提升动态充电接受能力以及显著减少排放的方法。复杂电池模型的发展,尤其关于动态充电接受能力的那些,允许人们能够在进行密集测量情况下评估不同的与节省燃料和减少 CO_2 排放相关的电池技术以及车辆操作策略。

不仅仅是短期的使用历史会影响电池的动态充电接受能力。电池的表现会因部分荷电状态操作导致的完全充电次数过少而出现明显的下滑,而部分荷电状态操作是许多新车配置的一项特征。由于一次现实中的完全充电估计至少需要 24 小时的时间[12],因此在车辆的实际使用中几乎从来不会有使电池完全充电的时候。在一些车辆的操作过程中,刷新充电事件会被有规律地触发以溶解电池中的硫酸化晶体并因此提升动态充电接受能力[11]。Schaeck 等人的研究表明在实验室条件下刷新充电能提升动态充电接受能力。还需要更进一步的研究以理清车辆中的刷新策略在电池的全使用寿命阶段在多大程度上提升了动态充电接受能力。在未来的车辆中,无论何时在长途高速公路或下坡类型的旅程即将到来之际,卫星导航与能量管理间的相互作用都可以触发一项精密的刷新策略,特别是在最受欢迎的(温暖的)天气条件下。众所周知高温和升高的充电电压有助于硫酸铅的溶解。

除此以外,像放气这类的副反应同样会在高温以及高电压水平下增加。氢气与氧气作为电解质产物在酸液中以气泡的形式向上移动并有助于将酸浓度均匀化[13]。在恒电流恒电压充电的过程中,电极的电势会上升到一个确定的水平,此时析气反应会变得很重要。Guo 等人的研究表明,在这种情况下这些气泡能起到搅拌酸液的作用,可以从中测定到非常平均的酸液浓度,见图 4.1[13]。

当微混合电池通过常规放电策略进行放电时电解质分层可能成为其的一个问题[1]。通过暂时超过温控电压限制来有效刷新电池可以实现一些优化,只要注意避免在电池使用寿命期间过多的额外放气。

更高水平的制动能量回收是 48 V 系统的目标,典型的回收功率为 7～11 kW,而 14 V 系统为 1～3.5 kW。较铅酸电池而言,对于 48 V 系统的研究绝大部分着眼于锂离子电池与其他技术。在 2016 年,先进铅酸电池联合会(ALABC)介绍了一个利用有螺栓固定电气元件的先进 48 V 铅-碳电池的项目,这种电池能够允许发动机在不影响性能的情况下减小尺寸。关于像超级

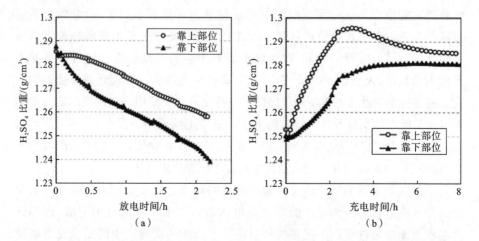

图 4.1 在进行 5 A 的放电操作与 2.5 A 恒电流、2.5 V 恒电压充电操作时富液式铅酸电池舱体靠上与靠下的部位中 H_2SO_4 的比重随时间的变化

电池™（UltraBattery™）那样的新型铅酸电池设计是否能够完全竞争过锂离子电池的问题还需要投入更多的研究。

4.3 电池监控

监测汽车应用中的铅酸电池是在过去几年中具有重要意义的研究课题。在过去大多数应用都不需要监控内部参数，这是因为过去对性能的要求不是很苛刻，并且铅酸电池的稳健性特征允许其在不用冒着超出安全操作区域风险的情况下就能实现能量管理。如前所述，这些性能要求在过去几年中显著增加，并且如第 14 章所述预计将进一步增加。诸如 4.2 节中描述的复杂操作是进一步对电池的挑战，因此需要密切监视其参数和性能。为了监控铅酸电池而引入的电池传感器将电池电流、电压和温度的测量值作为实时运行的监控算法的输入值。算法会估计电池的内部参数，以预测荷电状态（SoC）、功能状态（SoF）和健康状态（SoH）信号[14]。这是一项具有挑战性的任务，特别如4.1 节所述的不同类型和设计以及不同尺寸容量的铅酸电池在汽车应用中使用。因此，这需要得知电池到电池的各种行为。所以，必须考虑自适应或自学习算法而不是经验方法，后者需要大量昂贵的参数化工作。

下文更详细地介绍了当前对于监测系统的研究课题，大致可分为 SoC、SoF 或 SoH 信号的改进。

4.3.1 荷电状态

电池荷电状态（SoC）是相对于参考容量的可用容量。主要使用 Ah 平衡和开路电压观察的组合进行 SoC 估计。其他更复杂的方法(例如使用卡尔曼滤波器)是可行的,并且可以非常灵活地防止由于老化导致的电池特性变化,如同第 6 章所述。但是,这种方法需要一个足以考虑电池中电压影响现象的电池模型,这些影响电压的现象包括过电位和电解质分层。

状态检测算法研究的其中一个主题是通过开路电压(OCV)对 SoC 进行重新校准的改进措施。过电位和电解质分层可能会使 OCV 失真。在电池停止充电之前的充电阶段中,其最后的短暂时间里会产生一个正的过电位,该过电位需要几个小时才能消弭。Pilatowicz 等人在充入标称容量 5% 的电量后,测量的过电位约为 100 mV,在 25 ℃ 下充入标称容量 1% 的电量后,弛豫时间为 25 h[15]。针对这个问题的一个可能对策是扩展等效电路,它可以再现这种行为[15]。需要考虑到对于不同的铅酸技术和不同的电池几何形状,过电位的形成和减少现象是互不相同的。在所有铅酸电池技术中,或多或少地存在电解质分层。目前并没有在估算 SoC 之前对其进行电解质分层的监测和校正 OCV 方法。然而,诸如上述描述的方法表明,从少数机会中提取与 SoC 有关的最大限度信息的尝试对于估计表现是可行的。

4.3.2 功能状态

SoF 参数包含涉及应用程序正常功能的各种信息。在汽车应用中,这些信息主要包含放电场景的功率预测,如暖和冷启动容量。因此,SoF 信号的准确预测使得能量管理能够允许发生最长时间的启停事件,由此使节能最大化。

预测 SoF 有几种不同的方法。独立于算法的类型和模型的复杂性,它们总是必须能够处理铅酸电池的高度非线性行为。因此,目前的许多研究旨在利用能够处理大量的非线性特征的观测器。不幸的是,这样的特性通常会对算法的计算效率产生负面影响。由于汽车行业价格的巨大压力,BMS 内部使用了低成本的微控制器。因此,其计算速度和内存空间是有限的。所以,监控算法的主要任务之一是在所需的计算工作量和估计精度之间提供适当的权衡。第 6 章使用的扩展卡尔曼滤波器的示例更详细地展示了这种权衡。

另一个与所使用的算法类型无关的关键因素是关于电池电气行为的信息的有效性。只要有足够的有效激励,就可以准确地调整适当的模型。不幸的是,这总是取决于电池在汽车中的使用方式。例如,如果车辆长时间停放,仅从电池中获取静态电流的值而没有任何主要的动态电流,则几乎不能获得电池阻抗的信息。另一方面,如果通过动态负载变化定期对电池施加压力,则可以从大带宽的电池阻抗变化范围内获得大量信息。这样的事件可能相对较少发生,因此为了在任何预期的时间点内精确地定义信息,对应的思路是打开和关闭特定的负载。在这种情况下,应用程序会主动为电池的监控系统生成额外的信息。由于这是对能量管理的主动干预,因此需要在未来的研究中分析是否值得为这些附加信息投入资源。此外,还需要分析哪些激励能产生有价值的信息,以及如何处理这些精确定义的信息并与检测系统的其余算法结合使用。

4.3.3 健康状态

SoH 信号的任务是提供有关电池使用直至其寿命结束的过程中电池的总体健康状态信息。根据容量变化的知识,SoC 估算方法可以提供更多关于某些荷电下剩余可用放电容量的可靠信息。虽然如此,在电池使用到一定寿命后确定其可用容量仍然是一个未解决的问题。正如 SoC 估算方法中提到的那样,含有对 SoH 有价值信息的事件是非常稀少的,因此,需要先进的方法来估算电池容量的衰减。

Huet 等人总结了现有的从电阻信息中估算容量衰减的方法,并将这些方法评定为不准确的和矛盾的,主要是因为它们只考虑了一个频率的电阻或阻抗信息[16]。在各种频率下使用阻抗测量可以提供更多信息,但是还没有这方面的相关研究。由于充电不足导致硫酸化是微混合动力应用中的主要老化过程之一。Kwiecien 等人描述了一种基于 OCV 和充电接受能力观测并且考虑到水损失来估算硫酸化程度的方法[17]。估算的硫酸化量遵循容量衰减的测量趋势,但是通过该方法不能足够准确地估算容量损失的绝对值。

容量衰减的估算仍然是一个挑战,但是提供这种信息的准确算法非常有必要。如果对电池的容量进行更加准确的估算,就可以在不更换电池的情况下维持更久的微混合动力功能。

更多有关 BMS 和监控算法的详细信息,请参见第 14 章。

4.4 双电池系统

除了电池系统设计、操作策略和监控系统的改进之外,这里有另一种在给定应用中最大化能量存储性能的可能性,即能量存储技术中的合适选择。这类选择包含将不同存储技术组合为双电池系统形式(通常不是用于汽车应用的单个封装)以结合它们的优势,同时保持系统成本尽可能低。14 V(汽车)和28 V(卡车)电源系统中相同或不同铅酸电池的组合分别在 13.3.7 节和 17.6.2节中讨论。

如果将铅酸电池与其他存储技术相结合,一般的想法是在瞬态放电下改善 DCA、循环寿命,以及有时会考虑改善电压质量。另外,如果系统水平性能能够提升,则可以使铅酸电池减小尺寸,这甚至可以补偿第二存储装置和布线的额外重量。Everett[18] 讨论了几种有前景的铅酸电池、超级电容器和锂离子电池组合,其他组合(如镍-金属氢化物电池)也是可能的。例如,Le 等人已经在文献[19]中提供了相关测试结果,这些测试结果是借助 AGM 电池与具有不同的阴极和阳极材料的不同锂离子电池的组合获得的。另一方面,Mazda推出了具有超级电容器的双系统[20]。

超级电容器通常需要 DC/DC 转换器以实现可存储能量的最大化。然而,如果双系统包括一块第二电池而不是超级电容器,则有时可以避免这样产生的额外成本。图 4.2 描述了 12 V 组合锂离子电池单元和铅酸电池单元的电化学池单元的设置方案。可以在两个存储系统之间添加开关,以便能够断开其中一个并行串。

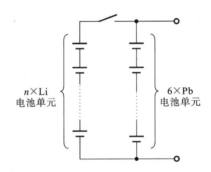

图 4.2　铅酸电池和锂离子电池并联的等效电路模型

为了成功使用双电池系统,必须解决几个挑战。第一个主要挑战是找到与 4.1 节中介绍的技术类似的两种技术的正确设计和设置。几种不同的自由度在本步骤中已证明有如下作用:

- 铅酸电池类型(富液式、EFB、AGM)和添加剂的混合物;
- 铅酸电池的安时大小;
- 辅助电池化学性质和协调性或超级电容器标称电压;
- 串联连接的电化学池数量;
- 辅助电池的安时尺寸或超级电容器的电容量。

铅酸电池是否可以针对双电池系统中的应用进行优化同样需要进行分析。定制其设计并调整其制造过程对于为未来在市场上提供精密的产品可能是至关重要的。

涉及双电池系统研究的另一个开放性问题是操作策略问题。操作策略不仅会影响电池组的性能,还会对每种电池技术的老化产生重大影响,如4.2节所述。

如4.3节所述,监控技术在最大化电池系统性能方面也发挥着非常重要的作用,取决于双电池系统的设置以及电流和电压感测的可用性,将来对于内部参数的在线调整将出现新的挑战。

第15章提供了对双存储系统的要求、拓扑和电化学池单元技术的广泛讨论。

4.5 讨论

众所周知铅酸电池化学与其他市场上的电池技术相比非常复杂。一方面,铅酸电池技术难以在资源有限的情况下实现显著改进,另一方面,这意味着即使经过100多年的研究和商业使用,铅酸电池仍然存在着进步空间。没有"捷径"可走,因此在不久的将来为了在与其他电池技术的竞争中胜出,必须在铅酸电池的研发活动上进行大量投资。特别是在锂离子电池领域,每年数十亿美元被用于全球学术界和工业界的研发。因此,最重要的是为汽车铅酸蓄电池的未来制定明确的路线图。必须确定市场所需的核心应用领域和性能,并且需要在合理和现实的基础上计算研发工作所需的投入。对于12 V SLI电池系统尤其如此,这类电池系统濒临淘汰,而且对于铅酸而言,比投入例如48 V铅碳电池更为重要。如果不能在满足不同市场不断增长的需求方面取得重大进展,铅酸电池将在未来20年甚至更早的时间内难以作为与市场相关的技术生存下去。因此,本文中讨论的所有方面都需要立即投入大量资源与巨大努力。

参考文献

[1] J. Albers, E. Meissner, S. Shirazi, J. Power Sources 196 (2011) 3993-4002.

[2] D. Cericola, R. Kötz, Electrochim. Acta 72 (2012) 1-17.

[3] U. Stenzel, in: Advanced Automotive Battery Conf. , AABC Europe, Mainz, 2015.

[4] E. Karden, in: Advanced Battery Power e Kraftwerk Batterie, Aachen, Germany, April 2015.

[5] P. Atanassova, A. DuPasquier, M. Oljaca, P. Nikolov, M. Matrakova, D. Pavlov, in: 14th European Lead Battery Conf. (14ELBC), Edin-

burgh，Scotland，September 2014.

[6] S. W. Swogger，P. Everill，D. P. Dubey，N. Sugumaran，J. Power Sources 261 (2014) 55-63.

[7] M. Tozuka，T. Kimura，S. Kobayashi，S. Minoura，T. Okoshi，in: Advanced Battery Power-Kraftwerk Batterie，Aachen，Germany，April 2015.

[8] J. Furukawa，in: 14th European Lead Battery Conference (14ELBC)，Edinburgh，Scotland，September 2014.

[9] IQ Battery Research & Development GmbH，Flüssigelektrolytbatterie，Patent DE19823916A1，1999.

[10] E. Ebner，M. Wark，A. Börger，Chem. Ing. Tech. 83 (2011) 20511-22058.

[11] S. Schaeck，A. O. Stoermer，E. Hockgeiger，J. Power Source 190 (2009) 173-183.

[12] D. U. Sauer，E. Karden，B. Fricke，H. Blanke，M. Thele，O. Bohlen，J. Schiffer，J. B. Gerschler，R. Kaiser，J. Power Sources 168 (2007) 22-30.

[13] Y. Guo，W. Yan，J. Hu，J. Electrochem. Soc. 154 (2007) A1-A6.

[14] E. Meissner，G. Richter，J. Power Sources 116 (2003) 79-98.

[15] G. Pilatowicz，in: Proc. 9th International Conference on LeadeAcid Batteries (LABAT)，Albena，Bulgaria，2014，pp. 141-144.

[16] F. Huet，J. Power Sources 70 (1998) 59-69.

[17] M. Kwiecien，in: 16th Asian Battery Conference (16ABC)，Bangkok，Thailand，September 2015.

[18] M. Everett，in: Advanced Automotive Battery Conf. ，AABC，Detroit，June 2015.

[19] D. Le，E. Michielutti，in: Advanced Automotive Battery Conf. ，AABC，Detroit，June 2015.

[20] A. Kume，S. Hirano，M. Takahashi，in: Advanced Automotive Battery Conf. ，AABC Europe，Strasbourg，2013.

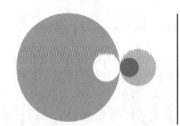

第 5 章
富液式启动照明点火(SLI) 电池与加强型富液式铅酸 电池(EFB)：前沿技术

M. Gelbke[1], C. Mondoloni[2]

[1] 储能工厂小型有限责任公司 & 有限合伙企业,巴特司塔福斯坦,德国

[2] 标致雪铁龙集团拉加雷纳-科隆布技术中心,拉加雷纳-科隆布,法国

5.1 铅酸电池在内燃机车辆中的历史发展

在超过 100 年的时间中,铅酸电池一直是内燃机(ICE)车辆中最受青睐的储能系统。同时,启动照明点火(SLI)电池一直是世界铅消耗的主要去向。没有哪种铅酸电池的产量达到了启动用电池的高度。生产 SLI 电池的铅消耗量占据世界铅消耗量的 40%[1]。虽然 SLI 电池的功能在逐年改进,但是它一直代表着车载铅酸电池具有的多项功能中最为主体的部分。

最开始铅酸电池只是用来提供照明用电。电池作为一个单独的模块运行,而且需要被定时从汽车中拿出来充电。1913 年,博世(BOSCH("BOSCH Licht"))研发了第一款板网(board net)系统。它包括一个交流发电机、一个控制器和一块电池。起初它只被用来给车灯和雨刷供电。在 20 世纪 20 年代与 30 年代间,电池电点火技术被发明出来而且得到进一步研发[2]。通过电池供电来启动引擎的特殊启动系统成为最前沿的技术,这套系统逐渐取代了手工的汽车启动系统。到 20 世纪 50 年代,6 V 电池组主导了汽车行业的供电系统。

如今,汽车中铅酸电池需要满足的要求比其他任何电池都要高:

- 需要能在充电/放电或者缓冲操作模式下来回切换;
- 能持续以几毫安的电流放电数小时甚至数天;
- 在极短时间(几秒或者几毫秒)内大电流(大于 1000 A)放电;
- 在数分钟内以 5～30 A 的电流放电;
- 在电压受限的条件下充电;
- 需要能补偿板网的电压波动;
- 在 −30～75 ℃的温度范围内均能工作;
- 根据汽车设计,需要有抗振能力。

如今对车载电池的要求是具有应对更多的扩展功能和高能耗的能力,这些更加严苛的要求将会在 5.2 节中详述。

现在小客车中的车载电池是额定容量为 40～110 Ah 不等的 12 V 的电池块。而板网系统在最通常的状况下使用单个电池,但在一些特殊场合使用两个电池(一个为 SLI 电池,另一个为其他能源消耗装置供能)的板网也有出现。

卡车中的电池需要比小型车中的电池提供更多的能量、启动功率以及具有更佳的抗振能力,而且往往需要以几安培的电流负荷持续输出数小时。为了应对这些需求,需要设计具有更高容量(100～230 Ah)的电池组。一般来说,卡车上的电池由两组 12 V 的电池串联起来以提供 24 V 的卡车板网需求。

人们一直在设法寻求能够替代铅酸电池的其他储能系统,但无一例外都以失败告终。

除了满足上述宽泛的功能需求外,铅酸电池还能够大批量的、以可接受的价格生产。一些国际、地区以及国家标准(如 ICE(世界标准)、BCI(美国标准)、JIS(日本标准)、EN(欧洲标准)、GB/T(中国标准))和其他的相关标准,都对启动电池的设计、性能要求以及测试方法做出了规范。产品的型号范围是基于模块化使用统一的平板电极(极板)。这使得大批量生产的铅酸电池极板成为可能。得益于经济规模与低的原材料价格,铅酸电池变得(比其他储能系统)更便宜。

最后,铅酸电池的循环利用很容易实现,因此铅酸电池市场已有闭环的材料使用模式。超过 90%的电池在废弃后会通过简单且低能耗的回收工艺做成生料供新的电池生产。其他任何的储能系统都没有这样无穷无尽的资源。

汽车电池的期望寿命为 2～7 年(这取决于气候条件、用途以及电池在车辆中的放置位置)。国际电池理事会(BCI)在美国市场收集的数据显示,铅酸电池的平均寿命从 1962 年的 36 个月上升到 2010 年的 55 个月[3],但是车载电池应用的发展致使铅酸电池寿命在 2015 年下降为 51 个月[3]。大体上讲,铅酸电池在耐用性方面仍能够满足消费者的期望。但是电池的可靠性至关重要,因为电池出现故障,汽车就不能正常工作。电池可靠性的进一步提升和对电池寿命的预测,将是未来电池发展面临的巨大挑战。

传统而被广泛接受的车载铅酸电池的失效模型如下:

- 板栅腐蚀和失水(电池过充电,主要在高温下发生);
- 硫化与活性物质脱落(低温环境、欠充、过放电或者频繁充放电);
- 振动而引起的机械损伤(特别是在颠簸的道路上和卡车中)。

下列是几种当今正在使用的铅酸电池技术:

- 富液式平板电池;
- 阀控式平板吸收性玻璃毡(AGM)电池;
- 阀控式凝胶电池;
- 阀控卷绕式电池。

表 5.1 为不同汽车电池设计之间的比较。

表 5.1　不同汽车电池设计之间的比较

参数	平板电极富液式 SLI 电池与 EFB	平板电极富液式电池与先进 EFB	平板电极 VRLA AGM 电池	卷绕式 VRLA AGM 电池	平板 VRLA 凝胶电池
典型重量	17～19.5 kg（EFB 为 18.5～19.5 kg）	20～21.5 kg	20.5～21.5 kg	21 kg	21 kg
特征尺寸	约 9.2L:L3 278 mm×175 mm ×190 mm, 480～680 A-66～72 Ah	约 9.2L:L3 278 mm×175 mm ×190 mm, 680～760 A-70 Ah	约 9.2L:L3 278 mm×175 mm ×190 mm, 760 A-70 Ah	约 9.2L: BCID34 254 mm× 173 mm× 200 mm, 765 A-55 Ah	约 9.2L- ES650/G60: 278 mm× 175 mm× 190 mm, 460 A-60 Ah
电能密度与比能量 /−18 ℃, 放电 10 s	220～ 290 W/kg 400～600 W/L	270～ 310 W/kg 600～680 W/L	300～ 310 W/kg 600～680 W/L	350～ 400 W/kg 900 W/L	170～ 190 W/kg 400 W/L
能量密度 /25 ℃, C_{20} 下放电	46～ 44 Wh/kg 86～95 W/h	40～ 42 Wh/kg 90 W/h	40～ 41 Wh/kg 90 W/h	约 31 Wh/kg 75 W/h	约 34 Wh/kg 78 W/h

续表

参数	平板电极富液式 SLI 电池与 EFB	平板电极富液式电池与先进 EFB	平板电极 VRLA AGM 电池	卷绕式 VRLA AGM 电池	平板 VRLA 凝胶电池
内阻/25 ℃,100%SoC 下	3.8~4.7 mΩ	3.0~3.4 mΩ	3.2~3.5 mΩ	2.8 mΩ	5 mΩ
自放电率	低(每月 3%~6%)	低(约每月 3.3%)	低(约每月 3%)	极低(约每月 2.3%)	极低(约每月 2%)
温度范围	−30~75 ℃	−30~75 ℃	−30~60 ℃	−30~60 ℃(+75 ℃)	−30~75 ℃
冷启动性能/−18 ℃	好	很好	很好	极佳	不良(−20%)
工作寿命	5~7 年	5~7 年	5~7 年	5~7 年	5~7 年
成本	每千瓦时 50~150 欧元 每千瓦 8~10 欧元	×1.3	×1.6	×2.5	×2.8
应用	仅适用于具有能量回收功能微混合动力车辆与小型客车的 SLI 电池	具有启停功能的微混合动力车辆	微混合动力车辆,具有启停功能且承载多用电负载的出租车	大功率,深循环的特殊车辆以及建造类机械	极深度循环的板网电池(季节性应用)

5.2 板网架构与汽车对电池的要求

5.2.1 电力系统(EPS)与板网

为保障各种电力要求的全局电力系统可能在传统的或者微混合动力的内燃机车辆上出现。可以由图 5.1 所示的板网架构示意图简单地描述。

图 5.1 中所示板网系统的主要活跃部件为 12 V 电池、电磁启动器、交流发电机(可被认为是主要的发电机)和负载。

电路的负端总是汽车的底板。通常,并联的多个不同负载电路由各自的保险丝保护。为关闭板网电路安装了不同的开关(被称为板网电路的开/闭开

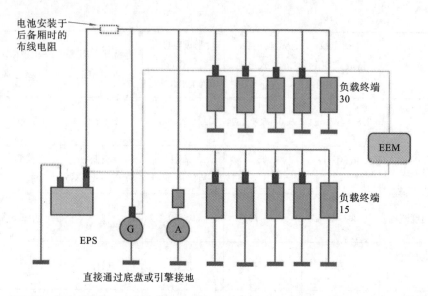

图 5.1 电力系统(EPS)的总体设计与能进行电能管理(EEM)的板网;其中,G 为发电机,A 为交流发电机

关,由车钥匙控制切换管理)。交流发电机和启动器被安装在引擎附近。电池可以安装在引擎附近或者远离引擎的后备厢以及乘客区座位下方。后者(安装在远离引擎的位置)越来越多,因为引擎盖下空间有限,而且引擎附近温度太高。

为微混合动力汽车研制更加精细的架构(配置集成的交流发电机、启动器或者超级电容器、双电池系统、直流/直流转换器等)也是活跃的发展领域。

传统汽车的电力系统的主要功能:

● 启动内燃机;

● 保证汽车在不同操作模式下,电气模块和用电负载的电力供应的质量与可靠性。

在微混合动力汽车中电力系统的其他功能:

● 通过减少交流发电机传动皮带的机械耦合、系统的能量回收(回馈制动)、允许在汽车关闭时用启停(STT)功能关闭引擎这三种方式减少汽车燃料消耗与二氧化碳排放;

● 在经历启停功能中的 STOP 事件(汽车引擎"关闭")后重启引擎;

● 提供其他的电动协助、加速充电和引擎扭矩协助功能。

电力系统必须能够满足汽车在各种操作模式下对电流和电压的特殊要求,如表 5.2 所示。

表 5.2　电力系统必须能够满足汽车在各种操作模式下对电流和电压的特殊要求

钥匙位于 ON 挡(通过将车钥匙打到"ON"来关闭板网回路开关),板网和引擎启动	启动模式
此时的微混合动力汽车状态:在活跃的板网工作状态下,引擎从 STT 功能的"停止"过程下被重启	重启 STT 功能的"停止"过程下的引擎
钥匙位于 ON 挡但发电机停转(引擎和发电机关闭,只有很少部分的板网负载在工作)	停止模式
此时的微混合动力汽车状态:处于 STT 功能中的"停止"过程下的引擎处于关闭状态,板网的所有工作负载由电池供电	STT 功能的"停止"过程
钥匙位于 ON 挡同时发电机运转(引擎和发电机给板网供电,即汽车正在行驶)	行驶模式
钥匙位于 OFF 挡(引擎关闭,车钥匙打到"OFF",由电池给所有停车仍在工作的小负载(控制器、防盗系统等)供电)	泊车模式

直到 20 世纪 90 年代,板网的特点都是负载、发电机和电池独立工作,即没有网络连接与控制器的主动控制。

在 21 世纪初,为满足以下的发展要求而需要研发一种带有电能管理(EEM)功能的板网:

● 负载数量的持续增加;

● 与引擎启动和关闭有关的电能需求的相应增加,特别是考虑到静态电流的部分;

● 电子设备逐渐取代机械控制设备;

● 将电气化引入对汽车安全和功能性的实现至关重要的一些功能(电子线控,x-by wire);

● 板网对电压稳定性的高要求;

●(目前)发电机功率的增长潜力不足。

表 5.3 阐释了不同操作模式下能量消耗增加的原因。

如今,不同级别的汽车进行一小时驾驶对电能的消耗已经增长:

● C 段:130~180 Ah(汽油)/220~250 Ah(柴油);

● B 段:90~130 Ah(汽油)/180~200 Ah(柴油)。

表 5.3 现代板网的能量消费要求

装置/设备	使用趋势/能量增加量	钥匙开启模式下的额外能量消耗			休息模式下的消耗
		启动/重启	发电机工作	发电机关闭	钥匙关闭
引擎预启动	普遍应用	×		×	
燃料泵	普遍应用	×	×		
悬吊			×		
动力辅助装置(1 kW)	普遍应用		×		
发动机冷却风扇	2020 年(预计)达到 +250/300 W		×	×	×
空调(强制冷)	尤其是在高档车中会存在		×	×	×
车载资讯系统与多媒体(车载收音机/GPS 导航/网络设备)	以每一代汽车 25% 的能量消耗在增长		×		×
照明设备,永久性日行灯	以每一代汽车 25% 的能量消耗在增长		×	×	
为舒适安全所需或像电动座椅这样的特别功能(可以是热量预控制、引擎后通风)所需的电加热设备	每 10 年能量消耗增长 25%		×		×
与引擎更高效的工作(真空泵)和应对减少污染的运行策略(SCR 供电)相关的电加热设备	需要超过 150 W 以适应 CAFE 标准从 5 欧元转变到 6 欧元		×	×	
车辆中在引擎关闭后其他持续消耗电力的功能(逐年增加的计算、预警、多媒体、诊断等行为)					×
汽车改装设备		×	×	×	×

预期动力与能量的消耗在未来几年会持续增长。图 5.2 给出了以柴油机为例的数据,它代表了最坏的情况。

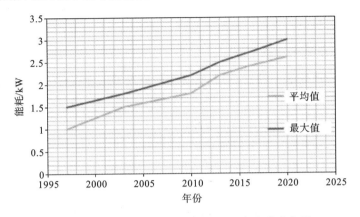

图 5.2　柴油机车辆在"Key ON"时的电力需求发展

当时预计到 2020 年,一辆车的能耗将达到 2.5～3 kW,这意味着在平均情况下(引擎在 2000 r/min、60 ℃下工作),即使在中档汽车中,发电机也需要提供平均 180～200 A 的能量输出。

发电机在不同气候场景下处于"Key ON"模式时是标定的(机器温度显著影响了交流发电机的输出电流)以便安时平衡始终保持正向(电池的荷电状态(SoC)不应当下降)。更重要的是,交流发电机的动态响应时间相对较低(大约 150 ms),因此电池能提供的功率需求必须能够覆盖电力需求的峰值,以便在负载突然增加的情况下依然能让用户板网保持在一个较为充足的电压值(> 12 V)下,举例而言,需要满足的负载与相对的具体参数如下:

- 机械齿轮箱:60 A/20 ms;
- 先导式悬挂:70 A/200 ms;
- 助力转向装置:110 A/100 ms;
- 安全制动装置:95 A/200 ms。

电池尺寸在这些年间有所增大,但是尺寸的增大又受到空间和重量的限制。EEM 系统必须在不增大电池尺寸的前提下管理更高的能耗,特别是在钥匙关闭(Key OFF)期间。

EEM 引入由总线系统、微控制器控制的负载、发电机和电池以及包括在特殊控制设备中运行能量和电池管理的算法软件组成的板网来运行其功能。

在 EEM 的辅助下,可实现以下方面的管理:

- 发电机或者电池的电力供应;

- 不同驾驶模式下的电力消耗；
- 发电机停机情况下的电力消耗；
- 根据电池状态、电力供应和汽车状态，对电池恰当地充电。

这些智能板网是当今内燃机式微混合动力汽车实现其功能的依托。

5.2.2　电池的主要功能

作为电力系统的一部分，12 V SLI铅酸启动器电池具有的基本功能如下：

- 为启动器提供足以启动内燃机的电能；
- 为发电机在板网层面提供缓冲；
- 滤除发电机输出的电压波动；
- 必要时弥补发电机电能的不足；
- 在停车和闲置期间为负载供电；
- 在发电机（交流发电机）出现问题的紧急模式下供应电能。

在传统的内燃机汽车中，标准的启动照明点火（SLI）电池在汽车行驶过程中一直处于充电的状态，所以在正常使用中，电池极有可能没有实现正常的充放电循环。电池处于高 SoC 下（＞90％），而且 SoC 值相当恒定。在驻停期间，由于电池以毫安级别放电，电流为静态负载供电，电池的 SoC 变低。出租车运行状态的特点是，以几安培的电流规律性、长时间地放电。这些放电通常发生在处于启停功能的"停止"状态且配置有辅助加热装置或其他电力负载的汽车中。总体来说，高配汽车中的电池会比低配汽车中的电池经历更加频繁的充放电循环。充电电压根据电池技术、温度以及电池安装位置而修正和调整。

5.2.3　传统车载电池的性能参数

电力系统的要求使得电池需要根据汽车在下列不同驾驶模式下提供对应的电压范围以进行电力与能量的供应或存储：

- 在 13～15 V 的电压范围内充电；
- 取决于驾驶模式和主板设计的最小放电电压，但是通常来说为 6 V（启动励磁涌流）、9 V（启动）、12 V（行驶）。

国际标准和 OEM 规范确定了车载电池的一般要求：

- 标称冷启动电流，一定时间后的初始电压降（例如 10 s）；冷启动电流（CCA，Ah）和电压达到 6 V 的用时（描述电池在引擎启动时的行为）；
- 标称容量 Cn(Ah)（描述随着时间推移承载小型负载的能力）；
- 水量消耗水平（定义维护水平）；
- 充电接受能力（描述在驾驶状态下充电的能力）；

● 在中等充放电循环条件下的耐久能力(描述当 SoC 在电池使用全生命周期中不断浮动变化的情况下电池的循环寿命);

● 应对过充事件的耐受能力(描述抗腐蚀能力);

● 抗深度放电能力(描述电池对长时间停车后过放电的耐受能力);

● 对倾斜和振动的耐受能力(描述机械稳健性与防止电解液泄漏的能力)。

另外,特殊的应用条件会影响传统车载电池的设计:

● 用户不必自己添加电解液或者将电池放置在通风处,即电池是"免维护"的;

● 电池安装在引擎的正前方,在驾驶中其工作温度可达到 32～75 ℃ 的范围内(在炎热天气可能更高),即电池必须能够忍受严酷的温度条件;

● 电池安装在狭小空间或者乘客区,为保证安全,充电时产生的气体和酸雾必须被排走,即电池需要配备一个特殊的通风盖子,它需要包含中心排气系统和阻火器;

● 电池安装在引擎和启动器远处,存在充电和启动过程中的电量耗损,即汽车中的线路必须能够避免电压降,电池必须具有低电压充电能力,且能在启动时输出更高的电流(即更小的内阻);

● 电池安装在强烈振动的车/区域中或者被用作机械脉冲阻尼器,即电池需要具有特殊设计(特殊的固定组、特殊的隔板和特殊的固定带设计);

● 电池需要在低温下或者急剧温度变化的条件下工作,即电池需要为其外壳、顶盖以及电池内阻选用特殊材料。

电池的失效机理与使用寿命取决于电池在车内的安放位置、使用情况(板网的布局)、温度环境以及机械压力。高温下工作的电池因腐蚀和失水而失效;安装在引擎远处的电池因欠充而出现硫化和活性物质老化。汽车所在的气候区域会加速这些不同的失效模式。

5.2.4 与电池挑选有关的参数

5.2.4.1 启动能力选择

在一个启动过程期间,电池应该能够根据特定的电压模式来输送电流。图 5.3 体现了主要的启动电流与电压特征。

整个内燃机(ICE)启动期间的电压分布曲线是评估某个启动系统(启动器、电池和电缆)发动机组(引擎、齿轮、机油)性能的关键因素:

● 初始阶段($t<20$ ms):涌浪电流产生过程中的最小电压是"启动器/电池"子系统的纯电气响应(取决于电池的内阻、电缆的电压降和发动机点火的

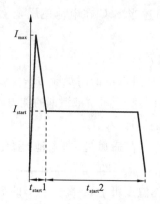 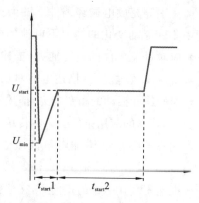

图 5.3　汽车启动时电流与电压斜率变化的一般图形

时刻)。在这个阶段,电压下降到 6.2 V 以下是典型的不可接受的(最小设定值取决于板网的控制器布局)。

● 发动机提速阶段:电流和电压的分布曲线取决于推动启动器、齿轮和发动机的旋转所需的机电功率/能量以及内燃机的点火特性。在此步骤中,电压降至 9 V 以下是典型的不可接受的。

由于引擎的类型(汽油机或者柴油机)和规格、启动器类型及温度的不同,汽车引擎启动时的峰值电流会相差甚多。典型的范围在 500~1500 A,电池的 CCA 参数可用来评估其满足这种要求的能力。例如铭牌标示为 500~640 A 或者 680~760 A 的 L2 或 L3 型电池可以用来提供高达 700~1000 A 的初始电流。

电池的标称冷启动标准化测试方法是用来模拟实际启动过程的。它们可用来为预选电池做出参考,但是不能代替实况评估和计算。在实践中,汽车生产厂家已研发出多模块化的 SIMULINK 模拟系统,并/或在气候模拟室中测试电池。

启动模块的主要性能参数包括例如内阻(R_i)、开路电压(OCV)以及零电流电压(E_0)这些电池的参数,它们体现了电池的电动势($U=E_0+R_i I$)。所有这些参数都取决于荷电状态和温度。电压降的评估对每种电池都非常必要,图 5.4 表示了电流随不同荷电状态和温度的变化。

考虑到动态特性(极化)和电池老化,测试模型中需引入内阻 R_i 的校正因子。通过对新旧电池在不同荷电状态和温度下的测试得到数据,这些数据接着可用来调整测试模型,而后以此为参考选择电池类型和规格以代替测量。图 5.5 表示了电池在不同温度下荷电 80% 时实际启动实验得出的电压曲线与模拟状况的对比。

富液式启动照明点火(SLI)电池与加强型富液式铅酸电池(EFB):前沿技术

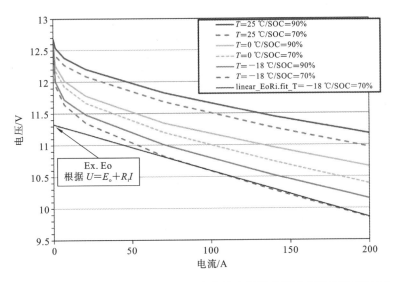

图 5.4 SLI L3 12 V 70 Ah I_{cc}＝720 A 电池在不同的荷电状态与温度下以
不同电流放电时的初始电压降

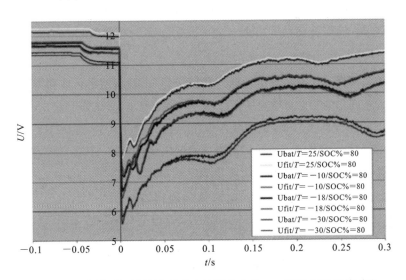

图 5.5 不同条件下实际启动的电压变化曲线——读数与模拟的对比

5.2.4.2 电池容量的选择

根据能量存储估算,评估电池在汽车生产后搁置时间内的不同表现。

(1) 汽车在交付给车主之前的场景。

在汽车被销售之前,评估所处不同搁置环境中的电池状况(此时电池主要
经历自放电和汽车静电流放电)。

（2）典型的客户场景。

● 系统的负载消耗/控制器/警报器等的活动记录。汽车停放相对较久时间（3～4周），平均静电流小于 5～30 mA，如机场停车场景。

● 因高负载的短期持续活动事件（照明、鸣笛、自校等），几分钟或几小时，如板网唤醒情景。

无论如何，都有必要确定合适的电池荷电状态范围以确保后续不会影响汽车性能（即引擎仍可启动、不会提前老化等）。基于这些电流消耗、最低荷电水平、放电曲线以及合适的放电时间选择电池规格。在计算时典型的荷电水平取 80%。

在最坏情况下选择电池尺寸的示例。

（1）假设一个月以上仅有 20 Ah 的电量消耗（平均电流 28 mA），其中包括高的静态电流（警报）和停车时的残余自放电电流。

（2）考虑到可接受的荷电范围可能在 80%～50%（$\Delta SoC \leqslant 30\%$）：

● 50 Ah 的电池变动 20 Ah→$\Delta SoC=40\%$→不可接受；

● 60 Ah 的电池变动 20 Ah→$\Delta SoC=33\%$→不可接受；

● 70 Ah 的电池变动 20 Ah→$\Delta SoC=28.5\%$→可接受。

5.2.4.3　电池设计与技术的选择

电池的选择除了要考虑启动能力和容量外，还需满足耐久度和寿命的特殊要求。特定汽车的特性对电池的选择标准有特定要求，具体如图 5.6 所示。

对于微混合动力汽车，也需要考虑内燃机的混合水平，这会决定对以下电池类型的选择：SLI 电池、加强型富液式铅酸电池（EFB）、先进 EFB、AGM。

选择 AGM 隔板可能有利于频繁的电池循环。

5.2.5　微混合动力汽车对电能管理的特异性

"微混合动力"这个术语，可定义为一种利用主动管理储能设备（主要是电池）来实现额外燃料节省的特殊电能管理（EEM）系统。为达到这个目的，在汽车驾驶和停车状态下，不同的储能设备和主板布局管理着动力和能量，但是所有这些管理策略都要利用储能系统（电池）来作为临时的源和汇。主要的管理策略如下：

● 能量回收（定义为能量供应系统（EPS）从汽车制动中获取能量）；

● 停放启充（STT）（简称启停，表示停车时电池为负载供电，驾驶时为电池充电）；

● 各种策略的整合；

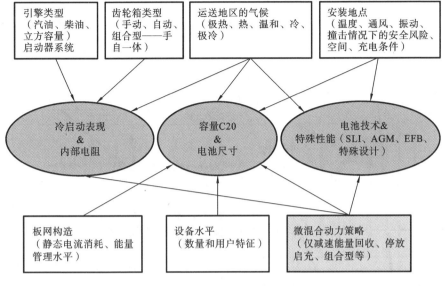

图 5.6　电池选择标准

● 在特殊的操作状况下,电池短暂地辅助发电机作为能源。

一个可以不断监控和管理电力需求与电池荷电状态的电力管理系统必须要满足"无论有无停放启充都能进行能量回收"。在这些操作过程中电池处于部分荷电状态(PSoC),而且荷电状态随着汽车不同操作状态而浮动,这些是为了结合:

● 能量回收优化(刹车/减速期间);

● 停放启充功能的可用性;

● 保护电池寿命。

理想状况下,通过发电机实现向电池的能量传输,而发电机由一套电池监控系统(BMS)通过设定电池的 PSoC 设置点进行电压控制。通过监控电池的荷电状态并将其调整至特定的设定范围(80%～85%),从而保证高效的能量回收并维持电池适当的能量储备。

在能量回收过程中,电池的动态充电能力需要足够高以应对短时间内的储能以及充电。当电池的荷电状态高于设定的 PSoC 设置点时,电池就会放能(发电机停止运转或者降速)。对于那些只有能量回收系统的汽车(即没有停放启充功能),这种特殊的电池功能可被改装成中或低的微循环程序(小于0.5% 放电深度(DoD)),它具有总 Ah 量超过 12000 Ah(200 Cn,60 Ah 的电池)的总生命周期。富液式电池中的改进 SLI 电池或者基础的 EFB 按照汽车厂商研发的不同策略,可满足耐久度方面的需求。

只配备能量回收系统的微混合动力汽车的典型驾驶曲线(电压、电流、内阻和荷电状态随时间的变化)如图 5.7 所示。

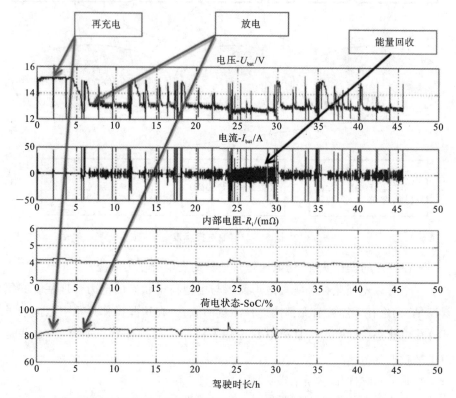

图 5.7 只配备能量回收系统(无启停)的微混合动力汽车的 50 h 行驶曲线;L2 12 V 60 Ah 电池的 I_{bat}、U_{bat}、R_i 和荷电状态的斜率

图 5.7 描述的是一辆配备 1.6 L 引擎、L2 型 12 V/60 Ah 富液式电池的柴油汽车在 50 h 的驾驶过程中电池电压、电流、内部电阻和荷电状态的变化。发电机的输出电压不断调整以满足电池的部分荷电状态(PSoC)管理策略。

这种操作的一个问题是,储能系统的动态电荷接受能力会非常低。

在部分荷电状态策略下对驾驶进行详细分析可以看到,电池的动态电荷接受能力(或者充电能力)在以下条件下极易降低:

● 经过长时间的搁置后;

● 经过不断的"微循环"后;

● 经过长时间的充电后;

● 低温条件下。

汽车生产厂商必须研发一套促进充电策略来避免电池负极板逐步硫酸盐化[4]，所以汽车都会配备一个内阻监控系统来监测电池的健康状态。

改善电池动态电荷接受能力(DCA)已经成为电池发展的重大任务。

图 5.8 为一种配备复合能量回收和启停功能汽车的典型驾驶曲线。

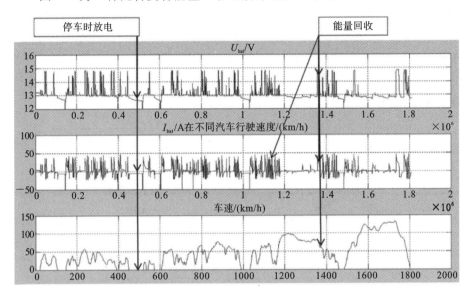

图 5.8 配备复合能量回收和启停功能的微混合动力汽车的 30 min 驾驶曲线;12 V/70 Ah L3 型 AGM 电池 I_{bat} 和 U_{bat} 的斜率;车速的斜率

在 30 min 的驾驶周期(全球轻型车辆测试规范,WLTC)中,电池(L3 型阀控式铅酸电池,12 V 70 Ah)的电流、电压以及汽车(1.6 L 柴油内燃机、配备启停功能)的行驶速度被绘制成曲线图。

在停车期间(引擎和发电机停转),电池将承担所有的负载,此时电池工作的特点是:深度更大的微循环(大于 1.5% 的放电深度)、更多的自发热(由于更大的有效(均方根)电流)以及累积更大的电能输出(在 35000~56000 Ah 范围内(500~800 Cn,70 Ah 的电池))。根据汽车厂商对电池的不同要求及研发的不同电池策略,先进的富液式铅酸电池或 AGM 电池都需要满足这些要求。

另外,除了改善电池动态电荷接受能力,提高部分循环操作下的循环耐久度也非常重要。

5.2.6 微混合动力汽车对电池技术的选择

微混合动力设备对电池的要求是,更佳的高比率放电行为、部分荷电状态下更高的动态电荷接受能力以及在使用过程中具有小且稳定的内阻和具有更长的微循环寿命。

　　不同微混合动力策略需要对这些表现参数进行改善,以使其在各种使用条件下,其寿命都能达到 5 年。

　　为汽车选择电池技术,对于期望微循环寿命的定义,以及根据典型车辆应用特征确定中或低的放电深度是非常必要的。图 5.9 表示了在不同放电深度循环下不同车载电池的循环寿命。从中可以看出,不同设计的标准启停电池、AGM 以及富液式电池具有非常不同的循环寿命,不同的放电深度同样也会影响循环寿命。这些结果同样说明,某种电池技术(例如富液式电池)的性能可能会非常不同。

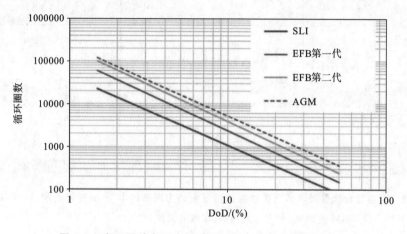

图 5.9　在不同放电深度循环下不同车载电池的循环寿命

　　评估微循环行为对于选择正确的电池技术至关重要,汽车制造商需要根据循环寿命收集到的典型用户特征的数据进行分析从而制定这些评估指标。一般情况下汽车制造商对用于 L3 型的 70 Ah 电池的期望循环次数是 50000 次(或者 800 Cn)。不同的标准(SBA、EN)或者汽车制造商自己的测试,是根据(或不根据)电池尺寸来评估电池在 1.5%～2% 放电深度的循环性能。重要的是,微循环耐久度很大程度上取决于 IU 充电程序(IU 充电的开始阶段以恒电流充电,直到达到设定电压,而后以恒电压充电(根据德国 DIN 标准 41772))的电荷接受能力。抗硫化能力越强,可能越会导致电池过早失效。电池的内阻和动态点和接受能力对于电池尺寸的选择很重要。

　　EN 50342-6 为电池性能制定等级,这使得电池尺寸的选择变得更加容易。值得一提的是,电池技术(富液式或者密封式)的选择会导致性能的差别,但它本身并不是一个选择标准。表 5.4 给出了微混合动力设备电池的不同性能。

表 5.4　微混合动力设备电池的不同性能

	测试	M1 水平	M2 水平	M3 水平
EN 50342-6	MHT(微混合测试,2%放电深度测试)	标准化方法 R_{dyn}(以 dU/dl 方法计算),8000 次循环后增量≤1.5 8000 次循环后末段电压(EOS)$U\geqslant9.5$ V,$C_e\geqslant C_n$ 的 50%		
EN 50342-6	17.5%放电深度循环测试	高于 9 个测试单元	高于 15 个测试单元	高于 18 个测试单元
EN 50342-6	50%放电深度循环测试	大于 150 次循环	大于 240 次循环	大于 360 次循环
一般大于 L2 尺寸电池的规格	1.5%~2%浅放电寿命测试	大于 8000 次循环(即 L3 型 70 Ah 电池,200 Cn)→富液式电池或者高性能启停电池(只以启停功能实现能量回收)	大于 30000 次循环(即 L3 型 70 Ah 电池,500 Cn)→富液式电池	大于 50000 次循环(即 L3 型 70 Ah 电池,800 Cn)→改进富液式电池;AGM 隔板电池

5.2.7　微混合动力设备中电池的可靠性

目前,微混合动力汽车的电池由于固有的制造缺陷,其质量和可靠性水平与传统汽车的最佳 SLI 电池(小于 100~500 ppm /使用 24 个月)相当。

帕累托(八二准则)表明,微混合动力电池的制造缺陷主要的失误因素,如表 5.5 所示。

表 5.5　微混合动力电池的制造缺陷主要的失误因素

缺　　陷	因　　素
极板 50%程度的损坏或者变形	导致短路
40%程度的外壳或者隔板损坏	导致短路
极板 5%程度的焊接缺损	导致容量衰减或者爆炸
TTP(穿壁(池间)焊接,通过电池内部的焊接工艺实现)不良率小于 5%	导致断路(抛锚)

在同样的 24 个月的使用周期内,分析由于制造缺陷(即极板硫化、板栅腐蚀或者活性物质软化或脱落)而造成的电池质量变化更加困难。

现今对失效模式的定义:

- 50％由于不可逆硫酸盐化/深度放电;
- 30％由于电池寿命中的早期硫化;
- 15％由于预期的失效模式,过充/过度循环;
- 1％由于热失控。

从这个领域获得更多经验后做出的更深层次的分析将会指明未来的图景。

然而,最初的迹象表明,微混合动力操作使得车载电池的失效模式更多地变为硫化以及早期活性物质老化。

5.3　富液式车载电池的设计和生产技术:现状和最新的改进

富液式车载电池的设计和生产技术必须能够生产出具有中等预期寿命、高可靠性和坚固性的电池以及以最低的原材料消耗、最轻的重量、最低的成本实现很高的容量。

5.3.1　富液式电池设计的发展

总体上说,车载富液式电池在过去的 90 年间没有发生什么改变,即 Fauré 式铅膏平板设计。最新的发展即所谓的先进富液式电池原则上也是使用相同的设计,值得一提的是,先进富液式电池并不是一种特殊的设计或技术。先进富液式电池可被看作是集成了众多不同设计与工艺而克服传统车载电池缺陷以增强其自身功能进而满足微混合动力设备需求的一种电池。先进富液式电池是一种基于深入了解富液式电池的特点及其性能限制因素,对工艺进行改进,对设计进行优化而得到的产品。这个领域里的众多目标已经达到,诸多解决方案和成果已经完成。先进富液式电池的进一步发展仍在进行。

EFB 和 SLI 电池设计的相似之处在于,它们可以共用相同的生产线,且能够具有高生产率和高产量。因此,EFB 的大幅增长并没有伴随着成本的增加。在这方面,EFB 制造与 AGM 电池生产有很大不同。

一般的 SLI 电池设计如图 5.10 所示。电池盒内部包含若干个电池单元,每个电池单元包含一组极板(极板组),极板组是由正负极(板)交替、其间插入分隔物堆叠构成。现代的分隔物被设计成一种多孔塑料袋,它包覆住一片极板,并使其与两侧不同极性的极板形成电绝缘。每种极性的极板都通过汇流带平行连接。汇流带在不同电池单元间穿过电池内壁焊接(内部焊接或者穿壁焊接)形成串联。电池单元内充满稀硫酸溶液(密度在 1.26～1.30 kg/L)。电池外壳经盖子密封起来,上面带有泄压(排气)口且可能设有供更换电解液和检修的窗口。板式电极是由铅合金板栅和活性物质组成,活性物质通过制成膏状并在涂布的过程中填充到板栅中,然后在特殊的条件下干化形成由板栅支撑的多孔电极,板栅也充当集流体。正负极的活性物质在所谓的化成工艺中得到活化,化成过程使得在负极和正极板上分别形成了具有电化学活性的海绵状 Pb 和多孔 PbO_2 结构。

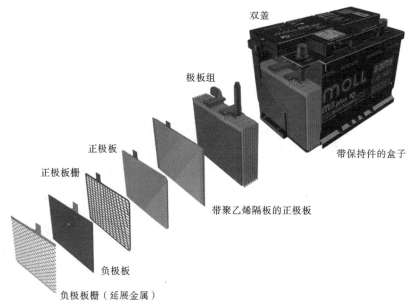

双盖

极板组

正极板

正极板栅

带保持件的盒子

带聚乙烯隔板的正极板

负极板

负极板栅（延展金属）

图 5.10　启动用电池的一般设计

这些年来 SLI 电池设计与生产技术的发展,一直致力于提升生产率、降低铅的消耗、增加耐久度(主要通过增强抗腐蚀性)、改善冷启动性能、减少失水(降低维护需求)以及增强其可靠性。这些已经由以下方式实现:

● 新材料的应用(特殊设计的塑料电池盒子与盖子、新的铅合金配方以及聚乙烯隔板);

● 板栅设计的改善;

● 物料配比与电池布局的优化(负极活性物质采用新的膨胀剂以及较低的涂布密度实现更高的冷启动性能,活性物质用量与配比的改变从而克服早期容量损失(PCL)效应);

● 连续的板栅与极板制备工艺的引入;

● 建立自动化的电池装配线;

● 现代化成本、高能效化的引入。

5.3.2　电极生产技术的发展

受市场需求的驱使,设计和生产技术的发展中有大量工作集中于板栅的制备技术。板栅的设计与制作方法是相互联系的,它们共同对电池的生产率、材料消耗、抗腐蚀性能、可靠性以及电性能产生巨大影响。表5.6就板栅质量与生产效率比较了不同的板栅制备工艺和设计。

表5.6 不同板栅制备工艺和设计的比较

板栅铸造工艺	书本式模具铸造	连续铸造	金属网/轧制筋条	金属网/非轧制筋条	冲孔
板栅设计/内阻分布	w= 66,5g C= 25,1 Sg⁻¹	w= 40,5g C= 18,7 Sg⁻¹	w= 34,6g C= 22,9 Sg⁻¹	w= 29,6g C= 17,7 Sg⁻¹	w= 41,3g C= 36,7 g⁻¹
栅线设计/晶粒结构-横截面					
栅线设计/晶粒结构-纵剖面					
栅线的表面/横截面					
相同厚度栅线的耗材量(高度 $H=0.9$ mm,宽度 $B=0.9$ mm,连续铸锭 $B=1.3$ mm)	100	133	154	154	154
相同重量栅线的表面积	100	75	55	55	55
板栅生产的生产率	极低(30~38个/分钟)	高(高达500个/分钟)	高(高达500个/分钟)	极高(高达700个/分钟)	高(高达500个/分钟)
板栅高度为110 mm的可能的单个板栅质量/g	45~60	45~50	25~45	25~45	35~45

续表

板栅铸造工艺	书本式模具铸造	连续铸造	金属网/轧制筋条	金属网/非轧制筋条	冲孔
材料利用率（重熔材料、浮渣生成）	★★★★	★★★★★	★★★	★★★	★
生产能量利用率（以每块板栅的熔化周期记）	★★★★	★★★★★	★★	★★	★
正极板栅的抗腐蚀性能	★★★★	★	★★★	★★	★★★★★
板栅中的电流分布（最优化设计可达到的）	★★★★★	★★★★	★★	★★	★★★★★
板栅/传质区域上的电导率	★★★★★	★★★★★	★★★	★★★	★★
板栅物质的机械结合力	★★★★★	★★★★	★★★	★★★	★★
抗振性/机械稳定性	★★★★★	★★★	★★	★	★★★
封装和装配中的失败风险	★★	★★	★★★★★	★★★★★	★★

从表 5.6 的数据中可以看出,各种生产技术都有其优点与缺点。板栅的生产工艺同合金成分一样,影响着晶粒结构和腐蚀性能。传统的书本式模具铸造能生产具有高耐腐蚀、最佳的电流分布、最高的板栅/活性物质接触面积和附着力的板栅。铸造方法生产的板栅废品率低,但其生产率最低,且铸造技术对制作的板栅的厚度有限制,这使每个板栅的铅消耗量比其他技术高。

连续板栅生产工艺可以大大增加生产率,并且由于可以降低板栅厚度而使得板栅重量大幅度降低成为可能。这项技术的主要要求有特定的铅钙合金(PbCa),铅钙合金的配比会影响电池的腐蚀性能、失水以及其他性能参数。

冲孔工艺能够大幅改善抗腐蚀能力,且能赋予板栅良好的垂直电流分布。但是这项工艺的材料和能量效率极低,因为重新熔化合金需要能量,而且该工艺产渣率高。此外,由该工艺导致的栅线设计特性会大大降低板栅/活性物质接触面积,这会增加传导电阻。这些降低了电池的冷启动性能和大电流放电能力。

没有框架的板栅(金属网)的电流分布最差,并且更易出现膨胀(短路风险),并且在电池部件中和实际使用中更容易出现失效。但另一方面,金属网的板栅和极板可以以最少的原料消耗和最快的速度制作出来。所有由轧制筋条制作的板栅都具有非常精细的晶粒结构和更好的耐腐蚀性,这对于正极板来说尤为重要。

连续铸造工艺可以生产更薄的具有框架的板栅(即具有更佳的电流分布和在装配工艺中有更高的可靠性),且板栅具有更大的表面积,生产速度和原料效率也更高。但是该工艺生产的板栅所具有的晶粒结构耐腐蚀性很差,从而不能将连续铸造用于正极板栅的生产。

总的来说,尤其是对于正极板栅,目前还未找到一种最好的生产技术。每种极板生产技术都需对电池布局、原材料以及电池生产工序做出相应调整以达到最佳的效果。板栅的设计与极板制造工艺对于微混合动力应用的富液式电池的改进具有重要意义,其要求低内阻和良好的极板高度方向电流分布。

5.3.3 富液式电池的性能局限和针对微混合动力应用做出的改善

如5.2节中所提到的,微混合动力应用对电池的要求是,与SLI电池相比,在整个电池生命周期具有大幅改善的耐久度、明显更大的充电接受能力、更好的高放电性能以及更小的内阻。普通的电池设计是从高放电性能或者好的循环耐久度的单方面进行优化。越密实的正极板活性物质能够提供越好的循环耐久度,但是会导致冷启动性能降低。对于微混合动力应用汽车电池的改进,必须从所有的功能上全面进行。这需要新的活性物质配方和电池设计的改进。需要增大极板与活性物质表面接触面积以及提高集流体与汇流带的电导率。

5.3.3.1 部分荷电状态下的循环与酸的分层

在深度循环中,传统富液式电池可能会出现酸分层而导致提前老化。之前为了防止正常操作条件(特别是在引进铅钙合金情况下)下电池失水而对工艺进行改进,制造的"免维护"电池使得这一问题加剧。

每次富液式电池经历更高深度放电后再以有限的电压(IU-特征电压)充电,都会沿电池和极板高度方向形成酸分层梯度。如果在充电末期没有强烈的产气行为,这种酸分层现象便会维持下去。图 5.11 展示了酸密度的分布,是根据文献[5]中所述方法测定的,即在一个经典的铅钙合金启动电池中,放电(放电深度 100%,$I=C_{20}/20$ A)后的 IU-充电(最高电压为 16 V)过程中得到的酸密度随时间和电池高度的变化。

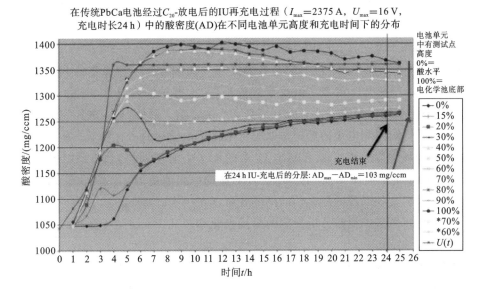

图 5.11　IU 充电期间酸的分层,根据 EN 50342-1;$I_{max}=5\times C_{20}/20$,$U_{max}=16$ V;根据充电时间,酸密度沿电化学池电池高度的分布;0% = 酸水平最高;100% = 电池底部;传统的铅钙合金电池为 12 V 72 Ah

　　图 5.11 显示出在充电期间,沿电化学池高度方向酸的密度分布差异非常大,其中电化学池底部(100% 深度测定点)酸密度大,而在电化学池较高部分(0% 深度测定点)酸密度则小得多。只有在电化学池充满电后的产气阶段,酸浓度才会变得均匀,且之后这一混匀也很少被完成。在实际的应用中,$13.8\sim$ 14.8 V 的充电电压比图 5.11 所示示例中低得多。因此由于缺少气体搅拌而产生酸分层的趋势比图示更加严重。酸分层现象会大大降低电池的冷启动能力和充电接受能力。

　　在更大程度上,充电后电池底部更高的酸密度会造成活性物质的硫化和电池底部的不完全充电,并会引起下次放电时的容量衰减。这种活性物质的不均匀利用、局部硫化和电极区域上的局部深放电,导致电池过早老化[6]。温度、放电电流密度和放电深度都会严重影响这一过程[7]。因此,酸分层造成的电池过早老化失效状况,在低温(寒冷气候区域)、低电压充电(后备厢中没有恰当调整充电策略的电池)和深度放电中(即汽车停车状态仍有很多负载)条件下占主导地位。因为 PSoC 中的循环的放电深度增加,克服上述的限制对于微混合动力应用是至关重要的。

图 5.12 展示了在 27 ℃、放电深度为 17.5% 条件下,传统 SLI 与先进富液式电池在 PSoC 循环测试中酸分层趋势的比较。图 5.12 中表示了最终放电电压(EoDV)与酸密度在电池顶部和底部随循环次数的变化。

这个例子表明,先进加强型富液式铅酸电池(图 5.12(b))得益于其在部分充放电循环中很低的酸分层趋势,其循环寿命比酸分层不断加重的 SLI 电池(图 5.12(a))高出 5 倍多。值得注意的是,无论哪种电池设计,电池布局、极板、活性物质组成和均一性对酸分层都会产生影响。因此,在一种特定酸分层环境中活性材料和电极的保持也取决于电化学池设计的所有细节。所以个体电池的循环性能表现可能与图 5.12 中的例子大有不同,例如有设计缺陷的 SLI 电池可能只有图 5.12 中所示循环寿命的一半或更短。如今很多 EFB 也有可能没有此处表现的那么长的循环寿命。

防止富液式电池酸分层导致的提前老化和提高 PSoC 循环寿命的方法有很多种:

● 增大铅膏的密度(更加密实的铅膏对深放电有更高的抗性);

● 使用垫片或者特殊的隔板使活性物质与板栅结合更加牢固(减轻活性物质剥落)[8];

● 压实电化学池的极板组(防止活性物质剥落)[9];

● 向活性物质中加入添加剂(改变活性物质的充放电性能)[6,10];

● 采用电流分布更均匀的极板设计(防止不平衡的局部充放电)[6];

● 采用配备特殊电解质混匀仪器的改进电化学池设计。这些设备能够在汽车驾驶过程中利用汽车减速和加速时引起的酸液物理流动来混匀电解液、平衡电化学池内酸浓度[11,12]。

总的来说,各个不同的设计改进是同时被运用的。这种策略很有必要,例如,通过增加铅膏密实度来延长循环寿命的手段会降低电池冷启动性能,所以必须在其他方面进行设计改进以弥补这个不足。另外一个例子,汽车驾驶期间对电解质的物理搅拌,仍然不能阻止在微循环(如下所述)的活性物质或那些车辆停泊状态下易于出现酸分层的电池硫酸盐化。

根据不同微混合动力策略,设计的电池有不同的一系列要求必须被满足。因此,不存在单一、通用的 EFB 电池设计,而是有许多不同的设计和方法。另一方面,从 EFB 中总结得到的经验教训也有可能用来改善 SLI 电池。

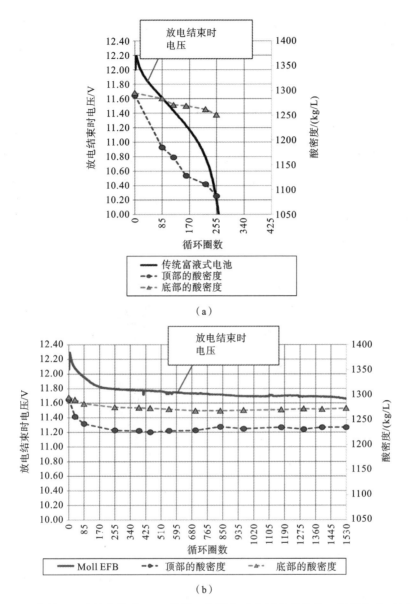

图 5.12 传统 SLI 电池和先进 EFB 的循环圈数和酸分层趋势比较。循环条件:27 ℃,
SoC=50%,DoD=17.5%,充电时间有限的 IU-充电(U_{max}=14.4 V);图 5.12
(a)为启动照明点火电池,图 5.12(b)为加强型富液式铅酸电池

5.3.3.2　微循环

电池在汽车启动-停车操作(STT)中会以各种电流密度来充电和放电:

- 以 5~50 A 的电流,高于 0 ℃的温度下放电;

- 在小于 1 s 的时间内,以 300～500 A 的电流在室温下放电(重启);
- 以 IU 特性再充电,最大电流在 100～150 A,最大电压在 14～14.4 V;
- DoD 为 1%～2%。

这些情况下不会出现酸分层现象,但是快速的电荷接受会造成严重的极板硫化。在特定条件下,负极板极耳的腐蚀与损坏(所谓的极耳变薄也是一种新的失效模式)也会发生。这些情况下的应用和老化过程是通过多个微循环测试(根据日标的 SBA S0101、根据 EN50342-6 的微混合测试 MHT 等)模拟得到的。在这些实验测试中,循环中的负极板恶化以及内阻增大是典型的失效模式。图 5.13 表示了在测试后传统 SLI 电池和先进 EFB 在 SBA 微混合循环中负极板硫酸盐化的不同。

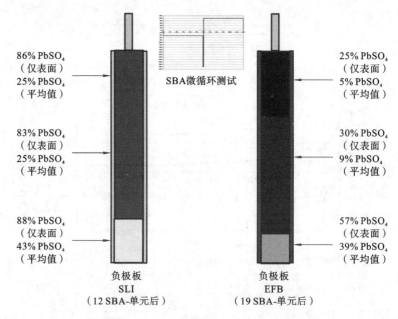

图 5.13 SLI 和 EFB 的微混合循环中负极板硫酸盐化和负极板上 $PbSO_4$ 分布比较。
一个 SBA 测试单元组成包括 3600 圈($I_{DCH} = 45$ A, $t_{DCH} = 59$ s, $I_{DCH} = 300$ A, $t_{DCH} = 1$ s, $I_{CHAmax} = 100$ A; $U_{max} = 14.0$ V; $t_{CHA} = 60$ s),之后停止 48 h

在 SBA 测试中,电池在 27 ℃ 条件下按单元进行测试,包含 3600 次微循环,每次循环后暂停 48 h(微循环具体细节见图 5.13)。当电池以 300 A 放电时,放电电压小于 7.2 V 时,测试终止。SLI 电池经历 12 个测试单元就会失效,EFB 在经历 19 个测试单元后终止时未出现失效。

图 5.13 中的数据分析表明,负极板上的表面硫酸盐化是限制电池寿命的原因。这种硫酸盐化现象引起的极耳变薄会导致 SLI 电池的失效[13]。通过改

变微循环过程中负极板的电流分布,EFB 的耐久度大大增加。同时,微循环下电池的内阻和充电接受能力也会跟着改变,这种现象跟其他的电池设计大有不同。

图 5.14 比较了在 MHT 微循环测试(根据 EN 50342-6)下,先进 EFB、优质 SLI 电池和 AGM 隔板电池的微循环性能。

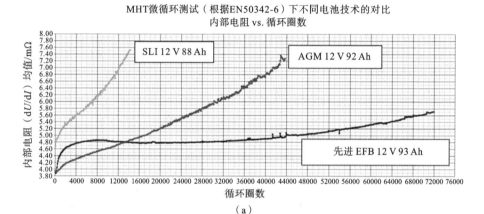

（a）

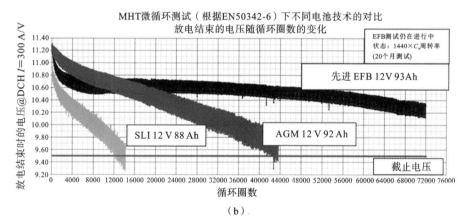

（b）

图 5.14 根据 EN50342-6 进行的微混合测试(MHT)中 300 A 时 EoDV 的变化和不同电池设计的 LN5 的内阻(电池规格 LN5,参考 EN50342-6)。优质 SLI 电池、AGM 隔板电池和先进 EFB 的对比(由 MOLL 改编)

总体来说,电池的内阻在微循环过程中都会增大。这意味着,电池的峰电荷接受能力下降,重启性能(由 $I_{DCH} = 300$ A 下最终放电电压表征)遭到破坏。与连续快速升高的较大内阻的 SLI 电池不同,AGM 隔板电池具有更小的内阻,而且在循环过程中内阻的增大幅度更小。先进 EFB 的内阻在经历测试初期的一个小幅度上升后,一直稳定在较低水平。这代表着其在很大范围的微循环中拥有更好更稳定的启动能力和持续的峰电流接受能力。这种情况下，EFB 在微循环中的表现优于 AGM 隔板电池。

微循环性能的改善主要得益于负极活性物质中的碳和其他组分的添加以及极板配方与生产工艺参数的调整。正负极板栅的设计同样都对循环性能有巨大影响。

5.3.3.3　动态充电接受能力（DCA）

为了在刹车期间实现能量回收，电池必须具有极好的峰值电能（电流为 $100\sim200$ A；时间在几秒之内）接受能力。如 5.2 节所述，铅酸电池在特定的操作模式下会丧失这种能力。为了模拟这种实际现象，需要研发一种特殊的测试方法——如文献[14]中所述（现在已经录入新欧盟标准的微混合应用电池标准 EN 50342-6）。图 5.15 展示了较差的 SLI 电池、AGM 隔板电池以及不同布局的 EFB（不同的发展阶段）优化 DCA 后的不同性能表现。

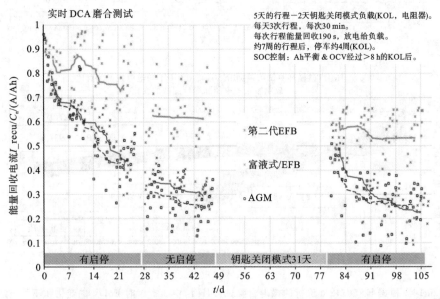

图 5.15　不同电池设计的动态充电接受能力，I_recu：测试中止期间的恢复电流（见文献[14]）；具有改进后的负极活性物质的加强型富液式铅酸电池（第二代 EFB）

图 5.15 表明，在"现实环境测试"中"第二代"EFB 相比 SLI 电池和 AGM 隔板电池有更加优良的充电接受能力，其 DCA 的提升是配方的改进和负极活性物质掺杂碳的结果。

5.3.3.4　添加剂：未来的潜能

在过去的 15 年间，有大量的研究工作探究了碳添加剂在 PSoC 和高倍率

PSoC 下防止负极板活性物质过早硫酸盐化的机理。有大量的研究与模型被提出,但是并没有一个完整的理论[13,15]。尽管如此,各种各样的碳添加剂被应用于各种完全不同的目的,并且对不同功能的改善都成效卓著。添加剂(不只是碳)是 EFB 的重要设计特点,并且已经实现了多种性能的改善。但是添加剂的应用必须适应更广泛的设计和工艺变化需求。添加剂总是会同时改变电池的多项性能参数。不同添加剂间和不同电池性能因素的设计之间的相互关联非常复杂。但是另一方面,这为未来电池性能的改善提供了巨大的潜能。如今,由于缺乏对不同添加剂模式的基础理解,这些潜能还未被完全研发出来。未来的发展动力,将会是电池 DCA 的进一步提升和微循环性能的改善,但是使用添加剂改善这些性能的同时,电池的失水现象会加重。失水(产气)必须尽可能的低,以保持电池的"免维护"特征。高的 DCA、良好的微循环性能和更低的失水,是有可能通过添加剂的选择与合适添加剂的共同作用以及工艺的改善来实现的。

最后,需要指出的是,与 AGM 隔板电池相比,将 EFB 的设计改进成满足典型微混合动力操作更易于实现。这是因为,AGM 隔板电池复杂的内部复合机制会受到添加剂附加影响。从而可以预测,在 AGM 隔板电池中能成功采用的活性物质优化种类会比 EFB 中的少。

5.4 市场趋势

与中混合和全混合电动汽车不同,具有微混合动力操作的内燃机汽车是达到燃料消耗减量初步水平的效率最高的技术方案。100～200 欧元(启停功能)的额外资金消耗可以达到 5%～10% 的燃料节省。比较来说,全混合动力汽车要降低 25%～35% 的燃料消耗,需要 2200～3200 欧元的额外费用,高级版本的汽车甚至高达 4500～5500 欧元。

此外,因为汽车概念不需要延伸发展和本质上的改变,采用微混合策略的汽车可在市场上快速推广。

2015 年预测全球新车的销售量约 7460 万辆(相比之下,2014 年电动车年销售量为 30.4 万辆;2014 年全球中混合和全混合动力汽车销售不到 200 万辆),并且考虑到世界汽车数量增长率每年约为 2.6%[17],显然,微混合功能引入内燃机汽车将为二氧化碳的减排做出巨大贡献。

2012 年,欧洲售出的 2100 万辆汽车中,760 万辆已经配备有启停功能。预测表明,到 2016 年,欧洲汽车市场具有启停功能汽车的占比将达到 66%,而到 2019 年这个比例会达到 100%。与此非常不同的是,美国汽车市场到 2014

年也仅有 6%的新出售汽车配备有启停系统[16]。为提高客户接受程度,美国需要进行技术方案的调整(例如停车期间空调系统不会关闭)。这些调整正在进行中,以扩展启停功能的市场[18]。日本的市场也存在不同之处,2014 年全混合动力汽车高达 20%销售额至少部分归因于客户补贴。最大的市场——中国也正经历改变。

此外,还有很多发展计划旨在引入 48 V 板网解决方案,通过电启动和更高效的能量回收来达到适度的额外成本(估计为全混合汽车额外成本的 25%~50%)[16],提高燃料经济。这可能会影响 2020 年之后的市场。

如图 5.16 所示,根据卢克斯研究公司(Lux Research, Inc.)报告[19],到 2018 年,全球和最大的地区市场中用于中混合和微混合动力应用的储能装置市场趋势预测。

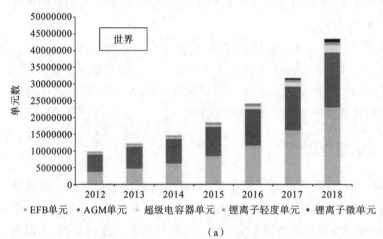

（a）

（b）　　　　　　　　　　　　　　（c）

图 5.16　中混合和微混合动力汽车中储能装置应用的市场趋势。参考卢克斯研究公司(Lux Research, Inc.)报告[19]

富液式启动照明点火(SLI)电池与加强型富液式铅酸电池(EFB):前沿技术

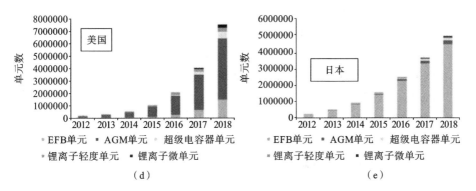

续图 5.16

图 5.16 显示了微混合应用中的储能装置市场的巨大增长,以及将主导不同地区市场的不同电池技术。得益于技术的优势(如耐高温和最先进的 EFB 具有更好的微循环性能)、较低的成本,以及利用现有生产技术的可能,EFB 将会占据一个强势、不断增大的市场份额。

缩写、首字母缩写词和首字母缩略词

AGM   Absorptive glass-mat   吸收性玻璃毡

BCI   Battery Council International   国际电池理事会

BMS   Battery monitoring system   电池监控系统

CCA   Cold-cranking amps(current)   冷启动电流

CHA   Charge   充电

DCA   Dynamic charge-acceptance   动态充电接受能力

DCH   Discharge   放电

DoD   Depth-of-discharge   放电深度

EEM   Electric energy management   电能管理

EFB   Enhanced flooded battery   加强型富液式铅酸电池

EN   European standard   欧洲标准(欧标)

GB/T   Chinese voluntary national standards   中国推荐性国家标准

IEC   International Electrctechnical Commission   国际电工委员会

ICE   Internal combustion cnginc   内燃机

IU   European term used to describe a method of constant-current-constant-voltage charging   欧洲术语,用于描述一种恒电流-恒电压充电的方法

JIS   Japanese Industrial Standards   日本行业标准

MHT　Micro-hybrid test　微混合测试

OCV　Open-circuit voltage　开路电压

OEM　Original equipment manufacturer　原始设备制造商

PCL　Premature capacity loss　早期容量损失

PSoC　Partial state-of-charge　部分荷电状态

SLI　Starting-lighting-ignition　启动照明点火

SoC　State-of-charge　荷电状态

STT　Stop-start　启停

TTP　Through-the-partition(intercell) welding　穿壁(池间)焊接

VRLA　Valve-regulated lead-acid　阀控式铅酸电池

WLTC　Worldwide Harmonized Light-Duty Vehicle Test Cycle　全球轻型车测试规范

参考文献

[1] ILZSG-end uses of lead, T. Schlick, et al., Zukunftsfeld Energiespeicher Roland Berger Strategy Consultants, October 2012.

[2] Bosch Sonderheft BOSCH Automotive, Robert Bosch GmbH, Stuttgart.

[3] BCI Failure Mode Studies 2010 and 2015.

[4] St. Schaeck, Micro Hybrid Series Application of VRLA Batteries, Haus der Technik Essen, January 2011 see also: St. Schaeck et al., Lead acid batteries in micro hybrid applications part I, J. Power Sources 196, 2011, 1541-1554.

[5] EP 1 968 152.

[6] M. Gelbke, R. Wagner, Batteries for micro hybrid application, in: ELBC 14th, Edinburgh, September 2014.

[7] E. Ebner, A. Börger, M. Gelbke, E. Zena, M. Wieger, Temperature e dependent formation of vertical concentration gradients in lead acid batteries under PSOC operation-part 1: acid stratification, Electrochim. Acta 90 (2013) 219-225.

[8] J. Valenciano, F. Trinidad, Lead-carbon batteries for micro-hybrid vehicles Enhanced Flooded Batteries [EFB] technology, in: ILAB-E Workshop; Würzburg, April 2015.

[9] G. Toussaint, et al., Effect of additives in compressed lead acid batter-

ies，J. Power Sources 144（2005）546-551.

[10] M. Fernandez，J. Valenciano，F. Trinidad，N. Munoz，The use of activated carbon and ～graphite for the development of lead-acid batteries for hybrid vehicle applications，J. Power Sources 195 （2010） 4458-4469.

[11] US patent 4963444；US patent 5096787；US patent 5032476；WO 1999019923；WO 20090770022；OS 102011111516.

[12] E. Ebner，A. Börger，M. Wark，Passive Mischelemente zur Elektro-lytkonvektion in BleiSäure-Nassbatterien，Chem. Ing. Tech. 83 (2011) 2051.

[13] R. Wagner，M. Gelbke，Charge/discharge behavior of positive and negative plates under different cycling conditions，in：ELBC 13th；Paris，September 2012.

[14] E. Karden，Dynamic Charge Acceptance (DCA)-test method development for EN 50342_6，in：Innovations in Lead-Acid Batteries e Workshop ILAB-E，Würzburg，Germany，April 2015.

[15] P. Moseley，Consequences of including carbon in the negative plates of valve regulated lead acid battery exposed to high-rate partial-state-of-charge operation，J. Power Sources 191 (2009) 134-138.

[16] J. German，Hybrid Vehicles-Technology Development and Cost Reduction，ICT Paper；Technical Brief No 1，July 2015.

[17] de. statistica. com.

[18] T. Eckl，E. Kirchner，Der lange Weg von der Komfort e von Beeinträchtigung zur Kundenakzeptanz，Start-Stopp gestern，heute，morgen，Schaeffler_Kolloquium，2014. http://www. schaeffler. com.

[19] Lux Research Mobile Energy Practice；Micro-Hybrid Study Results，Lux Research Inc. ,2013.

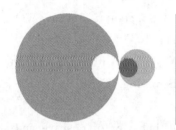

第6章
车载 AGM 电池：
先进技术

J. Albers，E. Meissner

江森自控汽车电池有限责任公司 & 有限合伙企业(GmbH&Co. KG)，汉诺威，德国

6.1 车载电气系统中的铅酸电池

在由内燃机(ICE)驱动的传统车辆中,启动电池最重要的作用是在各种环境条件下可靠地启动发动机。1912 年,Charles Kettering 首先使用电子启动马达进行启动,自此之后,由于铅酸电池的稳定性、优异性能与低维护水平,其成为电池的首选。直到 21 世纪早期,用稀硫酸液体作为电解质的传统电池(被称为"富液式")才得到普及。第一个配备阀控设计、酸液包含在吸收性玻璃毡(AGM)中的车载电池在性能测试中的表现并不好[1]。然而,随着该技术的快速发展,所谓的 AGM 电池在 2002 年成功地进入欧洲市场。驱动这种发展的主要原因是越来越多的电子设备应用于汽车中,增加了能量需求。AGM电池可以通过提供更好的循环耐久性来满足这些增加的能量需求;与传统的富液式电池相比,AGM 电池可以更深度且更频繁地放电;另一个关键的驱动因素是 AGM 电池在使用过程中的免维护特征。此外,近期车辆领域朝着降低燃料消耗和减少二氧化碳排放的方向进行研发,例如在 ICE 上加入启停系统已经要求电池具有更加稳定的充放电循环能力。AGM 电池被认为是解决这种能量需求的完美方案,因为它们可以直接替代富液式电池,从而提高循环

和启动性能,并且不需要对车辆电气系统进行重大改变。

6.2 车载 AGM 电池的全球标准化

汽车的启动电池根据不同的标准有不同的规格。除了制造商在建造汽车时使用的原始规格外,铅酸电池的公共标准已经建立了几十年,但在全球范围内还没有统一。在欧洲,EN 50342 系列标准定义了汽车启动电池的特性,涵盖启动电池的所有应用,包括重型卡车、摩托车和启停车。在美国,电池标准由美国汽车工程协会(SAE)制定,例如文件 SAE J537 制订了一系列电池的性能参数,如储备容量、充电能力和冷启动;其他的电池性能,如循环耐久性在单独的 SAE 文件中给出了定义。日本行业标准(JIS)由日本标准协会颁发,例如 JIS D5301 定义了电池类型和性能等级以及基本的电池测试规范。在全球范围内,国际电工委员会(IEC)也出版了启动电池的标准,例如,IEC 60095 定义了基本的电池测试规范、尺寸和要求。其他国家也会参考以上三个标准或者其他的标准而衍生出各自不同的电池标准。

所有不同的标准都定义了电池尺寸,并通过一系列电气和机械测试程序来表征电池性能。在大多数情况下,富液式铅酸蓄电池和 AGM 电池经过的测试程序相同,但通常会在不同的方面反映出不同的性能水平。第 19 章展示了更加详细的国际化标准介绍。

制定不同标准的原因是,从全球来看,汽车电池的形状和尺寸并不相同,对性能参数的独立要求也有明显的不同。这意味着,如果新车的第一个原装电池不能使用时,车主不能任意更换电池。欧洲的电池很少能装入日本的汽车,美国的启动电池通常看起来完全不同于其他电池,特别是在终端尺寸和紧固方面。

然而,在全球化的时代,可以观察到一个缓慢但稳定的趋势,即汽车制造商似乎更喜欢电池的 EN 设计。对于出口到欧洲的汽车来说,这是合理的,但是在美国不管是从欧洲进口的车还是其国内生产的车,越来越多都在使用这种电池。另外,在中国这种类型的电池也得到青睐,中国日益增强的经济实力对这种趋势也有很大的推动作用。

6.3 车辆系统:电压和电池技术

按照惯例,铅酸电池的单电池电压是 2 V;因此,标称电池电压总是 2 V 的倍数。然而,考虑到对铅酸蓄电池进行再充电所需的过电压,车辆系统的操作电压通常略高于电池的标称电压。

在 20 世纪 60 年代以前，全世界范围内的标称电池电压为 6 V，因此相应地，车载电力系统电压大约为 7 V，这对于当时运行的汽车所需的所有功能操作，即启动照明点火是足够的。然而，随着加热式后窗和加热座椅的引入，越来越多的电动装置逐渐应用在车辆上。考虑到线束的高电流和高损耗，能量需求不断增大，对车辆电气系统提出了相当大的挑战。为了克服这个问题，系统电压增加到 14 V，从而使用包含 6 个单体电池的 12 V 铅酸电池，而不是 3 个单体电池的 6 V 电池。对于乘用车来说，这个 14 V 标准一直保持到了 2016 年。

在欧洲，卡车和公共汽车的车载电气系统通常基于两个相同的 12 V 铅酸电池的串联连接。由于每个模块的重量高达 65 kg，因此一个单体 24 V 的单元将非常难以控制。然而 28 V 的电压系统的优点在于其高功率负载，如与 14 V 的电压系统相比较，可以选择更薄的电缆来适应发动机启动的高功率。对于带拖车的大型卡车，需要使用长电缆向车辆的所有部件供电，因此可能会出现明显的电压降。较高的系统电压可以减少电压降问题，因为电流相应地会减小。尽管如此，在世界其他地方，特别是在美国，卡车和公共汽车仍在使用标准的 14 V 系统，它们会通过并联多个相同的电池提供更高的电池电量以满足需求。

长途卡车需要循环持久力更高的电池。这是因为驾驶员在整个工作周期内，都在卡车里生活并操作卡车，因此在此期间的每个晚上都在使用电池的电能，只能在第二天驾驶期间内才能对电池进行充电。在卡车的设计中，AGM 电池并没有发挥其优越性。少数的卡车装备有富液式铅酸电池和额外的 AGM 电池（适用于乘用车的小尺寸电池）。这种多电池系统通过将发动机启动与一般电力供应的需求分开处理以提供所需的启动性能。目前正在研发用于卡车的 AGM 电池。

从 20 世纪 90 年代开始，越来越多的电子设备装配到汽车上，特别是在乘用车上。这种持续的发展对电池提出了更高的要求，即要求电池能提供更大的能量且具有更稳定的电压。回收制动能量（称为"再生制动"或"能量回收"）的概念，是指将能量存储在电池中并使用它来支持电力推进（主动加速），这就需要高性能的电动机，即集成启动发电机（integrated starter generators，ISG）。这些电气系统在高于 14 V 的电压下效率更高。21 世纪初期，研究人员追寻的一种解决方案是将整个 14 V 系统转换为更高的电压水平，这个系统是基于包含 18 个单池的 AGM 电池，相当于电压为 36 V 标称电池[2]。该系统由于系统电压为 42 V[3]而被称为 42 V 电网。其目的是减轻系统重量，降低铜缆的成本,因为与标准的 14 V 车载电气系统相比,其电流会大大降低。另外,42 V 系统能在 ISG 系统中实现高功率发电与电力使用。然而,回收制动能量这个概念最终没有实现,因为将所有器件转换到更高的电压水平所需要的经济代价太高。此外,电子设备所需的操作电压远低于 42 V。与此同时,在高电压(36～42 V)的情况下,标准的保险丝会引起电弧,这种电弧不能自行熄灭,风险性高。基于上述缺点,尽管 AGM 电池的标称电压能够达到 36 V,但是只有一些实验性的骡车和小排量的汽车在使用这种电池[4],没有大规模市场化。最终,汽车制造商们普遍关心的焦点转变为铅酸电池能否满足他们对 42 V 电网系统的所有期望[5]。

在 2012 年左右,人们重新对 48 V 的汽车电气系统产生兴趣。与 15 年前失败的方法相比,该系统电压将不只是 48 V。基本的电压仍然是 14 V,用于提供小型的电气设备,如灯泡、挡风玻璃刮水器和车窗升降器。此外,还可以引入一个第二电压电平以支持高功率电器,电压越高,可以传输的功率越多,电损越小。根据法律规定,60 V 是直流低压范围的最高电压(为防止电击),更高的电压可能会造成严重人身伤害。考虑到安全余量,系统电压被定为 48 V。然而,在充电时,由于过电位效应相当高,因此使用 24 个单元电池的铅酸电池(标称电压为 48 V)时,电压很难不超过 60 V。因此,标称电池电压必须明显低于 48 V,以避免充电过程中电池电压在不对充电速率做出妥协的情况下过于接近安全极限[6]。已经提出了几种具有 42 V 标称电压、包括 21 个电池单元组合铅酸电池组(不同于 15 年前的 36 V)的组合方法,包括串联连接 7 个 6 V 或 3 个 14 V 的电池块。与期望的 48 V 系统电压相比,这意味着性能进一步降低。相比之下,由于锂电池技术的充电过电压较低,锂电池系统能够在 48 V 系统电压水平下运行。

6.4 车载 AGM 电池的推广

多年来,AGM 电池已被使用在一些固定领域,如电信和不间断能源供应系统。考虑到这些成功的服务记录,早在 20 世纪 90 年代就开始考虑将 AGM 电池技术应用在道路车辆中[7]。在首批应用的一个案例当中,两个铅酸电池的组合是最有前景的。由德国顶级制造商制造的一个跑车系列,用由开关连接的两个电池取代了单电池设计。一个小的特殊设计的铅酸电池专门用于发动机启动,另一个 AGM 电池用于所有的循环应用。主电池应当在任何条件下都能被深度放电,而小型启动器电池能够独立启动汽车[3,8]。研究这种双电池系统的主要原因是汽车可预期的季节性使用的差异,这种差异会导致电池深度放电。双电池系统中的独立启动器电池则避免了启动问题。

AGM电池在建立连接全球计算机的网络时发挥了重要作用,这是驱动AGM电池发展的另一个因素;AGM电池在被用于连接车辆中的所有电子设备和控制单元时的情形也与之相似。然而,第一辆被完全连接的汽车的表现被证明是一场灾难。因为汽车在不使用时,所有设备通常进入休眠模式,以最大限度地减少能源消耗。不幸的是,在某些情况下,当通过总线系统连接时,工作和睡眠模式的系统运行不佳。因此,富液式电池可能在短暂的钥匙关闭(Key OFF)时间之后完全放电。即使之后车还能启动,但是电池的循环负荷极大。用AGM对应部件替换标准富液式电池有助于最大限度地减少由于车辆电气系统未被优化而引起的故障。如今,车载网络系统在技术上已经成熟。

出租车、救护车和其他紧急车辆是其他AGM电池作为传统富液式电池更长寿的替代品的重要案例。在出租车中,许多设备即使在关闭发动机之后也在运行,例如通风、无线电和照明(如客舱内照明灯以及停车灯)。在像这样严酷的操作条件下,富液式电池寿命很短,通常只有6个月。相比之下,AGM电池能够承受长达3年的使用期限,即使价格稍微贵一点,车主也能很满意。

更换传统的富液式启动器电池的另一个原因是AGM电池具有更高的冷启动能力。AGM电池设计不需要具有电解质溶液的存储器,因此,极板的高度大于传统的富液式电池,从而电极的表面积较大,高倍率性能得到改善。这个概念也被称为"缩小尺寸",因为在要求相同的高倍率性能的条件下能使用尺寸更小的电池,例如可用于发动机排量大但启动器电池空间有限的汽车。

6.5 启停:AGM电池成功的原因

自2000年以来,全球立法特别是在欧洲已经要求减少二氧化碳(CO_2)排放量,以达到气候保护的目的。因此,在交通领域,汽车制造商面临着研发更高能效车辆的挑战。一种解决方案是(引擎)"启停"技术(在某些地区被称为"急速-停车","idling-stop"),即当车辆暂时停止时关闭引擎,因为没有(引擎)空转就意味着没有排放物。对于电池而言,这种新的操作模式需要电池具有更高的循环次数。然而,每次车辆停止过程中,电池会持续处于放电状态,因为大灯、通风、车辆电子装置和乘客娱乐装置可能正在运行,并且随之而来的能量消耗也很大。同样,AGM电池比标准的富液式电池更受欢迎,因为AGM电池能确保在如此广泛的循环条件下有足够的电池寿命[9]。具有再生制动系统并同时有启停设备的车辆对AGM电池的需求甚至更高。在欧洲,将启停汽车投放市场的初次尝试是在20世纪80年代,但是没有取得成功,在

1999 年重新尝试也失败了。大规模市场的第一次持续引进始于 2005 年末,随之而来的是年销售额的快速增长。这是由于欧盟制定了减少二氧化碳排放要求的法规,即从 2012 年到 2015 年(2013 年已达到[10])的每千米 130 g CO_2 降低到 2021 年的每千米 95 g CO_2。

在欧洲以外,随着 CO_2 排放法规在全球范围内颁布,启停汽车的数量在不断增加。为满足汽车中很多设备所需要的高循环耐久性,很多汽车中都使用 AGM 电池来确保其可靠性和效率。

车辆节能不仅仅是在停车期间简单地关闭引擎。例如,再生制动时涉及用汽车的一部分动能来为电池充电,在制动期间,这部分动能是免费提供的;而在其他驱动阶段,必须用内燃机中的一些能量机械驱动交流发电机。汽车在制动或减速时,发电机输出电压被主动设置到较高的水平,从而使系统电压稍微增加。当较高的电压导致充电电流增加时,电池的充电效率更高,从而使这种(短)周期的免费能量能最好地得到利用。

节省燃料的另一个大趋势是将机械驱动的辅助装置转换为电动装置。这意味着它们可以根据实际需要轻松开启或关闭。例如冷却液泵的通电,之前通过曲轴皮带机械地驱动,冷却液在发动机运行的任何时间都在循环;相反,电动泵可以智能操作,也就是说,当发动机依然较冷的时候,泵不运行。这样预热阶段时间将缩短,发动机将升温得更快,废气排放也更低。一旦达到了局部的最佳温度,泵将像往常一样分配热量。而且,在发动机的后续运转(关闭发动机之后)中,该系统会将剩余的热量进行分配,不可能出现局部过热的情况,这对于发动机是有利的。然而,这种发展对电池又是一种挑战,因为交流发电机在发动机关闭期间不提供能量,直到下一次行驶时电池才会被充电。

由曲轴皮带机械驱动的液压泵驱动的动力转向也是造成大量能量损失的原因。例如,在高速公路上长距离行驶时,如果没有动力辅助,能量就会通过泵作用于压力释放阀而被浪费掉;如果转换为电动系统,只有在需要时动力转向才会被启用。这种由事件驱动的启用模式既节省能源又节省燃料。因此,越来越多的电气化设备正在车辆中应用,以取代它们机械化的先辈。

辅助设备的电气化提高了车辆的燃油效率,这对电池意味着什么?显然,更多的能量消耗意味着电池的更高充电吞吐量,电池的循环耐久性必须更高。除了更高的钥匙关闭(Key OFF)模式负载之外,汽车行驶期间增加的能量需求将要求更高的电池功率,因为用于激活电辅助设备的峰值电流不能(也不应该)由交流发电机提供。通常,为了将车辆电力系统在上述瞬态的条件下的电压保持在恒定水平,交流发电机的动态电压响应被有意地定为较慢。这样做是为了避免对曲轴造成严重的扭矩反馈,但是这对作为缓冲来稳定车辆电气系统以防止电压跌落的电池产生了影响。

6.6　AGM 电池相对于富液式车辆电池的优势

在受控室温环境条件的实验室检验中,铅酸启动器电池经过测试得到认可。除了通过基本程序确定电池的容量和冷启动性能之外,还有更多的标准程序来评估电池的电气和机械性能以及化学特性。表 6.1 列出了不同类别的电池耐久性循环性能测试。

表 6.1　电池耐久性循环性能测试

类别	电池耐久性循环性能测试的特点
1	加速寿命测试的目标是在短测试时长内测出早期失效。因此,测试强调电池用这种方式得到的失效模式与使用多年后实际观察到的失效模式具有高度可比性。只要观察到的失效模式相同,即使测试时的仿真测试程序与车辆的运行条件不同也没关系。测试中经常使用非常高的充电电压或升高的测试温度来确保达到加速老化的效果
2	为模仿电池实际情况而进行的测试已经于近年发展起来。测试目标是要接近现实,避免人为的失效模式。其对电池性能的恶化进行监控,直到失效就停止测试以限制测试的时间。特别地,应用了相对低的充电电压(就如同在车辆中的一样)和适度的电池操作温度。最重要的是,测试时间也包括休息阶段(正如在现实生活中所经历的那样),这通常不包括在第 1 类定义的加速寿命测试中

加速寿命测试(第 1 类)的一个例子是 17.5% 放电深度(DoD)循环测试,多年来已在多家汽车制造商使用,最近在 EN 50342-6 中进行了公布(更详细的信息见第 19 章),即在预放电至 50% 荷电状态(SoC)之后,电池以 17.5% 的 DoD 充电和放电;在 25 ℃ 下进行 85 次循环后,对电池进行充电并确定其容量;这个程序以 1 周时间为 1 个单位。传统的富液式电池和 AGM 电池通常分别需要以 6 周和 18 周为时间单位来完成这个测试。测试完成后,拆解电池确定失效模式。传统的富液式电池在 6 周或稍微更晚的时间失效;相比之下,AGM 电池通常不会在 18 周的时间内失效,根据不同需要,有可能晚得多。通常,AGM 和富液式电池观察到的失效模式是正极活性物质软化和极板硫酸化。这些失效模式与经过几年运行的传统车辆的电池类似,即使测试条件与使用多年的电池没有可比性,结果也是一样的。

EN 50342-6 中定义的微混合动力测试(MHT)模仿电池实际发生的工作

过程,属于表 6.1 的第 2 类循环测试的一个案例。对于启停车辆,现场观察到
的失效模式通常与以前在常规车辆上遇到的失效模式不同。由于存在部分荷
电状态(PSoC)操作,硫酸盐化是主要的失效模式,特别是负极板。由于之前
的实验室测试并不完全代表这种失效模式,因此创建了更接近车辆操纵效果
的模拟测试。在 MHT 中,电池在减少了约 85% 的 SoC 的条件下,进行 2%
DoD 的充电和放电,以模拟启停过程。用 300 A 的频繁放电脉冲来模仿发动
机停止阶段后的重新启动。通过设计,测试不会一直循环到电池失效,而是限
于预定义的循环圈数。监测整个过程中的操作参数(如内阻、放电电压水平),
以观察启停性能的变化。鉴于电池没有达到使用寿命,没有进行拆解分析,所
有必要的信息都是从参数跟踪获得的。因为富液式铅酸蓄电池在 MHT 测试
中内部电池的电阻会快速增加导致不能通过测试,所以不适合启停运行,而
AGM 电池通过了 MHT 测试。

富液式电池和 AGM 电池的性能差异也体现在特殊的测试配置中,如动
态脉冲循环测试[11,12]。在这个模拟启停应用的测试程序中,传统的富液式电
池在大约 100 次的容量转换之后就失效了,而 AGM 电池承受了超过 1000 次
的容量转换,如图 6.1 所示。所有充电和放电阶段都被限制在 1 min 的最大持
续时间(DoD<1%),但取决于电池的 SoC 周期性变化,以代表在全年不同的
运行状况,以及每个汽车的使用档案。

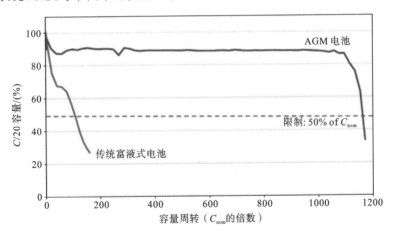

图 6.1　在动态脉冲循环测试中的电池性能[11]

大多数的测试都属于表 6.1 中的第 1 类测试,其目的是快速获得显著结
果;因此,应选择合适的参数来加速测试。人为地改变了操作条件,例如较高
的环境温度或不同且大于车辆中通常应用的充电电压。

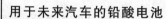

前面的例子证实,在实验室测试中,AGM 电池性能优于富液式电池设计,主要是因为 AGM 电池的设计防止了酸的分层现象,也因此防止了由这种现象加速的失效模式。将研究结果转化为现实生活中的成果取决于许多其他因素,例如电池包装、环境温度和运行情况。这样的参数可能对车辆中的电池寿命具有显著的影响。

如上所述,汽车铅酸电池的特性是由许多不同的实验室试验测得的。表 6.2 列出了电气、机械和化学要求的概况,特别是富液式和 AGM 电池之间的差异。

表 6.2 电池性能的实验室测试方案

类别	要 求	目 标	AGM/富液式电池特点
电气	容量	绝大多数在 20 h 速率或备用容量 RC(等于在 25 A 下的放电容量,独立于电池尺寸)下的放电	非系统特定
	冷启动性能	−18 ℃是所选温度之一,放电电压和运行时间待定	非系统特定
	循环:低放电深度(1%~5%)	模拟启停应用	AGM 电池由于高循环性能从而具有优势
	循环:中等放电深度(5%~20%)	放电深度的范围与车辆应用类似	AGM 电池由于无酸分层从而具有优势
	循环:高放电深度(>20%)	检查正极活性物质的稳健性	AGM 电池由于无酸分层从而具有高度优势
	抵抗深度放电(DoD >100%标称)	通常与随后的循环测试结合	AGM 电池测试了对隔板上枝晶生长的抵抗能力
	充电接受能力	① 静态:几分钟内充电;② 动态:几秒内充电;③ 长期:储电一段时间之后的充电接受能力	充电接受能力受酸分层的影响,所以 AGM 电池更有优势
	自放电特征	不施加电负载,通常在高温下(10~60 ℃)	全新状态相似,但富液式电池在整个生命周期内表现出工作时自放电速率会增加,AGM 电池则不会
	过充电水耗	在处于上升的温度下的腐蚀和水分解(电解),施加了恒电压	AGM 电池由于氧重组循环而有优势

续表

类别	要 求	目 标	AGM/富液式电池特点
电气	耐腐蚀性	正极板栅腐蚀,在处于上升的温度下过度充电	非系统特定
	助动启动特征	安全测试:深度放电之后,使用高电流充电;测试了过度充电的特征	非系统特定
机械	端子扭矩	端子的机械稳定性	非系统特定
	抗振性	模拟在所有地形下驾驶过程中的振动	AGM 电池由于板堆压缩而具有优势
	车体倾斜、翻转	检查电解质溶液泄漏	AGM 电池由于容器中没有游离的电解质而有优势
	阻燃性	安全测试时,外部火焰不得点燃过度充电产生的气体	非系统特定
	冲击测试	材料测试,容器和顶盖在低温下的机械强度	AGM 和富液式电池的材料都必须符合冲击要求
	热冲击	材料测试,交替地对整个电池加热和冷却	AGM 电池和富液式电池的容器材料不同,但要求的机械强度相同
	压力测试	检查容器和顶盖之间的机械连接	非系统特定
	手柄测试	低温下手柄的机械阻力	非系统特定
化学	抵抗化学物质	① 容器/顶盖材料;② 标签材料	非系统特定
	有害物质	检查电池材料(铅和塑料)中的杂质	非系统特定
	电解质溶液中的硫酸钠成分	由耐深度放电所提出的需求	AGM 电池通常有不同的规定

绝大多数 AGM 电池的外部尺寸与富液式电池的外部尺寸相同。6 个串联连接的电池单元置于聚丙烯容器中。每个单元具有多个正和负(平)极板,这些极板与玻璃毡隔板交错堆放,如图 6.2(a)所示。在 AGM 单元中存在机械堆叠压力,因此,会专门设计标准尺寸的容器来提供这种压力。无论是机械增强(容器设计)还是使用特殊的硬质塑料材料,都可以确保容器在电池使用寿命期间能够保持堆叠压缩。

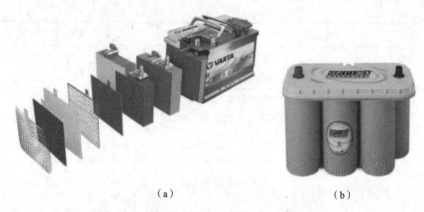

图 6.2　AGM 电池设计:(a) 平板;(b) 螺旋缠绕

AGM 的概念允许另一种设计理念的实现,而其在富液式电池中不可能实现。其取代了之前描述的棱柱形设计,每个电池只有一个正极板和一个负极板,并与它们之间的两个玻璃毡隔板盘绕以形成螺旋缠绕式的电池单元。然后,将 6 个电池串联连接以形成 12 V 的电池,但具有完全不同的内部和外部形状,如图 6.2(b)所示。缠绕的组件被插入到一个特殊的容器中,该容器由更坚固的聚合材料丙烯腈-丁二烯-苯乙烯(ABS)制成,以支撑板组持续施加的高压力。从技术角度来看,螺旋缠绕式 AGM 电池是具有高启动能力和良好循环性能的最佳设计。将电极的大表面积与一定叠层压缩力相结合,可以使电池内阻非常低。另一方面,螺旋缠绕式电池存在体积能量密度低(Wh/L)的缺点,几何空间的使用对于 6 个电极圆筒并不是最有利的;因此,与平板式 AGM 电池相比,容量有限。由于生产成本较高,螺旋缠绕式 AGM 电池尽管具有优异的高倍率放电性能,但作为汽车的启动电池尚未进入大众市场。对于特殊车辆或大功率汽车音响系统等特殊应用,由于其内部电阻较低,该种电池使用非常普及;对于循环应用,只要提供足够的容量,该种电池是一个不错的选择。

在车辆中,铅酸启动器电池的充电由电压控制。以前,交流发电机提供的电压是恒定的或者取决于温度(主要是交流发电机本身的温度),只要车辆的电流需求低于相应交流发电机的功率所允许的值,就可以以这种方式运作。在 21 世纪初,交流发电机的输出电压变成了电子控制,这样,系统电压就能根据车辆的要求调节,即在车辆加速时降低电压以节省发动机功率,或者在制动时增加电压使能量回收效率最大化。

对于非汽车 AGM 应用(例如固定式设施),有时会进行一个恒定电流过充的充电阶段以减少可能由于氧复合效率的差异而发生的电池失衡。但车辆中难以实现恒流充电。尽管如此，还没有观察到电池不平衡对汽车启动器电池在车辆应用中的功能具有显著的影响。

由于富液式电池和 AGM 电池的电解质溶液密度不同，而且富液式电池的酸含量更高，它们的 SoC 和开路电压（OCV）的相关性是不同的。因此，车载应用中的充电电压可能会有所不同。

6.7 AGM 电池的循环耐久性

AGM 电池更高的循环耐久性需要更密切的关注。

充电完全的铅酸电池的正极和负极活性物质分别由二氧化铅（PbO_2）和铅（Pb）组成，即在理想情况下，极板中没有硫酸铅（$PbSO_4$），并且电解质溶液含有最大浓度的硫酸根离子。放电时，电解质溶液中的硫酸根离子与活性材料反应形成硫酸铅，沉淀在两个电极的内孔表面上，电解质溶液密度相应地降低。在电池再充电时会发生相反的反应，即硫酸铅被还原成铅或二氧化铅，并产生硫酸。

人们假定充电过程已经使电池恢复到与放电之前完全相同的状态，但不幸的是，所有的富液式电池都不是这样的。与放电电池的稀释电解质溶液相比，再生硫酸的密度更高。因此，在富液式电池中，新产生的硫酸部分将在重力作用下沉到电池容器的底部。电解质溶液的这种所谓的"分层"现象越严重，实际的 SoC 变得越低，再充电电流变得越高。最后，富液式电池充电完全后，硫酸在竖直方向上分布不均匀，新产生的酸在底部会更浓；而在极板顶部，电解质溶液的密度与电池的放电状态相比几乎没有变化，如图 6.3 所示。酸分层可以显著改变电池特性，从而使富液式电池的性能大大降低。

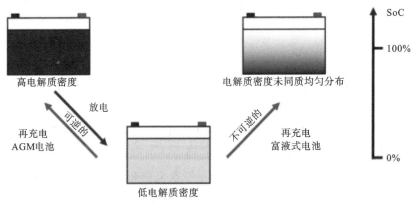

图 6.3 酸分层示意图

为了使整个电化学池中的酸分布均匀,电解质溶液必须再次混合。这可以通过在高电压下过度充电而剧烈地产生气体来完成。但是,这个方法不适合道路上的车辆,主要有两个原因:① 所有的灯泡和电子设备对 15 V 以上的电压相当敏感;② 伴随产生的水损失是极其需要避免的,因为几乎所有的汽车电池现在都被设计成免维护的。

另一种在分层富液式电池中混合酸的方法是使用机械装置。被动混合元件已经被研发出来,其可以确保当电池在充分移动时,例如在车辆行驶时,电解质溶液会发生再混合,图 6.4 给出了一个例子[13]。如果电池正在 PSoC 条件下运行,有时需要对电池进行再充电并充分混合电解质溶液。然而,在车辆行程不能使电池恢复到充电完全状态时,电解质溶液的混合可能是不完全的。如果交流发电机功率不足或者操作方法不允许充电完全,这种剩余的分层可能导致电池劣化,特别是在频繁短距离行驶期间。

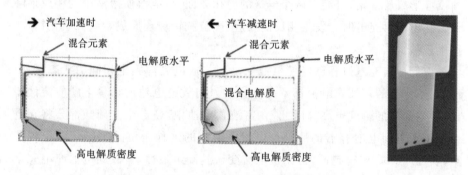

图 6.4　用于混合电解质溶液的被动元件[13]

为了使电解质溶液混合装置起作用,必须存在一定程度的电解质溶液分层。被动混合元件可以减少任何存在的分层,但是不能阻止它的发生。

显然,使用具有固定电解质溶液的铅酸电池是避免任何有关酸分层问题的最好方法,可以完全防止发生电解液分层的现象。这一点上阀控式设计证明是可行的。AGM 电池中酸被完全吸收在玻璃毡中,胶体电池将酸变成凝胶状态。在充电和放电过程中,发生与富液式电池相同的电化学反应,但是由于硫酸被固定,重力作用就不能使酸分层。

随着 AGM 电池在市场上立足且日益稳固,对凝胶电池的需求减少了。在启动应用中,凝胶电池是处于劣势的,因为其内部电阻(尤其是在低温下)相对较高。凝胶电池的主要应用方向是不涉及高倍率放电电流的循环方向,例如,公共交通中的公共汽车在车库中停止和预热不使用时。

总之,在所有富液式电池中,AGM 设计的主要优点是在所有操作条件下,特别是在 PSoC 工作条件下[14,15],没有酸分层,这是其优良的循环寿命的基础。

6.8 动态充电接受能力

动态充电接受能力是启停车辆中的电池工作的关键参数[16-18]。在发动机关闭后,电池必须在驾驶时再充电。在减速期间,制动能量存储在电池中。这些行为发生在几秒到几分钟的时间范围内(DCA 能力)。相比之下,静态充电接受能力是电池在数分钟至数小时的时间范围内再充电的能力。铅酸电池的充电接受能力取决于许多因素。除了电解质溶液的密度之外,电池 SoC、局部放电状态中的温度和先前的储能持续时间也对充电接受能力具有显著影响。显然,富液式电池的充电接受能力受到酸分层严重影响。这是因为极板组底部高浓度的酸导致的局部高电化学电位,降低了充电反应的动力学。而在极板组顶部,局部电解质溶液密度较低,充电接受能力相对较高。虽然只有一部分活性表面积积极参与反应,但是整体的充电接受能力降低了。

静置分层电池一段时间后,会发生一个称为"内部电荷平衡"的过程,如图 6.5 所示。在处于分层状态的电池的每个电化学池中,存在电解质溶液密度高和低的区域,因此产生了并联连接的电势差。在极板组底部的高密度酸促进放电反应,由此电解质溶液密度局部降低;在极板组顶部,低密度的酸促进了充电反应,由此电解质溶液密度局部增加。这两个过程并行发生,因为活性物质和板栅结构是导电的,并且将电子从一个反应位置转移到另一个反应位置。

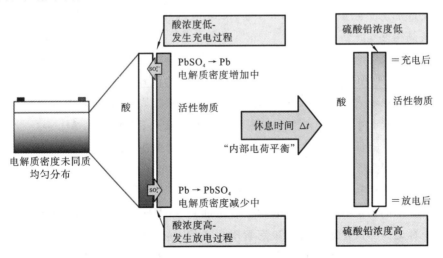

图 6.5 分层后的富液式铅酸电池的内部电荷平衡

这些过程需要一段时间才能完成(最多几天),但是最后的结果是电池中没有电解质溶液的明显分层现象。不过,活性物质的组成发生了变化。在极板组的底部,大部分的硫酸铅已经积累(放电状态),而顶部含硫酸铅较少(充电状态),见图6.5。

与平衡作用平行,硫酸铅会发生重结晶。较小的硫酸盐晶体倾向于通过"奥斯特瓦尔德熟化"的过程,生长成更大的硫酸盐晶体[19]。由于较大的晶体在再充电时更难以溶解[20],随着过程的继续,充电接受能力下降。对于铅酸电池,这种重结晶被称为"硫酸盐化"[21]。最后,当内部充电平衡过程结束时,电池极板组顶部已经部分充电完成,从而充电接受能力达到限值。相比之下,电池极板的底部硫酸化严重,因此充电接受能力受到严重限制[22,23]。

有学者分别研究了在分层和非分层状态下富液式电池和AGM电池在长时间放置后的充电接受能力[24]。两种电池(都为70 Ah)的样品分别在16 V(富液式)或14.8 V(AGM)的常规充电电压下经历三次100%DoD的循环。SoC调整至80%后,应用循环曲线将富液式电池的分层程度设定为0.065 g/cm³(轻度分层)或0.130 g/cm³(重度分层)。然后电池立即进行充电接受能力测试(第0周)。随后,电池以相同方式准备后,在25 ℃放置1~4周,然后测试充电接受能力(第1~4周)。通过在14.4 V下充电60 s来确定充电接受能力,并且将在60 s内测量的累计充电量转换为A/Ah标定容量,即A/Ah,以使结果对于不同电池尺寸具有可比性。对于每种情况,一组三个电池进行了测试,结果如图6.6所示。在图6.6中,•表示单个结果,⊕表示三个样品的平均值。可以看出,与AGM电池相比,富液式电池电荷的可变性要高得多。

富液式电池和AGM电池的充电接受能力每周迅速下降,并在4周后稳定在较低水平。AGM电池和未分层富液式电池在测试开始时起始状态(80%SoC)下都具有0.8~0.9 A/Ah的高电荷接受度。放置1周后,两种电池的充电接受能力已经低于0.3 A/Ah,然后在第2~4周稳定在0.2~0.25 A/Ah。

分层后的富液式电池的性能非常差。对于刚准备好的分层电池,充电接受能力开始就低于0.05 A/Ah,第1~4周的平均充电接受能力接近于零。分层的程度几乎对充电接受能力没有影响,即轻、重分层的结果实际上是相同的。

分层的富液式电池开路电压显著增加到13 V甚至更高。这个特点是由于下部的高密度电解质溶液决定着电极电位,这种开路电压在测试中会由于内部电荷平衡过程而迅速下降,见图6.7。其他电池样品的开路电压略有下降,这与试验过程中的电池的自放电有关。

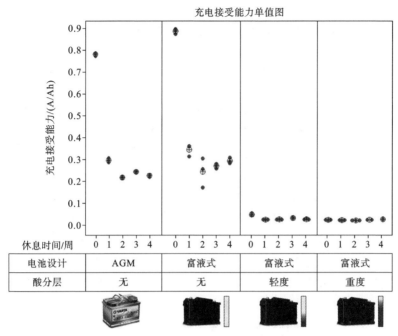

图 6.6 富液式和 AGM 电池放置后的充电接受能力[24]

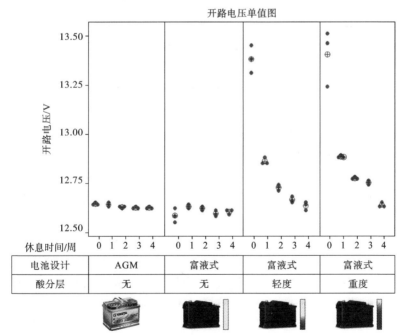

图 6.7 分层后的富液式电池的开路电压[24]

6.9 汽车中的包装:AGM 电池的耐热性

在大多数车辆中,启动器电池安装在发动机舱内。这个位置的优点是布线短,易于操作。但是,发动机舱内的空间限制变得紧凑,加上为更好地保护行人和空气动力学性能,发动机罩(盖)趋于扁平化,因此要求电池位于其他位置,例如乘客舱或行李舱。因此,与 AGM 设计一样,防溢电池设计是首选。靠近发动机位置的电池,不仅是在运行期间,还会在停车后没有主动通风的发动机冷却时(余热效应),受发动机和交流发电机带来的高热影响。车辆其他部位的电池通常受外部热量的影响较小。但是值得注意的是,如果位于保护罩(行李舱)中的电池靠近排气管[25]安装,其可能会变热。

AGM 电池的耐热性一直是争议的焦点。事实上,所有类型的铅酸电池在高温条件下都会受到负面影响。所有充放电反应都会加速,包括各种负反应,如水分解和板栅腐蚀。鉴于 AGM 电池在设计上受酸的限制,高温下失水的后果原则上更为严重。另外,AGM 电池通过电解产生的水损失低于可比的富液式电池由于氧复合循环造成的水损失。因此,两种技术对高热操作灵敏度的差异并没有预期那么高。

在阿拉伯联合酋长国极端炎热的气候条件下,一批出租车进行了为期一年的测试,如图 6.8 所示。结果发现,AGM 电池的耐高温性要比富液式电池好得多[26]。测试样品包含约 70 个富液式和约 20 个 AGM 电池,测试期间的平均电池温度是 57 ℃。6 个月后,测试电池的四分之一失效,失效电池全是富液式的,见图 6.8。12 个月后,93% 的电池失效,7% 的健康电池中有 80% 是 AGM 电池。这是一个 AGM 技术令人信服的结果。AGM 电池的平均重量损失仅为 135 g,因此失水量显著低于电解液初始体积的 10%。而且大多数电池的主要故障模式是正极板栅的腐蚀,这对所有的铅酸技术来说都是一个挑战。总之,AGM 电池在高热条件下是稳定的,有时甚至比富液式电池更加稳定。

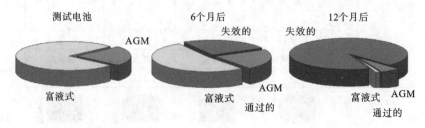

图 6.8 在高热环境下用于一批出租车一年的富液式和 AGM 电池的测试[26]

在 21 世纪初,先进的设计进一步提高了 AGM 电池的高耐热性。新的板栅材料和改进后的活性物质允许更高的工作温度,最终对于富液式电池和 AGM 电池的建议工作温度范围没有区别。但所有类型的铅酸的平均工作温度不应超过 60 ℃,以免过度恶化。

除了平均温度之外,还要考虑热量不均衡对电池的影响。尤其是在汽车应用中,仅在一侧(例如通过交流发电机)不均匀地加热电池是有风险的。这可能会导致电化学池不平衡,从而使局部腐蚀和电池寿命减少。隔热罩或许可以抑制电池的电化学池之间的受热不均现象。

6.10 AGM 电池的未来应用

从 2005 年开始,启停车辆技术在世界各地得到广泛应用。到 2015 年,这些汽车已经占欧洲注册新车的 50%。AGM 电池在汽车中的未来应用,带着更进一步降低燃料消耗和减少二氧化碳排放的目的,在汽车停止的任何时候都将不受 ICE 关闭的限制。即将登场的汽车操控策略之一将是"启停滑行",其中 ICE 在驾驶中任何不需要加速的时候停止,这个功能也被称为"巡航""巡游"或"停车滑行"。与现有系统相比,这是另一个基于可用制动能量更有效再生的应用。

汽车启动器电池是所有配备 ICE 车辆的重要组成部分。即使是具有单一推进源(由高压牵引电池供电)——电动马达的全电动车(FEV),也需要处于低电压水平的二次电池,而且 12 V 最为合适。该电池在汽车停车期(为了安全起见断开了高电压电池)后为车辆用于激活主系统的电气辅助系统供电。此外,法律规定汽车制造商必须提供最低限度的警示功能,如停车灯和危险警告信号闪光灯。这些要求被满足的前提是,电池不会与汽车电气系统断开连接(出于安全原因,必须处于某些操作模式)。再次从安全的角度出发,电池必须是一个低压单元。这种情况也适用于混合动力电动汽车、插电式混合动力电动汽车和燃料电池汽车。因此可知,道路车辆的未来设计至少含有一个基本的 14 V 电气系统组成部分。

对于所有即将出现的应用,电池的可靠性将越来越重要。车辆驾驶越来越趋于自动化,首先是有诸如航线辅助(自动转向)或交通堵塞导航(自动转向和距离控制)等功能,最终发展成驾驶员可作为乘客、汽车自动行驶至目的地的全自动化车辆。

铅酸电池的可靠性已经被解决,并在之前的电池研发中得以实现。但是,可靠性话题在失败-安全运行方面几乎没有明确的表述。尽管国际标准化组织(International Organisation of Standards,ISO)26262 汽车标准定义了道路车辆的功能安全性,但并未明确适用于 12 V 铅酸蓄电池[27]。根据 ISO 26262

的规定,功能安全性是指没有由于电气/电子(E/E)系统的失常行为而造成的危险导致的不合理的风险。安全被认为是未来汽车发展的重要目标之一。安全的系统过程是必需的,并且必须提供证据证明这些过程的所有合理要求都得到了满足。最后,这意味着通过系统设计将类似人员受伤的这种事件发生的可能性降至了最低。

考虑到铅酸蓄电池已经在汽车中使用了100多年,该技术被认为是"经使用验证的",这意味着不需要评估故障率和故障后果就可以批准蓄电池应用于新系统。ISO 26262标准根据三类风险程度(①潜在伤害的严重程度;②暴露于风险的可能性;③情况的可控性)将汽车安全完整性等级(ASIL)分为A到D四个等级。在铅酸电池的常规应用中,因电池而受伤的风险被认为是非常低的,几乎没有暴露问题,并且情况的可控性高。因此,在评估中,不对电池做任何安全完整性等级要求。电池制造过程中生效的质量管理体系被认为足以保护电池使用者免受伤害。

关于在自动驾驶汽车中使用铅酸电池的可能的未来应用在研究铅酸蓄电池的故障模式中是可取的,如表6.3所示。如今,两种独立的电源应用在ICE车辆中,即在行驶期间,交流发电机和电池都向车载电网供电,从而提供冗余。如果这些电源中的一个暂时不可用,例如,在高速下巡航/滑行期间关闭ICE、交流发电机故障时,作为剩余能源的电池对于确保功能安全性至关重要。"使用寿命的常规终止"和"电池使用不当"这两种故障模式的性能损失是逐渐发生的,因此可以由电池管理系统预先检测到,但是第三类"突然严重失效"的故障模式在没有预警的情况下随时可能发生。顾名思义,这种故障对系统安全可能是致命性的,必须完全排除。

表 6.3　铅酸电池的可能的失效模式

	类　别	示　例
1	使用寿命的常规终止	活性物质结构恶化 板栅腐蚀 充气/失水/干燥
2	电池使用不当	酸分层致硫酸盐化 充电亏损引起硫酸盐化 短路,如深度放电引起的
3	突然严重失效	电化学池内部连接裂纹 接头端子断裂 母排断裂

为了深入了解电池失效模式,对超过 2500 个使用后的铅酸启动电池进行了检查[28]。具体而言,详细研究了超过 800 个 AGM 电池。这些电池已经在欧洲中部的车辆中使用了几个月到几年的时间,并在维修车间更换后返还。相当大一部分的电池曾被用于启停车辆中。在 AGM 电池组中发现的不同失效模式的相对发生率如图 6.9 所示。大部分(60.3%)AGM 电池由于循环而失效,即常规(逐渐)的失效模式。23.0% 的 AGM 电池被深度放电,并且电池有一定程度的短路,这个状况最可能与车辆运行条件不佳(或可能是使用不当)有关。14.6% 的电池显示出良好的状态,即没有发现明显的故障,尽管这些电池没有发生恶化,但已经被退回。另外小部分(1.6%)的电池显示出容器损坏,最可能是在运送到回收设施(即更换电池之后)期间发生的。其余 0.5% 的故障被认为是制造失误的后果,但是,这些电池的使用期已经长达 4 年时间。关于可靠性的最重要的发现是,在所研究的所有 2500 个电池中,无论是富液式或 AGM 电池,都没有发现突然严重失效的情况。

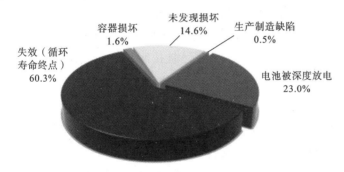

图 6.9 服役后的 AGM 启动电池中观察到的失效模式类型

关于功能安全性,还需要更多的调查,特别是更接近预期车辆系统的应用中的电池。迄今为止检索到的数据表明,以现行质量标准制造并用于传统车辆(包括启停)的铅酸电池不会出现突然的故障。尽管面临更具挑战性的功能(例如启停滑行),但没有迹象表明这个数据未来可能会发生改变。这使得铅酸电池,尤其是 AGM 设计成为下一代使用新的操作概念(例如自动驾驶)车辆的优选电源。

AGM 电池的生产工艺控制比富液式电池的水平更高。例如,需要更高的精度来维持极板组上的恒定压力并且准确地填充电解质溶液。生产的电池要经仔细检查内部是否短路。这种做法降低了制造故障率,并使 AGM 电池在功能安全性方面比富液式电池的同类产品更可靠。

电池性能的可预测性对于确保车辆系统有良好的可靠性也很重要。电池管理系统广泛用于在使用寿命期间确定电池的 SoC 和健康状态。对于一个精确的预测,稳定的电池特性是必要的。由于富液式电池的酸分层难以量化,从而严重降低了其性能的可预测性,所以优选 AGM 电池。

6.11　废 AGM 电池的更换

当汽车铅酸电池达到使用寿命时,必须选择进行更换。以前,标签上标明的电池组大小和标称电压值已足以选择正确的更换电池时机,然而随着启停车辆的引进,这个过程变得更加困难。现在,许多电池制造商的产品范围中都包含了加强型富液式铅酸电池(EFB)和 AGM 电池,因此,最终用户可能难以确定哪种电池是各自车型的正确选择,甚至在服务车间时都可能会感到困惑,因为大量的电池被推荐到不同的应用之中。按照常规,旧电池应该被替换为电池技术中相同类型的电池。例如,如果一个 AGM 电池最初安装在车内,则应选择一个相同尺寸和性能的 AGM 电池替换。原因很简单,即汽车的电气系统应与车辆制造商选择的那种特定类型的电池相匹配。几乎在所有情况下,安装新电池时都不能重新调整电压极限、充电曲线和电池特性,只有更换的电池与原装属于同一类型时,车辆才能按照制造商预期的方式运行。

6.12　小结:车载 AGM 电池

车载 AGM 电池在 21 世纪初大量被引进市场。从小众应用起步,即主要作为豪华轿车和出租车的电源,自 2005 年以来,AGM 电池已经广泛应用于启停汽车。采用 AGM 技术,汽车电气系统受益于更高的电压稳定性和更深 DoD 下更好的循环性能。与富液式铅酸电池不同,AGM 电池不会遭受电解质溶液的分层,这使得电池具有更稳定的电特性,并且延长在恶劣的操作条件下的使用寿命。此外,AGM 电池在通过电池管理系统进行监控(启停服务中的常见做法)时具有良好的可预测性。对于未来的应用,例如启停滑行和自动驾驶,AGM 电池的可靠性和可预测性对确保功能安全性都至关重要。

缩写、首字母缩写词和首字母缩略词

ABS　Acrylonitrile butadiene styrene　丙烯腈-丁二烯-苯乙烯

AGM　Absorptive glass-mat; also: absorbent glass-mat　吸收性玻璃毡

ASIL　Automotive Safety Integrity Level　汽车安全完整性等级

BEV　Battery electric vehicle　电池电动车

DCA　Dynamic charge-acceptance　动态充电接受能力

DoD　Depth-of-discharge　放电深度

DPC　Dynamic pulse cycling　动态脉冲循环

ECU　Electronic control unit　电子控制单元

E/E　Electrical/electronic　电气/电子

EFB　Enhanced flooded battery　加强型富液式铅酸电池

EN　European standard　欧洲标准(欧标)

EV　Electric vehicle　电动车

FCV　Fuel cell vehicle　燃料电池电动车

FEV　Full electric vehicle (includes BEV and FCV, as both are driven fully electrically)　全电动车(包括 BEV 和 FCV,因为两者都是完全电驱动的)

HEV　Hybrid electric vehicle　混合动力电动车

ICE　Internal combustion engine　内燃机

IEC　International Electrotechnical Commission　国际电工委员会

ISG　Integrated starter-generator　集成式启动发电机

ISO　International Organization for Standardization　国际标准化组织

JIS　Japan Industrial Standard　日本工业标准

MHT　Micro-hybrid test　微混合测试

OCV　Open-circuit voltage　开路电压

OE　Original equipment　原始设备

PHEV　Plug-in hybrid electric vehicle　插电式混合动力电动车

PSoC　Partial state-of-charge　部分荷电状态

QM　Quality management　质量管理

RC　Reserve capacity　储备容量

SAE　Society of Automotive Engineers　美国汽车工程学会

SoC　State-of-charge　荷电状态

SoH　State-of-health　健康状态

UPS　Uninterruptible power supply　不间断电源

USA　United States of America　美利坚合众国

参考文献

[1] K. Takahashi, H. Yasuda, H. Hasegawa, S. Horie, K. Kanetsuki, J.

Power Sources 53(1995) 137-141.

[2] R. F. Nelson, J. Power Sources 107 (2002) 226-239.

[3] G. Richter, E. Meissner, in: D. A. J. Rand, P. T. Moseley, J. Garche, C. D. Parker (Eds.), ValveRegulated Lead-Acid Batteries, Elsevier, Amsterdam, 2004, pp. 397-433.

[4] T. Teratani, Future vehicles and trend with automotive power electronics and hybrid technology, in: VDE Congress, Aachen, Germany, 2006.

[5] B. Spier, G. Gutmann, J. Power Sources 116 (2003) 99-104.

[6] A. Cooper, A Cost-Effective Approach to Vehicle Hybridization and CO_2 Reduction using Advanced LeadeCarbon Batteries, 2014. LABAT '2014, Albena, Bulgaria.

[7] R. Wagner, J. Power Sources 53 (1995) 153-162.

[8] E. Meissner, G. Richter, J. Power Sources 95 (2001) 13-23.

[9] S. Schaeck, T. Karspeck, C. Ott, M. Weckler, A. O. Stoermer, J. Power Sources 196(2011) 2924-2932.

[10] European Commission, Road Transport: Reducing CO_2 Emissions from Vehicles, 01 December 2015. Retrieved from: http://ec. europa. eu/clima/policies/transport/vehicles/index_en. htm.

[11] J. Albers, E. Meissner, S. Shirazi, J. Power Sources 196 (2011) 3993-4002.

[12] S. Schaeck, A. O. Stoermer, J. Albers, D. Weirather-Koestner, H. Kabza, J. Power Sources 196 (2011) 1555-1560.

[13] E. Ebner, M. Wark, A. Boerger, Chem. Ing. Tech. 83 (2011) 2051-2058.

[14] D. Berndt, J. Power Sources 154 (2006) 509-517.

[15] K. Sawai, T. Ohmae, H. Suwaki, M. Shiomi, S. Osumi, J. Power Sources 174 (2007)54-60.

[16] M. Thele, J. Schiffer, E. Karden, E. Surewaard, D. U. Sauer, J. Power Sources 168 (2007)31-39.

[17] S. Schaeck, A. O. Stoermer, F. Kaiser, L. Koehler, J. Albers, H. Kabza, J. Power Sources 196 (2011) 1541-1554.

[18] H. Budde-Meiwes, D. Schulte, J. Kowal, D. U. Sauer, R. Hecke, E. Karden, J. Power Sources 207 (2012) 30-36.

[19] Y. Yamaguchi, M. Shiota, M. Hosokawa, Y. Nakayama, N. Hirai, S. Hara, J. Power Sources 102 (2001) 155-161.

[20] D. Pavlov, I. Pashmakova, J. Appl. Electrochem. 17 (1987) 1075-1082.

[21] H. A. Catherino, F. F. Feres, F. Trinidad, J. Power Sources 129 (2004) 113-120.

[22] Z. Takehara, J. Power Sources 85 (2000) 29-37.

[23] Y. Guo, W. Yan, J. Hu, J. Electrochem. Soc. 154 (2007) A1-A6.

[24] J. Albers, E. Meissner, 100 years of automotive starter batteries d startestop as driver of leadeacid battery development, in: 13th European Lead Battery Conference, Paris, France, 25-28 September 2012.

[25] E. Meissner, G. Richter, J. Power Sources 144 (2005) 438-460.

[26] J. Albers, E. Meissner, J. Power Sources 190 (2009) 162-172.

[27] International Organization for Standardization, ISO 26262-1:2011(E), Road Vehicle Safety, Part 1: Vocabulary, First ed. , 15 November 2011.

[28] J. Albers, I. Koch, Functional safety of leadeacid batteries in new vehicle applications, in: 14th European Lead Battery Conference, Edinburgh, Scotland, 9-12 September 2014.

第7章
铅酸电池负极板
材料的性能提升

K. Peters[1], D. A. J. Rand[2], P. T. Moseley[3]

[1] 格伦银行,英国曼彻斯特沃斯利

[2] 澳大利亚联邦科学与工业研究组织,南克莱顿,维多利亚州,澳大利亚

[3] 先进铅酸电池联合会,达勒姆,北卡罗来纳州,美国

7.1 引言

在第 3 章中介绍了铅酸电池的电化学基础。在距离第一次发明电池 150 年后,这种电池在许多汽车应用中依然广泛存在,这很大程度上归功于该电池负极板性能被极大改善。多年来,这项技术成功地满足了新的性能需求。例如,电池的发动机启动功率一直在大幅增加,以及无故障的服务寿命也增加了一倍多,而实现这些所需增加的额外成本极少。这种改善有很大一部分可以归功于 20 世纪少量的特殊材料的发现,当将这些材料添加于负极板时,不仅大大提升了电池容量(特别是在高速率放电和低温下),而且也降低了硫酸盐的积聚,而后者可能成为早期失效的原因。而后不久,随着 1912 年查尔斯·凯特灵(Charles Kettering)的电动汽车启动器问世以及由此导致的用于启动照明点火的电池数量的增长,人们提出了各种化学方案去克服负极板的海绵状铅活性物质在工作过程中密度增加,从而降低电池性能的趋势。通常,为解决此问题会联合使用三种添加剂,这些添加剂的共同组合也以膨胀剂这一称呼而为人所熟知。

7.2　膨胀剂

曾经有一段时间,出现了较好的分散的非晶碳,也被人们称为灯法炭黑(或气相炭黑),它被认为提高了放电产物的电导率,并帮助涂膏极板在制造过程中的化成。将电池隔板由木制转换为橡胶材料的电池制造商发现在相比更快的倍率下负极板趋于容量损失,随后便引入了有机添加剂。将少量木粉以及紧随其后的从造纸业提取的木质素添加于负极板,不仅减缓了电池容量的降低趋势,而且在发动机启动条件下极大地增加了其性能[1]。20 世纪早期的实验工作[2-3],如图 7.1 所示,其结果表明:木质素和硫酸钡都可以提高电池容量,而两者一起使用时产生的效果可以彼此加强。在那个时期,碳添加剂(灯法炭黑)被认为对电池容量没有直接影响。

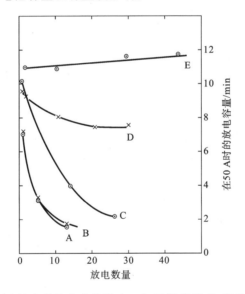

图 7.1　添加剂对电池容量和寿命的影响。A:无膨胀剂;B:灯法炭黑;C:硫酸钡;D:有机膨胀剂;E:硫酸钡和有机膨胀剂。**转载于** E. Willihngantz, National Battery Manfacturers Association Meeting, May 1940, White Sulphur Springs; W. Virginia, USA

研究人员当时得出了木质素具有表面活性剂的性质的结论,同时其可在海绵状的铅上以及在放电时形成的硫酸钡晶体表面上被吸附。在充放电过程中,这种行为具有抑制晶体生长的作用。在放电过程中,硫酸钡颗粒作为形成硫酸铅的晶核(它们是同晶型的),最终的结果是贯穿整个海绵状的铅性物质上的硫酸铅的分布更加均匀。木质素和硫酸钡的这种特性被认为是一种协同作用[4]。

在最近的对 17 种不同的有机膨胀剂材料的研究中[5]，得出的结论是所有的物质都吸附在金属铅上，且在电位低于 Pb-PbSO₄ 的耦合值下测定铅与硫酸间相的电容时，发现在有机物存在时其值显著降低。吸附作用影响了析氢及硫酸铅的形成。阻抗测量表明吸附有机物质的存在提高了氢过电压。有人认为膨胀剂的吸附作用导致了用于质子进行放电的活性区域的面积减少，从而直接导致了表面交换电流密度的降低。从氧化瞬态的分析中可推断出膨胀剂延缓了某固态过程，通过该过程，一个致密薄膜或钝化层能在不够负的电位下形成并符合溶解-沉淀机理。

也有报道称碳比海绵铅具有更低的氢过电位[6]，因此，在充电过程中，氢气积聚在灯法炭黑颗粒周围，从而使得极板材料具有对其有利的适中膨胀性。这项观测结果被忽略的事实不仅在当时，而且在随后的几十年也是需要注意的，这是因为考虑到在现代汽车蓄电池中为碳对负极板性能的有益影响投入了相当多的精力进行认识和探索。负极活性材料中碳添加剂的功能具有很大的争议性。然而，直到最近碳成分的重要性才变得更加清晰明了，它的功能将在 7.5 节被深度讨论。

现在存在各种各样专有的有机磺酸盐，它被用作添加剂以在整个电池绵长的服役寿命期间维持负极活性材料的膨胀性与健康状态。对于汽车铅酸蓄电池，已经成为标准的操作是添加硫酸钡、木质素磺酸盐和碳材料，其总重量通常少于负极板质量的 1 wt%，而碳材料含量少于 0.2 wt%。

现如今，电池是具有启停特性的汽车设计中重要的组成部分，这些启停特性是满足环境标准的必要条件。可靠服务的基本参数是电池再充电的速度和效率，以及在充电过程中负极板的电化学响应是主要的控制影响因素，尤其是制动能量回收在减速时被用来最大化发电量。因此，最近的发展中心又一次强调了负极板的构成、设计和性能。

7.3 结构影响

负极板的活性物质具有延展性和高度多孔性。传统的制造过程包含了使用铅及氧化铅的混合物、添加剂和适量的酸及水组成的膏体混合物对导电铅栅极进行涂覆，从而产生所需的密度，随后将硫酸化混合物还原成多孔的铅块。通过研磨降低铅和氧化铅粉末的粒度有助于提升活性物质的有效利用率，提升的程度较小但效果依然显著。

当极板是新的而且充满电时，孔隙率接近 55%，孔径在 0.1~10 mm，活性物质比表面积约为 0.5 m²/g[7]。在长期循环期间,孔隙率会增加,比表面积会降低。如图 7.2 所示,硫酸铅在放电时被形成并且比充电时的活性物质(海绵铅)具有更大的摩尔体积比。此外,经过一段时间后尤其是在不运行期间,会发生大晶体的优先生长同时消耗较小的晶体,经过一个被称为奥斯特瓦尔德成熟的过程。

（a）　　　　　　　　　　　　（b）

图 7.2　负极活性材料:(a) 放电之前;(b) 放电之后。转载于 P. T. Moseley,
D. A. J. Rand, K. Peters, J. Power Sources 295 (2015) 268-274

在不同比率放电时硫酸铅的分布可以用电子探针微量分析测定[8]。在放电初期,硫酸盐的分布在所有速率下都是均匀的,但是在深度放电,特别高速率放电时,放电产物主要集中在靠近极板表面附近的区域。不同厚度极板的放电容量遵循 Peukert 关系,即 $\log I$ 和 $\log t$ 之间的线性关系,其中,I 是放电电流,t 是放电持续时间。另一方面,法拉第效率随着板厚的减小而增加[9]。

由于负极活性物质的比表面积(约 0.5 m²/g)远小于正极对应的比表面积(4~5 m²/g),在放电期间负极表面被硫酸盐覆盖的比例要比正极高得多。为了完全放电,据估计[10]硫酸盐的均匀覆盖层在负极板和正极板厚度分别为 0.3 μm 和 0.03 μm,伴随带来的后果是限制了电解质在多孔结构内的流动。铅酸电池在未来的汽车电气系统中将会面临加剧硫酸铅在负极板上的积聚的负荷循环(参见第 3 章和第 12 章),并且如果情况没有得到控制,则电池会很快失效。这个问题及其可能的解决方法在本章的其余部分将会有更详细的讨论。

7.4 高倍率部分荷电状态下运行的挑战

为了在各种类型的电池电动车(BEV)和混合动力电动车(HEV)中存储再生制动的能量,这种铅酸电池的新兴应用要求在高倍率部分荷电状态(HRPSoC)负荷中最大可能地恢复电荷,高倍率部分荷电状态负荷是这类车辆运行的一个重要方面。

装有启停功能的微混合动力汽车不仅可提高燃料的经济性,还可以降低排放,在 PSoC 条件下使用电池运行,并且可通过制动系统回收能量进行充电。工作方案是一种短时间爆发式的充放电微循环,充放电都处在高倍率下。PSoC 的振幅只有几个百分点。电池在有效充电期间所接受的电流应该是足够将放电产物转换为活性状态的,从而确保启停和其他基本功能的可用性。该充电电流[11]被定义为动态充电接受能力(DCA),是初始充电期间(通常在 3~20 s)的平均电流。该参数由安培每电池容量安时表示,即 A/Ah。标准化的行业规范正在制订过程中(欧洲电工标准化委员会 CENELEC 标准 EN50342-6:应用于微循环的铅酸启动电池)。

新的铅酸电池的 DCA 目前介于 0.5~1.5 A/Ah,但是新兴的汽车应用可能还需要更高的数值,因为一个 14 V 的交流发电机最高可以产生 3 kW 的功率。为了具有节省燃料和低排放的特性,DCA 在电池的运行寿命中需要得到维持。然而,在最近的研究工作中发现[12,13],在 PSoC 条件下相对较短的服务之后,DCA 下降到 0.1 A/Ah,并且在短暂的停车后,还会下降到更低的水平。在开路周期[11]后,类似的问题也有发生,即电荷量低和充电效率低。如果要实现预期的利益,就必须解决这个问题。研究影响电池性能中这些不一致性的因素,即局部电流分布、荷电状态、温度和由于分层而产生的不同酸强度[14]。考虑到健康的负极可以在一个大温度和电流密度范围内,高效且有效地从深度放电状态下充电[15],并且早期的服务性能是令人满意的,在 HRPSoC 负荷下 DCA 的逐渐降低可以归因于速率限制的过程,包括在负极板中积累的硫酸铅带来的在多孔基质中对浓度和电势梯度的后续影响。澳大利亚联邦科学与工业研究组织(CSIRO)的一个研究小组[8]利用电子探针显微分析证明:在"启停/再生制动工作计划"下,放电产物大多位于板的外部区域,中心区域相对未放电。表面的硫酸盐从来未被完全再充电,并且重结晶会大幅度增大沉淀物的平均晶粒尺寸。结果也表明,在相对较短的时间内,放电产物可以逐渐累积到负极质量的 60 wt%。极板电位变得更负,直到最终达到了产气阶段,析氢消耗了越来越多的电流。在正极板上的硫酸盐浓度仍然接近于预期值。因此,负极板的硫化作用导致电池失效。图 7.3 给出了铅酸电池在负极板的充放电反应。

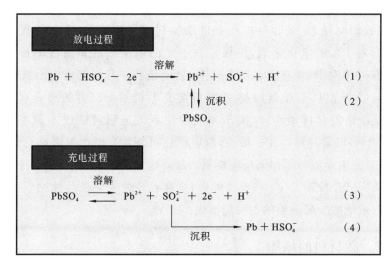

图 7.3　铅酸电池在负极板的充放电反应。转载于 P. T. Moseley, D. A. J. Rand, K. Peters, J. Power Sources 295 (2015) 268-274

新的铅酸电池可以在高倍率充电下进行有效的再充电,因为新近放电产品——硫酸铅的晶粒尺寸小有助于快速溶解,这是通过所谓的溶解-沉淀机制进行后续充电的一个基本要求,如图 7.3 中反应(3)所示。另一方面,如果电池在充电顶点放电后的一段相当长的时间内处于 PSoC 开路状态,则硫酸铅晶体有机会通过奥斯特瓦尔德成熟过程生长。因此,电池的充电接受能力下降,尤其是在负极板上,正如之前所指出的,负极提供的表面积比正极的少。

没有充电顶点的偏移,当微循环在一个窄的 PSoC 范围内进行时,电池的最近的使用历史显著影响充电接受能力[16,17]。浅放电产生一些新的(小的)硫酸铅晶体,它可以支持高倍率的再充电,从而达到相对健康的 DCA。然而,就在一次充电事件之后,硫酸铅的小晶体将立即被消耗,以至于只剩下低表面积的活性物质,从而观察到一个差的 DCA。

由于缺乏一种为 HRPSoC 负荷设计的结构,阀控式铅酸电池(VRLA)在 HEV 模式下运行相对较短的时间后,其初始容量通常会损失至少 50%。由于电池并没有在 PSoC 负荷中达到完全荷电状态,所以没有常规的方法来应对上述不可逆的负极板的硫化现象,尤其是在底部。

在对铅酸电池充电时,正极上的基本反应可能伴随析氧,负极伴随析氢。这四种反应都是独立的,唯一的要求是两个电极的电流是相等的。一次完整充电的终点总是水的电解,其中产气反应占主导地位,其他可能的副作用,如板栅腐蚀、臭氧的形成和有机添加剂的分解等,速率都很低且通常被忽视。对于新的电化学池,负极可在一定的电流密度和温度内被有效充电且没有气体逸出,而在类似的条件下,正电极从一开始就会析出氧气[15]。

在高倍率充电下,很难维持溶解-沉淀充电机制所必需的质量和电荷平衡。当硫酸铅的晶体很小时,离子对反应位点的通量可能成为速率决定因素[18]。然而,随着晶粒尺寸的增加,放电产物可能对充电产生阻抗,因此电位升高,并且充电电流转至伴随反应析氢。最终电池失效,负极板仍处于放电状态。有研究已经发现[19],某些形式的碳,当存在或处于负极活性物质中时,可以非常有效地减少硫酸铅的不可逆形成。

7.5 碳材料的添加

Nakamura 和 Shiomi[20,21]的研究证实了在负极活性物质中加入超过普通膨胀功能(v.s.)所需正常水平的碳材料的好处,它们制成的负极板中碳的含量高达传统含量的 10 倍。实际的量暂未公开,但根据典型做法,据信约为负极质量的 2.0 wt%。这些试验是针对电动汽车和光伏电力应用的,是采用在 PSoC 条件下运行的 VRLA 电池进行的,以尽量减少过量充电的影响。每一个负荷安排都很可能需要在高电流密度下产生相对较短的爆发。由于硫酸铅在负极板中的形成,导致标准碳含量的电池快速失效。相比之下,相应的正极板被完全充电。使用附加碳的电池将具有显著更长的使用寿命。

最近的研究表明,在高倍率充电情况下(如发生在再生制动的车辆中),额外的碳可以提高充电效率。尽管这些优点已经得到了证实,但是对于碳助力铅酸电池的再充电的机理的理解还不明确。这些认知将提供一个对产物和所需负荷之间的功能关系更深入的理解,这对未来研发和设计铅酸电池技术的新应用是至关重要的。7.7 节讨论了可能的额外碳影响的机制。

7.6 各种类型的电池配置

传统铅酸电池中的各种负极板的构造对比如图 7.4 所示,它们通过不同的方法加入了额外的碳。

(1) 传统的铅酸电池(见图 7.4(a)),其负极板上没有额外的碳,即仅有通

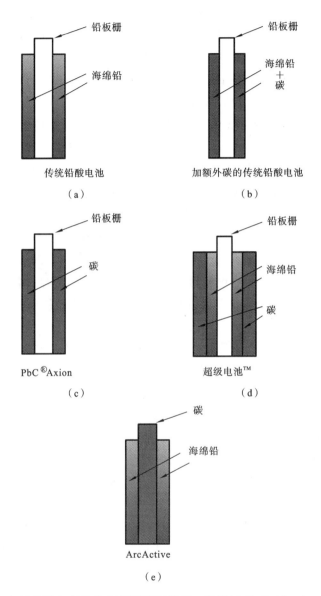

图 7.4　有无碳添加剂的负极板配置示意图。转载于 P. T. Moseley, D. A. J. Rand, K. Peters, J. Power Sources 295 (2015) 268-274

常包括在膨胀剂配方中的碳，在 HRPSoC 操作过程中，DCA 急剧下降。长串中的单个铅酸电化学池在任何充电/放电速率下，也倾向于在 PSoC 循环过程中经受荷电状态的差异。

（2）在传统铅酸电池中加入额外碳的最简单方法是将其与负极板的基本

成分混合,然后以正常的方式涂布(见图7.4(b))。但必须承认,需要补充水以保持令人满意的流变性。带有这种极板的电池的DCA有所改善,但是小的碳颗粒可能会变得孤立而失去功效,如下所述。

(3) Axion Power International Inc.[22]为PbC电池提供了一个带有碳的负极板,其中碳作为唯一的活性材料(见图7.4(c))。所有其他部件都与传统铅酸电池相似。由于没有硫酸铅限制了负极板的充电接受能力(反应涉及存储的质子,H^+),该技术可以很好地维持DCA。碳作为一个电容器不仅可以提供高程度的DCA,还能在PSoC循环过程中实现串联连接电池的自平衡。然而,PbC电池却有两个缺点,即比能量较传统的竞争对手低,以及随荷电状态变化而变化的电压,特别是对于其电容性电极。

(4) "超级电池™"(UltraBattery™)是一项CSIRO的发明[23,24],由古河电池股份有限公司(Furukawa Battery Co., Ltd.)(日本)、East Penn Manufacturing(美国)和Ecoult(澳大利亚)进行商业研发,其具有一个复合负极板,其中一部分由通常的海绵铅活性物质组成,另一部分由超级电容器级碳组成。与Axion PbC设计一样,电池的所有其他组件都是传统的(见图7.4(d))。除了在HRPSoC操作过程中提供一个持续的DCA外,超级电池™还可以在长串联中以与Axion PbC相同的方式来实现个体单元的自平衡。在英国的米尔布鲁克试验场,对一辆本田Insight中型混合动力车进行道路测试[25],即在其原有的镍氢电池(Ni-MH)已经被一种相同电压(144 V)超级电池取代的情况下,继续行驶了10万英里(16万千米)。在测试结束时,电池仍然具有完整的功能性。此外,12个单独的12 V模块比在测试开始时更加匹配,而且值得注意的是,没有任何外部均衡的干预[25]。一个类似的项目,用超级电池™更换镍氢电池的一辆本田思域,在亚利桑那州运行了15万英里(24万千米)[26,27],同样在没有任何电子支持的情况下,各个模块仍然保持完全平衡。在固定型储能应用中,Ecoult公司也观察到了超级电池的自平衡。第12章详细介绍了超级电池™的设计和性能。

(5) 一种由ArcActive Limited[28]演化而来的概念,由一种多孔碳材料代替铅板栅,由某种电弧过程激活(见图7.4(e))。其结果是一个可以被看作是类似于超级电池™的构型,但它的碳层是在负活性物质之下而不是上面。Kirchev等[29]、Czerwinski等[30]和Firefly[31]也分别提出了类似的设计。如图7.5所示,ArcActiv电池可以很好维持DCA,但其在长串联中的行为尚未被报告。

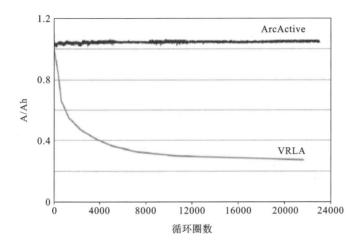

图 7.5 　ArcActive 电池的动态充电接受能力(DCA),通过部分电荷状态循环来维持,相对于传统阀控式铅酸电池(VRLA)(吸收玻璃毡技术)。转载于 P. T. Moseley, D. A. J. Rand, K. Peters, J. Power Sources 295 (2015) 268-274

7.7　理解碳材料的作用

各种各样的实证研究证明,对负极板添加某些形式的碳添加剂可提高充电接受能力和/或能够容纳铅的电沉积,同时维持了一个健康的析氢动力学阻碍。碳添加量被限制为负极活性材料的 2 wt% 左右,主要是由于电极的过程参数。近年来,关于碳成分能提高性能的机理被进行了大量的讨论。任何一种特定形式的碳在这个作用中的有效性可能受到一系列因素的影响,包括以下方面:

- 在碳表面金属污染物的出现;
- 表面官能团;
- 电子电导率;
- 碳中孔隙的尺寸;
- 碳对铅的亲和力;
- 与膨胀剂混合物的有机成分相互作用;
- 水电解质的润湿性;
- 比表面积。

优化过程所面临的挑战是确定哪些属性是重要的,而这只能通过对机理的充分理解来实现。虽然已经提出了多达八种不同的功能[32],但越来越多的证据表明,只有三种功能最有可能对碳效应产生重要影响。然而,情况仍然很复杂,因为这三种情况都可以同时进行。

碳材料的第一个功能是作为一个电容性缓冲器来吸收法拉第反应(即氧化还原反应)容纳的电流之外过剩的充电电流(见图7.6)。传统的负电极本身伴随着一个双电层,但是电容性的功能(通常在 0.4~1.0 F/Ah 范围内)只有通过添加适当形式的碳将表面积显著放大时,才会变得明显。

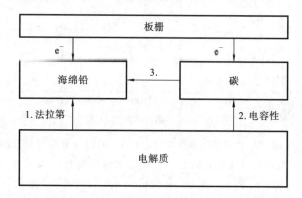

图7.6 在一个包含碳的负极板的短期充电事件之间和之后正极电流流向的示意图。转载于 P. T. Moseley, D. A. J. Rand, K. Peters, J. Power Sources 295 (2015) 268-274

碳的第二个作用是扩大电极微观结构的区域面积,而电化学充放电反应在此区域发生。在充电反应中,铅可以沉积在添加剂的表面,如图 7.7[33] 所示。对于碳来说,要发挥这两种作用的最佳效果,它应该是 sp^2 杂化形式,例如石墨(v. i.)。

碳的第三种功能是通过物理效应来改变负极活性物质的行为,如通过阻碍硫酸铅晶体的生长和/或通过维持电解质灌入电极的通道。在这两种情况下,都不需要碳以导电的形式存在。

以上三种碳的作用中的每一种都被更详细地考虑,如下所示。

7.7.1 电容:存在于一个充电事件之间和之后的电流

当被应用到一个铅酸电化学池上的充电事件停止时,尽管外部电流为零,但双电层仍然带电,这就导致了负极活性物质组成材料之间的局部电流[34]。电流是由双电层通过法拉第反应放电而引起的,从而使电极电势在经过一个特征时间常数后变化到其平衡值。如果导电材料的表面积因加入某种适当形式的碳材料而增加,该过程包括的电荷量是很大的。对于平衡过程的时间常数 τ,可以通过将双电层放电电流等同于正在经历法拉第反应的充电电流进行估计,可以近似为[35]

图 7.7　铅晶体电沉积在碳表面。转载于 D. Samuelis, Heraeus Porocarb®, A unique functional carbon additive for electrochemical energy storage devices, In: 16th Asian Battery Conference, Bangkok, Thailand, September 8-11, 2015

$$\tau = RTC/Fi。 \tag{7.1}$$

其中,R 是普通气体常数(8.3145 J/(mol·K));T 是绝对温度(K);C 是比电容(F/cm²);F 是法拉第常数(96458 As mol/e);i。是交换电流密度(A/cm²)。

相对发生较快的化学反应有一个小的时间常数,而那些动力学迟缓的反应会造成具有一个大的时间常数。举例来说[35],锌电极的交换电流约为 10^{-2} A/cm²,导致产生的时间常数为 50 μs,具有快速的动力学。另外,氢氧化镍电极的时间常数约为 5 ms。因为这两个时间常数都很短,对于锌和镍电极系统来说,上述平衡过程的参与大部分被忽略了。相比之下,铅酸电化学池中电极反应的动力学要慢得多,即正极板电流为 $4×10^{-7}$ A/cm²,而在负极为 $4.96×10^{-6}$ A/cm²。随着碳存量的增加,负极板提供的比电容可高达 30 μF/cm²,由此时间常数以秒为数量级,同时电荷平衡(如图 7.6 中的第 3 步)可以被视为消除外部充电电压的一个重要的过程。在 HRPSoC 的条件下,外部产生的电荷,如车辆应用中的再生制动,被双层结构控制,从而提高了 DCA 效率。当外部输入停止时,这个电荷在双层和法拉第反应之间重新达到平衡。

从文献[36]里可以看出,循环伏安法可以用来量化对电荷接收的电容性贡献。从铅的法拉第沉积、电容充电和法拉第析氢过程中分别出现的循环伏安曲线的区域如图 7.8 所示。这三个区域的相对位置是显著的。由于碳的增加,代表析氢的区域已经向右移动了(即电位上升)。同时,在所有电位值的情况下,流入电容的电流扩大。为了利用后一种特性而不增加水的电解作用,有必要用一个水浸电池来限制充电事件的电势或持续时间,并且有一个阀控的电池,以依赖于氧气循环的有效运行(即使是在低的充电状态下)。值得注意的是,据观察[19],当充电和放电周期限制为 5 s 时,电极反应的主导过程是双层电容(非法拉第过程)。如果电荷和放电持续时间在 30~50 s,那么与硫酸铅溶解或铅沉积有关的电化学反应(法拉第过程)占主导地位。虽然引入额外的碳可能会减少氢的过电位的改变[6],但对于电化学池来说,如果它们所暴露的电荷事件在持续时间或电势上受到限制,那么它们就有可能提供一种长时间的使用寿命,而不会造成过度的水分流失。

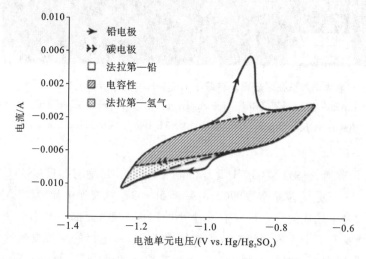

图 7.8 铅沉积的贡献(法拉第)、双层吸附/脱附(电容性)和氢演化(法拉第)对铅和碳电极(炭黑、乙炔黑、石墨)的循环伏安图。转载于 A. Jaiswal,S. C. Chalasani,J. Energy Storage 1 (2015)

上述三种反应对应三种不同形式的碳的相对电荷量,与图 7.9[36]中裸铅电极上的三种反应进行了比较。3 个碳原子的电荷量均比仅有的铅电极高。在一个还原周期下炭黑、乙炔黑、石墨和铅上的铅电沉积电荷容量分别为 8.9 mC、3.5 mC、6.9 mC 和 2.3 mC。炭黑(44.9 mC)的电荷量大约是乙炔黑(22.6 mC)的两倍。相比之下,石墨粉由于表面积较低,没有表现出任何电容性行为,但它确实具有显著的气体特性。

7.7.2 扩展导电表面区域以辅助电化学

在含有额外碳的电池的 HRPSoC 条件下的循环试验提供了强有力的证据[37],电化学和化学过程不仅可以发生在铅金属表面,也可以发生在碳表面

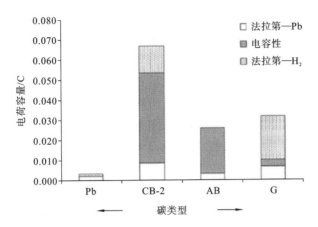

图 7.9 铅沉积的电荷容量(库仑),相对于裸铅电极(Pb),铅+炭黑(CB-2)、铅+乙炔黑
(AB)和铅+石墨(G)的电容和析氢过程。**转载于** A. Jaiswal, S. C. Chalasani,
J. Energy Storage 1 (2015) 15-21

(见图 7.10)。后续的研究[19]证实了两个电子系统在负极板上对碳进行操
作,即

● 一种电容式系统,它涉及高速率的充电和放电双层;
● 传统的铅电化学系统,包括在放电过程中铅的氧化和电荷的反向过程。

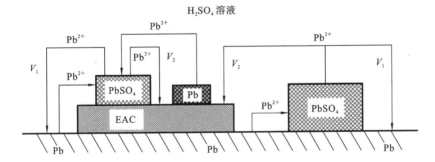

图 7.10 在铅和碳表面上,负极板的法拉第反应。**转载于** D. Pavlov, T. Rogachev,
P. Nikolov and G. Petkova, J. Power Sources 191 (2009) 58-75. EAC
stands for electrochemically-active carbon

在循环过程中,电容性的过程被发现占主导地位,充放电过程各有 5 s 持
续时间,而电化学反应在长脉冲的循环过程中占主导地位。这些观测结果与
先前计算的负电极的两种组分材料的电荷转移时间常数是一致的。

7.7.3 物理过程

研究[38,39]表明,负极活性物质中添加的碳对硫酸铅的结晶起到了位阻作用,从而有助于为放电产物维持一个高的表面积。同样支持这一理论的,据报道[40],当二氧化钛(一种较差的电子导体)而不是石墨被用作添加剂时,HRP-SoC 循环寿命会得到增强,而使用二氧化钛或石墨(不同的程度)中任意一种可以改善循环寿命;二氧化钛与石墨中后者的作用并不一定是必要的,由于它只具有导电性。

有一点同样已被提倡[41]:使用活性炭通过提供一种额外的结构骨架,使电解质溶液从表面扩散到金属板内部,从而增加负极的孔隙度。因此,在 HRP-SoC 操作过程中,充足的硫酸供应可以与电极反应保持同步。

同样的研究[41]也证明了,在 HRPSoC 下,长循环寿命是通过更大的颗粒直径的碳来实现的(即微米级而不是纳米级)。这一信息让人们产生下列观点[42]:微小的碳颗粒会逐渐被埋在硫酸铅的晶体中,因此,它们的作用就消失了。其他的研究[19]发现,碳添加剂可以改变负电极的孔结构,其结果之一是使 SO_4^{2-} 离子进入最深处孔隙的通路被阻碍。另一方面,H^+ 离子仍可能扩散到孔隙外使 pH 上升到能形成 $\alpha-PbO$ 的值。这一阶段,在 X 射线衍射记录中清晰可见,对负极活性物质的持续工作是有害的,因为氧化物的形成是不可逆转的。

7.7.4 一个可能的困难:析氢

将碳加入负极活性物质可以大大增加电极的表面积,在这种情况下,在充电过程中氢的析出速率(HER)的增加是很普遍的[43]。HER 会通过以下方式提高:

- 氢过电位的降低;
- 施加电位的增加;
- 活性物质表面积的增加;
- 在碳中存在某些杂质。

通过降低表面积来抑制 HER 可能会适得其反,因为电容效应和充电倍率都对表面积有一个正的依赖性。通过电池管理系统限制应用于电池的电势,可以控制析氢。尽管如此,限制由碳添加剂导致析氢的工作主要集中在涉及的材料、纯度、表面官能团和第二相添加剂上。

不同种类的碳(石墨、炭黑和活性炭)之间的氢气排放行为有显著差异。正如预期的那样,最近的一项研究[43]表明,大量的铁元素的存在,使石墨具有高水平的析氢能力。同样的研究报告指出:石墨和炭黑材料都有明显高于活性炭材料的比电流(A/g)。后者的观察结果是特别重要的,因为它否定了人们普遍认为的放气只与碳表面积相关的观点。

显然,需要更多的研究来完成对影响碳表面上 HER 的一系列因素范围的理解。很明显,这些材料应当不含能降低氢过电位的元素,而基于这个结论,我们已发现了[44]某些实际上能抑制负极板中的析氢的其他元素。例如,已经有人提出,在超级电池™中使用的碳应该伴有锌、镉、铋、铅或银等元素的化合物[45]。值得注意的是,在进行 HRPSoC 职责的车辆被演示证明了能够经历长工作时间之后,超级电池™技术正被部署在两个新的原始设备制造商的车辆中(见第 12 章)。

7.8　碳的最佳选择

碳能够以各种各样具有广域物理性质的形式出现,它们的物理性质非常依赖于各自原子的电子性质。该元素的主要同素异形体有:

● 金刚石,其中碳原子是 sp^3 杂化的,所以材料非常坚硬且会阻止电子的导通;

● 石墨,其中的原子是 sp^2 杂化的,所以材料具有一种更柔软的层状结构,在其六边形结构的平面上表现出明显的导电性。

金刚石和石墨的物理性质列于表 7.1。

表 7.1　金刚石和石墨的物理性质

性　　质	金　刚　石	石　墨
晶体结构	立方体	六边形
轨道杂化	sp^3	sp^2
共价半径/pm[a]	77	73
密度/(g/cm^3)	3.515	2.267
莫氏硬度	10	约 1
热容/(J/(mol·K))	6.155	8.517
导热性/(W/(m·K))	约 2200	约 150
电阻率/(Ω·m)	约 10^{12}	约 3×10^{-3}(c 轴) 约 4×10^{-6}(a 轴)

[a] 皮米;100 pm=1 Å

在铅酸电池负极板所具有的材料中,石墨的导热系数约为铅的 4 倍(35.3 W/(m·K)),因此石墨的存在有助于负极活性物质的热分布。石墨的电阻率(与基面平行以及垂直的时候都是,见表 7.1)大于铅(2.08×10^{-7} Ω/m)。因此,早期的观点认为:碳所带来的好处是由于负极的活性物质的导电率的改善,这似乎是毫无根据的,除了在电极放电到一种程度,几乎所有的海绵铅被硫酸铅所取代时。

广域的非晶质或低结晶度物质,可以在 sp^2 和 sp^3 碳原子都存在的情况下被制备出。这些材料的物理性质介于金刚石和石墨的末端构件之间,但也受到与材料相关的其他参数的强烈影响。颗粒大小可以在几纳米到几十微米之间,而比表面积可以从几个 m^2/g(石墨)到超过 2000 m^2/g(活性炭和炭黑)。活性炭主要为非晶质,具有超细的孔隙结构。炭黑是由相互连接的团簇构成的,其中有序的区域具有石墨结构。在没有其他因素的情况下,电导率很可能按照石墨>炭黑>活性炭这一顺序排列。然而,这些材料的表面可以容纳一系列的原子或原子团[46],它们对润湿性、双电层形成和化学反应能力等性能有相当大的影响。杂质水平也很重要。根据生产过程,工业碳可以包含多达10000 ppm 的异质元素,如不同量的铁、镍、铜、锌、硅、钾和硫。鉴于在充电过程中需要限制析氢,当然,防止或尽量减少促进产气的杂质的存在显得特别重要。

正如前面所讨论的,至少有三种方法可以使碳材料的存在改变铅酸电池的负极板的性能:

① 一个电容性的贡献;

② 可进行电化学充电和放电过程的表面区域的扩大;

③ 物理过程。

电容性过程①是由具有较大表面积的碳材料所支持的,是导电的,并且与集流体(栅极)有接触。然而,对于碳材料来说,与负电极的海绵铅成分紧密混合是不必要的。

表面积效应②也要求碳材料的导电性和与集流体接触。另一方面,由于碳促进了整体过程而不是表面过程,其表面积可以小于激发电容性过程所需的表面积。

利用物理过程③的碳材料不需要导电,但它必须与海绵铅紧密混合,不应被很精细地分离开来,否则它的效用将随时间变化而减弱。

鉴于碳材料功能对于这几个方面的要求相互矛盾,因此,寻求优化铅酸电池的 HRPSoC 性能的工人们采用了不同类型的碳材料的组合,这并不奇怪。

缩写、首字母缩写词和首字母缩略词

AC　Alternating current　交流电

AGM　Absorptive glass-mat　吸收性玻璃毡

BEV　Battery electric vehicle　电池电动车

CAN bus　Controller area network bus　控制器局域网总线

CENELEC　Comité Européen de Normalisation Électrotechnique（English：European Committee for Electrotechnical Standardization）　欧洲电工标准化委员会

CSRIO　Commonwealth Scientific and Industrial Research Organisation　澳大利亚联邦科学与工业研究组织

DC，d. c.　Direct current　直流电

DCA　Dynamic charge-acceptance　动态充电接受能力

EAC　Electrochemically active-material　电化学活性物质

EAI　Electric Applications Inc.　电力应用公司

EFB　Enhanced flooded battery　加强型富液式铅酸电池

EFC　Enhanced flooded cell　加强型富液式单电池

EoD　End-of-discharge　放电终止

EU　European Union　欧盟

EUCAR　European Council for Automotive R&D　欧洲汽车研发理事会

FCV　Fuel cell vehicle　燃料电池电动汽车

GPS　Global positioning system　全球定位系统

HER　Hydrogen evolution reaction　析氢反应

HEV　Hybrid electric vehicle　混合电动车

HRPSoC　High-rate partial state-of-charge　高倍率部分电荷状态

ICE　Internal combustion engine　内燃机

ICEV　Internal-combustion-engined vehicle　内燃机车辆

ISG　Integrated starter generator　集成式启动发电机

ISS　Idling start-stop　怠速启停

JIS　Japanese Industrial Standard　日本工业标准

LDV　Light-duty vehicle　轻型车辆

LH　Left hand　左手

NEDC　New European Driving Cycle　新欧洲驾驶循环测试标准

NiMH　Nickel-metal hydride　镍氢电池

OEM　Original equipment manufacturer　原始设备制造商

OCV　Open-circuit voltage　开路电压

PSoC　Partial state-of-charge　部分荷电状态

rel. dens.　Relative density　相对密度

RH　Right hand　右手

RHOLAB　Reliable, highly optimized, lead-acid battery　可靠且高度优化的铅酸电池

SBA　Standard of battery association of Japan　日本蓄电池工业会

SEM　Scanning electron microscopy　扫描电子显微镜

SoC　State-of-charge　荷电状态

SP　Set point　定位点

VDA　Verband der Automobilindustrie（German Automobile Industry Association）　德国汽车工业协会

VRLA　Valve-regulated lead-acid　阀控式铅酸电池

ZEV　Zero emissions vehicle　零排放汽车

参考文献

[1] T. Willard, US Patent 1432508, October 1922.

[2] E. Willihngantz, National Battery Manfacturers Association Meeting, White Sulphur Springs, W. Virginia, USA, May 1940.

[3] E. Willihngantz, Trans. Amer. Electrochem. Soc. 79 (1941) 243.

[4] A. C. Simon, S. M. Caulder, P. J. Gurlusky, J. R. Pierson, Electrochim. Acta 19 (1974) 739-743.

[5] C. Francia, M. Maja, P. Spinelli, F. Saez, B. Martinez, D. Marin, J. Power Sources 85 (2000) 102-109.

[6] M. Barak, in: M. Barak (Ed.), Electrochemical Power Sources, Primary and Secondary Batteries, Peter Peregrinus Ltd, Stevenage, UK, 1980, p. 231.

[7] K. Peters, in: C. D. S. Tuck (Ed.), Modern Battery Technology, Ellis Horwood, New York, 1991, p. 197.

[8] A. F. Hollenkamp, W. G. A. Baldsing, S. Lau, O. V. Lim, R. H. Newnham, D. A. J. Rand, J. M. Rosalie, D. G. Vella, L. H. Vu, ALABC Project N1. 2, Overcoming Negative-Plate Capacity Loss in VRLA Batteries Cycled Under Partial-State-of-Charge Duty, Final Report, July 2000 to June 2002, Advanced Lead-Acid Battery Consortium, Research

Triangle Park，NC，USA，2002.

［9］ P. E. Baikie，M. I. G. Gillibrand，K. Peters，Electrochim. Acta 17 (1972) 839-844.

［10］ A. C. Simon，S. M. Caulder，J. Electrochem. Soc. 117 (1970) 987-992.

［11］ E. Karden，P. Shinn，P. Bostock，J. Cunningham，E. Schoultz，D. Kok，J. Power Sources 144 (2005) 505-512.

［12］ H. Budde-Meiwes，D. Schulte，J. Kowal，D. -U. Sauer，R. Hecke，E. Karden，J. Power Sources 207 (2012) 30-36.

［13］ J. Kowal，D. Schulte，D. -U. Sauer，E. Karden，J. Power Sources 191 (2009) 42-50.

［14］ J. Kowal，Spatially-Resolved Impedance of Nonlinear Inhomogeneous Devices Using the Example of Lead-Acid Batteries（Ph. D. thesis），RWTH Aachen University，Institute for Power Electronics and Electrical Drives（ISEA），2010.

［15］ K. Peters，A. I. Harrison，W. H. Durant，in：D. H. Collins（Ed.），Power Sources 2，Proc. 6th Internat. Power Sources Symp. Brighton 1968，Pergamon Press，New York，1970，pp. 1-16.

［16］ D. -U. Sauer，E. Karden，B. Fricke，H. Blanke，M. Thele，O. Bohlen，J. Schiffer，J. B. Gerschler，R. Kaiser，J. Power Sources 168 (2007) 22-30.

［17］ M. Thele，J. Schiffer，E. Karden，E. Surewaard，D. -U. Sauer，J. Power Sources 168 (2007) 31-39.

［18］ P. T. Moseley，D. A. J. Rand，B. Monahov，J. Power Sources 219 (2012) 75-79.

［19］ D. Pavlov，P. Nikolov，J. Power Sources 242 (2013) 380-399.

［20］ M. Shiomi，T. Funato，K. Nakamura，K. Takahashi，M. Tsubota，J. Power Sources 64 (1997) 147-152.

［21］ K. Nakamura，M. Shiomi，K. Takahashi，M. Tsubota，J. Power Sources 59 (1996) 153-157.

［22］ Axion Power International，Inc.，3601 Clover Lane，New Castle，PA 16105，USA. http://www.axionpower.com.

［23］ L. T. Lam，D. A. J. Rand，High Performance Lead Acid Battery，Australian Provisional Application No. 2003905086，September 18，2003.

[24] L. T. Lam, N. P. Haigh, C. G. Phyland, D. A. J. Rand, High Performance Energy Storage Devices, International Patent WO/2005/027255, March 24, 2005.

[25] A. Cooper, J. Furakawa, L. Lam, M. Kellaway, J. Power Sources 188 (2009) 642-649.

[26] P. T. Moseley, D. A. J. Rand, Global warming and leadecarbon batteries, in: 14th European Lead Battery Conference, September 9-12, 2014. Edinburgh, UK.

[27] B. Monahov, Hybrid electric vehiclesdchallenge and future for advanced lead-Acid batteries, in: 9th International Conference on Lead-Acid Batteries, LABAT'2014, June 10-13, 2014. Albena, Bulgaria.

[28] J. Abrahamson, S. McKenzie, S. Christie, E. Heffer, H. Out, G. Titelman, H. Wong, Properties of full-scale Lead-Acid negative plates built around carbon felt micro-scale current collectors, in: 14th European Lead Battery Conference, September 9-12, 2014. Edinburgh, UK.

[29] A. Kirchev, L. Serra, S. Dumenil, A. de Mascarel, G. Brichard, M. Alias, L. Vinit, M. Perrin, AGM-VRLA batteries with carbon honeycomb grids for deep-cycling applications, in: 9th International Conference on Lead-Acid Batteries, LABAT'2014, June 10-13, 2014. Albena, Bulgaria.

[30] A. Czerwinski, Z. Rogulski, J. Lech, J. Wróbel, K. Wróbel, P. Podsani, M. Bystrzejewski, New high capacity lead-acid battery with carbon matrix. Carbon lead-acid battery (CLAB), in: 9th International Conference on Lead-Acid Batteries, LABAT'2014, June 10-13, 2014. Albena, Bulgaria.

[31] Firefly International Energy Co., 6533 North Galena Road, Peoria, Illinois, USA 61614.

[32] P. T. Moseley, J. Power Sources 191 (2009) 134-138.

[33] D. Samuelis, Heraeus Porocarb. A unique functional carbon additive for electrochemical energy storage devices, in: 16th Asian Battery Conference, Bangkok, Thailand, September 8-11, 2015.

[34] V. Srinivasan, G. Q. Wang, C. Y. Wang, J. Electrochem. Soc. 150 (2003) A316.

[35] J. Newman，J. Electrochem. Soc. 117 (1970) 507-508.

[36] A. Jaiswal，S. C. Chalasani，J. Energy Storage 1 (2015) 15-21.

[37] D. Pavlov，T. Rogachev，P. Nikolov，G. Petkova，J. Power Sources 191 (2009) 58-75.

[38] P. BacaBaca，K. Micka，P. KrivKrivík，K. Tonar，P. ToserToser，J. Power Sources 196 (2011) 3988-3992.

[39] K. Micka，M. Calabek，P. BacaBaca，P. KrivKrivík，R. Labus，R. Bilko，J. Power Sources 191 (2009) 154-158.

[40] P. KrivKrivík，K. Micka，P. BacaBaca，K. Tonar，P. ToserToser，J. Power Sources 209 (2012) 15-19.

[41] J. Xiang，P. Ding，H. Zhang，X. Wu，J. Chen，Y. Yang，J. Power Sources 241 (2013) 150-158.

[42] K. Kogure，M. Tozuka，T. Shibahara，S. Minoura，M. Sakai，Development of lead-acid batteries for idling stop-start system (ISS) use，in：9th International Conference on Lead-Acid Batteries，LABAT'2014，June 10e13, 2014. Albena，Bulgaria.

[43] A. Riley，A. J. Sakshaug，A. M. Feaver，ALABC Project 1012L，Final Report：Characterization of Carbons and Understanding Their Hydrogen Gassing Properties in Lead-Acid Battery Negative Plates，Advanced Lead-Acid Battery Consortium，1822，East NC Highway 54，suite 120，Durham，NC 277，USA，June 14, 2012.

[44] L. T. Lam，H. Ceylan，N. P. Haigh，T. Lwin，D. A. J. Rand，J. Power Sources 195 (2010) 4494-4512.

[45] L. T. Lam，J. Furukawa，Improved Energy Storage Device，WO 2008/070914，PCT/AU2007/001916，June 19, 2008.

[46] H. P. Boehm，Carbon 32 (1994) 759-769.

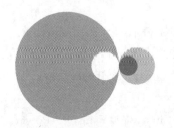

第8章
铅酸电池板的
正极活性物质

R. Wagner

储能工厂小型有限责任公司 & 有限合伙企业,巴特司塔福斯坦,德国

8.1　简介

在充电过程中,铅酸电池的正极活性物质是高度多孔的二氧化铅(PbO_2)。在放电过程中,该物质被部分还原成硫酸铅。在早期的铅酸电池制造中,用电化学过程将纯铅铸板制成正极活性物质。此种所谓的"普朗特(Planté)极板"在今天某些特定电池类型中仍然需要,同时平面和管式几何形状已经成为正极板的两大主要设计。本章介绍了正极活性物质的工作原理、三种形式正极板的构造和制作、中间体和最终活性物质的特征数据呈现;综述了正极活性物质的典型失效模式以及可能的补救措施;最后,由于正极活性物质的性能仍有相当大的进一步提升空间,因此对未来的发展进行了讨论。

8.2　工作原理

在充电过程中,正极活性物质是二氧化铅,主要是 $\beta\text{-}PbO_2$ 和部分 $\alpha\text{-}PbO_2$。活性物质的孔隙率相当高(约 55%)。这个特征对于保证板内容纳足够电解液容量并允许离子物质进出极板是很必要的。对于后面这个要求,其关键参数是孔隙尺寸分布和其中中等孔隙的直径值(0.6~1.2 mm)。活性物质同样有一个高的 BET(Brunauer、Emmett、Teller)比表面积($3 \sim 6 \ m^2/g$)。

对于二氧化铅而言,具有相当低的电阻率是必不可少的,即约 1×10^{-6} Ω/m。而这是大块材料的数据,在电极的多孔结构中该值显著地增加了高达两个数量级。确切的值取决于许多参数,特别是孔隙率、荷电状态(SoC)、晶体结构和颗粒接触面积。化学计量法也有影响,因为氧与铅的比例未必刚好是 2。该比值变化导致材料电阻率不同[1]。

在放电过程中,高孔隙率的二氧化铅与硫酸(H_2SO_4)电解液反应被部分转化为硫酸铅。该反应通过溶解-沉淀机制进行,二氧化铅溶解,四价铅被还原成二价铅。二价铅离子(Pb^{2+})与硫酸氢根离子(HSO_4^-)反应,最终,硫酸铅沉积在活性物质表面。与此相对应地,形成了水。

在充电过程中,上述反应是相反的,意味着硫酸铅溶解,铅离子迁移到二氧化铅表面,二价铅被氧化成四价铅,沉积为二氧化铅。

充放电过程中发生的电化学过程,可以用下面的表达式表示:

$$PbO_2 + 3H^+ + HSO_4^- + 2e^- \underset{充电}{\overset{放电}{\rightleftharpoons}} PbSO_4 + 2H_2O \qquad (8.1)$$

镉棒作参比电极可以很容易地测出电极电位。为了精确和连续地测量,使用汞/硫酸汞(Hg/Hg_2SO_4)作参比电极。电极电位取决于电解液的浓度,对于相对密度为 1.28 的酸来讲,相对于参比电极镉、汞/硫酸汞、标准氢电极,其电极电位分别为 2.237 V、1.157 V 和 1.737 V。文献中给出了广域酸浓度范围的数据,例如 Bode[2]。在有电流流动时,由于电阻损耗(即在活性物质中,栅极和电解质溶液)、动力学限制("活化过电位")和传质限制("浓度超电势"),充电时该电极电势更高(更正),放电时更低。

活性物质 PbO_2 的完全利用将使电池能达到 224 Ah/kg。实际上,这一利用率要小得多,且其主要取决于电极的设计和放电速率。例如,汽车启动照明点火式电池放电 20 h,电极利用率通常约为 50%;而牵引电池放电 5 h,电极利用率为 35%。影响活性物质利用率的主要参数有极板厚度、活性材料结构(孔隙率和 BET 比表面积)、电解液体积和密度、活性材料和板栅的电导率、电流密度和温度。

在放电过程中,活性材料孔内的硫酸首先被消耗。因此,酸从极板间的空间转移至活性材料的孔隙中。高倍率放电时,扩散可能成为一个限制因素。这导致即使有足够的活性物质可用,但由于板内缺少硫酸使电极反应几近停止。图 8.1 给出了正极管式板剖面图结构示意图。可以看出,放电 100 h 在极板靠内和靠外部分的放电程度相同。然而,放电 1 h,与靠外部分相比,靠内部分仅有 50% 放电,这是厚极板的扩散限制所导致的[3]。电极上也有副反应发生(析氧和板栅的腐蚀)。这些会产生一些自放电,同时一次放电后也需要一定的过充电以达到饱和容量。

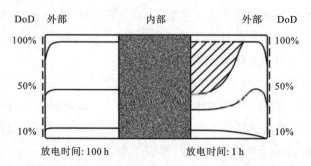

图 8.1 正极管式板横截面显示高放电速率下厚板的扩散限制。DoD=放电深度

电极板栅具有两个功能,充当集流体并为活性材料提供机械支撑。以前,几乎所有的板栅都是通过模具工艺间歇式地浇铸出来的;重力铸造和压力铸造工艺分别用于平板和正极管式板。而在此以后,连续式浇铸、冲压和拉网筋条栅极技术的引进几乎取代了传统浇铸工艺。

板栅的机械和电化学性能可以通过使用铅合金而不是如上所述的选择纯铅作为传统 Planté 极板而得到改善。锑是一种重要的合金成分,因为它可作为一种板栅硬化剂来协助处理加工过程中的板栅和极板。不过,锑的一个主要缺陷是会因腐蚀被从正极板栅中析出,转移到负极板并沉积在活性物质表面。这会降低氢的过电位,并促进产氢量增加,从而造成更大的水损失。因此在过去的几十年中,锑含量较低的合金已经逐步投入使用,含锑量从 9 wt% 到小于 2 wt%。最终,钙取代了锑作为板栅硬化剂,而钙对析氢无影响。另一方面,锑的存在也有利于正极活性物质的循环性能。因此,当铅钙合金用于正极板时需要采取措施保留这一特性。8.5 节中会详细讨论该措施。

8.3 正极板构造

8.3.1 Planté 极板

Planté 极板是最古老的铅酸电池正极板类型。活性物质(二氧化铅)在浇铸铅板上通过电化学过程直接形成,该浇铸铅板具有窄的垂直凹槽,采用一系列水平横肋增加表面积。图 8.2 为化成后的 Planté 极板。

在 Planté 极板化成的第一步中,电解质溶液中包括高氯酸钠或高氯酸钾。这种添加剂形成可溶性铅盐,并导致铅的严重腐蚀,并因此加速化成。该过程持续一天或更长的时间，且铅板表面被一层暗褐色的二氧化铅覆盖。第二步涉及一系列充电放电循环来形成活性物质，而活性物质位于铸造板的凹槽内。之后，极板被取出，高氯酸盐完全被洗掉。洗涤程序是非常重要的，因为在后面的使用中，高氯酸盐的存在会对电池有害。

该过程产生厚度为 0.1～0.2 mm 的二氧化铅层。因为化成过程中横肋尖端局部电流密度比凹槽底部大，其上的活性物质也更多。对正极活性材料来说，孔隙率大于 60% 是相当高的。同时有一个很高的大于 10 m²/g 的 BET 比表面积。因此，活性材料由于具有相对开放的结构也会导致电池使用全寿命期间的成分脱落问题。另一方面，Planté 极板有一个优势，使用过程中不断地有部分新的二氧化铅形成来抵消脱落问题。Planté 极板非常坚固、可靠，预期寿命长。但从另一侧来看，只有一小部分铅板可以转换成活性物质，比容量（Ah/g）相对较低。

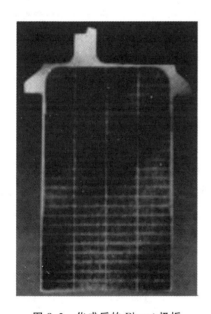

图 8.2　化成后的 Planté 极板

图 8.3　有成形活性物质的平板正极板

8.3.2　平板式极板

平板式极板是最常见的正极板类型。该设计几乎用于所有的汽车电池，在牵引和固定式电池中占相当大的比例，以及用于所有阀控式铅酸电池（VRLA）的吸收性玻璃毡（AGM）类型中。传统上，板栅通过模具法间歇式地重力铸造。板栅的网格线必须能够提供最佳机械性能以支持活性物质颗粒，并提供足够的电导率。一种成形的固定式电池中的正极板类型如图 8.3 所示。深褐色至黑色的二氧化铅被嵌入板栅线中。

电极电阻的最小化是优化高倍率性能和减少极板上不均匀电流分布不良影响的有效手段。可以通过增加板栅结构中连向端子和极板与顶部汇流棒（排）相连的极耳的导线来减小电阻。将极耳和活性物质间的路径最小化也可以进一步地带来好处，例如，将极耳由顶部结构的边缘区域移至更中间的位置。

正极活性物质是导电的，并将电流传送到最近的板栅单元。随着放电过程进行和不导电硫酸铅的形成，极板电阻增加。随着颗粒尺寸增大，活性物质与导电板栅单元间平均距离加长。这种情况导致利用率下降，尤其在更高电流密度下，这体现了板栅设计的重要性。已经进行了各种尝试来提高活性物质的导电率，如通过添加剂来实现增强化成作用和提升电池性能[4]。另一种方法是采用更小尺寸的颗粒，但是这种方法会增加重量，且成本增加。

如 8.2 节所述，要保持非常低的水损失水平，现代电池的正极板栅是由铅钙合金制成的，而不是铅锑合金。这一改进也有其他的设计考虑，如使汽车应用维持可接受循环性能成为可能。低锑和钙的板栅都用于固定型储能应用的电池中，且低锑在铲车和其他重型车辆的牵引电池的应用中也有所迈进。

无论是对于固定式使用，还是循环型使用，VRLA 电池一般使用铅钙板栅合金。锡对正极板的电化学性能有益，它阻止板栅/活性物质界面钝化，并改善再充电性能。现今，在正极板栅铅钙合金中，锡含量通常占 1 wt％ 左右甚至更高。

对于重力铸造的正极板栅，极耐腐蚀的铅钙合金已经被研发出来，钙含量相当低，并且有时会添加银。但是，这种合金可能会严重影响板栅上铅膏的附着，因此在涂布/固化过程中有必要诱发部分腐蚀来形成牢固的结合。一些电池制造商通过蒸气室或其他专有方法腐蚀板栅表面。

对于汽车应用来说，因为对更高的冷启动性能的需求不断增加，极板已经向更薄的方向发展。为不间断电源（UPS）设计的固定式电池中也有类似情况，其中还要求高放电功率。在这两种情况下，板栅厚度甚至需要低于 1 mm，并且腐蚀速率必须低。另一方面，涉及较低放电倍率或一些循环负荷的固定型和牵引应用中仍有厚极板（有时超过 5 mm）电池的使用。如今，许多有正极平板式极板的牵引电池是阀控设计的，既不是 AGM，也不是凝胶，并且由于近几年来的稳步提升，其现在显示出相当不错的循环性能。

新的板栅制造方法已经发展为在自动生产线上大量连续式生产平板式极板。该技术包括连续铸造、扩张金属网和冲压。在后两种技术中，在扩张和冲压前引入了特殊的铅条轧制过程，以显著降低穿透腐蚀的风险。这种创新，再加上改良铅钙合金的运用,有效地消除了曾经的正极板栅腐蚀问题。

一种克服正极板栅腐蚀问题的方法为连续式铸造,所谓的"连铸"("con-cast")板栅,就是采用不含钙的铅锡合金。这种板栅非常软,需要特殊的处理。不过,铅锡连铸板栅对于制作有螺旋电极的 VRLA AGM 型圆柱形电池是非常有用的(见第 3 章 3.4.3 节)。一个关键点在于螺旋式设计和紧密的铅-锡板栅缠绕层使得隔板的放置位于高度压缩处。这种设计使电池使用寿命较长,并且性能良好。

正如已经讨论过的重力铸造,采用极耐腐蚀的正极板栅时,正极活性物质与板栅的结合是一个关键问题。对冲压板栅来说该问题更为严重,因为它们特别的二维结构与模具铸造或扩张金属板栅的三维结构是有显著差别的。获得足够的结合力需要良好的极板加工过程。

8.3.3 管式极板

正极管式极板设计通常用于大容量的电池。这样的极板已被广泛应用于牵引电池,例如叉车中。板栅传统上使用含 9 wt%锑的铅合金。电池表现出优异的可充电性和非常好的循环性能。该高锑含量提供了非常好的机械性能(最初和老化后均更容易加工)和均匀(虽然相对较高)的腐蚀率。

管式正极板也用于固定型应用,尤其是对于容量高达几千安时的电池。在过去的几十年里,出于与平板式正极板同样的原因,已经开始向有约含 2 wt%锑的合金的方向发展,即使这些合金具有较低的机械性能,也比传统的高锑含量设计更难铸造和加工。锡含量相对较高的铅钙合金也有用于含管式板的凝胶 VRLA 电池,与用于平板正极板的钙合金原因类似,锡的增益作用也适用于这种极板设计。

管式正极板的设计与平板式极板的设计有明显的区别。其导电元件与提供机械支持的组件分开。板栅由一些垂直的铅棒(称为脊)组成,通过平行排列连接到一个公共顶部汇流条,形成集流体导电框架。脊的数量根据电池容器宽度决定,典型的量为 19 或 15 个。板栅通过模具压力铸造。

单个的脊用保持器管包裹,保持器管可以由纺织或无纺材料制造。有单管或多管设计(多管套结构"gauntlet")。由于管中正极活性物质受到来自纤维多管套结构的强力支撑,软化和脱落过程中的放电容量损失显著减缓。该设计还允许使用相对高孔隙度的活性材料。另一个优点是中心集流脊在活性物质中产生均匀的电流。

将单管组装到脊比将一个完整板栅插入多管套设计过程要慢。此外,多管阵列的各个管之间的物理结合在填充过程中提供了更大的管、脊结合的刚

图8.4 有多管套和底部汇流条的管式正极板

度,例如,导致脊柱弯曲的横向运动几乎不可能发生。由于这些原因,许多电池制造商更愿意使用多管套。无纺布的吸引力在于没有纺织过程的消耗从而成本低。然而,要达到同样的爆裂强度,无纺布管通常稍厚于它的纺织对应物,于是这略微减少了电化学池中的活性物质和电解质的量。

管式正极板已被广泛研究和改进了几十年。研究主要集中在它的制造、化成和集流体设计上。一个有19脊多管套和一个用于封闭填充后管的底部汇流棒的管式极板,如图8.4所示。

通常,脊的直径约为 3 mm,并与直径 8～9 mm 管结合。管直径对应极板的厚度,而这种厚板对于高倍率放电是不利的。所以,管式极板电池主要用于不需要非常高的放电电流的深循环牵引和 UPS(使用几个小时)应用。

用于高放电倍率的较薄的管式极板设计也在发展,这些都是通过减少脊的横截面积来实现的。通过使用直径约 1.6 mm 的脊和直径为 5～6 mm 的管,可大幅度提升高倍率放电性能。不过,这种极板比管直径约 8 mm 的极板昂贵。

8.4 制造工艺

8.4.1 涂布

用于生产活性材料的铅需要具备高纯度,其中会增加阴极析氢的元素含量较低。这一要求对于 VRLA 电池尤其重要。通过在球磨机中高强度研磨力处理材料,或在巴顿锅中由熔铅制成细粒,将铅制成极细颗粒粉末。在这两个过程中,大部分(约 75%)的铅被氧化成 PbO,约 25% 仍是金属铅,被称为"剩余"或"自由"铅。虽然不是完全被氧化,但通常将粉末称为"氧化铅"。极小颗粒的氧化铅是获得足够大表面积的极细晶体物的良好基础。从球磨机和巴顿锅类型的氧化物中都能生产高质量的电池。不过,需要理解的是,制造电池的许多工艺步骤都受到氧化铅特性的影响。因此调整整个生产过程来匹配所使用的氧化物类型是很重要的。

将氧化铅与稀硫酸混合形成铅膏涂在板栅上,加入定量的水、硫酸和一些添加剂使得铅膏达到可应用于板栅所需的特征和一致性要求。而且,配方和混合过程为所需的晶体结构和活性材料孔隙率提供了基础。对于阴极铅膏,几十年来普遍使用某些添加剂。现在的一种趋势是在正极铅膏中使用更多的添加剂[4],特别是微混合动力车使用的新型电池,需要满足更严苛的要求。

为了获得高质量的极板,使用双面涂布是有用的,这样就可以使板栅两侧的铅膏均衡分布。该过程包括极板的部分翻转,对活性材料的密度和最终孔隙率有显著影响,因此需要小心控制。涂布后立即将极板通过隧道炉以促进水分蒸发,主要是将极板外层水蒸发。这个所谓的"闪速干燥"的目的是获得一个足够干燥的表面,使得各个极板可以堆叠在一起而不相互黏在一起。隧道炉温度应该设定为蒸发表面水所必需的水平,不能过高,否则,极板将会在含水率过低的不利条件下开始固化。此外,如果在较短的闪速干燥时间内蒸发了太多的水,材料会出现裂纹。这种裂纹会损害极板的性能和使用寿命,应该避免。一般情况下,闪速干燥后不能直接看到裂纹,裂纹可能固化后可见,也可能化成后才可见。这往往是因为闪速干燥过程强度过高。

8.4.2 固化

在涂布和快速干燥之后,进行固化,在此过程中,如果正确进行,湿铅膏会转变成一种干燥、无裂纹且对板栅黏附力强的材料。在电池性能和使用寿命方面,固化是正极板制造过程中很重要的一个环节,对铅钙正极板栅来说尤其如此。活性材料必须具有良好的颗粒黏接性,使其能够提供足够的弹性应对充放电循环过程中的定期收缩和膨胀力。另外,活性材料需要高度多孔结构来提供大表面积和足够的电解质溶液空间。

固化为活性材料提供了一个结构,它就像极板化成过程中建立的微晶产物的一个骨架(见 8.4.3 节)。晶体的生长伴随着建立适合最终活性材料的孔结构。一般来说,固化在一个特殊的舱中进行,需控制其温度、湿度和过程持续时间。

固化过程的第一阶段是在高温下处理极板(通常在 $40\sim55$ ℃范围内,但一些电池制造商更倾向于采用更高的温度)来保留极板中的大部分水分,仅允许水分慢速蒸发,这是通过维持舱内高湿度(接近 100%)气体氛围实现的。第二阶段是极板中水分减至 1 wt%以下,称为"干燥过程"。最后阶段舱中湿度水平慢慢降低,温度升高,使水分缓慢蒸发产生干燥的极板。

固化材料主要由碱式硫酸铅,或三元碱式硫酸盐 $3PbO \cdot PbSO_4 \cdot H_2O$

（3BS）或四碱式硫酸铅 4PbO·PbSO$_4$（4BS）或两者组成，其中还有一些氧化铅（α-PbO）以及少量剩余游离铅（Pb）。另外，还可能存在一些硫酸铅 PbO·PbSO$_4$（1BS）、碳酸铅（水钠石）Pb$_3$（CO$_3$）$_2$（OH）$_2$ 和氧化铅 β-PbO。碱式硫酸铅的量取决于铅膏的配方，或者更准确地说取决于混合过程中硫酸的添加量。4BS 的部分由固化处理温度决定，低于 70 ℃不会产生化合物。

在固化过程中，碱式硫酸铅的单个颗粒部分重结晶，然后生长和互连形成一个连续的骨架。板栅表面经过腐蚀，建立了与极板材料牢固的接触。通过氧化成氧化铅会显著降低游离铅的含量。另外，包含在填充孔隙溶液中的氢氧化铅，大部分在晶体接触面间结晶，从而加强了碱式硫酸铅结构的互连作用。固化过程伴随着活性材料中水分蒸发产生空隙，这对极板的最终孔隙率和性能特征是很重要的。

固化和干燥后，检查剩余游离铅和水分的含量来确保该过程已正确进行。有时候，特别是在改变铅膏配方或过程参数后，也需要采集其他数据，例如密度、孔隙率、孔径分布和 BET 比表面积测量，以及 X 射线检测确定 3BS 和 4BS 的比例。

固化过程已经有了稳定的改善。该过程是在特殊腔室中进行，可以控制温度、湿度和固化及干燥阶段的持续时间。这个过程包括干燥，可以在 2 天左右甚至更短时间内完成。固化时，极板以很小的间隔分开悬挂在架子上。另一种方法是将它们堆放在托盘上，这是通常用于具有扩展、冲孔或连铸板栅的方法。托盘周围必须有足够的空间，以保证适度的炉气内循环。空气量和流通方法也很重要。

未固化的材料仍有较高的游离铅含量。这种铅需要被氧化，因为它是一种致密的材料，表面积很有限，而且它相对不活跃，对电池性能贡献很小。随着循环的进行，正极材料中剩余的游离铅将被转换，但是由于二氧化铅含量低，初始电容也会低。因此，显然氧化大部分游离铅是重要的。

氧与游离铅的反应是放热的并且需要水作催化剂。研究发现，反应速度取决于极板中的含水量。图 8.5 所示数据表明，在一个较窄的含水量范围内，在 7.5 wt%～9 wt%获得了较高的氧化速率。在这个范围之外，铅和氧反应能力明显减弱。显然，随着含水量的增加，孔隙被完全填满，从而氧气到铅表面的输送受到强烈的阻碍。随着含水量的降低，会出现孔隙不被填满，材料表面仅有一层可供氧扩散的水膜的情形。因此，材料初始含水量的重要性是显而易见的。铅与氧的反应是放热的，会加热极板导致水分通过蒸发减少。如果由于含水量不足，反应被提前终止，那么在固化后，活性材料中可能残留超

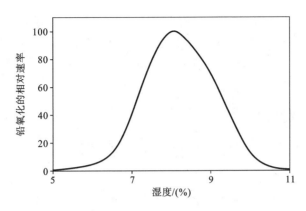

图 8.5　极板固化过程中游离铅氧化速率随材料含水量变化函数图

出接受范围的游离铅。

除了保持极板中较高的初始含水量外,维持腔室内湿度接近 100％以避免极板上水分快速蒸发也是很重要的。在固化过程的第一阶段,最好将孔隙完全充满水,使材料结晶良好。在第二阶段,当含水量已经降低时,发生游离铅的氧化。在氧化阶段,通常持续几个小时,极板温度高于腔室内周围空气温度。温度的升高取决于极板间的距离,各个极板间距离足够,仅增加几度。但是,如果这些极板紧密放置在一起,散热会相对较差,极板温度会高很多。

在高湿度下进行的固化过程结束时,极板仍然含有约 5 wt％的水分,这必须在控制速率下去除。良好的通风对于通过空气交换来去除水分是很有用的。通常这个干燥过程与固化过程在相同的腔室中进行,其主要作用是逐步降低空气湿度,使空气湿度从近 100％降到一个较低的水平。

固化温度对正极板活性材料晶体结构也有显著影响。在温度大于 70 ℃时会形成 4BS,在较低的温度时会产生 3BS。如果期望得到 3BS,腔室内空气温度需保持在 70 ℃以下,因为热量是由极板材料中的游离铅氧化产生的。3BS 固化的典型温度是 50～55 ℃。

高温固化得到的正极板材料扫描电镜图如图 8.6(a)所示。可以清楚地看到几微米大的 4BS 晶体。低温固化得到的小 3BS 晶体如图 8.6(b)所示。

由于其晶体大很多,4BS 转化成 PbO_2 比 3BS 困难许多且耗时长。实际上,这意味着要么接受较低的初始电容,要么需要更长的化成时间。另一方面,4BS 的优势在于它提供了一个更坚固的晶体结构,这减少了循环过程中正极材料的脱落,从而得到更好的循环性能[5-7]。这对铅钙合金板栅的正极板是极为重要的。

大 4BS 晶体转换效率显著降低使人们深入研究如何克服这个问题[8]。一

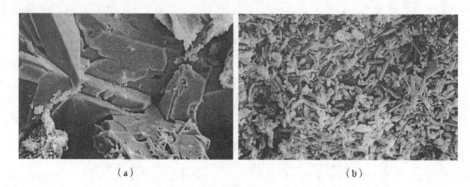

（a） （b）

图 8.6　正极板固化扫描电子显微镜图像（放大倍数×2000）：（a）高温下；（b）低温下

种方法是控制固化过程的参数，使较小的 4BS 晶体产生。还有人建议在糊剂中加入某些化学物质限制 4BS 晶体的生长。另一种方法是获得 4BS 和 3BS 的混合物，这种折中方法与仅有 4BS 相比化成效率更高，且与仅有 3BS 相比循环性能提升。在固化温度为 70 ℃左右时，可得到 4BS 和 3BS 的比例约 50：50。在极板数目有限的小固化室内，能保持较窄温度范围，可以很好地得到这种比例混合物。然而在具有许多极板的较大固化室中，存在不同地方温度不同的问题，导致 4BS 和 3BS 的比例发生变化。

　　另一种避免大 4BS 晶体的方法是使用两阶段固化程序。第一阶段在远高于 70 ℃的温度下进行，且保持时间相对较短。在第二阶段，在较低温度下持续固化。短暂高温期（通常介于 30 min～2 h）足够产生部分 4BS 晶体，但总体而言晶体尺寸可以保持相当小，随后温度降低。第一阶段还促进了板栅和固化材料之间的良好结合。

　　关于固化对电池循环性能的影响已经有很多详细的研究，尤其是那些使用铅钙正极板栅的电池。例如在一项研究中，正极板由不同密度的涂膏与不同固化温度组合得到，低温（约 50 ℃）、中温（70 ℃左右）和高温（80 ℃左右），固化材料分别由不同晶体尺寸的 4BS、3BS 和两者的混合物组成[8]。表 8.1 给出了这些固化极板特征数据。可以看出，平均孔径和 BET 比表面积很大程度上取决于固化条件。含 4BS 的固化板 BET 与含 3BS 的相比，孔径更大，BET 比表面积更小。不出所料，化成后正极活性物质具有不同的晶体结构。在过量电解液中进行单片正极板加速循环试验，负极板脱落物质的数量显著不同，如图 8.7 所示。脱落的程度按照 4BS、4BS＋3BS、3BS 的顺序增加。涂膏的密度也有影响，即糊剂密度 4.0 g/cm³ 比 4.3 g/cm³ 时的脱落量更大。因此，结果表明在没有任何正极活性材料支撑的情况下，例如在有管式板的情况下借助手套的支撑,4BS 的晶体网格可以减缓脱落过程。

表 8.1 固化后极板特征

固化温度	晶体尺寸	晶体结构	孔径/μm	BET 比表面积/(m^2/g)
高	大	4BS	6~11	0.3~0.4
中	大/小	4BS+3BS	0.7~0.8	0.9~1.0
低	小	3BS	0.4~0.6	1.2~1.3

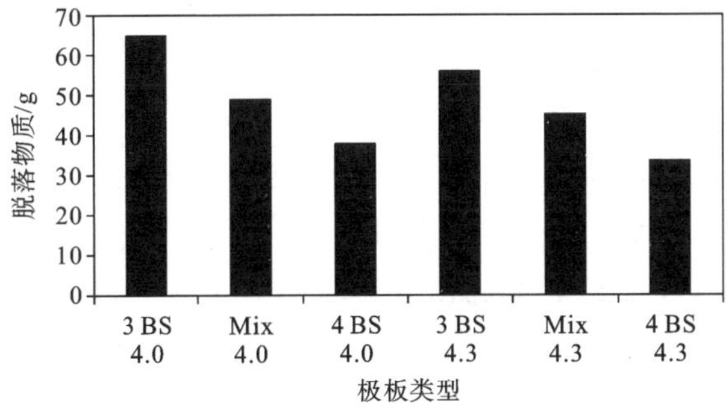

图 8.7 在有过量硫酸和负极物质的系统中加速循环测试后正极板物质脱落的量

上述板也用于制造 VRLA AGM 电池。然而这些电池的循环测试并没有产生优于 4BS 的结果。在这样的电池技术下,只要电池设计和制造合理,似乎不需要大 4BS 晶体就可以实现良好的循环性能。在 AGM 电池设计中,玻璃毡分离器紧紧地压在极板上,并且显然由此产生的高堆叠压力有助于减缓活性材料的软化。这意味着伴随大 4BS 晶体形成而产生的问题是可以在不损害循环性能的情况下避免的。

减少处理时间也被包括在致力于改进固化过程中。一个可能的实现方法是通过使用一个不同气候带的长隧道连续固化,即当前在固化室中采用的分批法的替代方案。

8.4.3 化成

化成前极板浸入硫酸中,与固化物反应生成硫酸铅。这种所谓的"浸泡阶段"可以在开放式容器或电池槽中进行。外化成中所用的硫酸浓度比内化成所用的低,特别是在"一次性"内化成情况下。

一般来说,初始电解质浓度较低,可以在较短时间内完成化成。另一方面,电解质浓度相当低时需要较长浸湿时间,这会导致极板内的电解质浓度降低变成水。因此,电解质溶液电导率会明显下降,获得初始设置的电流值会很难。对于外化成,电解质溶液的相对密度(rel. dens.)约 1.06,这是一个很好的折中解决法。

在浸泡过程中,硫酸迁移到板内并与碱式硫酸铅和氧化铅反应形成硫酸铅。由于酸通过孔隙中的迁移是有限的,极板不完全饱和,特别是在其最深处的区域。事实上,极板内部深处的氧化铅会首先转换成 1BS 或 3BS,而后只有当更多硫酸迁移至此时,才会形成硫酸铅。特别是极板相对较厚时,电化学转换在极板内部材料被转化成硫酸铅前就开始发生。因此,正极板内二氧化铅的形成将部分发生在含 1BS、3BS 或 PbO 的碱性环境中,从而形成 α-PbO₂。随后,化成反应将在酸性溶液中发生并产生 β-PbO₂。因此,浸泡过程对化成后二氧化铅的形态有重要影响,特别是采用较厚的极板时[8,9]。采用薄极板时,极板内通常有足够的硫化作用,几乎所有的二氧化铅都会形成 β-PbO₂。其实,当电化学转化开始时决定有多少材料仍是碱性的不仅仅是极板厚度,还有其他参数(如浸泡电解液浓度)和固化材料的结构。

对正极板在不同温度(高、低或中温)下固化产生 4BS、3BS 或 4BS-3BS 组合结构的浸泡过程进行了详细的研究[8]。将固化后的极板浸入不同浓度的硫酸中,通过极板外酸浓度变化对物质的硫酸盐化情况进行监测。初始相对密度为 1.06 时,4BS 或 3BS 极板的形成过程中酸浓度变化相似,即在前 2 h 内急剧下降至 1.03,10 h 后逐渐下降至 1.02。然而,初始相对密度为 1.20 时,3BS 材料比 4BS 反应更强烈,反应 2 h 后 4BS 和 3BS 对应的酸浓度值分别约为 1.17 和 1.13。3BS-4BS 结构得到的结果介于 4BS 和 3BS 的之间。浸泡在相对密度为 1.20 的硫酸中时固化过程的不同反应可以解释为:与 4BS 晶体结构相比,3BS 结构更细小,当有足量硫酸供反应时反应速度更快。相对密度为 1.06 时,极板内缺少电解液,因此,限制因素是硫酸的扩散而不是固化材料的反应活性。

由 4.0 g/cm³ 制成的固化极板,在相对密度为 1.20、1.12 或 1.06 的硫酸中不同时间(0.5~24 h)浸泡前后的 X 射线结果如图 8.8 所示。高温下固化产生 80% 的 4BS、部分 α-PbO 和极少量 3BS,如图 8.8(a)所示。酸相对密度为 1.20 时,大部分 4BS 在浸泡 0.5 h 内消失,转换为硫酸铅(40%)、大量 1BS 和部分 3BS。有时候,1BS 的量甚至高于硫酸铅。大部分反应会在 0.5 h 内发生,接下来的数个小时内变化较慢。24 h 后,会有约 50% 硫酸铅、约 20% 1BS 和约 20% 4BS 产生。因此,在长达 24 h 后,即使有足够的可用硫酸(极板外相对密度 1.16),硫酸铅的量也不会超过 50%。

事实证明,比重为 1.06 的情况是不同的。0.5 h 后,与硫酸反应的物质少

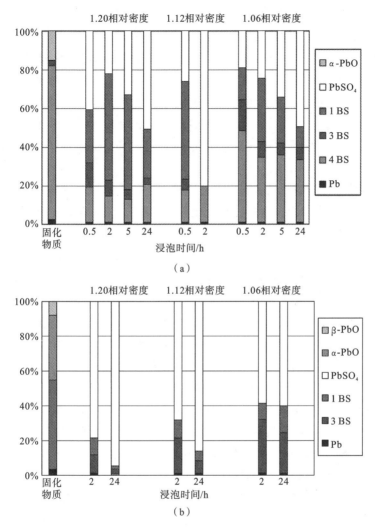

图 8.8 四碱式硫酸铅(4BS)和三碱式硫酸铅(3BS)的组成的 X-射线
结果——经不同时间浸泡后的固化材料

得多,与上述比重为 1.20 时产生 40％硫酸铅相比,仅产生 20％硫酸铅。即使
在 24 h 之后,仍有约 35％ 4BS。酸相对密度为 1.12 时的结果与相对密度为
1.20 和 1.06 时的趋势相同。对所有浓度的电解液,浸泡前没有出现过的 1BS
数量相对较多,同时 3BS 也多。

3BS 固化的极板表现出显著不同的性能,如图 8.8(b)所示。初始材料由
约 50％ 3BS、约 40％ α-PbO 和一些 β-PbO 组成。即便在浸泡 0.5 h 后,仍有
大量硫酸铅,尤其是酸相对密度为 1.20 时产生约 80％的硫酸铅;24 h 后,材料

基本完全硫酸盐化。酸相对密度为 1.06 时得到的硫酸铅较少(65%)，这是因为极板内缺少硫酸。同样地，酸相对密度为 1.12 时得到的结果介于相对密度为 1.06~1.20 时的。浸泡材料中也有一些 1BS，但比 4BS 固化极板中含量低，主要产物显然是硫酸铅。因此，具有 3BS 晶体结构的固化材料迅速转化为硫酸铅，而 4BS 最初主要选择性地产生 1BS，然后缓慢地形成硫酸铅。相对密度为 1.06 的酸经过 24 h 浸泡后，3BS 和 4BS 固化材料得到几乎相同量的硫酸铅。这一发现表明，当浸泡在低电解质浓度溶液中时，酸的可用性限制了硫酸化过程。

不同浸泡时间的孔径分布也被研究过[8]。4BS 和 3BS 固化材料在相对密度为 1.20 的酸中浸泡过程的孔径变化分别如图 8.9(a)、8.9(b)所示。大部分 4BS 孔径大约为 10 μm 或显著大于 10 μm。在浸泡初期，孔会急剧地向小孔径转变，即变为几 μm 到 0.1 μm。不过，进一步浸泡过程会使孔径稍微变大，且大部分小于 1 μm 的孔径会消失。

3BS 中孔径大多在 0.1~1 μm 范围内。浸泡 0.5 h 后，硫酸盐化反应已经使孔向更小尺寸转变，即孔径通常远小于 1 μm，甚至有一些直径小于 0.1 μm 的孔。进一步浸泡对孔径大小没有影响。初始浸泡过程中孔径的变化会伴随着材料孔隙率的变化。固化后材料的孔隙率约为 50%，在相对密度为 1.20 的酸中浸泡后，4BS 固化材料孔隙率减至约 40%，3BS 的减至约 25%。在比重为 1.06 的酸中浸泡，4BS 和 3BS 的孔隙率没有显著区别，均约为 40%。

化成过程是固化材料向二氧化铅的电化学转化，大部分通过硫酸铅进行。这是一个溶解-沉淀过程，其中硫酸铅溶解，并且正极板上二价铅离子被氧化为二氧化铅。原理上，化成的电化学过程与电池充电过程中所涉及的相同，参见 8.2 节。然而，正常充电中放电物质由硫酸铅和二氧化铅组成，与之相反，化成初期极板材料由硫酸铅、氧化铅和碱式硫酸铅组成，这些都是非导电材料。

因此，化成总是先在板栅间发生然后扩展到材料中，因为化成后的二氧化铅是导电体。根据浸泡过程中的硫酸盐化进程，特别是在开始阶段和极板较厚时，由于氧化铅和碱式硫酸铅的存在，部分电化学转换能在碱性条件下发生。这会形成与酸性条件下产生的 $\beta\text{-}PbO_2$ 晶体结构不同的 $\alpha\text{-}PbO_2$。

如果正极固化材料中有部分红铅(Pb_3O_4)，会在浸泡过程中发生如下反应：

$$Pb_3O_4 + 2H_2SO_4 \longrightarrow PbO_2 + 2PbSO_4 + 2H_2O \qquad (8.2)$$

因此，添加红铅会使材料内部在电化学转换之前产生一些二氧化铅，即

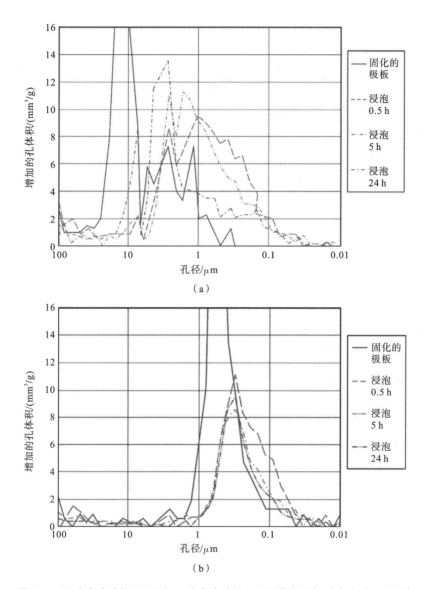

图 8.9　四碱式硫酸铅(4BS)和三碱式硫酸铅(3BS)浸泡于相对密度为 1.20 的
　　　　硫酸中的孔径分布变化

$Pb_3O_4 \longrightarrow 2PbO \cdot PbO_2$。尽管这可缩短化成时间,但是由于红铅价格较高,从而很少在平板式极板中采用。不过,有些制造商会在正极铅膏中添加约 10 wt% 的红铅来得到更好的化成效率。

　　基于氧化铅的物质转换所需的电量为 241 Ah/kg。然而在实践中,由于副反应的存在(主要为析氧),显然需要更多安时来实现正极板的完全化成。

初期化成效率高时产气相对较小,随着化成效率的稳步下降产气会显著增加。到该过程结束,会有很大一部分电流被用于产气。

转化电量为 $300\sim600$ Ah/kg,即理论值的 $130\%\sim250\%$。实际值很大程度上取决于很多参数,如极板厚度(极板越厚越难化成)、化成电流(高电流会减少化成时间,但效率会降低)、固化材料的结晶结构和密度(4BS 效率较低)和红铅的使用。这也取决于期望得到的固化后材料比例和初始容量的要求。完全充电状态的最后几个百分比需要相当长的额外时间和大量额外的充电安时。

化成不仅仅是固化材料向成型材料的转化。固化期间就已开始的活性物质与板栅间黏合继续发生,且在化成结束时正极活性物质和板栅间应该有坚固紧密的接触。基于固化过程中建立的晶体结构骨架,化成也建立了材料的微晶体结构。

三个重要参数对化成过程和微晶体结构以及活性物质性能有强烈影响,即电流密度、电解液浓度和温度。较高电流密度、较浓电解液和较低温度下会形成较小的晶体并导致 BET 比表面积增加、平均孔径减小。这可以通过事实来解释,即固化材料转化为二氧化铅本质上是一个电镀工艺。固化材料中的铅化合物溶解在电解液中产生二价铅离子,在化成电流作用下,铅离子在电极上沉积结晶。可以通过改变电解液浓度和/或电流密度来改变铅离子浓度。这会导致沉积材料的晶体结构相应变化。更高的电解质浓度和更高的电流密度会产生更细的沉积颗粒,反之亦然。

应避免在相对较低的温度下化成,因为这会显著降低充电效率。事实上,更高的温度非常有助于获得良好化成效率。然而,问题在于,60 ℃以上的温度在化成第二阶段对负极材料的有机膨胀剂有害。第一阶段温度可以升高,但是在第二阶段负极得到更多 SoC 时,需要采取措施来保持温度低于临界水平。因为化成过程中会产生可观的热量,采用内化成时需要部分水冷。

除了化成条件外,固化过程中晶体结构的建立也有影响。对高、低和中等温度下正极板的固化[8]也进行了研究,与前面提到的浸泡测试为同批次实验。六种不同的极板(铅膏密度为 4.0 g/cm³ 或 4.3 g/cm³;3BS、4BS 或 3BS 和 4BS 混合固化材料)在相对密度为 1.06 的酸(浸泡 2 h)中恒电流化成过程中的电势变化,如图 8.10 所示。化成初期,正极电势相对较高,但之后很快就急剧下降;第二阶段,大部分电流用于物质转换,几乎没有气体产生,正极电势很低;第三阶段,非物质转换的电流部分稳步增加,析氧增加,电势增加。

因此,不同晶体结构导致化成期间极板性能表现不同。最初,4BS 极板的正极板电势最先下降,其次是 3BS+4BS 混合物,3BS 是电势下降最慢的。

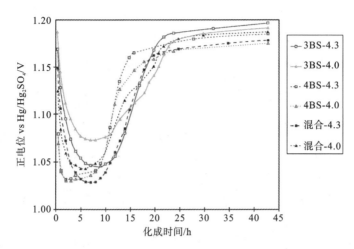

图 8.10　六种固化材料恒电流化成过程中的正极电势

4BS 在最小电势时是最低的,化成约 2 h 后达到最低水平;而 3BS 在约 8 h 后达到高于 4BS 的最低水平;3BS+4BS 混合极板的性能介于 3BS 和 4BS 极板的性能之间。铅膏密度也会产生影响。

化成过程开始于板栅表面,然后扩散到固化材料内,优先沿着晶体网络表面发生,六种极板的不同变化可以基于此解释。考虑到晶体的形状和大小,可以预料 4BS 的这个过程比 3BS 的发生得更快。进一步看,浸泡方式也会产生影响。在相对密度为 1.06 的酸中浸泡 2 h 后,3BS 材料转化成 60% 的硫酸铅,因此很多固有的小孔会变得很小,以至于与孔隙较大的 4BS 材料的这一过程相比,极大阻碍了电解质的扩散。

化成后,极板在相对密度为 1.30 的酸中经过八次连续的容量测试(5 h 倍率)。第一次放电的性能变化与预期相同:4BS 只有约 7 Ah,而 3BS 有约 14 Ah,3BS+4BS 混合物有约 13 Ah。在第八次放电时,3BS 和 4BS 极板之间没有明显的容量区别。同时,3BS+4BS 极板容量达到了高于 3BS 极板第三次放电的水平。化成后材料中二氧化铅含量不同——3BS 中略高于 90%,3BS+4BS 中低于 90%,而 4BS 中则低得多甚至低于 80%,很好地对应了各极板的放电性能。

对同批次极板在包含放电步骤或脉冲充电的不同化成情况下进行了测试[8]。尽管可以观察到 4BS 固化极板已经有明显的改善(放电时 13 Ah,脉冲充电时 11 Ah),初始容量仍低于 3BS 固化极板。

用扫描电子显微镜来观测化成后的正极板晶体结构[8]。4BS 和 3BS 固化极板的典型结构分别如图 8.11(a)、8.11(b)所示。4BS 固化材料保留了 4BS

典型的较大晶体网状结构充当二氧化铅颗粒骨架。由 3BS 固化极板组成的正极材料具有典型的 $\beta\text{-}PbO_2$ 结构,即团聚网状而不是小颗粒。

(a)

(b)

图 8.11　正极板化成后扫描电子显微镜图(放大倍数×1000):(a) 低温固化;(b) 高温固化

通常,化成后正极板 BET 比表面积为 $3\sim6\ m^2/g$,中等孔径为 $0.6\sim1.2$ μm。然而,这两个参数会受独立工艺参数影响而超过这一范围。尽管使用了过量的化成安时输入,固化材料向二氧化铅的转化仍是有限的。剩余硫酸铅的最终转化是一个非常缓慢的过程,会使整个转换过程不经济。因此,化成后材料中仍有少量硫酸铅和氧化铅是正常的、可接受的。

有很多关于 4BS 材料化成的研究,例如文献[10-12]。为了加速正极板的化成,可以将一些导电添加剂添加到铅膏。例如,碳或涂有二氧化锡的玻璃纤维可以增加固化材料的导电性,电流在这些添加剂提供的导电网络中流动,因此,整个铅膏的化成过程几乎是均匀的。这是一种用来代替红铅的添加剂。

如前所述,有两种化成类型,即外化成和内化成。在前一种方法中,两极都插入装满硫酸的容器中,随后,清水洗涤极板并干燥。这些化成极板(也称干荷极板)用于电池组装。成品电池是干燥且可长时间存放的,需要使用时再充满电解液。在内化成中,固化极板组装成电池,然后将电池充满硫酸,化成在电池内部进行。这种方法的优点是极板无需洗涤和干燥。如今,汽车电池主要是内化成。

从化成容器中取出的正极板几乎完全氧化,暴露在空气潮湿的环境下也不会产生不利影响。洗涤正极材料以去除硫酸。酸不必完全除掉,因为少量的酸不会对极板有害,且弱酸性环境下更利于保存正极材料,可以避免钝化层形成过程中板栅质量界面问题。

对于工艺条件而言,正极板的干燥是关键。研究表明太强的干燥对随后电池的高倍率放电可能是有害的[13]。这是由于固态热钝化反应,导致正极栅极-活性物质接触界面上低导电性的 PbO 层的形成。干燥时间约为 8 h,这是一个在许多车间中的典型持续时间,这个问题在干燥温度为 70 ℃ 以上时尤为明显。因此,正极板干燥过程中温度不允许高于 60 ℃ 太多。

有两种内化成方法:"两步"("two-step")法和"一次"("one-shot")法。由于使用的酸相对浓度较低,"两步"法转换率更高。然而,该方法化成完成后酸要丢弃,被相对密度更大的酸替代。"一次"法可避免初始酸的丢弃和强酸的替代。电池中充满了强酸,化成完成时,最终的浓度正是满充电蓄电池所具有的。可采用循环电解液式内化成作为替代方案,即可在低酸浓度开始又无需丢弃电解液。化成期间,每个电解槽通过管连接到硫酸罐以使其电解液不断循环。通过容器罐的加热和冷却,可将温度控制在正确水平,硫酸相对密度在化成结束时自动调整至标称值。该方法化成时间非常短。最初它的研发用于大型牵引电池,现在也用于汽车电池。

8.4.4　管式极板

生产管式极板时,栅极浇铸和隔板适配后有两种方法来填充极板。一种方法是振荡器辅助干燥填充,填充物质是氧化铅或红铅,或两者的混合。典型混合比例是 25% 的红铅和 75% 的氧化铅。红铅越多,化成时间越短,电池完全化成所需安时输入越小。红铅的成本比氧化铅高,但可以通过降低的化成成本来补偿,且其初始电容较高。第二种方法是化成前使用浆液或铅膏填充,可以通过类似于平板的固化工艺来进行极板固化。

当使用干材料时,几乎没有固化过程,但是酸洗是必需的,需将极板短暂浸入相对密度为 1.10~1.30 的硫酸中。材料被浸在酸中并有一部分被转换为硫酸铅。酸洗时间在仅十分钟到数小时之间变化。最后,内化成和外化成都有二氧化铅的转化出现。

在极板较厚的牵引电池中,习惯上使用一个有限的放电来产生活性物质的最大体积膨胀。这会打开孔隙并协助清除材料内部的封闭气体,提供酸向内部扩散的空间。管式牵引电池完全化成所需的安时数相对较高,每千克干粉为 400~600 Ah 不等。

8.5　失效模式和修复

8.5.1　硫酸化

正极活性物质的主要失效模式有:① 硫酸化;② 在板栅和活性物质之间

形成钝化(阻挡)层;③ 软化。正极活性物质的硫酸化常常是充电体制和电池实际使用不匹配的结果。这是深放电条件下重循环电池的特殊问题,例如80%或更高的放电深度(DoD)下,以及客户期望在无法以高初始充电电流开始时也有较短充电时间的情况下。

12 V 电池以不同电压限制充电的循环测试结果清楚地表明,太低的充电电压会导致正极活性物质的硫酸化[14]。这对富液式电池和阀控式电池VRLA都是真实存在的。在 VRLA 的发展早期,一般认为不应使用高充电电压以免水分过度损失。这种做法会导致显著的硫酸化,特别是在强循环任务下。改为采用更高的充电电压可以有效克服这个问题[15],但应该只在有限时间内进行,否则会导致干化。特别是对于 VRLA AGM 电池,过充和充电不足之间仅有很小的电压范围,过充会导致水分流失和最终干化,充电不足会导致正极物质的硫酸盐化。有时具有高极板的凝胶型 VRLA 电池正极板的下部会硫酸盐化。因此,进行了很多努力来改进凝胶电池的设计,使高正极板的完全再充电成为可能。为了抑制酸分层,VRLA AGM 电池通常不采用高极板,因此不会受到这种形式的硫酸盐化影响。

8.5.2　早期容量损失 1

当采用铅钙正极板栅的铅酸电池首次投入市场时,其很差的循环寿命成为一场重大的灾难。早期对该现象的调查将其归因于正极栅极和活性物质之间硫酸铅阻碍层的形成。由于电池中不含锑时该现象更容易发生,称为"无锑效应"。随着第一代铅钙电池的不幸经历,无锑效应以及板栅合金成分对正极板充放电性能的影响成为许多研究的主题[16,17]。这些研究的一个重要结果是发现缺乏锑不只对栅极/正极材料界面有影响,对正极活性物质的整个晶体结构和所谓的"质量软化"过程也有影响。如今,使用无锑栅极产生的影响统称为"早期容量损失"(PCL)[17],在界面和块状材料中的失效分别称为 PCL1和 PCL2[18]。

活性材料与栅极间的牢固黏合、无裂纹,对避免 PCL1 非常重要。关键要求是好的固化;高固化温度会加速铅钙栅极表面的腐蚀作用,产生强大的黏合力。事实上,许多研究结果表明(例如,固化过程的改进,铅膏配方和合金组成,尤其是锡含量和添加剂的使用),障碍层(barrier layer)不再影响铅钙电池的寿命,甚至在重循环应用中也无影响。当然,电池也要以合适的方式设计和制造。

8.5.3　早期容量损失 2

正极活性物质(PCL2)的软化是一个更严重的问题,往往会限制循环运行下电池的寿命[14]。这种失效可以很容易地与硫酸盐化区分开来,因为它不会降低电池中的酸密度。这是因为软化材料的组成主要是二氧化铅,硫酸铅的含量一般很低。软化意味着 PbO_2 颗粒彼此间失去接触,使部分活性材料不导电并且不能再参与放电过程。因此,活性物质软化的电池具有标称的开路电压,但是有效容量较少。

一串 10 个 12 V、60 Ah 的 VRLA AGM 电池在 50 A[14] 的高放电电流下循环测试的结果如图 8.12 所示。电池的这一工作职责促使了正极物质的软化。循环 50 或 100 次后,进行容量测试,取出一个电池进行分析,如图 8.12(a)所示。为了区分软化材料和硬材料,使用水冲洗极板使得软化材料被冲走。不同连续循环次数后产生软化材料的量如图 8.12(b)所示。

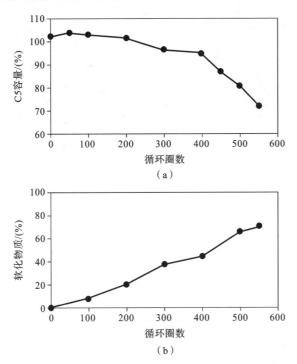

（a）

（b）

图 8.12 12 V、60 Ah AGM 电池循环测试(50 A 放电至 9.4 V,充电 IU,$I=24$ A,$U=14.4$ V):(a) 每循环 50 或 100 圈后进行的 C5 测试;(b) 循环期间相应软化正极活性物质的量

软化始终先发生于极板外部区域,然后随着循环次数的增加逐渐进入中心区域。循环 100 圈后,正极板两侧均只有一层薄软化材料层;循环 200 圈后,软化层变厚;循环 500 圈后,超过 70% 的正极活性物质均被软化。循环 500 圈后被水冲洗掉所有软化材料后的极板照片如图 8.13 所示。可看出,已

经有相当多的材料从极板的不同部位脱落。容量测试结果和软化材料量的比较表明,循环后期容量的显著降低与软化材料量的增加直接相关。所有研究中,极板中未发现大量的硫酸铅。因此,只有软化本身能观察到容量下降的原因。对正极板栅/活性物质间的界面也进行了研究来探索是否有任何形式的障碍层。研究发现界面状态处于一个良好的条件下。

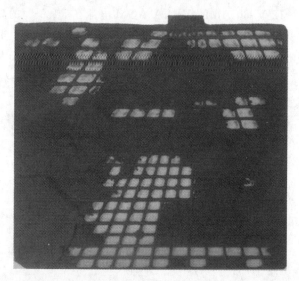

图 8.13　循环 500 圈后去除软化材料的正极板(根据图 8.12 中给出的测试条件)

软化的成因成为许多研究的主题。有些工作者提出"Kugelhaufen"理论来解释正极材料的退化[16,19,20]。该理论认为正极物质具有球状颗粒网状聚集的形态,彼此间接触空间狭窄。循环期间,接触区变得更窄且最终被破坏,颗粒彼此间失去接触导致活性物质软化。这似乎是一个很好的描述充放电过程中正极活性物质晶体结构变化的方式。但实际上,活性物质不是只由表面光滑的球状颗粒组成,颗粒表面也有显著微观结构。这种微观结构应该是有助于保持颗粒相互接触的。因此,接触区域从具有高表面积的非常精细的微晶结构转变为具有低表面积的粗糙结构,可能会降低导致颗粒结合的能力。想要完整地理解软化现象就不能忽视这一点。

第二种理论认为活性材料是由晶体部分和凝胶部分构成的混合结构[21]。假设凝胶区域有很大比例的氢质量,循环过程中这些区域的变化可能是二氧化铅颗粒间接触减小的原因。如果在结合区域发生了凝胶部分向晶体部分的转变,也会产生上述同样的结果。正因如此,有部分证据支持这种假设,有证据表明循环期间正极物质的 BET 比表面积显著下降(从 $3\sim6$ m^2/g 到小于

$1 m^2/g$)。早期论文对水合区域和所谓的 X 射线"非晶"材料对循环期间正极物质的性能影响进行了探讨[1,22]。

压缩的影响是循环寿命的主要决定因素[18]。有人认为,正极活性物质的膨胀降低了通过电极的电导率并最终限制了材料的利用,这种压缩使削弱影响最小化。虽然经验表明压缩对循环常常是有益的,但这个理论并没有解释为什么没有显著压缩的凝胶电池也有良好的循环性能。

材料软化似乎是一个非常复杂的过程,受很多参数的影响,很难对这一现象的产生找到一个一般的理论解释。因此,电池制造商更倾向于采用经验性的解决方案来努力提升正极活性物质的性能。近年来,通过系统性的测验和关键参数的改变已带来很多技术进展。关键性的进展包括以下参数的优化:① 产品设计参数,例如正极铅膏配方,包括添加剂使用、活性物质的孔隙率和孔径分布、铅膏密度、板栅构造和电化学池设计;② 工艺参数,特别是铅膏混合、固化和化成。必须强调的是精准过程控制是绝对必要的,以确保铅钙极板的高循环寿命。

总之,深入的研究和发展使具有正极铅钙极板的铅酸电池具有良好的循环性能,达到超出所有平板极板电池预期的水平。

8.6 未来发展

为了得到更好的铅酸电池循环性能,正极活性物质的进一步改善是必要的。由于正极活性物质的降解,重循环工作的工业电池使用寿命往往是有限的。为了克服这个问题,必须限制放电深度,有时甚至限制到 50%。因此,需要更大的电池。

铅钙极板正极材料的软化过程已得到了显著抑制。原则上,似乎没有理由不能进一步使软化更慢。理想情况下,溶解沉淀过程中,二氧化铅应该正好沉积在之前溶解的位置,这样晶体结构不会发生变化。有利的添加剂、巧妙的铅膏配方和极板加工可能有利于实现这种情况。

加强型富液式铅酸电池(EFB)已经引入微混合动力车应用中。EFB 结合了杰出的冷启动功率,良好的充电接受能力和良好的循环寿命,见第 5 章和文献[23,24]。除了负极板的各种改进之外,还有一些正极活性物质的优化已经实现。几年前,很多电池界人士对汽车富液式铅钙电池能否提供如此高的整体性能水平都抱有疑问。EFB 的成功证实,铅酸电池性能的显著加强仍然是可能的,而且随着电动车辆的增加,对于汽车制造商来说更高的技术要求是必要的。尽管目前正在进行大量的负极板改善工作,正极板仍不应被忽视。

缩写、首字母缩写词和首字母缩略词

AGM Absorptive glass-mat 吸收性玻璃毡

BET Brunauer, Emmett, Teller method for measuring surface-area Brunauer、Emmett、Teller 比表面积

DoD Depth-of-discharge 放电深度

EFB Enhanced flooded battery 加强型富液式铅酸电池

IU European term used to describe a method of constant-current-constant-voltage charging 欧洲术语，用于描述一种恒电流-恒电压充电的方法

PCL Premature capacity loss 早期容量损失

rel. dens. Relative density 相对密度

SLI starting-lighting-ignition 启动照明点火

SoC State-of-charge 荷电状态

UPS Uninterruptible power supply 不间断电源

VRLA Valve-regulated lead-acid 阀控式铅酸电池

参考文献

[1] J. P. Pohl, H. Rickert, in: D. H. Collins (Ed.), Power Sources, vol. 5, Academic Press, London, UK, 1975, pp. 15-22.

[2] H. Bode, Lead-Acid Batteries, translated by R. J. Brodd, K. Kordesch, John Wiley & Sons, Inc., New York, 1977.

[3] R. Wagner, J. Power Sources 144 (2005) 494e504.

[4] K. R. Bullock, T. C. Dayton, in: D. A. J. Rand, P. T. Moseley, J. Garche, C. D. Parker (Eds.), Valve-Regulated Lead-Acid Batteries, Elsevier, Amsterdam, 2004, pp. 109-134.

[5] B. Culpin, J. Power Sources 25 (1989) 305-311.

[6] D. A. J. Rand, R. J. Hill, M. McDonagh, J. Power Sources 31 (1990) 203-215.

[7] D. Pavlov, M. Dimitrov, T. Rogachev, L. Bogdanova, J. Power Sources 114 (2003) 137-159.

[8] I. Dreier, F. Saez, P. Scharf, R. Wagner, J. Power Sources 85 (2000) 117-130.

[9] M. Dimitrov, D. Pavlov, T. Rogachev, M. Matrakova, L. Bogdanova,

J. Power Sources 140 (2005) 168-180.

[10] D. Pavlov, E. Bashtavelova, J. Power Sources 31 (1990) 243-254.

[11] L. T. Lam, H. Ozgun, L. M. D. Cranswick, D. A. J. Rand, J. Power Sources 42 (1993) 55-70.

[12] D. Pavlov, in: D. A. J. Rand, P. T. Moseley, J. Garche, C. D. Parker (Eds.), Valve-Regulated Lead-Acid Batteries, Elsevier, Amsterdam, 2004, pp. 37-108.

[13] N. Anastasijevic, J. Garche, K. Wiesener, J. Power Sources 7 (1982) 201-213.

[14] R. Wagner, J. Power Sources 53 (1995) 153-162.

[15] R. Wagner, D. U. Sauer, J. Power Sources 95 (2001) 141-152.

[16] A. Winsel, E. Voss, U. Hullmeine, J. Power Sources 30 (1990) 209-226.

[17] A. F. Hollenkamp, J. Power Sources 36 (1991) 567-585.

[18] A. F. Hollenkamp, J. Power Sources 59 (1996) 87-98.

[19] E. Meisner, E. Voss, J. Power Sources 33 (1991) 231-244.

[20] E. Bashtavelova, A. Winsel, J. Power Sources 46 (1993) 219-230.

[21] D. Pavlov, J. Electrochem. Soc. 139 (1992) 3075-3080.

[22] K. Harris, R. J. Hill, D. A. J. Rand, J. Electrochem. Soc. 131 (1984) 474-482.

[23] R. Wagner, M. Gelbke, Chargeedischarge behaviour of positive and negative plates under different cycling conditions, in: 13th European Lead Battery Conference, Paris, France, September 2012.

[24] M. Gelbke, R. Wagner, Batteries for micro-hybrid application, in: 14th European Lead Battery Conference, Edinburgh, UK, September 2014.

延伸阅读

[1] D. Berndt, Maintenance-Free Batteries, Research Studies Press, Taunton, UK, 1993.

[2] D. A. J. Rand, P. T. Moseley, J. Garche, C. D. Parker (Eds.), Valve-Regulated Lead-Acid Batteries, Elsevier, Amsterdam, 2004.

[3] D. Pavlov, Lead-Acid Batteries: Science and Technology, Elsevier, Amsterdam, 2011.

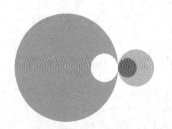

第 9 章
铅酸电池集流体

R. D. Prengaman
RSR 技术公司,达拉斯,得克萨斯州,美国

9.1 引言

铅酸电池集流体包含负载着活性物质的板栅和汇流带,汇流带连接着单池中所有正极或负极板栅,连接相邻单池及其接线柱和端子,其将电池内部和外部相连。铅酸电池板栅由网状或者晶状的铅或铅合金材料组成。板栅被设计为在栅格网中负载正极或负极的活性材料,承载流出活性物质的放电电流和流入活性物质的充电电流。正极活性物质 PbO_2 转化为 $PbSO_4$、负极 Pb 转化为 $PbSO_4$ 时会产生膨胀力,栅格必须牢固地负载活性物质并抵抗住该膨胀力。正极板栅在使用过程中会被腐蚀,为了保证电池的容量和防止电池恶化,其必须被设计达到最小化腐蚀、保持稳定的形状以及维持自身与活性材料间良好结合的目标。

起初,所有的板栅和汇流带都是铅锑合金。铅钙合金和纯铅板栅的引入使得电池循环寿命明显低于使用铅锑合金板栅的电池。对与正极板栅表面有关现象的理解显著增加了铅酸电池的寿命和性能。本章涉及有关铅酸电池集流体的各个方面,包括板栅生产工艺、板栅合金、对高温环境适应的优化改进、在传统富液式电池和阀控式铅酸电池(VRLA)以及混合动力设计中提升电池性能的设计。

在铅酸电池中,除了 VRLA 电池的汇流带以外,负极板栅的腐蚀通常并不是一个问题。正极板栅被腐蚀成各种固体氧化物和硫酸盐产物。热力学方程不能充分解释在正极板栅上形成的这些产物。这些产物是电位、过电位、局部 pH、合金元素、机械性能和正极板栅表面的局部差异等综合作用的结果。

9.2 正极板栅表面的反应

铅在 H_2SO_4 中相对不溶,形成一层 $PbSO_4$。当电流通过时,阳极 H_2SO_4 转化成 PbO_2,阴极 $PbSO_4$ 转化成 Pb。接下来的热力学方程已被广泛地应用了许多年。

普朗特在第一个铅酸电化学池中使用的板栅或集流体是一个有着各种形状的孔、缝或晶格的铅板,用来制成正极和负极。通过连续的充电和放电循环来腐蚀板栅,在板栅上产生一个活性物质薄层。正极板栅形成 PbO_2 薄层,负极板栅形成海绵状铅。它由一个纯铅铸件组成,包含提供强度的外框、非常薄且密集铅区域、稍厚的将电流导通到板栅顶部的筋条以及一个电池外部的接线柱。正极板栅会被腐蚀,并且 PbO_2 填补薄层区域之间的小空间从而保持电极强度。

普朗特电化学池在非稳定状态下工作良好,在富液式应用中总是被大量的酸包围。当保持在一个很小的过电位下,少量的 O_2 和 H_2 分别从正极和负极析出;当电池充满电后维持满电状态只需要周期性地补充水。普朗特电化学池的集流体只含有薄薄一层活性材料,放电后很容易充电。其正极板栅腐蚀程度很小,电池寿命较长。

Fauré 在 1881 年发展了作为所有现代电池建立基础的概念。该概念包括将氧化铅活性材料铅膏套用于铅锑合金浇铸的板栅上。Fauré 电池生产出了一种具有比普朗特电池更高容量的电池极板,且不需要通过循环充放电产生活性材料。高强度的铅锑合金保证了板栅的结合。这种电池可以很容易地进行循环,但是铅锑合金的正极板栅迅速被腐蚀。在板栅腐蚀中释放的锑被转移到负极,负极上过电位降低且释放 H_2,从而导致远高于普朗特电池的失水率。

9.3 无锑板栅

在 20 世纪 30 年代,铅钙合金板栅被引进到备用电源和电话系统中。这种板栅由非常低含量的钙合金(0.025 wt%~0.03 wt%)生产制造。其腐蚀速率非常低，且使用寿命长。正极板栅在非稳定状态中性能表现非常好，循环频率低。

在 20 世纪 70 年代早期，Gates 创造了一种螺旋缠绕型 VRLA，板栅制造采用冷铸高纯铅[1]。纯铅材料非常软，并且有益于板栅的制造过程，而且正、负极都有相对较高的过电位，从正极板耐蚀性和抑制负极产气速率方面来看，纯铅具有优越性。由纯铅板栅生产制造出来的电池在非稳定状态应用中拥有卓越的性能。

纯铅电池性能不令人满意的一个方面是在循环使用中无法从深度放电中恢复。该现象被认为是板栅-活性材料层间的钝化所致。表面钝化造成电化学池阻抗增加而使可充电性下降。研究发现钝化层的形成是由于 $PbSO_4$、α-PbO 以及板栅-活性材料界面基质硫酸盐的产生[2]。值得注意的是，α-PbO 的产生不能在酸性环境下产生于铅表面[3]。为了解释它的出现，假设板栅表面与电解液被一种半透膜分离，使得腐蚀表面附近的 pH 远远高于本体电解质溶液的值。研发了一个腐蚀过程的详细模型[4]，其中显示，当覆盖的 $PbSO_4$ 层起到半透膜的作用允许 H^+ 迁移远离板栅表面并阻止 HSO_4^- 和 SO_4^{2-} 进入时，α-PbO 确实可以在腐蚀层中产生。高 pH 值与 H^+ 的缺失相关，造成了 Pb-PbO 腐蚀过程的产生。由于 α-PbO 是一种绝缘体，板栅被腐蚀膜覆盖后钝化（形成电绝缘表层）。处于低荷电状态下或长期处于低或中等荷电状态下的缺酸电池，板栅表面被 $PbSO_4$ 层覆盖，在其自放电期间，α-PbO 也会在板栅表面生成。

由于铅钙合金已经被用于富液式备用电源和电话电池中，所以它们成为 VRLA 电池首选合金，并具有相同的二元铅钙。当铅钙合金电池循环使用时，会出现再充电的困难，并且容量在前几十个周期内迅速损失的情况经常发生[5]，特别是用恒电压充电。正如前面所提到的，这个现象被早期研究称为无锑效应，因为板栅含锑的电池在循环使用中不会发生这种现象。这种现象被称为早期容量损失，一个铅酸电池早期容量损失-过程 1（PCL-1），由先进铅酸电池联合会命名。

将铅钙合金板栅引入汽车电池遇到了与 VRLA 电池相同的问题。随着电池循环次数的增加，在正极板栅中的问题看起来似乎更加严重。

这种现象与纯铅板栅中的相似。人们提出，在铅钙合金中，钙存在于板栅-活性物质腐蚀层中，无论是 Pb_3Ca 还是 CaO，都可能促成碱性条件。板栅特定区域的电导率下降也被认为是一个促成因素。

人们发现在纯铅和铅钙合金中添加锡可以改善机械性能、增加可充电性、减少腐蚀并增加板栅-活性材料界面的电导率。足够的锡也改变了板栅材料的晶粒结构,改变了合金沉淀的方法和大大减少了板栅表面中形成的 PbSO$_4$ 或 α-PbO 的量。

9.4 铅钙合金

9.4.1 铅钙二元合金板栅

铅钙合金栅硬化极快,1 天内达到最终强度的 80%,7 天内几乎全部老化。如此迅速的硬化促进了板栅处理和电池生产过程。铅钙合金的凝固区间非常窄,仅为 1 ℃。窄凝固区间使得电池板栅的叠箱铸造变得简单,与铅锑合金板栅相比,铸造铅钙合金板栅没有开裂问题。

在过去的 30 年里,基于铅钙的合金已经成为替代铅锑合金作为汽车和固定型铅酸电池正极板栅材料的选择。铅锑合金腐蚀速度比铅钙的更快。锑在腐蚀过程中被释放出来,在再充电时迁移到负极板上,在那里造成不可接受的失水,特别是在高温环境下。铅钙合金在使用过程中不会遭受这种严重的失水,因此其已成为免维护 SLI(启动照明点火)以及 VRLA 电池的合金选择。

铅钙合金相图如图 9.1 所示。强化铅钙合金的方法是非常复杂的。冷却后,少量钙(大约百分之几的量级)就足够产生过饱和基体。在室温下,钙的沉

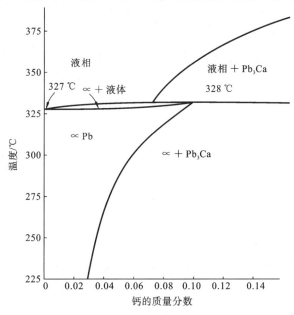

图 9.1　铅钙合金相图 (Hansen[6])

淀过程在相当短的保持时间内非常快速地硬化到相对高的机械性能水平。低于 0.07wt% 的 Ca,板栅凝固成含大柱状晶体的胞状树枝晶结构[7]。加强强度的主要方法是不连续沉淀或胞状沉淀反应,其需要晶界移动到过饱和基体,随后 Pb₃Ca 颗粒在移动的晶界的基体中沉积。

由于 Pb₃Ca 颗粒易于沉淀,晶界以非常低的活化能(11~20 kJ/mol)移动[8]。不连续的沉淀反应是造成这些合金的微观结构不规则("锯齿状"或"拼图状")晶界的原因。该晶粒结构与钙含量、冷却速率以及铸造合金的方式有关。低钙含量和缓慢冷却产生大颗粒晶粒,这是前面讨论过的大型富液式固定型电池中的板栅结构的生产方法。通过高钙含量的过饱和溶液同时移动多个边界,从而产生细晶粒,如图 9.2 所示。铋促进不连续的沉淀反应,而银会延迟该反应。在大多数情况下,反应需要几天才能完成。可以用 100 ℃ 热处理几个小时,缩短该反应时间。

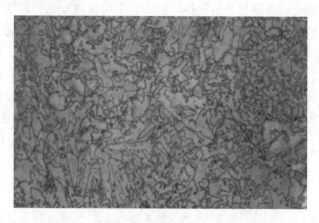

图 9.2　细晶粒铅钙合金板栅,0.09 wt% Ca

铅钙合金具有较窄的凝固区间并且能够通过各种板栅制造工艺加工制成正极和负极板栅,如传统的叠箱铸造、轧制筋条后延展连续板栅铸造和连续板栅铸造后轧制等。连续的板栅制造工艺已被许多电池制造商用来减少电池板栅重量,以及减少板栅和涂膏式极板的制造成本。

纯铅在凝固过程中没有合金元素会偏析。所有的铅合金在凝固期间都有部分合金元素的偏析发生,铅钙合金板栅也不例外。铅钙合金以不同于大多数其他铅合金的方式固化,它们在包晶反应中凝固。

在铅钙合金板栅中,在凝固期间发生明显的钙离析现象[9],如图 9.3 所示,第一个结晶材料的钙含量高于最后一个结晶材料(在晶界和亚边界)。如果合金的钙含量为 0.04%,则第一种结晶材料含有 0.075wt% 的钙,而最后一种结晶材料仅含有 0.013wt％的钙。表 9.1 显示了铸态枝晶中心处的钙含量以及最终材料在各种铅钙合金的亚晶粒和晶界处的结晶估计值。

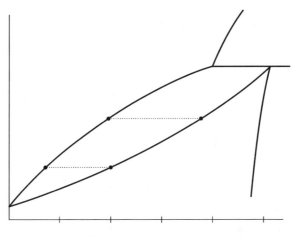

图 9.3　铅钙合金相图的富含铅的区域

表 9.1　估计铸造铅钙合金的中心和晶界的钙偏析

块体钙含量	亚晶粒中心	晶界（或亚晶界）
0.020	0.050	0.005
0.030	0.065	0.010
0.040	0.075	0.013
0.050	0.082	0.018
0.060	0.090	0.025
0.070	0.095	0.035
0.080	0.100	0.045
0.100	0.100[a]	0.080

[a] 加 Pb_3Ca 初级颗粒

钙在不同铅钙合金的亚晶粒中心和亚晶界的偏析估计。

　　钙向枝晶中心的偏析以及远离晶界和枝晶间的边界对合金的稳定性和最终的抗腐蚀性具有显著的影响。如表 9.1 所示，低钙合金在亚晶粒的中心处含有很少的钙。这种钙的缺乏使得亚晶界和晶界明显变弱，但是比预期的钙含量更能抵抗腐蚀。

　　钙含量被认为是低的电池格栅，如 0.050wt％的钙，亚晶粒的中心含有比标称或本体组合物明显更多的钙（0.082wt％的钙）。该组合物中的晶界含有约 0.018wt％的钙。0.060wt％的钙含量在亚晶中含有 0.090wt％的钙，并且在边界中含有 0.025wt％的钙。这种体积钙含量虽然不高，但可能会增加晶界腐蚀速率，而晶界发生高角度错配。

将钙含量提高至 0.08wt％，使亚晶粒中心的钙偏析增加到 0.100wt％左右，亚晶界的钙含量增加至约 0.045wt％。较高的钙含量，如 0.100wt％以上的钙，显著增加亚晶界的钙含量并且可能产生一些 Pb_3Ca 颗粒。

钙含量在 0.075wt％以上，亚晶粒和晶界的钙含量急剧增加。钙含量急剧增加与晶界更快腐蚀有关。由于钙在合金中的高偏析，合金可能由于钙沉淀引起的晶界移动而发生结构变化。钙向晶粒中心的高偏析是不连续沉淀反应晶界运动的主要驱动力之一，其强化了铅钙二元合金。钙含量在 0.065wt％～0.075wt％时达到最大的机械性能。

二元铅钙合金电池板栅腐蚀迅速，除了用于固定电池的非常低的钙板栅外，现在不用于正极板栅 。二元铅钙合金板栅也含有铝以减少钙的流失，因为目前几乎所有的电池都是一次的负极板栅，负极不会被腐蚀。它们用于汽车、备用电源、VRLA 和使用铅锑正极板栅与铅钙负极板栅的混合电池。

9.4.2　书模铸造铅钙负板栅

书模铅钙二元合金板栅通常具有 0.090 wt％～0.120 wt％的钙含量。在这些高钙含量下，几乎所有位置的铸造基质都是钙过饱和的，书模铸造板栅迅速硬化并且可以在铸造后立即加工。图 9.4 展示了一个典型的书模铸造铅钙板栅。书模板栅通常被铸造成双面板，其极耳向外。熔融金属通过板栅顶部的浇铸口进入并充满模具。在用极耳存储板栅之前，先用薄模将浇铸口从板

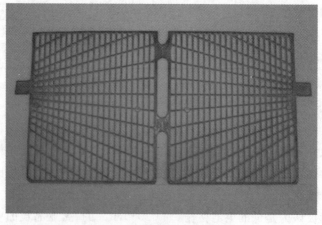

图 9.4　铅钙书模铸造双板栅

栅上剪下。

极耳的位置靠近板栅的中间,以便具有最好的导电性。将电流导入,导出板栅线与极耳偏离角度,以尽可能多地利用板栅进行放电和再充电。这些极耳是偏移的,因此它们不会接触电池中的另一个极性板栅并导致短路。外侧极耳片也允许涂布板栅而不用活性材料覆盖其上。正极板栅具有相似的尺寸,但可能会略厚一些,并且可以由铅钙钛合金铸造而成。随着软木模具涂层的磨损,板栅厚度会有所变化。为了使 VRLA 电池所需的板栅厚度均匀,在修整浇铸口后,浇铸板栅将在所谓的刨花过程中受到一定程度的挤压,以确保厚度均匀,实现保持板材压缩。刨花可以将板栅厚度减小到小于 0.05 mm。

9.4.3 连续铅钙合金板栅

9.4.3.1 铸造延展板栅

在 20 世纪 80 年代中期,现在的电池技术解决方案(BTS)公司 Cominco 推出了一种连续带状连铸机,该连铸机将一种薄层铅钙合金薄板铸造成多个带状卷材,用于扩展成板栅[10]。铅钙合金非常窄的凝固范围允许快速固化以生产薄带。延展板栅如图 9.5 所示。铸造材料相对较软,即使在老化后也具有很高的延展性,使用旋转式膨胀机可以将带材加工成板栅。旋转式膨胀机能够以每分钟 600 多个的速率生产板栅。扩展的金属板栅线略微偏移,使得板栅更容易容纳活性材料。

图9.5 电池技术解决方案(BTS)电动钢带旋转膨胀金属板栅

铸造延展板栅是由 0.07wt%～0.08wt% 的钙和 0.005wt% 的铝的合金制成的。该合金设计为具有足够的铝以防止钙损失,但不足以堆积在铸机的钢丝上。同样,铸带的钙含量低于在熔体中形成 Pb_3Ca 颗粒的水平($>0.08wt\%$ 含量的钙)。全世界大约 65% 的连续生产的负极板栅是在这个过程中生产出来的。带钢厚度可以非常精确地控制,使得延展后的板栅尺寸非常精确并且可重复。

连铸铅钙带条和延展的板栅显著降低了板栅制造的劳动力,并提高了板栅的质量和一致性。由于薄板可以切割成任意宽度,因此只需通过更换延展模具即可从同一台机器生产出多个板栅形状。除了大规格板栅、特殊板栅形状或小生产要求之外,铸造延展金属板栅制造工艺已经取代了负极板栅的书模铸造工艺。新型连铸机可以精确控制非常薄的连续铸带厚度为 0.5 mm,由此产生的延展金属板栅可以具有低至 18 g 的重量。

宽幅片材可以切成更大宽度的半成品材料,以便用于生产冲孔板栅。连铸机可以加工纯铅和铅锡合金,其精度与用于低钙合金相同,因为它们具有相似的凝固范围。

9.4.3.2　连续铸造板栅

在 20 世纪 90 年代初,维尔茨(Wirtz)制造公司引入了称为 Concast 的连续板栅铸造工艺。这个工艺过程不是铸造一个带材并将其延展成板栅,而是将连续的双层板栅线圈铸造成最终形状[11]。该方法被广泛用于生产薄型负极铅钙合金汽车蓄电池板栅,其速度可达每分钟生产 400 个板栅,但尚未用于生产正极板栅。连续铸造的板栅如图 9.6 所示。Wirtz Concast 板栅连铸机的钙

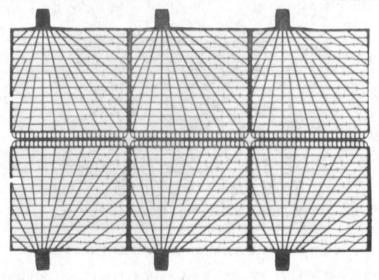

图 9.6　连续铸造的板栅

合金与 BTS 连续带钢连铸机的相同。液铅流经靴形件,该靴形件与轮子接触板栅在其中铸造成型。在高钙含量(>0.08wt%的钙)下,Pb_3Ca 颗粒会堆积在靴形件上,限制铅向连铸机流动。

最近,Wirtz 引进了一种称为 Conroll 的工艺,其中 Concast 板栅在更厚的横截面上铸造,以产生均匀的晶粒结构和提高机械性能。轧制工艺额外加快了板栅生产的速度,实现了每分钟超过 600 个板栅的生产速度。Conroll 工艺还可以生产宽幅铸轧板材,其可以通过冲孔来生产板栅。Concast 或者 Conroll 板栅不具有相同的板栅线形状,这可以通过书模铸造或者 BTS 铸造延展条形板栅来获得。Wirtz 研发了一种在 Conroll 工艺中修改板栅线形状的工艺,可以更轻松地涂布和涂布板栅线。

9.5 添锡铅板栅

添加到纯铅中的锡极大地减少了用纯铅制成的板栅循环电池所遇到的问题。少量锡(0.3wt%~0.6wt%)显著增加了纯铅的电荷接受度[12]。早期证明了锡对钝化的有利影响。由于含锡腐蚀层比纯铅上形成的腐蚀层更具导电性,因此有研究称腐蚀层导电率的增加与 SnO 或 SnO_2 掺杂 PbO 的复杂半导体结构有关[13]。

在纯铅正极板栅中添加 0.6wt%~0.7wt%的锡,实际上可以消除 VRLA 电池在前 50 个周期内快速损失的容量[14]。结果还表明,腐蚀过程从连续均匀层的形成变为更具选择性的侵蚀,侵蚀渗透进入晶界。尽管有所渗透,但腐蚀率低于纯铅。当锡在合金中的含量为 0.6wt%~0.7wt%时,SnO_2 对板栅-活性物质界面处的腐蚀层具有抑制作用,但不会消除 $PbSO_4$ 和/或 α-PbO 钝化层在板栅表面的形成。

最近,锡在铅中的添加及其对腐蚀和钝化的影响已经有了更多的确定性工作[15]。在 0.5wt%~3.5wt%的 Sn 添加到铅的一系列实验中发现,通过添加足够的锡可以减少或消除妨碍板栅与活性材料界面的电传导的钝化层。Sn含量低于 0.8wt%时,钝化膜仅具有离子导电性;Sn 含量超过0.8wt%时,电导率迅速增加并在含量超过 1.5wt%时达到平衡。该工作表明,随着合金中锡含量的增加,合金的耐腐蚀性急剧增加。约 1.5wt%是最小需锡含量,以确保腐蚀层的高导电率和最小腐蚀速率。

锡合金铅具有抑制 Pb 氧化成 PbO 的作用,但可形成中间化合物 PbO_x。纯铅上的腐蚀产物是半导体。添加到铅板栅合金中的锡将氧化铅的半导体腐蚀层转化为高导电性的铅锡氧化层。钝化膜的锡含量大大增加,例如,锡含量为 0.5wt％的合金,其钝化膜中的锡含量从 3wt％升高至 44wt％,变成锡含量为 3.5wt％的合金。

在高 pH 值下,Pb 在第一步中被氧化成 Pb(OH)$_2$,Tin 首先被氧化成 SnO,然后被氧化成 SnO$_2$。在一个简单的氧化还原过程中,Pb(OH)$_2$ 可能会被 SnO 还原成铅,从而形成 SnO$_2$[13]。在该反应中,PbO 层变得更薄并且更富含 SnO$_2$。在腐蚀产物中,板栅-活性材料界面的显著导电性要求浓度为 10wt％或更高的锡。

9.6　铅钙锡合金

添加到铅钙合金中锡的沉淀方法和时效硬化发生显著改变,从 Pb$_3$Ca 的不连续沉淀到 Pb$_3$Ca 和(PbSn)$_3$Ca 的混合不连续和连续沉淀,随着更多锡的添加最终导致 Sn$_3$Ca 连续沉淀。这种沉淀反应已经被描述为含有低锡含量的合金[16]。这些反应不受铅合金中杂质的影响或改变。已提出三元相图[7,16]设定了 Pb$_3$Ca、Sn$_3$Ca 和混合(PbSn)$_3$Ca 沉淀物的稳定区域,如图 9.7 所示。

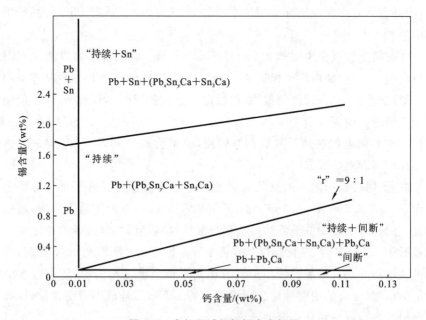

图 9.7　富铅区域铅钙锡合金相图

在低锡含量下,钙最初以与二元铅钙合金相同的方式快速沉淀为 Pb$_3$Ca。这些合金具有良好的晶粒结构,并且在不连续沉淀为主的情况下,它们很快达到高硬度。在较高的锡含量下,沉淀模式变为 Pb_3Ca 的混合不连续沉淀,接着是 Pb_xSn_yCa 的连续沉淀反应。这些反应导致沉淀物的过老化和机械性能的降低。在钙含量低于 0.08wt%、$Sn:Ca$("r"值)高于 9∶1(对应于化学计量 Sn_3Ca 的值)的情况下,反应变为连续沉淀。在连续沉淀模式下,板栅合金保持原有的铸造晶粒结构。

在任何钙含量下随着含锡量的增加,铅钙锡合金的机械性能都会增加。除非伴随更高的锡含量,否则这些板栅中较高的钙含量并不显现出较高的机械性能。增加的强度和抗蠕变性是由于从不连续沉淀中形成的较大的 Pb_3Ca 到连续沉淀中形成的较小的 Sn_3Ca 的钙沉淀形态的变化。较高的锡含量将沉淀模式从 Pb_3Ca 改变为混合的 Pb_3Ca-$(PbSn_3)Ca$ 并最终变为更稳定的 Sn_3Ca。(9~12)∶1 的高"r"值的屈服强度和抗蠕变性远超(3~6)∶1 值的 5 倍,这与 Sn_3Ca 沉淀物有关。

9.7 书模铸造铅钙锡合金

多年来,具有低"r"值的铅钙锡合金未用于汽车,固定式和阀控式铅酸电池的书模铸造板栅,将钙含量为 0.08wt%~0.12wt% 和锡含量为 0.3wt%~0.6wt% 的合金用于 SLI 以及 VRLA 电池的正栅极。板栅处理设备需要快速硬化的合金,以便板栅特别是大板栅能够在室温下经过短暂老化时间后进行处理和粘贴。

"r"值为 3∶1 至 6∶1 的合金比 9∶1、12∶1 或更高的合金具有低得多的屈服强度、显著降低的抗蠕变性和低的耐腐蚀性。有人提出,含锡量低的钙合金机械性能差也是这些合金板栅循环性能差的原因。栅格越容易生长,越可能导致腐蚀层开裂。

在 20 世纪 90 年代中期,更多的配件或汽车需要再充电性能高的具有更高性能的电池。使用"r"值为 12∶1 及以上的铅钙锡合金板栅用于 SLI 电池。锡含量越高,通过腐蚀层的机械性能和导电性就越高。

锡在铅钙合金中分离的方式与钙相反。在凝固过程中,一些锡从凝固的亚晶粒前沿被转移到剩余未凝固的液体中。锡与亚晶界和晶界处高度隔离。表 9.2 显示了与合金中大部分锡相比,枝晶间和晶界的锡偏析估计[9,17]。由于钙和锡的分离,铅钙锡合金可能在单个晶粒的不同部分或铸件的不同部分中显示出显著不同的机械性能、结构稳定性和耐腐蚀性。由于钙和锡偏离的影响,钙含量或锡含量看似存在微小差异的合金可能表现出显著不同的性能。

表 9.2 锡对书模铸造铅钙锡合金的亚晶界和晶界偏析的估计

块体锡含量/(wt%)	中心/(wt%)	晶界(或亚晶界)/wt%
0.3	0.3	0.4
0.5	0.45	0.8
0.8	0.75	1.5
1.2	1.15	2.6

锡在铅(0.4%)钙锡合金的亚晶界的偏析估计。

许多铅钙锡合金板栅,特别是使用钙含量低(例如 0.035wt%～0.05wt% 的钙),含锡量为 0.6wt%～0.7wt% 的合金板栅。表 9.3 显示了锡和钙的偏析如何影响铅钙锡合金的稳定性。如表 9.3 所示,由于凝固过程中合金中的钙偏析,这些合金可能不含足够的锡以充分沉淀像 Sn_3Ca 中的钙。

例如,一种钙含量为 0.04% 的合金需要约 0.36wt% 的锡、Sn：Ca 为 9：1 以产生更稳定的 Sn_3Ca。由于需要较高的锡含量(例如表 9.3 中所示的 12：1)来强制 Sn_3Ca 沉淀反应完成,因此锡含量为 48%,满足要求。然而,由于钙的偏析,枝晶间区域的中心将需要 0.68wt% 的锡保持 Sn：Ca 为 9：1 和 0.90wt% 的锡保持 Sn：Ca 为 12：1。因此,需要 Sn：Ca 为 22.5：1 来确保 Sn_3Ca 的稳定性和完整生产,而不是正常计算的 Sn：Ca 为 12：1 中含 0.5% 的锡。

表 9.3 作为钙含量的函数,板栅稳定所需的锡含量

块体钙含量 /(wt%)	中心钙含量 /(wt%)	9：1时中心 所需的锡含量 /(wt%)	12：1时中心 所需的锡含量 /(wt%)	块体合金在12：1 时中心所需的 锡含量/(wt%)
0.020	0.050	0.45	0.60	0.25
0.030	0.065	0.59	0.78	0.36
0.040	0.075	0.68	0.90	0.48
0.050	0.082	0.74	0.98	0.60
0.060	0.090	0.81	1.08	0.72
0.070	0.095	0.86	1.14	0.84
0.080	0.100	0.90	1.20	0.96

根据偏析得到的合金稳定性所需锡含量。

较高的锡含量不仅增加了晶粒和亚晶界的锡含量,还增加了这些边界的宽度。锡高度集中在亚晶粒和晶界中钙显著减少的区域。在钙含量集中的情况下,亚晶粒中心的锡含量略微降低。

由于这些栅极的结构在 Sn_3Ca 中的沉淀相对于在 Pb_3Ca 中没有变化,因此保持了原始的铸造结构,并且保持了铸造偏析。因为含有很少的钙,晶界明显弱于周围的晶界。因此,除非钙含量高,否则处理大面积薄弱区域的大型铸造板栅非常困难。

估计 Pb 含量为 0.4％ 的 Ca-Sn 合金中锡到亚晶界的偏析。

锡偏析也在板栅表面产生显著的电位变化。图 9.8 显示了锡在 0.065 wt％ Ca～1.1 wt％ Sn 书模铸板栅中晶粒和亚晶界的偏析。锡的偏析在板栅表面形成浓缩单元。如表 9.2 所示,锡偏析区可能含有多达 2wt％ 的锡。较高的锡含量和较低的钙含量可能在晶粒和亚晶粒边界区域的力学性能、腐蚀速率、电导率和栅格腐蚀产物性质方面存在显著差异。钙偏析可以或多或少地使亚晶粒的中心更稳定或更不稳定,这取决于板栅的锡含量。较高的钙含量板栅,例如钙含量为 0.07wt％ 的板栅需要至少 1.1wt％ 的锡以确保与偏析的钙完全反应以形成 Sn_3Ca 并保持板栅稳定性。钙含量为 0.07wt％ 的板栅的偏析作用不如钙含量较低的那些剧烈,例如钙含量为 0.04wt％ 板栅,其中,钙含量或锡含量看似较小的偏差可能是由于钙或锡偏析而导致在腐蚀或稳定性方面存在显著差异。

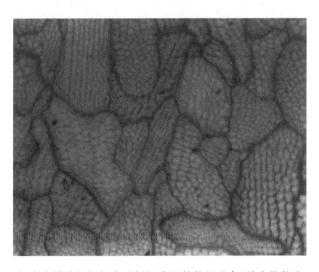

图 9.8　锡在书模铸铅钙锡电池板栅表面的偏析现象(放大倍数为 500 倍)

由于晶界缺钙,它们比更硬的晶粒中心脆弱得多。在局部应力作用下,在处理和涂布板栅期间更容易发生变形、局部弯曲或晶界运移。尽管锡含量较高,但是应力会导致晶界的局部应力腐蚀,进而引起渗透腐蚀。

9.8　轧制铅钙锡合金板栅

9.8.1　轧制铅钙锡合金延展板栅

20 世纪 60 年代后期,在书模铸造无缝铅锑合金板栅困难重重的情况下,Delco 公司开始寻找替代电池板栅的生产方法。Delco 公司采用了一种轧制的铅钙锡合金带材,通过连续加工将带材延展成电池板栅。该过程将板栅生产率提高了 10 倍,并降低了板栅的劳动力成本。轧制的铅钙锡合金电网允许电池免维护,并且不需要添加水。图 9.9 为钢带、金属网和板栅。延展金属具有比书模锑合金更好的导电性,促使了图 9.4 和 9.5 所示的改进的板栅设计。轧制的铅钙锡多孔金属网可用于正、负极板栅中[18]。

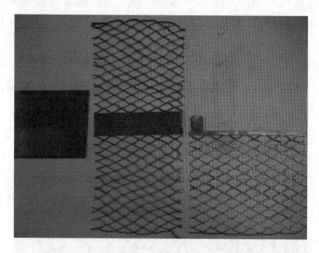

图 9.9　由筋条轧制的拉网金属板栅

为了生产免维护电池,未获得潜在带材生产许可的公司利用书模铸造工艺与轧制的铅钙锡合金板栅竞争。因为板栅最初太软而无法加工,该书模铸造不能利用轧制的钙含量为 $0.07wt\%$、锡含量为 $1.3wt\%$ 的合金金属板网。

轧制的铅钙合金带材由约 $0.07wt\%$ 的钙和 $1.3wt\%$ 的锡的组成。由带材生产而来的延展板栅具有轧制的定向结构,而不是来自书模板栅和其他过程的铸造结构。如图 9.10 所示,晶粒结构防止了通常在铸造钙钛合金正极板栅中晶界处的穿透腐蚀。原始铸坯在轧制和延展后保持了锡的偏析。相同的轧制工

艺和合金被用来生产更宽的用于正极片冲的条带。这些可见于图 9.2 中的 SLI
和 VRLA 电池。精密轧制工艺为 VRLA 电池提供均匀的板栅厚度。

图 9.10　轧制铅钙锡合金筋条的晶粒结构

9.8.2　轧制冲压板栅

在过去的 10 年中,随着对性能改进的电池需求的增加以及汽车的引擎盖
下温度的升高,传统的轧制拉网板栅无法提供足够的寿命和性能。板栅遭受
腐蚀并且长度变长,使得正极板栅接触负极汇流带,导致短路和电池过早失
效。这个问题的主要原因是缺少侧边界,如图 9.9 所示,延展的拉网板栅本来
是可以防止增长的。叠箱铸造的特殊铅钙锡银合金板栅[7]可以在高温中表现
良好,因为它们有一个如图 9.4 所示的侧边界。该叠箱铸造板栅无法连续生
产。因此,与轧制拉网板栅相同的轧制铅钙锡合金被用于宽筋条生产,其可以
连续冲压成一卷板栅。冲压过程可以生产所需的集流栅线优化设计的任何形
状的板栅。轧制的铅钙筋条比拉网板栅强度更高,因此相同功率、容量的更轻
的板栅可以由此生产出来[19]。一个轧制冲压板栅的例子如图 9.11 所示。具
有侧边界的轧制材料可以生产成一种比轧制拉网方法厚度更薄且具有相同的
尺寸稳定性的板栅。对于 VRLA 电池来说,轧制冲压材料是理想的选择,因
为其对片材尺寸的耐受性确保了板栅的一致性。

BTS 铸造筋条可用于冲压板栅,但需要在合金中添加银,类似于叠箱铸造
合金中银的添加,是为了在汽车应用中具备类似的性能。与拉网板栅具有栅
线方面的设计以可以实现更好的涂布效果不同,轧制板栅具有直边和均匀的
厚度。目前正在进行的工作是改进板栅以获得更好的涂布性能。

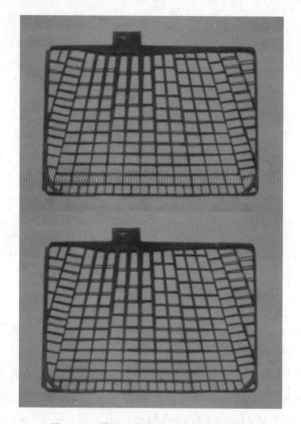

图 9.11　轧制铅钙锡合金冲压电池板栅

9.9　铅钙锡合金板栅的腐蚀

铅钙合金中锡的添加可显著降低铅钙合金板栅的腐蚀速率。对于铸造板栅,腐蚀速率是关于钙和锡成分含量的函数。高锡含量可以抵消高钙含量合金的较高腐蚀速率。轧制拉网板栅中较高的锡含量可提高拉伸强度,极大地提高耐腐蚀性,并显著降低腐蚀引起的板栅生长。当锡含量增加到 0.6wt% 以上时,铅钙锡合金的腐蚀重量损失情况显著降低。随着钙含量降低,腐蚀速率也会降低。使用具有低"r"值的合金的板栅表现出更高的腐蚀重量损失和板栅生长[20]。低"r"值的不连续沉淀反应被认为促成了腐蚀。不连续沉淀的晶界运动可以吸收板栅中的杂质和氧化物颗粒,并且会堵塞孔隙。在约 1.3 wt% Sn 含量时,重量损失为最小值。然而,在更高的锡含量下,晶粒变得更粗糙,并且这导致更深的晶间腐蚀。随着锡含量进一步增加,腐蚀变得更加规则,主要发生在枝晶间界。这导致较高的腐蚀速率但降低了对晶粒结构的渗透速率。

通过添加锡可显著降低铅钙合金的腐蚀速率,并且 α-PbO 层的厚度也显著降低。进一步发现,铸造合金板栅中锡在晶界和亚晶界处的富集带来了能够抑制钝化作用的腐蚀层中的高锡水平。钝化层厚度的减小可能是由于 Sn^{4+} 的酸性,这与在高 pH 下 α-PbO 的稳定性不相容。锡含量较高时的锡偏析可能会使板栅表面更均匀。

已经显示锡能够大大增加铅钙合金板栅中钝化腐蚀层的导电性。锡的存在会对铅钙锡合金板栅的耐腐蚀性以及板栅表面形成的钝化层的厚度和电导率产生重要影响[21]。大约 1.2wt% 或更多的锡含量显著增加腐蚀层的电导率,特别是在深度放电条件下可能产生的 α-PbO。铅钙合金板栅显示出与纯铅对应物的显著差异[15]。含有 0.6wt% Sn 的铅钙合金在氧化物层中不出现锡的富集,而具有 1.2wt% Sn 的合金仅显示适度的富集,直到锡浓度达到 1.5wt% 才发生显著的富集。图 9.12 给出了 Pb-0.08wt% Ca 合金界面的电阻与锡含量的函数关系。这些差异可能是由于高钙含量导致的低"r"值下发生不连续沉淀过程引起的。锡和枝晶间的界面以及铅钙锡和铅锡合金中的晶界都有明显的偏析[17]。

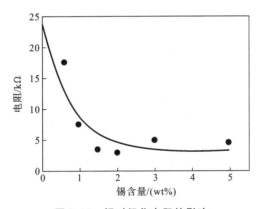

图 9.12　锡对极化电阻的影响

当板栅"r"值小于 9∶1,更可能还有当钙处于高水平时,通过晶界运动发生 Pb_3Ca 的显著沉淀。这种不连续沉淀的运动破坏了具有低"r"值的铅钙锡合金板栅中发现的锡的偏析,并使合金均匀化。在含有 0.6wt% Sn 和低钙含量的合金中,已经观察到高达 2wt% 的 Sn 的明显偏析[17],并且因此 $(PbSn)_3Ca$ 或 Sn_3Ca 连续颗粒的沉淀不会改变微观结构。在具有 1.2wt% Sn 的铸造板栅中也发现了很少的偏析,但是具有更高的钙含量,即 0.09wt%。这样的构成可能不会在铸造板栅结构内产生稳定的 Sn_3Ca 沉淀物,但可能发生不连续的 Pb_3Ca 沉淀,尽管钙和锡偏析会带来有利的"r"值。分散锡偏析的改良晶粒结构可能使锡难以进入腐蚀产物，因为它不会集中在晶界处[9]。

在 2wt% 或更高的锡含量下，合金中存在三相，即 1.9wt% Sn 的固溶体、$(PbSn)_3Ca$ 和 Sn_3Ca 的细沉淀物以及纯锡的粗晶体，主要在晶界和枝晶间边界[21]。锡晶体似乎抑制板栅表面上 $PbSO_4$ 的形成。在氧化期间，腐蚀层掺杂 SnO_2 形式的足够量的锡以增加钝化层的导电性。当锡含量低于 1.5wt% 时，电导率的改进可能是由于在板栅晶界有大量的 SnO_2 沉淀，使该区域内的 PbO 层富集。与锡合金化也会增加氧气和氢气析出反应的过电位。锡在晶界和亚晶界的高偏析可以局部提高 PbO 晶格中 SnO_2 的浓度。掺杂可以改变腐蚀层的电性能。不同于具有低"r"值的钙合金板栅，不论锡的含量如何，铅锡合金板栅都能够保持锡偏析至晶界。

9.10 高温使用板栅

在 20 世纪 90 年代初，汽车制造商改进了他们的车辆的外观，以获得更符合空气动力学的车型。这种设计导致通过引擎室的空气流量大大减少，显著提高了引擎盖下的温度。与此同时，特别针对电信应用的固定型 VRLA 电池被安装在偏远的地方，并暴露于自然环境，而不是在气候可控的室内环境中，结果是铅酸电池暴露在显著更高的运行温度下。较高的引擎盖下温度和较高的运行温度导致这些电池的正极板栅更快被腐蚀，正极板栅的腐蚀和生长还导致了电池加快失效。VRLA 电池通常在高温下运行，并且氧气在负极生成的过程中会产生很高的温差。高温会导致更快速的腐蚀和板栅生长。在铅钙锡合金板栅中添加银在延迟不连续沉淀反应方面具有显著效果[9]。银会增加铅钙锡合金的耐腐蚀性，特别是在放电终止条件下，银可能会使板栅表面产生高的 pH 值。银对机械性能的影响很小，但在铸造和轧制钙锡合金板栅中都降低了伸长率。银对铸造或轧制板栅微观结构没有影响，但对含银的板栅的抗蠕变性有显著影响。使用含银的铅锡或铅钙锡合金板栅的 SLI 和 VRLA 电池的循环寿命表现出显著增加。

银与铅形成共熔合金。因此，银将以类似于锡的方式偏析到晶界和枝晶间界。银偏析到铅钙锡合金的晶粒和亚晶界。由铸造和轧制铅钙锡合金制成、整体银含量为 0.03wt% 的栅线横截面的微探针分析[17,9]表明，1.6 wt% ～6 wt% 的银偏析到各种方法所生产的板栅的晶界和亚晶界上。叠箱铸造铅钙锡银板栅比相同银含量的轧制拉网板栅具有显著更少的银偏析。较高的银含量（高达 6wt% 的银）是由于较慢的凝固条件造成的。银偏析到晶界，并与锡反应，可能导致形成低熔点的锡银金属间化合物。为了防止板栅生产中的开裂，处理含有高银和高锡的厚板栅可能需要特殊技术。

可以通过向板栅合金中添加少量钡来实现铅钙锡银合金板栅的耐腐蚀性。钡以类似于锡和银的方式偏析到铸造铅钙锡银合金的晶界和亚晶界中。它强化了贫钙区域,与铅钙锡合金相比,在板栅表面上具有更稳定的电位,这使得在晶界处的穿透腐蚀明显较少。钡在抗铅钙锡合金板栅的过老化或轧制铅钙锡合金的再结晶方面也更加有效。为了提升高温性能,铅钙锡银钡合金已经被引入叠箱铸造板栅和 BTS 铸造拉网板栅中[9]。

9.11　螺旋缠绕板栅

在 20 世纪 70 年代初期,螺旋缠绕式电池由盖茨制造公司生产,使用 BTS 连续铸造铅锡或纯铅筋条,经冲压后制成最终的板栅形状。冲压后的板栅有一个完整的边界,这可以防止一些拉网生产的板栅的生长问题。在螺旋缠绕式电池的板栅中,板栅极耳间隔一定距离,以便它们彼此对齐,以使它们能够在板栅顶部的汇流带中焊接在一起。电流以统一的方式流出板栅。螺旋结构允许活性材料被压至板栅中以获得更好的结合力。由于有多个板栅极耳位置,这种板栅设计允许更高的充放电电流。螺旋缠绕结构允许一个大的板栅表面积被利用,其长直线段是无法被利用的。

对于螺旋缠绕板栅的理念改进可见于 Batteck 的板栅设计中,如图 9.13 所示[22]。板栅顶部有一条大而连续的筋条,长度很长。板栅的网格面积很小,因此活性材料在整个板栅中的利用率有所提高。长筋条以与上述螺旋缠绕板栅相同的方式缠绕负极板栅和隔板。由于正极和负极的板栅集流体位于电池对面的两端,板栅被设计成最佳电流承载能力和板栅利用率的形

图 9.13　高倍率循环的螺旋缠绕板栅

式,从而进一步提高了活性材料的利用率。

9.12　新型板栅设计

ALABC 项目 ISOLAB 42 和 DP1.3 已经为混合动力电动汽车设计了改

进的高倍率充放电的新型板栅。这些设计中的两种板栅如图9.14和图9.15所示。这两种板栅设计都采用了全新理念,使板栅底部的活性材料利用率更高。Tech Cominco还研发了一种连续式板栅筋条挤出成型工艺。该工艺生产的连续异型筋条可以被拉网或冲压以生产电池板栅,该板栅由于改善加工效果而具有更厚的极耳,以及由于板栅重量减轻而有更薄的板栅体。该过程已经为汽车电池生产了拉网负极板栅,其重量为18g,比一般负极板栅轻40%。该工艺已被用于生产高倍率充放电电池的较厚板栅中,板栅如图9.14所示。板栅具有一个大且厚的铅条,沿着板栅的一侧从极耳区域延伸出来。该铅条是板栅拉网金属部分厚度的两倍。该设计允许电流沿铅条流到板栅的底部,以更有效地利用整个板栅中的活性材料。与没有大侧边的传统板栅相比,这种板栅使启动性能提高了50%。

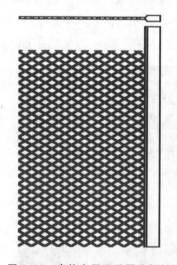 

图9.14 高倍率用双重厚度板栅　　　　**图9.15 高倍率充放电板栅**

图9.15中DP1.3项目的板栅展示了对传统板栅的改进,利用更多的活性物质提高了充放电能力。当添加碳到负极时,该板栅提升了25%的充放电功率以及显著增加电池寿命。由于极耳中心存在一个大的汇流条,所以很难用叠箱铸造无孔隙板栅,但这种设计的冲压板栅很容易生产。

9.13 复合板栅

大多数铅酸电池板栅是由纯铅或铅合金制造的。一些电池已经使用了复合板栅,其包含铜芯,芯上覆盖一层电镀铅和锡。用于潜艇或牵引电池的大型板栅已经将铅涂层铜复合材料用于负极板栅。铜的导电性几乎比其所取代的铅要高一个数量级。用锡和铅涂覆的铜插件用于大型高安时电池的顶部端子,以减少端子的电阻并防止在高倍率放电条件下铅合金熔化。最近,由德累斯顿 DSL 材料创新有限公司研发的连续板栅制造工艺已经生产出了铅涂层铜板栅[23]。通过将一层铜镀在轮上以匹配期望的板栅形状来电铸板栅。采用在铜箔上电沉积铅或铅合金的方法,将连续铜箔生产成铅酸电池。通过多次电沉积的方法将铅合金沉积到适当厚度,并生产一个像其他连续板栅制造工艺一样可以进行涂布的连续板栅卷。图 9.16 展示了铅涂层铜板栅的横截面。

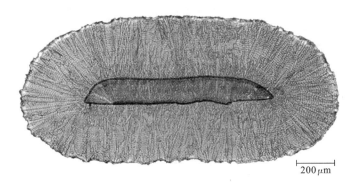

$200\,\mu m$

图 9.16　复合空心铜铅合金板栅

9.14　薄板栅

现代铅酸电池需要许多薄板栅。薄板栅增加了电池的电流容量,同时降低了各个板栅的电流密度。薄板栅很难生产。越薄的横截面意味着越少的板栅来承受腐蚀,并且该板栅具有更低的结构强度。从 VRLA 电池的纯铅和铅锡合金板栅电池生产工艺的结果来看,生产和处理板栅卷的连续工艺是唯一可用的选项。为了生产许多满足汽车性能要求的薄板栅,板栅必须是导电的并且可在板栅-活性材料表面形成导电腐蚀层。板栅强度必须足以经受涂布后的自动化电池工艺设备处理。板栅必须具有高耐腐蚀性、高抗蠕变性以减少生长,具备耐高温、高导电性,且所有这些都具有非常高的厚度精度要求和尺寸公差。虽然这些要求看起来不可能,但耐腐蚀的薄板栅可以由钙、锡、银、钡和铝的合金制成。这种合金可用于通过各种工艺(如用于关键高温应用的 BTS 铸造-拉网、冲压或轧制-冲压)生产的薄板栅。

9.15　汇流带和接线柱

电池汇流带将正极或负极板栅连接到一组,以形成铅酸电池中的 2 V 单池。电池故障的主要原因之一是制造缺陷,其中包括未能将板栅极耳结合到汇流带上。目前,已经研发出自动化机器将板栅极耳结合到汇流带。这些称为汇流排焊接(COS)机。

在 20 世纪 70 年代中期,研发了一种更容易将极耳结合到汇流带的方法,称为 COS 熔合[24]。在 COS 连接过程中,将熔融铅合金(通常为铅锑合金)倒入预热的涂覆模具中;将整个单池或极板组降低以使板栅极耳浸入汇流带金属中;汇流带金属围绕板栅极耳固化,形成汇流带以汇集来自每个极耳的电流,并在汇流带和极耳之间提供完整的冶金结合点,以形成低电阻、耐腐蚀的接头。电池汇流带如图 9.17 所示。

板栅极耳浸入维持于给定温度下的熔融铅锑合金池中。板栅极耳表面部分熔化,从而与熔融铅

图 9.17 电池汇流带

锑汇流带金属形成熔融结合。COS 操作中没有完全熔化板栅极,其中板栅极耳通常几乎不熔化。板栅极耳与汇流带的连接与烧制操作相比更接近焊接操作。铅钙合金板栅尤其如此。

9.15.1 汇流排焊接合金

对于除 VRLA 电池以外的所有铅酸电池,汇流带合金由约 3wt%~3.5wt% 的 Sb、0.2wt%~0.4wt% 的 Sn、0.1wt%~0.2wt% 的 As 和 0.015wt%~0.025wt% 的 Se 组成,是一种熔点为 273 ℃的共晶合金。在 COS 工艺中,铅被加热到约 450 ℃的温度。砷和锡将合金熔点降低几摄氏度。已经刷除氧化物和焊剂以去除任何表面腐蚀的板栅极耳被浸入熔融的铅锑合金中。未被预热的板栅极耳,当浸入熔融铅合金时,开始从液体中吸收热量。随着液体冷却,固体铅颗粒与液体分离,液体变得富含锑。当熔融料浆达到最终凝固点时,模具中的铅颗粒周围会有一定量的液体残留。这剩下的液体会形成板栅极耳和汇流带之间的最终结合。含 3wt%锑的合金在最终凝固点残留约 20%的液体。这种液体如何结合到板栅极耳上决定了汇流带到极耳的结合质量。

该合金含有少量的硒。随着熔融铅的温度降低,硒的溶解度降低。在冷凝开始时,硒提供种晶,铅颗粒固化在该种晶上。如果条件正确,则铅会凝固成均匀的细晶结构,共晶液体均匀地分布在颗粒周围。板栅极耳表面被加热到或接近铅锑合金的最终凝固点。在凝固的最后阶段,共晶液体结合到板栅极耳上。最后剩下的液体也沉积在熔融汇流带上方的固体板栅极耳上,并在

板栅极耳上形成正弯月面。

9.15.2 穿壁焊接

每个汇流带的末端是用于将该单池的板栅连接到下一个单池的接片,或是将电流输入和输出电池的接线柱。接片必须非常有延展性,才能进行穿壁焊接。单池间的分隔壁包含一个用于将汇流带从一个单池连接到相邻单池的孔。通过将压头压入相邻电池的两个汇流带的接头中来进行连接。压头穿过箱体壁上的孔伸出一个小铅钮。当它接触到另一个电池伸出的铅时,产生共晶电流流过金属,将两条汇流带在单池壁的中心熔化并熔合在一起,形成塑料密封和两个电池之间的低电阻连接点。

重要的是,正极侧壁面的汇流带和极耳具有良好的晶粒结构,没有弯折或裂缝。如果汇流带和极耳之间的结合不完全,或者板栅极耳上的弯月面是负向的(弯入汇流带),则酸会进入接口并引发内部腐蚀。

9.15.3 阀控式铅酸电池汇流带

铅锑合金不能用于 VRLA 电池上的汇流带,因为锑是负极汇流带上水重组的催化剂。缺酸的水会化学腐蚀汇流带。另外,接触负极板栅极耳(可能是铅钙合金)的水提高了局部 pH 值并使铅溶解度更高。结果会是负极极耳被腐蚀,直到它们与汇流带分离。

为了防止负极极耳腐蚀,VRLA 电池的汇流带和接线柱使用 2wt% Sn 和约 0.025wt% Se 的合金。使用铅锡合金的 COS 工艺存在问题,因为 COS 合金具有与铅锡合金板栅极耳上的钙基本相同的熔点,并且几乎不含共晶液体。为了产生良好的结合效果,将板栅极耳刷涂、熔化并浸入 60wt%~70wt% 锡的铅锡浴中。镀锡金属含有大量的共晶液体,其熔点(173 ℃)比 COS 金属或板栅极耳的低得多。板栅极耳上的预镀锡金属涂层在极耳与汇流带接口处生约 10wt% 锡的合金。由于板栅极耳表面仅部分熔化,因此锡与铅锡合金、纯铅或铅钙(锡)合金极耳以近乎焊接的方式结合。由于板栅合金几乎是单一的凝固点,所以可以熔化板栅极耳表面而不熔化整个极耳。极耳表面熔化以与 COS 金属结合。金属中含有硒元素,可以为铅(2wt%)锡 COS 合金提供与传统的 COS 锑合金相同的 3wt% 锑的成核剂。其产生均匀的细晶粒,防止裂纹和渗透腐蚀。

缩写、首字母缩写词和首字母缩略词

ALABC　Advanced Lead-Acid Battery Consortium　先进铅酸电池联

合会

BTS　Battery Technology Solutions　电池技术解决方案（BTS 铸造涂料）

Concast　Continuous cast grid process　连续铸造板栅

Conroll　Continuous cast grid process followed by rolling　连铸连轧板栅

COS　Cast-on-strap process　汇流排焊接

DP1.3　Project of the Advanced Lead-Acid Battery Consortium　高级的铅酸蓄电池联盟项目

ISOLAB 42　Project of the Advanced Lead-Acid Battery Consortium　高级的铅酸蓄电池联盟项目

PCL-1　Premature capacity loss in lead-acid batteries-Process 1　铅酸电池早期容量损失-过程 1

'r' Value　Ratio of tin content to calcium content of lead-calcium-tin alloys　铅钙锡合金中锡含量与钙含量之比

SLI　Starting-lighting-ignition battery for automobile applications　启动照明点火

VRLA　Valve-regulated lead-acid　阀控式铅酸电池

参考文献

[1] D. H. McClelland, J. L. Devitt, U. S. Patent 3862861 (1975).

[2] J. J. Lander, J. Electrochem. Soc. 98 (1951) 220.

[3] P. Ruetschi, B. D. Cahan, J. Electrochem. Soc. 106 (1959) 1079-1081.

[4] D. Pavlov, N. Iordanov, J. Electrochem. Soc. 117 (1970) 1103-1109.

[5] J. Burbank, A. C. Simon, E. Willihnganz, in: P. Delahay (Ed.), Advances in Electrochemistry and Electrochemical Engineering, vol. 8, Wiley Interscience, London and New York, 1971, p. 157.

[6] M. Hansen, K. Anderko, Constitution of Binary Alloys, McGraw-Hill, New York, USA, 1958.

[7] R. D. Prengaman, in: Proc. 7th International Lead Conference, Pbe80, Lead Development Association, London, UK, Madrid, 1980, p. 34.

[8] L. Bouirden, J. P. Hilger, J. Hertz, J. Power Sources 33 (1991) 27-50.

[9] R. D. Prengaman, J. Power Sources 95 (2001) 224-233.

[10] A. M. Vince, For New Technology, Pb83, LDA, London, The Hague, 1983, p. 37.

［11］J. W. Wirtz，New Development in Continuous Cast Grids，Pb80，LDA，London，Madrid，1980，p. 54.

［12］H. K. Giess，in：K. R. Bullock，D. Pavlov（Eds.），Proc. Symp. Advances in Lead-Acid Batteries，vols. 84-14，The Electrochemical Society，Pennington，NJ，USA，1984，pp. 241-251.

［13］D. Pavlov，J. Electroanal. Chem. 118（1981）167-185.

［14］R. F. Nelson，D. M. Wisdom，J. Power Sources 33（1991）165-185.

［15］P. Simon，N. Bui，F. Dabosi，J. Power Sources 50（1994）141-152.

［16］J. P. Hilger，Structural Transformation in Lead Alloys，Short Intensive Training Course，COMETT，Nancy，France，25-26 March 1993.

［17］S. Fouache，A. Chabrol，G. Fossati，M. Bassini，M. J. Sainz，L. Atkins，J. Power Sources 78（1999）12-22.

［18］R. W. Zeman，J. B. Barclay，Wrought Maintenance Free Battery Grids Progressive Dye Expansion Technology，Pb80，1980，LDAI，Madrid，60.

［19］T. Ishikawa，A Punched Grid Production Process for Automobile Batteries，Pb-80，LDAI，London，Madrid，1980，p. 56.

［20］R. Miraglio，L. Albert，A. El Ghachcham，J. Steinmetz，J. P. Hilger，J. Power Sources 55（1995）224-240.

［21］N. Bui，P. Mattesco，P. Simon，J. Steinmetz，E. Rocca，J. Power Sources 67（1997）61-67.

［22］G. Brilmeyer，M. Gilchrist，J. Harb，Low Aspect Ratio Battery Grids for Power and Thermal Management in New Applications，Battery Power 2011，Nashville，21 September 2011.

［23］H. Warlimont，Continuous Electroforming Process to Form a Strip for Battery Electrodes，U. S. Patent，7097754，2006.

［24］R. D. Prengaman，New Developments in Battery Strap Alloys，Battery Man，September 1989，pp. 18-30.

延伸阅读

［1］P. T. Moseley，J. Garche，C. D. Parker，D. A. J. Rand（Eds.），Valve-Regulated Leade-Acid Batteries，Elsevier，2004.

［2］D. Pavlov，Leade-Acid Batteries Science and Technology，Elsevier，2011.

［3］A. T. Kuhn，The Electrochemical of Lead，Academic Press，New York，1979.

第 10 章
可供选择的集流体

A. Kirchev

法国替代能源和原子能委员会,勒伯吉特杜拉克,法国

10.1 引言

铅酸电池中使用的活性材料的理论比能量为 168 Wh/kg;然而,实际上,在完整的电池中,该参数介于 25~40 Wh/kg。分析每个电池组件对储能系统重量的贡献表明,集流体的质量以及活性材料的不充分利用是具有最大提升比能量和比功率潜力的参数[1]。因此,用具有较轻重量的替代集流体替换板栅和增加活性材料利用率的能力是改善电池性能的最有希望的策略之一。本章的目的是讨论目前在研发此类替代集流体方面取得的进展,以及对其制造过程和相应成本顾虑的一些整体考量。最后,讨论在铅酸电池环境中替代集流体的退化过程。

为了更好的可读性,本章中使用的术语"板栅"在纯粹的功能意义上用作"基板和集流体"的同义词,甚至对不采用宏观网格几何的设计也是如此。

10.2 铅酸电池集流体的功能、设计和特性参数

铅酸电池板由两个主要部件组成:正极活性材料(PAM)或负极活性材料(NAM)和通常表示为板栅的集流体。板栅的功能有两个:活性材料的机械支撑以及活性材料与电池端子之间的电连接。一个多世纪以来,铅酸电池行业

已经使用了两种不同的板栅设计:平板式极板设计(网状集流体涂有活性材料)和管式设计(活性材料位于管式圆柱形或棱柱形多孔纤维管套和沿管长度延伸的铅合金脊之间的空间中)。平板式设计用于表示为"涂膏极板"电池的两个电极;管式设计仅适用于正电极,称为"管式正极板"。

可以参考几个特征参数来描述板栅和极板设计对电池性能的影响。活性材料和板栅间的重量比就是一个可以将板栅分类为轻或重的参数,也表示为 α-系数,是板栅重量与整个极板重量的比值[2]。在负极板处,NAM:板栅重量通常在 1.5:1 和 2.5:1 之间;而在涂膏正极板上,PAM:板栅重量在 1:1 和 2:1 之间变化。该变化取决于特定的板栅设计以及在制备碱性硫酸铅浆料期间定义的活性材料的表观密度。显然,用较轻的材料代替铅合金将增大活性材料与集流体的比值,从而改善电池的比能量和比功率。

将集流体结构与极板的性能联系起来的第二个参数是板栅网格尺寸[3]。图 10.1 描述了在典型的几种集流体架构中定义该参数(表示为"L")的方式。简而言之,板栅网格尺寸与距离成比例,该距离应该为电子从活性材料(电化学反应发生的位置)行进到集流体表面上的最近点的路程。当放电深度(DoD)超过 $30\%\sim40\%$ 时,板栅网格尺寸开始起重要作用。在这种情况下,导电相(Pb 和 PbO_2)的体积分数开始下降,这导致活性材料的电阻逐渐增加。因此,板栅网格尺寸的减小等同于部分和低荷电状态(SoC)中的

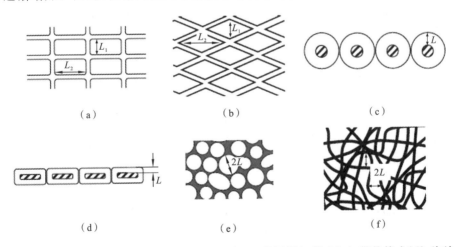

图 10.1 典型的铅酸蓄电池集流体结构:铸造(a);拉网(b);管式(c);带状管式(d);泡沫(e);基于纤维的(f)板栅。案例(a)和(b)中的板栅网格尺寸计算为 $(L_1+L_2)/4$。改编自 P. Faber, Power Sources, in: D. H. Collins (Ed.), vol. 4, Oriel Press, Newcastel upon Tyne 1974, pp. 525-538

活性材料电阻的减小。对于具有四种不同结构的钛基正极集流体,这种效应如图 10.2 所示,其中板栅网格尺寸的范围为 0.1~6 mm[3]。可以看出,当板栅网格尺寸小于 1.5 mm 时,PAM 的利用率开始迅速增加。2015 年发表的理论计算研究使用渗流理论结合蒙特卡洛(Monte-Carlo)模型模拟解释了这些结果[4]。

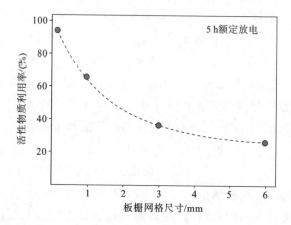

图 10.2　板栅网格尺寸对正极活性材料利用率的影响。重绘自 P. Faber, Power Sources, in: D. H. Collins (Ed.), vol. 4, Oriel Press, Newcastel upon Tyne 1974, pp. 525-538

　　强烈影响电极性能的第三个板栅参数是所谓的表面负载或 γ-系数[2],通常用每平方厘米集流体几何表面积上的活性材料克数表示。γ-系数与板栅网格大小相关联;然而,这种关系并不简单,其取决于特定的集流体类型。根据 Pavlov[2],由于通过活性材料和集流体上的腐蚀层之间更大的接触界面改善电子转移[2],该参数的减少增强了正极板操作。典型的涂膏板栅的 γ-系数在 2~2.5 g/cm^2 变化,而锂离子电池中该参数的值通常可以在 0.02~0.03 g/cm^2 的范围内。这种比较表明,铅酸电池板栅应在材料和设计方面进行改进。

　　影响电池性能的最后一个集流体参数是极板的厚度。在电池高倍率运行期间,当从隔板到板内部孔的硫酸扩散成为速度限制参数时,极板厚度影响特别强烈。极板的厚度对正极和负极放电行为的影响如图 10.3 所示[5]。可以看出,当正极和负极都以低电流密度放电时,反应均匀进行;而在高倍率下,硫酸的扩散将放电限制到厚度为 300~400 μm(从板的表面算起)的层中。除了扩散效应之外,朝向更薄板栅的转换相当于极板几何表面的增加,因此降低了电流密度和更低的极化。极板厚度的减小,相对应地也可以使用更薄的隔板。由于电解质是系统中具有最高电阻率的组分(除了硫酸铅之外),隔板厚度的减小对应于较小的距离并因此在极板之间具有较小的欧姆降。

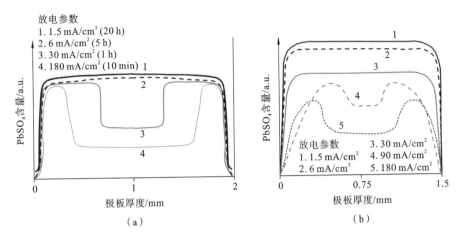

图 10.3 放电速率对极板正极(a)和负极(b)厚度上硫酸铅分布的影响。H. Bode, Lead-Acid Batteries, Wiley-Interscience, New York (1977), 158

用包含替代材料的结构替换铅合金板栅可以优化集流体参数,使其超出当前的最新技术水平。接下来将讨论除用于双极铅酸电池的替代集流体以外的现有集流体的概念。

10.3 金属注射成型塑料板栅

在保持板栅主要设计不变的情况下,使用金属化塑料板栅是一个增加活性物质与集流体重量比的方法。塑料板栅通常采用注射成型工艺生产,材料为不同类型的具有合适的机械和热性能的聚合物材料,例如丙烯腈丁二烯苯乙烯(ABS)、聚丙烯(PP)、聚氯乙烯(PVC)等。这些材料的密度范围在$1\sim$1.5 g/cm^3,成本为每千克几美元,因此采用这些材料替换铅在经济角度上看是足够合理的。这项技术的关键在于塑料基底的金属化。由于塑料是绝缘材料,因此金属化的第一步是将镍[6]或铜[7]等金属层非电(化学)沉积到塑料基底上。可替代板栅制造的下一步是电沉积纯铅或铅合金,厚度约为 100 μm[8]。覆盖层的厚度和密度需要严格控制,因为它们影响板栅的功率输出和作为正极集流体(易受阳极腐蚀影响)的电极的使用寿命。为了减慢腐蚀速率,可以在铅的表面添加耐硫酸涂层,例如聚苯胺或氧化锡,涂层厚度约为 1 μm[8,9]。这种板栅可以实现在超过 120 圈的深度循环后保证未来集流体的长期使用效果不会发生衰减。

因为这种类型的板栅的几何结构与传统板栅基本一致,因此后续的涂布、固化和成型过程也基本保持不变。金属注射成型塑料板栅的主要问题之一是它和汇流排铸焊（COS）过程的兼容性。在这个过程中，集流体沉浸在一个充满液态铅（或铅合金）的模具中，模具内的温度范围为 400～500 ℃，目前还不清楚如何才能使板栅的塑料核心承受这样的温度。

对于前面讨论的技术，一个可以替换的方案是使用碳/聚合物复合材料。使用该复合材料的板栅也可以采用注射成型的方法生产，这样成型的结构就可以导电。尽管其电导率较低，一般在 5～10 S/cm 范围内[10]，但是这种材料很容易电镀铅。柔性石墨薄片冲压制成的栅格能够以相同的方式电镀铅，由于核心材料的良好导电性，制成的电池集流体功率输送能力更高[11]。

10.4 铜板栅和铝板栅

在高功率要求的应用条件下，使用铝和铜代替绝缘或高电阻的板栅材料是一项十分吸引人的技术。表 10.1 比较了不同材料的电导率、密度和这两种金属与铅的比值，包括硫酸电解液和一些其他适合集流体的材料。铜和铝的电导率比铅强一个数量级，这意味着只要少量的铜或铝就可以替代大量的铅，并且保持集流体的电阻几乎不变。因此，理论上可以实现活性物质与集流体质量比值较大。

表 10.1 铅酸电池组分和用于研发替代集流体的典型材料的电导率 σ 和密度 d

材料	Pd	Cu	Al	Ti	石墨	玻碳	H_2SO_4,35% (25 ℃)
$\sigma/(S/cm)$	48077	595948	354610	23810	3000	200	0.81
$d/(g/cm^3)$	11.34	8.96	2.7	4.506	2.2	1.5	1.26
σ/d	4240	66512	131337	5284	1364	133	0.65

使用铜网电镀铅和铅锡合金制成负极板栅已经作为一种工业实践使用了几十年[12,13]。这项技术成功是基于铜受到铅的阴极保护，即铜的标准电极电势为 0.476 mV，要正于铅的电极电势。尽管如此，还是要强制在铜的表面涂覆致密的铅，原因包括以下两点。首先，要防止铜表面与电解液中的溶解氧接触，溶解氧会造成铜的化学腐蚀产生氧化铜，随后氧化铜会分解成 Cu(Ⅰ)和 Cu(Ⅱ)。其次，铜表面上的析氢过电位要远低于铅[14]，板栅上裸露的铜会成为析氢反应的催化中心，这会加速负极板上的自放电。

无论是从经济上还是从技术上来看，用铝替代铜制备板栅是一个更有吸引力的技术,因为铝的储量更丰富,价格更低,电导率和密度之比更高(见表 10.1)。然而,研发基于铝的集流体制备技术是一项具有很大挑战的任务,这与铝的电化学性质有关。最大的阻碍是铝的高负极电极电势:1.66 V vs. SHE(标准氢电极)。这使铝在酸性电解质中表现为热力学不稳定的状态,氧化铝钝化膜容易分解。高标准电极负电位也会使铝的表面处理产生问题。在中性和碱性的电镀槽内,由于铝氧化膜的存在,电镀铅镀层的附着力会降低;在酸镀电解液中,即使不施加电流,由于铝的腐蚀析氢反应也会快速发生。可以通过非液相中电镀铅或熔融盐电解液克服上述问题。Yolshnia 等人采用熔融盐技术,在各种未经任何特殊表面处理的铝样品上实现铅的无电沉积[15]。金相检测、腐蚀测试和电化学测试的结果表明这种镀层附着力强,无孔,并且在正极和负极都可以保护铝不被腐蚀。

10.5 钛集流体

金属钛也是一种可选的很有前景的集流体材料。钛是地壳中第九大丰富的元素,由于其在要求强度、重量和耐腐蚀性等关键因素结合的各个工业领域的应用,此金属的需求不断增长。虽然它的比电阻比铅高大约两倍,但它的电导率与密度之比略好(见表 10.1)。虽然钛的标准电极电位为负值(-1.37 V vs. SHE,Ti/Ti^{3+} 电极[16]),但金属表面有一层 TiO_2 钝化膜作为保护,这层钝化膜在碱性和浓酸性溶液中都很稳定,其中包括 35% 的 H_2SO_4[17]。氧化膜会在两种情况下失去稳定:一是在氟化物存在的情况下,会形成高度溶解的复杂的 $[TiF_6]^{2-}$ 离子;二是在使用比以标准氢电极为对电极的电位小于 0 V 的电极时,四价的钛会被还原成更易溶解的三价化合物。后面一种情况使得钛只能用于正极板栅材料[3]。由于 TiO_2 的电阻非常高,不可能直接将钛用于集流体。在钛表面添加一层导电氧化物涂层即可解决这个问题。这种技术在文献中被称为"钛基尺寸稳定阳极"(Ti-DSA®)[18]。Ti-DSA 的制备过程是在钛表面涂覆一层液态或胶体状金属氧化物前体,在空气中以 $400\sim500$ ℃ 的温度使其进行连续热分解。或者也可以使用喷雾———一种热解技术或结合了热氧化和表面纳米构筑的电沉积[20]。在这个过程中,所使用的金属前体与参与反应的 Ti(IV) 离子形成混合的固态氧化物溶液。因此,金属氧化物涂层和天然 TiO_2 钝化层一样依附性好且耐用。若金属离子半径接近 Ti(IV) 离子(±<15%[21,22],与所谓的 Hume-Rothery 限制一致),则在有限数量的金属阳离子的参与下即可形成固态氧化物溶液。对近二十年关于 DSA 技术的文献目录的分析表明,用于修饰钛表面的最适方案为掺杂氟[23]或锑[24]离子的

SnO₂ 沉淀。这种掺杂实现了在不显著增加电催化性能的情况下提高表面的电导率。后者表明析氧过程会受到动力学上的限制，如果修饰后的钛注定要作为铅酸电池阳极板的集流体，那这正是最好的情况。这种涂层最出色的一点是其在强烈析氧条件下在硫酸电解液中的耐久性。Lipp 和 Pletcher[25] 报告了 Ti/ATO(掺锑氧化锡)在以 SCE(饱和甘汞电极)为对电极时 2.2 V 的电压(或2.42 V vs. SHE)[25]下极化超过 1100 h 后，表面结构的微小变化和其电化学性能。他们也展示了 Ti/ATO 电极可以在低电极电位(低至 0 V vs. SCE)和高 pH 值——相当于铅酸电池正极板极其深度放电(析氧电流约为 1 A/cm²，即与常规铅酸电池充电相比非常苛刻的条件)的条件下良好运作。对 Ti/ATO 电极在 H₂SO₄ 电解液中进行加速循环寿命测试后的性能分析表明，析气过程造成了表面电催化性能的退化，但并未对 Ti/ATO 界面和 ATO[26]本身的电导率造成任何大影响(也就是电极丧失了析氧催化活性，但不会被绝热表面层所钝化)。可以使用多种技术和电解质来用二氧化铅电镀 Ti/ATO 电极[27-29]。得到的结果是另一种具有杰出的稳定性的 DSA 电极，它可作为正极集流体使用。这里，由二氧化铅电沉积组成的外层将作为人工腐蚀层，就如铅表面形成的腐蚀层在硫酸电解液中被阳极极化一样。先前关于 Ti/RuO₂/PbO₂ 正极板栅的讨论过的概念的可行性早在不止 30 年以前就已被证实了，它们可以承受超过 800 次充/放电循环[30]。最近 Kurisava 等人证实了 Ti/SnO₂ 基即使不掺杂锑和没有 PbO₂ 表面层的电沉积，也可以作为正极集流体工作[31]。Kurisava 等人使用堆栈压缩展示了钛基正极板可以在 40 ℃下以待机模式完成 7000 次深度循环和超过 10 年的寿命。

钛的抗腐蚀性及其机械性能使正极集流体和结合高活性材料的电极结构得到发展：集流体比、低 γ-因数、低网格尺寸和低电极厚度。将钛作为板栅材料使用所带来的唯一的相关挑战是电池终端的加工。由于 COS 过程无法与这种金属兼容，必须要发展出新的基于连接方法的技术解决方案，如点焊/缝焊、激光焊接等[3]。

10.6 基于纤维材料的替代性集流体

像纺布和无纺布这样的纤维材料为研发使用活性材料、灵活而又强力的集流体提供了一个机会：它们使其能拥有好的集流体比、低 γ 系数以及低网格尺寸。基于纤维材料的集流体可以被分为几种种类：聚合物纤维、玻璃纤维、碳纤维和金属纤维。基于聚合物和玻璃纤维的板栅[32,33]要求在金属化后进行铅电镀。更低的网格尺寸导致了活性材料利用程度的提升。在有着 300 μm

厚镀铅涂层的纤维板栅（做阳性与阴性皆可）上的实验表明,在超过 100 次深度循环后仍然无需讨论可能的故障模式[33]。当这样的板栅被用作阴性集流体时,腐蚀可以被排除在故障模式之外,并且无需使用一层很薄的铅涂层覆盖在其表面[32]。在后一种情况下,文献作者报道了几种不同的拥有网格尺寸在 0.5~1.5 mm 的集流体设计的发展情况,它们所对应的网格线距离在 1~3 mm。选择较低的网格尺寸可导致 NAM 的利用率提升 20%~30%。与此同时,板栅的重量减少了约 25%。

使用碳纤维作为集流体的基底的首次尝试开始于数十年前,伴随着碳纤维产品市场的扩张。碳纤维结合了高强度-重量比、良好的耐腐蚀性以及在 100~200 S/cm 的良好电导率等优点。将铅框架、铅制粗线与具有提高 γ 系数的细碳纤维结合起来的阳性集流体的使用导致了与扩展的铅钙锡板栅的控制板相比,PAM 的容量保留和利用率略微提高[34]。虽然碳纤维的电导率很低,但其对于制备铅碳复合材料所涉及的铅电沉积而言已经足够。这样的结构可能在包含与碳一起编织的细玻璃或 PP 纤维中以获得更好的机械支撑[35]。由于这是一种结合了良好的柔韧性与拉伸强度的纺织品结构,铅电镀可以在一种连续的滚动模式下进行。参考文献[35]的作者讨论了这种集流体作为阴极板栅的应用,注意到 COS 过程中的一些小问题,以及由于不含铅以及碳在负极板环境下的腐蚀过程,在经历超过 250 个 IEC 型循环后板栅状况依然没有恶化(国际电工委员会测试标准,在 5 h 额定放电和 10 h 额定充电时具有 75% 的 DoD)。

由精钛线制成的阳性板栅由 Faber 在 20 世纪 70 年代早期研发[3]。在这种情形下,板栅网格尺寸约为 0.1 mm(与线的直径相当),并且 PAM 利用率高达 90%。

近些年来,来自新西兰的初创公司 ArcActive 发展了一种基于经过电弧处理的碳毡作为材料的阴性集流体[36-40]。在这一进行于氮气氛围的操作中,部分碳从表面蒸发并且转化成石墨烯与碳纳米结构。它们充当交联剂,将原本分开的碳纤维连接起来。在电弧处理过程中的高温同样将碳转化为石墨,这提升了集流体的电导率。这家公司报道了该板栅在改性碳纤维表面进行铅沉积,显著提升了负极板的动态电荷接受能力。图 10.4 展示了由 ArcActive 公司所发展的板栅设计,其具有顶部引线和连接到经过电弧处理的碳毡集流体的凸片,以及在碳纤维表面上纳米尺寸金属铅颗粒的沉积。由于在电弧处理后获得改性表面,后者既作为集流体,也可作为添加剂。

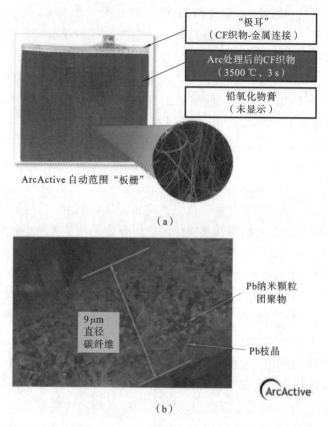

（a）

（b）

图 10.4 （a）经电弧处理的碳毡集流体阴极板照片；（b）显示了不同形态的铅和经电弧处理的碳纤维表面间的结合现象的扫描电子显微镜图。由 ArcActive 有限公司提供

10.7 泡沫板栅

泡沫是异质系统，其中气泡分散在凝聚相中[41]。通常凝聚相是液体，但是它可能通过凝固、聚合或其他物理或化学过程转变为固体形式。在这种情况中，系统被表示为固体泡沫。固体泡沫可以分为两类：闭孔泡沫和开孔泡沫。后者是在液相凝固过程中，相邻气泡之间形成的薄膜破裂时获得的。固体泡沫可由不同材料构成：聚合物、金属或碳。由于碳泡沫同时具有电导率、在硫酸中良好的耐腐蚀性与高表面-体积比，其在大约二十年前就被建议作为替代性的集流体[42-45]。

诸如孔体积和孔径分布之类的碳泡沫的性质由碳前体的性质与其制备的

方法所定义[46]。根据原材料热解后所得到的碳的种类,碳前体可被分为两个主要的类型[47]。热固性聚合物,如酚醛树脂、呋喃树脂、纤维素和木质素,是所谓的"硬碳"的前体,也称为聚合物、玻璃状或玻璃状碳。这些材料是非结晶固体,其性质类似于玻璃;它们是硬而脆的物质,导热性差。它们的分子结构由长石墨烯带构成,其结构类似于聚合物前体的分子结构[48]。由于大部分碳原子处于 sp^2 杂化态,硬碳的电导率保持在 200 S/cm 范围内。由于在垂直于石墨烯平面的方向上不存在有序的晶体结构,其导电性和导热性都是各向同性的。第二类碳材料通常被称为软碳。它们通常由焦油或沥青在惰性气体中热解合成,并且当热处理在 200 ℃ 以上进行时,热处理的最终产物是合成石墨。碳泡沫制造可以涉及软碳或硬碳,或两者的混合,这取决于具体的制造方法。

相对于替代集流体的应用,最常用的碳泡沫制备方法是模板碳化方法和软前体的直接发泡方法(或吹制)。在模板碳化期间,将碳前体施加到预先存在的泡沫模板上。该制剂包括用液体树脂前体浸渍,例如聚氨酯泡沫,然后通过在一对滚筒之间挤压泡沫块,去除一部分前体。如此浸渍,泡沫在 100～200 ℃ 的范围内进行热处理以固化树脂。硬化的泡沫在氮气氛中通过升温至 1000 ℃ 进行碳化。碳前体通常损失约一半的重量并经历近 20% 的线性收缩;然而,模板泡沫的结构在热解过程结束时保持不变。通过该方法获得的碳泡沫的孔隙率通常在 90%～95% 的范围内,并且孔径与模板泡沫的孔径成比例。后一特征是一个很大的优点,因为现有技术的聚氨酯泡沫制造允许相当精确地控制孔隙率和孔径分布。市售碳泡沫的孔径以每英寸孔数(ppi)表示。典型的产品范围相当宽,从 5～500 ppi(例如 5、10、20、30、45、60、80、100 和 500),相当于网格尺寸从 2.5～25 mm。

通过软前体的直接发泡获得的碳泡沫基于各种类型的沥青,这些材料通常是来自石化工业和煤气化的副产品的低成本材料。如果加热超过 2000 ℃,这些类型的泡沫可以石墨化。泡沫制造包括在高于其软化点的高压下加热沥青,加上"发泡"剂,然后快速降低压力(或者如果沥青是热塑性的,则压力和温度都降低)以引起发泡。如果沥青是热塑性的,则在最终碳化和石墨化之前(如果需要),在低于软化点的温度下通过空气中的氧化交联来稳定泡沫[49-51]。这种类型泡沫的孔隙率通常在 53%～73% 的范围内,而孔径在相当宽的范围内变化,4～130 mm。这两个参数都与沥青的类型和应用的工艺条件密切相关,如加热速率、发泡剂、压力斜坡等。图 10.5 给出了两种碳泡沫之间的比较[49]。除了材料的总孔隙率的差异之外,还可以看到碳的表面形态的明显差异。虽然玻璃状碳表面通常是光滑的,但是源自软质前体的碳材料的表面更

不规则,表明当它与电解质和活性材料接触时具有不同的物理化学和电化学
行为。

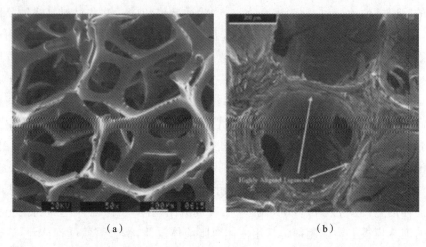

(a)　　　　　　　　　　　　　　(b)

图 10.5 (a)网状玻璃碳和(b)橡树岭国家实验室(ORNL)生产的中间相沥青基碳泡
沫的扫描电子显微照片。转载自 N. C. Gallego,J. W. Klett,Carbon 41
(2003)1461-1466

虽然用于实验室试验的碳泡沫集流体制备小型铅酸电池电极(0.5～
1 Ah)相对容易[52-56],但该技术的壮大需要相当大的努力。困难源于碳的特殊
特征:泡沫通常是硬而脆的材料,其不被铅或铅合金润湿。结果,泡沫转变成
栅格,这些栅格可以并联连接在一起,以便输送容量在 50～150 Ah 范围内的
电化学池,这是一项非常具有挑战性的任务。以下两家初创公司为解决这个
问题投入了相当大的努力:Power Technology Inc.(不再存在)和 Firefly En-
ergy(现为 Firefly International Energy)。

Power Technology Inc.研发的集流体基于模板玻璃状碳泡沫,通常表示
为"网状玻璃碳"(RVC)[57,58]。将碳泡沫切割成板坯,并通过冶金铸造工艺将
板坯设置在铅合金框架中。该框架还包含一个标签,使集流体与 COS 过程和设
备兼容。在随后的步骤中,整个结构用铅(Pb)-1% Sn 或其他合金电镀,直到碳
纤维上的涂层达到正极板的 200 mm 和负极板的 100 mm 的值。图 10.6 显示了
该集流体的图像,以及铅锡电镀碳泡沫的扫描电子显微照片。在正极板栅制备
期间,由于正极板栅会受到腐蚀,导致性能逐渐降低,因此必须施加较厚金属涂
层。所示 RVC 的孔径为每厘米 12 个孔,对应于约 0.4 mm 的筛孔尺寸。报道
的正极板的 γ 系数等于 0.09 $g_{PAM}\,cm^{-2}$,而负极板的系数为 0.13 $g_{NAM}\,cm^{-2}$。
获得的 PAM:集流体为 1.6:1,而 NAM:集流体为 2.6:1,这是由于碳中

的铅涂层较薄。正电网在 1.3C 速率放电时表现出超过 500 次循环(超过 1500 h 的操作),而没有造成任何显著的性能损失。

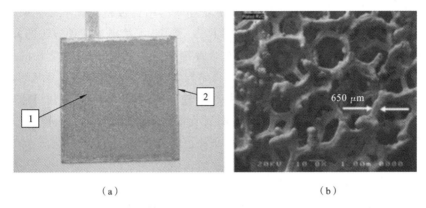

（a）　　　　　　　　　　　　　（b）

图 10.6　(a) Power Technology 研发的网状玻璃碳(RVC)网格图;(b) 用铅合金电镀集流体泡沫部分的扫描电子显微照片。转载自 E. Gyenge,J. Jung,B. Mahato,J. Power Sources 113(2003)388-395

　　由 Firefly Energy 研发的替代板栅技术基于吹制中间相沥青获得碳泡沫,更具体地基于由 Poco Graphite[59-61]制造的材料 PocoFoam。根据授予 Firefly Energy 的专利中提供的描述,集流体由两块黏合到柔性石墨片的碳泡沫板组成。后者包含一个标签,该标签被金属化以使板栅与 COS 过程兼容。

　　泡沫板栅也可以由除碳之外的材料组成。大多数情况下,这些是基于模板的铜泡沫[62,63]。这里,聚氨酯泡沫模板通过化学镀层涂覆铜,然后在该过程之后是电沉积铅或铅合金。最终,板栅结构类似于基于模板的碳泡沫集流体。

10.8　碳蜂窝板栅

　　复合蜂窝材料广泛用作强度-重量比至关重要的建筑构件中,例如,在飞机和铁路中[64]。原材料是不同类型的纸:纤维素、棉绒、玻璃纤维或特殊聚合物,如芳纶(也称为"Kevlar"商标)或间位芳纶(也称为"Nomex"商标)。典型的复合蜂窝体制造工艺基于在纸张上印刷胶水图案,这些图案堆叠在一起并膨胀,形成具有蜂窝结构的块。通过将膨胀结构置于高温和高湿度的腔室中然后干燥,可以稳定其膨胀结构。最后,将块用热固性树脂浸渍一次或数次,直至达到所需的表观密度和蜂窝孔壁厚。如果构成纸张的纤维和碳纤维素热固性足够,则复合材料可以转化为在工艺开始时产生的蜂窝结构的碳/碳蜂窝复合材料,具有导电性和良好的机械强度[65]。就其自身而言,该材料尽管具有良好的表面-体积比,但几乎不适用于替代集流体。这就是为什么作者的实验室团队研发了一种新的技术方法,其中复合蜂窝结构被整合成单片框架状结构,其轮廓与经典的铅-酸电池板栅相同[66]。图10.7给出了这种方法的方案。蜂窝板栅制造的第一步是选择绿色复合蜂窝块。接下来,围绕蜂窝块的周边模制复合树脂框架保持肺泡空。将所得结构切成片,进一步碳化。图10.8(a)显示了基于再生纤维素纸的"绿色"复合结构和热解至1000 ℃后获得的碳蜂窝板栅[hh]。碳化过程伴随着材料的明显收缩,而不会导致机械缺陷的出现。使用不同的复合蜂窝芯前体可以获得非常相似的结果。

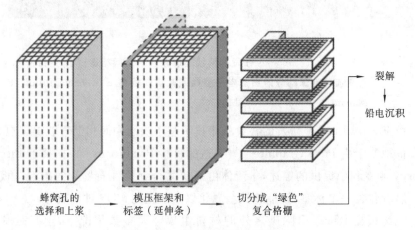

蜂窝孔的　　　模压框架和　　　切分成"绿色"
选择和上浆　　标签(延伸条)　　复合格栅

裂解
↓
铅电沉积

图 10.7　碳蜂窝板栅制造方案

图10.8(b)提出了这样的实例,其中使用基于通过前述膨胀和稳定化方法制造的间位芳族聚酰胺(Nomex)纸的工业级蜂窝芯生产板栅。板栅进一步涂覆有铅锡(2%)合金。它的尺寸与汽车应用中最先进的铅酸电池所用板栅的尺寸相匹配[67]。两种类型的前体都提供具有低 γ 系数($0.16\sim0.20$ g/cm^2)的蜂窝状集流体,并且网格尺寸在 $1.3\sim1.5$ mm 的范围内。获得的 PAM:板栅为 2:1,而 NAM:板栅为($3.5\sim4$):1[67]。蜂窝材料的有序结构有利于粘贴过程,以及当板栅用于组装具有 AGM 分离器的单元时的压缩力的作用的产生。报告的板栅厚度下降到约 2 mm,这对于需要更高功率的设备来说是完全可以接受的[67]。碳蜂窝板栅已被评估为正极板和负极板集流体[66-68]。在这两种情况下,实现的活性材料利用率相当高(60%~70%),而没有任何浆料组合物的初步优化以及固化和形成过程。图10.9呈现来自3AH细胞的深度循环试验的结果,其中一种情况是蜂窝基阳性和常规阴性,另一种情况是常规阴性和蜂窝阴性[69]。由于阳极腐蚀过程的发生影响电镀铅涂层和碳/碳复合

（a）

（b）

图 10.8　来自瓦楞纤维素纸（a）和工业级 Nomex 前体（b）的碳蜂窝板栅

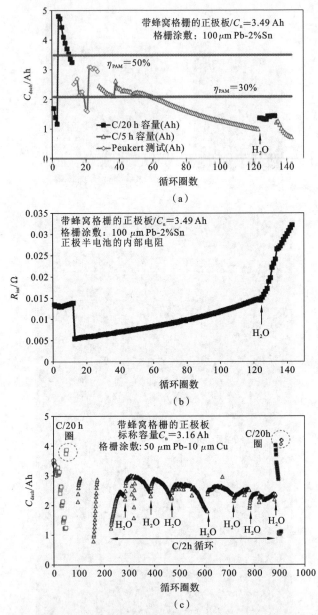

（a）

（b）

（c）

图 10.9 具有基于蜂窝的正极和常规负极的电池（（a）（b））的放电容量和内阻（荷电
状态（SoC）−100％）的演变，以及带有常规正极和基于蜂窝负极的电池（（c）
（d））的电池传统的阳性和基于蜂窝的阴性。后一种电池在生命早期显示出
一定的电阻峰值，但使用基于蜂窝的集流体和常规的对电极板比使用前一
种阳性（（a）（b））和阴性（（c）（d））板限制电池的寿命更长

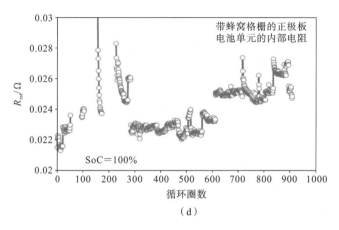

（d）

续图 10.9

材料,导致正蜂窝板栅电池的循环寿命相对较短。相反,当蜂窝板栅用作负极板集流体时,它们在长达 16 个月的时间段内表现出优异的稳定性。对测试单元的拆解分析显示,尽管在深度循环期间 NAM 呼吸,但负的蜂窝板栅保持完整。通过在碳和铅涂层之间施加铜中间层,可以另外改善蜂窝板栅的电导率。应该指出,这种方法仅在铅涂层的厚度大于 50 mm 时才有效。在较薄的铅涂层中,铜涂层表面的部分仍未完全覆盖,并且它开始作为析氢催化中心的来源。结果,形成和充电以较低的效率发生,并且 NAM 的利用率低于预期[70]。具有碳蜂窝板栅的负极板也在高速部分 SoC 模式下进行了评估[68]。已经发现的是,当这种类型的集流体与 2％磨细的碳纤维和 0.2％ Vanisperse A 组合使用,NAM 的硫酸化仍然是可逆的,并且负极板的容量没有在循环时下降。

10.9　结论

替代集流体可分为几类:带有塑料芯的板栅、带铜或铝芯的板栅、钛板栅、基于导电和非导电纤维的集流体、碳泡沫板栅和碳蜂窝板栅。每种类型允许优化一个或多个板栅设计参数,从而在比能量、比功率、充电接受和寿命方面改善整体铅酸电池的整体性能。在两个板上应用相同的替代集流体技术通常受到选择性地作用于特定电极的电化学现象的阻碍:碳质材料、金属铅和铜在正极板的电极电位范围内严重腐蚀,而如果用作负极板栅,则会腐蚀钛。具有不同分子结构和形态的多种碳材料,如纳米管、纤维、泡沫和 3D 复合材料,为优化铅酸蓄电池负极板提供了大量机会。表面改性钛电极的电化学行为表明它们将成为未来铅酸电池的替代正集流体的最有希望的候选者,这些电池需要具有优异耐腐蚀性的薄板电极。

缩写、首字母缩写词和首字母缩略词

ABS Butadiene styrene 丁二烯苯乙烯

AGM Absorptive glass-mat 吸收性玻璃毡

ATO Antimony-doped tin oxide 掺锑氧化锡

COS Cast-on-strap 汇流排铸焊

DoD Depth-of-discharge 放电深度

DSA Dimensionally stable anode 尺寸稳定阳极

IEC International Electrotechnical Commission 国际电工委员会

NAM Negative active-material 负极活性材料

SHE Standard hydrogen electrode 标准氢电极

PAM Positive active-material 正极活性材料

PP Polypropylene 聚丙烯

PVC Polyvinyl chloride 聚氯乙烯

RVC Reticulated vitreous carbon 网状玻璃碳

SCE Saturated calomel electrode 饱和甘汞电极

SoC State-of-charge 荷电状态

参考文献

[1] P. Ruetschi, J Power Sources 2 (1977) 3-1222.

[2] D. Pavlov, J Power Sources 53 (1995) 9-2122.

[3] P. Faber, in: D. H. Collins (Ed.), Power Sources, vol. 4, Oriel Press, Newcastel upon Tyne, 1974, pp. 525-53822.

[4] M. M. Vargonen, J. Power Sources 273 (2015) 317-32322.

[5] H. Bode, LeadeAcid Batteries, Wiley-Interscience, New York, 1977, p. 15822.

[6] G. T. Stoilov, V. G. Stoilov, B. G. Stoilov, C. T. Chervenkov, P. A. Lazov, US Patent 5 332 634, July 26 , 1994.

[7] S. Shivashankar, A. K. Shukla, A. U. Mane, B. Hariprakash, S. A. Gaffoor, US Patent 6 889 410, May 10 , 2005.

[8] B. Hariprakash, A. U. Mane, S. K. Martha, S. A. Gaffoor, S. Shivashankar, A. K. Shukla, Electrochem. Solid State Lett. 7 (2004)

A66-A6922.

[9] S. K. Martha，B. Hariprakash，S. A. Gaffoor，D. C. Trivedi，A. K. Shukla，Solid State Lett. 8 (2005) A353-A35622.

[10] V. V. Kutzaikina, S. A. Dunovskii, S. N. Pirozhok, R. L. Mokienko, P. A. Chukalovskii, N. S. Volkova, et al. , Compos. Polym. Mater. 27 (1985) 14-18 (in Russian)22.

[11] B. Hariprakash，S. A. Gaffoor，J Power Sources 173 (2007) 565-56922.

[12] R. Kiessling，J Power Sources 19 (1987) 147-15022.

[13] A. I. Rusin，J Power Sources 36 (1991) 473-47822.

[14] K. Vetter，Electrochemical Kinetics (in Russian)，Khimia，Moscow，1967，p. 57422.

[15] L. A. Yolshina，V. Ya Kudyakov，V. G. Zyryanov，JPS 78 (1999) 8422.

[16] G. Aylward，T. Findlay，SI Chemical Data，sixth ed. ，John Wiley & Sons，Australia，200822.

[17] M. J. Donachie Jr. ，Titanium：a technical guide，second ed. ，ASM International，Materials Park，Ohio，2002，p. 8822.

[18] S. Trasatti，Electrochim. Acta 45 (2000) 2377-238522.

[19] F. Vicent，E. Morallon，C. Quijada，J. L. Vazquez，A. Aldaz，F. Cases，J. Appl. Electrochem. 28 (1998) 607-61222.

[20] Y. Chen，L. Hong，H. Xue，W. Han，L. Wang，X. Sun，et al. ，J. Electroanal. Chem. 648 (2010) 119-12722.

[21] X. Chen，G. Chen，Electrochim. Acta 50 (2005) 415522.

[22] H. Kong，H. Lu，W. Lu，W. Zhang，H. Lin，W. Huang，J. Mater. Sci. 47 (2012) 6709-671522.

[23] E. Elangovan，K. Ramamurthi，Thin Solid Films 476 (2005) 231-23622.

[24] R. Kötz，S. Stucki，B. Carcer，J. Appl. Electrochem. 21 (1991) 1422.

[25] L. Lipp，D. Pletcher，Electrchim. Acta 42 (1997) 1091-109922.

[26] F. Montilla，E. Morallon，A. De Battisti，J. L. Vàzquez，J. Phys. Chem. B 108 (2004) 5036-504322.

[27] X. Yang，R. Zou，F. Huo，D. Cai，D. Xiao，J. Hazard. Mater. 164 (2009) 367-37322.

[28] H. Bi, C. Yu, W. Cao, P. Cao, Electrochim. Acta 113 (2013) 44622.

[29] Y. Yao, M. Zhao, C. Zao, H. Zhang, Electrochim. Acta 117 (2014) 453-45922.

[30] M. Inai, C. Iwakura, H. Tamura, J. Appl. Electrochem. 9 (1979) 745-75122.

[31] I. Kurisawa, K. Fujita, M. Shiomi, S. Osumi, K. Matsui, Study of an advanced VRLA battery with titanium electrode, Telecommunications Energy Conference, 2000. INTELEC 2000. IEEE 30th International, pp. 1-6.

[32] M. L. Soria, J. Fullea, F. Sáez, F. Trinidad, J Power Sources 78 (1999) 220-23022.

[33] J. Wang, Z. P. Guo, S. Zhong, H. K. Liu, S. X. Dou, J. Appl. Electrochem. 33 (2003) 1057-106122.

[34] J. L. Weininger, C. R. Morelock, J. Electrochem. Soc. 122 (1975) 1161-116722.

[35] J. C. Viala, M. El Morabit, J. Bouix, D. Micheaux, G. Dalibard, J. Appl. Electrochem. 15 (1985) 421-42922.

[36] J. Abrahamson, R. Shastry, International Patent Application WO2010062203 (A1),2010-06-03.

[37] J. Abrahamson, International patent application WO2011078707 (A1), 2011-06-30.

[38] S. Christie, Y. S. Wong, G. Titelman, J. Abrahamson, International Patent Application, WO2013133724 (A2), 2013-09-12.

[39] J. Abrahamson, International Patent Application, WO2014042542 (A1), 2014-03-20.

[40] J. Abrahamson, S. Furkert, S. Christie, Y. S. Wong, WO2014046556 (A1), 2014-03-27.

[41] D. Exerowa, P. M. Kruglyakov, Foam and Foam Films: Theory, Experiment, Application, Elsevier Science, 199722.

[42] A. Czerwinski, M. Zelazowska, Patent RP, No. 178258.

[43] A. Czerwinski, M. Zelazowska, Patent RP, No. 180939.

[44] A. Czerwinski, M. Zelazowska, J. Electroanal. Chem. 410 (1996) 55-6022.

［45］A. Czerwinski，M. Zelazowska，J. Power Sources 64（1997）29-3422.

［46］M. Inagaki，J. Qiu，Q. Guo，Carbon 87（2015）128-15222.

［47］H. O. Pierson，Handbook of Carbon，Graphite，Diamond and Fullerenes：Properties，Processing and Applications，Noyes Publications，Park Ridge，New Jersey，199322.

［48］L. A. Pesin，J. Mater. Sci. 37（2002）1-2822.

［49］N. C. Gallego，J. W. Klett，Carbon 41（2003）1461-146622.

［50］M. Calvo，R. García，S. R. Moinelo，Enery Fuels 22（2008）337622.

［51］B. Tsyntsarski，B. Petrova，T. Budinova，N. Petrov，M. Krzesinska，S. Pusz，et al.，Carbon 48（2010）3523-353022.

［52］Y-Il Jang，N. J. Dudney，T. N. Tiegs，J. W. Klett，J. Power Sources 161（2006）1392-139922.

［53］Y. Chen，B.-Z. Chen，X.-C. Shi，H. Xu，W. Shang，Y. Yuan，et al.，Electrochim. Acta 53（2008）2245-224922.

［54］Y. Chen，B.-Z. Chen，L.-W. Ma，Y. Yuan，Electrochem. Comm. 10（2008）1064-106622.

［55］A. Czerwinski，S. Obrębowski，J. Kotowski，Z. Rogulski，J. M. Skowronski，P. Krawczyk，et al.，J. Power Sources 195（2010）7524-752922.

［56］A. Czerwinski，S. Obrębowski，J. Kotowski，Z. Rogulski，J. Skowronski，M. Bajsert，et al.，J Power Sources 195（2010）7530-753422.

［57］E. Gyenge，J. Jung，S. Splinter，A. Snaper，J. Appl. Electrochem. 32（2002）287-29522.

［58］E. Gyenge，J. Jung，B. Mahato，J. Power Sources 113（2003）388-39522.

［59］K. Kelley，J. J. Votoupal，International Patent Application WO2004004027（A2），2004-01-08.

［60］K. Kelley，C. F. Ostermeier，M. J. Maroon，US Patent 7 033 703（B2），2006-04-25.

［61］K. Kelley，J. J. Votoupal，US Patent 6 979 513（B2），2005-12-27.

［62］S. M. Tabaatabaai，M. S. Rahmanifar，S. A. Mousavi，S. Shekofteh，Jh Khonsari，A. Oweisi，et al.，J. Power Sources 158（2006）87922.

［63］K. Ji，C. Xu，H. Zhao，Z. Dai，J Power Sources 248（2014）30722.

［64］T. N. Bitzer，Honeycomb Technology：Materials，Design，Manufacturing, Applications and Testing, Chapman & Hall, London, 199722.

[65] C. R. Schmitt, Carbon 7 (1969) 637-64222.

[66] A. Kirchev, N. Kircheva, M. Perrin, J. Power Sources 196 (2010) 877322.

[67] A. Kirchev, L. Serra, S. Dumenil, G. Brichard, M. Alias, B. Jammet, et al. , J. Power Sources 299 (2015) 324-33322.

[68] A. Kirchev, S. Dumenil, M. Alias, R. Christin, A. de Mascarel, M. Perrin, J. Power Sources 279 (2015) 809-82422.

[69] A. Kirchev, L. Serra, S. Dumenil, A. de Mascarel, G. Brichard, M. Alias, et al. , AGM-VRLA Batteries with carbon honeycomb grids for deep cycling applications, Proc. nineth Intl. Conference LABAT'2014, 10-13 June 2014, Albena, Bulgaria, pp. 37-40, ISSN: 2367-4881.

[70] A. Kirchev, N. Kircheva, M. Perrin, Carbon honeycomb grids for advanced VRLAB negative plates, Proc. eighth Intl conference LABAT' 2011, 7e10 June 2011, Albena, Bulgaria, pp. 19-22.

第 11 章
高倍率操作的
电池设计

N. Maleschitz
埃克塞德科技集团

11.1 我们需要高倍率操作及其至关重要和具有挑战性的原因

汽车的电气化源于电子启动器的引入,电子启动器在 1899 年被首次提出,在 1903 年由克莱德 J. 科尔曼(Clyde J. Coleman)获得专利权,在 1911 年被带入工业应用。由此开始,汽车电池发展的重点就是高电流和高功率放电能力。启动发动机的目的是提供一个高的扭矩,尤其在讨论大型发动机和寒冷环境中的发动机时,这个高的扭矩从电气系统中吸取大量的能量,使现代汽车的电池电流高达 $300\sim400$ A。

一般来说,在涉及比功率和功率密度方面,铅酸电池具有良好的性能特点。除此之外,铅酸电池在很宽的温度范围内($35\sim80$ ℃)运行非常稳定,这也使得这项技术成为非常好的汽车应用选择。

值得一提的是,即使有这么好的温度操作范围,但是事实上由于范霍夫定律,我们仍发现其性能会随着温度的下降而降低,并且副反应和失效模式(水耗、腐蚀、活性物质脱落等)增多。除了系统在恶劣环境下的稳健性,这项技术是可以广泛应用的,从而在汽车应用中也有大范围的使用。

随着时间的推移,现代汽车的电力消耗也因要求二氧化碳减排的法规而改变,见图 11.1。我们不妨看看美国的 CAFE(公司平均燃油经济性)监管或者欧盟委员会提出的目标,图11.1清楚地表明,燃料消耗的改善,即每加仑更高的英里数将是一个主导趋势,这转化为每公里更低的二氧化碳排放量。此外,这种趋势将受到燃料成本上涨的支持,尽管知道像在2015年的某些时期,由于原油价格偏低而使燃料价格下降,但是从长远看未来会出现更高的价格。另外,汽车的使用也发生了变化,特别是在较大型的高档轿车中,更多的电力操作使用低于100 A的较小电流,这与动力应用的要求有些相似。不过,尽管汽车工业已经显著提高了发动机的启动能力,但冷发动机的启动仍然是电气系统和电池的最大挑战之一。

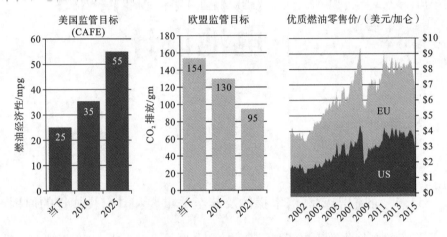

图11.1 CO_2排放量/燃料消耗量的减少。由埃克塞德科技集团提供

近年来,随着传动系统的混合,已公认有一个新的对电池的要求,即动态充电接受能力。所谓的微混合动力汽车或者启停汽车带来了对电池技术的新挑战,这些挑战源于它们的特殊操作方式。对于这种类型车辆的许多不同的构架正在考虑之中(一些案例如图11.2所示),这些都会影响电池规格。从图11.2可以看到一个对不同电源方案的总结,从单电池架构到双储能体系结构,使用两个不同的储能装置,最后再到一个双电压架构,不仅使用两个不同的存储设备,而且还有两个不同的电压水平。最后值得一提的是,首先,这些例子只是一个简要的概述,还可能有更多具体的解决方案细节;其次,随着储能装置和/或电压水平数量的增加,架构会变得更加复杂,这必然会增加这种系统的成本。

据了解,引进这种车辆的目的是减少燃料消耗量和二氧化碳排放量,而这些努力都是由严厉处罚不遵守排放目标的行为的立法所驱使的。在过去,当电池主要用于启动时,它总是储备相当多的能量作为备用,不仅要在可接受的

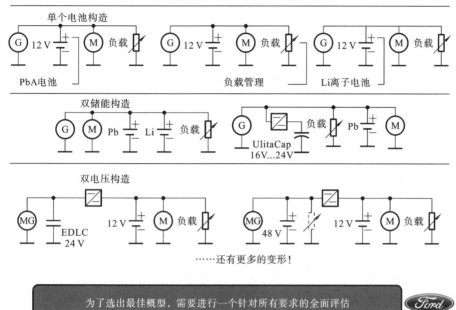

图 11.2 可能的微混合动力汽车架构案例。由福特研发及高级工程部(Ford Research and Advanced Engineering)提供

使用寿命内维持支持启动的能力,也要保证在非常低的温度下以及电池在部分放电的状态下(如在飞机场停放几天后)良好的启动能力。

微混合动力汽车以两种不同方式使用电池能量。首先,将电池放电至较低的荷电状态以直接向电力消费者提供能量,从而取代通过发电机从发动机(燃料)中获取的能量。这一电池能源的额外使用能节省燃料。其次,微混合动力汽车的发电机在停车状态下关闭,因此电池需要提供车辆静止时的电力负载并确保之后的重新启动。综合起来,这两个功能导致电池消耗增加和具有比单独启动照明点火负荷更棘手的操作负荷。

如果电池必须额外充电来满足上文提到的外加功能,将由燃料→发动机→发电机组来供能,那么这对减少能耗就没有什么好处了。但是,如果使用再生制动,其中发动机旋转的动力通过启动器-发电器单元转换成电能[1],一些充电能量可以不需要燃料消耗损失就能被提供。由于制动过程一般较短、涉及功率较大,电池需要用较高的充电电流,从而对电池的新要求被称作"动态充电接受能力"。如果没有以高倍率和高频率存储短脉冲能量的能力,则不可能实现启停功能,并且将失去微混合动力汽车的燃料消耗优势。因此,动态充电接受能力已成为近年来研究的热点话题。图 11.3 显示了现代汽车部署能量回收(再生制动)的典型驾驶情况,可以看出,在很短的时间内发生了许多充电-放电事件。

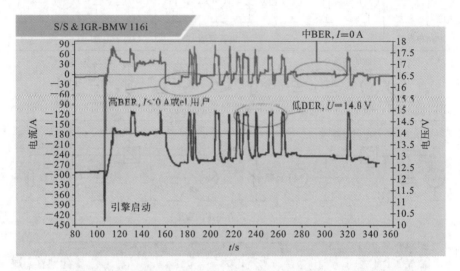

图 11.3　现代启停汽车的电流-电压情况。BER,制动能量回馈;IGR,智能发电机调节;
　　　　 S/S,启停。由班纳有限责任公司(Banner GmbH)提供

图 11.3 显示了具有智能发电机调节(intelligente generator regelung)(智能发电机控制)的一辆 S/S & JGR- BMW 116i 的当前电压曲线。工作原理显示了三种主要的工作模式,分别表示为高 BER、低 BER 和中 BER,其中 BER 代表制动能量回馈(brake energy recuperation)。在高 BER 时,电池放电,为系统提供一些能量。当系统切换到低 BER 时,电池充电,优先利用一些系统的可再生能量,但同样重要的是,当系统处于中 BER 时,没有充电或者放电以保持电池在目标电压上从而允许接下来的高 BER 或低 BER 相位。如前所述,这三种基本操作模式之间的切换在几秒内就会非常频繁地发生,以一种新的方式给电池带来压力。

在这一点上,关于动态充电接受能力测试还有相当多的争论,并且目前有许多不同的测试周期正被使用于测量和定义微混合动力汽车中铅酸电池的运行。

汽车行业并不是唯一需要升级电池性能的领域。在动力市场上,人们对电池的快速充电越来越感兴趣,因为物料搬运仓库寻求优化组织运作,充电时间越短,所需的电池和充电系统就越少。在电网业务中,来自可再生能源的能量(例如风能和太阳能)一直在增加,并且正在对电网造成一些干扰,从中期来看,这将需要某种专门的储能形式。

可以得出结论,对高功率充放电操作的需求不仅来自汽车行业,也来自工业电池市场中的动力和电网业务的强烈要求,这也是进一步发展铅酸电池技术的巨大挑战和推动力。

11.2 关于高倍率操作的基本理论

从理论上讲,铅酸电池系统能够提供 83.472 Ah/kg 的能量,每 Ah 包括 4.46 g PbO_2、3.86 g Pb 和 3.66 g H_2SO_4。所以原则上我们只需要 11.98 g 的活性物质来提供 1 Ah 的能量[2]。

但是由于几个原因,即使放电电流非常低,这个计算值也不能达到。在实践中,使用高效的活性物质和优化的设计参数,可以实现 45~50 Ah/kg 的比能量。然而,放电反应的电流密度越高,由于低效率造成的损失就越高,如图 11.4 所示,其中关于在 $-20~50$ ℃ 不同温度水平显示不同的与放电电流相关的容量曲线。

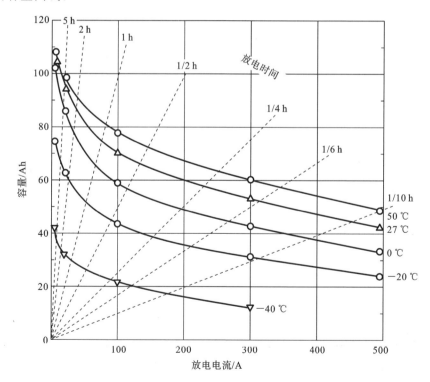

图 11.4　相对于放电电流和温度的容量。Lead Acid Batteries—Hans Bode,page 288

如前所述,系统的温度起着重要的作用,特别是高功率能力随着温度的降低而降低。高倍率充放电效率低下的另一个重要原因是,发生的电化学反应集中于电极的外部区域,并且重要的是,电极的几何表面成为一个限制性能的因素。

图 11.5 显示了硫酸铅作为铅酸电池放电产物,随着比电流密度的增加而积聚在电极表面。比电流密度越低,放电反应越均匀,当施加 1~2 mA/cm 的极低比电流密度时几乎使用到整个板横截面;当比电流密度增加到 150 mA/cm 时,放电反应主要发生在外部区域,导致该区域硫酸铅的高累积。硫酸铅比铅或二氧化铅占据了更大的分子体积,以至于随着反应的进行,多孔电极的残余孔径减小并且限制电极和电解质之间的离子转移。

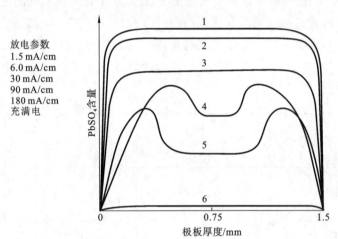

图 11.5　硫酸盐相对于负极板厚度的分布。Lead Acid Batteries —Hans Bode, page 158

解决这个问题的一个合乎逻辑的方法是增加电极的孔隙度使硫酸铅膨胀而不堵塞离子运动和转移的自由空间。然而,这个大体想法主要的缺点就是电极孔隙率的增加会导致结构性弱点,并且硫酸铅化成带来的机械压力会使结合断裂并导致颗粒分离,从而无法进一步用于充电和放电反应。这会导致活性物质的过早脱落主要在正极上。

此外,在制造过程中了解这一点很重要,这种高孔隙度的活性材料也会造成处理和组装电极的严重问题并且导致高废品率和机器故障。因此,活性物质孔隙度增加面临的技术限制和经济限制都是不能违背的。

当考虑到充电和放电反应的电化学部分时,我们也需要考虑进入和通过集流体的电子传递。

当考虑到电子转移到集流体时,我们主要在这里谈论所谓的活性物质-集中器(板栅)结合。在负电极处,由于材料相似而挑战较小:铅或者更好的铅合金作为集流体,海绵铅作为活性物质。只要活性物质-集中器结合处在涂布、固化和装配过程中能够承受机械应力,那么它在充电放电反应中就不会带来进一步的问题,因为在初始充电过程中所谓的化成,板栅中的铅与海绵铅建立了非常牢固的联系。

正极面临更大的挑战,因为集流体、铅或铅合金和活性物质多孔二氧化铅之间的界面涉及可构成局部电化学池的不同材料。界面层应该非常密实以避免电解质渗透而导致放电,这一点非常重要。另外,在形成铅和二氧化铅的界面时,可能会产生一些混合的氧化铅结构和层,其导电性差并导致钝化,从而既显著减弱高倍率放电能力,又缩短电池寿命。

避免这些问题的途径包括正确选择活性物质的 pH 值、高质量的涂布和固化过程,以及仔细选择用于集流体的合金。在这方面,必须特别小心用于免维护电池的钙基合金。正确选择合金中的钙锡比是避免物质-板栅结合中一般问题的一种安全的方法,并且提供良好的耐腐蚀性,特别是在高温下(参见第 12 章)。

当然,集流体和活性物质之间的任何一种裂缝都会导致性能降低和寿命缩短,因此,设计和制造过程需要非常仔细。

集流体的几何设计是重要的。传统上,集流体被设计成由在二维阵列中相互交叉的栅线组成的板栅结构。栅线由外围框架或者穿过顶部的牢固棒支撑。顶部的支撑通常有一个单点集流部分称为极耳,其通过所谓的汇流排铸焊工艺结合到完整的电池元件上,如图 11.6 所示。

很显然,电子到达单点收集(极耳)必须经过的距离越远,给定活性物质的高倍率性能越低。因此,带有直接连向极耳区域的导线的板栅设计是高倍率应用的首选设计。优化高倍率运行板栅的过程必须既要考虑设计,也要考虑板栅制备方法。在重力铸造的过程中,在设计时有相当大的自由度,尽管不同设计的制造产量由于可能的铸造速度的限制存在差异,铸造速度是由板栅模具中熔融的合金的流动以及废品率决定的。当涉及连续板栅铸造时,可制造性上的考虑变得更加有限制性,因为在这里由于更快的制备速度,不合适的板栅设计会引起巨大的操作困难,这对熔融铅流以及合金的冷却过程产生挑战。

在拉网技术中,由于拉网板栅的制造过程,最佳的集流体设计必须被放弃。有两种不同的生产拉网板栅的方法:旋转式拉网和往复式拉网,尽管两种大体上都会形成相同的板栅设计。高倍率操作时,为了对设计的限制,可以增加栅线厚度和上部框架的尺寸,并且扩宽极耳面积。与重力铸造相比,拉网工

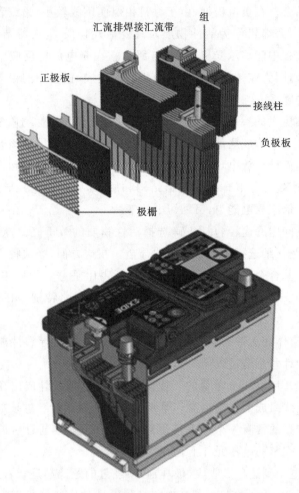

汇流排焊接汇流带 组

正极板

接线柱

负极板

极栅

图 11.6　单电池设计。由埃克塞德科技集团提供

艺生产出稍轻的板栅,由于重力铸造技术因铸造工艺和铅合金的凝固机理而对栅线厚度和横截面存在限制。

　　栅线铸造的局限性和非优化板栅设计的缺陷几乎完全可由第三种板栅生产技术(即所谓的冲压技术)解决。不同技术制造的板栅如图 11.7 所示(从左到右:冲压、重力铸造、连续铸造和拉网),从图中可以看到冲压板栅看起来像重力和连续铸造的栅格,因此提供了广泛的设计可能性。冲压板栅由铸造(通常是轧制)铅条制成,并通过冲压出栅线之间的空隙而制成。当这项技术首次提出时,速度相当缓慢,但如今速度快得多,提供与拉网技术相似的线速度。因此,可以非常薄并代表良好的成本效率的冲压板栅,为高电流应用的单电池设计提供了很好的可能性。当然,如果没有排除由于正极板栅的腐蚀而造成早期失效的风险,那么板栅厚度不能减少太多。

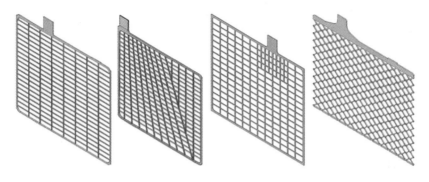

图 11.7　不同技术制造的板栅

前文介绍的关键参数将在下一章节中进一步讨论。首先,必须考虑由高倍率应用设计引起的失效模式的影响。

正极板栅腐蚀总是一种主要的失效模式,特别是在恶劣的环境(较高温度下)运行期间。另一个重要的在此起作用的失效模式是负极活性物质的硫酸盐化,这是充电反应的低效率造成的。这种失效模式受板栅结构影响(更靠近顶部框架和极耳的区域比更偏远的区域充电更有效),并且可以通过提高负极活性物质的结构和导电性的添加剂改善,特别是当其处于放电状态时。在最近的实验室测试中,我们看到了高倍率操作导致负极极耳腐蚀,但在撰写本文时,这个问题尚未在微混合动力汽车的实地分析中被发现,它可能是一个实验室假象。

总体而言,在高倍率应用中实现可接受的电池寿命将要求在几个影响性能的设计参数间进行平衡取舍。

11.3　高倍率极板设计的关键参数

设计电池是一项复杂的任务,因为有很多影响因素。从更广泛的角度介绍这个主题并且了解关键的基本数据后,现在我们将深入探究设计高倍率电池所涉及的关键参数。

一般来说,理论上的最佳设计和其可制造性之间总是存在矛盾的。这总需要一个平衡取舍,但在过去几年中,我们取得了很大的进展,从而使铅酸电池在大电流充放电应用中性能得到提高。

对于后续的考虑,必须充分顾及可制造性,因为它对于像铅酸电池这样具有成本效率的产品是至关重要的,我们认为它与电池本身的性能一样重要。

在追求高倍率运作的电池设计方面,没有单一的最佳解决方案,所以我们需要权衡利弊来实现最佳的选择。还需要提及,对于某一家制造商的最佳选择不一定适用于另一家制造商,因为也许对制造约束或简单的设计原理会引发不同的看法。

在图 11.8 中,列出了不同参数和它们之间的相互关系(特别是如果它们相互中立或是产生积极/消极的影响),以及它们如何影响电池的性能。由于在大多数应用中,给定了电池设计的容量,为了简单起见,我们考虑恒定的几何表面积、极板高度和极板宽度。当我们在后面的章节中谈到其他可选的单电池设计时,将考虑不同技术几何表面积的限制和可能性。

图 11.8 中的概述只是一个高层次的方法,我们需要明白总体目标是给出大致的方向。详细来说,很多最终的设计方案取决于制造商的能力和理念,因此,很可能没有具体的一般规则。此外,无法完整列出所有性能特点,因为这样做会得到一个过于复杂的矩阵,所以我们在这里专注于主要的性能领域。

评估级别包括从有着强烈积极影响的“++”(这意味着这些项目相互支持)到“——”(这意味着有一个强烈的冲突可能导致负面影响)。如果评级为“0”,则意味着实际上没有影响,并且项目是彼此中立的。

所以让我们更深入地观察这些正在发生强烈的积极(++)和强烈的消极(——)影响的区域。

对于高倍率放电而言,板栅设计领域最大的积极影响的实现可以通过更厚的总体框架尺寸、更大的顶部框架、更大横截面的较厚的栅线、板栅中导电芯的使用和负极的更多的木质素磺酸盐膨胀剂材料的量的使用等方式实现。增加极耳宽度(更确切地说是增加极耳横截面积)也有积极的影响,但是因为在某些水平上,极耳宽度导致汇流排铸焊的铅量不经济,该参数的实际可行性有限。正极和负极活性物质的孔隙度也是如此。由于非常高的孔隙率会导致制造过程中的重大阻碍和循环寿命操作的不稳定,该参数需要被仔细选择并且无法提供显著调整放电性能的巨大能力。

另一方面,整体框架厚度和顶部框架区域为提高高倍率放电性能提供了更大的机会,栅线厚度也是如此。不过,我们需要明白这些有利也有弊,它们会增加用铅量,从而增加了元件重量。低元件重量对于汽车行业来说是一个非常重要的参数,因为汽车总重量对燃油消耗量以及二氧化碳排放量有重要影响。一个解决低重量板栅和具有足够导电横截面之间约束的方案是使用更薄(且更多)的板栅和极板。采用这种方法,我们不仅要解决导电横截面问题,

	总厚度	上部框架尺寸	极耳宽度	栅线厚度/交叉比例	栅孔大小/栅线间面积	板栅导电孔	极板厚度	活性物质孔隙PAM	活性物质孔隙NAM	活性物质比例PAM:NAM	碳添加剂	木质素磺酸盐添加剂	高速率放电	动态高速率充电(DCA)	容量(20 h)	循环寿命PSoC(VDA 17.5%DoD 或 SBA)	循环寿命 中度-深度SoC (VDA 50% DoD)	循环寿命 热气候(SAE J2801)	失水	腐蚀	电池单元重量	可制造性
总厚度																						
上部框架尺寸	+																					
极耳宽度	+	+																				
栅线厚度/交叉比例	+	+	0																			
栅孔大不/栅线间面积	0	0	0	-																		
负极板栅导电孔	+	0	0	+	+																	
极板厚度	+	+	0	+	+	+																
活性物质孔隙PAM	0	0	0	+	--	0	+															
活性物质孔隙NAM	0	0	0	+	-	0	+	0														
活性物质比例PAM:NAM	0	0	0	0	0	0	0	0	0													
碳添加剂	0	0	0	0	0	0	+	0	+	0												
木质素磺酸盐添加剂	0	0	0	0	0	0	0	0	+	0	++											
高速率放电	++	++	+	++	-	++	--	+	+	0	-	++										
动态高速率充电(DCA)	++	++	+	++	-	++	--	+	+	+	++	-	+									
容量(20 h)	0	0	0	0	-	0	+	+	0	+	0	0	0	0								
循环寿命PSoC(VDA 17.5%DoD 或 SBA)	++	++	0	++	-	+	+	-	--	++	++	+	+	++	0							
循环寿命 中度-深度SoC(VDA 50% DoD)	+	+	0	+	--	0	+	--	--	+	+	0	0	0	+	0						
循环寿命 热气候(SAE J2801)	++	++	+	++	--	+	+	--	--	+	0	++	0	+	0	+	0					
失水	0	0	0	0	0	0	0	0	0	0	--	-	0	0	0	0	0	+				
腐蚀	++	++	+	++	-	0	+	-	0	+	-	0	0	0	0	0	-	--	+			
电池单元重量	--	-	--	--	+	++	-	+	+	0	0	0	0	0	-	-	-	0	0	+		
可制造性	+	+	+	+	-	--	+	--	--	0	-	0	0	0	0	0	0	0	0	+	0	

图 11.8 高倍率电池设计关键参数间的相互关系。DCA，动态充电接受能力；NAM，负极活性物质；PAM，正极活性物质；SAE，美国汽车工程学会；SAE VDA，德国汽车工业协会；SBA，启停测试-SBA S 0101:2006日本制定

还要在增加几何表面积时降低给定恒定放电电流下的电流密度。该较低的比电流密度也能够减少腐蚀寄生副反应，主要在正极板栅。如果合金和制造工艺选择得当并且板栅不过薄，较薄的板栅不一定会遭受腐蚀增加。按一般规律来说，用于冲压或拉网技术的低于 0.8~0.9 mm 的板栅厚度表现出在高倍率时性能下降并且在高温下耐腐蚀性较低。

对于高倍率放电，还有其他两个可能的提升性能驱动因素：一种是使用导电芯，铅板栅里主要是铜；另一种是使用更多的特定木质素磺酸盐量。

铜芯的使用仅在负极板栅上具有实际意义，因为正电位会导致腐蚀，特别在接头处和边缘处。即使在负极板栅中，由于负极活性物质海绵铅的良好导电性，这种应用只有在具有较大极板高度（200 mm 及以上）的大型工业电池中具有实用的相关性，因为我们需要了解这种板栅的可制造性是一个挑战并且相当复杂，这导致了电池的更高成本。

某种木质素磺酸盐的使用对高倍率放电性能具有非常积极的影响。有大量不同的木质素磺酸盐可供选择，并且大体上取决于用量，它们提供更好的高倍率放电。其中一些即使在炎热的气候条件下，也能在整个生命周期和循环中提供可持续的结构。

然而不幸的是，使用木质素磺酸盐通常导致充电接受能力下降，因此需要在特定用途和单电池应用的充电和放电要求之间平衡剂量。

我们最初看来，可能会认为高倍率充电将遵循与高倍率放电完全相同的行为和关系，但是这是误导。大体上看，存在很多相似之处，但在细节上，有一些重要的部分需要以不同的方式处理。对于板栅厚度，包括通常的框架、顶框架区域、极耳宽度和栅线横截面，充电行为完全遵循放电行为。就极板厚度而言，一旦极板太厚（超过 2.5 mm）我们就会看到负面影响。这主要是一个扩散问题。在放电反应期间，孔隙由于铅-硫酸铅的扩展而几乎阻塞，特别是在负极板表面。通过使用更多更薄的极板来抵消这一现象，这个方法对于放电特性有同样的积极效果。比电流密度降低，充电性能提高。另外，随着更宽范围的极板横截面的使用，效率增加。如前所述，木质素磺酸盐在充电接受能力中起着主要作用，且剂量需要被考虑得当。

充电和放电行为的最大差异之一是添加于负极活性物质的碳材料的影响[3]。有研究显示正极活性物质中碳材料添加剂不仅对化成有积极影响，而且对寿命性能有积极影响[4]，但是由于正极恶劣的氧化环境使得碳材料的留存十分困难，在这方面所做的工作是有限的并且对成功的可能性还有许多质疑。在整体的碳物质的方面，有许多不同类型的适用的碳材料，例如膨胀石墨、低/中/高表面积碳、活性炭和人造石墨,并且其对可充电性的影响各有很大的不同[5]。一般来说,我们需要了解一些碳材料对高倍率放电性能有着或多或少的负面影响(放电容量,EN 标准中主要表示为到 6 V 的放电时间),特别是在低温下,所以需要根据所要求的整体电池性能进行充分地考虑和平衡。

已经有几种关于碳材料的积极影响的解释被提出:导电改善、双电层电容、扩散改进和所谓的电解质泵送效应。总体来说,仍然还没有百分之百地确定是哪一种机制导致了所观察到的积极影响。最终的真相可能是这些效应的组合或者是一种全新的机制。但是清楚并在许多不同的方案和项目中显示出来的是,添加碳材料不仅会显著提高充电接受能力,还会增加由于负极板过电位变化导致的耗水量。不同的材料存在差异,因为似乎这些碳材料是作为高电化学活性的中心,更大的表面积导致更高的反应性和水分解,毫无疑问所用的碳的表面积越高,水的消耗量越大。这种较高的耗水量也会导致另外一种副作用,即更多的正极板栅被腐蚀,并且因此,添加碳材料的类型和数量需要被充分考虑,并且需要在这个特定的方面进一步调研。还有一个潜在风险值得一提,这些来自替代产业的碳材料会带来有害杂质,这是铅酸行业所竭力避免的,标准杂质分析可能无法捕捉到这类元素。

在高倍率条件下换挡并观察循环行为,其中大部分时间被称为高倍率部分荷电状态(HRPSoC)循环,当通过使用更薄的板来增加板的数量(几何表面积)时,我们看到与板栅技术积极影响相同的影响。总体上,我们可以说任何有助于改善充电接受能力,特别是动态充电接受能力的方法,也有利于 HRP-SoC 循环,因为关键在于要实现适当且快速的再充电,并避免过早的硫酸化,尤其是负极活性物质。需要再次提及的是,使用孔隙率过高的活性物质(尤其是负极活性物质)的风险,因为这会缩短循环寿命。诚然,更高的孔隙率将允许更好的酸扩散和孔隙结构中更高的硫酸盐含量,这对充放电反应有益,但晶体网络的稳定性被减弱,因此寿命降低。此外,电池大部分时间不是只用于某种特定类型的循环操作,所以即使是专为 HRPSoC 设计的电池在实际中将在生命周期的某个时间点被应用于更深的循环条件。因此,更深的循环条件(即50%放电深度(DoD)或更深)需要在整体设计中加以解决。

当我们谈论循环寿命特别是 HRPSoC 时,我们也需要了解电池并非总是在理想的环境条件下使用的。由应用设计引起的恶劣环境(引擎盖操作下)或者高温气候区域中对在高温下的寿命稳定性要求越来越大。另外,HRPSoC操作本身也会在电池中产生热量,因为由于低效率和寄生副反应,快速充电总会导致电池温度升高。

除了已经提到的参数，还有重要的一点是木质素磺酸盐通常在高温条件下变质。有新的替代物质正在被生产，要求其满足在高温循环的使用寿命期间具有更好的耐热性和更可持续的负极活性材料的海绵结构。然而，一般来说，这些更稳定的物质可能对充电接受能力和动态充电接受能力有负面影响，所以需要仔细选择剂量和这些材料的组合。

最后同样重要的是，每当我们在讨论高温下的电池性能时，我们都在处理更高腐蚀速率的问题，特别是正极板栅结构。显然，较厚的板栅结构延缓了板栅腐蚀的失效模式，但带来较高重量的缺点。使用更多和更薄的栅格，特别是使用精心挑选的合金成分和制造工艺是解决这个问题的更具创新性和成本效率的方式。需要详细提到的是，在某些情况下，一些制造技术(拉网和重力铸造)由于制造方法比其他技术(冲压板栅)显示出更低的性能。

重力铸造板栅晶界的晶格腐蚀和由于拉网板栅的侧边框架缺失造成的板栅增长是造成性能差异的两个主要原因，但如果制造工艺和合金成分被很好地选择，这种差异可以相当小[6]。冲压技术结合了侧边框架和来自轧制过程的高耐腐蚀层状结构并且在这方面获益。尽管如此，使用冲压板栅技术也需要谨慎地设计和制造；否则，与其他两种技术相比，其优势可能会减少甚至导致更差的性能。

总的来说，我们可以看到，正如刚开始时已经指出的那样，没有单一的最佳方案。用于高倍率操作的单元设计需要详细考虑具体应用需求，并充分考虑制造的可能性来进行平衡取舍。一如既往，有很多可以实现一个合适的设计和满足所需性能标准的方法，并且如前所述，电池不仅用于某一种充电放电方案，还用于各种其他条件，这要根据客户期望对单电池进行精心设计。

11.4 用于高倍率操作的替代极板和单电池设计

在我们深入研究替代单电池设计之前，我们需要涵盖富液式单电池设计与 VRLA(阀控式铅酸电池)单电池设计，特别是 AGM(吸收性玻璃毡)进行比较时的设计机会。我们不需要考虑属于 VRLA 范畴的凝胶型电池，因为凝胶设计通常会提供由于凝胶电解质的一般性质而导致较差的高倍率性能。凝胶电池在深循环(50% DoD 甚至更多)应用中具有优异的性能，因此是循环操作的首选方案，而不是 HRPSoC 操作。

在富液式电池设计中，出于安全原因在板的顶部总是需要一些额外的电解质并且最好覆盖单池间的焊接连接。高于最高酸平面的池间连接可能会导致严重腐蚀和单池彼此断开，电池会过早失效，并且除此之外，还存在在断开期间产生可能导致电池爆炸的火花的风险。根据不同的应用情况,不同规格建议的酸平面在极板上方 30～40 mm,这对于给定的电池体积而言需要较短的极板并且因此具有较小的几何表面积。AGM 电池有不同的设计,由于电池中没有游离电解质(因此在极板上方也没有),需要采取其他的措施避免顶部铅和池间焊接腐蚀。这涉及用于汇流排铸焊所用的极耳镀锡和铅锡合金的使用(2%～4%的锡)。这个过程导致制造过程挑战性加大,并且是 AGM 电池比其对应的富液式电池更昂贵的原因之一。就优点而言,能使用电池容器的全部可用容量的可能性可能导致约 20%极板高度的增加,这直接转化为增加 20%的几何表面积。由于电解质饱和度低于 100%,这一好处有部分被抵消,高倍率放电能力略有下降。另外,AGM 设计中低于 1.1 mm 的极板间距非常难以填充电解质,而在富液式电池中,极板间距可以低至 0.8～0.9 mm,因此在一些设计中,可以加入额外极板。然而,极板间距如此小的富液式设计在设计稳定的产品方面远非最佳解决方案,因为它们往往表现出早期失效的较高分层,并且难以制造。

将这种几何表面积的设计考虑推到极限,我们最终落脚到螺旋缠绕式设计,这是一个有一片正极板和一片负极板的圆柱形的单电池,有多个极耳缠绕在圆柱体上,如图 11.9 所示。

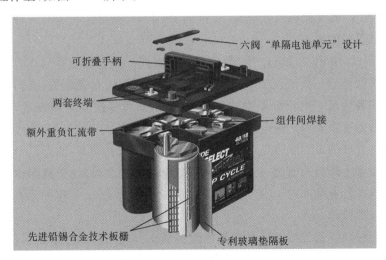

图 11.9 缠绕式电池设计。由埃克塞德科技集团提供

很明显,这样的设计制造起来相当困难,但是由于其高几何表面积和 0.8～0.9 mm 的薄极板间距,提供了一个非常好的高功率性能特点。薄极板间距确实导致艰难的填充过程。AGM 平板式极板设计的性能粗略评级显示

其可提供约 400~450 W/kg 的比功率密度,而螺旋缠绕设计可提供高达600~650 W/kg 的比功率密度。这种设计的最大缺点之一是与功率性能相比,其比能量相对较低,AGM 为 40~45 Wh/kg,螺旋缠绕式设计为 35~40 Wh/kg,因此螺旋缠绕式设计仅用于特殊应用。不过,展望未来先进的应用,这技术可能会在 48 V 系统领域变得非常有用,我们也会在后面的章节仔细研究这种可能性。

几年前,Bolder Technology 公司也研发了这种螺旋式设计的高功率性能,该技术将螺旋缠绕概念与约 0.1~0.2 mm 厚的薄箔电极设计相结合,取代了传统的正负极板栅结构[7,8]。活性物质的厚度也约为 0.1~0.2 mm,这为给定的体积提供了极高的表面积。极板连接类似于汇流排铸焊工艺,但涉及将箔的整个末端浸入铅连接物。当然,要做到这一点,正极和负极并不完全重合,这引出了电池相对两端处具备相反极性的电池设计,类似于 AAA 或 AA 原电池设计。这种电池不是为了提供高能量容量而制造的,而是为高功率应用精心设计的,由于螺旋缠绕式设计及其适用于 AGM 技术的压缩功能,这样的电池循环得非常好。应该被提到的一个缺点是,由于箔片的厚度很低,特别是在开路情况下,正极的腐蚀会严重限制这种电池的寿命。耐腐蚀合金领域的发展可能解决或至少改善这个问题。

ALABC(先进铅酸电池联盟)运行的 ISOLAB 项目证明了另一种使电池设计突破极限的方法。

在图 11.10 和图 11.11 中,我们看到了在同一侧安装极耳与在板栅相对两侧安装极耳的一个比较结果。这项工作是用模拟工具完成的,我们可以看到在第二种情况下电流分布的均匀性大大提高,带来更均匀的充放电反应。在最初的测试中表明这种电池可以具有 800~900 W/kg 的比功率密度。阻碍这种设计发展的最大障碍是可制造性,这是一个巨大的挑战,也是这个概念尚未进入批量生产的原因之一。除了制造方面的挑战之外,这个概念也是不符合当今汽车行业标准的 12 V 电池应用。但它可能成为 48 V 电网等新型先进应用设计的选择。

另一种现成的思维设计是双极电池的概念。这项技术并不是很新,而且有几家公司尝试过并且继续尝试克服在以工业量级和合理成本制造这种电池中的障碍。制造公差、填充问题、泄漏问题和涂布方式可以被概括为这些技术面临的最大困难。不同的双极方法中双极板使用不同的基板(但都同样遵循如图 11.12 所示的理念)。

双极技术采用单个极板,其一面是正极活性物质,另一面是负极活性物

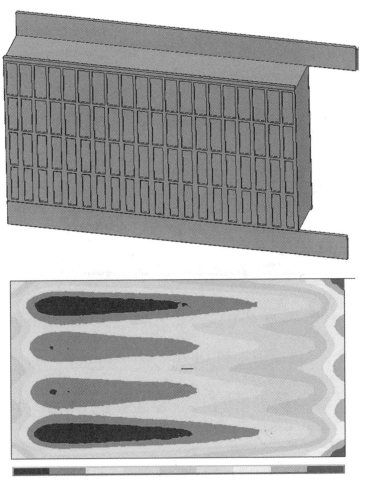

图 11.10 ISOLAB 项目电池设计研究。由 Banner GmbH 和 ALABC 提供

质。电池组建类似燃料电池堆,将足够的双极板(每个 2 V)组合起来以提供期望的电压。使用标准隔板(现今主要是 AGM),并通过胶合、热焊接或者注射成型将电池堆结合在一起。

容量取决于极板的尺寸和活性物质厚度。如果要实现合理的充电和放电倍率,活性物质厚度不能大于 2 mm。通过这个设计约束,显然双极技术有利于高电压系统,而且在汽车应用中,应该被优选用于大约 48 V 的模块。这种技术已经证明可以提供高达 800~1000 W/kg 的比功率密度,这将显著地推动铅酸技术的前沿发展。迄今为止这些结果是仅限于原型单电池或电池。如果能在批量生产产品中看到这样的性能是非常令人期待的。

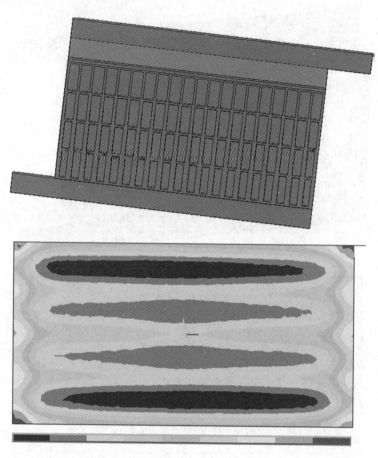

图 11.11 ISOLAB 项目电池设计研究。由 Banner GmbH 和 ALABC 提供

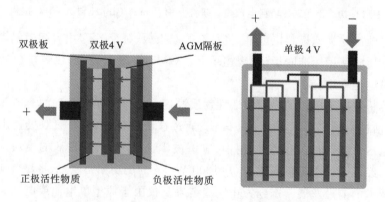

图 11.12 技术路线比较。AGM,吸收性玻璃毡

追求铅酸电池可行的双极设计中遇到的主要挑战之一是对适用于双极板的材料的鉴别。早期的尝试试图使用纯铅片,但是这一方法基本无法减轻重量并且遭受极板腐蚀。为了避免使用铅,先进电池概念[9]目前是使用塑料板,用铅箔覆盖,通过在塑料上创建铅填充孔来提供电子电流转移,这些孔的数量和大小可以根据功率要求调整。Atraverda 的设计使用了一种名为 Ebonex^R 的特殊陶瓷材料,另一个设计是由瑞典 Effpower 公司采用的铅渗透陶瓷。最近,Gridtential 提出了一种称为硅-焦耳技术(Silicon Joule)的硅材料作为双极电池中心部件的基板材料。迄今为止,这些设计还没有在市场上产生重大影响。

需要提到的是,将几何单电池设计延伸到现有边界之外具有进一步提高铅酸电池性能的巨大潜力,特别是对于高倍率应用。新材料需要被调研,并且制造工艺也需要大幅改善,或许会通过采纳其他行业的新想法的方式实现。

超级电池™(UltraBattery™)概念可以被看作是这样的一种方法:它把使用超级电容器的想法与铅酸电池技术相结合。这种设计的好处是电池的超级电容部分有非常快的充放电能力,并且与铅酸电池化学结合时,电容器的低能量密度的缺点可以被抵消。这项技术由澳大利亚的英联邦科学与工业研究组织和日本的 Furukawa 发明并获得专利,获得 East Penn 制造公司许可。两家公司已经展示了这种电池的实际应用,其不仅应用在一些 ALABC 项目中,而且来自 East Penn 制造业的 48V 超级电池™还用于客户项目——现代/起亚(Hyundai/Kia)的 T-Hybrid 汽车中的。超级电池™在第 16 章中有更详细的介绍。

11.5　附加的板和电池设计参数及其影响

由于所有设计参数的优化过程没有妥协是不可能的,我们需要关注关键因素,正如我们在前几节中所做的那样。要完成一个几乎完整的图形,一些额外的电池设计参数将在接下来的章节中被介绍。

首要的项目之一是分离器。在 AGM 技术中,分离器有两个主要的功能,即将正极与负极隔离并吸收非织造结构(见图 11.13)孔内的电解质。淹没式设计的分离器是用高孔聚乙烯膜,不仅吸收电解质,还具有隔离功能。

已经证明淹没式设计的分离器由于电阻低、专门的螺纹结构和一些基材本身的优化对高速率充放电有积极影响。如前所述,0.8~0.9 mm 的板间距(相当于整个隔板厚度)在今天可以被视为与稳定的淹没式电池设计一致的最低可能水平。为了抵消这种薄间距的缺点,所谓的分离器的背网可以从其 0.2

图 11.13　非织造结构

mm 的当前保守值降低到 0.175 mm 甚至 0.15 mm 厚度以允许板之间更多的酸移位，而背网是没有肋条的固体材料。由于背网具有 90% 或更多的孔隙率，该效果可能是有限的，同样，在另一方面，分离器需要确保用于制造的良好的耐穿刺性和电池寿命。这种设计可能性只是一个小小的优化。

除了所有这些变数之外，在需要接受间距较小的情况下我们会增加分层效应。分层是由充放电反应造成的，并且由于免维护电池的充气减少，我们有较少的电解质混合，这导致了底部较高的酸浓度和顶部较低的酸浓度。分层造成了许多负面影响，例如，不正确的开路电压的测量值，在负极板底部增加的硫酸化，以及由于电荷的不足和不均匀形成混合电势，尤其涉及相当短的电池循环寿命，最终导致电极的不均匀使用。

另一个需要解决的问题是，为达到最佳的高速性能设计，哪一块板应该被包络？据观察，朝向正极的肋片比朝向负极的肋片表现出明显更好的性能，但在选择微小的电极时，并没有明确的设计规则。标准方法是，仅仅考虑成本原因，将较低的板数封装在一个不均匀的设计中。在一个均匀的板数设计中，我们可以在市场上找到两个版本，将正片或负片包络。

在 AGM 技术中，通过合理的单元设计和分离器的选择，有效地避免了分层问题。纤维的混合以及细纤维与粗纤维的比例不仅对成层有重要影响，而且对高速充放电性能也有重要影响。作为一般规则,可以指出,极细纤维和大量的细纤维妨碍高速率的充电和放电,但提高了循环寿命。特别地,可以通过使用更多的细纤维和更细的纤维减少分层。因此隔膜材料的选择是一种折中,针对细纤维提供的改善循环寿命,平衡细纤维导致的高速性能(和更高成本)的下降。如前几次所述,减少板间距以允许在给定电池体积中使用附加板是增加几何表面积,降低比电流密度并因此改善高速率性能的一种方式。在 AGM 设计中采用这种策略的风险是双重的。首先,即使使用硬质真空填充装置,酸性填充过程也是相当困难的并可能导致干点和枝晶形成,这会导致电池短路和电池过早失效。第二个风险是在组装过程中通过 AGM 分离器一些板材的刺穿,因为 AGM 具有非织造结构,这在抗刺穿性方面有一些弱点。一些 AGM 材料含有有机纤维,其中一些甚至经过热处理并烧结在一起以提高抗穿刺性,但是过高的纤维含量(高于 $10\% \sim 15\%$)对性能有着显著的负面影响。迄今为止,在现代和稳定的 AGM 设计中为高速率应用建立了不低于 1.1 mm 的板间距。总而言之,就像淹没式设计一样,在 AGM 设计中,为了实现高速率,我们也需要达到极限,但请注意不要将边界变成不稳定和有风险的产品设计。

11.6 对更先进的高速率应用的铅酸电池设计的展望

铅酸电池行业的未来常常受到挑战。许多人表示铅酸电池没有未来,这也不是什么新消息,尽管几十年来有关于行业消亡的预测,但铅酸电池仍然是全球最大的电池储能行业。虽说如此,很清晰的是,应用需求正在变得更快而且变得比以往更加苛刻。锂离子等其他技术正取得重大进展并为铅酸电池行业带来重大威胁。强烈要求铅酸电池行业应该创新而不是失去其强大的竞争地位。

然而,尽管做出了所有努力,但其他技术在新的应用领域占据了能源存储业务份额,在这些领域,因为电化学系统固有的局限性,即使研究和研发正在突破极限,铅酸技术也无法竞争。

因此,铅酸电池的进一步高级和未来应用领域可能是什么?显而易见铅酸电池技术将在汽车行业的基本应用中占有主要份额,例如 12 V 电池的启动,还有微混合动力车。锂离子电池提高了冷启动性,但仍然低于铅酸电池技术在这方面的表现,锂离子电池价格已经在下降但仍高于铅酸电池的价格。在更先进的汽车应用中,铅酸电池占据 48V 电网的市场份额的机会有限。ALABC 的一些示范工作表明铅酸电池性能良好,但这将是一场艰难的战斗,为了实现这一目标必须进行重要的研究。

汽车领域中电压高于 48 V 的所有产品已被镍氢和锂离子电池技术所覆盖,因此铅酸电池技术在这些应用中的机会是有限的。

在工业电池业务中,不是这本书的范围但值得一提的是,对于所谓的网络电力行业而言,动力和可再生能源的快速充电的要求对于未来的铅酸电池是非常有吸引力的应用。就像在汽车行业一样,锂离子电池也进入市场,并将成为强大而严肃的竞争对手。在汽车行业中,锂离子电池的价格仍然很高,但会随着时间的推移而下降,因此铅酸电池行业需要创新。

从主要应用于汽车行业的碳工作中学习,提高动态充电接受能力并将其应用于工业电池技术当然是加强铅酸地位的一种有效而高效的方法。

一般来说,有关碳物质和添加剂(如木质素磺酸盐)的进一步研究为今天进一步提高铅酸电池高速率性能提供了最大的机会。但重要的是,新的电池设计技术(如双极性概念或螺旋缠绕设计)可能会极大改善铅酸电池行业向其客户的报价。

缩写词列表

AGM   Absorptive glass-mat   吸收性玻璃毡

ALABC   Advanced Lead-Acid Battery Consortium   先进铅酸电池联合会

CAFE   Corporate Average Fuel Economy   公司平均燃油经济性

DoD   Depth-of-discharge   放电深度

ISOLAB   Installation and Safety. Optimized Lead Acid Battery   安装和安全优化的铅酸电池

HRPSoC   High-rate partial state-of-charge   高倍率部分充电状态

参考文献

[1] Rekuperatives Bremsen in Fahrzeugen mit 14 Volt-Bordnetz-E. Karden, S. Ploumen, E. Spijker, D. Kok, D. Knees, P. Phlips-Haus der Technik Tagung "Energiemanagement und Bordnetze" 12.-13. Oktober 2004 Essen.

[2] H. Bode, LeadeAcid Batteries. 293.

[3] S. Horie, K. Shimoda, K. Sugie, H. Jimbo, Lead-Acid Battery for Idling Stop System, Panasonic Storage Battery Co. Ltd, 2007. IEEE.

［4］ R. Marom，B. Ziv，A. Banerjee，B. Cahana，S. Luski，D. Aurbach，Enhanced performance of starter lighting ignition type lead-acid batteries with carbon nanotubes as an additive to the active mass，J. Power Sources 296（2015）78e85.

［5］ M. Wissler，Superior Graphite Europe，Graphite and carbon powders for electrochemical application，J. Sources 156（2006）142-150.

［6］ N. Y. Tang，E. M. L. Valeriote，J. Sklarchuk，Microstructure and properties of continuously cast，lead-alloy strip for lead/acid battery grids，J. Power Sources 59（1996）63-69. Cominco Ltd. Product Technology Center.

［7］ T. Juergens，R. F. Nelson，A new high-rate，fast-charge lead/acid battery，J. Power Sources 53（2）（February 1995）201-205；

［8］ R. C. Bhardwaj，J. Than，Lead acid battery with thin metal fiml（TM-FR）technology for high power applications，J. Power Sources 91（1）（November 2000）51-61.

［9］ Advanced Battery Concept www. advancedbatteryconcepts. com.

［10］ Gridtential Energy，www. gridtential. com.

延伸阅读

［1］ H. Bode，LeadeAcid Batteries，John Wiley & Sons，1977.

［2］ R. D. Prengaman，Challenges from corrosion-resistant grid alloys in leadeacid battery manufacturing，J. Power Sources 95（2001）224-233.

［3］ P. T. Moseley，D. A. J. Rand，B. Monahov，Designing leadeacid batteries to meet energy and power requirements of future automobiles，J. Power Sources 219（2012）75-79.

［4］ Proceedings of the ELBC 2010-Istanbul.

［5］ Proceedings of the ELBC 2012-Paris.

［6］ Proceedings of the ELBC 2014-Edinburgh.

［7］ ALABC Report on ISOLAB project.

［8］ ALABC Report on LC Super Hybrid project.

［9］ Proceedings of the Dynamic Charge Acceptance Workshop-24th September 2012 in Paris，ILA.

［10］ K. J. Euler，Zur Ermittlung des effektiven elektrischen Widerstand der Gitter in Bleiakkumulatoren，Archiv für Elektrotechnik 52（1971）

122-126.

[11] D. Berndt，Temperaturabhängigkeit der Stromaufnahme beim Laden von Pb-bzw. PbO$_2$-Akkumulatoren，Chemie-Ingenieur-Technik 38 (1966) 627-630.

[12] H. Bode，H. Panesar，E. Voss，Masseausnutzung und Stromverteilung in porösen Bleidioxid-Elektroden，Chemie-Ingenieur-Technik 41 (1969) 878-879.

第 12 章
超级电池™助力
可持续道路运输

J. Furukawa[1], K. Smith[2], L. T. Lam[3], D. A. J. Rand[3]

[1] 古河电池株式会社(古河电池有限责任公司),横滨市,日本

[2] 东宾夕法尼亚制造股份有限公司,莱昂斯区,宾夕法尼亚州,美国

[3] 澳大利亚联邦科学与工业研究组织,南克莱顿,维多利亚州,澳大利亚

12.1 最具前景和经济适用的混合动力汽车

由于世界范围内对气候变化后果和化石燃料枯竭的担忧,能源存储,特别是电能存储,开始变得比以往任何时候都更重要。因此,日本、欧盟、美国、中国和印度有意减少由汽车尾气引起的 CO_2 排放,从 2010 年的 140~200 g/km 减少到 2025 年的 70~100 g/km,如图 12.1 所示。

为了有效地解决这些问题,发展包括电池电动车和燃料电池汽车在内的零排放汽车的需求不断增长。依靠氢气的燃料电池汽车可以利用太阳能、风能或氢能,从而不排放温室气体。这两类零排放车仍处于发展中,因此与内燃机车辆相比,提供较低的排放水平和较低的燃油消耗的混合动力电动汽车是过渡阶段的替代技术。

图 12.2 是混合动力电动车配置的示意图。内燃机(ICE)驱动发电机,而电动机利用产生的电能驱动车轮。这就是所谓的混合动力系统。动力从内燃机和电动机依次传到车轮上。一般来说,内燃机产生并供给电能用以驱动发电机和电池组充电。在并联式混合动力设计中,存在双传输系统,一个是由发

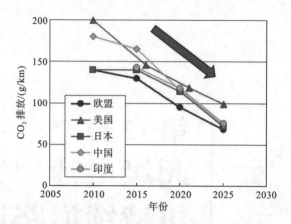

图 12.1　全球范围内与燃料经济性有关的规定指标

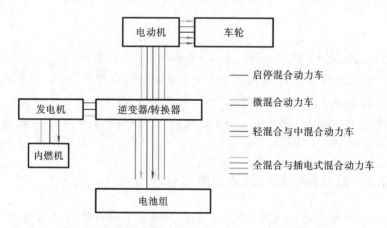

图 12.2　多种混合动力车(HEV)各自的内燃机(ICE)引擎、电池组与电机
间电力流向的示意图

电机直接驱动的机械系统,另一个是由电动机驱动的电力系统。

电力推进的程度(即在电池组、内燃机和马达之间电流的量)决定混合动力车的类型(即启停、微混合、轻混合、中混合、全混合和插电式混合动力车)。燃料使用的减少、排放和成本,如表 12.1[1] 所示。

对于启停混合动力车来说,在短时间内发动机停止,如在红灯亮时,电池组需要提供电力用来发动内燃机和操作车载电子设备。除了启停功能,第一代微混合动力车的电池组只需要通过再生制动从电动机接受电力。相比之下,2015 年推出市场的第二代微混合动力车的电池组也为启动和加速供电(所谓的"发动机辅助")。对于轻混合和中混合动力车,电池提供更强的发动机辅助。对于全混合动力和插电式混合动力车,电池还需要为纯电动驱动的短距离

表 12.1 混合动力车的种类及对电池的要求

功能＼系统	启停	微混合	轻混合	中混合	全混合	插电式
启停启动	★	★	★	★	★	★
再生制动		★	★★	★★★	★★★	★★★
助推辅助		☆	★	★★	★★★	★★★
动力辅助		☆	★	★★	★★★	★★★
电力行驶				★	★★	★★★
电池电压/V	12	12	36～48	100～200	>150	>150
CO_2 效益/(%)	<4	4～7	8～12	12～15	15～20	>20
系统成本比	100	150	1000	2500	3000	6000
成本/利润/(%)	>33	20～40	80～125	170～210	150～200	<300
电池种类	富液式铅酸电池					
	阀控式铅酸电池					
			镍氢电池			
			锂离子电池			

空白＝无要求；★＝少量要求；★★＝要求适中；★★★＝大量要求；☆＝将从 2015 年开始具有这项要求

供电。插电式混合动力车具有更长的电动驱动范围，还带有车载充电器，当车辆停放时，它可以向电池组充电。

混合动力车系统电压从启停混合动力车和微混合动力车的 12 V 增加到中混合、全混合和插电式混合动力车的超过 150 V。CO_2 的效益（即减少二氧化碳排放）从启停混合动力车的小于 4％增加到插电式混合动力车的 20％。插电式混合动力车的系统成本比率是启停混合动力车的 60 倍。

显然，随着电力的推进，二氧化碳的效益以及燃料经济的增加都会带来成本损失。因此，在产生同样 CO_2 效益的情况下，插电式混合动力车的成本约为启停混合动力车的 10 倍。图 12.3 表明，中混合、全混合和插电式混合动力车的高成本会影响车辆的广泛使用。事实上，欧洲和日本的汽车制造商主要引进启停微混合动力车。这是因为在常规车辆与附启停和再生制动功能的车之间的成本差异还不到 800 美元。

例如，基于本田思域和丰田凯美瑞(4000～5000 美元，其中 60％是电池成

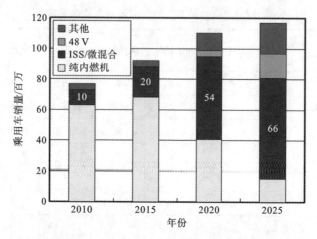

图 12.3　过去与未来计划中使用不同动力系统的乘用车的销量。ICE,内燃机; ISS,怠速启停

本)的汽车,其额外成本远远低于中混合动力汽车。减轻对中混合动力车销售的另一个因素,是它们的燃料消耗和二氧化碳排放量(例如,本田思域每 100 公里 5.3 升;每公里 120 克)比得上微混合动力汽车。如图12.3 所示,怠速启停(ISS)混合动力车和微混合动力车的全球销量已从 2010 年的 1000 万辆的增长到 2015 年的 2000 万辆,远高于轻混合、中混合、强插电式混合动力车的总和。由于全球汽车制造商的大力投入,销售量预计将于 2020 年和 2025 年进一步增长到 5400 万辆和 6600 万辆。到 2025 年,轿车的全球总销量预计为 1.18 亿辆,其中,13% 为内燃机车辆,56% 为怠速启停/微混合动力汽车,14% 为轻混合动力汽车,17% 为中混合、强插电式混合动力汽车的结合。因此,怠速启停混合动力汽车和微混合动力汽车在不久的将来将成为混合动力汽车行业的主力。

　　用于混合动力汽车的候选能量存储系统包括铅酸液流电池、阀控式铅酸电池(VRLA)、镍氢电池和充电锂电池。与其他候选技术相比,液流和阀控式铅酸蓄电池具有更大的优越性。它们初始成本(资本)低,生产基础完善,配电网广泛,回收效率高。然而,由于使用寿命短,铅酸电池的运行成本昂贵。对于不同类型的混合动力汽车,电池在某一荷电状态效率很高,通常为 30%～95%,即所谓的"高倍率部分荷电状态"。在一般情况下,荷电低于 30%电池不能提供所需的启动电流。另一方面,当荷电大于 70%时,不论是有效地从再生制动还是从发动机充电,电池都不能接受充电。

　　由于在怠速启停,微混合和轻混合动力汽车通常运行在 80%～95%的荷

电状态下,电池的改进充电是全世界电池公司的主要任务。如图 12.4 所示,
在高倍率充电状态下,铅酸电池由于板块的不可逆的硫酸盐化,在负极板上形
成了硬的硫酸铅,使电池很难充放电,从而导致电池过早地失效。硫酸铅的积
累将使有效表面积减少到使极板不能传递和接收与发动机启动、加速和再生
制动相关的动力。

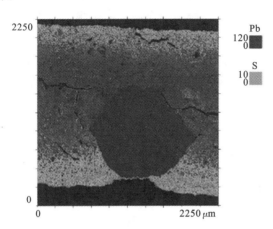

图 12.4　在高倍率部分荷电状态(HRPSoC)循环下失效后的负极板中硫酸铅的分布

12.2　高倍率部分荷电状态下的铅酸电池失效机理

在高倍率部分荷电状态下铅酸电池的失效机理可以用文献[2]来解释。
负极板的放电和充放电过程由反应式(12.1)~式(12.4)来表示。放电过程
中,海绵铅转化为硫酸铅分两步完成。首先,负极板上的海绵铅与 HSO_4^- 反
应形成 Pb^{2+}、SO_4^{2-}、H^+,即所谓的溶解过程,如反应式(12.1)所示。然后,
Pb^{2+} 和 SO_4^{2-} 结合形成 $PbSO_4$,即所谓的沉积过程或沉淀过程,如反应式
(12.2)所示。第一步是电化学反应,因此涉及电子转移。这种电子的转移只
发生在导电部分上,即在金属铅上。因此,电化学反应速率不仅依赖于 HSO_4^-
的扩散,而且依赖于海绵铅的有效表面积。第二步是一个化学反应,反应速率
依赖于酸浓度。

- 放电过程:

$$Pb + HSO_4^- \longrightarrow Pb^{2+} + SO_4^{2-} + H^+ + 2e^- \tag{12.1}$$

$$Pb^{2+} + SO_4^{2-} \Longrightarrow PbSO_4 \tag{12.2}$$

- 充电过程:

$$PbSO_4 \Longrightarrow Pb^{2+} + SO_4^{2-} \tag{12.3}$$

$$Pb^{2+} + SO_4^{2-} + H^+ + 2e^- \longrightarrow Pb + HSO_4^- \tag{12.4}$$

硫酸铅的溶解度不随硫酸浓度的增加而增加[3]，相反，它在质量分数为10%的硫酸中达到最大值，然后随着浓度的进一步增加而迅速下降，参见图12.5。因此，当硫酸铅的浓度高于溶解度曲线时，Pb^{2+} 将沉淀。显然，对于一个给定的 Pb^{2+} 浓度高于 1 mg/L 的溶液，Pb^{2+} 将以更快的速度在板上高浓度酸的位置沉积（或沉淀）。在最初的充满电的负极板的放电阶段，电子转移可以在任何位置发生，因为整个板块是导电的。因此，放电过程（溶解和沉积步骤）发生在所有位置，包括板的表面和内部。然而，板块内部的反应很快就会减缓，进而停止，而在板表面的反应将继续进行。这种性能差异是因为板内部的酸含量较少。

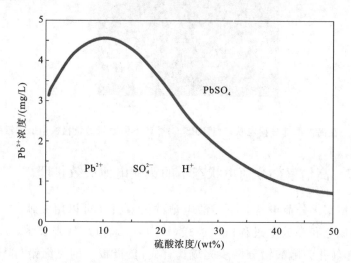

图 12.5　硫酸铅在硫酸溶液中的溶解度曲线

硫酸铅穿透的深度取决于密度、极板的表面积和放电速率。铅膏密度是为溶液和离子提供必要的传输孔隙（或路径）以及极板内部的反应位点的关键因素，而表面积为产生电流的电化学反应提供位点。如果铅膏密度和表面积相同，硫酸铅能渗透的程度由放电速率决定。

在低速率（即小于 0.4 C）放电的情形下，从每一个铅晶体上溶解 Pb^{2+} 的速率很慢，因此，随着板内 HSO_4^- 的消耗，其中的 HSO_4^- 可能被主体电解质中的 HSO_4^- 平衡抵消。此外，随后 Pb^{2+} 沉积到 $PbSO_4$，如反应式（12.2）所示，发生得很缓慢。这是由于铅晶体附近 Pb^{2+} 的低饱和度所导致的（注意，$PbSO_4$ 晶体的沉积速率与 Pb^{2+} 在硫酸溶液中的饱和度成比例，即 Pb^{2+} 的过饱和度越高，沉积速率越快）。

由于沉积速率慢,新形成的 $PbSO_4$ 趋于沉淀在已沉积的 $PbSO_4$ 晶体上,即增长率＞成核率。因此,沉积的硫酸铅将继续生长成各种尺寸的不连续晶体,包括负极板表面和内部。这种形态的硫酸铅尤其适用于极板表面,因为它提供了一个便于 HSO_4^- 进入的开链结构。放电过程从而可以深入板块内部。如图 12.6(a)所示,硫酸铅在负极板的横截面上均匀生长。

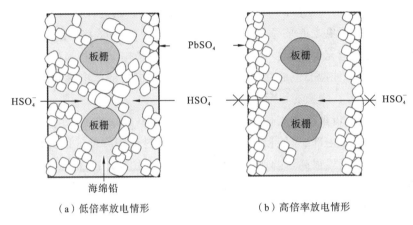

（a）低倍率放电情形　　　　　　　（b）高倍率放电情形

**图 12.6　在低倍率(<0.4 C)与高倍率(>4 C)放电情形下
负极硫酸铅分布的原理图解**

而在高倍率(即>4 C)放电情形下,硫酸铅的形成与低倍率时不一样。由于电化学反应式(12.1)发生的过于迅速,HSO_4^- 的扩散速度赶不上消耗速度。因此,硫酸铅主要形成于极板表面。此外,高倍率放电使每个铅晶附近的 Pb^{2+} 饱和度变高。因此硫酸铅将在任何可用的表面上迅速沉淀,不论是海绵铅或已经沉积的硫酸铅,即成核率＞增长率。因此,平板表面会形成一层致密的微小硫酸铅晶体。这将减少电子转移的有效表面积,最终将防止 HSO_4^- 扩散到板块内部。如图 12.6(b)所示,在此条件下,放电不能进入极板内部,只能停留在极板表面和孔隙中。

在充电过程中,硫酸铅转化为海绵铅也是通过两个反应进行的,即溶解和沉淀。然而,这些反应的本质不同于相应的放电反应。溶解反应先是化学反应,而随后的沉积反应是电化学反应。硫酸铅首先溶解为分解 Pb^{2+} 和 SO_4^{2-},如反应式(12.3)所示。然后 Pb^{2+} 得到两个电子,还原为 Pb,如反应式(12.4)所示。同时,SO_4^{2-} 结合 H^+ 形成 HSO_4^-。电子通过板栅流向负极板的活性位点,因为栅极金属的电阻比放电材料的电阻小很多。与 Pb^{2+} 的还原反应竞争的还有析氢反应。通常,氢的析出只发生在充电结束时,原因如下:①大多数的 $PbSO_4$ 已被还原为 Pb,相应地,硫酸浓度增加,即 H^+ 增加;②$PbSO_4$ 溶解为

Pb^{2+} 和 SO_4^{2-} 的速度变慢。而如果在充电过程中 $PbSO_4$ 溶解受到阻碍,在早期阶段氢也可以参与。

在描述了放电-充电过程的化学基础后,现在可以探讨在低倍率深放电后负极板的充电问题。如前所述,硫酸铅在板块整个横截面形成。由于活性物质的利用率很高,在放电以后,酸的相对密度较低。如图 12.5 所示,在低硫酸浓度下,硫酸铅溶解生成的 Pb^{2+} 和 SO_4^{2-} 继续增加。因此,Pb^{2+} 还原为海绵铅的反应可以在析氢之前平稳地发生。在约 10% 过充电的状态下,极板可以很容易地达到完全充电状态。当极板在低倍率部分荷电状态和等量的电荷输入输出中循环,这种情况也成立。在这种情况下,负极板的荷电量随循环次数的减少而减少,但在均衡充电后可达到 100%。

相比之下,负极板在高倍率深度放电后的充电是很难的。由于高倍率放电不能深入极板内部,只能停留在表面,活性材料利用率低。因此,放电后的酸的相对密度仍然很高,这减少了 $PbSO_4$ 溶解,见图 12.5。低浓度的 Pb^{2+} 会妨碍后续的电化学反应,在充电的初期,会使负极板电势增加到开始析氢的程度。此外,如上所述,电子从板栅流向极板表面。如 12.7 的示意图所示,这些电子在到达硫酸铅层之前会将部分 H^+ 还原为氢气。因此,即使过充电 10%,也无法在板表面实现硫酸铅的完全转化。在阀控式铅酸电池内,充电也会受到氧气复合反应的抑制。此外,过充电因素会随着循环增加,因为逐渐失水而使分离器干燥,增加达到极板的氧气量,增强氧气复合反应。因此,硫酸铅会在负极板表面堆积,最终电池不仅不能为发动机启动和加速提供足够的动力,而且无法接受再生制动的动力。

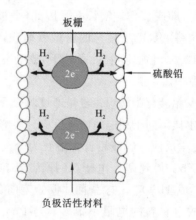

图 12.7　负极板在高倍率放电后再进行充电时的原理图

12.3　提高铅酸电池高倍率部分荷电状态下的循环性能

从以前的讨论中,很明显看到,铅酸电池早期失效的原因是高倍率放电和高倍率充电。高倍率放电导致负极板表面形成了致密的硫化铅膜。另一方面,高倍率充电促进了早期的析氢,从而降低了负极的充电效率。为了延长铅酸电池的寿命,负极板应该在高倍率放电/充电时受到保护。具体有以下方法。

12.3.1　板材加工条件、电解液浓度、有益成分的添加

在电池循环过程中,硫酸铅在负极板中的不均匀分布取决于表面积、放电/充电的速率和 HSO_4^- 在极板内部和电解质溶液之间的扩散。显然,这种扩散受到活性物质密度和厚度以及电解质浓度的强烈影响。因此,这些参数的优化,加上有益的添加剂(用于抑制充电过程中早期的析氢),有望改善在高倍率部分荷电状态下阀控式铅酸电池的循环寿命。先进铅酸电池协会(ALABC)已经开始进行此类研究[4-6]。

12.3.2　碳的使用

使用诸如碳之类的添加剂可以减少和延缓硫酸铅在负极板横截面的分布不均匀现象[7-10]。碳的孔隙率和氢亲和力的特征在板块内部提供了大量的储酸位置,这为放电过程中硫酸铅的发展提供了活性位点。另外,碳会提供导电的网络来帮助后续充电过程。硫酸铅在负极板表面的富集会在各种作用下,如板加工条件、电解质浓度以及添加含碳的有益元素,进一步被抑制。

12.3.3　充电电流定位

众所周知,直流电(DC)经过一根导线流过时,电流将均匀分布在整个导线截面上。然而,如果交流电(AC)或直流电以脉冲形式通过同一导线,则电流集中于导线截面的外边缘。这就是所谓的"趋肤效应",因为仅有截面的外层"皮肤"能有效承载电流。电流的渗透称为"穿透深度",可以通过下式计算:

$$穿透深度 = (\rho/\pi f \mu)^{1/2} \tag{12.5}$$

式中,ρ 是载流体的电阻率(铅为 2.053×10^{-7} Ω/m),μ 为自由空间磁导率(1.257×10^{-6} $Wb/(A \cdot m)$),f 为脉冲电流的频率(Hz)。对于电池,穿透深度是电流穿透极板内部的程度。

因此,充电电流的定位可以通过高频、高振幅交流电环和/或在直流充电的直流电脉冲叠加来实现。高频、高振幅交流电环和/或直流脉冲集中在优先形成于极板表面的硫酸铅层,并将其转换回海绵铅[11-13]。

12.3.4 在高倍率充放电中保护铅酸电池

在高倍率放电和充电中保护负极板可以最小化硫酸铅的不均匀分布的情况。如图12.8(a)所示,传统的方法是将电池组并联一个电容器。众所周知,一个超级电容器可提供和接收高功率,但其是一种低能量器件。对于HEV应用来说,这种技术的最佳应用是吸收再生制动的高功率和提供加速的高功率。这种技术要求由电子控制器来管理电容器和电池组间能量和功率的流动。从原理上说,在车辆制动和加速过程中,控制器首先调节进/出超级电容器的功率,然后再调节电池组的进/出。在发动机允电和巡航驱动时,控制器将调节主要进/出电池组的能量和功率。该系统由澳大利亚联邦科学和工业研究组织(CSIRO)研发,并于2000年成功地应用于霍顿(Holden)ECOmmodore和aXcessaustralia的示范车,见图12.8(b)。然而,该系统的缺点是非常复杂(例如需要复杂的算法)且昂贵。因此,CSIRO研发了超级电池™(UltraBattery™)来替代超级电容器和铅酸电池系统的外部连接[14,15]。

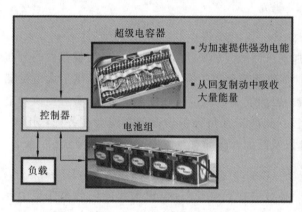

图12.8 霍顿(Holden)ECOmmodore 和 aXcessaustralia 的全混合动力汽车中超级电容器和铅酸电池组的外部连接

12.4 超级电池™

12.4.1 工作原理

超级电池™是一种混合储能装置,它将超级电容器与铅酸电池结合在一起,无需额外昂贵的电子控制。图 12.9(a)是一个铅酸电池、超级电容器和超级电池™的结构示意图。铅酸电池由一个正极板(二氧化铅,PbO_2)和一个负极板(海绵铅,Pb)组成。当铅酸电池的铅负极板被碳基替代物(即电容器电极)替代时,就形成了一个非对称的超级电容器。由于铅酸电池中的正极板和非对称超级电容器中的正极板具有相同的组成,这两种器件可以通过内部并联连接到的铅酸电池负极板和电容器电极上集成到一个单元。这两个电极现在都共享着同一个二氧化铅正极。

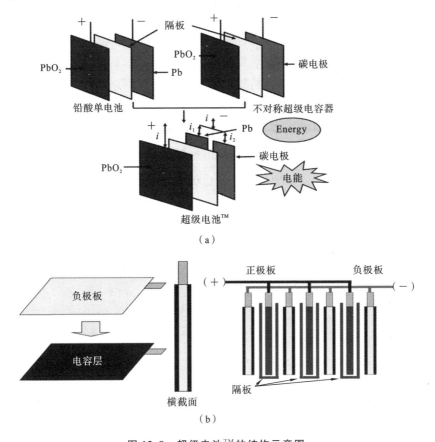

图 12.9　超级电池™的结构示意图

这种设计中,联合负极板的总放电或充电电流是电容电流和铅酸电池电流两部分的组合。因此,电容器电极现在可以充当缓冲器,与铅酸电池负极板一起分担放电和充电电流,从而防止其在 HEV 负荷要求下全倍率充放电。第二个电容器电极也可以与铅酸电池的正极板并联。在这样的结构中,超级电容器就可以与铅酸电池的正、负极板共同分担放电和充电电流,并避免整个铅酸电池在全倍率下充放电。

在超级电池™的生产线上,一层薄薄的电容材料涂层只涂在负极板的两侧(见图12.9(b))或在铅酸电池负极板和正极板的两面。这种生产方法使超级电池™包含了电容器电极,而不增加过多的电池重量和体积。此外,无论是采用富液式设计还是吸收性玻璃毡(AGM)隔板或是凝胶式VRLA技术,超级电池™在现有的铅酸电池厂都可以迅速生产。因此,该超级电池™可以应用于很多地方,例如,常规汽车、电动工具、叉车、卡车、大功率不间断电源、偏远地区电源和电网频率调节。澳大利亚联邦科学与工业研究组织(CSIRO)实验室早期进行的测试表明,2 V超级电池™,简称超级单电池™,比常规铅酸电池具有更高的充放电功率和显著更长的循环寿命[16]。因此,在2005年,日本的古河电池有限公司决定成为超级电池™技术的许可企业。三年后,双方为美国的东佩恩制造股份有限公司联合许可这项技术。目前,该超级电池™由两家公司大量生产,用于HEV和可再生能源应用。

12.4.2 在混合动力汽车中的应用性能

在2006年,古河电池和CSIRO在超级电池™的阀控式版本的设计和生产上进行了合作,该工作得到了ALABC的支持。该项目包括以下活动:①在古河电池厂生产45个单位的12 V原型超级电池™;②在CSIRO实验室进行初始性能评价,例如容量、功率、冷启动、自放电和循环寿命试验等;③由英国Provector有限公司建造一个带有电子控制器的144 V超级电池™组,用于在本田音赛特(Insight)混合动力汽车(一种中混合动力汽车)中,在英国布鲁克试验场进行实地试验[17-19]。这个项目的进展和成果在12.4.2.1节中具体描述。

12.4.2.1 中混合动力汽车中的超级电池™

实验室评估如下。

超级电池™的尺寸和初始性能分别如图12.10和表12.2所示。据美国FreedomCAR协议,电源辅助系统最小的放电和充电功率分别设置在25 kW和20 kW,电源辅助系统最大的放电和充电功率分别设置在40 kW和35 kW。在一个30%~80%的SoC范围下操作时,测试数据表明,超级电池™达到或超过最小和最大功率辅助系统的充放电功率要求。因此,随着超级电容器电极的集成,操作范围在增加,即从传统VRLA电池的30%~70% SoC上升到了30%~80% SoC的范围。超级电池™技术也满足或超出了两种电源辅助系统设置的可用能量、冷启动和自放电目标。

电池与板栅尺寸

	高/mm	宽/mm	长/mm
电池	110	87	150
正极板栅	76	76	1.60
负极板栅	76	76	1.45

图 12.10 原型超级电池™的外形与尺寸

表 12.2 超级电池™技术的初始性能

特　　性	单位	最小电源辅助	最大电源辅助
脉冲放电功率(10 s)	kW	25	40
再生脉冲功率(10 s)	kW	20	35
荷电状态操作范围	%	30～80	30～80
可用能量	Wh	940(目标 300)	1500(目标 500)
冷启动	kW	5.4(第一次), 5.2(第二次), 5.1(第三次)	10.5(第一次), 11.3(第二次), 11.3(第三次)
自放电测试 (30 ℃,7 天)	Wh/天	+3.90(第一次), +6.28(第二次), +4.28(第三次)(目标为−50)	+6.51(第一次), +10.64(第二次), +7.14(第三次)(目标为−50)
测试(40 ℃,23 天)	Wh/天	−7.42	−12.37

　　原型超级电池™的循环性能由 EUCAR(欧洲汽车研发理事会)的电源辅助和 RHOLAB(可靠且高度优化的铅酸电池)执行过程(见后文解释)来评价。

此外,电池重复被执行测试,直到电压达到规定的截止值。

　　EUCAR 执行过程如图 12.11 所示,包括一段放电来模拟电源辅助(即 $5C_2$ A,$C_2 = 2$ h 容量)、一段休息时间、三阶梯电流(即 $4.5\ C_2$ A、$2.5\ C_2$ A 和 C_2 A)的再充电和每单电池电压 2.45 V 的充电顶点模拟再生制动和发动机的充电。单电池或电池最初以 C_2 倍率放电到 60% SoC,然后在 40 ℃ 重复施加执行过程,直到每个单电池电压达到 1.75 V。

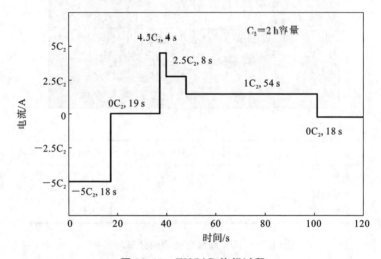

图 12.11　EUCAR 执行过程

　　一个控制型 VRLA 铅酸电池、一个控制型 VRLA 电池(FTZ12S)和两个单元的 VRLA 超级电池™ 的循环性能如图 12.12 所示。控制型单电池电压随着循环逐渐降低,并在经过 32500 圈循环后,截止电压达到 1.75 V。阀控铅酸电池循环了 73100 次。相比之下,超级电池™ 经过长时间的循环,在 370000 和 220000 次循环后失效。镍氢电池则在 176000 次循环后达到了截止电压 0.95 V。结果表明,超级电池™ 具有最好的循环性能。富液式超级电池™ 以及一个传统的加强型富液式铅酸电池(EFB,负极材料掺杂有质量分数为 1% ~2% 炭黑的电池)也进行了类似的实验。由于 EUCAR 模型从 60% 的荷电状态开始,在循环过程中不完全充电,预计富液式电池将电解液分层。

　　因此,在循环后,在每个电池的中心和底部的相对密度都要测量。循环结果和分层系数(即相对密度的差异)如图 12.13 所示。较大的相对密度差异表明了更强烈的分层。传统电池只有 4000 个周期的使用寿命和 0.06 的分层系数。

　　通过比较,EFB 有更长的循环寿命(10000 次)和一个较小的分层系数(0.03)。超级电池™ 的寿命最长,有 44000 个周期,但没有分层迹象。因此,显

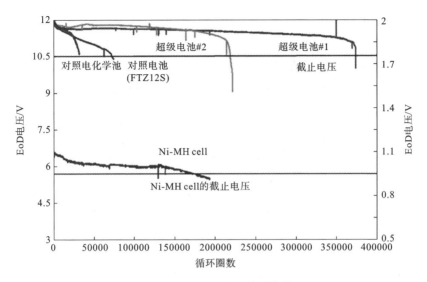

图 12.12　EUCAR 电源辅助变化图

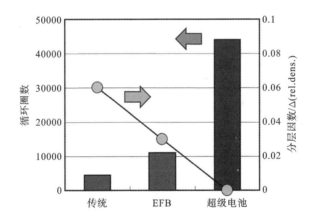

图 12.13　控制型单电池(RH y 轴)、超级电池™(LH y 轴)
和镍氢电池(RH y 轴)的循环性能。EoD,放电
结束

然电解质分层不是失效的主要原因。否则在所有的电池中,老化后的分层系数都是相似的。

因此,正如 12.2 节提到的,高倍率部分荷电状态循环条件下电池的主要失效模式是由于硫酸铅层优先长在了负极上。抑制电解质分层的能力是超级电池™的另一个优点,机理解释如下:一般来说,负极板有着约平均直径 1 μm 的较大的孔隙。如图 12.14 所示,在充电过程中,高度集中的孔隙内产生的硫酸溶液变成大的液滴从负极板流出。重而大的液滴迅速沉降到电池的底部,

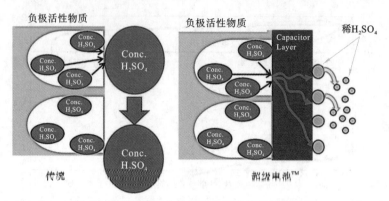

图 12.14　高度集中的孔隙内液滴从负极板流出

从而引起分层。而在超级电池™的负极板上覆盖着具有平均直径比铅负极板小的电容层。

因此,在充电过程中,浓硫酸铅酸电池负极在内部产生时,通过电容器层,它被分解成许多小滴。由于小滴会以较慢的速度沉降,有足够的时间扩散和与低相对密度的电解质溶液混合。因此,分层效应受到抑制。

RHOLAB 的模型用来模拟结合高速和爬山的驾驶条件(见图 12.15),是由 ALABC 投资研发的[20]。一个周期的持续时间约为 2400 s。在模型的放电部分,有三个级别的电流。最大电流是用于加速的,而中和低的电流是用于高速和巡航驱动的。在模型充电部分有两个级别的电流,即发动机充电的低电流和再生制动的高电流。在每一个循环周期,一个 8 Ah 电池(5 h 容量)是需要放电到 45% 的放电深度(DoD)。因此,这个模型的测试比 EUCAR 更严格。最初的电池或电池组放电至 80%,然后进行重复,直到最小电池电压达到 0 V。

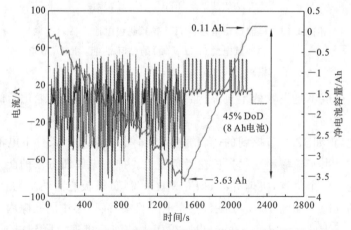

图 12.15　RHOLAB 的模型用来模拟结合高速和爬山的驾驶条件

在 RHOLAB 测试下各电池的性能如图 12.16 所示。这两个传统的阀控式密封铅酸电池循环了 150～180 次,而三个阀控的 2 V 超级电池™达到了 750～1100 个周期,至少是传统电池寿命的 4 倍。应该指出的是,RHOLAB 测试是一种快速且有用的测试,大约需要 2 周才能完成约 1400 次循环。因此,电池可以很容易地完成测试。

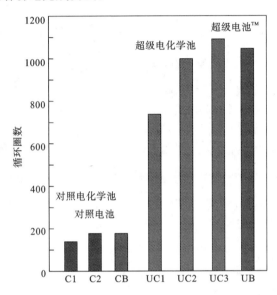

图 12.16　在 RHOLAB 测试下各电池的性能

实地试验如下。

Provector 使用的本田混合动力汽车超级电池™现场测试如图 12.17 所示。带有专用电子控制器的超级电池组代替了原镍氢电池组,如图 12.18 所

图 12.17　Provector 使用的本田混合动力汽车超级电池™现场测试

示。本田混合动力汽车在耐力测试中的速度由全球定位系统监控。图12.19
清楚地显示了车辆速度变化的重复模式。在每个模式中，车辆速度依次为：
① 加速至 128 km/h；② 迅速减速到约 90 km/h，接着迅速加速到 110 km/h；

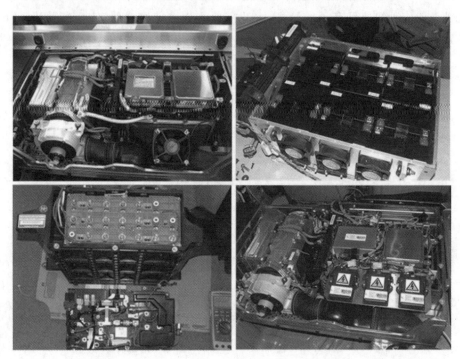

图 12.18　带有专用电子控制器的超级电池组代替了原镍氢电池组

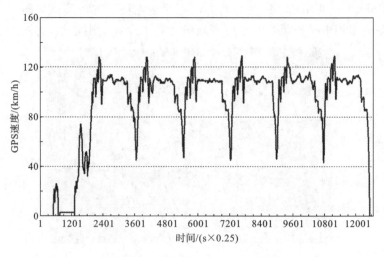

图 12.19　车辆速度变化的重复模式

③ 保持 110 km 约 3.8 min;④ 减速到 43 km/h。

每个模式的总驱动时间约为 7.5 min。图 12.20 显示了电压和电流的变化。在车辆加速和再生制动过程中,最小放电电流和最大充电电流分别为 47 A 和 36 A,相应的最小和最大串电压分别为 139 V 和 210 V。每个电池电压的变化如图 12.21 所示。在给定的车辆行驶时间下,每一电池电压之间的最大值和最小值之间的差值约为 0.3 V,而每个电池荷电量的变化值大约为 4%,见图 12.22。

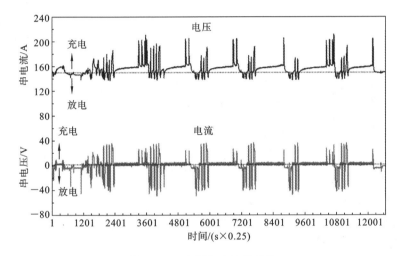

图 12.20　电压和电流的变化

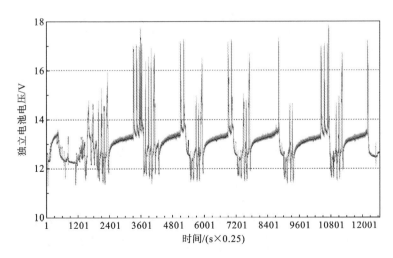

图 12.21　每个电池电压的变化

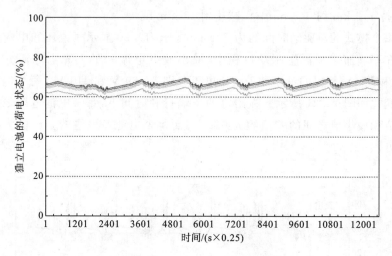

图 12.22 独立电池的荷电状态

因此,在车辆运行过程中,单个电池的状态是非常平衡的。此外,在车辆驾驶过程中,个别电池的整体荷电量略有增加。由此得出结论,即使在高荷电量状态下,电池也能有效地接受再生制动充电,例如在 70% 时。在燃料消耗量方面,镍氢电池与本田混合动力汽车超级电池™的油耗、二氧化碳排放量和成本的比较由表 12.3 给出。比起镍氢电池,混合动力汽车的超级电池™供电的油耗和 CO_2 排放量略高,分别为每 100 km 4.16 L 和 4.06 L,以及 98.8 g/km 和 96 g/km。

表 12.3 镍氢电池与本田混合动力汽车超级电池™的油耗、二氧化碳排放量和成本的比较

电 池	油耗/(L/100 km)	二氧化碳排放量/(g/km)	成本/AS
镍氢电池	4.06	96	1500~3000
超级电池™	4.16	98.8	400~500

据 PROVECTOR 分析,两车之间燃料消耗和二氧化碳排放量的差异可能是由于优化铅酸电池系统性能的本田算法没有达到最优。两辆车辆在驾驶体验上没有差异。超级电池™的成本大约是镍氢电池的 67%~87%。因此,考虑到可比性能,它将大大降低车辆的价格。本田混合动力车在行驶了超过160000 km 之后,超级电池™依然使用正常。在 2008 年,本田混合动力汽车配备超级电池™组在日内瓦车展和横滨车展展出。然后古河电池公司将车辆给磐城市在市区进一步驱动测试,达到 200000 km 后,车辆就不再使用,保留作为古河电池公司的展示车。

在 2008 年,东宾夕法尼亚制造与 ALABC 和美国能源部合作建立超级电池™为电力公司进行台架试验。试验表明,在模拟混合动力汽车驾驶中,超级电池™可供能超过 267200 km。紧接着,改造后每一个配有 14×12 V 的 168 V 的超级电池™的两辆 2010 本田思域混合动力汽车进行路用性能评价(见图 12.23)。一辆汽车作为合法的快递车在亚利桑那州的菲尼克斯投入使用,在短短的 3 年时间里,跑完了 240000 km。尽管经历了严寒酷暑,汽车和电池都保持在操作要求之内。

图 12.23　两辆 2010 本田思域混合动力汽车进行路用性能评价

电池性能良好,表现为:① 失水可忽略不计;② 电池不需要任何平衡过程(超级电池™领先于各类产品);③ 行驶 240000 km 后,作为充放电脉冲处理的电荷相当于其自身容量的 4000 倍,且只减少了初始容量的 12%。改装后的本田思域混合动力汽车的燃油消耗量与原动力汽车配备镍氢电池的耗能相当,但镍氢电池成本更高,不易回收。

另一辆改装的车已在宾夕法尼亚东部的站点使用,目前已达到 200000 km。电池仍然正常。有趣的是,14 个电池串的电池电压变化实际上比开始测试时幅度更小。这表明,更简单的电池管理系统以替代化学电池是可能的。

前面提到的道路测试表明了超级电池™在中混合动力汽车应用上的前景美好,这将大大降低整辆车的成本。

12.4.2.2 微混合动力汽车的超级电池™

微混合动力汽车需要的 12 V 电池有以下条件。

(1) 在汽车怠速停止时,发动机能供给照明和车载负载足够能量,例如在红绿灯时。

(2) 在司机松开制动踏板的 400 ms 内,发动机有良好的启动能力,同时在重复启动动作时又有良好的耐力。

(3) 在高荷电状态下(95%～85%)运行时,能良好地接受再生制动产生的能量。

(4) 能承受极端的热(60～90 ℃)和冷(0～40 ℃)。考虑到电池成本,富液式铅酸电池优先。众所周知,在高度荷电状态下运行时,电池难以充电。因此,对于设计一个微混合动力汽车应用的电池来说,提高充电效率是最主要的[21,22]。

实验室评估如下。

古河电池公司按照日本工业标准(JIS)Q-85 尺寸研发了一个富液式超级电池™,如图 12.24 所示。这个电池的容量在 C_5 和 C_{20} 的速率下分别可达到 52 Ah 和 60 Ah,这些指标与 EFB 相同。为便于比较,富液式超级电池™和商业 EFB 进行了如下测试:① SBA(日本蓄电池工业会)S0101 充电测试;② 动态充电接受能力(DCA)循环寿命测试。

图 12.24 符合日本工业标准尺寸的超级电池™外观图

1. 日本蓄电池工业会 S0101 充电测试

SBA(日本蓄电池工业会)S0101 充电测试是由 SBA 研发,用于怠速启停混合动力电池的标准试验。该试验包括:①电池放电以提供车载负载(45 A,59 s)和发动机启动(300 A,1 s)的能量;②再生制动(100 A,60 s)给电池充电,在 25 ℃条件下,电池先放电到 90% 的剩余电量,然后以 14 V 为恒压、100 A 为最大电流充电 10 s。电池在 80% 和 70% 的剩余电量时重复测试。SBA 的怠速启停循环寿命测试曲线如图 12.25 所示。

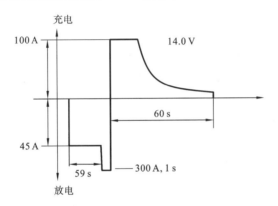

图 12.25 SBA 的怠速启停循环寿命测试曲线

EFB 和不同 SoC 下的超级电池™的充电电流与充电时间的关系如图 12.26所示。显然,即使在 90% SoC(细黑色线),该超级电池™充电接受能力约为 EFB(粗黑色线)的 1.5 倍。因此,从再生制动接受电能更有效。正如预期的那样,剩余电量减少到 80%(粗灰色线)和 70%(细灰色线)时,超级电池™的充电接受能力也在增加。

2. 动态充电接受能力(DCA)循环寿命测试

DCA 循环寿命试验是由德国汽车工程师研发的标准化试验,模型图如图 12.27 所示。关键的一步是通过 ±4.0 A 的电流调整输入电池的电量,使电压 UP1 保持在初始开路电压(即设置点,SP)附近。测试过程如下。

(1)在 25 ℃充满电后将电池放电到 80%。记录开路电压(OCV),此值即为设置点。

(2)连续以 48 A 放电 60 s,以 300 A 放电 1 s。

(3)停顿 10 s,然后测量开路电压(OCV)。

(4)在第一个周期以 3600 A/s 充电,采用最大电流 100 A 和最大电压 14 V。从第二个循环周期开始,随着 UP1 和设置点的大小关系调整 4 A/s 的大小。否则,持续以 3600 A/s 充电。

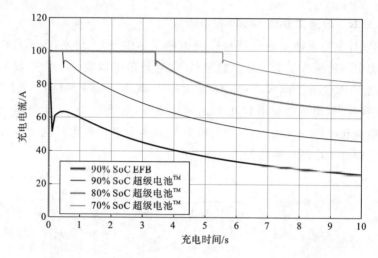

图 12.26　超级电池™ 和 EFB 充电电流与充电时间的关系

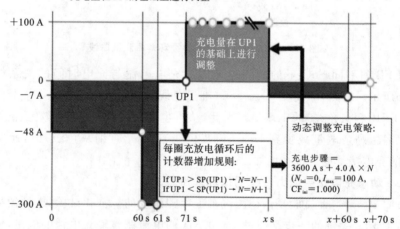

图 12.27　动态充电接受能力循环寿命测试。CF_{ini} 为初始充电系数或初始充放电比

（5）将电池以 7 A 放电 60 s。

（6）暂停 10 s。

（7）重复步骤（1）到步骤（6）499 次。

（8）暂停测试 6 h。

（9）重复步骤（2）、步骤（8），直到在 300 A 端电压放电达到每电池单元 1 V。

根据日本 JIS Q-85 标准制造的一个超级电池™ 和一个加强型富液式单电池（EFC）。试验结果如图 12.28 所示，超级电池™ 的循环寿命大约是 EFC 型

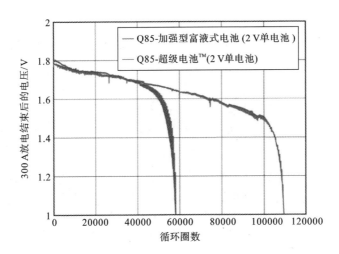

图 12.28　超级电池™和 EFC 的 DCA 循环寿命测试

富液式铅酸电池的两倍。

另一组超级电池™和一个加强型富液式铅酸电池进行了 DCA 循环寿命测试。测试从 60% SoC 开始,一直持续到两个电池达到 40000 个循环周期。然后拆卸电池以对负极板表面进行目视检查,并对其横截面用扫描电子显微镜(SEM)进行检查(见图 12.29)。在超级电池™的底片表面呈金属光泽,而大部分的 EFB 底片被覆盖白色的硫酸铅沉积物。SEM 分析表明,EFB 负极板的截面上存在不同尺寸和不规则形状的硫酸铅晶体。相比之下,超级电池™的截面是微小海绵铅晶体和数量更少的小硫酸铅晶体混合。因此,可以证实在高速率充放电状态下超级电池™可以抑制硫酸盐化。

下一步是常规富液式电池、EFB 和超级电池™在更严格的条件下进行 DCA 循环寿命测试:① 试验温度从 25 ℃增加到 75 ℃;② 增加 1.5% 的放电深度;③ 从 100%、80% 和 65% 的剩余电量分别开始测试。试验结果如图 12.30 所示(注:EFB 循环寿命性能额定为 100)。当测试从 100% 的电量开始时,常规电池只达到了 EFB 生命周期的 60%,超级电池™的生命周期比 EFB 多了 40%。另外,无论 SoC 为 100%、80% 或是 65%,超级电池™的循环寿命不下降。超级电池™再次展示了其高速充放电状态下卓越的耐力。

实地试验如下。

超级电池™和 EFB 在丰田 Yaris、马自达 2 上进行现场试验,两辆车都配置了怠速启停系统。路试的主要目的是研究在冷启动和热启动的条件下,两车的能源消耗情况。

驾驶测试步骤如下。

	超级电池™	加强型富液式电池
负极板外观		
负极板横截面的 SEM 图		

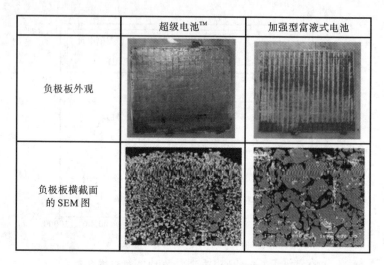

图 12.29 超级电池™和 EFB 的负极板外观和横截面 SEM 图

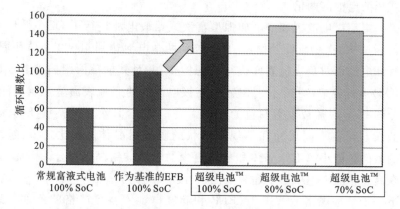

图 12.30 常规富液式电池、EFB 和超级电池™的循环性能

（1）冷启动步骤。

① 启动和预热发动机 5 min。

② 行驶 30 s，停止 60 s。重复这一动作 20 次。测量在 60 s 期间怠速停止的次数和时间。在 20 次结束的时候使用车辆的能耗表记录下能耗。请注意，引擎在 60 s 的停止时间中可能不会关闭或者会重新启动，因此上述这项行为是必要的。

③ 每天早上重复步骤①和②一次，持续 6 天。

（2）热启动步骤。

① 冷启动试验后，将车辆行驶 20 km，以充分加热发动机。

② 执行冷启动试验的步骤②。

③ 每天重复步骤①和②4 次，持续 6 天。

丰田雅力士(Toyota Yaris)发动机关闭的平均次数和事件的总时间,以及在冷启动和热启动的条件下的能耗分别如表 12.4 和表 12.5 所示。冷启动状态下的超级电池™,怠速停止的平均数量增加了 12.5%,而总的怠速停止时间和 EFB 相比增加了 7.2%。因此,使用超级电池™能耗减少了 4%。在热启动驾驶条件下,使用超级电池™同样在能耗上有一定的改善(即降低 5.3%)。根据驾驶过程中电池电解质的相对密度变化所预估的 SoC 变化量如图 12.31 所示。超级电池™的 SoC 在经历 4 天的服役后从 100%缓慢下降至约 95.7%的一个稳定值,而 EFB 在 2 天的服役后就快速地下降至 94%。这一发现为超级电池™更优越的充电接受能力提供了进一步的证明。

表 12.4　由超级电池™或加强型富液式铅酸电池供电的丰田雅力士启停混合电动车在冷启动条件下的表现

测试项目	超级电池™	加强型富液式电池
怠速停止事件的平均次数	8.8 次	7.7 次
	100%	87.5%
总怠速停止时间	614 s	570 s
	100%	92.8%
能源消耗(每 100 km)	17.5 L	18.2 L
	100%	104%

表 12.5　由超级电池™或加强型富液式铅酸电池供电的丰田雅力士启停混合电动车在热启动条件下的表现

测试项目	超级电池™	加强型富液式铅酸电池
怠速停止事件的平均次数	16.6 次	15.7 次
	100%	94.6%
总怠速停止时间	1037 s	988 s
	100%	95.3%
能源消耗(每 100 km)	9.4 L	9.9 L
	100%	105.3%

表 12.6 和表 12.7 分别给出了马自达 2(Mazda 2)在冷启动和热启动的条件下类似的驾驶测试结果。冷启动条件下的超级电池™怠速停止的次数更多,怠速停止时间更长,因此,比 EFB 能耗少。在现场实验过程中荷电状态变化如图 12.32 所示,虽然超级电池™保有卓越的充电接受能力,但两者在热启动条件下没什么区别。这一相同的表现可能是由于车辆控制操作所带来的干扰造成的。

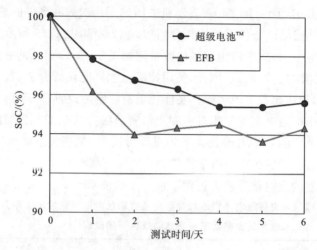

图 12. 31　丰田雅力士混合电动车中富液式超级电池™与加强型富液式铅酸
电池(EFB)在现场实验的过程中荷电状态(SoC)的变化

表 12. 6　由超级电池™或加强型富液式铅酸电池供电的马自达 2
启停混合电动车在冷启动条件下的表现

测试项目	超级电池™	加强型富液式铅酸电池
怠速停止事件	16.7 次	14.7 次
的平均次数	100%	88.0%
总怠速停止时间	1117 s	1048 s
	100%	93.8%
能源消耗	11.9 L	12.7 L
(每 100 km)	100%	106.7%

表 12. 7　由超级电池™或加强型富液式铅酸电池供电的马自达 2
启停混合电动车在热启动条件下的表现

测试项目	超级电池™	加强型富液式铅酸电池
怠速停止事件	19.8 次	19.9 次
的平均次数	100%	100.1%
总怠速停止时间	1197 s	1196 s
	100%	99.9%
能源消耗	7.5 L	7.5 L
(每 100 km)	100%	100%

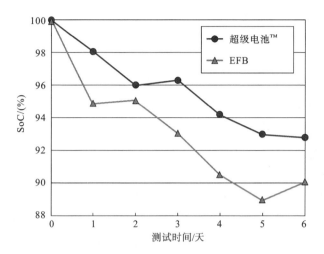

图 12.32 马自达 2 混合电动车中富液式超级电池™与加强型富液式铅酸电池在现场实验过程中荷电状态的变化

伴随着以上鼓舞人心的测试结果,JIS Q-85 版本的富液式超级电池™在日本从 2013 年 4 月开始出售。更重要的是,在 2013 年 11 月,该电池在日本已运用于新本田奥德赛 Absolute(Honda Odyssey Absolute)。2 年后,JIS N-55 富液式超级电池被选用于本田 StepWGN。

12.5 超级电池™的未来:挑战与前景

正如 12.1 节中提到的,第一代微混合动力汽车具有启停功能和再生制动功能;在加速阶段没有助力,因此驾驶舒适性受到了限制。所以第二代微混合动力汽车有以下提升。

(1)一个集成启动发电机可以启动内燃机,同时将再生制动产能输送向电池。

(2)巡航(coasting)期间发动机停止。

(3)巡航和减速过程中进行能量再生。

此外,新的微混合动力汽车都试图采取两电池系统(EFB+锂电池或者 EFB+电容器)用于加速期间的助力和减速期间加强充电接受能力。这两种储能系统都有很好的性能,但显然成本较高。因此,汽车制造商正在寻求一种更便宜的选择。为了满足这一紧迫的需求,人们研发了第二代超级电池™作为上述两电池系统的可行的替代选择,其提高了再生制动过程的充电接受能力,甚至在高 SoC 与低温下也是如此,同时提高了协助汽车加速的功率。这些技术提高可以通过如下方式实现。

（1）增加正极板膏密度以提高耐久性。

（2）引入提高材料利用率的添加剂。

（3）通过减少充电时的过电位从而增加每个电化学池中正极板的数量，使电池具有更强充电接受能力。

（4）为负极板提供优化的碳材料。

（5）降低电解液浓度，加入添加剂提高硫酸铅在充电过程中的溶解性。

人们进行了下列测试以评估第二代超级电池™的充电能力和循环性能。

12.5.1 日本蓄电池工业会 S0101 充电测试

为进行对比，第一代、第二代超级电池™以及 EFB 通过日本蓄电池工业会 S0101 充电测试测得充电接受能力的结果如图 12.33 所示。在 25 ℃ 和 90％ 的 SoC 下充电时，第二代超级电池™优于其他两个电池，它接受 100 A 最大电流的时间最长（6.2 s，与 2.3 s 和 0.3 s 相比），在 10 s 中传递的充电电流最大（76 A，与 58 A 和 43 A 相比）。此外，随着 SoC 的减少，两种超级电池™持续接受的最大充电电流的时间增加。然而，如图 12.34 所示，第二代超级电池™增加的时间更长，因为它可以减少充电时正极板的过电位（见图 12.35）。因此，充电电流可以在电池电压达到 14 V 之前保持较长时间的最大值。如图 12.36 所示，即使是在 0 ℃ 的条件下，第二代超级蓄电池的累积充电量也大约是第一代的 2 倍。综上，第二代超级蓄电池甚至在高 SoC 和低温条件下，也有着优异的充电接受能力。

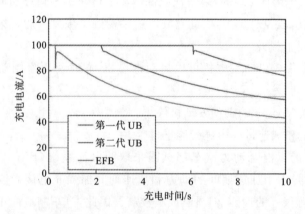

图 12.33 第一代与第二代超级电池™与加强型富液式铅酸电池
(EFB) 在 S0101 测试下的充电接受能力表现

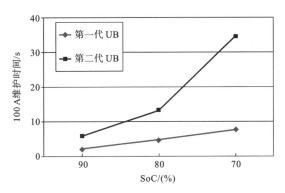

图 12.34 第一代与第二代超级电池™中荷电状态(SoC)对维持
的最大充电电流时间的影响

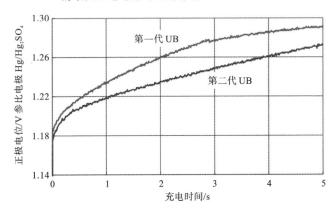

图 12.35 第一代与第二代超级电池™在充电时的正极板电位变
化(在 80％SoC 与 25 ℃下进行测试)

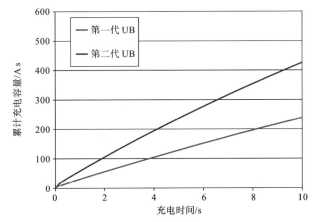

图 12.36 第一代与第二代超级电池™充电过程中的累积充
电量,在 0 ℃下(测试从 80％荷电状态(SoC)开始)

12.5.2 新欧洲驾驶循环实验

新欧洲驾驶循环测试标准（NEDC）如图 12.37(a)所示，在图 12.37(b)中有更详细的解释。为了评价一个给定电池的耐久度，（对电池）重复施加测试配置条件（见图 12.37），直至电池电压达到临界值。两代超级电池™正极和负极在经历一个循环后 SoC 的变化，分别如图 12.38 和图 12.39 所示。循环寿命测试开始时，正极板和负极板的 SoC 都为 80％。一个循环后，第一代超级电池™负极板和正极板的 SoC 已经下降到 51％和 40％。第二代超级电池™负极板和正极板的 SoC 下降到 70％和 68％，情况比第一代好很多。凭借充电接受能力的优越性，超级电池™的新设计在 NEDC 实验条件下较其早期版本与三种商业 EFB 而言具有显著变长的循环寿命，如图 12.40 所示。

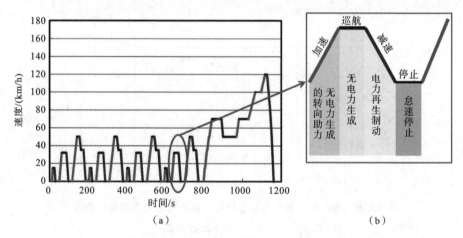

（a）　　　　　　　　　　　　　（b）

图 12.37 （a）新欧洲驾驶循环测试标准；（b）循环寿命测试配置

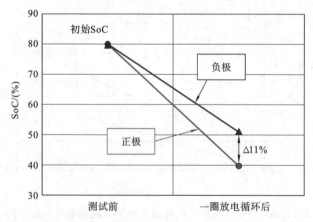

图 12.38 第一代超级电池™正极与负极板在一个循环前后荷电状态（SoC）的变化

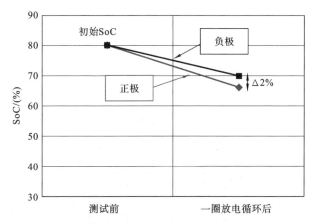

图 12.39　第二代超级电池™正极与负极板在一个循环前后荷电状态(SoC)的变化

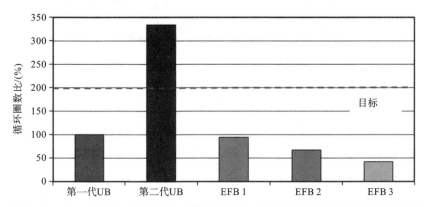

图 12.40　第一代与第二代超级电池™以及商业化生产的加强型富液式铅酸电池
　　　　　(EFB)之间循环性能的对比

当第二代超级电池™与古河汽车系统公司(Furukawa Automotive Systems Inc.)研发的电池状态传感器一起使用时,它的性能可以进一步提高。如果考虑超级电池™的成本比两电池系统便宜,那么有理由相信超级电池™会成为未来微混合动力汽车的首选。

除了微混合动力汽车,原始设备制造商的产业也期待 48 V 电池系统能为轻混合动力汽车提供增强的能量回收和电气功能。因此,东宾夕法尼亚制造公司研发了 48 V 系统,包含 3 个 7 单电池的超级电池™模组(基于 AGM 阀控技术)。这个 42 V、10 kW 的超级电池™组必须遵守德国汽车工业协会限制最高充电电压为 54 V 的规范。

10 kW 超级电池™组囊括了一个具有 10 ms 控制器局域网总线报告、预测算法以及高效率电源的东宾(East Penn)电池管理系统。一个相关案例可以参见图 12.41,其同样具有主动温度控制、双量程电流传感器,以及能用来预测 SoC、健康状态和功率的能力。目前在几大洲中这一系统都正处于被评估的状态。

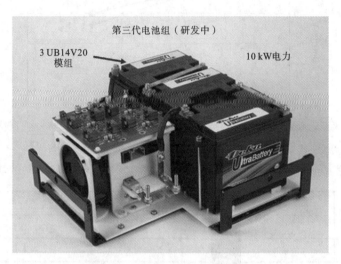

图 12.41　一个由东宾夕法尼亚制造有限公司(East Penn Manufacturing Co.,Inc.)为轻混合动力汽车研发的 48 V、10 kW 超级电池™系统示意图

12.6　结语

本章强调了在不同 HEV 职责所要求的高倍率充放电条件下保护铅酸电池负极板的重要性。将铅酸电池和超级电容器相结合被证明是这个问题一个很好的解决方案。这一混合储能设备—CSIRO 超级电池™可以很容易地在传统的铅酸电池厂以不同的电池设计(例如富液式、AGM 式和阀控式)、不同的为 HEV 所提供的电池尺寸以及不同的可再生能源的应用场景(目前已有在澳大利亚塔斯玛尼亚运行的一个 3 MW、1.6 MWh 的系统和在爱尔兰正在部署的 300 kW 的系统)进行制造。超级电池™在实验室测试和在启停 HEV(例如丰田雅力士和马自达 2)以及中型 HEV(例如本田 Insight 和本田思域混合动力汽车)上开展的实地试验中都表现出了优异的性能。因此,富液式超级电池™(根据 JIS Q-85 和 JIS N-55 标准)已在本田奥德赛 Absolute 和本田 Step-WGN 中作为原始设备而被采用。

人们对古河第二代超级电池™成为下一代启停与微混合动力车中的新式低耗能系统抱有乐观的看法,对用于轻混合动力车的东宾 48 V 超级电池™组也是如此。此外,由于高电压超级电池™组(例如,144 V 或 168 V)已达到并超过了本田 Insight 和本田思域中混合动力汽车要求的里程保证，超级电池™组以其低成本的优势很有可能会取代镍氢电池和锂电池这两个竞争对手。因此，超级电池™将在全球性的范围内促进更广泛的混合动力汽车的快速应用，也就是覆盖从启停到中混合动力级别的车。

缩写、首字母缩写词和首字母缩略词

AC　Alternating current　交流电

AGM　Absorptive glass-mat　吸收性玻璃毡

BEV　Battery electric vehicle　电池电动车

CAN bus　Controller area network bus　控制器局域网总线

CSIRO　Commonwealth Scientific and Industrial Research Organisation
（澳大利亚）联邦科学与工业研究组织

DC　Direct current　直流电

DCA　Dynamic charge-acceptance　动态充电接受能力

EAI　Electric Applications Inc.　电子联合公司

EFB　Enhanced flooded battery　加强型富液式铅酸电池

EFC　Enhanced flooded cell　加强型富液式单电池

EoD　End-of-discharge　放电终止

EU　European Union　欧盟

EUCAR　European Council for Automotive R&D　欧洲汽车研发理
事会

FCV　Fuel cell vehicle　燃料电池电动车

GPS　Global positioning system　全球定位系统

HEV　Hybrid electric vehicle　混合动力车

HRPSoC　High-rate partial state-of-charge　高倍率部分荷电状态

ICE　Internal combustion engine　内燃机

ICEV　Internal-combustion-engined vehicle　内燃机车辆

ISG　Integrated starter generator　集成式启动发电机

ISS　Idling stop-start　怠速启停

JIS　Japanese Industrial Standard　日本工业标准

LDV　Light-duty vehicle　轻型车辆

LH　Left hand　左手

NEDC　New European Driving Cycle　新欧洲驾驶循环测试标准

Ni-MH　Nickel-metal-hydride　镍氢电池

OEM　Original equipment manufacturer　原始设备制造商

OCV　Open-circuit voltage　开路电压

rel. dens.　Relative density　相对密度

RH　Right hand　右手

RHOLAB　Reliable，highly optimized，lead-acid battery　可靠且高度优化的铅酸电池

SBA　Standard of Battery Association of Japan　日本蓄电池工业会

SEM　Scanning electron microscopy　扫描电子显微镜

SP　Set point　设置点

SoC　State-of-charge　荷电状态

VDA　Verband der Automobilindustrie（German Automobile Industry Association）　德国汽车工业协会

VRLA　Valve-regulated lead-acid　阀控式铅酸电池

ZEV　Zero emissions vehicle　零排放汽车

参考文献

[1] A. Cooper，G. Morris，M. Neumann，M. Kellaway，Advanced VRLA batteries-enabling a hybrid revolution?，in：14th Asian Battery Conference，Hyderabad，India，2011.

[2] L. T. Lam，N. P. Haigh，C. G. Phyland，A. J. Urban，J. Power Sources 133（2004）126-134.

[3] H. Bode，Lead-Acid Batteries，John Wiley & Sons，Inc.，New York，USA，1997，p. 27.

[4] L. T. Lam，H. Ceylan，N. P. Haigh，T. Lwin，C. G. Phyland，D. A. J. Rand，D. G. Vella，L. H. Vu，ALABC Project N 3. 1. Influence of Residual Elements in Lead on the Oxygen-and/or Hydrogen-Gassing Rates of Lead-Acid Batteries，Final Report：July 2000June 2002，CSIRO Energy Technology，Investigation Report ET/IR526R，June 2002，58 pp.

[5] L. T. Lam，H. Ceylan，N. P. Haigh，T. Lwin，D. A. J. Rand，J. Power Sources 195（2010）4494-4512.

[6] L. T. Lam，N. P. Haigh，O. V. Lim，T. Lwin，C. G. Phyland，D. G. Vella，ALABC Project TE-1. Influence of Trace Elements，Plate-Pro-

cessing Conditions and Electrolyte Concentration on the Performance of Valve-Regulated Lead-Acid Batteries at High Temperatures and under High-Rate Partial-State-of-Charge Operation, Final Report: August 2003-July 2005, CSIRO Energy Technology, Investigation Report ET/IR809R, July 2005, 43 pp.

[7] M. Shiomi, T. Funato, K. Nakamura, T. Takahashi, M. Tsubota, J. Power Sources 64 (1996) 147-152.

[8] L. T. Lam, H. Ceylan, N. P. Haigh, C. G. Phyland, D. A. J. Rand, D. G. Vella, Minor Elements in Lead for Batteries. 19. Influence of Bismuth and Carbon on Charging Ability of Negative Plates in Lead-Acid Batteries, CSIRO Energy Technology, Investigation Report ET/IR449R, December 2001, 20 pp.

[9] A. F. Hollenkamp, W. G. A. Baldsing, O. V. Lim, R. H. Newnham, D. A. J. Rand, J. M. Rosalie, D. G. Vella, L. H. Vu, ALABC Project N 1. 2. Overcoming Negative-Plate Capacity Loss in VRLA Batteries Cycled under Partial State-of-Charge Duty, Annual Report: July 2000-June 2001, CSIRO Energy Technology, Investigation Report ET/IR398R, June 2001, 26 pp.

[10] Shin-Kobe, Technical Report 12, (February 2002).

[11] L. T. Lam, N. P. Haigh, C. G. Phyland, D. A. J. Rand, A. J. Urban, ALABC Project C 2. 0. Novel Technique to Ensure Battery Reliability in 42 V PowerNets for New-Generation Automobiles, Final Report: August 2001-November 2002, CSIRO Energy Technology, Investigation Report ET/IR561R, December 2002, 39 pp.

[12] L. T. Lam, N. P. Haigh, C. G. Phyland, T. D. Huynh, D. A. J. Rand, ALABC Project C 2. 0. Novel Technique to Ensure Battery Reliability in 42 V PowerNets for New-Generation Automobiles, Extended Report: January-April 2003, CSIRO Energy Technology, Investigation Report ET/IR604R, May 2003, 23 pp.

[13] L. T. Lam, N. P. Haigh, C. G. Phyland, T. D. Huynh, J. Power Sources 144 (2005) 552-559.

[14] L. T. Lam, D. A. J. Rand, High Performance Lead-Acid Battery, September 18, 2003. Australian Provisional Application No. 2003905086.

[15] L. T. Lam, N. P. Haigh, C. G. Phyland, D. A. J. Rand, High Performance Energy Storage Devices, International Patent WO/2005/027255, March 24, 2005.

[16] L. T. Lam, R. Louey, J. Power Sources 158 (2006) 1140-1148.

[17] L. T. Lam, R. Louey, N. P. Haigh, O. V. Lim, D. G. Vella, C. G. Phyland, L. H. Vu, J. Furukawa, T. Takada, D. Monma, T. Kano, ALABC Project DP 1.1, Production and Test of Hybrid VRLA Ultra-Battery™ Designed Specifically for High-Rate Partial-State-of-Charge Operation, Final Report: August 2006-April 2007, CSIRO Energy Technology, Investigation Report ET/IR967R, April 2007, 56 pp.

[18] L. T. Lam, R. Louey, N. P. Haigh, O. V. Lim, D. G. Vella, C. G. Phyland, L. H. Vu, J. Furukawa, T. Takada, D. Monma, T. Kano, J. Power Sources 174 (2007) 16-29.

[19] A. Cooper, J. Furukawa, L. Lam, M. Kellaway, J. Power Sources 188 (2009) 642-649.

[20] A. Cooper, E. Crowe, M. Kellaway, D. Stone, P. Jennings, The Development and Testing of a Lead-Acid Battery System for a Hybrid Electric Vehicle (RHOLAB-A Foresight Vehicle Project), SAE Technical Paper 2003-01-2288, SAE International, Warrendale, PA, USA, June 23, 2003.

[21] J. Furukawa, T. Takada, D. Monma, L. T. Lam, J. Power Sources 195 (2010) 1241-1245.

[22] J. Furukawa, T. Takada, T. Mangahara, L. T. Lam, ECS Trans. 16 (34) (2009) 27-34.

第 13 章
铅酸电池在微混合动力
和电动汽车中的应用

C. Chumchal，D. Kurzweil
福特德国，科隆，德国

13.1 介绍

铅酸电池在 2016 年的汽车应用中仍然发挥着重要的作用。早期，电池只运用于启动照明点火（SLI）；现在，人们对电池的要求明显变得更高，电池管理策略也变得越来越复杂、精密。当引擎关闭时，车用电池必须能够支持车中不断增加的电气化功能，例如电动座椅、电动尾门、电动推拉门以及燃料驱动的停车加热器。此外，电池需要承受由再生制动和启停功能所产生的吞吐量，这对改善燃料经济效益和二氧化碳排放是必需的。更进一步的挑战是怎样支持高强度的瞬态负载，如电子转向助力（EPAS）、防抱死制动系统（ABS）/电子稳定程序（ESP）或者是主动侧倾控制（ARC）系统。这些暂态过程通常具有比交流发动机所能调节的更高的以安培/秒为单位的上升速率，因此电池必须向系统提供峰值功率。

为了提高铅酸电池的使用寿命，并提供上文所提及的所有功能，一个电池检测传感器（BMS）与一个电能管理（EEM）策略相结合的方法已经应用于现代车辆。这项功能通常分布在几个模块之间，这些模块可以通过本地互联网（LIN）、控制器区域网络（CAN）或其他总线拓扑联系起来。使用 BMS 与 EEM 来控制电池的充电电压，以防止过充电或充电不足，同时也用来监测荷电状态(SoC)以及确保启动能力或监测电池温度以调整充电电压。

对电池与供能系统的其他技术要求包括功率容量(用冷启动安培定义)、电池组、温度管理、稳定性、安全性、Ah 容量、在不同温度下可达到的充电接受能力以及以 C_n 的倍数计算容量周转率的循环吞吐量能力。此外,电池需要满足汽车生产线的重量以及成本要求。本章将从一个原始设备制造商(OEM)的角度涵盖所有要点。

13.2 存储系统要求及操作策略

现在的 12 V 存储系统可以由单独的 SLI 电池、携有电池检测传感器(BMS)的 SLI 电池或有一到两个电池检测传感器的双电池系统组成。本章将讨论电池的各种要求和现代汽车的完整存储系统。通常具备(额外的)牵引功能的单电池双电压系统,工作于更高的电压(通常为 48 V、120~144 V,或大于 200 V),这超出了本章的讨论范围。我们只强调在这些车辆中保持 12 V 电压电池的一些具体的要求(见 13.4 节)。

13.2.1 为确保引擎启动所做的启动、电荷平衡和保护策略

传统内燃机驱动的所有车辆对电池的中心要求仍然相同,即启动机和发动机的启动功能必须被保护。传统上,这是通过调整铅酸蓄电池的功率容量(CCA)和启动马达性能来满足在所有指定温度下引擎-变速器组合启动速度的最低要求。为了确保电池保持在一个健康的 SoC,交流发电机和电池系统必须调整大小以确保电荷平衡。交流发电机的输出取决于引擎转速除以滑轮比率和温度。在怠速时(通常为每分钟 650~850 转,大约与每分钟 1700~2400 转的交流发电机转速相当),可实现的最大输出功率远低于发动机转速大于每分钟 2000 转(大约与 5000~6000 转每分钟的交流发电机转数相当)的情形。此外,冷交流发电机可以比处于已经被加热的引擎隔室中的交流发电机提供更高的输出量。不同温度条件下的典型的交流发电机输出曲线见图 13.1。

由于这个特性,电池就可能需要能够支持由用户或处于高负载时刻的系统所激活的电能负载。这些场景是由每个 OEM 的供电系统尺寸规则定义的。它们包括在炎热的夏天里,引擎处于低速或怠速状态,除了前方内部隔间的鼓风机之外,电动发动机冷却风扇被激活启动(如果有的话),货车或卡车的后部还有一个鼓风机被同时启动。另一个可能的情况是冬天的晚上,所有加热物品,包括位于前方和后方的加热座椅、加热方向盘、后方与前方的加热挡风玻璃以及更多加热功能,与内部鼓风机和外部的车灯同时使用。在这些场景中,

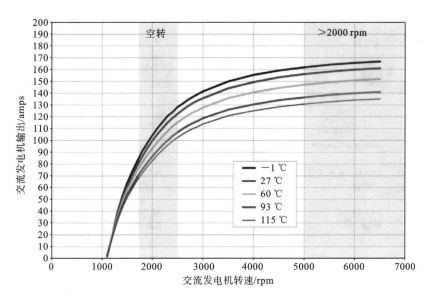

图 13.1 150 A 交流发电机输出曲线(典型例子)

电池的循环,尤其是在短的城市行驶周期中,可能会发生在急速时放电,在高引擎速度下的充电以及因此导致的交流发电机的输出。当 EEM 在急速情况下检测到饱和的交流发电机和/或一定值的低系统电压时,可以通过将引擎的急速提高到 900～1200 转来实现电荷平衡。急速的提高可直接转化为交流发电机更高的输出和电池更少的循环圈数。负载管理策略是可以依次停用与乘坐舒适度相关的功能或降低它们的消耗功率并且不会被用户察觉到(例如,正温度系数(PTC)加热器、可加热座椅或可加热方向盘),它遵守与急速增加相同的标准。重要的是,这种负荷转移策略只发生在罕见的情况下并不会降低客户的整体体验和舒适度。图 13.2 提供了供电系统中与电流和扭矩相关的能量流的概述。

此外,必须防止发动机关闭期间的过度放电,因为电池是此时唯一的电能来源。与电能管理(EEM)相结合的电池监测传感器(BMS)被用于在任意时刻都能确定与保护电池的荷电状态(SoC)。如果电能负载在点火或关机时被激活,电池监测传感器(BMS)可以持续跟踪监测安时放电量,并在达到危险的荷电状态之前指导关闭或者减少电力的消耗,例如,信息娱乐系统、内部鼓风机、内部灯光或者燃料驱动的停车加热器。此外,驾驶员也可以通过一条经由中央显示器传递的通知信息了解这一切。根据策略,这些阈值可能是静态的,也可能取决于温度。其他保护电池的电能管理(EEM)策略包括在点火器关闭一定时间后使用计时器自动关闭电子功能,或当点火器关闭或引擎没有在工

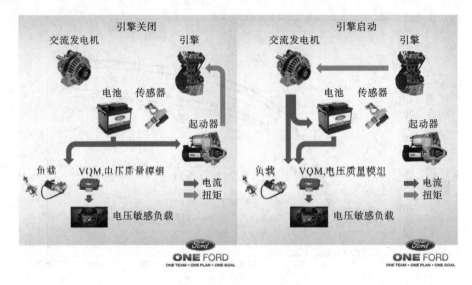

图 13.2 供电系统的能量流

作时完全禁止某些功能。

另外一个需要被考虑到的重要因素是电子模组和组件的静态能量流失,即当在停泊时车辆和所有处于休眠状态的模组的最小能量消耗。关机后的额外电池放电现象与鼓风机的后续运行、车灯和控制器的依次关闭以及当汽车遥控发出启动信号后而引擎还未启动时所产生的相似负载联系在一起。在一段被定义的停车时间且关机状态下,能量消耗除以可用的 SoC 窗口可以确定一个电池容量的最小值:典型的中级车的静态能耗为 $5\sim25$ mA,而静态能耗取决于车辆的款式与特色功能。举例来说,在一个月之内,仅是这些寄生电流就可以产生 $3.7\sim19$ Ah 的能耗。取决于车辆使用情况、温度条件和可能会有的部分荷电状态(SoC)策略,车辆停泊时电池的荷电状态一般在 $70\%\sim80\%$。如果荷电状态低于被设为下限值的 $40\%\sim50\%$,就不再能保证引擎可以被启动。如何定义这些阈值、为电池容量设计规则以及为确保用户舒适度提供对策取决于原始设备制造商(OEM)。更多关于供能系统与组件的基础功能的信息可以在文献[1]中找到。

13.2.2 吞吐量

另一个在现今的豪车与中级车中吸引人们更多注意的要求聚焦于电池的吞吐量上,这是由诸如电动座椅调整、电动尾门、扩展信息娱乐应用以及检测算法之类日渐发展的电子功能所导致的。在当今的车辆中,当电池成为唯一电能来源时,越来越多与舒适相关的功能能够在关机或者点火器打开时依然有效运行。额外的吞吐量同样由车辆的启停功能与制动能量回收功能所导致。

当引擎运转在低功率下,经历一次能量恢复过程后,车辆的电子功能有部分或全部由电池提供的能量所支持时,能量恢复就产生了吞吐量。在这些时刻,交流发电机的电压被下调以降低引擎的扭矩并提升燃料的消耗量。

在那些使用启停功能的车辆中,当引擎在车辆的移动与引擎在上一次停止后重启的过程分阶段被关闭时,电池就产生了吞吐量。在发动机待命期间,电池需要为所有电子功能提供支持,这通常能解释其产生的吞吐量高于引擎重启时的现象。在汽车启停中产生的吞吐量很大程度上与循环工况、用户习惯(驾驶方式)以及环境条件(在寒冷、炎热或潮湿的条件下驾驶室的舒适度与能见度会倾向于抑制车辆的启停)相关。当具有环保意识的驾驶者在适宜气候下行驶在城市循环的路线中时可以使电池产生最大的吞吐量。然而另一个影响因素被归为与变速器类型相关:对于手动变速器车辆,当驾驶者倾向于规避一些非常短暂的停止动作时,由于缺少变速杆和离合器操作,自动挡车辆却不能抑制自动停止的行为,这增加了自动挡车辆做出停止动作的总次数。

除了先前被描述的吞吐量资源,小排量的发动机也许会在某些特定条件下限制扭矩容量,这些特定条件包括高海拔或者周围处于高温。除此以外,它们也许需要很大一部分的有效扭矩用以启动或创造真空制动。在这些条件之下,减少交流发电机的扭矩可能同样是必要的。当处于一段循环工况中时,电池要求能够支持导致吞吐量增加的电能负载。一个记录了一些能为电池提供吞吐量的典型车载功能的表格可以参见表 13.1。

表 13.1   电池吞吐量的来源

动力总成功能(引擎开时)	动力总成功能(引擎关时)	舒适性功能(引擎关时)
· 制动能量恢复 · 低扭矩情形下的交流发电机关闭 · 平衡充电	· 启动发动机用电热塞 · E100 燃料加热装置 · 车辆开始运行后启动冷却风扇 · 车辆开始运行后启动抽水泵 · 启停	· 使用燃料的加热器 · 具有动力的座椅/窗户/侧门/尾门 · 信息娱乐 · 预警系统 · 欢迎/再见/内部灯光 · 胎压监测传感器 · 接近检测 · 电源接口/USB 接口/充电头 · 天窗

为了确保电池损耗在可接受范围内以及电池保修不受影响,电池的规格与所用技术必须精挑细选以达到人们所期望的车辆吞吐量。电池的吞吐量可以被标准化为处于 1‰放电深度(DoD)时额定容量 C_n 的倍数。举例来说,如果说一个经典的富液式 SLI 电池可以对应 200 单位的 C_n,意思是说这个电池可以在处于 1‰放电深度(DoD)时经受 20000 次充放电循环,就好比以 1 C 的放电电流持续放电 36 s 或以 0.5 C 的放电电流持续放电 72 s。如果额定电容量为 60 Ah,就等于在电池的使用寿命内总吞吐量为 12000 Ah。如果典型的电池吞吐都发生在更深度的充放电循环(放电深度(DoD)>1‰)中,则绝对的吞吐量会下降。为了延长高容量汽车的电池使用寿命或作为应对高吞吐量的功能,如启停技术或燃料加热器,具备更高吞吐量相关的电池技术如加强型富液式电池(EFB)、吸收性玻璃毡(AGM)或更高额定容量电池这一类就可以被选用。然而,更高的容量只能对电池使用寿命产生很小的提升,而加强型富液式电池可以承担的吞吐量为经典富液式电池的两到三倍,并且可以极大提升对启停技术非常重要的浅层循环容量。最有效且成本高昂的 AGM 电池能提供额外的浅层与特别深层的循环容量。这让它们尤其适合商务车或高档车。

13.2.3 电池的充电接受能力

由于充电接受能力是在很多情况下快速达到电荷平衡和避免电池充电不足的主要障碍,因此充电接受能力已经成为电池标准中一项非常重要的要求以及原始设备制造商(OEM)的技术参数。而当与大多数储能技术进行比较时,铅酸电池在接受快速充电方面具有技术上的缺陷。

放电现象也许具有多变的特征:它们在持续周期上可能长也可能短,它们的电流可能大也可能小并且它们会在不同的环境条件下出现。实验测量与现实中的测试显示,尤其是处于冬季、长周期的小电流(就像静态能量流失那样)的条件下时会严重限制当今大多数汽车应用所安装铅酸电池的充电接受能力。如果充电接受能力很低,增大交流发电机规格将不再能提高电荷平衡。根据文献[2]可知,对于铅酸电池的充电接受能力所要考虑的现象如下。

(1)对荷电状态的依赖性:低荷电状态(SoC)导致更高的充电接受能力,尤其是在 AGM 电池中时。

(2)电池充电(放电)的历史:放电后电池的充电接受能力高于充电之后。

(3)放电与充电间的休眠期。

(4)对温度条件的依赖性。

在测试中,电池以高于 I_{20} 三倍的电量放电 12 min(这使荷电状态降低了 3‰)。此后,这些电池在 30 ℃的条件下休眠 24 h 之后再于 14.9 V 的电压下进行充电。充电电流在 1 s 之内降至 1 A 以下。在现实生活中,许多循环工况需要在回到起点时恢复到最初始的荷电状态。当以三倍的 I_{20} 的电量放电 12 min 并休眠 24 h 后再准备使用 14.9 V 电压充电时,刚开始的 10 min 内电池的平均充电电流大约高出七倍,但它仍小于放电电流。这一比较表明,需要考虑充电过程和放电过程中的时间。相比于引擎启动前仅需几分钟的预运行过程,在关机之后、停车之前的运行负载对电池放电的作用需要更多的时间用于电池的充电恢复。为了避免电池充电不足的现象,特别是处于运行后状态的负载需要在低电池温度条件下被严格控制。幸运的是,电池内部电解质温度会通过汽车运行时或运行后引擎或驾驶舱的传热作用而上升,这一现象的产生与电池所在的位置相关。

传统上对充电接受能力的测试在电池处于标称条件下放电至荷电状态大约为 50% 后再降温至 0 ℃ 或 −18 ℃ 来进行,这要求电池具有最小的充电电流或在一个典型的持续时间为 10~15 min 城镇内驾驶后的最小电荷积分恢复量。一些原始设备制造商(OEM)近年来在充电测试前增加了新的测试环节:模拟长时间停车的过程(电池处于开路电压(OCV)或通过带来典型静态电能流失的电阻器)。

另外有一个与先前提及过的经典式或静态的充电接受能力有所不同的电池属性称为动态充电接受能力(DCA),其影响再生制动功能的有效性。如果电池在每次持续时间通常为 5~10 s 的维持局部 SoC 微循环操作的过程中能充入更多的电,那么就能节省更多的燃料并减少更多的二氧化碳排放。铅酸电池的动态充电接受能力在本书的第 1 章与第 10 章都进行过深入的讨论。在未来,人们同样会把注意力放在那些在本部分讨论过的所有或至少大多数条件下能提升充电接受能力的电池技术上。

13.2.4　电压质量、暂态电流容量与内阻

对电池的另一项重要的要求是确保电压质量并缓冲交流发电机所不能涵盖的高暂态电流峰值,这是由于交流发电机的物理电感及其校准的响应时间会限制发动机转矩上升速率。电子助力转向(EPAS)与防抱死系统(ABS)泵中 100 A 或者更高的峰值电流可以在 EPAS 上以大于 1000 A/s 的梯度或在 ABS 上甚至大于 20000 A/s 的梯度产生。图 13.3 展示了一些 ABS 泵与 EPAS 的暂态情况以及对应交流发电机电流、电池电流及电压。电池电解质在本例中的温度为 50 ℃。

高暂态电流的另一个来源是像发动机冷却风扇、切换负载、正温度系数(PTC)加热器或用继电器控制的前挡风玻璃加热器等类型的电动机励磁涌

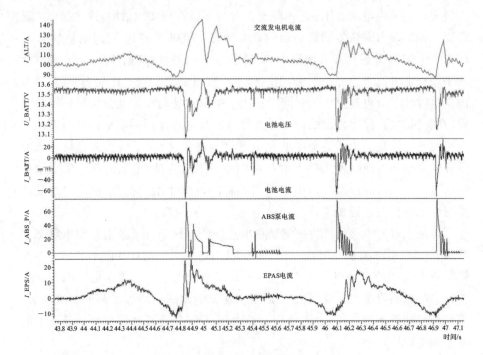

图 13.3　车辆系统中的暂态负荷情况

流。在所有这些应用情景中，为了避免电子助力转向（EPAS）功能失效，且最小化在改变鼓风机速度时的光线下降或噪音，电池就必须要保证自身的电压质量。在处于任何温度（甚至低于 -30 ℃）以及不同电池荷电状态时都要实现这一要求。

　　直到交流发电机被调整到符合负载要求为止，电池都必须能够提供这些峰值电流。对这些短暂的情况而言，电池内阻对电池端子电压降起到了主要的决定作用，同时接线长度和电缆直径决定了电池到组件之间的电压降，EP-AS 与 ABS 就是很好的例子。因此，为达到最好的使用表现，电池内阻 R_i 需要被设计得尽可能小。低的电池内阻 R_i 同样可以在一次启停后的热身重启过程中提升电压质量与冷启动的性能。

13.2.5　电池装配与热量管理

　　电池装配与热量管理之间具有紧密联系。由于电池是最重与体积最大的电气组件之一并且同时在服役中需要易于接近，它装配的位置需要被慎重考虑。为了节省电池在需要被更换时所花费的人工成本，通常每安装一次所花费的最长时间必须得到保障。电池通常被安装在引擎盖下，或者在引擎室内，或者一个专用冷却区内（与一些热敏电气控制单元在一起），或者后备厢的底板上。对轻型商务车而言,可以选择把电池安装在驾驶员座位下。其他电池装配位置包括后备厢侧盖后方或乘客与驾驶员的脚下。电池装配位置的选择对全车重量分配与电池到交流发电机、启动机和配电箱之间要求的电缆长度有着直接影响。由于交流发电机到电池端子之间的电压降与周围空气温度分布相关,充电性能同样与电池位置相关。当设计充电曲线时,这些因素需要被考虑到。

其他与电池位置相关的对汽车的要求包括对跨接线连接启动的需求或充电桩需要被设计在一个便于接入的位置,如果充电桩难以触及的话,电池就通常会位于引擎室内。对那些放置于车辆内部的电池,在设计时会安放一根排气管,用来将在充电的过程中产生的氢气安全地排放到外部。

由于含水的电解质承担了电池最大一部分的热容量且至少在富液式电池与 EFB 中是易于接入外界的,因此电池电解质的温度通常被视为可以代表电池内部温度的测量值。温度对所有电池性能与老化参数都有很强的影响,包括充电接受能力。电池充电不足现象尤其会在适宜或者寒冷的气候下某些驾驶员或者人员进行短程驾驶循环时发生,从长远角度看会导致电池硫酸盐化。在炎热的气候条件下,电池寿命通常被水的电解、正极板栅的腐蚀以及为用户提供了大量循环吞吐量的活性物质损耗所限制。热量管理确保了电池保持在其限定的范围内并且不会超过所设定的最高温度。取决于电池装配的位置,电池通过隔热罩、带盖或不带盖的塑料盒、泡沫罩或上述组件的组合保护免受像引擎、变速箱或排气系统这样的热源影响。主动通风功能可能被额外用于封闭的电池盒或冷却区,这项功能由汽车前端引出的独立风道,甚至是一个电池盒设计适配的有确定的流道与出口的电池散热风扇所提供。所有的这些设计都旨在在控制范围内保持电池的温度。此外,现代交流发电机也可以根据电池温度来调整充电电压(参见 13.3 节)。

对除铅酸电池以外的其他电池技术而言,电池的装配位置需要进行新的设计,并不是所有现在使用的装配位置都是可行的。举例来说,锂离子电池较铅酸电池而言其热操作范围更小,这导致对热量管理的要求更高。因此受汽车设计的影响,锂离子电池只可能被放置在某些确定的位置上,比如内部隔间。其他主动温度控制设备,像电池冷却风扇或电池冷却系统可能是被人们所需要的。这些系统已经用于电动或混合动力的车辆上。

13.2.6　可靠性与稳定性

在过去的几十年里,汽车产业经历了一场汽车整体可靠性的革命。由于大量部件和潜在故障模式的数量,部件需要在其使用寿命(现在通常定为 10

年或 240000 km)内提供六西格玛(<12 ppm 故障)可靠性,以满足客户的期望。富液式铅酸电池、EFB 电池与 AGM 电池不符合这一标准,它们被视为磨损部件,在车辆使用寿命内需要更换几次。尽管如此,过早的电池故障很可能会导致汽车故障,这不仅会损害客户满意度,而且会导致大量的保修成本。由于全球性趋势倾向于延长像 12 V 电池这样的耐用商品的保修期,这些方面将继续受到特别关注。因此,电池制造过程需要改进工艺控制,以满足高 Cpk(过程能力指数)[3]。

13.3 充电策略

近年来,不同的汽车充电策略都取得了长足发展:原始的、简单的以及固定设定点的策略都被人们使用过,但这些策略都被温度依赖策略(现在作为常规充电方式而为人所知)所取代。到了今天,越来越多复杂精密的策略被实施以支持像二氧化碳减排这样的目标。在不同文献来源中,它们中具有相同基础逻辑的部分会被冠以不同的名称。这些通用名称有 PSoC(部分荷电状态)、智能再生充电或者 IGC(智能电机控制)。如今,只有少数几个应用,主要是卡车上的 24 V 系统(见第 17 章),仍然使用交流发电机的固定设定值策略。本章将集中讨论轿车和轻型商用车的传统和 PSoC 充电策略。

13.3.1 常规式充电过程

几乎所有没有再生充电策略的车辆都使用与电池温度相关的设置点。这里,充电电压在电池温度低时上升并在电解液开始升温时下降。图 13.4 描述了像这样的电压控制曲线的其中一个案例。设计此电压控制曲线时,必须防止在冬季或寒冷气候下发生充电不足,在夏季或热气候下过度充电和腐蚀。截止电压的上限和下限同样必须考虑电池的使用表现和对耐用性的要求。

考虑到其他因素,这些设定点电压的水平需要被进一步调整。如果电池被放置到像后备厢这样的位置,就需要用一根电缆在引擎隔间内将电池与交流发电机连接起来。由于电流与电缆电阻在交流发电机设定点和活性充电压间会有非常明显的电压降。电压控制曲线需要为达到在这些条件下的充电要求而进行调整。

设定点电压同样被系统电压的要求所限制,通常它最大不能超过 16 V。反过来讲,其他车辆功能,如发动机扭矩管理,可能需要暂时将交流发电机卸载到一个较低的设定值,这将驱动电池短时放电。

为了确定电池温度,可以使用 BEM。它可以在一个最合适的点上测得温

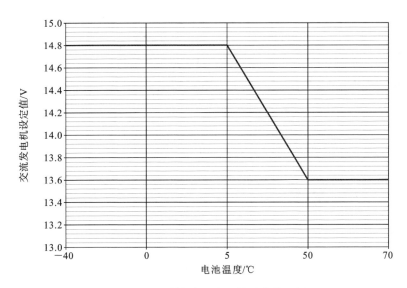

图 13.4　交流发电机电压控制曲线示例

度并使用一个简单的热学模型计算电池内部的温度。如果一辆车上没有搭载 BMS,则可以用动力总成控制模块或车身控制器中的电池温度模型来实现这项功能。上述两个模组中的一个可以通过测量周围空气温度与引擎冷却液温度或参考循环工况信息来估算酸液的大概温度。像这样没有 BMS 的模型需要针对每个动力系统或车辆组合单独进行校准。通常对测定温度准确性有一项要求,即与电解液测定平均温度的偏差不超过 5 ℃,通常不考虑电池内部和电池之间的温度梯度。通过测定或估算得到的电池温度通常被用作电压控制曲线中的自变量,人们据此查表来调整交流发电机的控制点。

13.3.2　在部分荷电状态(PSoC)操作下的充电过程

恢复过程的一般理念相当简单:一般来说,如果一辆车处于减速过程中,则它动量中所含有的动力学能量大部分会转化成多种多样的能量形式,即经由制动或诸如轮胎等相关部位以热量的形式消散。在减速时,通过提升交流发电机的电压,可以使更多扭矩被用于引擎从而为制动提供能量,而与此同时动力学能量就转化成可以存储回电池的电能。反之,在加速阶段,可以降低交流发电机的电压从而使用于引擎的扭矩减少,这之后由电池来提供支持(见图 13.5)。这项策略能对一般的燃油经济产生积极的影响,这一点被 Schaeck 等人在文献[4]中指出。

12 V 供能系统中的制动能量回收与混合电动汽车相似,要求 SLI 电池的活性 SoC 控制能力能提供充足的 DCA。与之相反,传统或常规式充电的一般

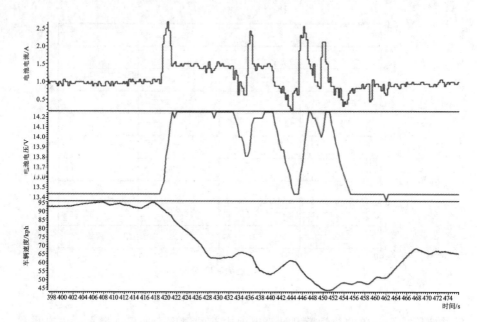

图 13.5　制动过程恢复充电示例

目标(事实上从未实现过)是使电池完全充电(见图 13.6)。因为 PSoC 操作显然是有意使电池充电不足,所有需要去完成的工作都要参照上述提及过的 EEM 与一般系统尺寸的相关细节。确保在部分 SoC 控制策略下全车和用户功能的可用性,足以达到对一个既定 SoC 的 BMS 传感器的发展需求。

13.3.3　对于电池传感器的要求

最可靠的 SoC 测量方法,即电池完全放电并做具体的酸重力测量,在车辆上是不可用的。下一个最佳选择是进行 OCV 测量,这需要一段很长的电池休眠时间(长达几天),并且,对于实际车辆,这种测量方法经常会被静态负载的存在所干扰。而 BMS 可以直接测量电池电压、电池电流与其自身的芯片温度。传感器所获取的额外的车辆信息可能被用于至少辨认四种必要的车辆状态:充电、放电、启动与静止。

从测量中获取可靠的电池状态信息就需要复杂的算法,参见第 14 章。输出供能策略要求获取 BMS 所测量到的电解液温度、SoC、电池健康状态与电池内阻,而且这些要求也可能同时扩展到更复杂与面向应用的预测量,例如,在一次被定义好的启停事件过后,下一次热启动时的电压控制能力,对于该种类型的输出而言,相应的 SoF 的概念已经被发展起来。这些算法将评估电池处于充电和放电阶段时电流与电压之间的关系。举例来说,当处于启动阶段时

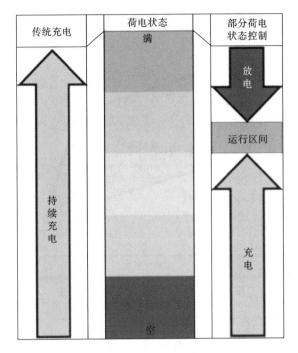

图 13.6   回收能量管理

人们可以经由励磁涌流与气缸压缩产生的电压变化来直接观察到电池的健康
程度与阻抗。电池的静态阶段是放电阶段的一种特殊情形,但它为人们提供
了一个推测开路电压(OCV)的最佳机会。像这样基于电压的修正行为是必然
要为使得单独的电流集成不足以确定荷电状态的电流误差与寄生电流做相应
的补偿的。

13.3.4   荷电状态作业窗口

在绝大多数应用中,部分荷电状态(PSoC)策略的操作范围可以被预料到是
介于65%~90%的荷电状态之间的[4]。对车辆的相关系统进行操作,如在荷电
状态低于上述范围的条件下点火会引起电压水平低于电子控制单元(ECU)所定
义的操作范围的风险,尤其是放电电流更高或持续时间更长甚至二者兼备时。
这可能会影响鼓风机、加热设备或显示照明装置的表现。在此范围之上的操作
充电系统为了留下大量的回收能量而降低了相当多的充电接受能力。事实上,
即使是常规充电法也不太可能会将荷电状态增加至90%以上,具体的情况取决
于旅程与负载的使用模式。除了所使用的技术(富液式/EFB/AGM),荷电状态
作业窗口还由电池的(动态)充电接受能力与温度所决定。由于这些参数在车
辆使用的同时变化明显,一个动态操作范围事实上可以显著扩大荷电状态的

使用范围,从而使其离开静态阈值,这一现象可参见图 13.7。

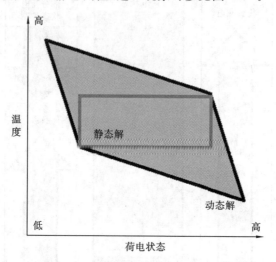

图 13.7　静态和动态方法的操作范围

13.3.5　交流发电机控制策略

一旦荷电状态与温度二者的范围都为人们所知,那么就必须要确定达到和保持在这些范围的方法。特别地,这也表示系统最高与最低的操作电压和充放电电流的期望值需要被定义。

电压的范围取决于电池温度,通常大约在 12~15 V,而充电电流必须在放电速率、充电速率与组件材料降解之间达成一个折中的妥协。在此可以区分出两种充电控制的方法:电压-引线充电控制(VLCC)与电流-引线充电控制(CLCC)。

电压-引线充电控制确保了一个为定值且在特定条件下可以预测的电压,但引入了并不是最优解的电流。一方面,由于电池充电接受能力不仅随温度变化,而且会根据像电池使用年限或使用时所处条件(例如在快速/慢速放电后的功能应用)这样的其他因素变化而变化,通常应用相同的电压时是不必在相同时间内从电池中获取或充入相同大小的能量的。另一方面,在确定条件下应用恒电压可以为系统提供与引擎扭矩与电压敏感负载有关的稳定性,其主要机制仅仅就是针对不同条件施加不同的电压控制曲线,参见图 13.8。

电压-引线充电控制能使系统更稳定的主要原因在于即使在电流-引线充电控制的情形下,其起控制作用的因素仍是交流发电机的电压设定点。因此,电流-引线充电控制带来的是更佳的充放电速度,但导致了系统中更高的电压变化。通过在预设范围内或多或少地自由调整系统电压,可以调节能量的大

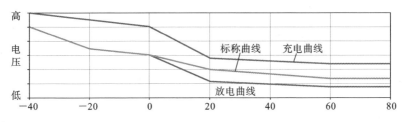

图 13.8　电压-引线的充电控制案例

小,同时人们所期望的操作范围可以被更快地达到。即使这会导致系统电压改变得更加频繁,这在所谓的电压敏感负载(如风扇、电灯泡等)中体现得尤为明显,并且理所当然,应用于引擎的扭矩影响了像怠速稳定这样的相关性能。这个控制模型主要目的在于使电池不向汽车负载提供任何电流支持,而让交流发电机完全承担支持负载的任务,详情可参见图 13.9。

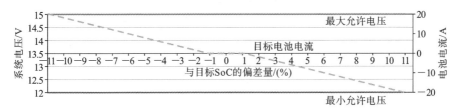

图 13.9　电流-引线的充电控制案例

13.3.6　充电模式处理

先前提到过的电压敏感负载与部分荷电状态控制必须考虑对应用功能表现的要求。不同的充电模式可以帮助人们合理地控制功能状态(SoF)边界。人们应该拥有一些通过用户能察觉到的途径来对电压改变产生反应的电力负载的构想,举例来说,灯泡的光强变化与内部鼓风机可被听见的速度变化。这些负载的激活也许要求电压设定点的升降率被限定在诸如 0.5 V/s 这样的范围内,从而与再生制动的节油效果稍微形成一些妥协。同样地,确定的负载可能给交流发电机控制策略强加一个放电电压限制。这可以从两个方面来解释:要么是所有系统被设计成对这些变化不敏感(举例,脉宽调制(PWM)控制风扇或 LED 灯),要么为在需要拥有的基础上处理充电模式设计一个控制方案。这个控制方案可以说是相当动态的,就好比鼓风机风扇不会所有时间都在运行,或者说光强的变化在白天可能不会被观察到。

第二项挑战是如果从来没有进行过完全充电的话铅酸电池的使用寿命就会减少,所以在事情变得困难之前每隔一段特定的时间间隔就通过完全充电与恢复电池内硫酸盐化的手段来重新刷新电池状况是很有必要的。再次,功能实现的细节随应用的电池技术的不同而不同,虽然它们可以主要概括成两种驱动力:电池已经投入使用的时间以及已经从电池中取出或充入的电荷周转量的大小。当这些阈值中的用于触发刷新过程的那一个被达到,系统就可以转化为与常规充电曲线相似的充电模式,也许会伴随轻微的电压升高现象。由于在汽车运行过程中铅酸电池不可能到达充满电的状态,为了避免破坏提高燃油利用率的一般行为,对充电模式的总体运行时间的限制是有必要的。所有的这些考虑可以轻松转化为五种以上需要进一步检验的充电模式(见图13.10),以至于为了既不必进行详细说明也不对系统进行过度管理,对实际系统余量的密切关注的需求并没有得到足够的强调。

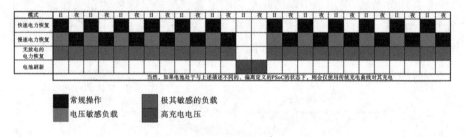

图 13.10　充电模式检验的案例

13.3.7　双电池系统的具体特点

在特定的环境下,建立一个由双电池系统所支持的电力系统是有必要的,参见图13.11。一个非常普遍的例子是为避免因为用户所选择的功能而放空所有电的同时确保车辆的启动能力,在关机时有一个电池与电力负载之间没有连接。有一个很实用的解决方法是,使用一个在点火开启时关闭而在一段特定时间或点火关闭后打开的继电器。在该种方法下,启动器电池被引擎的运行所充电,并在引擎关闭时不放电,从而用户不用冒着使车辆出问题的风险就能在引擎关闭时能拥有有效的电能。

另一个简单的解决方法是将两块电池并联放置且两块电池之间没有任何继电器。当然,在这种情形下,虽然用户获得了额外的有效能量,在引擎关闭时其也仍然可以完全耗尽电池的能量。这也可以作为能满足大型引擎上的启动电动机的高启动电流需求,以及在避免用放于两个不同位置的小电池代替一个大电池的方案时放置设计过于复杂的问题的一个选项。在这一拓扑结构中使用了两个同等型号相同技术的电池,而其他能提供更简便的使用两个不同型号与技术的电池的机会的选项也可被考虑。

第三种运用双电池的方法是使其中一块电池不能被用户所接入而是用于

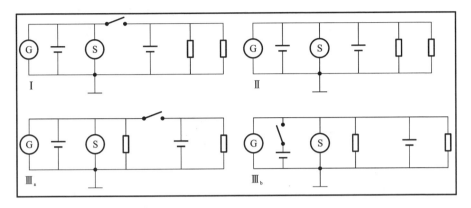

图 13.11　双电池系统的示例

使车辆电气系统的一部分稳定,或甚至是用来使汽车电力系统的一部分与用户使用模块解耦,以稳定电压或避免功能性失效的情况。像已经提到过的那样,有些电气系统可以在系统中产生极高极快、超过 100 V 的暂态电流峰值,在不到 100 ms 的时间内产生 2～3 V 甚至是更高的电压降。为了确保用户不会遭遇到像转向助力或与安全相关的系统功能的丧失,另一块电池可能为此被用于子网中。供能网络之间的分离同样可能经由继电器,或者通过能够阻止车辆系统的反馈同时确保第二块电池能根据需要的充上电的电池连接转换器(通常是一个 Q 二极管)这样更复杂的系统来实现。第三种应用方法的一个变化是其第二块电池只用来为启动电动机供电。在一些高要求的高档车应用中,一个更复杂的转换装置将辅助电池与主电池在承担某些特定负载的情况下串联起来,但是在通常的操作中将二者并联(或使用 DC/DC 转换器将其进行虚拟并联),尤其是在充电时。

　　如何介绍辅助 12 V 电池对充电控制要求做出的改变呢? 第一眼看去,两者似乎没有区别,两块并联的电池同样都是 12 V,并且只是将它们的容量简单叠加起来,但这种看法只在两块电池都被连接起来并保持连接时才是对的。在实践中,在处于图 13.11 中的拓扑Ⅰ、Ⅲ$_a$ 和Ⅲ$_b$ 时它们之间会存在不同,这些电池之间没有保持连接,而且这是设计这个系统的全部原因:在一个电池可以被放电的同时另一个电池不能。全满的 PSoC 控制要求有一个次级电池监测传感器(BMS)。只利用一个电池监测传感器(BMS)的概念在图 13.11 中的拓扑Ⅱ和拓扑Ⅱ的一部分中可以看到。此外,在对可能产生非对称充电电流的电压降进行仔细地考虑后,人们就需要计划做一些额外的接线工作。

　　另一个因素是所发生的不同的充电行为,举例来说,就好比当用于启动机的那块电池几乎被完全充电时,支持用户负载的那块电池是全空的。当应用正确的充电逻辑时可以表明,一块电池要求用 14.9 V 电压在常规充电方法下充电而另一块电池在 12.5 V 条件下进行 PSoC 放电,这样的情形是难以实现的。这对节省燃料有影响。如果一个充满电的电池被设定与一块几乎是空的电池并联放置,则一旦中继被关闭就会有补偿电流流出。

13.4 电动与混合动力车中的铅酸电池

当讨论充电策略时,另一个需要考虑的重要话题是对具有一块电力牵引电池的车辆中 12 V 铅酸电池的一般用法的讨论。在电池动力、插入混合动力、全混合动力与部分混合动力车中,通常使用一个与传统汽车相同的 12 V 电力系统。这一系统使得车辆能够继续沿用许多已有的电气负载和模块并且通常由 12 V 电池来提供支持,该系统同样是为在停车时完全关闭高电压电力系统而设计的使能器。

在设计 12 V 电池规格的过程中有一项考量标准与其是否需要支持引擎启动相挂钩。一方面,如果不需要,则通常为高电压系统(例如关闭一个主中继)充电与在进行暂态负载操作时稳定电压的举措就是其作为相关的动力驱动的使用案例。如果当处于延长停车时间以补充静态能耗损失的阶段时可以从牵引电池处获取稳定充电来源,则降低 12 V 电池规格的选项就可以被纳入考虑。另一方面,为了避免充电不足,负载情形对于需要考虑实际状况中的使用的电气化汽车来说都是特定的那些。

虽然大体上讲,在拥有一块高电压牵引电池的车辆中使用 12 V 电池的各种系统都是非常不一样的,但从先前考虑过的其他情形来看,就 12 V 充电控制而言,它们之间的变化没有看起来的那么大。如果使用一个普通的交流发电机或至少是一个集成启动器发电机,这个系统的控制逻辑会与老系统有着或多或少的相似性。如果 12 V 系统被 48 V 系统或高电压的一侧通过 DC/DC 转换器供能,则当车辆再次被驾驶时同样的控制功能会被应用,这是因为电池不会在这一过程中改变自身特点。另外,考虑每一个新设计的细节部分是非常重要的,就比如考虑为 12 V 系统所设计的能量恢复策略在特定的车辆中是否奏效,或者使用第二块 12 V 电池(也许甚至是一块锂离子电池)从各种角度来看是否能带来车辆的性能提升。

然而在(车辆)停止阶段,一般的系统行为会有不同。12 V 电池与像高电压(HV)电池充电(插拔操作)或其他混合动力车(HEV)/电池动力车(BEV)的独家功能这样跟驾驶无关的系统的更多的关联程度也许可以导致对 12 V

充电阶段的更多的需求,即使车辆没有正处于驾驶过程中。但如果当连接上高压充电器时运行这一逻辑会要求对 12 V 电池一直进行充电,则电池传感器经由开路电压(OCV)而在静态条件下测定 SoC 的可能性就会被限制。

当插入混合动力车与电池动力车处于插入充电的过程中时,为 12 V 系统电压所设计的额外算法必须要避免过多的水分损失与由于过充电带来的腐蚀作用,同样要避免的还有 12 V 电池的充电不足。所以对实际使用情形进行细致思考是有必要的,就像在常规燃烧动力引擎车中一样。

参考文献

[1] Robert Bosch GmbH,Bosch Automotive Electrics and Automotive Electronics,fifthed.,Springer Vieweg,2007,pp. 384-485.

[2] U. Christen,P. Romano,E. Karden,Oil Gas Sci. Technol. 67(2012) 613-631.

[3] E. Karden,P. Shinn,P. Bostock,J. Cunningham,E. Schoultz,D. Kok, J. Power Sources 144(2005)505-512.

[4] S. Schaeck,A. O. Stoermer,E. Hockgeiger,J. Power Sources 190(2009) 173-183.

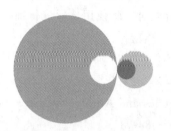

第 14 章
12 V 车载铅酸
电池的监测技术

E. Schoch，M. Königsmann，J. Kizler，C. Schmucker，B. Kronenberg，
M. Bremmer，J. Schöttle，M. Ruch

罗伯特·博世公司，莱昂贝格,德国

14.1　电池传感器的历史概述

在过去几年中,对电力供应系统的工作性能、可靠性和稳健性的要求不断提高,未来将进一步提高,原因在于人们对车辆的舒适性产生了额外的需求和更加严格的二氧化碳排放限制。

为了满足这些要求导致了额外的电气负载(见表 14.1),增加了电力需求,但同时也催生了新的驱动和控制策略,例如自动启停与制动系统(发动机启停控制系统)、智能交流发电机的控制和滑行等,这些策略都能减少发电时间。我们还将看到一个 48 V 的新电压水平的引入作为一种混合动力来支持所谓的升压回收系统。

表 14.1　额外电气负载

电气负载
电动水泵
电动助力转向系统

续表

电气负载
车舱电加热器
电动冷却风扇
电热挡风玻璃
充电器
防翻滚稳定控制系统
主动悬挂系统

自动驾驶(AD)的引入将导致额外的安全要求,因为它还需要一个高度可靠的电力供应系统。

图 14.1 展示了一个标准电网系统和未来电网系统的外观示例。

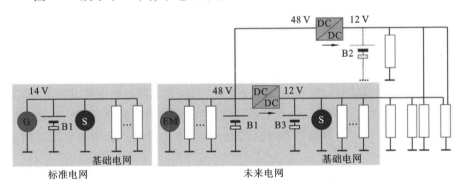

图 14.1 标准电网系统和未来电网系统

前面提到的所有要求都会给电池带来额外的压力,如需要有更多的循环次数,并且由于电池放电或缺陷而导致车辆故障的风险变高。

针对这一问题的一个对策是在计算电池性能的基础上引入一个复杂的电能管理(EEM)[1],它于 2001 年在 Audi 和 Daimler 采用的一款 Bosch 公司的电气化电池管理控制单元首次推出。在 2004 年,第一个专用电池传感器被引入市场[2],其现在已经成为大多数具有自动启停控制系统车辆的标准配置。图 14.2 展示的是不同代的电池管理电子控制单元(ECU)。

电能管理的有效性已经在德国 ADAC(全德国汽车俱乐部)的故障统计中得到证实,但如果提高了电池状态检测(BSD)算法的准确度,那么由于电池问题导致的故障数量还可以进一步减少。

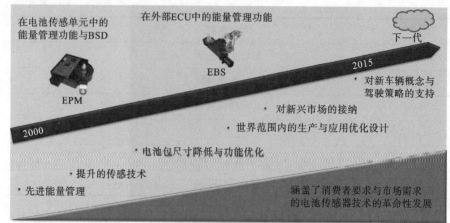

BSD:电池状态探测器；EPM:电子动力模组；EBS:电子电池传感器；ECU:电子控制单元

图 14.2　电池管理电子控制单元的历史

14.2　电池传感器的要求

14.2.1　系统性要求

电池传感器能够以高精确度测量电流、电压和温度等电池的基础数据，基于这些数据，通过诊断算法处理后，可以计算出电池的实际状态甚至其将来的状态。根据所得到的电池状态，传感器的主控单元可以计算出整个车辆的能量管理情况。

关于传感器的测量范围、操作条件、电流消耗和通信接口的要求包括以下几点：

- 电流测量精度和范围：1 mA～1500 A；
- 电源电压范围（正常工作）：6～18 V；
- 温度测量范围：−40～115 ℃；
- 工作温度范围：−40～85 ℃（环境温度）；
- 静态电流消耗：<100 μA；
- IP 类别：IPX5K5；
- 主控单元通信：本地互联网络（LIN）接口。

电池传感器通常位于电池的负极上，并集成到通往车辆地面的电缆的电池夹中。已经提出了集成在同一电缆的接地端或正极端子夹中的版本，但没有成功进入大众市场。传感器应为接地电缆和连接器接口提供灵活的安装方案和不同的方向。电池传感器在车辆启动电路的电阻必须最小化，并且应该

小于 $250\ \mu\Omega$。传感器的机械组件应设计成能够承受 200 A、1500 A 持续 0.5 s 的电池电流分布以及在整个寿命期间的 300000 次启动周期。

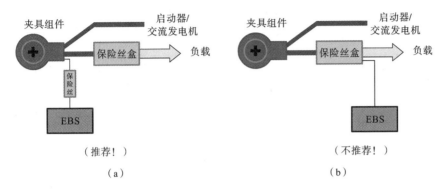

图 14.3　电子电池传感器的电缆连接

建议使用高精度电压测量专用感测线(见图 14.3(a))。如果这条线路的欧姆电阻小于 50 mΩ,那么电源线上的电压降在 1 mV 以下。在有些车用电力供应系统中,感测线的布线会穿过一个保险丝盒(见图 14.3(b))。在这样的设置下,如果整个感测线的欧姆电阻较低并且没有高负载的用户使用同一线路,那么可接受的精度仍然是可行的。

14.2.2　硬件要求

电池状态评估要求电池传感器在 $-40\sim 105\ ^{\circ}\mathrm{C}$ 的温度范围内测量具有高精度模拟信号,以及模数转换率要达到 $10^3\ \mathrm{s}^{-1}$。

电流的准确测量是最具挑战性的一项任务(见表 14.2)。发动机启动时的电流超过 1000 A,而静止阶段的电流仅在几个毫安范围之内。

表 14.2　电流测量要求

电流范围	1:±1 A	1:+200 A	3:±1500 A	单位
	最大值	最大值	最大值	
分辨率	1	1	5	mA
采样频率	1	1	1	kHz
输出噪声(±σ)	±65	±55	±120	mA
偏移误差	±10(1) ±35(2)	±100	±500	mA
相对误差	±1	±1	±1	%

电压测量的精度必须要独立于电流负载,其采样必须与电流测量采样保持一致,以避免 R_i 计算无效(见表 14.3)。

表 14.3　电压测量要求

	最小值	最大值	单位
电压范围	6	18	V
分辨率		0.1	mV
采样频率			Hz
输出噪声($\pm 3\sigma$)		± 1	mV
偏移误差		± 10	mV
相对误差		± 0.26	%

温度测量精度的要求极大程度上依赖于所使用的 BSD 算法。在 $-40 \sim$ 115 ℃,使用最先进的微控制器可以实现约 ± 3 k 的精确度。外部温度传感器可以实现更精确的温度测量。

由于电池传感器是一个需要持续供电的电子单元,因此静态消耗直接影响电池的放电,进而影响车辆待机时间。BSD 算法需要测量静态电流和静态电压,因此,电池传感器会被定期唤醒以测量这些参数,其唤醒间隔取决于 BSD 算法的实现,这可能也会导致更高的静态消耗。

在工作模式下,电流消耗不应超过 20 mA;在静态模式下,需要的最大电流为 100 mA。

但同样重要的是,测量结果应该在外部影响因素下保持稳定,例如温度变化、磁场和湿度。在电气设计和机械设计中必须考虑这些。

14.2.3　分流器与感应电流传感器的比较

基本的电能管理功能如怠速停止的决策,可以无需电池传感器而使用基本的电流传感器实现(见图 14.4),其主要缺点是静态电流测量的精度有限,特别是由于 SoC 重新校准所需的静态电压测定精度较低,使荷电状态(SoC)的精度显著降低。因此,具有电流传感器的 SoC 算法主要是基于全电荷检测(这在汽车铅酸电池应用中从未真正达到),触发对 SoC=100% 的重新校准。在完全充电后,通过电流集成跟踪 SoC。为了保持足够的准确性,有时必须重复充满电。此外,由于电流和电压测量不同步(在这种情况下,电压是在主控单元中测量的),内部电阻的计算是困难的。

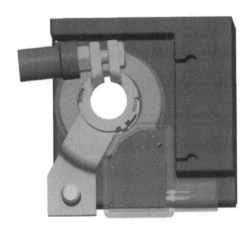

图 14.4 感应电流传感器

相比之下,通过 100 $\mu\Omega$ 分流器的电阻电流测量与在两个或三个测量范围内进行模数转换,可以使整个能源管理功能多样化,包括智能交流发电机控制和滑行。其中一个优点是显著改善了怠速停止功能的有效性,因此提高了燃料的经济效益,因为满充电不再被需要。此外,电池传感器可以提供如老化算法之类的高级功能。

由于具有明显的好处,有一个明显的趋势,用带有分流器的电池传感器交换电流传感器,其已被确立为低成本、高产量商品。自 2004 年推出以来,绝大多数具有能源管理的车辆都使用电池传感器。

14.3 铅酸电池监测功能

14.3.1 电能管理(EEM)接口

图 14.5 显示了电池传感器与负责车辆 EEM 功能的车辆主控制单元之间的接口,该接口基于电池传感器的铅酸电池监控软件提供的电池状态信号。部分 EEM 功能与电池密切相关,因为电池管理也可以在电池传感器上实现。电池传感器和主控单元之间的通信通常由 LIN 接口实现。

铅酸电池的监测算法通过电池传感器硬件测量的电池电流、电压和温度来计算由荷电状态(SoC)、功能状态(SoF)和健康状态(SoH)的信号给出电池状态,而车辆的 EEM 可确保电力供应系统的电压稳定性、发动机的可启动性或基于由电池传感器提供的电池状态信号实现节省燃料的功能,例如自动启停、再生制动或滑行。

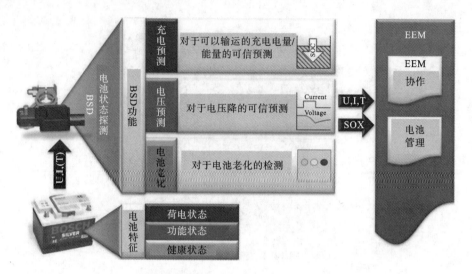

图 14.5　电池状态监测(BSD)与电能管理(EEM)间的接口

14.3.2　电池状态检测信号和电能管理功能

14.3.2.1　荷电状态

EEM 所需要的关于铅酸电池的最重要的信息就是其实际的 SoC,它可以提供在完全充电容量的情况下,在温度为 25 ℃ 的标称条件下,在电压低于 10.5 V、标称放电电流 $I_{20} = C_{nom}/20\ h$ 时,从电池获取多少电量 Q 的信息。如图 14.6 所示,标准的 SoC 定义是将可交付的电荷 Q 标准化为铭牌上给出的新

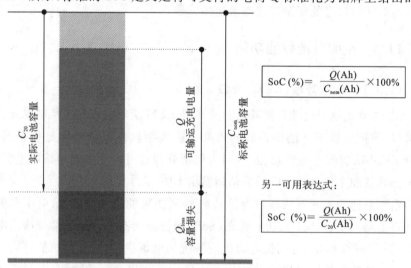

$$SoC\ (\%) = \frac{Q(Ah)}{C_{nom}(Ah)} \times 100\%$$

另一可用表达式:

$$SoC\ (\%) = \frac{Q(Ah)}{C_{20}(Ah)} \times 100\%$$

图 14.6　荷电状态定义

电池的标称电池容量 C_{nom}。但是如果电池的实际电池容量 C_{20} 是由 BSD 算法确定的,那么可以用另一种方法定义 SoC,用实际电池容量 C_{20} 替代标称电池容量 C_{nom}。因此,即使是在测量老化的电池的情况下,此时容量损失为 Q_{loss},SoC=100% 也代表达到全充状态。整体来看,实际电池容量 C_{20} 必须额外提供。

SoC 可用于 EEM,例如,用于智能交流发电机的控制、负载管理、启用/禁用自动启停功能,以及通过避免过高的循环和深度放电来延长电池使用寿命。

14.3.2.2 功能状态

SoF 被定义为应用程序相关变量,它提供关于电池中可用的功率和/或能量储备的信息,为特殊的消费者提供电力,例如电启动器、转向或制动装置。SoF 的计算没有像 SoC 计算那样有定义的公式。在很多情况下,施加指定的用电负载上的预测电压降用作 SoF 的度量,如图 14.7(a)所示。

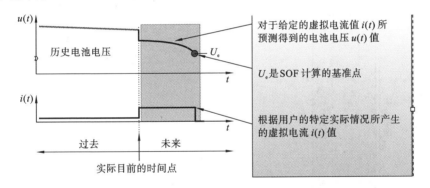

（a）功能状态被定义为预测的电压降

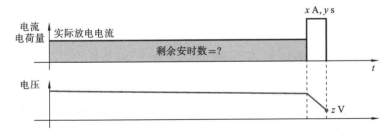

（b）功能状态被定义为预测的充电储备

图 14.7　功能状态被定义为预测的电压降和充电储备

更复杂的 SoF 测量方法是在实际电池状态和放电电流下,直到电池功率下降到可成功操作所考虑的车辆功能成功运行后所需的最小值以下。如图

14.7(b)所示,BSD算法可以基于实际放电电流预测出电荷储备"Ah left",直到特定 EEM 系统可以执行功能运行所要求的负载电流幅度 x、持续时间 y 和最小电池电压 z。

在 EEM 中,SoF 主要用于保证电池电量和充电储备,如空转、滑行、电动转向等。

14.3.2.3　健康状态(SoH)

由于在铅酸电池中有各种老化机制的存在,如活性物质的损失、硫酸盐化和正极板腐蚀,这些都会影响电池的充放电功率及电池能量,所以目前对铅酸电池的健康状态(SoH)还没有一个通用的定义。

一个可行的方法是对不同的老化效应定义不同的 SoH 值,如图 14.8 所示。由于活性物质损失的主要影响是可交付电量,所以对于这种老化机制来说,用因相关容量损失而减少的额定容量(nominal capacity)来度量健康状态是一个合适的方法。

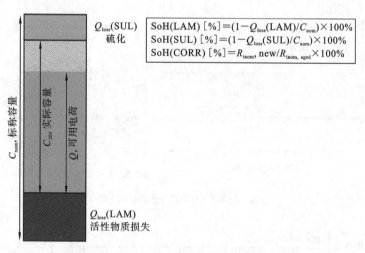

$$SoH(LAM) [\%] = (1 - Q_{loss}(LAM)/C_{nom}) \times 100\%$$
$$SoH(SUL) [\%] = (1 - Q_{loss}(SUL)/C_{nom}) \times 100\%$$
$$SoH(CORR) [\%] = R_{inom, new}/R_{inom, aged} \times 100\%$$

图 14.8　与不同老化机制对应的 SoH 信号

与活性物质损失引起的老化相比,硫酸盐化降低了较高 SoC 范围内电池的可充电容量。因此,在额定充电条件下能达到的最大 SoC 就是硫酸盐化的度量。

由于内阻增加,腐蚀主要影响可交付电池的输出功率。因此,对于这种老化效应来说,用实际欧姆电阻与归一化到限定温度(例如 25 ℃)和 SoC(例如 100%)后的新电池中的欧姆电阻之比来衡量是可行的措施。

通常来说,对于每一个 SoF 值,都可以将它与定义的电池温度(例如 25

℃)和 SoC(例如 100%)建立相关关系来导出相应的 SoH 值。在电能管理系统(EEM)中,如果老化的电池不能继续支持使用,或者甚至出现应该更换电池指示的情况,这类 SoH 值就可以被用于永久停用(permanently deactivate)诸如怠速停止等的特殊功能。

14.3.3　电池缺陷检测

由于人们对滑行或 AD 等应用可靠性的要求越来越高,电池缺陷检测作为电池监控的一部分受到了越来越多的关注。这其中包括了诸如电池内部软短路和铅酸电池充气/失水增多等的检测。

14.3.3.1　内部软短路

一方面,极板之间枝状结构的生长会引起电池内部的软短路,特别是在低酸密度的条件下,这会导致电池放电速度慢,最终使电池电压降低 2 V 左右。另一方面,由于循环期间的体积变化和活性材料的脱离而引起的板内腐蚀或机械应力导致的正极板栅的生长也会引起电池短路。

14.3.3.2　析气/失水增多

一个原因是,随时间的推移,电极板栅的合金部分在酸中溶解,可能会导致铅酸电池充气和失水增加,这降低了电池的析气潜力。另一个原因可能是,由于电池暴露在高温下,例如,如果将电池安装在高温气候区行驶的车辆的发动机舱中,水的损失导致电池的容量和功率亏损,因此这必须得到及时检测,以防止过度充电以及由于充电电压的降低导致进一步增加电池的析气。

14.4　铅酸电池的电池状态检测算法

14.4.1　基本要求

从电能管理系统(EEM)的角度来看,对于 BSD 算法的主要要求是不断提供关于包含 SoC、SoF 和 SoH 信号在内的铅酸电池的功率和其储能能力的信息。这些信号必须要在电池的工作条件,即温度范围(−40～60 ℃)、电流范围(−1500～200 A)、电压范围(0～18 V)和 SoC(0%～100%)范围内确保可靠、准确。由于在电池内部是不能检测电池的温度的,因此必须采用电池传感器上测量的温度来推导出电池内部温度,例如,通过 BSD 算法中关于传感器、环境和电池之间的热传导以及传感器和电池在消耗功率时的自身产热的温度场数学模型来计算电池温度。

由于电池状态信号在电池寿命期间必须是稳健而准确的,所以 BSD 算法必须能适用于不同的老化机制,诸如硫化、活性物质的损失以及降低了电池的功率或容量的腐蚀等。

此外,BSD算法还必须能处理不同气候区域中各种车辆的使用情况,这要考虑从出租车到通勤者的驾驶周期,以及能导致不同SoC级别上不同的电池循环变化的消费者的使用情况。

BSD算法应该能够适用于所有类型和尺寸的铅酸电池,不管是富液式的、加强型富液式或是吸收性玻璃毡(AGM)型的电池。即使原装电池通过售后市场类型被终端用户更换了原配置的电池后,展现出更强的兼容性,BSD算法仍要应用于相关汽车。

BSD算法不仅需要估计电池的SoC等状态变量,还需要估计电池的内部欧姆电阻(R_i)等参数,因为它直接与电池的功率有关。即使精度降低,在电池传感器安装到电池上的短时间内由电池状态和电池参数导出的BSD信号也必须可用于电能管理系统。因此,BSD算法必须能够在数秒的时间内适应电池的状态变量和参数。

为了能够适应电池参数(如欧姆电阻),BSD算法通常需要有适当的激励,如在频率范围大于350 Hz条件下,使电流幅值大于0.5 A就可以作为激励。这些激励的启动既可以由用户换挡时的供电系统、发动机启动以及交流发电机充电期间的电力供应系统引起,也可以由电池传感器本身借助主动激励单元引起,这里所说到的主动激励单元具有在高频率下切换小电池负载的能力。

由于电池在更换后的短时间内难以准确地自适应所有参数,一些电池参数,如电池类型(富液式、AGM等)、额定容量(C_{20})或是冷启动电流等,通常是在接线终端的监测软件中编码生成的。因此,如果用户接受较低的BSD信号的准确度,则可以通过将BSD软件内的与不同大小电池组有关的一个或多个平均电池参数集进行硬编码来代替终端电池编码。于是,在电池更换之后,尺寸检测算法就自行选择出合适的尺寸。

BSD算法不仅要能检测电池实际的状态和参数,而且还必须要有预测出电池未来输送功率和/或能量的能力。这意味着,在自动启停的应用中,BSD算法必须预测在停止阶段结束时可用于发动机启动的电池功率,以便于决定在下一次车辆停止时发动机是否要关闭。

总而言之,对于BSD算法主要的基本要求是它要能在各种情况下精确适应电池的实际状态和参数,而不依赖于电池在其整个使用寿命期间的具体尺寸、类型、操作条件和老化状态,而且它还要能预测车辆中运行的电能管理系统功能所需的可用电池功率和能量。

图 14.9 展示的是满足这些基本要求的 BSD 算法的示意图,它被分成了一个估算器模块和一个预测器模块。估算器模块根据实际测量的电池电流 I、电压 U 和温度 T 以接线终端编码的参数开始调整电池的实际状态变量 x 和参数 p。预测器模块基于已估计出的电池状态 x 和参数 p 以及对应于不同老化效应的 SoH 信号来计算可用于所请求的电能管理系统功能的预测可交付电量(SoC)和功率(SoF)。预测器可以被灵活地配置为通过由特定 EEM 功能(例如启动机马达)控制的负载的给定负载电流 $I_{load}(t)$,来预测与所述特定EEM 功能相关的可用功率或能量。

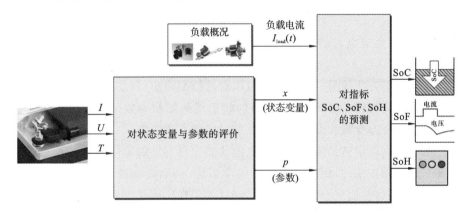

图 14.9　使用估算器和预测器进行电池状态检测的原理图

14.4.2　用于铅酸电池的监测算法

14.4.2.1　经验监测算法

经验性的铅酸电池监测技术并不是要使用某些特定领域的电化学深层次理论来检测电池的状态和参数,而是要测得电压和电流之间的关系。例如若充电电流在恒电压充电(—>SoC)时下降到某个极限以下,这种算法就会给出电池完全充电的指示,或者如果在定义的功率负载(例如启动马达)被接通(—>SoF)时电压降很高,算法就会给出低电池功率的指示。

在活性物质损失意义上的老化测量可以由电池电压在与放电电流的幅度(—>SoH)相关的恒电流放电下开始非线性下降时的 SoC 水平导出。文献[3-6]给出了基于经验方法的不同的 SoH 检测方法。

由于经验性算法没有使用电池的相关理论,因此若在电压和电流行为未被给出的操作条件下,这种算法在推断、预测电池状态上存在一定问题。例如,一种用于 SoC 外推的常用方法是电流积分(库仑计数器),但是由于电流偏移误差、充电损耗和自放电,导致误差会随时间增加,因此每隔一段时间需要重新校准。

经验性的监测算法是非常强大的,因为它直接从测量的电池电压、电流和温度得出电池状态信息,并且没有反馈回路能够连续估计电池状态和参数。但另一方面,这种算法的准确性是有限的,这是由于它是基于实际电压和电流测量的简单估计方法,所以经验算法对计算资源的要求较低。

14.4.2.2 基于模型的监测算法

基于模型的监测算法考虑了铅酸电池的电化学性质和过程,例如电极反应和酸的扩散。这种算法所估计的状态变量(如静态电压)和参数(如内部欧姆电阻)都与真实电池的物理变量相差无几,这有助于诸如电池模型和 BSD 算法的验证。

基于模型方法的另一个优点是可以通过模型输出(例如电池电压)和相应的测量值之间的误差反馈,使用适当的状态观测器和参数估计器可以在线调整电池内部状态变量和参数值为实际的电池状态和参数。

由于准确确定诸如静态电压的电池状态变量和欧姆电阻的电池参数通常需要一定的操作条件,例如来自电力供应系统(例如发动机曲轴)的静态相位或激励,所以这些值是不能被连续估计的,如果在所提及的电池条件不存在的情况下,就必须通过电池模型外推得出。

铅酸电池模型或其简化版本也可用于预测可用电池电量或功率储备,以支持特定的 EEM 功能。

1. 模型方法

图 14.10 展示了一个铅酸电池电路,这是一个典型的基于模型的监测算法使用的等效电路。控制铅酸电池性能的电化学过程,例如电极反应的动力学行为以及电解质与电极之间的酸扩散被表示为具有不同的时间常数的简单 $R \parallel C$ 电偶,时间常数的范围包括电极反应中的几毫秒到酸扩散中的几分钟。欧姆电阻 R_i 是电池的铅、酸部分欧姆电阻的总和,其范围约是 $2 \sim 20$ mΩ。而电容器 C_0 表示了电池的酸容量,其值与酸的总量相关,在 $100000 \sim 350000$ F 范围内。在 C_0 处的电压降(称为 U_{C_0})是电池的静态电压,这是最重要的一个电池内部状态变量,因为它几乎线性地取决于电池的 SoC,在 $11.5 \sim 13$ V 的范围内。其余的状态变量包括酸扩散能力为 C_k 处的电压 U_k 和电极的双电层电容为 $C_{dl,p}$、$C_{dl,n}$ 处的电压 $U_{dl,p}$、$U_{dl,n}$(也称为极化电压),这些都是由于电极反应和酸扩散的过程而产生的。例如,在平衡状态下,如果将电池无负载地放置几

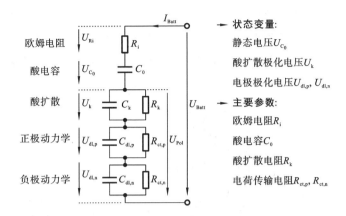

图 14.10　铅酸电池的等效电路

个小时,则它们会稳定到零,电池电压最终等于静态电压 U_{C_0}。在这种情况下,测量的电池电压 U_{Batt} 就是 SoC 的一个直接量度(如可用于重新校准库仑计数的 SoC 估计方法)。图 14.11 显示了铅酸电池的静态电压 U_{C_0} 与 SoC 特性之间的关系,在 SoC 为 30%～100% 的范围内两者几乎是线性关系。

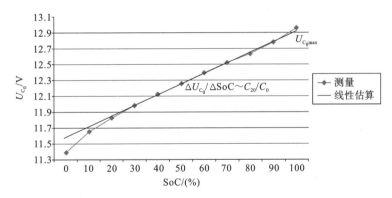

图 14.11　静态电压-荷电状态(SoC)特性曲线

必须要说明的是,几乎所有的模型元件都依赖于温度和 SoC,因为电化学反应和过程本身都依赖于温度和 SoC。此外,由于由巴特勒-沃尔默方程描述的电荷转移电流与电化学反应中电极电位之间的非线性关系,电极的电荷转移电阻 $R_{ct,p}$ 和 $R_{ct,n}$ 非线性地依赖于相应的电极极化电压 $U_{dl,p}$ 和 $U_{dl,n}$。

一些电池模型参数(主要是 R_i、$R_{ct,p}$ 和 $R_{ct,n}$)受老化效应的影响显著,因此必须通过一些适当的参数估计方法在电池寿命期间调整参数。

对电池内部状态变量和参数的估计。

对状态估计而言,所谓的状态观测器通常会被用于控制理论中。这些方法基于一个电池动态状态空间模型，并且设计为通过递归最小二乘法使得估计的和实际的电池状态变量之间的平均误差或误差方差最小化。电池模型的内部状态变量通过测量变量（如电池电压）和相应模型输出之间的误差反馈来调整为实际值，如图 14.12 所示。

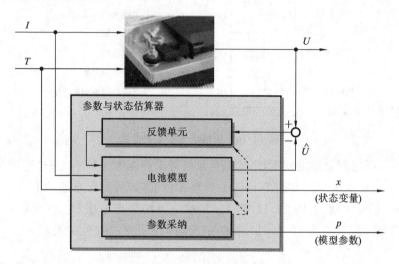

图 14.12　电池状态变量和参数的在线估计

一种常用于状态估计的最小二乘方法是卡尔曼滤波器[7]，其明确地考虑了假设为与测量变量相关的高斯噪声的统计信息以及基础电池模型的不准确性。从最小化估计的状态变量的误差方差的角度来看，它是最优滤波器。卡尔曼滤波器不仅估计了内部状态变量，还估计了状态变量的误差方差，因此，它还可以提供对估计状态变量的准确性的度量，这一点可以用于向 EEM 来指示状态变量的有效性。

由于卡尔曼滤波器受限于线性系统，而铅酸电池模型却是高度非线性的，所以在该方法可用于 BSD 之前，模型方程必须要围绕工作点进行线性化。用于非线性系统的这种卡尔曼滤波器被称为扩展卡尔曼滤波器（EKF）[8]。由于模型方程在每个采样步骤的在线线性化的必要性，因此 EKF 需要很高的计算工作量，不过它可以通过模型简化或模型模块解耦[9]等方式来减少。

表 14.4 显示了在每个采样步骤中必须要计算的离散 EKF 方程的总结。电池模型作为状态变量 x_k 的非线性动态状态空间模型给出。测量噪声和模型噪声被考虑在高斯分布的零均值输入 v_k 和 w_k 内。在每个采样步骤中，首次预测的状态变量 $x_k^{(-)}$ 和模型输出 y_k 由非线性状态空间模型来计算得出。除了先验误差，协方差矩阵 $\boldsymbol{P}_k^{(-)}$ 是由实际工作点处的线性化模型方程计算得出的。

表 14.4 扩展卡尔曼滤波器方程

离散扩展卡尔曼滤波方程

● 非线性动态模型：

$$x_k = f(x_{k-1}) + w_{k-1} \qquad w_k \sim N(0, Q_k)（模型噪声）$$

$$y_k = h(x_k) + v_k \qquad v_k \sim N(0, R_k)（测量噪声）$$

● 预测方程：

$$x_k^{(-)} = f(x_{k-1}^{(+)})$$

$$y_k^{\cdot} = h(x_k^{(-)})$$

先验协方差矩阵：

$$P_k^{(-)} = \boldsymbol{\Phi}_{k-1} P_{k-1}^{(+)} \boldsymbol{\Phi}_{k-1}^{\mathrm{T}} + Q_{k-1}, \boldsymbol{\Phi}_{k-1} = \partial f(x)/\partial x|x = x_k^{(-)}（过渡矩阵）$$

● 通过测量更新预测的估计值：

$$x_k^{(+)} = x_k^{(-)} + K_k(y_k - y_k^{\cdot})$$

卡尔曼滤波器增益：

$$K_k = P_k^{(-)} H_k^{\mathrm{T}} [H_k P_k^{(-)} H_k^{\mathrm{T}} + R_k]^{-1}, H_k = \partial h(x)/\partial x|x = x_k^{(-)}（输出矩阵）$$

后验协方差矩阵：

$$P_k^{(+)} = [1 - K_k H_k] P_k^{(-)}$$

在后续的更新步骤中，要通过由卡尔曼滤波器增益矩阵 K_k 加权的测量变量和模型输出之间的误差 $y_k - y_k^{\cdot}$，来校正预测的状态变量和先验误差协方差矩阵。为了最小化所估计的状态变量的误差方差，这个增益矩阵是通过用质量准则来求解最优化问题而得到的。

卡尔曼滤波器被设计成为一个状态观测器，但是通过将参数声明为状态变量，它也可以用于参数估计。为此，模型的状态空间方程必须通过对应被估计的每个参数 p 的一阶导数 $\mathrm{d}p/\mathrm{d}t = 0$ 来扩展。因此，原始的卡尔曼滤波器方程可以应用于增广状态向量 $[x\ p]$。

EKF 的稳定性无法通过线性系统中的卡尔曼滤波器稳定性证明方式来证明，但是在每个非线性系统中的不同卡尔曼滤波器变体（例如自适应抗差EKF 或无迹卡尔曼滤波器）的设计中会明确考虑耐用性[10]。与经验监测算法相比，基于模型的算法包括了状态变量和参数的自适应过程，这样就使得在测量噪声和变化的电池参数时具有更高的准确性和耐用性。

2. 频域参数识别

图 14.10 中所示的等效电路的参数在时域中是作为参数估计的替代，例如通过 EKF 方程得到，频域中它还可以通过电化学阻抗谱来得到。为此，就要分析在不同频率下电池的复阻抗，典型情况下用奈奎斯特（Nyquist）曲线

（阻抗谱图）表示，如图 14.13 所示。

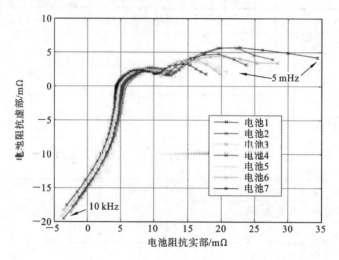

图 14.13　铅酸电池的阻抗谱图（奈奎斯特曲线）

奈奎斯特曲线的不同部分可以分别与电气等效电路的组成部分和从中得出的参数值相对应。例如，欧姆电阻 R_i 可以由电池的复阻抗 $Z(j\omega)$ 导出。如果在 $U(j\omega)$ 和 $I(j\omega)$ 同相的频率 ω_0 条件下，复阻抗由测量的电压响应 $U(j\omega)$ 除以测量的电流激励 $I(j\omega)$ 得到

$$R_i = Z(j\omega = j\omega_0) = U(j\omega_0)/I(j\omega_0)，\angle U(j\omega_0) = \angle I(j\omega_0)$$

此公式仅在有足够来自电源系统的 $\omega_0 \approx 350 \sim 1000$ Hz 频率范围附近的电流励磁振幅时才有效。一般来说，这适用于启动、交流发电机充电或具有脉冲宽度调制（PWM）控制的消费者车辆。

此外，必须指出的是，由于电池参数对温度的强非线性依赖性，如果需要模型的完整参数化，则 SoC 和电流奈奎斯特曲线必须在铅酸电池的全部操作点的范围内得出。

文献[11-14]显示了基于阻抗方法识别电池老化的不同方法。

14.4.2.3　人工神经网络方法

人工神经网络是一种受生物神经网络（如人脑）启发产生的模型。如图 14.14 所示，这一网络由不同的相互连接的神经元层构成，其中包括输入层、神经网络隐藏层和神经网络输出层。神经元之间具有数值权重，其可以通过输入提供实际系统的测量数据和将网络输出与测量的响应数据进行比较来进行调整。因此，通过专门的学习算法就可以训练神经网络以适应实际系统的动态行为，而无需了解这个系统，从而建立一个黑箱模型。

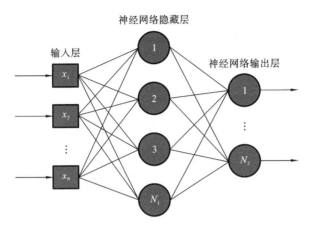

图 14.14　人工神经网络

这种自适应模型方法可以被用于建立 BSD,并且可以不用弄清楚铅酸电池背后的电化学过程和老化效应。不过,为了保证其准确性和耐用性,这种方法需要大量与神经网络初步训练应用有关的,涵盖所有电池类型以及相关操作条件和老化状态的测量数据。由于测量变量(电压、电流和温度)、内部电池状态变量和参数以及输出电池状态信号(SoC、SoF 和 SoH)之间的关系复杂,所以会用到一个复合神经网络,这就对系统的高计算能力和存储资源有一定要求。

参考文献[15]给出了神经网络与 SoC 估计中的卡尔曼滤波的性能比较,而参考文献[16]提供了一个将人工智能方法用于 SoH 检测的示例。

14.5　电池状态检测输出信号的验证

14.5.1　荷电状态的验证

BSD 输出信号 SoC、SoF 和 SoH 的准确度的常用验证方法是在测试台上通过在可再现条件下的人工测试循环进行验证,以及在电池相关 EEM 功能(如自动启停功能)已激活的实际条件下,车辆的不同驾驶循环中进行验证。在这两种方法中,验证都需要有准确的参考值。例如,一个 SoC 基准可以通过以下方式来实现:在通过完全充电开始测试之前,将电池调节到限定的初始 SoC 值,然后,达到标称条件下定义的放电量。考虑充电量损失,在测试周期期间通过电流积分来传播 SoC。

但是,这种验证方法只适用于没有容量损失的新电池。对于老化的电池适用的是另一种 SoC 参考值,在标称条件下,它可以从测试端测量的剩余电荷得到,该电荷由于在充电阶段所考虑的充气损失的反向电流积分而反向传播。

图 14.15 显示了具有正向和反向电流集成的 SoC 参考值在人工实验台测试周期中的 SoC 验证结果，图中标出了实际相对 SoC 准确度的 SoC 标志。由于所研究的是老化电池以及电池的容量损失，所以参考值不同。

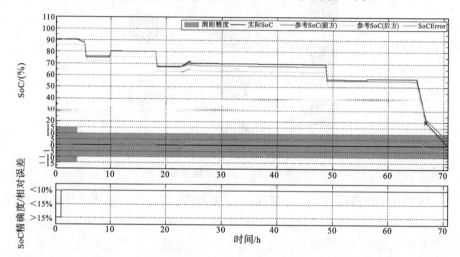

图 14.15　荷电状态精度验证

通过最新的 BSD 算法实现的实际绝对 SoC 精确度在±5％到±10％的范围内。为了长期保持这一精度，SoC 必须不时地通过 BSD 算法重新校准，例如，在几个小时的停车期间或在充满电的状态下，通过"测量的"静态电压来校准。

14.5.2　功能状态(SoF)的验证

如果将与特定的 EEM 功能相关的电池负载(例如启动器电机)接通，那么通过预测电压降与测量电压降的比较，就可以轻松地验证 SoF 信号的准确度。举例来说，图 14.16 显示的就是自动启停循环过程中预测发动机启动时的压降的 SoF_V1 信号。

对于实际的 BSD 算法，几个 100 A 电流负载下的预期电压降在±200 mV 范围内。

14.5.3　健康状态(SoH)的验证

由于不同老化效应的 SoH 信号不同，每种 SoH 信号的验证所用到的参考值也与该老化效应相关。对于硫酸盐化和活性物质损失造成容量损失的老化效应，参考值可以从老化电池的测量静态电压特性曲线 U_{c_0} (放电深度)与新电池的比较得出，如图 14.17 所示。

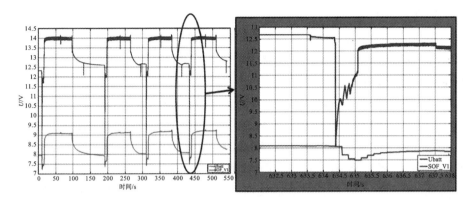

图 14.16 功能状态(SoF)的准确性验证

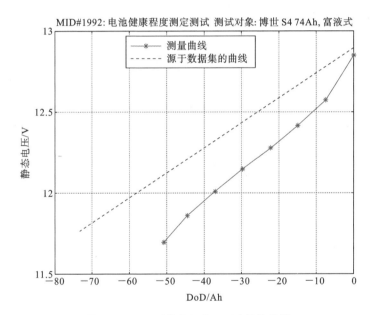

图 14.17 U_{C_0}(放电深度,DoD)特性曲线

14.5.3.1 与硫酸盐化有关的健康状态

与硫酸盐化有关的 SoH 等于全充电状态下 SoC 的最大值,它由计算新旧电池最大静态电压的差值得出,即

$$Q_{SUL}(Ah) = (U_{C_0 \max, new} - U_{C_0 \max, aged}) C_0 / 3600$$

$$SoH_{SUL}(\%) = (C_{nom} - Q_{SUL}) / C_{nom} \times 100\%$$

通过实际的 BSD 算法实现的 SoH_{SUL} 的绝对允许误差在 $\pm 5\%$ 到 $\pm 10\%$ 的范围内。为了连续、准确地确定 SoH_{SUL},BSD 算法通常需要 70% 以上的高

SoC 的频繁充电期。

14.5.3.2　与活性物质损失有关的健康状态

与活性物质损失有关的 SoH_{LAM}，由无硫酸化的容量损失 Q_{SUL}、测量的实际容量 C_{20} 计算而得，即

$$SoH_{LAM} = (C_{20} + Q_{SUL})/C_{nom} \times 100\%$$

通过实际的 BSD 算法实现的 SoH_{LAM} 绝对精度在 $\pm 10\%$ 到 $\pm 15\%$ 的范围内。这里的主要问题是活性物质损失通常是在 50% 以下的低至中等 SoC 级别中检测到，而在低 SoC 条件下 EEM 通常试图避免这种情况发生以确保其他功能的可启动性和可用性。因此，在车辆正常使用电池期间，通过实际的 BSD 算法来不断调整 SoH_{LAM} 的可能性较低，不过，这种可能性会随着电池寿命期间活性物质损失的增加而增加。

14.5.3.3　与腐蚀有关的健康状态

由于腐蚀作用主要增加的是内部欧姆电阻，所以对这种老化效应的测量可以看新电池的标准化欧姆电阻 $R_{i\_nom,new}$ 与老化电池的 $R_{i\_nom,aged}$，在规定温度（如 25 ℃）和 SoC（如 100%）下两者的比率：

$$SoH_{CORR} = R_{i\_nom,new}/R_{i\_nom,aged} \times 100\%$$

$R_{i\_nom} = R_i(T = 25\ ℃, SoC = 100\%)$。

可以通过用毫欧表来测量频率为 1 kHz 时电池内部的交流电阻来得到 SoH_{CORR} 的参考值。通过最先进的 BSD 算法估算的内部欧姆电阻的相对精度在 $\pm 5\%$ 至 $\pm 10\%$ 的范围内。

14.6　现场经验

14.6.1　电池问题

14.6.1.1　酸分层

如图 14.18 所示，酸分层是在富液式电池中由于重循环引起的问题（可参见 5.3.3 节）。（负）极板下部硫酸盐的积累可能导致早期的容量损失。由于不均匀的酸密度，其 BSD 的精度问题更为重要，相比于浓度均匀的电池，在极夹处测得的静态电压将会升高。这意味着酸分层电池的端电压不能仅分配给 SoC。因此，基于 $SoC(U_{C_0})$ 特性的 BSD 算法在酸分层的情况下准确性将显著降低，甚至低到算法无效。

14.6.1.2　硫酸盐化

如果铅酸电池长时间停留在部分 SoC 状态（PSoC）中，例如，在机场停车

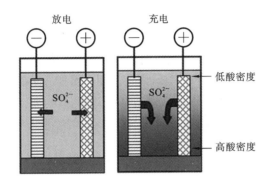

图 14.18 酸分层

期间或由于 EEM 功能(如再生制动)影响,硫酸铅晶体的生长会减少充电反应的活性表面积(见图 14.19)。因为较大的晶体在充电过程中几乎不溶解,所以可再充电的活性物质减少,从而电池容量也就降低了。这种效应称为硫酸盐化。于是,基于 SoC(U_{c_0})特性的 BSD 算法的硫酸盐化的电池即使在全充状态下也不会达到客户可能所期望的 SoC=100%。

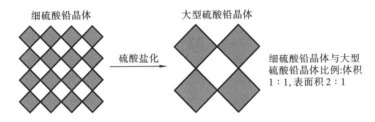

图 14.19 硫酸铅晶体的生长

为了防止或减少车辆在使用中的硫酸盐化,尤其是在 EEM 需要 PSoC 操作的情况下,电池必须在 15 V 的高充电电压下定期充满电,这也称为刷新充电。刷新充电的启动由 EEM 的交流发电机控制,例如基于与硫酸盐化有关的 SoH 信号。

14.6.1.3 早期容量损失

一些铅酸电池,特别是来自售后市场的电池,由于活性物质的损失,在仅仅几个放电循环后就显示出超过 25% 的大量容量损失。这可能出现在仅仅几个月的使用寿命之后 EEM 就提前执行如自动启停等功能的停用情况。

这样的状况会引起客户的不满,因而很重要的一点是,车辆仅允许使用在电池寿命期间能够支持其所具备的 EEM 功能的电池。

14.6.1.4　终端用户的电池更换

如果原装电池被终端用户更换成另一种类型的电池,大多数的 BSD 算法需要对新的电池参数进行编码以初始化算法,来保持 BSD 信号的特定精度。但是编码还需要用到一个诊断工具,而终端用户可能并不总是执行它。

因此,如果编码的参数与所安装的电池差别很大,那么 BSD 信号的准确性就可能会降低,甚至其耐用性都会出现问题,这可能导致如自动启停等 EEM 功能的永久停用。

14.6.2　电能管理问题

大部分新车已经引入了一项二氧化碳减排措施——制动能量回收:在车辆减速期间增加交流发电机电压。这就要求 PSoC 控制能够提供足够的空间来实现合适的充电可接受性。

将电池保持在这个 SoC 区域会促进硫酸盐化。如果 SoC 重新校准算法建立在完全充电状态,那么硫酸盐化使得充电接受能力降低,实际 SoC 设定点可能就会逐渐降低,这反过来可能又加速硫酸盐化并最终导致电池过早失效。

14.6.3　电力供应系统问题

所有更高级别电池传感器功能的基础都是对电池电流和电压的精确测量。对于电流来说,精确测量是依赖于电缆接地线的传感器实现的,这与电压测量的情况不同。在许多车辆应用中,传感器的共享感应线和电源线都会连接到保险丝盒。由于电池附加端子和电源线连接器之间的任何电阻都会导致电压测量不准确,其中的误差就是由于额外接线电阻和传感器本身的电流消耗而产生的。作为如何影响电池状态估计性能的一个例子,即使只会导致较小的电压降,它也直接影响静止阶段的 SoC 重新校准。一个典型铅酸电池的经验法则是,电压测量中的每 $10\sim15$ mV 的偏移对应 1% 的 SoC 差异。

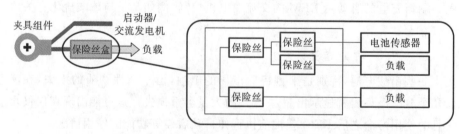

图 14.20　电子电池传感器(EBS)传感线的电缆连接

如果用于提供电池传感器的布线部分或者更多与其他组件共用,那么误差可能会更大。图 14.20 表明,根据哪个负载接通,每个负载以及欧姆布线电阻吸收了多少电流,由电池传感器测得的电压就可能与实际的电池电压有很大差异。由于这些负载的接通和断开通常是在车辆的运行期间,这就会影响电池内部电阻的测量,且影响程度大于静态阶段的开路电压测量。

14.7 未来发展展望

如本章所述,集成电池传感器已经成为一种非常普及的商品,它几乎被应用于所有现代车辆中,并且在 CO_2 减排和电力负载的双重驱动力下继续发展。市场表现出了将传感器集成到电池极柱位的需求,以避免打包组装时被附近其他结构元件干扰。未来的应用将越来越多地关注到这一包装领域,并要求进一步减少电池传感器尺寸和成本。

作为分流测量原理的替代方法,如图 14.21 所示的测量电池电流的其他可能用于测量的原理将继续被检验评估,其中包装空间的缩小是一个重要的制约因素。

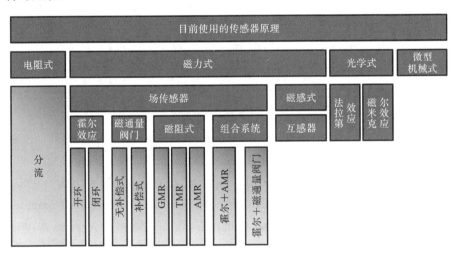

图 14.21 电流感测原理。AMR,**各向异性磁阻**(anisotropic magneto resistive);GMR,**巨磁阻**(giant magneto resistive);TMR,**隧道磁阻**(tunneling magneto resistive)

目前,还没有其他可供选择的解决方案可用于替代基于分流器的电池传感器,该解决方案需要满足尺寸、环境条件、精度和成本的要求。

对于用于混合动力车辆和电动车辆的高压电池组的应用,电气隔离电流测量的原理是有用的,取决于负载曲线和软件评估算法。这一原理最适用的是磁场传感器,如霍尔效应和磁通门传感器。数字信号处理中必须要充分考虑防止混叠效应出现的措施。

关于 BSD 软件,目前的趋势是推出插件解决方案,这意味着汽车制造商希望灵活地将电池传感器硬件与其他不同供应商的或自己的 BSD 软件相结合,因而就需要对 BSD 软件接口和 BSD 信号进行标准化。

参考文献

[1] E. Meissner, G. Richter, J. Power Sources 116 (2003) 79-98.

[2] A. Heim, in: VDI Berichte Nr. 1789, Electronic Systems for Vehicles Baden Baden, VDIVerlag, Düsseldorf, 2003, pp. 723-735.

[3] C. Bose, F. Laman, in: Proc. Int. Telecommunications Energy Conference (INTELEC), IEEE, Piscataway, NJ, 2000, pp. 597-601.

[4] V. Späth, A. Jossen, H. Doring, J. Garche, in: Proc. Int. Telecommunications Energy Conference (INTELEC), IEEE, New York, NY, 1997, pp. 681-686.

[5] P. Singh, D. Reisner, in: Proc. Int. Telecommunications Energy Conference (INTELEC), IEEE, Piscataway, NJ, 2002, pp. 583-590.

[6] J. Schiffer, D. U. Sauer, H. Bindner, T. Cronin, P. Lundsager, R. Kaiser, J. Power Sources 168 (2007) 66-78.

[7] R. Kalman, Trans. ASME J. Basic Eng. D 82 (1960) 35-45.

[8] G. Plett, J. Power Sources 134 (2004) 252-261.

[9] E. Wan, A. Nelson, Kalman Filtering and Neural Networks, in: S. Haykin (Ed.), Wiley/ Inter-Science, New York, 2001, pp. 123-174.

[10] Z. Wang, J. Zhu, H. Unbehauen, Int. J. Control 72 (1999) 30-38.

[11] M. Ignatov, B. Monahov, in: Proc. First International Telecommunications Energy Conference, VDE, Frankfurt/Main, Germany, 1994, pp. 105-111.

[12] D. Feder, M. Hlavac, in: Proc. Int. Telecommunications Energy Conference (INTELEC), IEEE, New York, NY, 1994, pp. 282-291.

[13] F. Huet, J. Power Sources 70 (1998) 59-69.

[14] D. Cox, R. Perez-Kite, in: Proc. Int. Telecommunications Energy Conference (INTELEC), IEEE, Piscataway, NJ, 2000, pp. 342-347.

[15] A. A. Hussein, Int. J. Mod. Nonlinear Theory Appl. 3 (2014) 199-209.

[16] I. Buchmann, in: Proc. 16th Annual Battery Conference on Applications and Advances, IEEE, Piscataway, NJ, 2001, pp. 263-265.

第 15 章
12 V 汽车电源供应的双电池体系

A. Warm[1], M. Denlinger[2]
[1] 福特汽车公司,亚琛研究与创新中心,亚琛,德国
[2] 福特汽车公司,迪尔伯恩研究与创新中心,迪尔伯恩,美国

15.1 概述

通过添加另一个储能装置(ESD),可以扩展单个铅酸蓄电池供电系统的容量。本章主要介绍实现这一目标的潜在电池类型和拓扑结构。15.2 节讨论了多个驱动器为配备了 ESD 的供电系统补充铅酸电池。双存储系统可以改善车辆的性能、燃油经济性、电气性能或整体稳健性,这取决于系统的实施。双电池供电系统的要求可以从这些动机中得出,这可以解释为车辆级别的要求。15.3 节展示了系统工程方法的需求级联。15.4 节概述了各种已被建议作为技术解决方案的 12 V 存储系统拓扑。根据系统需求和选择的拓扑,对附加存储设备的需求会有所不同,这些特性在 15.5 节中讨论。15.6 节对其市场趋势进行了展望。

15.2 双存储驱动程序

15.2.1 燃油经济性和改善 CO_2 排放的机会

第二个 ESD 的增加提供了一个很好的机会来提高供电系统的效率。第二个并行设备可以以多种方式使用。首先,通过增加整个系统的充电接受度,辅助 ESD 可用于在无燃料车辆减速期间从发电机捕获额外的能量。相反,可以捕获原本会浪费的动能,并将其用于燃料驱动期间最小化发电。在电池放电期间,通过减少交流发电机负载从而降低发动机扭矩需求来改善燃料经济性和排放。图 15.1 提供了一个实例示例,充电策略可用于代表性的驾驶循环。另外,供电系统的能量存储部分将更加稳健。这种改进的系统稳健性可以转化为启停功能的更大可用性。在特定的监管驾驶循环中,可用性和性能的提高可能并不明显,但实际驾驶中的燃油经济性改善对客户来说是显而易见的[1]。

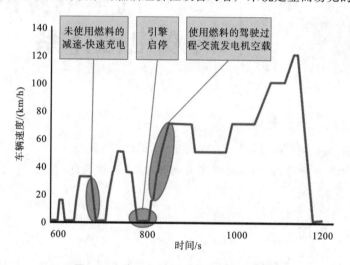

图 15.1　表示驾驶循环的车速曲线示例

15.2.2　减少铅酸电池退化

供电系统的需求增加,特别是对高端和豪华车的需求增加,再加上对启停车辆的吞吐量需求增加,可能会成为铅酸电池的挑战[2]。生命周期内的高能量吞吐量,增加的放电深度和再充电不足加速了铅酸电池的退化。通过添加辅助存储装置,可以降低铅酸电池的总能量吞吐量。对于其中第二存储技术非常适合于高能量吞吐量耐久性的双系统设计尤其如此,例如锂离子电池。

辅助电池也可以这样操作,使得铅酸电池在车辆使用寿命内保持较高的荷电状态(SoC)。在低的荷电状态下,铅酸电池的退化会加速,因此提供额外支持来保持高 SoC 有益于铅酸电池的耐久性。根据驱动条件和供电系统控制策略,辅助电池的电荷平衡可以在运行过程中被整体驱动为正。这种多余的能量可以在关闭点火开关期间被利用来支撑负载和/或在停车期间对铅酸电池进行浮充电。

15.2.3 瞬态负载响应

汽车行业中的电气元件的新功能和趋势导致了新的电气负载,这些负载通常是瞬态的[3]。这意味着电流消耗可以在短时间内迅速增加,通常小于 100 ms。由于交流发电机的特有时间常数太慢而无法跟随这种动态负载,因此能量存储系统需要为瞬态脉冲供电。根据车辆的操作情况,可能同时发生多个电流脉冲。几个负载的叠加如图 15.2 所示,该图显示了具有 200 A 峰值电流的代表性执行器,并且能够恢复(充电到 ESD)高达 150 A 的能力。显然,该执行器超出了交流发电机的动态响应能力。另外,接受这种高动态回收脉冲的能力是能量存储系统的另一个预期能力,这对于铅酸电池来说可能是具有挑战性的。

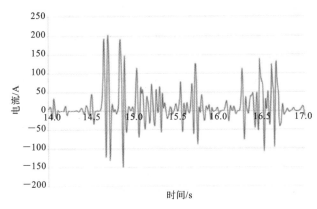

图 15.2　瞬态车辆负载的叠加

图 15.3 显示了多个动态负载与车辆中恒定的基本负载相叠加的例子。这些类型的电流轨迹是用于瞬态负载支持能力的双储能系统设计的基线。

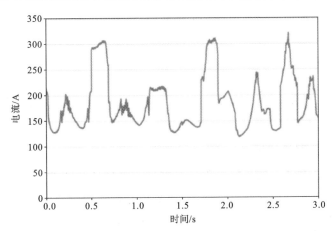

图 15.3　动态负载与基本车辆负载的叠加

15.2.4 电压质量

乘用车中的所有 12 V 供电系统都必须保持一般的电压限值。这些限值由车辆中使用的部件的操作范围和车辆的操作模式来定义。这些操作模式的示例是内燃机的冷启动、瞬态负载操作或负载转储方案。这些操作期间的电压范围在每个 OEM 的基本供电要求中定义。正常操作和全电气性能的一般范围,除了启动条件,大约在 10~15 V。在电压限制内进行预期操作会导致 ESD 达到电压响应目标。不同的存储设备对定义的电流脉冲具有不同的电压响应特性。选择最优 ESD 组合决定了整个供电系统的电压响应。通常,所有 ESD 都必须在供电系统的限制范围内工作[4]。

电压质量是电源设计的强大驱动因素,因为过电压和更为严重的是,欠电压可能导致性能限制甚至导致车辆中的电气特性失效。

15.2.5 冗余电源

随着汽车中电气化功能和部件数量的增加,对汽车供电系统的可用性和可靠性的要求也在逐渐增加。这种新的汽车特征的例子是发动机怠速或发动机关闭时驾驶,以及半自动或全自动驾驶,需要进行风险评估和功能安全分析来定义所需要的可用性级别。保证供电可用性的一个选择是在供电系统中添加冗余。双储能系统可以发挥重要作用来满足这些要求。这里的主要目标是在规定的时间段内有多个电源供电。假设内燃机(ICE)处于关闭状态,那么交流发电机(在其传统的安装位置)在没有机械输入扭矩的情况下就不能进行供电。因此第二个 ESD 可以作为第二个电源来填补这个空白[5]。

15.2.6 商用车

商用车的驱动力与乘用车几乎相同,但是必须考虑另一类负载,因为商用车可以具有明显更高的客户负载。救护车是一个很好的例子。为了满足这种车辆的预期操作而安装的电气设备定义了额外的瞬态和发动机关闭的负载使用情况,以及更高的平均负载电流。虽然较高的平均负载通常会级联成交流发电机要求的尺寸,但是瞬态和发动机关闭负载会对储能系统提出要求。辅助 ESD 的添加可以可靠地满足客户这些日益增长的需求。

15.2.7 推进辅助

一些微混合动力概念中采用可以向动力总成传递正扭矩的电机,例如皮带驱动的集成式启动发电机(B-ISG)或者电动涡轮增压器(电子助推器)。随着内燃机体积缩小的趋势,对扭矩支持的需求正在增长。除了重新启动发动机外,B-ISG 的驱动功能可应用于在发动机低速加速阶段填充扭矩孔。与传统的排气式涡轮增压器相比,这种扭矩支持没有典型的时间延迟。电动涡轮增压器也是一个使用回收能量进行辅助驱动的选择,在这种情况下机械输出超过电气输入。与传统的 12 V 供电系统的电压质量要求相比,这两种推进辅助功能的电力要求要高得多,至少在高端汽车的早期介绍中,这些动力总成功能是由 48 V 系统实现的。然而在大量推出的小型汽车和紧凑型汽车中,可能会采用有吸引力的成本收益率更高的 12 V 系统实现有限的功能,尤其是在税收激励或其他政策驱动要求推进辅助功能的市场。在任何情况下,储能系统都要在整个推进辅助阶段提供大量电流。为了在较高的燃油经济性下实现稳定的充电平衡,与一般的回收能量仅用于普通的 12 V 负载相比,推进辅助系统给 12 V 储能系统的动态充电能力带来了更大的负担[7]。

15.3 双储能供电系统的需求

系统工程方法描述了一种基于汽车的客户使用(用例)来研发系统需求的方法,并提供了基于系统需求来研发组件需求库的机会。按照这种方法,15.2 节中描述的汽车或者动力系统功能将用来推导辅助 ESD 的需求。

由于需求的数值通常是 OEM 的汽车的设计要点,所以不可能定义一个适合所有车辆类别的特定值。这些需求在一个大型豪华车和大型制造商的小型车之间的差别很大。然而,这个概念可以应用于整个汽车制造领域。

一个关注于减少 CO_2 排放的设计必须在减速期间将能量回收到储能系统中。存储能量的多少取决于电流脉冲的幅值和波长。对此一个衍生的需求是描述充电接受能力来覆盖可用电流。此外,需要定义一个容量来存储供电电压窗口内整个脉冲波长上的电流[8]。

为了延长铅酸电池的寿命,辅助 ESD 需要支持原电池的一部分能量吞吐量。还可以将充电能量从辅助电池转移到原电池,以保持该设备的健康状态。两个储能设备的硬并行操作的关键点是辅助电池的开路电压(OCV)和铅酸电池 OCV 的关系。对于这种策略需要制定车辆级别的控制系统以及确定操作周期。

为了用铅酸电池和辅助 ESD 的组合来覆盖瞬态负载响应,必须明确定义电流脉冲的性质。辅助电池的脉冲功率能力要求可以从供电系统的电压限制和相关负载中得出。这里必须考虑到几种状态说明,其中包括在预期操作温度范围内的负载能力、SoC 操作窗口,以及与 ESD 老化相关的健康状态。

如果必须在双储能系统的讨论中增加安全方面功能,那么可以从描述的动机中导出新的要求。第二个 ESD 可以视为冗余电源。对冗余的要求要么是风险评估的结果,要么是汽车制造商所考虑的操作模式。因此,这方面将会导致对"失效时间(FIT)率"或者诊断能力的要求[9]。

推进辅助和商用汽车是瞬态负载响应讨论中的两个新的方面。在此,需要考虑有关组件(增压装置)或客户负载随时间变化的额外且非常具体的要求。考虑到操作的可重复性,需要为能量存储系统定义再充电能力。

15.4 潜在拓扑

本节将描述在供电汽车中实现双储能系统的潜在拓扑。基线是一个 12 V 供电系统,其典型组件如图 15.4 所示。交流发电机将机械能转化为电能,并在控制输出电压下为汽车提供这种电能。储能系统作为缓冲电源,当发电机不能提供电力时作为电源工作——基准电源包含一个铅酸电池。在停止阶段之后,启动机通过钥匙循环系统以冷启动的方式启动 ICE;或者在一个停止阶段后以热启动方式启动 ICE。负载都是汽车中的电子元件,如雨刷、车灯、电子控制单元或娱乐系统。

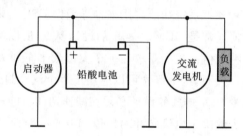

图 15.4 基线 12 V 拓扑

15.4.1 双铅酸电池

实现双电池拓扑的首选是添加第二个铅酸电池。由于并联运行的两个电压曲线等价,控制工作量只增加了最小值。仅用很小的附加成本就提升了动态充电接受能力和瞬态负荷能力。在启动或再启动期间,一个蓄电池和启动发动机可能被可选开关装置从电源系统中分离。交流发电机的性能和负载的性质驱动第二个蓄电池的容量。在 20.3.7 节可以看到关于双蓄电池系统(即有两个相同电池的双蓄电池系统)的更多细致讨论。双电池 12 V 拓扑如图 15.5 所示。

15.4.2 铅酸、锂并联运行储能

此拓扑在并联运行系统中,将锂离子电池并联至铅酸蓄电池[10]。得益于锂离子蓄电池的充电接受能力,储能系统的动态充电接受能力得到提升。选

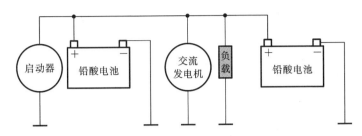

图 15.5　双电池 12 V 拓扑

择锂离子蓄电池可以省去电源和电池之间的直流-直流转换器。通过在铅酸电池和启动电机以及电源其他部分之间增加一个可选的断开开关,可以扩展此拓扑,如图 15.6 所示。

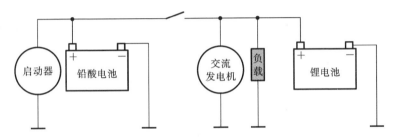

图 15.6　双电池 12 V 拓扑结构与锂离子电池

锂离子与铅酸联合供电系统的运行可被分为四种主要模式:

- 正常车辆操作;
- 车辆减速或能量回收;
- 车辆停止;
- 发动机重新启动。

在正常车辆运行模式下,内燃机会运转。然而在车辆减速过程中,可以假设没有燃料加入。这意味着在不增加油耗的前提下发电机可以在高负荷模式下运行,给 ESD 充电并供应电力负载。在所有其他驾驶模式下,只要第二蓄电池可以支持负载,就不需要发电机电流。这就减少了发电机对内燃机的扭矩需求,从而节省了燃料的消耗。

在停车状态下,内燃机被关闭。为了支撑只来源于第二个 ESD 的负载,一方面可以用铅酸蓄电池和启动器打开开关,另一方面,也可以用汽车负载、第二蓄电池以及发电机。在这种情况下,内燃机的自动重启由铅酸电池提供动力。由于储能装置之间的开路开关,启动时的电压降不影响供电系统的大部分负荷。如果不使用断开开关,重新启动由两个蓄电池一起提供。在这种情况下,整个电力系统必须足够强力,能够抵抗由启动电流引起的电压下降,因为它是在两个电池之间分开的。

15.4.3　用于敏感负载的辅助电池

并联拓扑的一种变体是将仅用于电压敏感负载的辅助电池隔离出来。电压敏感负载的定义是电源系统中在低电压条件下无法正常工作的负载。例如,在一次自动停止后再启动过程期间,可能出现这种情况。敏感负载和第二个 ESD 通过一个开关与电源系统隔开(见图 15.7)。

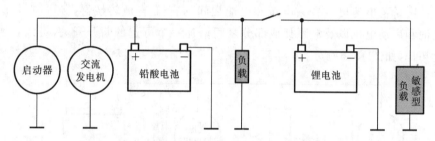

图 15.7　用于电压敏感负载的 12 V 双电池

此电池与 15.4.2 节中的拓扑的主要区别在于开关的操作。在能量回收期间和辅助能源存储不适于供应敏感负载时,开关会关闭。由于铅酸电池的 OCV 的安装不需要被限制(见 15.5.1 节),这种操作使得辅助电池(锂离子化学或氢镍溶液[11])更加灵活。但是当与硬并行操作相比,燃料经济利润是有限的。由于开关操作的设定,成本和控制复杂性也略高[12]。

15.4.4　与双电层电容器结合的铅酸电池

由于电容器的电压曲线的特性,具有超级电容器或双电层电容器(DLC)的拓扑结构需要一个直流-直流转换器。拥有双电层电容器的拓扑结构可以为暂态负荷支持或燃料经济性进行优化。双电层电容器(DLC)的高电流容量为在置于直流-直流转换器之后的一个"隔绝"网络中的特殊负载提供高电流支持。经由这个直流-直流转换器,双电层电容器被充电到可能偏离标准 12 V 电源的电压水平(见图 15.8)。

图 15.9 展示了为燃料经济性进行优化的双电层电容器拓扑结构的一项变量。交流发电机与电容器被一个直流-直流转换器从剩余的供能系统中隔离开来。如果交流发电机处于恢复期,则能够在使双电层电容器最有效率的充电电压范围中进行工作的话是很有利的。电容器的放电可以在燃料内燃机运行的过程中解除交流发电机的负载。如果需要交流发电机对电源电压直接操作,在该拓扑的变体中的直流-直流转换器可以被绕开[13-15]。

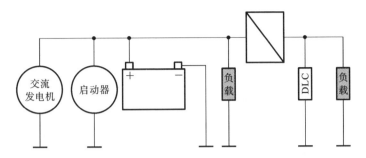

图 15.8　具有铅酸电池与双电层电容器的拓扑结构

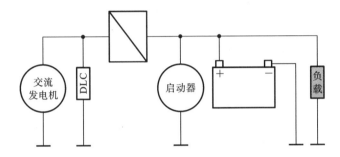

图 15.9　双电层电容器用于存储制动过程回复能量的拓扑结构

为了支持车辆的冷启动与热启动,交流发电机与启动器的位置被改变了(见图 15.10),在冷启动之前,双电层电容器设备由铅酸电池通过直流-直流转换器充电。冷启动的设计要求对于这个变种中的电池将不再有效。通过直流-直流转换器进行恢复同样也是有可能的,但更多的电能损失和更高的开销将被加在有着这个拓扑结构的供能系统中。

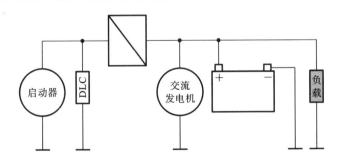

图 15.10　双电层电容器用于引擎启动的拓扑结构

在上一项变种中,一个由两个串联连接的双电层电容器组成的小电容器模组被添加到电源中。一个小直流-直流转换器对双电层电容器进行充电,并且在启动过程中一个开关将它们连接到铅酸电池上[16]。这个模组具有把这个系统的电压提升到 5 V 的能力。如果开关控制不够准确,会存在一定的故障风险,因此需要对此拓扑进行适当地控制研发。该解决方案以相对较低的成本增加了电压质量,但仅限于有限数量的使用情况。它主要聚焦于冷启动和潜在的回弹事件上(见图 15.11)。

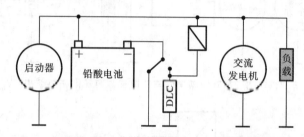

图 15.11　双电层电容器用于启动过程中维持电压稳定的拓扑结构

15.5　辅助电池在车辆及其电气系统中的集成

二次能量存储装置的集成需要考虑很多方面。基于这些方面的结论可以导致不同的储能解决方案。本节将讨论其中一些方面和可能的结论。

15.5.1　电压兼容性

能量存储装置的开路电压是由它固有的基础化学性质所决定的。因此,必须在双电池系统的设计过程中尽早考虑辅助存储装置的技术选择。绝对电压限制和 SoC 上的电压曲线形状应被进行充分了解。

工作电压之间的不良电压匹配可能增加电源系统的成本、重量或复杂性。在这一部分,我们首要的关注点放在如图 15.6 中所示的有两个电池的硬并行操作上,没有直流-直流转换器,也没有复杂的开关阵列的拓扑结构。在这种情形下,如果备用电池的开路电压比铅酸电池的足够高的话,则其只为主要的电池负载提供能量。相反地,能量存储系统的高动态电荷接受能力要求辅助电池在最大允许的电源系统电压(大约 15 V)下接受几乎所有预期的回收电流。操作 SoC 上的电压上限和铅酸开路电压之间的频带定义了辅助电池的可用开路电压范围。几种技术解决方案在此电压窗口内使用,特别是由于铅酸电池(尤其在寒冷天气运行期间)需要很大的充电过电压。

图 15.12 展示了几种电池化学成分的开路电压曲线。这种开路电压可以通过改变阳极或阴极组合物在细胞显影剂上进行优化或改性。虽然此图显示了所有充电状态下的开路电压,但是给定技术的实际可用容量可能会降低。例如,即使在双电池系统中,主铅酸电池仍将保留在狭窄的 SoC 窗口中,类似

于它在传统的电源系统中运行。这受到诸如冷启动和静态消耗之类的承载功能以及可实现的典型 SoC 的限制。辅助电池通常将针对有限能量窗口的高功率进行优化。

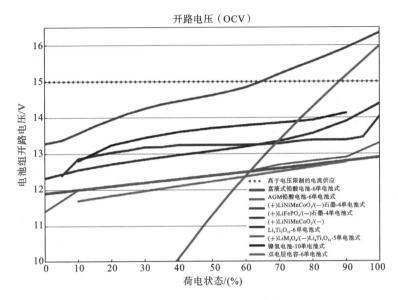

图 15.12　几种电池化学成分的开路电压曲线

在兼容电压窗口内选择化学物质的重要性可以通过 LiNiMnCoO$_2$/石墨技术来说明,其中汽车级高功率电池已经达到了用于各种混合电动车辆牵引电池应用的显著产量[17]。第一眼看来,对于 12 V 双电池系统使用相同或非常相似的电池似乎也很有吸引力。然而,一串串联的 3 个电池的开路电压远低于铅酸主电池的开路电压,并且 4 个电池在约 65% 的荷电状态时已经超过 15 V 的限制。充电和放电的功率要求将进一步降低可用的 SoC 窗口。结果是,利用这种化学物质的双存储系统要么需要采用直流-直流转换器,要么能量存储装置必须有显著过大的额定容量。这些设计调整中任何一个都会增加系统的成本和重量。

在图 15.7 中出现的首个有着这种拓扑结构的可商业化汽车使用 LTO(锂钛氧化物)电池。该技术通常在宽 SoC 窗口上提供始终如一的高充电和放电功率,并且在 SoC 上具有适度的开路电压斜率。根据其阴极化学特性,必须使用五个或六个电池串联连接(举例而言,这与四个电池连接的磷酸铁锂-LFP 电池相反),因此,应该对较小额定容量的成本和封装优势与较高电池数的负担进行权衡[18]。

还必须考虑确保电池不会被迫充电或放电,从而导致电池严重退化或滥用[19]。如果某个用例的供电系统必须保持在高 SoC 时,例如对于高功率负载的冗余电源,则电池必须能承受稳健的电压,否则将从系统分离以保护自身。适应这些电池控制的系统设计需要进一步考虑复杂性和成本,因此理想电池应该对车辆中所有相关的 SoC 和电压条件都很稳健。

　　另一个重要的电压兼容性考虑因素是电压曲线的斜率。电压曲线太陡会限制可用的 SoC 窗口。非常陡峭的电压曲线及其相关挑战的一个主要例子是 DLC 的集成。电容器的低能量含量和陡峭的电压曲线要求主电源系统和 DLC 通过直流-直流转换器去耦。如果没有直流-直流转换器,电容器的 SoC 窗口将大大减少,从而进一步降低了可用的能量含量[20]。

　　或者,如果电压曲线太平缓,也可能遇到一些挑战。如果平面电压曲线也与滞后或记忆效应相结合,则需要更复杂的 SoC 监测算法。因为 12 V 电源系统中的最终控制因素仍然是交流发电机设定点电压,更陡的电压曲线也会使 SoC 控制高功率辅助电池,当施加的电压与其瞬时 OCV 不同时,该电池被选择用于改善快速充电和放电性能。另外,特定的车辆功能可能需要特定的、更高的电压水平来维持一段规定的时间段。在这些情况下,必须将整个电源的电压升高到该指定电压以支持负载。当使用具有平坦电压曲线的 ESD 时,如果不将第二个 ESD 与系统分离,则难以达到指定的高功率电压。图 15.13 显示了适用于两种假设 ESD 的现象。虽然它们的可用电压窗口和额定工作电压可能相同,但它们适应特定最小电压目标的能力是不同的。虽然较平坦的(黑色)曲线可在较宽的 SoC 范围内提供稳定的电压,但交流发电机必须在达

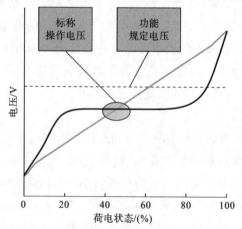

图 15.13　适用于两种假设 ESD 的现象

到目标电压之前将电池从 45%SoC 一直充电至 85%SoC,而更加一致的倾斜电压曲线仅需要充电至 65%SoC。在该示例中,当使用由黑色曲线表示的 ESD 时,对于给定的充电电流,电源系统将花费两倍的时间来达到指定的电压。

15.5.2　车辆包装注意事项

由于车辆的体积限制,双电池系统中的第二个 ESD 的封装位置可能具有挑战性。但是,它对系统的性能和稳健性也有很大影响。这些考虑将部分取决于所选 ESD 的优势和劣势,以及使用双存储系统的主要设计意图,但主要关注的是温度、滥用容限和欧姆布线损耗。

15.5.2.1　温度包装

能量存储的环境温度可以在整个车辆中变化很大,这取决于电池是否被包装在引擎盖下、车厢中或车辆的行李舱中。铅酸具有长期的、久经考验的高温耐久性记录。然而,诸如锂离子的一些技术通常优先在低于 60 ℃ 的温度下操作,该温度低于非冷却或非隔离的发动机舱环境中的特征温度。虽然可以对电池进行主动热管理,但是这种系统的成本和重量增加可能使该解决方案难以维持。

低温对双电池系统的正常运行同样重要。几乎所有的能量存储技术至少都受到低温下充电和放电功率降低的影响。然而,这种退化的程度和受影响的温度范围可以根据所选择的技术而有很大变化。特别是,最先进的锂离子电池通常受到比电容器技术更严重的极低温度的影响。虽然在选择储能技术时应考虑这一因素,但封装位置也会极大地影响低温严重影响性能的程度。例如,放置在机舱内的小型辅助电池将很快达到机舱的环境温度并实现完全充电/放电能力。另一方面,放置在行李舱中的电池(其没有接收到调节空气)在驾驶事件期间可能不会足够快地升温以提供适当的功能。

15.5.2.2　防撞安全安装

原则上车辆中包含的任何 ESD 都可能在滥用条件下突然释放能量。在考虑安装位置时,了解这种装置在发生碰撞时如何反应非常重要。在这种情况下,主要关注的是短路的可能性,短路时电池可能突然释放大电流并同时产生热量。这种短路可能是由电池组的挤压或渗透引起的。有多种方法可以减轻这种潜在危险,包括防止挤压的电池盒设计,或将电池安装在抗挤压的车辆位置。充分了解给定储能系统的反应程度也很重要。因为一些技术的反应比其他技术更严重。反应的严重程度影响电池需要保护的范围。

15.5.2.3 安装性能

电池安装的地方直接影响系统的性能以及系统可以恢复的能量数量。来自发电机的充电电压是确定到电池充电电流大小的驱动力。通过车辆布线的电压降受到的影响为

$$\Delta V_{\mathrm{drop}} = I \times R_{\mathrm{wire}}$$

其中，I 是通过接线的电流，R_{wire} 是连接电池和发电机的接线的电阻。另外，线的电阻可以通过下式计算：

$$R_{\mathrm{wire}} = \frac{\rho L}{A}$$

其中，ρ 是线材的电阻率，L 是线的长度，A 是线的横截面积。因此，

$$\Delta V_{\mathrm{drop}} = I \times \frac{\rho L}{A}$$

为了最有效地为电池充电，ΔV_{drop} 应尽可能低。该电池的潜在功能之一是接受非常高的电流，因此基本上只能改善导线的电阻以改善系统功能。因此，可以得出结论，为了提供性能最佳的系统，布线应设计得尽可能短且具有大的横截面积。另一种选择是通过铝连接的低电阻连接。应该进一步强调布线尺寸和电池安装，因为更长、更粗的线材不可避免地导致成本和重量增加。当结合与增加的导线长度相关的所有影响时，将电池安装位置尽可能靠近交流发电机非常重要。

15.5.3 重量

预计额外的静电释放会增加车辆的重量。然而，额外重量的大小根据应用变化而变化，并且该额外重量的影响根据预期的车辆设计不同而不同。高级车辆，特别是那些专为高性能设计的车辆，通常比市场大众车辆更重视减重。

虽然增加了额外的布线和静电释放，但仍有机会减小初级启动器电池的尺寸，在计算系统的重量增益时应考虑到这一点。给定系统的能量和功率密度在很大程度上取决于所选择的化学和技术，因此如果减重是主要的设计驱动因素，则应予以考虑。

15.5.4 其他安全考虑

如前所述，任何用于存储能量的装置也可以在滥用条件下快速释放能量，这意味着必须充分了解滥用任何额外静电释放的限制和反应。例如，每种锂离子技术都具有较高的电池电压限制，以防止电池退化和产生过量气体。该放气的条件和数量可以根据所选择的锂离子电池不同而不同。根据拓扑结

构,如果系统接近电池预期工作范围之外的条件,则可以通过操作开关简单地从系统中取出电池。

第二个 ESD 的功能安全分类取决于电池支持的车辆系统。该系统可以设计成这样一种方式,即第二电池的故障不会影响任何关键系统,并且车辆仍然能够以其全部容量运行(除了可能禁用停止-启动功能)。

15.5.5　电池管理

根据给定系统的复杂性和设计,辅助电池的监控和控制水平可能差别很大。通常,电池状态检测功能将集成在电池组中,提供 LIN(本地互联网络)或 CAN(控制器区域网络)通信。通过内部测量的温度、电压和电流,可以计算出大量附加信息:SoC、最大瞬态电流能力、总可用能量和健康状态,以及其他指标。可以在系统中对电池技术进一步了解,以解决电池老化和温度影响。对于诸如锂离子电池的技术,分别监测每个电池电压并适当地添加平衡硬件可能是有益的。根据技术、环境条件和工作周期可能需要的附加电池管理功能是在故障状态主动冷却和主动加热时自断开的功能。

15.6　市场趋势

市场上已经出现了使用本章中提到的每种静电释放的用于 12 V 电源的双电池系统。对电源系统的电力负荷需求持续增加,并且已经确定了当前电力供应系统内的效率改进领域。由于这项技术在成本、复杂性和优势之间的平衡,即使锂离子启动电池和双电压系统等替代方法继续受到关注,双 12 V 电池系统的市场预计将在未来几年增长。

双电压系统或单电池系统也可以涵盖一些电源用例或要求。典型的双电压解决方案的最大电压不超过 60 V。最流行的拓扑结构由直流-直流转换器与 12 V 电源隔开,设计额定电压为 24 V 或 48 V。大多数情况下,交流发电机安装在较高电压电路上,这是因为最大功率和效率可以获益。除了静电释放中的更多单元之外,直流-直流转换器还增加了系统成本。所有技术解决方案(铅酸、镍氢、DLC、锂离子)均可用于存储设备。

未来先进的单电池系统的市场份额很大程度上取决于它们的技术进步。除此之外,有必要用现有的铅酸溶液代替具有引人注目的商业案例溶液。这些系统应该能够满足 15.3 节中描述的要求。它们应该可以在标准电池组位置封装。目前最有前途的解决方案是基于锂离子的,但它们无法满足所有要求。未来的发展将需要设计出满足技术需求并提供成本可接受的解决方案。

⑩ 参考文献

[1] P. Schmitz, E. Karden, A. Warm, in: Batterietag NRW, Haus der Technik, Aachen, 2015.

[2] M. Schindler, M. Hallmannsegger, M. Mauerer, J. Ringler, A. O. Störmer, in:13th European Lead Battery Conference, ELBC, Paris, 2012.

[3] V. Häuser, in: 4. VDI-Fachkonferenz Automobile Bordnetzentwicklung, Leipzig, 2015.

[4] A. Warm, in: C. Hoff, O. Sirch (Eds.), Elektrik/Elektronik in Hybrid-und Elektrofahrzeugen und elektrisches Energiemanagement V, Expert Verlag, Renningen, 2014.

[5] M. Denlinger, in: International Battery Seminar, IBS, Fort Lauderdale, 2016.

[6] R. K. Sharma, P. Verma, A. Yadav, M. Khan, SAE Technical Paper 2016-28-0031, 2016.

[7] C. Mondoloni, in: Advanced Automotive Battery Conference, AABC Europe, Mainz, 2016.

[8] L. Alger, in: Advanced Automotive Battery Conference, AABC Europe, Mainz, 2015.

[9] ISO 26262-2, Road Vehicles e Functional Safety e Part 2: Management of Functional Safety, 2011.

[10] M. J. Schindler, in: Mehr-Batterie-System für Mikro-Hybrid-Fahrzeuge auf Basis von Blei-Säure und Lithium-Ionen-Technologie, fka, Aachen, 2014.

[11] R. Kawase, in: Advanced Automotive Battery Conference, AABC Asia, Kyoto, 2014.

[12] Y. Utsunomiya, Y. Nagai, J. Kataoka, H. Awakawa, SAE Technical Paper 2013-01-1538, 2013.

[13] H. Ollhäuser, in: 6th International Advanced Automotive Battery and Ultracapacitor Conference, AABC, Baltimore, 2006.

[14] B. Soucaze-Guillous, in: 7th International Advanced Automotive Battery and Ultracapacitor Conference, AABC, Long Beach, 2007.

[15] A. Kume, K. Kotani, H. Mizuochi, in: 7th IFAC Symposium on Ad-

vances in Automotive Control，AAC，2013，in：IFAC Proceedings Volumes，vol. 7，n PART 1，pp. 706-710.

[16] M. Gilch，in：C. Hoff，O. Sirch（Eds.），Elektrik/Elektronik in Hybrid-und Elektrofahrzeugen und elektrisches Energiemanagement Ⅲ，Expert Verlag，Renningen，2012.

[17] U. Eger，in：Advanced Automotive Battery Conference，AABC Europe，Mainz，2011.

[18] K. Ishiwa，in：Advanced Automotive Battery Conference，AABC Europe，Mainz，2015.

[19] C. Fehrenbacher，in：Advanced Automotive Battery Conference，AABC Europe，Mainz，2015.

[20] C. Brosig，H. P. Daub，in：Advanced Automotive Battery Conference，AABC Europe，Mainz，2016.

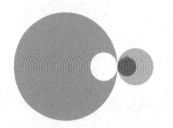

第16章
铅酸电池模型
与仿真基础

J. Badeda[1,2,3], M. Huck [1,2], D. U. Sauer[1,2,3], J. Kabzinski [1,2], J. Wirth[1,2]

[1] 亚琛工业大学,亚琛,德国

[2] 于利希-亚琛研究联盟,于利希,德国

[3] 亚琛工业大学计算机系,亚琛,德国

16.1 引言

在电化学储能系统发展初期,人们就尝试把铅酸电池单一运行机制作为一个完整的系统进行模拟(如 Peukert[1])。但是,由于铅酸电池中的非线性、相互依赖的反应以及相关联的关系,这样一个技术的数学描述是极其复杂的,因此想要对整个系统的全部细节进行仿真,需要很强的计算能力。

历史上用于仿真铅酸电池的数学模型发展路线大致可以分为三类:宏观模型、中观模型(包括宏观均匀模型)和微观模型。图 16.1 列举了在这三种模型发展时间线上的一些有代表性的研究成果。图 16.1 中并没有包含过去一个世纪内的所有代表性工作,但是大致列出了铅酸电池模型仿真领域中最有影响力的研究者。

对于铅酸电池的研发者、生产商和研究人员来说,这三种模型都有它们各自的优势。在对给定电池系统进行性能相关分析时通常采用宏观模型;在对电池的某个方面进行细节设计优化时通常采用中观模型;在细致地研究电池电化学系统和深入分析单个因素的影响时,需要采用微观模型。

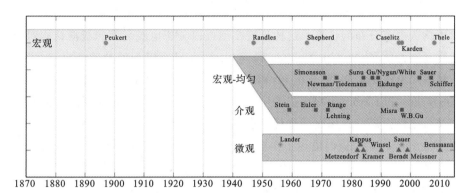

图 16.1 通过列举关键研究者概述铅酸电池模型的发展历史(带 * 的研究成果表示含有老化机理的建模)

宏观模型本质上是一个电池系统简化描述,没有深入探究所有特征性的物理特性。宏观模型中的参数是通过对所处理的电池类型进行测试得到的。对于诸如电池监控系统的在线应用程序,预定义的参数值可以作为模型调试的初始值。早期的宏观模型是基于一些经验结果建立的,例如由普克特(Peukert)公式描述的电流倍率对实际容量的影响。如今,基于含集中元素的等效电路(EEC)模型的电池性能描述是宏观模型的一种。Randles[2] 的研究可以被视为在电池模型中应用电路的推动力。这种模型的参数化首先在时域内测试,再扩展至频域的测试。20 世纪 60 年代,Shepherd 提出了一个易参数化的公式,并进行延伸以模拟电池在恒电流条件下的充放电行为。在最近的研究中,这个公式大多数情况下用于充电过程的模拟。

与宏观模型相比,中观模型对电化学系统的模拟更加深入,这使其可以应用于电池设计优化的计算。中观模型假设局部相同的条件和特定结构(例如多孔结构)中的均一化。这种模型出现于 20 世纪 50 年代晚期到 60 年代,用来模拟电极尺度的充放电现象。Euler[5] 用这种模型来模拟多孔二氧化铅正极。

在 20 世纪 70 年代末到 80 年代,包括 Tiedemann、Newmann、Gu 以及 Sunu 在内的研究者们建立了宏观均一模型,这个模型被用于在不必确定活性物质(AM)的具体几何细节的情况下对多孔电极和整个电池的行为进行仿真。他们的研究重点关注充放电过程中反应区域的电流分布和变化趋势。Tiedemann 和 Newmann[6] 构建了一个一维(1D)模型来模拟由于活性物质的荷电状态和电解质变化造成的欧姆电阻的改变。他们用这个模型对电极进行优化,使其在放电过程中活性物质利用率最高。Sunu[7] 在考虑了局部酸浓度的情况下,对这种不均一的电压分布进行了实测,并在已有的模型基础上延伸出一套对不均一电流分布的仿真。这种延展模型可以分析电极高度和板栅结构对电池启动能力的影响。Gu、Nguyen 和 White[9] 在已有模型的基础上发展,进一步涵盖了电池的空闲期、充电和循环过程的影响,主要用于电池的设计优化。Simonsson 和 Ekdunge 对电极的电流分布进行过仿真[10],在他们随后的研究中又对电极内部的结构改变进行了模拟[9]。近期最具影响力的研究成果出自 W. B. Gu 等人[11],他们描述了在耦合电子系统中电解液的传质过程,最新的研究都是在 W. B. Gu 等人的这个模型的基础上进行的。另外,Sauer[12] 更详细地描述了酸分层现象的空间分辨率。

微观模型指的是在微观("颗粒")尺度进行仿真的模型,包括晶体、微孔甚至是分子层面上的模拟。微观模型并不用于模拟电池的充放电行为,而是想要获得材料本身的性能信息用于较大尺度的模型或电池的子模型中以计算局部参数。Lander[13] 在 20 世纪 50 年代进行的工作是对铅酸电池腐蚀建模的起源研究。在二十世纪八九十年代,微观模型的主要进展包括 Metzendorf[14] 提出的有关活性物质利用率的模型,Kappus[15] 提出的硫酸盐化模型。进一步地,Winsel[16,17] 和 Meissnei[18] 对"球体堆积"理论的研究也属于这一范畴。此外也不得不提 Kramer[19] 提出的自由网格模型,以及 Bernardi[20-22] 对二维(2D)模型和氧气复合模型的研究。

如今的计算能力和并行计算技术水平使得单电池或整个电池的仿真系统中具有非线性方程、非法拉第电流表示、三维和更高精度的过程的详细计算成为可能。因此,涵盖以上内容的新模型可以进行电池中的动态性能表征与设计优化,以及对内部反应过程的深入探究[23,24]。此外,对电池三维(3D)模型中的耦合过程的仿真使人们对铅酸电池技术背后的工作原理有了更加深刻而详细的理解。

本章会更加详细地介绍关于车用铅酸电池的模型仿真。本章主要介绍定量模型,其可被用于仿真电池行为以解决一些较简单的问题,例如电池的荷电状态;有的可以用于研究更复杂的问题,例如扩散过程。想要解决具体的技术问题,需要选择合适水平下的模型进行仿真。16.2 节将会对如何选择模型进行指导,其内容包括不同模型概念的简要介绍,同时总结了各种模型优势机会与局限。该节最后的总结表会帮助读者根据自己的研究内容选择合适的仿真过程。16.3 节的主要内容是铅酸电池模型在使用过程中可能会遇到的具体问题,着重讨论了模型中的多种反应,以及在仿真电池 SoC 与健康状态(SoH)时的参数变化。接下来的 16.4 节将会介绍如今用于表现铅酸电池性能特性的模型,包括经验模型、等效电路模型和物理化学模型。考虑到 SoH 变差带来的性能变化,研究者们提出了电池老化模型,关于老化模型的各种概念和比较会在 16.5 节进行讨论。

16.2 各种水平下的电池模型

通常,可以将目前的模型分成两种:一种是用来模拟铅酸电池性能的所谓电分析模型,另一种是用来模拟计算电池老化的模型。对于每种模型,根据模型水平不同又可以分别细分成三个子类(见图 16.2)。每个子类分别对应着宏观模型、中观模型和微观模型。图 16.2 中从左到右,模型的复杂程度越来越高。可以根据下文所述对模型类别进行选择。

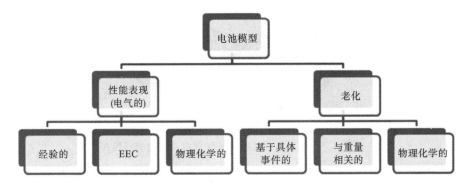

图 16.2 以性能模型和老化模型为基础对铅酸电池模型进行分类

16.2.1 对电池模型要求的确定

数学模型可以通过几种不同的方式来实现对电池性能的模拟。想要构建合适的模型,首先要仔细地分析待解决的技术问题对模型的要求,这会帮助你确定模型的细节和准确度要达到的水平。在初步分析的过程中,要考虑电池的类型定义、操作条件和模型的边界条件。当然,模型建立得越详细,能解决的问题就越多。但是模型细节越复杂,需要定义的参数就越多,相应的计算时间也会大大增加。因此,一个合适的模型是在模拟精度和计算难度之间取舍的结果。而且在建立模型之前,必须要考虑它对计算机或单片机的计算能力的要求。对于一个数学模型来说,它可能是在个人电脑上运行,也可能利用计算机集群进行运算,还可能应用于电池管理或监控系统的单片机上。这些不同的情况对模型的要求是不同的。运行环境对模型的运算与应用至关重要,这也决定了一个电池模型是否可以作为一个子模型在一个大的仿真系统中发挥作用。这种子模型的接口必须满足整个给定的仿真步骤中所有数据输入/

输出的需求。然后需要确定模型预期达到的精确程度，这影响着在模型构建和参数化过程中对准确性的要求。图 16.3 总结了在模型构建前要考虑的各种影响因素。

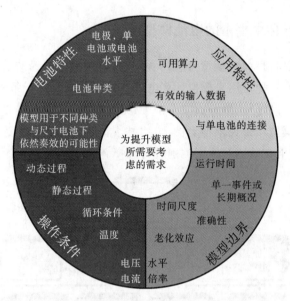

图 16.3 　在电池模型的研发过程中要注意的问题

　　由于不同电池类型（如富液式启动照明点火（SLI）电池、吸收性玻璃毡（AGM）SLI 电池、超级电池™以及其他的辅助型或牵引型电池）对应着基本模型的不同延伸方向，对电池类型的考虑是必要的。例如，在研究阀控式铅酸电池（VRLA）时，一定不能忽略氧气在电极电位上的复合循环效应。对于富液式电池，产气和酸浓度分层模型可能是关注点，因此模型就需要包含酸分层的影响。构建模型时要分析这个模型是可以用于各种不同类型电池的仿真，还是仅仅针对某一种电池的尽可能精确的分析。模型仿真对象的单一与否决定了后续参数化过程的工作量。必须要考虑的一个方面是仿真模型向单电池的简化，尤其在所研究电池储能系统是由一系列单电池并联或串联而成的情况下。在研究对象是 12 V 的 SLI 电池时，这种简化是被广泛接受的。但是，当研究对象是 60 V 的不间断电源（UPS）系统时，由于这个系统包括 30 个串联的单电池和至少两个并联的电池组，单电池简化模型在这个情况下就与实际现象产生显著偏差，因为单电池简化模型中忽略了电池组中单电池之间的差异。

　　操作条件也是影响建模过程的重要因素。应该明确可能研究的电池过程以完整的循环表示,或者是仅通过放电过程,或甚至只是分析电池对特定脉冲信号的暂态响应过程。通常在用户操作条件下形成的部分荷电状态(PSoC)范围附近,将 SLI 电池应用表征为浅循环运行。在许多实验室或汽车测试中,SLI 电池首先在外部充电,然后在小幅微循环测试中缓慢地达到 PSoC。如果对不同操作条件的影响加以分析,那么模型的输出随操作条件的改变分析尤为重要。例如,如果想要研究充电过程的最适电流倍率,则模型必须显示出充电倍率的改变对其他因素的影响,如可用容量或电池温度等。如果要分析老化效应,则受其影响的因素就更多了。如果要进行循环并探究充放电行为,那么就必须明确如何进行老化操作。一方面由于老化通常是持续性的,人们可能想模拟一个长期过程中的行为变化。另一方面,在某些情况下,人们可能仅想对新老电池在一段特定的短时间段内(几秒或几小时甚至一整天)的行为进行对比。因此,仅需要调整部分因老化过程而改变的相关参数(如电池内阻),并且不一定要采用完全老化的模型。除了要分析老化模型是否可以应用以外,模拟的时间长度也要考虑。在进行电池性能的细节分析时,例如研究高电流倍率的电池启动状态,可能有必要进行几秒内或几毫秒内的模拟。不过,也有可能模型模拟的时间跨度从几秒到几天不等,甚至可以长达几年。另一个要考虑的要素是电流倍率,一方面是电流倍率的大小(如极低电流倍率 < 0.01 C_{20}(浮充电或静态漏电)、低电流倍率 < 0.1 C_{20}[①]、高电流倍率 > 1 C_{20}、极高电流倍率 > 10 C_{20}),另一方面是电流梯度,它决定着模型计算步骤的必需时间间隔。可能输入的数据和数据的精度也影响着计算时间间隔的选择。应用中必须达到的计算速度也是与之相关的因素。对于电池管理系统(BMS)或者是通过硬件回路(HiL)进行电池操作仿真,实时的电池容量是一个重要的考虑因素。

高电流倍率模型、深度充放电模型和仿真时间较长的模型,需要建立热模型对其热量状态变化情况进行仿真。电池内部的产热和散热以及与外部环境的热交换(通过电缆和与底板接触以及外部加热或冷却形成的辐射、对流、热传导)影响着电池的性能,因此需要进行模拟。如果模型仿真的时间是毫秒级的,或者仿真是在电流倍率较低、环境温度可控的条件下进行的,这时传热模型可以忽略。进行不同温度下电池性能的对比时也可以使用简化的温度模型,在模型中通过调整参数实现对性能影响因素的仿真。然而,只有在电池内

---

① 本章中,电流倍率以库仑-速率形式给出,单位为 $A \cdot Ah^{-1}$。由于启动器电池的铭牌容量通常为 20 h 放电容量(C_{20}),所有相关值均称为该容量。可以理解为 0.1 C_{20} 等同于 2 I_{20}。

部的状态受温度影响时,使用复杂的传热模型进行仿真才有意义。例如模型模拟电解质的欧姆电阻、扩散过程、产气过程或充电接受能力,并且这些因素随仿真过程中温度的变化而改变,这时加入传热模型才能体现温度变化对电池性能的影响。

最后,对模型输出结果自身的要求也要在模型建立之前确定。在较高准确性的要求下,使用简化模型可以解决某个具体的问题,但是想要同时分析较多问题时需要更复杂的模型。因此,如果只考虑特定边界上的电势和电流倍率,这在模型建立之初就要进行确定。模型的复杂性也受电池的尺寸和空间的精度影响。例如,如果想详细分析电池的老化机理和不同老化机理之间的相互影响,或者研究电极上硫酸铅晶体的分布,这时最好使用三维的物理化学模型。不过,如果只研究独立因素和描述其在特定方向(例如纵向分层)上的影响,那么模型的尺寸可以缩小,随之仿真时间也可以相应地缩短。

在任何情况下,对模型结果的要求和预期不应该超出模型精度和模型参数可以实现的范围。

16.2.2 根据需求选择模型方法

如果上述问题都已经详细地考虑清楚,接下来就是决定建立哪种模型。模型基本可以分成三类,即经验模型、等效电路(EEC)模型和物理化学模型。下面将介绍这三种模型中的主要注意事项。

16.2.2.1 经验模型

经验模型可以用来对不同操作条件下的电池进行简单定量分析。普克特公式就是这样的简化模型,它可以用来评价电流倍率对电池有效容量的影响。对电势进行模拟表征时采用的典型模型是基于放电行为 Shepherd 关系的公式。电池老化行为可以使用 Wöhler 曲线(也称作应变疲劳 S-N 曲线)进行模拟,也可以结合操作条件造成的加速老化现象进行模拟,或者使用更简化的循环计数方式进行模拟。特别是在进行长时间跨度的仿真(分析数年时间的电池老化过程)以及要比较不同的电池系统与操作环境时,经常采用这种简化模型,因为简化模型的计算速度很快。由于模型的参数值大部分由电池制造商提供,所以模型的参数化工作量较低。这些模型通常精度较低,因此不能进行精确的性能分析。在将这些模型应用于新的应用程序或对新的电池类型进行模拟时必须进行调试。在进行不同操作条件对电池性能影响的定性比较时,比较适合选用经验模型进行仿真,例如对电池老化过程的模拟。

16.2.2.2 等效电路模型

在对电池的电性能进行仿真时最常采用带有集总参数(包括空间非均一

的实际多孔电极和可能有分层现象的电池的均值)的 EEC。基于简化的微观模型,在对其添加一些影响因素后(例如动态充电接受能力或扩散限制),可以建立出等效电路模型。在某些情况下,会根据老化电池实测的结果对模型中与电性能有关的参数进行调整来模拟实际的电池行为。此外,等效电路模型构成了在线诊断算法的基础。这种在线模型包含的简化算法在运行过程中需要随时间根据进一步实测适应算法进行重新校准。

在关注特定电池过程时,等效电路模型可以得到较高的精度。想要使仿真中的所有因素都达到很高的精度,只有添加附加模型才能实现。在实际模拟过程中,会根据所研究的操作条件设置电势精度限制。对于一个给定问题,在标准启动条件下,每六个单电池的电势差异在 400 mV 以内是可以接受的。EEC 允许快速模拟,因此可以用于电池在线诊断系统。等效电路模型的参数化工作量在各种模型中处于中等水平。在将等效电路模型应用于新的应用程序或对新研发的电池进行模拟时需要重新进行参数设置。不过,如果电池的设计不变,那么得到的参数应该与电池容量的改变相对应。在实际的模拟过程中,这个假设对于利用同一批活性物质在同一条生产线上生产的电池在大多数情况下是适用的。

16.2.2.3　物理化学模型

物理化学模型试图通过使用从第一性原理推导而来的各种公式对已知的所有电池反应机理进行模拟。这些反应机理包括电池主反应(储能过程)与相关副反应的反应动力学、电子转移过程、多孔介质和电极界面上的传质,以及传热过程(例如自发热)。即使是简化成一维模型(通常垂直于多孔电极的几何表面),物理化学模型也是相对复杂的,它通常由一系列非线性偏微分方程构成,可以对几个不同因素的交互作用进行分析。在物理化学模型的建立过程中,编程过程和初始的参数化需要耗费大量的精力和时间。模型中会包含大量的参数(例如在荷电状态和温度函数中的材料参数和结构特征参数),选择这些参数的初始值和范围时需要良好的洞察力和丰富的工程经验。虽然建模过程复杂,但是最终建成的模型可以对各种几何形式和各种应用条件下的电池进行高精度的仿真。由于模型的高精度,在对采用新设计和新材料的电池进行性能预测时,不必对具体的电池进行测试。要使采用非线性方程的模型获得高精度的解,需要进行迭代求解,因而仿真速度很低。并行求解可以使计算速度变快,但是这样的模型仍然大多数用于离线仿真。

16.2.3　模型研发的需求清单

关于车载电池模型有各种各样的形式。下面列举一些模型的应用方向。

模型在车载电池上的应用包括车载电池的状态监测（BSD）、离线系统仿真，以及电池设计和试用阶段的高精度模型的应用。所有的模型都涉及在给定操作条件下对整个电池或单电池/电极的充放电行为的预测。

在线 BSD 基于带有参数调试算法的简化等效电路模型，监测的参数包括 SoC、SoH 和功能状态（SoF）。

离线仿真可以用来模拟电池在给定系统（汽车电源系统或动力系统）中的功能状态，也可以进行脱离系统的独立仿真。车载电池的离线仿真通常是通过软件和硬件对实际应用条件进行模拟实现的，这个模拟的理论基础是等效电路模型（模拟器形式或 HiL）。系统仿真的结果可能是各种各样的，例如各种驾驶条件下的电压质量，用于部件大小的充电平衡，或者微混合动力车的燃油经济性和排放。对于 HiL 和车辆测试，电池模型可以应用于电池模拟器中，如 Baumhöfer 等人研究所示[26]。在对各种启动电池的动力学行为进行更精确的仿真时（$0.1 \sim 100$ s），基于 EES 的模型需要附加传质模型和充电接受动力学模型来达到仿真精度的要求（如参考文献[27]）。ISET-LAB 软件是基于一般设计参数对不同电流率（C_{20} 到冷启动）下电池性能进行离线模拟的一个例子[28]。

表 16.1 所示的是在建立和研发模型之前需要回答的问题。这些问题会对模型的建立提供指导，将模型研发的工作量降到最低。表中并未涵盖所有要考虑的问题，只是一个高度简化的概要，但是其为模型研发者提供了最基本的研发思路。应该对老化模型部分的问题进行更加详细的分析（见 16.5 节）。

表 16.1　模型研发者问题清单

问　　题	物理化学模型	等效电路模型	经验模型
准确性如何？	很好	有一定误差	与实际趋势相同
仿真速度如何？	慢	中等	快
参数化过程复杂度如何？	需要实验室和测试台	中到大型的测试矩阵	无/少量测试
模型在新型电池或应用方面的灵活性如何？	高	中	低
终端用户的模型复杂度如何？	专家级	接近专家级	初学者水平
模型模拟时长多少？	数年	数月到数年	数周

问　　题	物理化学模型	等效电路模型	经验模型
对操作方案的分析 精度如何?	详细	在具体操作 条件下详细	临界
举例可模拟的 电池过程	● 详细的老化效果 ● 过程的依赖关系 ● 设计优化	● 动力学行为（例如 车载动力系统） ● 电能存储水平	● 定性寿命评估 ● 浮充 ● 电能存储水平

16.3　建立铅酸电池模型的具体挑战

电池模型现在已经形成了一个重要的研究领域,但是近年来关于铅酸电池模型的研究仅占其中的一小部分。所以很可能读者对其他电化学储能装置的模拟很有经验,但是并不了解铅酸电池系统的技术细节。由于有关铅酸电池系统的内容在本书的其他章节中已经进行了详细的讨论,下面仅涉及其与模型建立要求有关的内容。

16.3.1　作为活性物质的电解质

铅酸电池与其他所有电化学储能技术的显著区别是,在铅酸电池中电解质并非仅仅起离子导体的作用,还参与到电化学主反应中。因此,例如离子电导率和扩散系数等电解质的性质也会影响电池的 SoC。并且,在铅酸电池中,影响不同 SoC 下电池平衡电位的主要因素是酸的浓度,但是在锂离子电池和镍氢电池中主要影响因素是插层电极的固体状态。由于电解质和电极的电导率有限,同时酸浓度会有分层现象,因此即使初始参数是均一的,实际中铅酸电池的电流分布也是不均匀的。因此,实际中非均一的电流分布会导致非均一的酸浓度分布,这就意味着不同位置的平衡电位不同。这种影响被描述成酸的分层现象,也就是酸在垂直方向存在浓度梯度。这造成了电极下部和上部的充放电行为的差异。因此最终的电势是局部电势叠加的结果。一个简单的开路电压(OCV)和 SoC 之间关系的表述会让人对铅酸电池中实际的过程产生误解(见图 16.17)。另外,酸浓度分布的不均一和电流分布的不均一之间是相互作用的。在两个电极的孔隙中发生的硫酸的消耗(放电)和产生(充电)加剧了传质对电池的影响。在高放电倍率下,SO_4^{2-} 的消耗速率要快于扩散速率,电极孔隙中硫酸的消耗会造成电导率的降低和电压降的增加。这样的酸分层现象并不属于老化机理的一部分,但是它会加重老化作用的影响。特别要提的一点是,电极底部在电池不工作时也会产生硫酸盐化的现象,这是由于酸的浓度梯度[29]和非均一的静态电流造成局部电极反应引起的。

在精度相当高的空间离散化模型中,这种不同的电极行为是通过不同的局部电势(和电参数)来进行仿真的。在不是空间离散化的模型中,需要通过启发近似算法来得到电池电势。

想要对酸的分层现象进行仿真,必须考虑传质过程机理,例如浮力、扩散、上升气泡造成的电解质混合。浮力会有加剧分层现象的倾向,然而产气和扩散会抵消这种倾向。研究表明电极顶部和底部的电解槽尺寸会影响分层现象的强度[29]。另外,加入温度模型有助于分层现象的仿真,因为所有的传质机理都与温度有关。

16.3.2 非线性电子转移动力学

铅酸电池系统的电极反应是一个表现为非线性 Butler-Volmer 公式的电化学转化过程,其反应机理随不同的电极类型变化而变化,包括插层电极、电容型电极和准电容型电极。因此,对于几乎所有的实际应用情况,铅酸电池中的电子转移过程不能被描述成一个线性阻抗模型。在车载电池的仿真中,要想使仿真结果的电压降误差小于 10%,只有在高电流倍率的短脉冲放电条件下(引擎启动时或者瞬态负载峰值≫100 A 时)才能使用线性模型进行仿真。另外,电池充放电的 Butler-Volmer 过程是非常不对称的,充电过程的极化现象明显强于放电过程($\alpha \neq 0.5$)。因此,电子转移过程不仅受电流倍率影响,还与电流流向有关。

16.3.3 充电接受能力

铅酸电池的充电接受能力会在高 SoC 时显著受限。绝对的充电接受量难以预测,它不仅与 SoC、温度和电压(在一个令人惊讶的小范围内)有关,还与短期和长期的充放电历史有关。例如,在微混合动力汽车中,在 10 s 内的制动能量回收脉冲充电的条件下,刚放完电的铅酸启动电池的充电电流比以欠充电状态运行数月的启动电池的电流要高 10 倍。上面提到的非对称 Butler-Volmer 模型不能充分解释这个现象。对于一个以 C_{20} 充电倍率进行充电的启动电池,当它的充电电压在 14 V 左右或高于 14 V 时,即使是采用修正的非线性 Butler-Volmer 模型也难以对其充电电压进行预测。在电池内发生的反应过程中,与上述现象最相关的是非法拉第反应步骤,也就是 $PbSO_4$ 的分解和 Pb^{2+} 的传质。对车载铅酸电池动态充电电流进行预测的模型更加复杂,这也是目前研究的热点。

在实际应用中,过小的充电接受能力(<1 A/Ah)意味着在一定的充电时

间内铅酸电池无法达到完全充电状态,例如,在光伏电池储能和车载电池的运行条件下(一些工程师将 SoC 达到 100% 定义为充电电流降到某个阈值以下,但是这时活性物质并没有完全转化为 PbO_2 和 Pb)。由于铅酸电池在 PSoC 下的老化与在 SoC 下运行的电池有很大不同,所以在利用模型进行电池操作优化时(尤其是充电过程)考虑充电接受能力的影响是十分重要的。

16.3.4 硫酸盐化

因为硫酸铅是放电过程中两个电极上的反应产物,所以硫酸盐化是铅酸电池中必要的反应过程。然而,不可逆硫酸盐化或硬硫酸化[①]会使硫酸铅在电极上累积,并且在电池使用过程中不会溶解。硫酸铅的分解和 Pb^{2+} 在孔隙电解质(负极)或无定形胶体区域(正极)的扩散先于法拉第过程(电子转移)的发生。在分解/传质过程受限时,铅离子消耗的速率和它们可以转移的速率一致,这时进一步增加电池电压并不会加速充电过程。另外,非活性的硫酸铅会覆盖住活性物质,减少为电极反应提供场所的活性表面积,从而增大电子转移的阻力。由于硫酸铅的摩尔体积很大,所以一旦它优先在电极的几何表面上累积,就会阻挡电流在孔隙电解质中的流通。进一步地,硫酸铅晶体会形成一层钝化层,阻挡活性物质之间的电子传递。不可逆硫酸盐化产生的硫酸铅不会参与电极主反应,因此会造成电池容量的损失。

在铅酸电池系统的仿真中,硫酸铅的沉积和溶解是一大难题。为了在物理化学过程的基础上对硫酸铅的分布进行仿真,一些关键点必须要考虑在内。虽然对硫酸铅的沉积和溶解过程的详细仿真是可以实现的,但是这些仿真过程是在纳米到微米尺度上进行的,所以整个电池的仿真需要很长的运行时间。因此,在对实际运行情况进行仿真时,通常使用中观模型[15,20,30]。中观模型尝试对晶体尺寸分布进行仿真而忽略晶体确切的位置和几何形态。

因为温度和酸浓度对晶体的溶解影响很大,所以晶体的生长与局部的反应条件密切相关,并且局部电势影响氧化还原反应进行的趋势。与离子浓度变化相关的传质过程也必须反映到晶体生长的仿真之中。想要综合分析硫酸盐化过程的所有影响因素,奥斯特瓦尔德熟化也必须考虑在内,因为其描述了化学沉积过程的晶体生长现象,这在分析电池暂停阶段的影响时尤为重要。

16.3.5 活性物质的结构变化

放电过程中活性物质转化成硫酸铅,而硫酸铅是电绝缘体。少部分的硫

[①] 通常"硬硫酸化"仅称为"硫酸化",但这种称呼方式缺乏对可逆和不可逆效应的区分。

酸盐化不会对固相的电导率产生太大影响,但是如果硫酸盐化达到临界值,那么固相电导率会发生几个数量级(从 10^4 S/m 到 10^{-6} S/m)的下降[23],见图 16.4。这会造成电压降,这种电压降的产生更多地发生在低电流倍率放电时;对于高电流倍率的放电过程,显著的电压降更多地来自电解质的消耗。

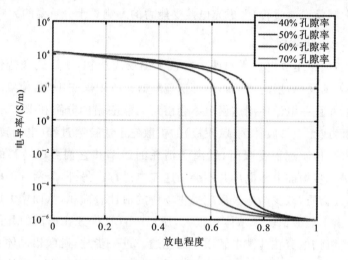

图 16.4　不同孔隙率正极电导率随放电程度的变化

16.3.6　副反应

铅酸电池系统是热力学不稳定的系统。商业电池中两个最重要的副反应是正极集流体的腐蚀和水的电解。除此之外,在阀控式铅酸电池(VRLA)中氧气的复合反应同时影响着两个电极的电势。

16.3.6.1　阳极腐蚀

在大多数情况下,腐蚀被理解成是正极板栅的阳极腐蚀。在正极板的集流体处,腐蚀会使铅板栅转化成 PbO_x,其中,x 的取值范围在 $1\sim1.5$[①],这会在 AM 和板栅之间形成一层中间层。这种机制在两个方面增加了内部阻力:一方面惰性的 $PbO_{1-1.5}$ 和 $PbSO_4$ 比 Pb 和 PbO_2 的电导率要低;另一方面板栅的尺寸减小,导致板栅的截面积减小,进而板栅本身的电阻增加。板栅的腐蚀机制是一个不可逆的老化过程,这就意味着腐蚀产物不能再转化回板栅。由于铅氧化后体积增加,这使板栅向各个方向发生膨胀。因此产生的机械压力会使活性物质的空间结构发生瓦解,在宏观上的表现是电极的变形(膨大,弯曲),并且当隔板被刺穿或者膨大的正极与负极汇流排铸焊(COS)收集器接触

---

① 在最终 PbO_2 形成的步骤后,这一化学计量数在随后其作为活性材料的主反应中能够被使用。

时,电池会发生短路。

腐蚀现象受正极板栅的局部电势影响。在 20 世纪 50 年代,Lander 使用纯铅导线第一次证实了这一点。腐蚀速率可以用给定时间内(Δt)的质量损失率(ΔW,单位是 mg/(cm² · h))进行评价(见图 16.5)。

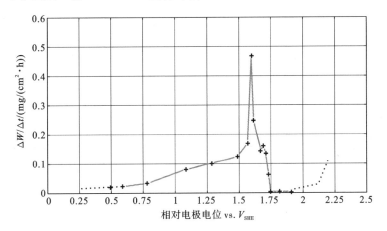

图 16.5 基于 Lander 的失重测量结果,腐蚀速率取决于正极在 30%硫酸中电势的变化[13]

腐蚀速率与温度呈正相关。在模型中经常使用一个简单的 Arrhenius 公式对其进行模拟。然后腐蚀速率可能与最大腐蚀层厚度和相应的欧姆电阻增加有关(参见文献[4])①。

除了局部电势的影响外(见 16.3.1 节),腐蚀界面处电解质中酸的浓度也会影响腐蚀速率,因为腐蚀反应得到的 H_2O 越多,腐蚀速率越快。在已知的模型中这一点常常被忽视。实际上,板栅合金(例如铅钙合金)和其获得的晶体颗粒的结构也会影响腐蚀速率。有时会根据 Lander 的结果调整腐蚀速率曲线,简单地将此因素包括在内。在腐蚀过程中,Pb 在与 H_2O 的反应中被氧化,这是除电解外的第二个失水源。在模型中模拟酸浓度作为变化因素时应该考虑到这一点。如果只是对电的行为进行建模并且阻抗的变化是通过参数调整实现的,那么腐蚀过程的影响可以忽略。

16.3.6.2 电解

发生在两个电极上的水电解过程会在主反应发生的同时产生额外的电荷转移。只有在持续过充电的特殊情况下,车载电池中水电解的量才会接近理论计算的比例(近似忽略腐蚀的影响),但是这只会在实验条件下发生,不会出

---

① 需要指出的是,对于现实应用的情景而言,电阻的增加是由多种影响叠加的,很难为腐蚀现象提供明显的指示。

现在实际车辆的使用中。然而,模拟氧气横跨两个电极反应的建模被广泛使用,并且允许在给定范围的(微)循环应用中再现经验复合电荷系数(库仑电荷效率的倒数)。要详细分析动态充电接受能力(DCA)限制等影响,有必要对氢气和氧气半电池反应进行建模。这两个半电池反应都可以用 Tafel 来近似拟合(式(16.1)),因为两个主反应的平衡电位将混合电位吸引到几百毫伏的"气体逸散"中:

$$i_{gas} = j_{0,gas} A e^{\frac{\sigma nF}{RT(\Delta\varphi - \varphi_{0,gas})}} \tag{16.1}$$

在放电过程和开路条件下气体通常被忽略。

可以借助法拉第公式,利用副反应电流量计算电池中水的损失量。在过充电条件下,以产气的化学计量数计算得到的水的损失量为 0.336 g/Ah。当电解产生的气体离开电池时,带走的未被电解的水蒸气不能忽视,在像 60 ℃ 这样常见的过充电条件下,随气体离开电池的水蒸气会增加大约 23% 的质量损失(见图 16.6)。

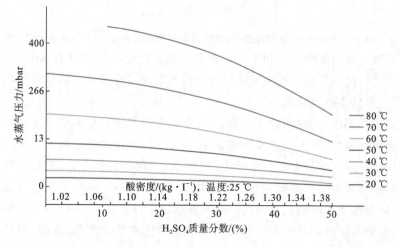

图 16.6 不同温度下水蒸气压力随酸浓度的变化,取自 D. Berndt, Bleiakkumulatoren, 11., neubearb. u. erw. Aufl., VDI-Verlag, Düsseldorf, 1986

在电池模拟模型中,通常会忽略从电池壳体和排气口的水蒸发。

16.3.6.3 氧气复合循环

阀控式铅酸电池的电解质是固定化的。正极上产生的氧气会通过 AGM 隔板(或胶体)中的气体通道到达负极,然后发生复合反应,这会造成负极的去极化以及向正极的潜在偏移。这会使负极处于欠充电状态,而正极腐蚀也可能会加剧[31]。

模拟氧气复合反应包括两步:浸提物到电极的传输和实际反应。对于反应过程,Newman 和 Gu 已经给出了相关模型。传质机理目前还没有完全描述。目前有的假设认为在气体传质的过程中随着时间的推移逐渐形成了某些孔隙结构(气体通道)。但是这些孔隙结构的形成机理,尤其是在微循环操作条件下,目前还没有模型可以仿真,对其的理解也是目前研究的重要方向。

VRLA 电池中水的损失并不能完全消除(16.3.6.2 节):在电池使用中的板栅腐蚀必须通过它的法拉第等效析氢来平衡,并且在瞬态条件下,氢气会在氧气可以重新结合到达负极反应前析出。通常氢气的复合反应是被忽略的。相比富液式铅酸电池,水的损失对 VRLA 电池的影响更大,因为毛细管效应会使剩余的电解质优先进入电极空隙中,造成电池的干化,最终电池上部会发生钝化。

16.3.7 电池模型中副反应的实现

几种模型会包括上述的一种或几种副反应在内。表 16.2 对相关影响因素进行了概述,包括腐蚀、硫酸盐化、失水和酸分层。此外,表 16.2 中也为模型研发者列举了建立模型中要考虑的影响因素以及模型和测量的一些相关来源。

表 16.2 相关副反应以及参考模型方法对它们进行建模的原因

影响效应	影响因素	相关模拟过程	模型来源
腐蚀	温度; 酸浓度导致的水的百分含量变化和局部电势变化	高电流脉冲下的电池行为; 活性物质(AM)损失造成的容量损失; 计算电极膨胀、进行短路评估和计算电池壳体上的压力	[4,31,48] 测量: [49]
硫酸盐化	温度; 负载曲线(例如电流倍率、搁置过程)	DCA;容量损失;阻抗变化	[4,21]
水损失	温度; 负载曲线(例如满冲过程)	OCV 评价算法;寿命评估;SoC 评估;效率和充电参数;热失控(VRLA)	[22,31,32] 测量: [40]
酸分层	温度; 负载曲线(例如 DoD、电流倍率、满冲)	OCV 评价算法;硫酸盐化老化模型;详细电压响应	[37]

DoD=放电深度=1−SoC

16.3.8　时间常数

在铅酸电池中存在许多不同时间常数的不同效应。电荷转移和负极双电层电容之间的相互作用具有毫秒级的时间常数,然而正极的时间常数是秒级的(时间常数的具体值与 SoC、温度和外加负载有关,大多数情况下正极的时间常数的变化范围是 1~30 s)。这说明负极对电势变化的响应很快,在大多数情况下可以用固定值来近似,除了毫秒内的动力学过程。对于像微混合动力汽车行驶周期下电池的动态过程,正极的时间常数往往不能忽略。在有额外影响时,时间常数可长达几小时,这与电荷转移没有关系,例如贮槽和孔隙中的电解质扩散、氧气复合循环、气泡的流体力学或中间无定型态向晶体结构的转化。

16.3.9　重现性

必须要提的一点是,与锂离子电池系统相比,铅酸电池(尤其是富液式启动电池)为了保持较低的生产成本,产品的公差会相对较高。这意味着相同生产线上生产的同类型的铅酸电池的内阻、容量和平均酸浓度(和受这些因素影响的开路电势)等参数可能在单个电池上会出现明显的差异。甚至即使同一个电池在同一个条件下进行测试,第二天的测试结果都有可能不同,这是前面提到的电池中弛豫较慢的过程造成的。

在对铅酸电池进行仿真的过程中必须要清楚的是模型精度不可能比电池本身的公差还要高。在电池循环充放电和老化过程中,随着电池的强非线性行为,电池本身的公差会使不同电池的各个参数发生差异。这也意味着想得到一致的仿真参数十分困难,因为这必须以完全相同的方式对电池进行测试来使电池的状态保持一致。

16.4　电性能模型

16.4.1　经验和现象模型

如果只考虑在准稳态(恒电流)条件下的电池行为,可使用经验公式对其进行简单仿真,例如表示电池容量与放电倍率之间关系的 Peukert 公式,或者放电电压随时间变化的 Shepherd 公式。然而,在大多数车载电池的仿真中,半稳态条件是不适用的。

16.4.1.1　Peukert 过程

要计算不同放电倍率下的有效容量,可以使用 Peukert 公式:

$$I^n \cdot t = I_N^n \cdot t_N \tag{16.2}$$

Peukert 公式(式(16.2))表示的是在某一电流 I 下的放电时间 t 与在已知放电电流 I_N(一般是工况下的放电电流)下的放电时间 t_N 之间的关系,其中引入了 Peukert 常数 n。Peukert 常数取决于铅酸电池的类型(也受截止电压影响,尤其是取值较大的情况下)。Peukert 常数可以通过在不同放电倍率(current rates)下测定至少两次电池容量进行确定。图 16.7 所示的是典型的电池容量随放电倍率(current rates)变化的曲线图,测试对象是稳态 OPzS[①]电池,其容量是 25 Ah,放电电流是 2.5 A。其容量和电流的对数形式的关系如图 16.8 所示。

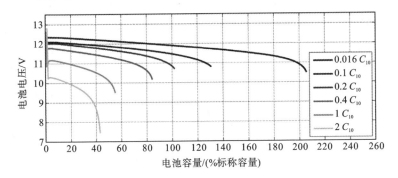

图 16.7　在不同放电倍率下电池电压对放电容量的响应

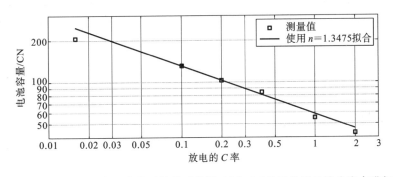

图 16.8　放电容量和放电倍率的对数关系曲线,以在 0.1C 下的测量值为定点进行拟合

16.4.1.2　Shepherd 过程

在对电池充放电过程中的电势进行准稳态仿真时,可以基于 Shepherd公式建立模型。所谓的 Shepherd 模型是一个描述放电曲线的公式,也就是

---

① OPzS 即正极使用管状板结构的富液式固定电池。

电压随 SoC 或时间的变化。Schiffer 等人就在研究中利用了 Shepherd 公式[4]。作者在 Shepherd 公式的基础上对其进行优化,改进后的放电过程公式(式(16.3))和充电过程公式(式(16.4))如下:

$$U(t) = U_0 - g\text{DoD}(t) + \rho_d(t)\frac{I(t)}{C_N} + \rho_d(t)M_d\frac{I(t)}{C_N}\frac{\text{DoD}(t)}{C_d - \text{DoD}(t)} \quad (16.3)$$

$$U(t) = U_0 - g\text{DoD}(t) + \rho_c(t)\frac{I(t)}{C_N} + \rho_c(t)M_c\frac{I(t)}{C_N}\frac{\text{SoC}(t)}{C_c - \text{SoC}(t)} \quad (16.4)$$

在式(16.3)和(16.4)中,$U(t)$ 和 $I(t)$ 分别代表了电池在充放电过程中的电势和电流;U_0 是满充电状态下的 OCV;g 代表电势曲线的斜率,它随着 DoD 增加而降低;C_N 是额定容量;参数 $\rho_d(t)$ 和 $\rho_c(t)$ 分别代表了放电和充电过程中的实际欧姆阻抗;其他的参数值与研究的过程与放电还是充电有关。将这些参数设置成时间的函数是为了模拟电池的老化过程。参数 C_d 和 C_c 是标准放电容量和充电容量,如果模型中存在因老化现象造成容量损失,充放电容量也要设置为时间的函数。M_d 和 M_c 是电荷转移系数。参数 C_d、M_d、C_c、M_c 分别在电池接近满充电或满放电状态时对模型的影响最大。在定义模型参数时,模型研发者要意识到这种方法建立的模型只是对实际情况的拟合,只要能达到拟合效果,模型中的参数可以与实际值有所偏差,不必在选取参数值时考虑它的物理意义。

这种简化模型不能对充放电过程中因反应速率的变化而改变的各种电池行为进行解释。因此,这两个方程的参数设置是完全不同的,即使是电势 U_0 和电势曲线的斜率 g 在两个方程中设定的值也会有所不同[4]。

16.4.2 等效电路模型

电路模型通常用来对电池表观的电流和电压的动力学行为进行仿真,而不考虑电池内部物理化学过程。与经验模型相比,边界参数化效果使电路模型的精度更高(相对于物理化学模型)。电路模型基于 EEC,可以在普通的计算机和仿真程序中进行数学求解。在基本的铅酸电池 EEC 中有两个主要特征:热力学平衡电位 U_0 和复合的电池阻抗。当放电(负载)或充电电流流经电池两端时,阻抗造成的电压降(过电位)就被施加到 U_0 上。当停止施加电流后,过电位会缓慢地减小到 0(时间常数很大,尤其在充电以后,见 16.3.8 节)。因此,OCV 或者外部电流为 0 时的表观电位通常并不等于平衡电位 U_0。

U_0 和阻抗都取决于电池所处的状态。另外,温度、电流倍率和充放电历史对复阻抗的影响很大。SoH 或老化程度也会对 U_0 和阻抗产生影响(见 16.5.4节)。

构成 EEC 的基本元件称为"Randles 等效电路"[2]，具体构成如图 16.9 所示。它包括一个双电层电容 C_1 和与它并联的反应阻抗 R_r 与反应电容 C_r，以及与该并联电路串联的电阻 R_c，R_c 代表的是电解质的欧姆阻抗。

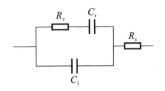

图 16.9 Randles 等效电路。J. E. B. Randles, Discussions of the Faraday Society 1 (1947) 11

通常对 Randles EEC 进行修正的方式是将 RC 电路中的电容替换为常相角元件（constant phase element，CPE）。添加常相角元件的电路称为 ZARC 元件，它会使电路对阻抗的仿真更加精确（见 16.4.2.2 节）。

元件的选用个数取决于仿真精度、模型复杂性和参数化水平的要求。如果电池的正极和负极是分开进行仿真的，可以用一个 RC 电路和一个 ZARC 元件来模拟负极，可以用一个 RC 电路来模拟正极。图 16.10 中所示的模型就是 Thele[34] 在上述模型的基础上建立的。除了电池主反应以外，两个电极上的产气反应也分别通过 Tafel 公式进行模拟，以提高对充电过程仿真的准确性。

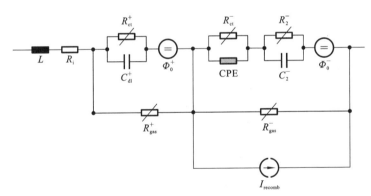

图 16.10 Thele[34] 提出的铅酸电池等效电路，其中正极和负极分别拟合，并且包括 VRLA 电池中的产气复合过程

在 VRLA 电池中，由于氧气在负极处复合反应造成的去极化现象是十分显著的，在模型中也应该给予考虑。在下面的内容中将对模型中的主要反应因素进行详细阐述。

16.4.2.1　电压源

电池的平衡电势 U_0 可以用一个电压源模拟。酸浓度以及与之相关的 SoC 对平衡电势 U_0 的影响很大。具体工作条件下，在较窄 SoC 范围内运行的电池,其电压的变化可以认为是线性的。然而,如果必须对酸浓度降低的影响进行仿真,则低浓度下的非线性区域也不能忽视。如果可以得到酸密度和酸量的详细信息,就可以用电池内的与 SoC 相关的酸密度来对电压源进行模拟(如果考虑了电解质的传质,则要使用电极内的酸密度)。如果不能获得电池内部的详细信息,可以通过测定 SoC 来对 U_0 进行拟合。这样的话,必须要将电池放电至不同的 SoC,然后经历足够长的搁置时间后测定其 OCV。不建议通过充电到不同的 SoC 来对 U_0 进行拟合,因为充电后的搁置时间与放电过程相比要长得多。另外,由于电池的后化成现象和酸浓度分层现象,初始的容量测试会影响电池电势的测定。

16.4.2.2 常相角元件和 ZARC 元件

EEC 使用电阻、电容和电感构成的集总元件来对在电极处发生的过程进行仿真。在使用三电极体系测定铅酸电池的阻抗时(见图 16.12),Nyquist 图通常会呈现一个扁半圆的形式,这可以通过电极空间结构的影响来解释。

有限个数的上述集总元件不能实现对这些扁半圆形式的 Nyquist 图的仿真。因此,对于复阻抗的仿真需要比电容和电感更加普适的元件,例如 CPE。为此,阻抗谱在复平面内仍是一条直线,但是它的夹角可以在 $-90°\sim90°$ 任意选择。

由一个 CPE 和一个电阻构成的广义上的 RC 元件通常被称为 ZARC 元件,其在阻抗谱复平面中是一段弧形。图 16.11 中表示的是由不同相角 ξ_z 的 CPE 组成的 ZARC 元件的 Nyquist 图。扁半圆的形状是由不同的时间常数叠加造成的,根据扁半圆的形状选择不同的相角 ξ_z。

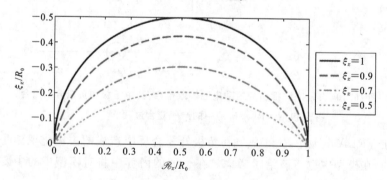

图 16.11　ZARC 元件的 Nyquist 图

ZARC 元件的复阻抗可以表示成[35]:

$$Z_{ZARC} = \frac{R_0}{1 + R_0 A (j\omega)^{\xi_z}}$$　　　　(16.5)

虽然在频域上的表述很简洁,ZARC 元件在时域上没有这样简洁的表述方式。为了对模型进行仿真,ZARC 元件可以由一系列 RC 电路(由电阻和电容构成)串联近似。

16.4.2.3　非线性 Butler-Volmer 阻抗

在所有 SoC 和温度条件下,铅酸电池的复阻抗中电子转移阻抗对电流(DC)的影响很大。通常需要通过降低阻抗来增大电流。这个非线性的过程可以通过 Butler-Volmer 阻抗来表示,该公式由 Butler-Volmer 公式的微分形式给出(式(16.6))。

$$R_{ct}^{-1} = \frac{di}{d\eta_{act}}$$

$$R_{ct}^{-1} = i_0 \cdot \frac{nF}{RT}\left[\alpha \cdot \exp\left(\alpha \cdot \frac{nF\eta_{act}}{RT}\right) + (1-\alpha) \cdot \exp\left(-(1-\alpha) \cdot \frac{nF\eta_{act}}{RT}\right)\right]$$

$$(16.6)$$

其中,F 是法拉第常数,R 是通用气体常数,T 是电池的绝对温度,i_0 是活性物质和电解质界面上的交换电流密度。第一个指数项对应阳极反应过程,第二个指数项对应阴极反应过程。两个反应同时发生,但是速率不同,它们的反应速率取决于它们的活化过电势。铅酸电池中两个电极电子转移过程的电子转移数 n 都是 2,对称系数 α 通常取 0.3。这表明充电过程的电子转移阻抗比放电过程要大。

必须要强调的是非线性 Butler-Volmer 动力学对典型的车载电池的具体使用过程影响很大,不仅对启动条件和其他高倍率脉冲电流情况,而且对像 $0.5\,C_{20}$ 这种普通的充放电倍率也会产生较大影响。在对其他电池的化学过程进行仿真时通常使用线性"直流阻抗",在较窄的放电倍率范围和放电时间内可以对铅酸电池行为进行粗略的近似模拟。物理化学模型中会使用更完整的 Butler-Volmer 公式,同时也会考虑浓度依赖过程(见 16.4.3.3 节)。

16.4.2.4　用电化学阻抗谱进行参数化

电化学阻抗谱(EIS)是表征电池在频域内复阻抗的实用工具,它可以用来得到一个合适的等效电路并实现参数化。在恒电流条件下,给电池施加一个小的正弦电流信号,然后通过仪器记录电压响应。通过改变正弦电流的频率,就可以得到电池内部在不同频率下的复阻抗,频率从几 kHz 到几 μHz(频率高于几 kHz 时,电池的组成和电路的电感会显著影响动力学过程)。可以在不同的工作条件下对电池的内部复阻抗进行测量,例如荷电状态、温度、施加的直流电流和充放电史。

要想得到有代表性的测试结果,电池就必须处于准稳态条件下。电池的温度必须通过水浴或带强制对流的气候箱来控制恒定,施加的直流电流和测量的时间要尽量小以保持电解质浓度和电极条件可以近似认为不变。在测量过程中荷电状态的变化最大在 5% 左右,所以复阻抗的测量在充电或放电状态下都可以进行。因此,对于高直流电流和短时间的测量模式,测量中施加的正弦电流频率不能太低。

图 16.12 是一个车载加强型富液式铅酸电池的电化学阻抗谱示例,正负极分别在具体工况下进行测量。进行半电池的阻抗谱测试时需要至少在一个电池室中放置一个直接与电解液接触的参比电极[①]。如图 16.2 中 Nyquist 图所示,虚轴的方向在阻抗分析时是反向的,这使电池的电容行为表示得更加明显。

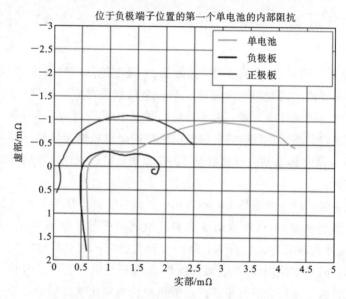

图 16.12 车载加强型富液式铅酸电池的电化学阻抗谱,电池参数为 60 Ah、25 ℃、70% SoC,施加的直流电为 $-I_{20}$

对于正极的阻抗分析,可以将图形分成三个区域。在高频区,Nyquist 图的虚部为零,同时实部显示最小值。这一点定义为电池的欧姆阻抗,这些导体主要来自板栅的固态铅,位于活性物质区域的多孔二氧化铅和电解质。在更高的频率下观察到了电感效应。在高频下欧姆阻抗的增加可能是导体的趋肤效应造成的。在频率降低时,可以观察到一个扁半圆弧。在这个频率范围内,

---

① 这里对电池负极极柱和参比电极之间以及参比电极和连接到正极集电器的导螺杆之间的电压都进行了评估,由于这种设置方式而被改变的电阻必须被考虑到。

阻抗受电子转移过程和电极孔隙中活性物质和电解质界面上的双电层控制。在等效电路拟合时,半圆弧可以用 RC 电路进行仿真,扁半圆弧可以用 ZARC 元件进行仿真。半圆的直径表示电子转移阻抗,双电层电容由 RC 电路的频率表示,此时虚部的绝对值达到最大。

在对负极分析时,图形也可以进行相似的分区,与负极不同的是图形中会出现第二个半圆弧。在高频区出现的第一个半圆弧通常是扁半圆弧,可以使用 ZARC 元件进行仿真,它与电子转移动力学有关。第二个半圆弧在电池整体阻抗谱(灰色虚线)中通常与正极的半圆弧重合,正极阻抗中的半圆弧控制过程还没有完全研究清楚。图 16.13 表示了负极阻抗谱和阻抗数学表达式的四个构成部分的频谱和数学表达式以及等效电路表示的内部阻抗的负极,清晰地表现了化学阻抗谱的测量和参数化过程。

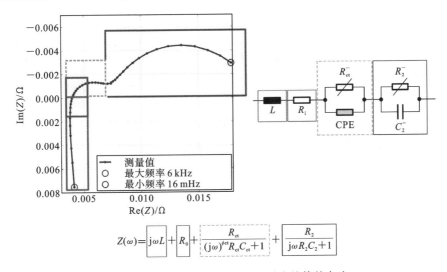

$$Z(\omega) = \mathrm{j}\omega L + R_0 + \frac{R_{ct}}{(\mathrm{j}\omega)^{\phi ct}R_{ct}C_{ct}+1} + \frac{R_2}{\mathrm{j}\omega R_2 C_2 + 1}$$

图 16.13　电池负极阻抗谱和其对应的等效电路

为了将参数化模型的适用性扩展到所有可能的工况下,需要在各种相关温度、荷电状态和电流倍率下测量电池的电化学阻抗谱。可以将在不同工况下获得的参数以回归曲线形式设置为模型的输入参数。

16.4.2.5　时域上的参数化

等效电路的参数化既可以通过频域上的测量实现,也可以通过时域上的测量实现。参数化的方式决定了模型对大信号或小信号的仿真能力。如果仿真中的时间步长是秒级的,通过时域内的参数化就可以满足等效电路的拟合。然而,这样的拟合过程通常不能在等效电路中模拟出复杂的非线性阻抗。时域参数化也在电池管理调试算法中扮演着重要的角色,因为该系统必须通过车内的简单测量结果进行调试。

在目前使用的模型中通常选择频域和时域共同拟合。在通过电化学阻抗谱对等效电路模型进行初始参数化之后,可以通过时域内测量得到的其他参数使长期的模拟过程更加准确。为此,需要施加充电或放电电流脉冲来激发待测电池,进而测量其电压响应。对于慢速测试过程,电化学阻抗谱是不适用的,因为太长时间的测试不能满足稳态条件的要求,这时唯一的选择就是在时域内进行参数化。以 Thele 的研究为例,其等效电路模型上附加的电解质传质模型就是通过时域上的参数化来确定参数的。

16.4.2.6 对在线仿真模型的简化

对于在线电池模型,也就是车载电池模型,由于模型的可输入信息较少,所以必须对普通的等效电路模型进行简化。简化过程应该如 16.2.2 节所述谨慎进行。

使用车载电池在线模型的目的是通过持续模拟出的电池状态信息来辅助电能管理系统运行。要进行预测的信息包括电池对预计负载的动力学响应(电池功能状态)和基于电行为特征的电池老化程度(电池健康状态)。例如,模型可能被用于在启停操作过程中对引擎再启动时电压降的预测,以及根据电压质量阈值自动提早再启动时间或者暂时抑制引擎的关闭。

由于电池在不同使用条件下的预测时间范围显著不同,所以要根据不同的负载条件对 RC 和 ZARC 元件以及它们的非线性过程进行简化。相反地,对于所有在线模型,可以通过对电池电流、电压和温度信息的测量来弥补在线模型在复合非线性预测能力上的缺陷,从而实现模型的持续更新。例如,对于引擎停止模式下的启停功能状态,在预测的剩下几秒的停止时间内,通过在该情况下的汽车负载来推断电池电压就能满足模型预测的需求。在随后的 0.5 s 内的启动过程中电池的放电倍率会很高,因此造成的电压降需要通过欧姆阻抗预测。在离线模型中,这个阻抗会被模拟成一个包括 Butler-Volmer 过程的非线性复合阻抗,然而在如今的在线模型中使用的是简化模型对结果进行仿真。

电池监控和车辆电能管理的功能区分,类似功能状态和健康状态的数据接口,以及合适的在线参数调试算法等问题已经在第 14 章中的 14.3 节进行了讨论。

16.4.2.7 限制和发展

等效电路模型并不足以满足具体情况下的电池行为仿真。如果仿真时间比等效电路模型的时间常数大几倍以上时,等效电路模型将更加不适用。这个限制来自等效电路模型自身,因为无法在准稳态条件下的 EIS 期间测量非常低的频率。

为了克服这些限制,可以通过针对某些电池过程添加物理化学子模型来扩展电路模型的适用性。电解质传质模型可以通过模拟负极、正极和隔板中的电解质密度的偏差来覆盖发生在高放电倍率下电荷损失效应。大多数类似电解质传质的过程都可以描述成简单的微分方程,它们也可以应用到等效电路模型之中。Thele 介绍了一种[34],利用电压源表示各电极过电势浓度的传质模型。改进后的模型和单纯的阻抗模型的仿真精度比较如图 16.14 所示。附加的物理化学扩展模型还可以覆盖短期充放电史对动态充电接受能力的影响。

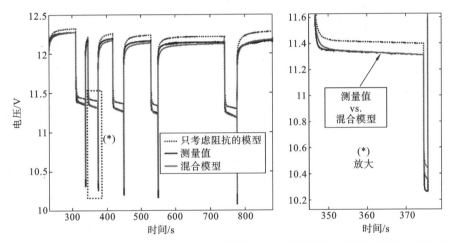

图 16.14 包括传质的复合模型和单独的阻抗模型的仿真数据与实际测量值的比较[37]。
M. Thele, S. Buller, D. U. Sauer, R. W. de Doncker, E. Karden, J. Power Sources 144(2005) 461-466

16.4.3　物理化学模型

相比于参数化设置,等效电路模型适合对电池在稳态下的负载响应进行预测。但是其他改变负载响应的因素(如酸分层、不可逆硫酸盐化等)必须通过额外的参数设置或启发式方法来进行仿真。当不同时间和空间范围的效应对电池的性能产生影响时,要使用物理化学模型进行仿真,将这些效应与电化学性能共同建模。这种模型包括宏观均一模型和微观模型。由于物理化学模型可以对不同影响因素分别进行仿真,并且可以对物理参数进行仿真,因此物理化学模型适合用来研究到底是哪一步骤限制了电池的性能。

16.4.3.1 维度

通过一个具体模型实现研究的可能性取决于所选择的维度。目前的模型可以实现所有三个维度的仿真。然而，模型求解的速度与模型的精度或预期的准确性高度相关。

电池中大多数相互作用发生在垂直于电极几何平面的方向上，这也是电流的主要流向。这个方向通常作为 1D 模型的 x 轴。1D 模型被用来估计电极/单电池/电池整体的电势。其中假设电池局部是均一状态，这在几何长度较长的电池和酸分层现象严重的电池中是不适用的。板栅 极板结构（活性物质部分嵌于板栅网格中而不是平面箔上）可以通过一个相对电极几何方向的确定电流流道来估计。在研究电池高度的影响时，垂直方向上的 z 轴通常会作为模型中的第二个维度。这样的二维模型可以对酸的分层进行模拟，也可以用于分析电解质槽上、下部对电极的影响，以及模拟两极因集流体位于板栅一侧（通常是上侧）造成的电池活性物质利用不均。在设计电池时会考虑第三个维度：电池长度方向上的分布变化和因此造成的局部老化条件不同[30]。这对电池的电位并不会造成太大的影响，但是对电池的老化行为和失效机理影响重大。模型有时只考虑平行于电极表面的两个维度，这种模型关注电池阻抗的行为，可以用来对板栅和电极进行设计和优化。

16.4.3.2 建模工具的考量：等效电路还是偏微分方程？

在计算电池内的空间电流（或电位）分布时通常会使用两种建模工具：EEC 或偏微分方程（PDE）。两种建模工具都可以用于一维、二维或三维空间的建模，两者的不同在于离散化方式和可以模拟的电池因素不同（16.2 和 16.3 节）。建模工具选择 EEC 还是 PDE 往往取决于建模者的个人偏好（电气工程师更倾向于利用等效电路建模）。从模型离散化角度考虑，PDE 更加灵活，更容易实现对板栅结构的仿真。使用 EEC 建模的过程基于基尔霍夫（Kirchhoff）定律。理论上这两种方法都可以采用该定律，但两者应用基于不同的定律内容。

在对电系统进行仿真时，可以采用各种不同的电路分析方式。节点电压法是基于基尔霍夫电流定律进行求解的，物理意义是流入和流出节点的电流总和为 0，这样就可以确定节点电压。节点电压法需要求解的方程个数为节点个数减 1。

网格电流法是基于基尔霍夫电压定律进行求解，物理意义是闭合网格内的电位总变化为 0。这样就可以确定支路电流。网孔电流法需要求解的方程个数等于电路中网格的个数。网格电流法求解的方程个数更少,因此计算时间更短。

网孔电流法在三维几何模型中的应用有所限制。几何单元角点处的相邻网孔难以定义,连接网孔的边线性无关时相邻网孔也难以定义。以下情况必须使用节点电压法。

两者求解的电池电行为都由以下要素构成:

- 线性阻抗(电流流经固相网格和电解质时的阻抗);
- 电压源或电流源(表示端子负载和电化学电位);
- 电容(表示双电层);
- 由 Butler-Volmer 公式定义的非线性阻抗(表示电荷转移)。

等效电路应用于 3D 模型的示例如图 16.15 所示。一条电路中的阻抗包括各电极板栅、活性物质、电解质、主反应的电荷转移阻抗,以及例如正极腐蚀和产气等的副反应阻抗。

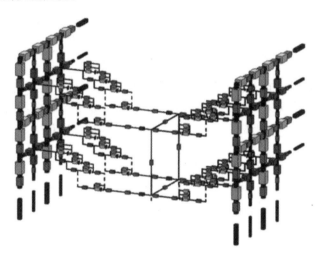

图 16.15 三维等效电路模型——阻抗

PDE 方程法用电荷守恒方程作为其基本方程:

$$\mathrm{div}\,j = 0 \tag{16.7}$$

$$j = -\sigma\nabla\varphi \tag{16.8}$$

在电解质中电流的另一驱动力为浓度梯度。

为了求解方程必须选择合适的边界条件:

- 如果施加电流负载,则需要在边界给出电势的 Neumann 边界条件;
- 如果施加电压负载,则需要在边界给出 Dirichlet 边界条件。

固相和电解质之间的电荷转移过程由 Butler-Volmer 公式表示(见 16.4.2 和 16.4.3 节)。这在固相和液相中引出下列公式:

固相:
$$\nabla(\sigma_{solid}\nabla\varphi)=i(\varphi) \tag{16.9}$$

液相:
$$\nabla(\sigma_{liquid}\nabla\varphi)+\nabla(\sigma_D\nabla\ln c)=-i(\varphi) \tag{16.10}$$

其中,$i(\varphi)$ 是 Butler-Volmer 电流,除了在固液界面处,其他值都为 0。对 PDE 的详细讨论见文献[11]。

守恒过程和节点电压法的方程在简单几何模型中是相同的,因为基尔霍夫电流定律基于电荷守恒。

为了加快计算速度,两种建模过程通常都忽略了双电层电容的影响。这意味着电极的电位响应是瞬间完成的,只有在时间步长≫10 s 时才能做这样的近似估计。在允许较长计算时间的情况下两种建模方法都应考虑双电层电容的影响。

16.4.3.3 Butler-Volmer 方程

大部分模型中使用的是不完整的 Butler-Volmer 方程,即

$$i(\eta)=j_0 f(SoC)\left(\exp\left(\frac{\alpha nF}{RT}\eta\right)-\exp\left(-\frac{(1-\alpha)nF}{RT}\eta\right)\right) \tag{16.11}$$

通常根据经验定义 $f(SoC)$ 值,它与电解质浓度或活性表面积有关。SoC 的影响通常不是改变物理过程造成的(例如,放电过程中活性表面积减少),在浓度因素忽略的情况下必须引入这个参数。更加完整的方程如下:

$$i(\eta)=j_0\left(\frac{c_{Pb^{2+}}}{c_{Pb^{2+}}}\exp\left(\frac{\alpha nF}{RT}\eta\right)-\frac{c_{H_2SO_4}}{c_{H_2SO_4,0}}\exp\left(-\frac{(1-\alpha)nF}{RT}\eta\right)\right) \tag{16.12}$$

这个公式考虑了局部离析物浓度对电极反应过程的影响(因为假设固相物质的反应活性不变,所以不考虑固相的影响)。

如果模型中 Pb^{2+} 的浓度可以精确仿真,那么根据 Pb^{2+} 浓度的方程就可以得到预期的充电行为。

16.4.3.4 传质和传热过程

传质或传热过程基于对流-扩散方程:

$$\frac{\partial\phi}{\partial t}=\nabla A\nabla\phi-\nabla\vec{v}\phi+S \tag{16.13}$$

电解质中的扩散系数(A)是关于浓度和温度的函数。

传热和传质有不同的源项。传质过程的源项大多数情况下由主反应给出(传质有一小部分来自主反应和副反应中水的产生和消耗以及孔隙体积的改变)。

$$Pb^{2+}+SO_4^{2-}\Longrightarrow PbSO_4 \tag{16.14}$$

传质可以模拟为主反应的一部分,这种情况下源项 S 与主反应的电流 i_{MR} 成比例,即

$$S = -\frac{i_{MR}}{2FV\varepsilon} \tag{16.15}$$

除此之外,传质过程也可以通过一个硫酸铅模型模拟,此时传质的源项取决于硫酸铅晶体成核和生长速率。由于酸浓度会影响晶体生长的速率,所以晶体模型更加复杂而且计算结果不稳定,因此为了提高模型稳定性,选择与电流相关的酸浓度模型传质源项更为合适。

传热的源项由多个部分构成,最主要的来源是焦耳热和欧姆电阻。与焦耳热相比,主反应的可逆热很小,因此通常忽略不计。另一个重要的热源(或通常是散热)是与环境的热交换。与环境的热交换由服从斯特藩-玻尔兹曼(Stefan-Boltzmann)定律的辐射项和与周围介质(通常为空气)的对流热交换项构成。对于热交换过程的仿真,首先要进行的是对周围介质中传热的仿真(如借助计算流体力学(CFD)仿真)或估计。

一般很难得到式(16.13)中的速度项 $\nabla \vec{v}\phi$。主要的驱动力是电解质的浮力。想要求解速度场需要求解纳维-斯托克斯(Navier-Stokes)方程,要利用孔隙中带达西(Darcy)流的布西内斯克(Boussinesq)近似[11]。由于其速度很小,再进一步的简化中会采用蠕动流近似[36]。

另一个驱动力是电解反应产生的上升气泡。如果在实际的应用中酸的分层很重要,那么这个传质驱动力就不能忽视。上升气泡可以促进电解质的混合,缓解酸的分层。目前并没有气泡和其行为在电解质中或电极表面上的第一性描述。Kowal 等人给出了一个经验公式[37]。

16.4.3.5 孔隙传质

与自由电解质或无微观孔隙的固相电极相比,多孔电极结构会改变传质和电流行为。为了进行数学仿真,电极确切的孔隙结构通常会被平均化,并将电解质的扩散系数和电导率描述成关于孔隙率 ε 和迂曲度 τ 的函数:

$$D_{eff} = f(\varepsilon, \tau) D_{free} \tag{16.16}$$

$$\sigma_{eff} = f(\varepsilon, \tau) \sigma_{free} \tag{16.17}$$

其中,转化函数可以通过微观仿真来定义。一个简单的方法是考虑减小的孔隙直径对传质过程的阻碍:

$$f(\varepsilon, \tau) = \varepsilon^{\tau} \tag{16.18}$$

在高电流倍率下,孔隙中的浓度受孔隙结构的影响会更大,因此与电极外部电解质的浓度有很大区别。这会增加离子传导的阻力,这也是高放电倍率

下有效容量变小的原因。有不同的方法来处理模型中的孔隙结构。如果需要输出孔隙中的参数值,那么就需要更精确的模型来描述电极的几何结构。

16.4.3.6　活性物质利用率

影响电极材料电导率的因素比电解质更复杂,因为不仅仅是孔隙率会影响电导率,而且固相中不导电的硫酸铅的量也会影响电导率。Metzendorf 基于有效介质理论建立了一个关于铅酸电池中实际孔隙率与活性物质利用率的方程,即

$$\sigma_{\text{eff}} = \frac{1}{k-2}\left(Q + \sqrt{Q^2 + 2(k-2)\sigma_1\sigma_2}\right) \tag{16.19}$$

$$Q = \left(\frac{k}{2}x_1 - 1\right)\sigma_1 + \left(\frac{k}{2}x_2 - 1\right)\sigma_2$$

$$x_1 = \frac{1-r}{1+Cr}$$

$$x_2 = \frac{\frac{M_2}{M_1}r}{1+Cr}$$

$$C = \frac{M_2 - M_1}{M_1}$$

$$k = 2\frac{(1-\varepsilon)}{d_C} \tag{16.20}$$

式中,r 为放电程度,也就是活性物质(AM)的利用率;σ_i、M_i 表示电导率和物质 i 的摩尔体积(1 是导电物质,2 是绝缘物质);ε 表示孔隙率;d_C 表示临界密度,对于正极和负极分别是 0.154 和 0.1。

这种模型可以预测 AM 在小到中等电流放电过程中的不完全利用。

16.4.3.7　局限

物理建模过程有很多优势但是也有一些关键的不足。这种建模方法只能对已知的影响因素进行仿真。因此,想获得准确的数学表达式就需要具备所有相关影响因素的知识。如果没有相关影响因素的物理表达式,就需要借助经验公式对其进行估计或者建立新的物理表达式。这必须与使用的仿真软件的性能要求进行平衡。考虑更多的影响因素确实会增加模型的准确度与应用范围,但是会增加计算时间。在考虑模型的离散化精度时也应该进行这种权衡;虽然高精度(时间或空间)会增加模型的准确性,但是会增加计算时间。

另一方面,模型必须与实际情况联系起来。所有模型都需要实际参数,在物理模型中,通常是低水平的材料参数(例如扩散系数、电导率或表面张力)。

这些参数通常难以获得,需要大型仪器进行测定。出于验证目的也是如此,其中还研究了局部规模的模型输出,例如电势、电解质浓度或硫酸铅的形态分布。这些参数一般难以测得,或者必须采用一些昂贵的测试手段来获得。因此,模型只能通过外部响应(电压-电流)来调试才能有效仿真,而这些响应是由许多因素引起的。

16.5 电池老化模型

16.5.1 老化模型研究的目的

像电池这样的电化学系统都会随着使用而逐渐老化。老化机理可以分为在开路或浮动条件下的老化和在充放电循环过程中的老化,这两类老化分别称为存储老化和循环老化。存储老化过程主要受温度和电压水平影响,发生在电池存储时;循环老化考虑的是电池操作条件对电池参数的影响,例如电流倍率和放电深度等。

之所以要建立老化模型主要考虑以下两点。首先,应深入理解因具体操作条件造成的电池老化机理。因此,老化模型常常要对几年的操作过程进行仿真。大多数老化模型都会忽略几毫秒内的短时动态脉冲对老化过程的影响。其次,需要对处于不同老化阶段的电池的电性能进行仿真,从而在应用之前就可以对电池的未来使用限制进行预测。在给定的负载状态下,由于老化过程而改变的电池参数会影响电化学系统的电性能表现。

使用老化模型可以辅助规划操作策略和整体系统设计,也就是辅助设计电池的尺寸、组成以及电池系统的拓扑结构。

16.5.2 老化机理

在铅酸电池的使用过程中会出现几种不同的老化机理。它们有的是可逆的,有的是不可逆的。不可逆老化机理包括标准充电条件下发生的部分不可逆硫酸盐化。模型中的这些老化机理已经在 16.3 节进行了讨论。现代车载电池中的老化机理主要包括以下几点[38,39]:

- 正极 AM 的循环损耗;
- 正极板栅的阳极腐蚀以及偶尔出现的负极焊条(尤其是在 VRLA 中)和极耳的氧化,最终可能由于板栅的膨胀造成电池短路;
- 硫酸盐化,主要发生在负极;
- 电解造成的水损失,只有在极端条件下水损失才会使富液式电池报废,但是在 VRLA 中,干化会造成电导率和活性物质利用率的降低。

另外,在拆解分析中,可以检测到通过树枝状晶体引起的短路[40],但是在老化模型中一般忽略了这种影响。这是由于枝晶结构是随机出现的,并且枝晶结构的尺寸没有办法预测。模型中一般会对可以连续测算的机理进行仿真而忽略随机失效模式。通常,考虑的失效机理都会造成系统电学特性的变化。

　　另一个影响过程是垂直方向上的酸浓度梯度,也就是一般所说的酸分层[41]。酸分层并不会作为一个独立的老化机理,但是它会影响其他老化过程的强度。对老化机理的详细描述可见文献[42-44]。这里给出了一个关于操作条件和老化机理的简要概括(见表16.3)。

表 16.3　操作策略和负载要求对相关老化模型的影响因素

老化影响参数	结构损坏	腐蚀	产气/干化	硫酸盐化
高电流密度	非均一的水平电流分布造成的机械压力	影响电压水平(电压比浮动电压更高和更低会加速腐蚀)和温度　腐蚀层处增加的场强会加速离子的扩散从而加剧腐蚀	由于增加的电压水平(充电时)和温度间接影响	在放电时增加小型晶体的数量;不考虑酸分层,电流在垂直和水平方向的非均一性会增强
低电流密度	垂直电极方向上的强非均一电流分布	低放电电流会改变加速腐蚀区域的电势	无已知影响	会消耗小型晶体,加速大晶体的增长;在放电时只会产生少数新的晶体
电压	高电压增加产气,疏松材料处的气泡会造成机械压力	在浮动状态下程度最低,在充电和放电时程度增加	电压的增加会使产气速率指数式增加	高充电电压会促进大硫酸盐晶体的溶解
酸分层	改变电流分布从而造成非均一的 SoC	影响局部电压和电流密度	影响电压水平	电极顶部的充电程度和底部的放电程度会增强,局部元素导致电流的重新分配以及下部的进一步放电

续表

老化影响参数	结构损坏	腐蚀	产气/干化	硫酸盐化
温度	高温增加产气，疏松材料处的气泡会造成机械压力	反应速率的增加会随着温度的增加而增加	温度的增加会使产气速率指数式增加	加速的重结晶过程会造成大晶体的产生（在放电和搁置期），充电过程中温度的增加会加速硫酸盐晶体的溶解速率
平均荷电状态（SoC）	荷电状态越低，活性物质的膨胀越严重，因此会造成机械压力的增加	低荷电状态会造成二价铅离子的溶解性增强，电极的腐蚀保护层加速溶解 低荷电状态等价于低电压	低 SoC 会使 OCV 变小从而减少产气	低 SoC 会造成酸浓度的降低，因此二价铅离子的溶解性会增强，这会加速大晶体的重结晶
放电深度（DoD）循环	放电深度越深，活性物质的收缩和膨胀程度越大	局部电势变化的增加会造成腐蚀层结构的变化，从而加剧腐蚀	无主要直接影响	加快低溶解性大硫酸盐晶体的生长速率
两次满冲之间的时间间隔	满冲时产气会增强（电压）；气泡会带走活性物质和添加剂	频繁的满冲会增加电池处于高电压水平的时段	频繁的满冲会增加产气和水损失	两次满冲之间的时间过长会造成低溶解性大硫酸盐晶体的生成

16.5.3　老化模型的分类

电池的老化模型主要分为以下三类[25]：

- 过程导向模型；
- 加权容量模型；
- 物理化学模型。

在过程导向模型中，老化的过程状态可以根据电池的循环放电深度和各自的容量损失进行划分。将过程中的变化叠加就是整体的容量损失。存储老化模型可以这样进行建立。通常设定一个仿真终止的终止指标（80% 的可逆容量)。由于电池容量的缩减，其电性能会发生变化。循环深度对电池老化过程的影响可以通过电池制造商提供的循环测试数据来实现参数化。模型中也可以利用提供的存储寿命预测值(例如浮动电压下的 10 年寿命)(见图 16.16)。

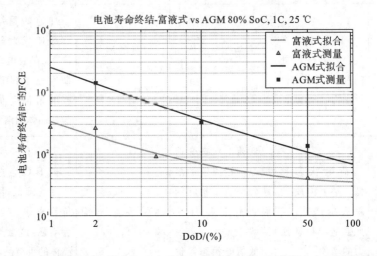

图 16.16　富液式电池和 AGM 电池中放电深度对循环寿命的影响。起始荷电状态为 80％，放电倍率为 1C，温度为 25 ℃。测试在单个电池上进行，截至有效容量为 50％。摘录于 J. Badeda, J. Kabzinski, D. Schulte, H. Budde-Meiwes, J. Kowal, D. U. Sauer, in：Advanced Battery Power e Kraftwerk Batterie, Aachen, Germany, February 2013

　　如果仿真可以成功进行，那么就可以在给定 DoD 下通过可能的循环圈数对电池的低度到中度循环进行计数和估计。有一种循环计数的数学方法称为雨流计数法[45]。这种方法基于电池老化过程中的 Wöhler 曲线(或 S-N 曲线)假设。这个概念来自机械工程领域对机械部件的老化测算的方法，即通过使用时间内所有独立过程增加的压力之和来计算其老化程度。对于电池老化模型，这意味着将低度和中度循环的影响叠加，直至达到可能的循环总数。这种计算过程十分简化，忽略了其他影响，例如，电池充放电历史对实际过程中老化强度的影响。

　　加权容量模型包含更多的实测数据和经验值。加权容量模型更加细致，电池需要在不同的 DoD、平均 SoC 和温度下进行循环测试，并且在不同 SoC 和温度下进行存储，以分析其循环老化和存储老化过程。在一些情况下也会考虑放电倍率高低的影响。然后利用在测试操作条件下的可能循环圈数做回归分析。由于实际的循环测试并不能模拟出实际操作条件下的所有老化因素，因此在进一步的建模过程中会考虑以下因素的加权系数：

- 充放电史的影响；

- 欠充电状态下的搁置期；

- 酸分层；

- 开始放电时的电流倍率；

- 两次满充电之间的时间间隔；

- 深度放电；

- 充电策略的影响。

测试条件必须仔细选择，要排除其他影响老化过程因素（即占有权重的因素）的影响。

物理化学模型根据第一性原理来描述电池的老化过程。例如，正极板栅的腐蚀与温度、酸浓度和正极的局部电势有关。物理化学模型中会尝试对所有相关的机理过程分别进行模拟。基本假设见 16.4.3 节。如果模型试图对所有机理过程进行模拟并且要求较高的输出精度的话，模型的建立就会变得十分复杂，并且参数过程也要求十分精确。

权重模型和物理化学模型都会模拟电路模型中一些参数的变化，例如内阻和容量，从而模拟出电池在使用过程中的性能变化。表 16.4 给出了三种模型在应用时的概述，包括参数化过程、计算速度、结果准确度以及对其他应用条件和电池类型的适用性。

表 16.4 不同老化模型之间的比较，以及它们仿真效果的比较，包括参数化过程、计算速度、结果准确度以及转移到新型铅酸电池类型/设计和新的应用的适用性

	过程导向模型	加权容量模型	物理化学模型
参数化过程	专家判断，不必进行测试	专家判断，简化测试	文献总结，深度测试
计算速度	高	中	低
结果准确度	低，不可外推	中，允许定性比较	高，可提供详细信息
在新型电池或应用上的适用性	低，必须重新输入	低，需要研究相应的影响因素	高，以新的电池设计作为输入

16.5.4 老化过程的参数变化

在铅酸电池的使用过程中，所述的老化机理会对电池的电性能产生影响。在开路条件和负载条件下参数的改变都会对性能产生影响。对于任何一个电路模型，阻抗和容量的值都会随时间变化而变化[46]。

理论开路电压会由于水损失和硫酸盐化的影响而改变，如图 16.17 所示。

黑实线表示在使用开始时的开路电压曲线。为了简化,将荷电状态和开路电压的关系模拟为线性关系。虽然这样并不完全准确,但是可以清晰地表现出使用过程中参数的变化。失水会导致酸浓度的改变,因此电池电压会增大,与荷电状态相关的直线(黑色虚线)会变得更陡。硫酸盐化会减少溶液中硫酸的量,因此会减小电池电压(灰色虚线)。灰色实线包含了这两种因素的影响,这里考虑了硫酸盐化造成的20%硫酸损失。

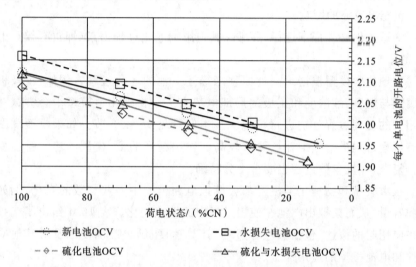

图16.17 假定失水(黑色虚线)和硫化(灰色虚线)时开路电压(OCV)的计算变化(启动:黑色实线)。为了简化,将荷电状态和开路电压的关系近似为线性关系,虽然这样并不完全准确,但是可以清晰地表现出使用过程中参数的变化

有效容量的减少是相同负载下过电势的增加造成的。一方面,活性物质中大量的硫酸铅和腐蚀过程可能形成的钝化层会增加欧姆阻抗。另外,硫酸盐化会造成整体酸浓度降低,从而导致平均电压水平降低。另一方面,由于脱落或硫酸盐化,活性物质减少或活性表面的减少会造成电子转移阻抗的增加。

缩写、首字母缩写词和首字母缩略词

AGM   Absorptive glass-mat(valve-regulated lead-acid battery) 吸收性玻璃毡(阀控式铅酸电池)

AM   Active-mass(NAM, Negative active-mass, PAM, Positive active-mass) 活性物质(NAM,负极活性物质,PAM,正极活性物质)

BSD Battery state detection 电池状态监测

CFD Computational fluid dynamics 计算流体力学

COS Cast-on-straps 汇流排铸焊

DoD Depth-of-discharge 放电深度

EEC Equivalent electrical circuit 等效电路

EFB Enhanced flooded battery（also referred to as IFB = improved flooded battery） 加强型富液式铅酸电池(也称改良型富液式铅酸电池)

EIS Electrochemical impedance spectroscopy 电化学阻抗谱

EoL End-of-life 使用寿命终止

HiL Hardware-in-the-loop 硬件回路

OCV Open-circuit voltage 开路电压

PDE Partial differential equation 偏微分方程

PSoC Partial state-of-charge 部分荷电状态

SLI Starting-lighting-ignition 启动照明点火

SoC State-of-charge 荷电状态

SoF State-of-function 运行状态

SoH State-of-health 健康状态

VRLA Valve-regulated lead-acid battery 阀控式铅酸电池

参考文献

［1］ W. Peukert，Elektrotech. Zeitschrift 18 (1897) 287e288.

［2］ J. E. B. Randles，Discuss. Faraday Soc. 1 (1947) 11.

［3］ C. M. Shepherd，J. Electrochem. Soc. 112 (1965) 657.

［4］ J. Schiffer，D. U. Sauer，H. Bindner，T. Cronin，P. Lundsager，R. Kaiser，J. Power Sources 168 (2007) 66-78.

［5］ K. J. Euler，Electrochim. Acta 13 (1968) 1533-1549.

［6］ W. Tiedemann，J. Newman，J. Electrochem. Soc. 122 (1975) 1482-1485.

［7］ W. G. Sunu，in：White（Hg.）e Electrochemical Cell Design，1984，pp. 357-376.

［8］ H. Gu，T. V. Nguyen，R. E. White，J. Electrochem. Soc. 134 (1987) 2953-2960.

［9］ P. Ekdunge，D. Simonsson，J. Appl. Electrochem 19 (1989) 136-141.

[10] D. Simonsson, J. Electrochem. Soc. 120 (1973) 151-157.

[11] W. B. C. Gu, Y. Wang, B. Y. Liaw, J. Electrochem. Soc. 144 (1997) 2053.

[12] D. U. Sauer, J. Power Sources 64 (1997) 181-187.

[13] J. J. Lander, J. Electrochem. Soc. 103 (1956) 1-8.

[14] H. Metzendorf, J. Power Sources 7 (1982) 281-291.

[15] W. Kappus, Electrochim. Acta 28 (1983) 1529-1537.

[16] A. Winsel, E. Voss, U. Hullmeine, in: Proceedings of the International Conference on Lead/Acid Batteries: LABAT '89, 30, 1990, pp. 209-226.

[17] A. Winsel, E. Bashtavelova, J. Power Sources 46 (1993) 211-217.

[18] E. Meissner, J. Power Sources 78 (1999) 99-114.

[19] M. Kramer, J. Electrochem. Soc. 131 (1984) 1283.

[20] D. M. Bernardi, J. Electrochem. Soc. 137 (1990) 1670.

[21] D. M. Bernardi, J. Electrochem. Soc. 140 (1993) 2250.

[22] D. M. Bernardi, M. K. Carpenter, J. Electrochem. Soc. 142 (1995) 2631-2642.

[23] D. U. Sauer, Optimierung des Einsatzes von Blei-Säure-Akkumulatoren in PhotovoltaikHybrid-Systemen unter spezieller Berücksichtigung der Batteriealterung, Doktorarbeit, Ulm, 2003.

[24] P. Caselitz, Physikalisches Modell für Starterbatterien zur Bordnetzsimulation von Kraftfahrzeugen, 1996, pp. 219-229.

[25] D. U. Sauer, H. Wenzl, Selected Papers Presented at the 11th ULM ElectroChemical Days 176, 2008, pp. 534-546.

[26] T. Baumhöfer, W. Waag, D. U. Sauer, Specialized battery emulator for automotive electrical systems 2010 IEEE Vehicle Power and Propulsion Conference, Lille, 2010, pp. 1-4.

[27] M. Thele, E. Karden, E. Surewaard, D. U. Sauer, in: Special Issue 6th International Conference LABAT 2005, Varna, Bulgaria and 11th Asian Battery Conference (11 ABC, Ho Chi Minh City, Vietnam), 158, 2006, pp. 953-963.

[28] P. Caselitz, R. Juchem, in: Kasseler Symposium Energie-Systemtechnik '98, Institut für Solare Energieversorgungstechnik, 1998, pp. 142-

149.

[29] F. Mattera, D. Desmettre, J. L. Martin, P. Malbranche, in: Proceedings of the International Conference on LeadeAcid Batteries, LABAT '02, 113, 2003, pp. 400-407.

[30] M. Huck, J. Badeda, D. U. Sauer, J. Power Sources 279 (2015) 351-357.

[31] D. Berndt, U. Teutsch, J. Electrochem. Soc (1996) 790-798.

[32] J. Newman, J. Electrochem. Soc. 144 (1997) 3081.

[33] W. B. Gu, G. Q. Wang, C. Y. Wang, in: Sixteenth Annual Battery Conference on Applications and Advances, 2001, pp. 181-186.

[34] M. Thele, A Contribution to the Modelling of the Charge Acceptance of LeadeAcid Batteries e Using Frequency and Time Domain Based Concepts, Dissertation, Aachen, 2008.

[35] E. Barsoukov, J. R. Macdonald, Impedance Spectroscopy: Theory, Experiment, and Applications, second ed. , Wiley-Interscience, A John Wiley & Sons, Inc. publication, Hoboken, New Jersey, 2005.

[36] F. Alavyoon, A. Eklund, F. H. Bark, R. I. Karlsson, D. Simonsson, Electrochim. Acta 36 (1991) 2153-2164.

[37] J. Kowal, D. Schulte, D. U. Sauer, E. Karden, J. Power Sources 191 (2009) 42-50.

[38] S. Schaeck, A. O. Stoermer, E. Hockgeiger, J. Power Sources 190 (2009) 173-183.

[39] E. Karden, S. Ploumen, B. Fricke, T. Miller, K. Snyder, J. Power Sources 168 (2007) 2-11.

[40] S. Schaeck, A. O. Stoermer, F. Kaiser, L. Koehler, J. Albers, H. Kabza, J. Power Sources 196 (2011) 1541-1554.

[41] D. Pavlov, in: J. Garche (Ed.), Encyclopedia of Electrochemical Power Sources, Academic Press, 2009, pp. 610-619.

[42] P. Ruetschi, J. Power Sources 127 (2004) 33-44.

[43] D. Berndt, J. Power Sources 100 (2001) 29-46.

[44] D. U. Sauer, in: J. Garche (Ed.), Encyclopedia of Electrochemical Power Sources, Academic Press, 2009, pp. 805-815.

[45] E. Meissner, G. Richter, J. Power Sources 144 (2005) 438-460.

[46] G. Pilatowicz, H. Budde-Meiwes, D. Schulte, J. Kowal, Y. Zhang, X. Du, M. Salman, D. Gonzales, J. Alden, D. U. Sauer, J. Electrochem. Soc. 159 (2012) A1410-A1419.

[47] J. Badeda, J. Kabzinski, D. Schulte, H. Budde-Meiwes, J. Kowal, D. U. Sauer, in: Advanced Battery Power e Kraftwerk Batterie, Aachen, Germany, 2013.

[48] M. Cugnet, S. Laruelle, S. Grugeon, B. Sahut, J. Sabatier, J.-M. Tarascon, A. Oustaloup, J. Electrochem. Soc. 156 (2009) A974.

[49] S. S. Misra, A. J. Williamson, Proc. Int. Telecommunications Energy Conference (INTELEC), 1995, pp. 360-363.

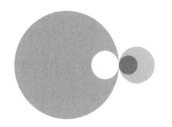

第17章
大型卡车用电池

J. P. Douady，S. Fouache，J. F. Sarrau

埃克塞德科技集团，热讷维耶，法国

17.1 引言

小型车与卡车所用的启动照明点火(SLI)电池是依据同样的电化学原理，但是它们又具有非常不同的特性，因为它们的设计需要符合不同的用途。大型卡车中的电池重量比紧凑小型车中的 5 倍还多，但是它们的区别远远不仅限于重量和体积。它们在设计、电极甚至是在部件组装方面，都存在诸多不同。

重型卡车的工作环境决定它的停机代价很大，会造成人力和资金的浪费，还会使车队老板流失用户和损失收益。由于这些因素，卡车电池制造商一直在寻找降低抛锚风险的方法，以使他们的产品更有市场竞争力。

减少抛锚事件的任务变得更加复杂，因为需要支持驾乘人员车内生活，并在较长时间内为照明、供暖和电气设备提供能量。在停车期间消耗了大量电能之后，电池仍需要有足够的容量来启动引擎。这一挑战也适用于短距离、频繁停车且充电时间不足的送货卡车。在北美之外的地区，重型卡车使用的是 24 V 电源，其中的电池是由两个 12 V 的电池模块封装到普通的电池盒子中制作而成的；北美地区的重型卡车使用的电路采用 12 V 供电，依靠多个并联的 12 V 微电池单元供电。除去这些差异，世界各地重型卡车的能量供应大致相当。为简单起见，这一章主要就欧洲的电池尺寸和标准进行讨论。

17.2　外形尺寸

汽车或轻型与重型卡车电池具有不同的接线柱位置和连接方式(线性排列或者 U 形排列)以及不同的外形尺寸。

铅酸电池的电池模块是由行业标准决定的:

● 欧洲标准:EN 50342-2[1]、EN 50342-4[2];

● 国际标准:IEC 60095-2、IEC 60095-4。

图 17.1、图 17.2 和表 17.1、表 17.2 所示的外形尺寸来自 EN 50342-2 和 EN 50342-4。

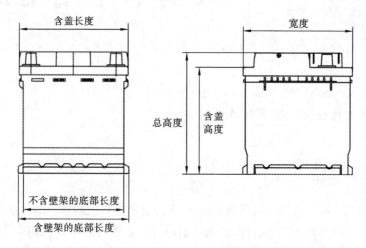

图 17.1　标明关键尺寸的 EN 50342-2(欧洲标准)汽车电池箱图纸

表 17.1　EN 汽车电池容器尺寸

类型	带有边缘的电池底座长度/mm	不带边缘的电池底座长度/mm	盖子长度/mm	宽度/mm	总高度/mm	盖子上的超高/mm
LN0	175(+0/−2)	161(±1)	175(+0/−3)			
LN1	207(+0/−2)	193(±1)	207(+0/−3)			
LN2	242(+0/−2)	228(±1)	242(+0/−3)			
LN3	278(+0/−2)	264(±1)	277(+0/−3)	175(+0/−2)	190(+0/−3)	168(+0/−4)
LN4	315(+0/−2)	301(±1)	314(+0/−3)			
LN5*	353(+0/−2)	339(±1)	352(+0/−3)			
LN6*	394(+0/−2)	379(±1)	393(+0/−3)			
D2*	—	344(+0/−8)	349(+0/−5)	175(+0/−4)	235(+0/−4)	213(+0/−4)

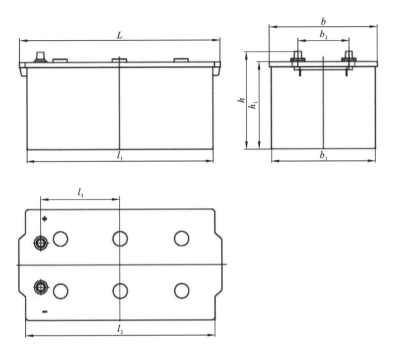

图 17.2 显示关键尺寸的 EN 50342-4(欧洲标准)卡车蓄电池箱图纸

表 17.2 EN 卡车车载电池容器尺寸

L/mm	l_1/mm	b/mm	b_1/mm	h/mm	h_1/mm
513 +0/−4	475 +0/−3	188 ±2	178 +0/−2	223 max.	195 +0/−3
513 +0/−4	475 +0/−3	222 ±2	210 +0/−2	223 max.	195 +0/−3
518 +0/−4	475 +0/−3	274 ±2	265 +0/−2	242 max.	216 +0/−3

17.2.1 小型车、轻型卡车电池的尺寸

汽车电池根据其容量和动力分为 $6.9\ dm^3$(LN1)和 $13.1\ dm^3$(LN6)两种。

17.2.2 重型卡车电池的尺寸

重型卡车的电池是由两个电池模块构成的。用于轻型服务、调运和建筑工程(两倍 A 型)的卡车电池容量为 $43\ dm^3$,向上移动一个类别(两倍 B 型),支持"车内生活"的重型卡车电池容量有 $50.8\ dm^3$。多年来,市场已经转向三大类(两倍 C 型)中最大的一个,其容量为 $68.7\ dm^3$。

由两个电池模块组成的重型卡车电池容量几乎比小型车电池的大 10 倍。

17.3 关键要求

汽车和重型卡车电池的设计需要考虑不同的优先事项。它们都需要足够的能量以启动引擎和电力设备,但长距离长途卡车电池还需要满足车内生活的能力,这使得情况更为复杂,需要新的设计。

动力是电池设计的一个重要追求,引擎的启动需要短时间内提供足够的能量。热机在启动的数秒间,需要几百安培的电流,同时电压需保持在 7.5 V 以上。一般情况下,启动电池放电能力的一项关键指标是冷启动电流,例如欧洲标准 EN 50342-1[3] 中规定的 I_{cc}。

然而对于卡车电池,冷启动电流并不属于最重要的设计因素。这是因为,卡车上的电池要为电气装置提供足够的电能,需要比启动引擎更高的电能。重型卡车电池的典型启动状态为,在 24 V 输出电压下 I_{cc} 达到 1000 A。

重型卡车对电池的设计要求是,电能(以 Ah 表示其标称容量)、深度循环能力和抗振能力,而且电池这三项性能的要求比小汽车的高得多。

现代化的商用交通工具意味着巨大的资本投入,汽车商家必须使尽可能多的汽车上路行驶,以实现对投资的回收。除了资金方面外,客户和业务对于快速、及时送货的要求也在日渐增加,这就使得运货车抛锚和服务延迟问题得到重视,运货车的每一次半路抛锚都会引起客户的不满、劳动力和资金的投入。这些因素促使车队老板追求工作更加稳定的货车,这又刺激了卡车制造商和部件制造商来帮助车队老板实现这个目标。

当司机在驾驶室内而车停靠时,司机必须能够在路边生活和睡觉,并且车的设备能够保证安全、舒适和高效的行程。在热机停转的状态下,电池需要有足够的能量供应照明、供热和娱乐(例如电视和收音机)。电池在夜间持续放电过后,第二天可能无法启动引擎,在寒冷的天气这种现象更加严重。这种现象也会在送货卡车和尾门升降机上,当引擎关闭但仍在使用的情况下就会出现。基本情况下,一辆保养良好的重型卡车的电池需要能够在 50% 荷电状态下启动引擎(假设温度保持在 20 ℃ 以下)。若荷电不足 50%,则有可能无法启动引擎。

卡车电池对于日常深度循环的严苛要求,意味着卡车电池不仅要具有良好的深度循环寿命,还得比小汽车电池更重更大以存储更多电能。

重型卡车的设计中,抗振能力也很重要。在新的卡车中,电池都被安装在后底盘位置,承受着剧烈的振动。对于不上路的交通工具(如建筑工地用车),电池安置于何处这都是一个问题,没有抗振能力的电池寿命更短。这将在本章后面探讨,条件都是处于剧烈振动(HVR)的环境中。

17.4　重型卡车的网络电压

北美地区的卡车如同世界其他地方的小汽车一样,使用的是 12 V 的标称电路系统电压。北美地区之外制造的重型卡车,电路的标称电压为 24 V,这不仅需要电池,还需要发电机、电启动器、灯泡和所有在不同于相应汽车部件的电压水平下工作的其他用电设备。这样的设置不仅能够提高启动效率,还能节省用于线路的铜。值得注意的是,许多 24 V 交流发电机仍然具有固定的设定点,而允许温度补偿和其他智能充电调节的 LIN(本地互联网络)或 PWM(脉宽调制)接口目前初步进入市场(如同它们在 20 世纪 90 年代在汽车中的应用中一样,对照 13.3 节)。

从 20 世纪初开始,就有诸多建议提出协调北美和欧洲的重型卡车电气结构。卡车的启停电池、发电机和电启动器工作在 24 V 的子系统下,而其他大部分负载(如车灯、无线电等设备通过 DC/DC 转换器的变压)工作在 12 V 的子系统中。这把 24 V 系统在启动和发电中的高效率与为汽车大批量生产的 12 V 电池的成本优势(经济规模)结合起来。典型的 12 V 控制单元需要在车辆无人值守的停泊状态下提供微弱但持续的电流,DC/DC 转换器在这种供电需求中表现勉强(会在长时间停放下加快电池的放电)。这些可能通过未来的扩展拓扑结构来解决,例如,二次的低功率 DC/DC 转换器,在 12 V 附属电网中接入额外的电池(参照 17.7.2 节)或者接入一个两块 12 V 非对称电池模块中功率较低模块的中心开关。每种解决方案都有自身的巨大缺陷——成本、重量、构建或者耐久度。截至目前,世界上没有一种通用的双电池(24 V/12 V)卡车供电系统在这方面优胜。

17.4.1　改进的(动态)充电接受能力

由于现代汽车具有前所未有的复杂的组件,电池的维护变得极为困难。具有平盖设计的免维护电池被引入市场,并为汽车供应商和用户提供了诸多好处,如更长的寿命和更低的维修费用。

具有支持"车上生活"功能的卡车,电池定期地放电到 50% 左右,有时候一周中每晚都会如此。当早上引擎启动,电池需要在低电压下经历数小时充满:两个电池模块在 28 V 甚至 27.4 V 或 27.8 V 电压下充电。在冬季,电池往往在低温下充电(当温度为 0 ℃时,电池处于 10~15 ℃)。

这些情况使得电池免维护的实现十分艰难,因为在充电末期,充电电流太小以致不能产生足够的气体来打破电解质的酸分层。此外,由于频繁的充放电,电解质分层会一直存在而且会损害活性物质的效率,降低电池寿命。

先进免维护电池的设计能够通过添加碳添加剂削弱这些效应,从而改善电池在低电压下的充电接受能力(同样参照第 10 章)。这些添加剂的应用,能够通过充电末期的气泡群来防止酸分层,而且对水的消耗水平使得电池仍可以免维护。碳添加剂还能在电池的使用过程中控制气泡群,这与标准的低维护电池相比表现得更为优秀,这得益于正极板中的锑掺杂,这使得电池在使用过程中会越来越容易在极板上产气。

图 17.3 表明酸分层现象中,随着循环次数的增加,先进免维护电池比标准免维护电池表现得更优良。

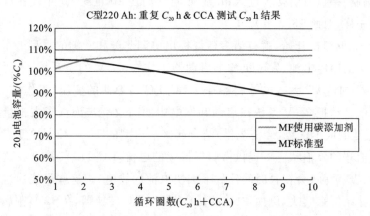

图 17.3 酸分层效应与两种技术循环能力演变的比较

图 17.4 表征了不同的碳添加剂掺杂下,在 50% 放电深度下,电池循环演化过程的区别,这突出了正确选择碳添加剂对电池性能的巨大影响。

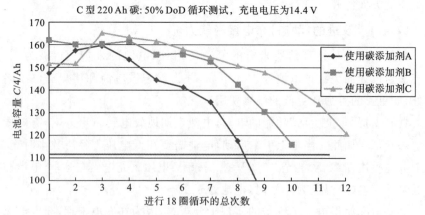

图 17.4 不同类型碳在 50% DoD 的循环测试过程中容量演变的比较

图 17.5 表明,不同的碳添加剂带来的水分消耗不同,这是电池生产商在选择正确的电池方案时需要注意探究的另一个领域。

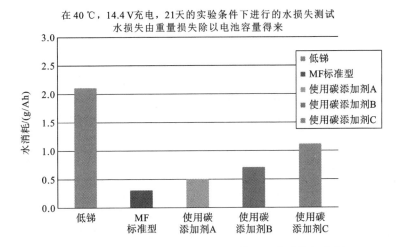

图 17.5 根据 EN 50342-1(2006)比较不同电池的耗水量

17.4.2 其他的免维护技术

现今,绝大部分的重型卡车使用富液式电池,但是在其他相同的设备(如城市公交和军事设备)中,阀控式铅酸电池(VRLA)也有广泛应用。

VRLA 电池有两种形式:凝胶型和吸收性玻璃毡(AGM)型。它们各有所长,最关键的是,两种电池都是免维护的,而且都是绿色、安全的,不存在酸雾或者电解质泄漏。酸分层对它们的影响甚小,而且它们都有良好的循环表现。

虽然 VRLA 电池有如此多引人注目的优点,但是它们有一个重大的缺点:它们的价格比开放/富液式电池贵两到三倍。因此它们的应用通常限于一些特殊的设备(如城市公交和军事设备),在这些情况中,VRLA 电池所能提供的利益高于额外的前期成本,或者总的购置成本低于标准电池的购置成本。

17.5 卡车电池设计的考虑因素

17.5.1 电池组的外壳

欧洲的卡车生产商所使用的 12 V 铅酸电池符合三种标准:A、B 和 C(见表 17.3)。每辆卡车配备两组相同的电池组,而且卡车电池原始设备制造商的布局正向着高容量方向改变。

A 型电池占有约 15%的市场份额,由轻型卡车和送货卡车以及建筑卡车构成。在过去的几十年间,B 型电池的市场占有率从约 50%跌落到约 35%,其

表 17.3　电池的三种标准

类型	全局尺寸/mm	容量 C_{20}/Ah	冷启动电流/A
A	长 513×宽 188×高 223	140～150	800～900
B	长 513×宽 222×高 223	173～185	900～1100
C	长 518×宽 274×高 242	220～230	1100～1200

主要应用于运货、建筑以及长距离拖拽(有车上生活功能)设备。C 型电池如今占据着 50% 左右的市场份额,并且主要应用于长距离拖拽(有车上生活功能)设备和公交车。

17.5.2　板栅技术

金属板栅作为极板/电极的组成部分,承担传导电流和支撑活性物质的功能。卡车电池的板栅比小汽车电池中的更厚,强度更大,这是为了承载更多的活性物质。这些更厚的板栅可通过书形模具重力浇铸或者连续生产工艺来生产。相同的外壳长度 l_1(见图 17.2)和 U 形电池布局,使得 A、B、C 型电池能够共用极板尺寸设计。

对于卡车电池,极板的厚度比小汽车中的厚约 30%。极板的总厚度包括板栅和活性物质,阳极极板厚度能达到 2.0～2.5 mm,阴极极板厚度能达到 1.5～2.0 mm。

许多种类的合金都能用来制作板栅,不同的原材料对生产工艺有不同的要求,而且各有利弊。

Pb-Sb(铅锑合金)在书模浇铸工艺中被广泛采用,正极板栅中的 Pb-Sb 合金量能达到 1.5%～2.5%。这种合金的补水需求使其成为一种"低维护"选择。

在这种同样的低维护类别中,负极板栅大部分是不含锑的。对于 Pb-Ca(铅钙合金),是用书模浇铸工艺或者连续生产工艺(如连续浇铸或者膨胀金属)来生产的。

这么多年来,"免维护"电池在卡车中已经采用,其使用的合金与同类型小汽车电池中的一样。对于车队老板,免维护电池具有令人满意的优点:它们具有非常低的自放电率而且在正常使用中不需要补水。但是电池的充电需要适度,特别在深度循环使用条件下,电池的充电需要尤其注意,并且交流发电机的设定温度补偿点必须与免维护电池一同考虑。免维护电池的充电性能还可能通过向阴极活性物质加入碳添加剂而得到改善(参见 17.4.1 节)。

免维护电池称为铅钙电池或钙钙电池,这是由于正、负极板栅材料所用合金组成的缘故。在这种设计中,正极板栅通常还含有锡(Pb-Ca-Sn 合金),通过书模工艺或者连续生产工艺铸造而成,例如金属延展和冲孔工艺。负极板栅通常只采用 Pb-Ca 合金,同时也是通过连续生产工艺铸造而成,例如连续浇铸或金属延展工艺。

17.5.3　活性物质

卡车电池极板的活性物质需要具有比小汽车电池极板活性物质更大的密度,以提供更高的循环性能和抗振能力。活性物质在化成前由 PbO(氧化铅)和 PbSO₄(硫酸铅)混合而成,同时含有以纤维和有机质形式存在的添加剂。

17.5.4　隔板

重型卡车所使用的电池,其隔板是由聚乙烯衬底、肋条支撑,玻纤毡/聚酯纤维羊毛(无纺疏松布)放置或黏附其上并朝向正极板方向制作而成。羊毛在正极板的均匀压缩变形时起着维持活性物质稳定于多个周期的作用。类似的无纺布料最近已经引入加强型富液式铅酸电池(EFB),用于微混合汽车设备中(参见 7.3.3 节),这些无纺布通常用在连续极板生产工艺中,待极板上涂布(代替双面胶)后直接黏附到极板上。由于这种构造能够使得 PAM(正极活性物质)与隔板布料之间的结合更加紧密,所以一旦正极板的连续生产工艺标准化,就很有可能将其引进卡车电池的生产中。

17.5.5　塑料组件和连接件

卡车电池需要具有抗振能力,所以需要更加坚固的塑料外壳和厚实牢靠的盖子。电池组中可能加入固定装置以支撑极板组,这些支撑结构通常是锲子、胶水或者黏附在外壳上的树脂。各个电池单元之间的电路连接必须有足够的机械强度,且能够承载上千安培的电流。

17.6　先进卡车电池技术

为了响应欧洲法规对氮氧化物和颗粒物减排的号召,卡车制造商们引进了柴油机尾气处理系统。在某些情况下,卡车现在有一个新的选择性催化还原(SCR)剂和位于中央底盘位置的 AdBlue^R 罐。这将电池置于要求更高的后座位置,在此位置更加强烈的振动会很快损坏标准重型卡车电池。

这种新的振动特点要求电池被重新设计而具有将组件牢固固定在其位置的能力。为这种新设计定义要求和测试方法最重要的是了解尾部位置剧烈振动的特点。这些振动特点是建立在实际不同路况驾驶所收集的数据基础上的,并且由卡车生产商提供(见图 17.6)。

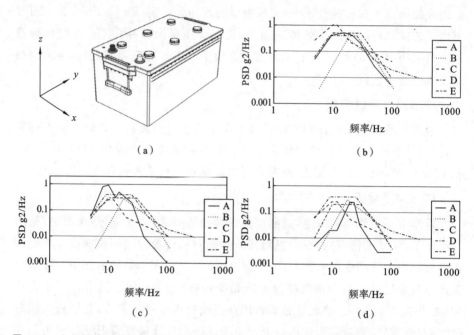

图 17.6 (a) 振动测试所参考的方向轴;(b) 不同卡车制造商的产品在 z 轴上的功率谱密度(PSD);(c) 不同卡车制造商的产品在 y 轴上的功率谱密度(PSD);(d) 不同卡车制造商的产品在 x 轴上的功率谱密度(PSD)

所有的主要重型卡车制造商都更新了位于后底盘上电池的规范。另外,V4 电池标准被写入欧洲标准 50342-1,以说明这一情况(见表 17.4 和图 17.7)。这个新的标准采用随机振动测试,它比 V3 规范具有更宽的频率范围,并且在三个方向都进行测定。

表 17.4 EN 50342-1(2015)规定的 4 级振动允许值

EN V4 水平	随机加速度谱密度(G^2/Hz)在 5 h 内,各轴向的分布		
	x 轴	y 轴	z 轴
频率/Hz	$G_{rms}=2.41$	$G_{rms}=3.13$	$G_{rms}=3.49$
5	0.005	0.05	0.05
10	0.05	0.3	0.5
15	0.2	0.3	0.5
20	0.2	0.3	0.5
50	0.06	0.08	0.05
100	0.005	0.01	0.01

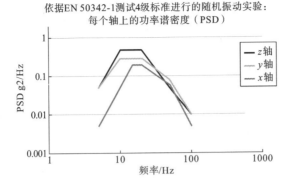

图 17.7　EN 50342-1(2015)规定的 4 级振动允许值的可视化曲线图

　　Exide Technologies 推出了其 HVR 重型卡车电池以解决后部底盘位置电池振动增大的问题(图 17.8)。在新的设计中,电池顶部和底部采用胶合而且设有用于连接的 3D 塑料阻挡装置,它能确保极板和与它们连接的组件紧密连接并且防止共振发生。

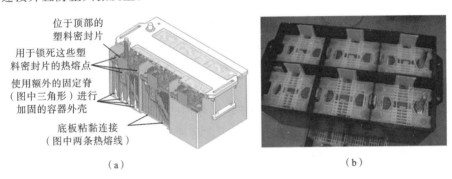

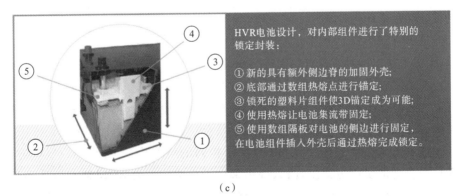

图 17.8　(a) 高振动抵抗能力(HVR)电池的设计图;(b)显示了关键解释性特征的 HVR 电池横截面图;(c) 显示了组件被锁定住的 HVR 电池内部视图

17.7　卡车电池先进的系统性集成

17.7.1　电池监控

尽管对于关停状态下电池循环性能的要求不断增加,但是不同的解决方案已经能够使得卡车电池稳定地启动引擎。举个例子,近些年来的一种方案,电池监控传感器的应用(12 V 小汽车电池传感器的衍生产品),可以避免电池因过放电而无法启动引擎。精密的电池状态探测算法系统可以获取电池的温度、电压、电流以及使用时间。这在第 6 章中有详细描述。

17.7.2　双电池系统

Exide Technologies 与卡车制造商一起研发了一套双电池系统。这套系统的功能是应对卡车的高强度使用以及提供可靠的启动性能,超出电池管理系统(BMS)提供的 95%。它将启动发动机和为车载电气设备供电的功能分开,允许为每个部件提供最有效的电池配置。

典型的车载铅酸电池在两方面的功能上折中考虑:① 为启动引擎功能的动力需求,这需要电池能在数秒钟之内提供高电压和大电流;② 为车载电器装置提供电力需求,这需要电池具有良好的循环性能,在一段持续的时间内提供低电流。

这两个方面对单元设计方法的要求是相悖的。要想达到短时间内的高强度供电,最好的方法是使用薄的极板和大的活性物质表面积;而想要实现长时间的稳定供电,最佳的途径是采用厚的极板、高密度的活性物质和特殊的隔板。当这两种功能由两个电池模块单独承担时,每一块的功能可以实现更高的优化和性能调优。

这种方案依靠一个具有高冷启动电流(CCA)的专用单体电池以启动引擎,而另一块电池具有良好的循环寿命,被设计成在行车中为车载电气设备供电。在引擎启动、开关(管理单元)关闭的工作状况下,交流发电机给两块电池充电。拓扑结构可以防止启停电池在给车载电气设备供电时出现过度放电的情况(见图 17.9)。

这个概念已经应用于实际,旨在于相同的空间中安置两个 C 型电池。在这种先进的工程方案中,有人提出采用螺旋缠绕式的 AGM 隔板电池用作启动电池(见图 17.10),因为它能够提供高的冷启动电流和良好的抗振性能。

服务型电池采用凝胶技术(见图 17.11),这是另一种阀控式电池技术,它

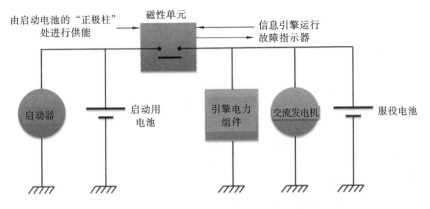

图 17.9 双电池系统的电子架构示意图

图 17.10 双电池系统中使用的螺旋缠绕 AGM 启动电池示意图

不能提供高的冷启动电流,但即使放电深度达到 100%,仍具有良好的循环性能,而且它的设计能够防止酸分层现象的发生。

表 17.5 举例比较了 24 V 双电池系统和标准电池系统的性能。

启动电池提供电力启动引擎,在车辆关停之前得到充分的充电。在引擎不运行期间,服务型电池专门为车载电气设备供电从而保证启动电池维持在饱和充电状态。尽管这种方案采用四个 12 V 电池来代替典型重型卡车的两电池结构,但是这种设置能实现减重,从而节省燃料。双电池系统按照集中控制方案组装,包括对电池、变速齿轮、线缆和电能的控制,并且这些能够集成到现有的卡车设计中。

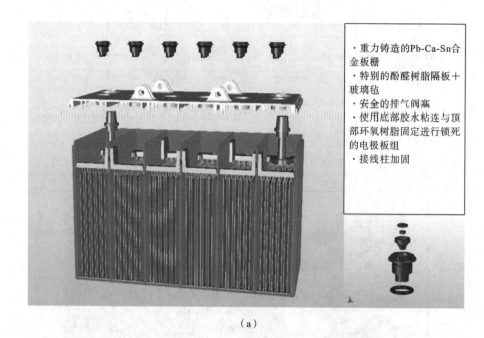

· 重力铸造的Pb-Ca-Sn合金板栅
· 特别的酚醛树脂隔板＋玻璃毡
· 安全的排气阀寐
· 使用底部胶水粘连与顶部环氧树脂固定进行锁死的电极板组
· 接线柱加固

（a）

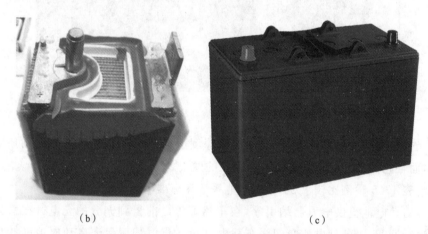

（b）　　　　　　　　（c）

图 17.11 （a）一种在双电池系统中作为服役电池使用的凝胶电池设计图；（b）凝胶电池的横截面图；（c）埃克赛德设备凝胶电池是使用凝胶技术的卡车电池案例

表 17.5　24 V 双电池系统和标准电池系统的性能

	标准电池系统	双电池系统
电池类型	2 个 C 型 12 V,220 Ah,1150 A 电池	两个 G34,12 V,50 Ah,800 A 启动电池 两个 D2 凝胶型 12 V,85 Ah,350 A 服务电池
电池重量	2×62＝124 kg	2×17.5＋2×30＝95 kg
电池总容量	68.7 L	47.1 L
18℃,100%荷电状态下的冷启动电流	1150 A	800＋350＝1150 A
18 ℃,工作放电后的冷启动电流	800 A(50%放电深度)	800 A(服务电池满充条件下)
夜间可用电能	24×0.5×220＝3640 Wh	24×85＝2040 Wh
循环耐力		
循环次数	216 次	400 次
每次循环放电容量	110 Ah	85 Ah
总放电容量	23760 Ah	34000 Ah

17.8　小结

重型卡车所使用的铅酸电池与小汽车电池依据同样的电化学原理工作,但是它们的设计大相径庭并且根据不同用途而优化各自的功能。总之,组成卡车电池模块的总体积几乎是普通汽车电池的 10 倍。这些多出的容量,需要存储足够的电能从而在卡车长途行驶中为供暖、照明以及娱乐设施供电。

全世界的重型卡车都具有广泛的共同点,虽然北美重型卡车的工作电网与其他地区的不同。双电压系统未来可能会将 24 V 的优良启动性能与汽车应用共享规模经济的、具有成本效益的 12 V 优良辅助供电性能结合到一起。在欧洲,重型卡车的电池朝着三个方向发展,并且逐渐向更大的容量迈进。

与小汽车电池相比,重型卡车电池使用更厚的极板,承载着更大量的活性物质。长期以来,卡车电池位居中央地盘,但是现在为了给尾气处理系统腾出空间,需要被替换后的底盘末端仍能正常工作。

众多技术(例如 HVR)正在着力解决电池新位置更强烈的振动。

近期重型卡车电池开始从免维护技术中获益,这项技术在 20 年前首次被引入汽车市场。最近几年还采取了一些措施改进标准免维护技术,包括先进的免维护技术中特殊碳添加剂的使用,使酸分层最小化。

对于卡车电池,商业需求对降低抛锚可能性和长时间稳定工作的要求越来越高。双 24 V 电池系统依靠凝胶电池为电器设备供电并且利用卷绕式 AGM 电池发动引擎。这两个电池模块都根据其功能进行优化,相对于常用的富液式电池,它们在重量较轻的情况下增强了可靠性和耐久性。

缩写、首字母缩写词和首字母缩略词

AGM   Absorptive glass-mat   吸收性玻璃毡

BMS   Battery management system   电池管理系统

CCA   Cold-cranking amperes   冷启动电流

PSD   Power spectral density   功率谱密度

SCR   Selective catalytic reduction   选择性催化还原

SLI   Starting-lighting-ignition   启动照明点火

VRLA   Valve-regulated lead-acid   阀控式铅酸电池

参考文献

[1] CENELEC, Lead-Acid Starter Batteries-Part 2：Dimensions of Batteries and Marking of Terminals, EN 50342-2, Brussels, 2007.

[2] CENELEC, Lead-Acid Starter Batteries-Part 4：Dimensions of Batteries for Heavy Vehicles, EN 50342-4, Brussels, 2009.

[3] CENELEC, Lead-Acid Starter Battery-Part 1：General requirements and methods of test, EN50342-1, Brussels, 2015.

第18章
电动自行车和电动
摩托车的铅酸电池

J. Garche[1],P. T. Moseley[2]

[1] 燃料电池与蓄电池咨询公司,乌尔姆,德国

[2] 先进铅酸电池联合会(ALABC),达勒姆,北卡罗莱纳州,美国

18.1 引言

电动自行车和电动摩托车属于轻型电力牵引车。轻型电力牵引车包括多种电动交通工具,如混合动力公共汽车、电动汽车、电动摩托车、电动自行车、电动公交客运铁路(也称轻轨)、街车(有轨电车)、电车、地铁列车,以及单轨铁路、旅客自动捷运和橡胶轮胎列车等自动导向轨道交通系统[1]。

实际上,轻型电力牵引通常只用于小功率交通工具,如电动两轮车(E2W)(自行车或摩托车)、电动三轮车(E3W)(自动人力车)、低速移动车(轮椅、高尔夫球车、旅游车、机场推车)以及玩具车(电动滑板、电动儿童滑板车和赛格威平衡车)等。

E2W(见图18.1)是目前在低功率轻型电力牵引领域最重要的应用。因此,本章仅对这个类别和其中使用的电池进行讨论。

世界上的第一台电动自行车是在1885年左右被组装完成的,但是直到1932年荷兰飞利浦公司才第一次发布它的一个商业产品模型。文献[3]中给出了电动自行车的一个历史性的概述;自20世纪90年代中期,日本电动自行车的销售量已经超过10万台;自20世纪90年代末以来,电动自行车成为了中国大多数人的主要交通工具。2016 年，中国的 E2W 约达 2 亿台，其年产量达到 3400 万台。

图 18.1　电动自行车和电动摩托车。 转载自 J. X. Weinert, A. F. Burke, X. Wei, J. Power Sources 172(2007)938-945, 由 Elsevier 提供

在一定程度上为了避免注册和保险程序，一些电动自行车只有在骑车者踩踏板的情况下才提供电力，这一变种被称为电动助力车（踏板电动循环）。2004 年，这款电动助力车在荷兰推出，此后在德国、奥地利和瑞士也获得广泛好评[4]。

E2W 之所以取得巨大成功有以下两点原因。

（1）电动自行车极大方便了个人出行和负载运输。

许多发展中国家，由于公共交通并不发达，而成本较低的自行车在一定程度上成为了 20 公里以内的个人交通的唯一选择。在较发达的国家，自行车的使用往往与休闲/体育活动有关，或者是用于快递公司（见图 18.2）。

还有一些例子是电动助力车取代汽车的举措[6]。在未来交通概念中，E2W 作为一种环境友好的短距离高效运输手段被加入其中，同样成为一种中转形式。

通常来说自行车是由人力驱动的，这对人的体能有一定的挑战，所以以电动机的形式驱动会更方便人们的出行。当然，电动自行车也可以只是用于休闲娱乐，例如电动山地自行车。

（2）电动摩托车可以减少环境污染。

在个人出行和负载运输上，电动摩托车可以作为下一代运输工具的代表，即它们可以比电动自行车走得更快、更远。随着人口的增多，尤其是亚洲发展中国家，摩托车和自动人力车登记的数量迅速增加。而这种发展的结果是，城市中心的污染增加，因为摩托车和人力车主要是由二冲程内燃机驱动的，但二冲程内燃机会产生很多的有害气体。

图 18.2 德国邮政/ DHL 的快递电动自行车。转载自 H. Neupert,轻型电动车(LEV)
电池,锂电池研讨会,Karlstein(德国),2005 年 11 月 15 日,http://extraenergy. org/files/HannesNeupert-EE. pdf,由 H. Neupert,ExtraEnergy 提供

政府为了减少污染,试图用电动摩托车/电动人力车来取代内燃机车辆,
但是在这个过程中遇到了一些阻力,因为电动摩托车的续航里程和速度小于
使用内燃机的车辆。在一些国家,政府通过补贴政策来引进电动摩托车 /人
力车,或是法律已经出台禁止使用 ICE-踏板车/人力车(至少在大城市内),或
对 ICE-摩托车/三轮车征收较高的税。

由于 E3W 与电动摩托车的结构几乎相同,因此在下面的讨论中仅提及电
动摩托车,但其情况也适用于 E3W。

不过对于电动自行车来说,它们的情况与滑板车不同,因为它们的速度是
通过油门转把来提高和控制的。一些国家引入了与电动摩托车类似的审批程
序用于电动自行车。

一般来说,对于审批、保险、头盔等的要求取决于 E2W 的类型。在日本和
欧洲,对于电动辅助下最大速度达到 20～25 km/h 的助力车没有特别的法律
要求。不过日本要求电动摩托车的电动机助动与人力驱动的驱动力成 1∶1
的比例,欧洲没有对助动比做出要求。在美国,联邦、州和地方一级对此可能
会有相互冲突的规定,例如在纽约,电动自行车被视为摩托车,受到与机动车
相同的法律和处罚约束。在中国,包括电动摩托车在内的所有 E2W 都被合法
地视为电动自行车,没有特殊的法律要求。

18.2 电动两轮车

各种类型的 E2W 的基本电气技术大致相似：电动机（位于中央以及前、后轮的轮轴处）、控制器和电源。人们制定了对于所有轻型电动车（LEV）组件间的连接和通信的标准，例如新能源汽车[7]。图 18.3 给出了一个可能的 LEV 连接方案。

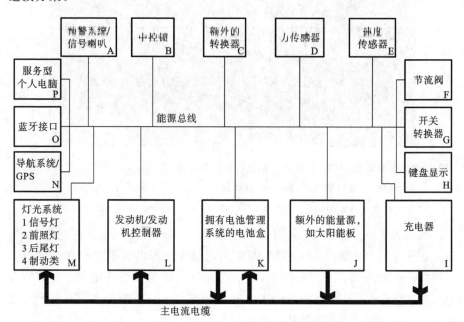

图 18.3 一个可能的 LEV 连接方案。转载自 H. Leepert，轻型电动车（LEV）电池，2005 年 11 月 15 日，德国 Karlstein 锂电池研讨会。http://extraenergy.org/files/Hannes-Neupert-EE.pdf，由 ExtraEnergy 的 H. Neupert 提供

以下两类 E2W 是不同的：

- 电动自行车
- 电动摩托车

18.2.1 电动自行车

电动自行车通常基于传统的带有较大轮胎的自行车设计。有电动马达来帮助骑手的电动助力车，也有在不蹬车的情况下可以由电动单独驱动的电动自行车。

18.2.1.1 电动助力车 25

电动驱动仅在骑手蹬车时进行，油门根据骑手蹬车的速度响应。对于最

常见的电动助力车,电动机最大速度为 25 km/h。这一类的电动助力车因此被称为电动助力车 25。

18.2.1.2　电动助力车 45

电动助力车 45 结合了电动自行车和电动助力车的构造。油门响应的不是人的手和/或腿,而是取决于速度。纯电力提供的最高速度达 20 km/h(仅手控油门)。如果骑车人同时蹬踏板,电动助力装置的最高速度为 45 km/h。

18.2.1.3　电动自行车 20、25、45

电力驱动功能不需要蹬踏板。电动机通常由扭动手柄来控制。速度限制(20 km/h、25 km/h 或 45 km/h)是为了符合法律要求而实施的。

18.2.2　电动摩托车

电动摩托车是基于传统的 ICE 摩托车设计的,其轮径比自行车要小得多。大多数电动摩托车在座椅下都有可锁定和防水的储能空间,它的电动机的功率略高于电动自行车。同样大小和重量的电动和汽油动力摩托车在性能上大致相当。相比于内燃机车辆,使用电机运行的车辆具有更高的 $0\sim60$ km/h 加速性能,因为它们可以立即产生全扭矩。

一类更大型的电动摩托车具有一个功率超过 5 kW 的电动机,这种电动机的性能相当于 $50\sim125$ ccm 的 ICE 滑板车,最高速度为 120 km/h。文献[8]中给出了最大速度分别为 20 km/h、25 km/h、45 km/h 和 120 km/h 的商业电动摩托车的概述。电动大摩托车也已经被研发出来[9]。自 2010 年,在英国曼岛 TT 摩托车大赛期间举办了电动赛车比赛(最佳平均速度为 192 km/h)。全球电动摩托车销量将从 2014 年的 120 万辆增长到 2023 年的 140 万辆,而较大型电动车的销量将从 410 万增长到 460 万[10]。

所有这些车辆的技术参数因国家而异。表 18.1 给出了中国 E2W 的概况。

表 18.1　中国两轮车的分类

种类	类型	功率 /kW	最大速度 /(km/h)	油耗或电耗 /(100 km)	最大里程 /km	图片
自行车	—	n/a	10~15	n/a	n/a	

续表

种类	类型	功率/kW	最大速度/(km/h)	油耗或电耗/(100 km)	最大里程/km	图片
电动两轮车（E2W）	电动助力车	0.15~0.25	20	<1.2 kWh	<30	
	电动自行车	0.25~0.35	20~30	1.2~1.5 kWh	30~40	
	电动摩托车	0.3~0.5	30~40	1.5 kWh	30~40	
摩托车	汽油助力车/摩托车（用于比较）	3~25（50~125 cc）	50~80	2~3 L	120~200	

n/a，不适用

转载自 J. Weinert, E. VanGelder, in：J. Garche, C. Dyer, P. Ogumi, D. Power Sources, vol. I, Elsevier, 2009, pp. 292-301

在 20 世纪 90 年代，电池电压达 24 V；现在通常是 36 V，而对于高档的电动自行车和大多数电动摩托车来说能达到 48 V。

18.3 市场

全球电动自行车在 2015 年的年销售量约为 3800 万[12]。

美国：50 万。

欧洲:180 万。

印度、日本等:250 万。

中国:3400 万。

如果基于每辆电动自行车装载 300 Wh 的电池,3800 万辆电动自行车就需要 11.4 GWh 电池能量。

全球和一些重要国家的电动自行车生产情况如图 18.4 所示。

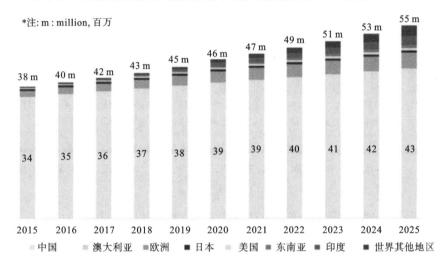

图 18.4　2015—2025 年,电动自行车年产量(百万)。转载自 H. Neupert,2016 年 AABC 会议,美因茨,2016 年 1 月 27 日,工业和特种汽车部分,由 H. Neupert,ExtraEnergy 提供

这些数据显示年均增长率为 4%,这表明未来 10 年全球将增加 5 亿辆电动自行车。

中国目前已占据这一领域的大部分市场份额。中国以外的其他国家的年增长率要高得多,达到了 15%(见图 18.5)。预计未来 10 年,这些其他国家将新增电动自行车 7500 万辆,而同期中国增加 4.25 亿辆。

但是有专家提醒,在欧洲和中国,图 18.4 和图 18.5 中显示的增长率可能过于乐观。

LEV 的低价格、摩托车以及自行车的审批障碍、财政激励和环境立法都是中国 LEV 数量极高的原因。因此,在 2013 年,中国生产的 39% 的铅酸电池(LAB)用作了 E2W 电池[13]。

除了自行车的私人使用外,近年来主要的大城市还出现了自行车共享系统,例如武汉的 9 万辆自行车、杭州的 7 万辆自行车,甚至巴黎也有 25000 辆

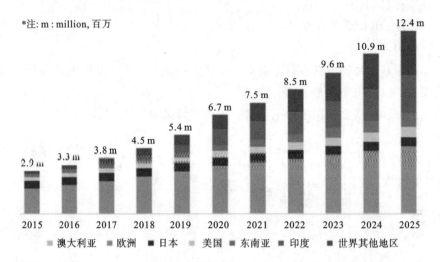

*注：m：million，百万

图18.5　2015—2025年，除中国以外的电动自行车年产量(百万)。转载自 H. Neupert，2016年 AABC 会议，美因茨，2016年1月27日，工业和特种汽车部分，由 H. Neupert，ExtraEnergy 提供

自行车。这一共享系统的先决条件当然是具有充足的充电设施。

　　亚洲国家是电动自行车最大的制造商。对于欧盟来说，进口电动自行车的83.2%来自中国。2013年，中国是超过30万台欧盟电动自行车的来源地。日本是欧洲的第二大供应商，欧洲从日本进口超过3.1万台，占进口总量的8.4%。其他所有国家的进口总额不到1%[14]。

18.4　两轮电动自行车的特性

18.4.1　两轮电动自行车的续航里程

　　与 ICE 车辆相比，E2W 在续航里程上处于劣势，因为电池不能存储与气罐相同的能量。由于电池的高成本，制造商不愿意选择通过增加电池组容量来增加其续航里程。此外，额外的电池质量实际上也可能会减少预期的续航里程。

　　E2W 的续航里程取决于车辆的具体电力消耗和蓄电池能量。具体消耗量主要取决于车重和车速。例如，高档电动摩托车 ZEV 10 LRC 在约90 km/h 的速度下续航里程为220 km，但是在112 km/h 的速度下续航里程降低到约130 km。其他需要考虑的因素是轮胎状况、温度、风况和司机的体重等。

　　续航里程可以通过下面的公式进行计算：

$$续航里程(km)＝比能量(Wh/kg)×电池质量(kg)$$
$$×单位质量能量消耗量(Wh/(km·kg))$$
$$×总体车身的质量(kg)$$

单位质量能量消耗量约为 0.1 Wh/(km·kg)。根据这个值和平均车辆总质量(包括驾驶员和负载),可以计算一个车辆类别的里程因子[15]。电池能量乘以这个因子给出了近似的范围:

$$续航里程(km)≈电池容量(Wh)×续航里程的影响因素(km/Wh)$$

不同车辆类别的典型续航里程影响因素如下。

EV:0.005 km/Wh。

E3W:0.03 km/Wh。

电动摩托车:0.04 km/Wh。

电动助力车:0.1 km/Wh。

例如,对于 300 Wh 电池的电动车,续航里程大约是 30 km。如果是 LAB (30 Wh/kg),则 300 Wh 电池质量约为 10 kg;如果是锂离子电池(LIB)(100 Wh/kg),则其质量约为 3 kg。

用铅酸电池,如果续航里程要达到 50 km,则电池质量要变成 c.17 kg,因此,自行车的可控性大大降低。

这些计算仅允许对每种普通车辆进行粗略近似。在每个类别内,由于质量差异、不同速度下的风/滚动阻力等因素,可能会出现较大的偏差。

18.4.1.1　续航里程对温度的依赖性

众所周知,电池的容量/能量随温度的下降而降低。

用于休闲和运动的 E2W 大多是不会在冬季使用的,因此,温度效应不会有很大的影响。但是,在中国北方等寒冷的亚洲地区,用于日常生活的 E2W 必须考虑到这种影响。在这些地区电动自行车的电池通常要存储在温暖的房间,只有在使用前才固定在车上。然而,这种方案对于重型电动摩托车电池来说并不可行。

18.4.1.2　续航里程对放电功率(速度)的依赖性

如果电动机的设计合理,那么 E2W 的速度由电池的放电功率决定。

E2W 所需的动力按电动助力车<电动自行车<电动摩托车的顺序依次增加。可用电池容量取决于放电倍率,随着放电倍率的增加,容量会减少。这个效应对于 LAB 来说尤其明显。

从历史上看,LAB 的容量(C)通常是 3 h 放电(C_3)或 20 h 放电(C_{20})。然

而,E2W 的放电电流约为 $1\sim2$ h 的倍率速率,所以在这种应用中,$C_1\text{-}C_2$ 的容量参数更具相关性。$C_1\text{-}C_2$ 容量可以通过普克特方程从 $\geqslant C_3$ 的容量计算出来[16]。值得指出的一点是,电池容量的增加会降低车辆所要求的放电电流(A)的单位负载(A/Ah)。

18.4.1.3　增加续航里程

为了减少每次充电后有限的续航里程带来的不便,可以采用以下步骤:

- 快速充电;
- 再生制动;
- 更多的电池;
- 电池更换;
- 使用聚合物电解质膜燃料电池(PEMFC)。

18.4.1.4　快速充电

快速充电可以在 5 min 内提供约 10 km,或 15 min 内提供约 30 km 的额外续航里程。LIB 可以保证必要的充电倍率。20 世纪 90 年代加拿大 Cominco 的研究表明,吸收性玻璃毡(AGM)电池也具有这种应用的可能性。

为了充分利用快速充电方法,需要一个覆盖广泛的快速充电站网。这对电力基础设施的要求并不高,为了在大约 5 min 的时间内给 300 Wh 电池的电动助力车充电,只需要为其提供大约 3 kW 的功率。

从中长期来看,如果有了充足的快速充电基础设施,那么电池可以更便宜、更小、更轻。

18.4.1.5　再生制动

就像微混合动力汽车一样,E2W 可以实现再生制动。不过对于 E2W 来说,这种方法很少有成本效益。

18.4.1.6　更多的电池

如果预计行程更长,则可以在 E2W 上临时安装一个电池组(如果有的话)。

18.4.1.7　电池更换

电池更换需要一个标准电池或一组相同的车辆。这一想法已经在几个旅游区和酒店成功实施。但是,只要存在几组不一致的电池组,那么这个方案通常就不可行了。

18.4.1.8　聚合物电解质膜燃料电池[17]

燃料电池(FC)驱动的 E2W 的优点是通过换上相对较轻的燃料气缸实现

快速机械充电以及燃料气缸尺寸选择的灵活性。燃料(氢)气瓶含有金属氢化物或高压气体。由 FC 驱动的轻型牵引车辆的可行性已经被全球许多公司证实。分布在欧洲四个地区的大型项目 HYCHAIN-MINITRANS 从技术和经济的角度对基于 PEMFC 的轻型牵引车辆(轮椅、小车、小型摩托车、小型客车和中巴车)进行了调查。结果表明,PEMFC 车辆可以比电池车辆运行时间长几倍。为了降低成本,目前不仅研发了纯 PEMFC 车辆,还研发了与电池或超级电容搭配的 FC 混合动力车。但是截至目前,FC E2W 的成本还没有被降低到可以进入市场。

18.4.2 电动两轮车的成本

各国 E2W 的初始成本不同。对于中国来说,其费用大致如下[11]:

- 高级(占 10%):电动摩托车和高档电动自行车(>325 美元);
- 中等(占 60%):电动摩托车和电动自行车(225~275 美元);
- 经济型(占 30%):电动自行车(<188 美元)。

然而在欧洲,其价格大约是中国的 10 倍多。还有一些电动助力车价格高于 8000 欧元,甚至达到 6 万欧元[18]。

18.5 电池

18.5.1 引入

用于电动自行车的第一批电池是富液式铅酸电池(LAB)。事实上,世界上的第一台商用电动自行车——飞利浦单缸电动自行车(1932 年)使用的就是富液式铅酸电池。这个电池是一个普通的 12V 启动照明点火(SLI)电池,因此这可能会导致电池酸逸出风险,这是它的一个严重缺陷。

在 20 世纪 80 年代,在电动自行车上安装了密封的镍镉(NiCd)电池,因为它们可以提供更高的功率(充放电)、更长的循环寿命和比 LAB 稍高的比能量,例如 1995 年标致公司生产的 Scoot élec 电动摩托滑车就使用了帅福得的 1.8 kWh 镍镉电池(3 个整体,6 V,100 Ah)。使用密封的镍镉电池是一个巨大的优势,而且电动自行车首次在日常使用中变得十分便利。

自世纪之交以来,还引入了类似于镍镉电池但具有更高比能量和更安全环境记录的镍氢电池(NiMH)。Vectrix VX-1 电动车使用了 3.7 kWh 镍氢电池(125 V,30 Ah)。该车有一个集成的充电器,能够在 2.5 h 内实现 80% 的容量充电。镍氢电池也用于电动自行车。2007 年,在欧洲,新自行车中镍氢电池和锂离子电池的比例为 1:1,但在 2008 年,新自行车全部配备锂电池。

镍锌(NiZn)电池也有所使用,但主要在中国台湾地区。这类电池显示出超过铅酸电池的 20％～35％的续航里程优势,并达到 80％镍氢电池的续航里程。它的寿命是 LAB 和镍氢电池寿命的 2.5～3.5 倍。

　　自 2002 年以来,LIB 已经被用于 E2W。它具有更高的比能量,但是成本也高出其他电池许多(参见图 18.6)。

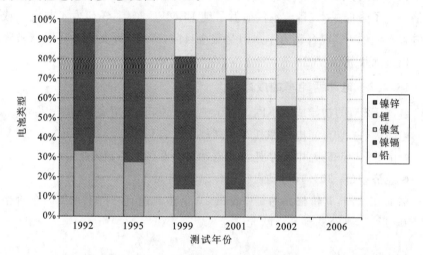

图 18.6 欧洲(1992—2006)用于轻型电动车辆的不同电池化学成分比较。转载自 H. Neupert, How to select the right battery, LEV Conference, Hsinchu (Taiwan),2007 年 3 月 20-23 日,会议记录,39-100 页,由 H. Neupert,ExtraEnergy 提供

　　LIB 的高成本导致了它主要占据的是人均收入相对较高国家的 E2W 市场,且这类 E2W 主要用于休闲和运动。LAB 用于人均收入相对较低的国家,E2W 并不是一种奢侈品,但它能有效改善日常生活。

　　锂离子电池进入 E2W 市场的情况如图 18.7 所示。100％比例中除锂离子电池外,余下为 LAB 占比。

　　图 18.7 显示,LIB 在欧盟、日本和美国的 E2W 市场渗透率接近 100％,而在中国,2015 年的渗透率约为 12.5％,即使在 2020 年,渗透率也只有 20％。

　　在中国,LIB 的渗透发展进程很慢,这似乎很奇怪。理性购买者不仅会考虑高昂的前期电池成本,而且会考虑电池的总拥有成本(TCO),其中考虑了电池的使用寿命。实际上,LIB 的 TOC 要低于 LAB 的。但是,消费者不愿意支付高昂的前期电池成本的实际可能原因也有很多,其中包括电池使用寿命的不确定性或缺乏锂离子电池技术的经验。

　　考虑到与锂离子电池的性能优势相比的高成本,中国大众市场从阀控式

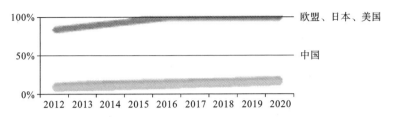

图 18.7 欧盟、日本、美国和中国(2012—2020)使用锂离子电池的电动两轮车(E2W)市场渗透率。余下的由铅酸电池组成。转载自 AVICENNE ENERGY；Literature：Ch. Pillot，AVICENNE ENERGY，The rechargeable battery market 2014-2025-第 24 版,2015 年 7 月,由 Pillot 提供

铅酸电池(VRLA)向锂离子电池的迅速转变是不可能的。

从本质上讲,目前对于轻型电动车(LEV)的电池,我们只能考虑使用铅酸电池(LAB)和锂离子电池(LIB)。

选择 LEV 电池最重要的参数是电池组成本、比能量、电池寿命和电池安全性。

18.5.2 铅酸电池

随着密封系统的引入,LAB 成为首选,特别是在中国,选择 E2W 电池的主要考虑因素就是成本。

用于 E2W 的电池大多数为吸收性玻璃毡(AGM)电池(见第 3 章)。

因为现有的 E2W 很少装配再生制动系统,并且这些车辆大多使用 LIB,所以它们并不要求高动态充电接受能力。

铅胶体电池是密封防酸泄漏的,它有时用于 E2W 而不是 AGM。在 E2W 市场上,凝胶电池通常作为"硅电池"销售,以突出它的 SiO_2 凝胶电解质。凝胶电池的功率低于 AGM 电池的功率,这也导致了 C_1 容量的降低,但是凝胶电池的寿命要长于 AGM 电池的寿命。

E2W 电池的设计与汽车电池的设计相同,不过大部分 E2W 电池用螺丝端子而不是汽车电池中的夹柱,但有时也使用铲形连接器。

AGM 电池主要制造成 12 V 电池(6 个电池),但有时也会制造成 16 V 电池(8 个电池)。对于特殊应用,电池容量可以是 10 Ah、14 Ah、20 Ah 甚至 60 Ah。12 V 或 16 V 电池组可以很容易地组合在一起形成更高电压的电池:两个电池组(24 V,32 V),最多六个电池组(72 V,96 V)。

表 18.2 给出了中国和日本制造商生产的 12 V、10～12 Ah AGM 电池模块特性,表 18.3 给出了超威电力控股有限公司 12 V/16 V 级 AGM 电池型号和规格。

表 18.2 中国和日本制造商生产的 12 V、10～12 Ah AGM 电池模块特性

生产商	电池容量 C_2/Ah	质量 /kg	体积 /L	比能量 /(Wh/kg)	能量密度 /(Wh/L)	成本 /($ 2006 kW/h)
瑞达	12	4.4	1.39	33	104	86.4
天能	12	4.1	1.39	35	104	80.5
超威	10	4.1	1.39	29	86	81.9
松下	12	3.8	1.39	38	104	104.3
卓豹	10	4.1	1.39	29	80	
华富	12	4.2	1.39	34	104	
平均				33	97	88

转载自 J. X. Weinert, A. F. Burke, X. Wei, J. Power Sources 172 (2007) 938-945, 由 Elsevier 提供。

表 18.3 12 V/16 V 级 AGM 电池型号和规格(超威电力控股有限公司,中国)

型号	额定电压 /V	额定容量 /Ah	尺寸(±2 mm)				质量/kg
			长度/mm	宽度/mm	高度/mm	总高/mm	
6-DZM-12	12	12	151	99	97	101	4.3
6-DZM-13	12	13	151	99	97	103	4.4
6-DZM-20	12	20	181	77	170	170	6.9
6-DZM-32	12	32	267	77	170	170	10.2
6-DZM-38	12	38	222	106	171	171	11.7
6-DZM-45	12	45	226	120	175	175	13.4
6-DZM-15	16	15	201	112	100	102	6.8
6-DZM-22	16	22	2502	100	129	132	9.7

在 2015 年,高级铅酸电池的成本为 80 美元/kWh,到 2020 年为 70 美元/kWh[21]。

LAB 对中国的 E2W 市场的高度渗透,导致了有毒铅污染等环境问题。

中国的 LAB 产业与其他工业化国家是截然不同的。特别是在中国每年丢弃的 260 万吨的旧铅酸电池中,只有约 30% 得到了适当的回收[22]。在电池的生产过程中,生产一吨的成品铅即损失 0.044 吨的铅。这么高的损失率主要是由于矿石的质量低以及很高比例的铅在小规模工厂使用落后的技术精

练[23]。LAB 在 E2W 市场相对较高的渗透率正在使这个环境问题更为严重。中国政府已经出台了关于 LAB 工业新的环境政策,大大减少了技术落后的中小企业数量。最近的一项研究确定了在 E2W 的 LAB 循环使用寿命内对环境和公共健康影响最大的关键材料和过程[24]。

18.5.3 锂离子电池

锂离子电池(LIB)有多种类型,通过使用不同的活性物质来区分(见第 2 章)。对于 E2W,磷酸铁锂(LFP)电池由于具有极高的安全性而经常被使用。LFP 电池可以达到约 1000 次循环到 100% 放电深度(DoD),3000 次循环到 80%DoD 和 5000 次循环到 70%DoD。

镍锰钴(NMC)、锰酸锂(LMO)和镍钴铝(NCA)电池(见第 2 章)也用于 E2W。消费类 18650 型电池通常用于 E2W LIB 中。

18.5.3.1 锂离子电池的优点

(1) 比能量高。

锂离子电池的比能量因化学成分而异,在 100~130 Wh/kg 的范围内浮动,电池能量密度在 240~300 Wh/L 浮动。在中后期,LIB 预计将达到 150 Wh/kg 或 400 Wh/L。

(2) 寿命更长。

LIB 的寿命也取决于系统的化学性质。对于电动车电池(LFP、NMC 和 NCA),目前实际能持续 1500 个周期。然而,LEV 电池大多使用消费类 18650 型电池,其实际循环寿命仅为 750 次左右。

18.5.3.2 锂离子电池的缺点

(1) 安全性。

LIB 属于危险品第 9 类,由于 LIB 具有较高的比能量,可能会发生安全问题,如热失控(见第 2 章和文献[25])。如前所述,为了减少事故风险,使用电池管理系统(BMS)控制关键操作参数。

为了避免这种事件发生,在 LIB 的运输时需遵守联合国条例 3480/3481,在使用 LIB 时需遵守不同的国际标准,这是很重要的[26]。特别是对于 LEV 电池,电池安全组织(BATSO)已经制定了安全测试和性能标准[27]。有关 E2W LIB 安全运输的报告见下文[28]。

(2) 成本。

LIB 最大的缺点是价格昂贵,目前 EV 电池在每千瓦时 300~500 美元的范围内,但是对于 E2W 休闲和运动应用而言价格则要高得多。未来对于 EV

LIB 的价格预测非常乐观：2025 年为每千瓦时 150～250 美元[29]。

18.5.4 电池寿命

电池寿命可以定义为循环次数和使用寿命。一般来说，电池寿命取决于电池种类、温度、放电/充电电流和 DoD 等。如果容量达到≤80％的标称容量，则电池寿命会结束。当然，如果原装的电池使用时长已经达到官方给定的报废标准，正常 E2W 车主也需要对电池进行更换。

18.5.4.1 循环次数的寿命

除非另有说明，否则循坏次数以"完整"循环等值的数字给出，有时也称为容量吞吐量。完整的循环是通过最大允许的 DoD 来定义的。

DoD 和循环次数之间的联系不是线性的，而是指数的（见图 18.8）。

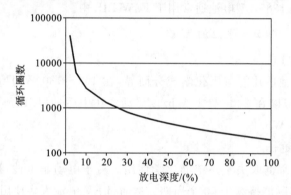

图 18.8 工业铅酸电池的放电深度与循环寿命的关系。转载自 H. Wenzl, J. Carche, C. Dyer, P. Moseley, Z. Ogumi, D. Rand, B. Scrosati, Encyclopedia of Electrochemical Power Sources, vol. 1, Elsevier, 2009 年, 552-558 页，由 Elsevier 提供

如果电池没有达到深度放电，那么原来的活性物质结构会在很大程度上保持，从而减少老化。

这种 DoD 效应对于 LAB 特别明显，其中充/放电反应涉及活性物质结构的强烈变化的溶解-沉淀机制。

要达到足够的循环次数，必须限制 DoD。对 LAB 来说，DoD 不应该高于70％，最好限制在50％（见图 18.8）；对于 LIB，DoD 可能高达85％。

LAB 制造商宣传其电池的生命周期为 400～550 个周期，尽管匿名制造商对四个品牌进行的独立测试中显示的循环寿命为 300～400 个周期。大多数电动自行车制造商只对电池提供 1～1.5 年的保修期，这相当于 110～170 个周期[31]，在气候炎热的地区，这个循环次数可能更低。

对于消费类 18650 型电池的 LEV 电池,其真实循环寿命约为 750 次循环。

18.5.4.2 以年为单位的寿命(使用寿命)

为了告知消费者电池大概的寿命,提出了以年为单位的电池寿命。当然,这个数值很大程度上取决于驾驶者的驾驶行为。对于 LAB 来说,其年限一般为 2 年左右,LIB 则为 4 年左右。

使用中应该避免对电池寿命造成强烈负面影响的一些操作参数(如低/高温、高 DoD、高负载等)。因此,对于价格较高的 E2W,如在使用 LIB 的 E2W 中,需要使用 BMS。由于成本原因,BAMS 几乎没有配置到 LAB 中,并且因为铅酸系统比 LIB 具有更高的安全性。BMS 通常也记录骑乘数据,这可以帮助找出电池故障是否可以作为保修的依据。

VRLA 电池在性能上表现出相当大的发散性,这是由于不精确的劳动密集型制造过程造成的。当串联几个电池甚至模块时,模块电压存在显著变化的风险,这会导致电池的加速老化,因为组件的"最弱"模块或模块的"最弱"电池的老化时间更快[32]。而由于高度自动化的生产方法,LIB 电池的差异性较低。

高品质的品牌产品通常可以达到高寿命,而便宜的无名电池则不能达到。

18.5.5 充电

目前,大多数电动自行车的电池组都是可拆卸的,但是由于设计美观的要求,越来越多的电池被永久固定安装在车架内部。在这种情况下,必须有一个很好的充电基础设施。

通常,公共共享系统中使用的电动自行车在固定的装载箱中进行充电,同时在那里它们也被锁定。这种充电和锁的结合导致了一种所谓的充电锁定电缆的发展,其允许充电还可以防止盗窃。

此外,几乎目前所有市售的 E2W 充电器都只能在干燥条件下使用,它们不适合在露天甚至屋下充电。

由于电动滑板车的质量较大,它们的电池组大多集成在滑板车中,因此需要充电基础设施。

对于所有 LEV 来说,如果充电器是车辆的一部分,那么车辆只有在 250 V 产品的条件下充电才有效。

由于有不同的电池化学成分和不同类型的电池(容量、电压),对于 E2W 来说,需要专用的充电器。如果使用的是新电池,则特别需要注意充电器。

LAB 和 LIB 的充电须知是众所周知的。通常情况下,不会使用带有特殊充电器和更高成本的特殊充电方式。

18.5.6 电池存储

在长时间的开路条件下,电池会自行放电,自放电率随温度的升高而增大。因此,电池应该在低温下存储。

对于 LAB 来说,每月的自放电量为 3%～5%,即在 1 年内约损失 50% 的容量。然而,电池存储主要的问题并不是容量损失,而是硫酸盐化,即在自放电过程中形成大 $PbSO_4$ 晶体使不能够正常充电(见第 3 章)。为了避免硫酸盐化,LAB 应每 2～3 个月再充电一次。

LIB 的自放电量大约是每月 2%,即在 1 年内大约有 25% 的容量损失。自放电越高,荷电状态(SoC)越高。因此,LIB 应该存储在低 SoC 下。最佳 SoC 值约为 30%～40%,因为在 SOC 为 0% 时,阳极电位可能达到 Cu 集电极可溶解的值(见第 2 章)。

18.6　总结

E2W 电动自行车和电动滑板车是目前低功率轻型电力牵引领域最重要的应用领域。E2W 取得巨大成功有两个原因:电动自行车方便个人出行和货物运输;电动滑板车减少了二冲程 ICE 滑板车的环境污染。据估计,2015 年全球的电动自行车销量已经超过了 3800 万辆,仅中国就售出了 3400 万辆。3800 万辆电动自行车意味着,每辆电动自行车配 300 Wh 电池,每年有高达 11.4 GWh 的巨大电池产量。

LAB 和 LIB 都被用作电动自行车电池。在欧盟、日本和美国,LIB 几乎只用于 E2W,但是在中国,LIB 的渗透率只有 12.5%,即 3800 万辆电动自行车中,只有 900 万辆是 LIB(其他国家 500 万辆;中国 400 万辆),剩下的 2900 万辆车都是 LAB。在未来,LAB 还将主导中国乃至全世界的 E2W 市场。这是因为它们价格低廉以及锂离子技术缺乏经验。

缩写、首字母缩写词和首字母缩略词

AGM　Absorptive glass-mat　吸收性玻璃毡

BATSO　Battery Safety Organization　电池安全组织

BMS　Battery management system　电池管理系统

C　Capacity (Ah)　容量(Ah)

C_x　Capacity at x h discharge（Ah）　在 x h 放电的容量（Ah）

DoD　Depth-of-discharge　放电深度

E2W　Electric two wheeler　电动两轮车

E3W　Electric three wheeler　电动三轮车

EU　European Union　欧盟

EV　Electric vehicle　电动车

FC　Fuel cell　燃料电池

ICE　Internal combustion engine　内燃机

LAB　Lead-acid battery　铅酸电池

LEV　Light electric vehicle　轻型电动车

LFP　Lithium-ion battery type based on lithium iron phosphate as positive cathode material（$LiFePO_4$）　磷酸铁锂，以磷酸铁锂（$LiFePO_4$）为正极材料的锂离子电池

LIB　Lithium-ion battery　锂离子电池

LMO　Lithium-ion battery type based on lithium manganese oxide as positive cathode material（$LiMn_2O_4$）　锰酸锂，以锂锰氧化物（$LiMn_2O_4$）为正极材料的锂离子电池类型

NMC　Lithium-ion battery type based on lithium nickel cobalt manganese oxide as positive cathode material（$LiNi_{1/3}Mn_{1/3}Co_{1/3}O_2$）　镍锰钴，以镍锰钴氧化物（$LiNi_{1/3}Mn_{1/3}Co_{1/3}O_2$）为正极材料的锂离子电池类型

NCA　Lithium-ion battery type based on lithium nickel cobalt aluminium oxide cathode material（$LiNi_{0.8}Co_{0.15}Al_{0.05}O_2$）　镍钴铝，以锂镍钴铝氧化物（$LiNi_{0.8}Co_{0.15}Al_{0.05}O_2$）为正极材料的锂离子电池类型

Pedelec　Pedal electric cycle　电动助力车

PEMFC　Polymer electrolyte membrane fuel cell　聚合物电解质膜燃料电池

Peugeot　French automobile company　法国汽车公司（标致公司）

ROW　Rest of the world　世界其他地区

SoC　State-of-charge　荷电状态

TCO　Total costs of ownership　总拥有成本

VRLA　Valve-regulated lead-acid　阀控式铅酸电池

参考文献

[1] J. F. Gieras, N. Bianchi, EPE J. 14 (2004) 12-23.

[2] J. X. Weinert, A. F. Burke, X. Wei, J. Power Sources 172 (2007) 938-945.

[3] https://www.electricbike.com/e-bike-patents-from-the-1800s.

[4] H. Neupert, AABC Meeting 2016, Mainz, 27th January 2016, Industrial and Specialty Automotive Section.

[5] H. Neupert, Batteries for Light Electric Vehicles (LEV's), Lithium Battery Seminar, Karlstein (Germany), November 15, 2005. http://extraenergy.org/files/HannesNeupert FF.pdf.

[6] www.landrad.at.

[7] http://www.energybus.org; http://www.energybus.org/Further-Info/Downloads/EnergyBus-Brochure-2014.

[8] https://de.wikipedia.org/wiki/Liste_der_Elektromotorroller.

[9] https://en.wikipedia.org/wiki/Electric_motorcycles_and_scooters.

[10] Navigant Research, Study "Electric Motorcycles and Scooters e Market Drivers and Barriers, Technology Issues, Key Industry Players, and Global Demand Forecasts", 1Q2015.

[11] J. Weinert, E. VanGelder, in: J. Garche, C. Dyer, P. Moseley, Z. Ogumi, D. Rand, B. Scrosati (Eds.), Encyclopedia of Electrochemical Power Sources, vol. I, Elsevier, 2009, pp. 292-301.

[12] M. H. Yang, AABC Meeting 2016, Mainz (Germany), 27th January 2016, Industrial and Specialty Automotive Section.

[13] R. Zhang, Z. Cheng, R. Zhao, H. Chen, Y. Shu, Open Fuels Energy Sci. J. 8 (2015) 291-297.

[14] INSG SECRETARIAT BRIEFING PAPER No. 23, The Global E-Bike Market September 2014. http://www.insg.org/%5Cdocs%5CINSG_Insight_23_Global_Ebike_Market.pdf.

[15] http://www.escooter.de/NEWelektroroller.html.

[16] https://en.wikipedia.org/wiki/Peukert%27s_law.

[17] Z. Qi, in: J. Garche, C. Dyer, P. Moseley, Z. Ogumi, D. Rand, B. Scrosati (Eds.), Encyclopedia of Electrochemical Power Sources, vol. I, Elsevier, 2009, pp. 302-312.

[18] GoPedelec handbook, published by Go Pedelec Project Consortium, http://www1.extraenergynews.org/download.php? key$^{1/4}$kQ4iqlGA&file$^{1/4}$29.

[19] H. Neupert, How to select the right battery, LEV Conference, Hsin-chu (Taiwan), March 20e23, 2007, Proceedings, pp. 39-100.

[20] Ch. Pillot, AVICENNE ENERGY, The Rechargeable Battery Market 2014-2025 e 24th Edition, July 2015.

[21] N. Maleschitz, Lead Acid Battery Technology Advances and the Threat of Li-Ion Technology 8th World Lead Conference, Amsterdam, March 2016, pp. 30-31.

[22] https://www. chinadialogue. net/blog/6614-Recycling-lead-batteries-in-Chinablocked-by-cheaper-more-polluting-methods/en.

[23] Asian Development Bank Report, Electric Bikes in the People's Repub-lic of China, 2009. http://www. adb. org/sites/default/files/publica-tion/27537/electric-bikes. pdf.

[24] W. Liu, J. Sang, L. Chen, J. Tian, H. Zhang, G. O. Palma, J. Cleaner Prod. 108 (2015) 1149-1156.

[25] Y. Barsukov, in: J. Garche, C. Dyer, P. Moseley, Z. Ogumi, D. Rand, B. Scrosati (Eds.), Encyclopedia of Electrochemical Power Sources, vol. V, Elsevier, 2009, pp. 177-182.

[26] E. Cabrera Castillo, in: B. Scrosati, J. Garche, W. Tillmetz (Eds.), Advances in Battery Technologies for Electric Vehicles, Woodhead, 2015, pp. 469-494 (Chapter 18).

[27] http://www. batso. org/Standards.

[28] http://www. ExtraEnergy. org.

[29] B. Nykvist, M. Nilsson, Nat. Clim. Changes 5 (2015) 329-332.

[30] H. Wenzl, in: J. Garche, C. Dyer, P. Moseley, Z. Ogumi, D. Rand, B. Scrosati (Eds.), Encyclopedia of Electrochemical Power Sources, vol. I, Elsevier, 2009, pp. 552-558.

[31] http://www. electric-bikes. com/betterbikes/silicon. html.

[32] E. Rossinot, C. Lefrou, J. P. Cun, J. Power Sources 114 (1) (2003) 160-169. http://www. electric-bikes. com/betterbikes/silicon. html.

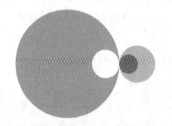

第 19 章
汽车应用铅酸电池的标准与测试

T. Hildebrandt[1], A. Osada[2], S. Peng[3], T. J. Moyer[4]

[1] 江森自控汽车有限公司,汉诺威,德国

[2] 日本电池联盟(BAJ),东京市,日本

[3] 理士国际技术有限公司,福特希尔兰奇,加利福尼亚州,美国

[4] 东宾夕法尼亚制造股份有限公司,莱昂斯区,宾夕法尼亚州,美国

19.1　标准化机构与不同层面的标准化

外部标准化是在不同层面由不同标准化机构组织的。这些机构在专业领域以及在国际、地区或国家范围内形成了一定的结构和等级(见图 19.1)。

标准化机构	一般	电气工程	电信
国际	ISO	IEC	ITU
美国		ANSI	
亚太		JISC	
欧洲	CEN	CENELEC	ETSI
各国	各国委员会	各国委员会	各国委员会

图 19.1　不同层面的标准化机构

19.1.1　IEC：国际电工委员会

国际电工委员会负责电工领域之外的标准化工作，它成立于 1906 年，并为所有电气、电子及相关技术准备发布基于共识的标准[①]。

19.1.2　ISO：国际标准化组织

国际标准化组织通常负责除有关电工问题之外的标准化工作，它成立于 1946 年，有 162 个国家成员，并准备和发布通行的标准[②]。

19.1.3　ITU：国际电信联盟

国际电信联盟是一个负责协调和标准化通信技术（如电信、全球无线电频谱或卫星轨道等）的国际机构，它成立于 1865 年，拥有 193 个国家成员[③]。

19.1.4　ESTI：欧洲电信标准协会

欧洲通信技术标准化委员会。

19.1.5　CEN：欧洲标准委员会

欧洲标准委员会负责制定欧洲层面不被 ETSI 和 CENELEC 涉及的通用标准。

19.1.6　CENELEC：欧洲电工标准委员会

欧洲电工标准委员会负责电气工程领域的标准化。

19.1.7　ANSI：美国国家标准协会[④]

美国管理标准化体系的非营利组织，成立于 1918 年。

19.1.8　DKE：德国电气工程电子信息技术委员会

德国国家标准委员会。

19.1.9　DIN：德国工业标准

德国国家标准。

19.1.10　SAE International[⑤]：国际自动机工程师学会

国际自动机工程师学会成立于 1911 年，最初为美国汽车工程协会，是一家总部位于美国的全球行业专业协会和标准化组织，为各行各业的工程专业

---

① http://www.iec.ch/about.

② http://www.iso.org/iso/home/about.htm.

③ http://www.itu.int/en/about/Pages/default.aspx.

④ http://www.ansi.org/about_ansi/overview/overview.aspx? menuid1/41.

⑤ http://www.sae.org/about.

人士服务。主要关注交通运输行业，如汽车、航空航天和商用车辆。国际自动机工程师学会根据国际自动机工程师学会委员会和工作组确定和描述的最佳实践来协调技术标准的制定。专责小组由相关领域工程专业人士组成。国际自动机工程师学会在全球拥有超过13.8万名会员。会员资格授予个人，而不是通过公司。

19.1.11　BCI：国际电池理事会[①]

国际电池理事会是为促进国际电池行业利益而成立的非营利性贸易协会。国际电池理事会在全球拥有超过250家成员公司，成员公司涉及各个方面的行业，包括铅电池制造商和回收商、营销商和零售商、原材料和设备供应商以及专家顾问。作为行业的主要协会，国际电池理事会的会员服务具有全球影响力。其总部在美国芝加哥。

国际电池理事会为电池制造制定技术标准，并为整个行业积极推广可行的环境、健康和安全标准。国际电池理事会在美国州和联邦层面积极推动铅电池的回收利用和再生材料的使用，以制定模型电池回收立法。这项立法是为了有效回收有价值的资源，并将可回收材料从废物流中排除出去。这一模式已被全国37个州的立法机关采纳。

19.1.12　SAC：中华人民共和国国家标准化管理委员会[②]

中华人民共和国国家标准化管理委员会成立于2001年，经中华人民共和国国务院授权行使行政责任，对标准化工作实行统一管理、统一监督、统筹协调的管理工作。

国家标准化管理委员会代表中国加入国际标准化组织(ISO)、国际电工委员会(IEC)和其他国际或地区的标准化组织。国家标准化管理委员会负责为国际标准化组织(ISO)与国际电工委员会(IEC)组织国家委员会活动。

国家标准化管理委员会批准和组织实施国际标准化合作交流项目。

19.1.13　SAC/TC69：中国铅酸蓄电池标准化技术委员会

铅酸蓄电池标准化技术委员会主要负责不同应用领域的铅酸蓄电池的国家标准(GB系列)，包括铅酸电池标准、配件标准、相关的设备标准、安全标准和环境标准。

---

① http://batterycouncil.org/? ABOUTUS.
② http://www.sac.gov.cn/sacen/aboutsac/who_we_are/201411/t20141118_169916.htm.

19.1.14　CEEIA：中国电器工业协会[①]

中国电器工业协会成立于 1999 年，负责为电工行业提出建议，起草发展方案和制定产品标准。铅酸蓄电池标准化委员会也是 CEEIA 制定该行业标准的成员单位。

19.1.15　BAJ：日本电池协会[②]

日本电池协会推动有关电池及电池应用产品、环境保护、资源回收、质量及性能的提升和产品安全的研究及发展。

日本电池协会致力于推动电池和电池产品行业及相关行业的良性发展，在确保人民的生活安全和促进生活质量提高的同时，协助整个行业的进步。

日本电池协会从事以下活动以达到其目标。

（1）电池及电池应用产品的研究。

（2）推动与电池及电池应用产品相关的环境保护、资源回收、质量、性能和产品安全。

（3）电池及电池应用产品应用和教育活动的发展。

（4）有关电池及电池应用产品应用的大众知识普及。

（5）与电池及电池应用产品应用外部组织联系和合作。

（6）除上述之外，为达到协会目标所必需的其他一系列活动。

19.1.16　JISC：日本工业标准调查会[③]

日本工业标准调查会由许多国家委员会组成，在日本的标准化活动中起核心作用。日本工业标准调查会的工作是建立和维护日本工业标准、标准鉴定与认证管理、参与国际标准化活动、度量标准和技术标准化基础构架的研发。

19.1.17　JSA：日本标准协会[④]

日本标准协会在各个领域制定日本工业标准草案。这包括标准单位、图形符号、抽样检验和质量评估模型，以及标准在基础和公共领域的起草与颁布规则，图形图像处理、IT 领域的多媒体信息交换码，环境管理领域的标准。日本标准协会还推动日本工业标准与相关产业和其他组织进行高技术领域的合作。

[①]　http://www.ceeia.com.

[②]　http://www.baj.or.jp/e.

[③]　https://www.jisc.go.jp/eng/index.html.

[④]　http://www.jsa.or.jp/default_english/default_english.html.

19.2　不同的标准及其义务

一般来说,外部标准是为技术问题提供建议的文件,这有助于确保关于特殊产品的共同理解。如果某个产品的某些方面是标准化的,那么就可以确保交互性和兼容性,并建立商品市场。

产品安全标准规定了一个产品基本的要求和特性,以确保使用该产品的人的安全和健康。

标准为某一确定主题提供技术状态的定义,如果遵循,则为制造商提供一定程度的信心。另一方面,标准并非法律行为,其适用是非强制性的。尽管如此,在很多情况下,法律执行具体问题时会参考外部标准。

例如,欧洲 1103/2010 号法规根据欧洲议会和欧洲理事会第 2066/66/EC 号指令要求对汽车电池的容量和冷启动性能予以标识。这些参数的详细定义和必要的测试程序没有在立法文本直接给出,而是引用了欧洲标准 EN 50342-1。根据这一引用,该标准为该行业提供了必要的信息,使其能够符合欧洲立法。

外部标准的基本原则是,这些文件由公共工作组起草、审阅和更新,所有决定都基于共识。

为此,汽车用铅蓄电池有以下几种典型的标准文件。

(1) 安全。

(2) 尺寸、末端和标注。

(3) 使用材料性质。

(4) 功能要求。

(5) 测试方法。

19.3　不同地区的标准和汽车应用中的铅酸电池适用标准清单

本节将介绍世界上不同地区的标准化工作,并列举汽车应用中的铅酸电池的相关标准文件。固定或牵引用的相关文件在这里将不会被提及。此外,用于车辆推进用的铅酸电池文件将不会被提及。

本节提到的标准化组织的顺序并不代表其文件的重要性。尽管国际电工委员会提供国际认可的文件,但其与启动电池的相关性较低。由于历史原因,由德国工业标准发展而来与其后由欧洲电工标准委员会发展而来的文件得到了更多关注,并在欧盟范围内得到认可。由于美国、中国和日本都有自己的规定,国际电工委员会有关启动用铅酸蓄电池的文件主要与非洲和海湾地区相关。随着新版 IEC 60095 系列于 2017 年出版,人们努力更新文件来解决这个问题。

19.3.1　国际(IEC)

负责有关铅酸电池在汽车应用文件的技术委员会是 TC 21:二次单体电池和蓄电池。

● 已发布文件(截至 2017 年):

IEC 60095-1:2006:启动用铅酸蓄电池——第 1 部分:一般要求和实验方法;

IEC 60095-2:2009:启动用铅酸蓄电池——第 2 部分:产品品种规格和末端尺寸、标记;

IEC 60095-4:2008:启动用铅酸蓄电池——第 4 部分:重型车辆的电池尺寸;

IEC TC 61430:1997:二次单体电池和蓄电池——为降低爆炸危险设计的设备性能检查的测试方法;

IEC 62485-1:2015:对装配二次单体电池和蓄电池的安全要求——第 1 部分:一般安全信息。

● 正在编写的文件(截至 2017 年):

IEC 62877-1:排气式铅酸蓄电池的电解质和水——第 1 部分:电解质的要求;

IEC 62877-2:排气式铅酸蓄电池的电解质和水——第 2 部分:水的要求;

IEC 62902:二次电池:辨别其化学性质的标记符号;

IEC 60095-1:启动用铅酸蓄电池——第 1 部分:一般要求和实验方法(更新);

IEC 60095-6:启动用铅酸蓄电池——第 6 部分:微循环应用电池;

IEC 60095-7:启动用铅酸蓄电池——第 7 部分:摩托车电池的一般要求和测试方法。

19.3.2　欧洲(CENELEC)

● 已发布文件(截至 2017 年):

EN 61429:1996/A11:1998:用国际回收标志 ISO 7000-1135 标记二次单体电池和蓄电池以及关于 93/86/EEC 和 91/157/EEC 指令的指示;

EN 50272-1:2010:对装配二次单体电池和蓄电池的安全要求——第 1 部

分:一般安全信息;

　　EN 50342-1:2015:启动用铅酸蓄电池——第 1 部分:一般要求和实验方法;

　　EN 50342-2:2007/A1:2014:启动用铅酸蓄电池——第 2 部分:产品品种规格和端子尺寸、标记;

　　EN 50342-3:2008:启动用铅酸蓄电池——第 3 部分:标称电压为 36 V 的蓄电池终端系统;

　　EN 50342-4:2009:启动用铅酸蓄电池——第 4 部分:重型牛辆的电池尺寸;

　　EN 50342-5:2010/AC:2011:启动用铅酸蓄电池——第五部分:电池外壳和手柄的特性;

　　EN 50342-6:2015:启动用铅酸蓄电池——第 6 部分:微循环应用电池;

　　EN 50342-7:2015:启动用铅酸蓄电池——第 7 部分:摩托车电池的一般要求和实验方法。

　　● 正在编写文件(截至 2017 年):

　　EN 62877-1:排气式铅酸蓄电池的电解质和水——第 1 部分:电解质的要求;

　　EN 62877-2:排气式铅酸蓄电池的电解质和水——第 2 部分:水的要求。

19.3.3　美国(SAE)

　　● 已发布文件(截至 2017 年):

　　J1495_201302:电池阻燃排气系统的测试程序;

　　J2185_201202:重负荷蓄电池的寿命测试(仅铅酸类型);

　　J240_201212:汽车蓄电池寿命测试 2012 年 12 月 3 日(确定);

　　J2801_201308:12 V 汽车蓄电池的综合寿命测试;

　　J537_201604:蓄电池;

　　J930_201605:越野作业机械的蓄电池;

　　J3060_201604:汽车和重载/越野电池振动测试方法。

　　● 正在编写文件:

　　J2981:启动电池的定义和分类。

19.3.4　美国(BCI)

　　● 已发布文件(截至 2017 年):

　　2015 国际电池理事会电池数据更换手册;

电池标签手册,2014 年 7 月修订;

电池技术手册(CD-ROM):国际电池理事会针对汽车用铅酸蓄电池所有用途编制的综合手册,具体参考了用于评估电池主要组件性能的实验室分析和测试方法以及用于制造这些电池的原材料;

国际电池理事会电池维修手册:第 13 版,2010 年。包括有关电池结构、充电和测试的信息。

19.3.5 中国(SAC)

● 已发布文件(截至 2017 年):

GB/T 5008.1—2013:启动用铅酸蓄电池 第 1 部分:技术条件和试验方法;

GB/T 5008.2—2013:启动用铅酸蓄电池 第 2 部分:产品品种规格和端子尺寸、标记;

GB/T 22199—2008:电动助力车用密封铅酸蓄电池;

GB/T 23638—2009:摩托车用铅酸蓄电池。

● 正在编写文件(截至 2017 年):

CEEIA 228—2015:启停用铅酸蓄电池技术条件(行业标准)。

19.3.6 日本(JSA)

● 已发布文件(截至 2017 年):

JIS D 5301:2006:启动铅酸蓄电池;

JIS D 5302:2004:摩托车用铅酸蓄电池;

JIS D 5303-1:2004:铅酸牵引蓄电池——第 1 部分:一般要求和实验方法;

JIS D 5303-2:2004:铅酸牵引蓄电池——第 2 部分:电池终端的尺寸和电池极性的标记。

● 正在编写文件(截至 2017 年):

无。

19.3.7 日本(BAJ)

● 已发布文件(截至 2017 年):

SBA S 0101 2014:带启停系统的汽车用铅酸蓄电池;

SBA S 0102 2015:铅酸蓄电池——欧洲标准型;

SBA S 0601 2014:确定固定电池容量的方法;

SBA S 0804 2009:小型阀控式铅酸牵引电池;

SBA S 1221 2012:电动车用阀控式铅酸蓄电池。

● 正在编写文件(截至 2017 年):

SBA G 0101:铅酸启动蓄电池的安全和操作指南;

SBA G 0102:使用启动铅酸蓄电池的机器——设计的技术指南。

19.4　发布新标准的程序

一般而言,任何人都可以提出新的标准化主题,并向各个国家委员会提交申请和提案。IEC 与 CEN/CENELEC 之间的一些协议确保所有提案均能够在足够的标准化水平下处理,并可能由 IEC 转交给 CENELEC 甚至是国家一级委员会。

建立一个标准的程序是,提名的专家项目组撰写一份提案,再经过多次的审查和确认,最后由标准化组织成员公开投票。组织内部条例定义了该程序的详细过程,且不同组织间可能不同。国家委员会的程序大多与这些国际程序有关,但可能细节处有不同。

为了帮助了解不同阶段和不同类型的文件,对该过程的简要概述和主要使用的首字母缩略词是为国际组织 IEC 与 CENELEC 会提供的。

● 根据 ISO/IEC 指令第 1 部分(第 12.0/2016 版)的过程步骤和首字母缩略词[①]:

预备阶段:初步工作项——PWI;

提案阶段:新的工作项目提案——NP;

筹备阶段:工作草案——WD;

委员会阶段:委员会草案——CD;

咨询阶段:咨询草案——ISO/DIS 或 IEC/CDV;

批准阶段:最终国家标准草案——FDIS;

发布阶段:国际标准——ISO、IEC 或 ISO/IEC。

● 根据 CENELEC 内部规定,在欧洲电工标准委员会层面的处理步骤和首字母缩略词:第 2 部分——标准化工作通用规则(2015 年 6 月)[②]:

起草阶段:起草;

公开咨询阶段:欧洲标准草案——prEN;

正式投票阶段:最终欧洲标准草案——FprEN;

发布阶段:欧洲标准——EN。

---

① http://www.iec.ch/members_experts/refdocs/governing.htm.

② ftp://ftp.cencenelec.eu/CENELEC/IR/CEN_CENELEC_IR2_EN.pdf.

19.5 电池大小的比较和趋势

IEC、CENELEC 和 BCI/SAE 与 SAC 和 BAJ 有关电池尺寸定义有着不同的方式。前者侧重于电池本身的尺寸。壳子和盖子的尺寸,排气口和凸缘的位置及尺寸的定义与所得电池的电气性能数据无关。这为电池制造商提供了在壳体和盖的物理尺寸范围内设计和优化性能参数的可能性。

后者文件将电气性能数据与固定尺寸电池相联系。采用这种方法,整个产品范围是预定义的,所有电池制造商的设计必须满足这些参数。

定义一组容器尺寸的主要目标是创建一系列电池盒,以便使用相同的电极尺寸(高度和宽度)。这提供了通过在相同的几何形状内使用不同的板数和不同数量的有效质量来实现不同的容量和性能水平的机会。

欧洲标准尺寸电池容器的诞生有着明显的趋势,其具有的中央脱气和终端保护的安全特性代表了目前的技术状态。

19.5.1 国际(IEC)

在国际上,IEC 文件 IEC 60095-2 概述了各个地区乘用车的首选和推荐电池类型的尺寸:

欧洲(EU):LN 和 LBN 系列,每种有 7 种类型;

北美(AM):11 类大小;

东亚(AS):9 种电池尺寸。

文件 IEC 60095-4 给出了重型卡车的首先和推荐电池类型的尺寸:

欧洲(EU):A、B、C 和 D2 型;

北美(AM):4D、8D、31T 和 31A 类尺寸;

东亚(AS):E41、F51、G51、H52 型。

19.5.2 欧洲(CENELEC)

欧洲文件 EN 50342-2 定义了两种主要类型的乘用车电池,即 LN 和 LBN,各有 7 种型号。在系列中,电池的区别仅在于其宽度;系列之间,电池的区别在于其高度。LN 系列标准高度为 190 mm,LBN 系列为 175 mm。使用的首字母缩略词 LN 和 LBN 大多由于历史因素,与以前的系列相比,"L"表示"大的","N"表示"新的"。

乘用车电池首选的系列是 LN 系列。

EN 50342-2 电池通常提供脱气功能。此外,接线端子通过凹陷在电池的角落进行保护,以防止意外短路。

文件 EN50342-4 定义了一组用于重型卡车应用的四种优选类型(A、B、C 和 D2)。相较于乘用车系列,这些类型在尺寸上并未遵循一定的系统方法。尺寸和图纸详见第 17 章。

19.5.3　美国(BCI、SAE)

在北美,BCI 根据电池的尺寸、电压和端子排列定义了一个电池编号组的列表。此外,还给出了典型的性能范围。该清单每年在 BCI 电池更换数据手册中发布。它涵盖了铅酸启动电池在乘用车、重型卡车以及休闲和农业用车中的各种应用场景。

19.5.4　中国(SAC)

根据 GB/T 5005.2—2013,中国系列电池定义了顶部固定的 27 种不同的类型和底部固定的 22 种类型,以及它们的电气性能参数。

19.5.5　日本(BAJ、JSA)

日本文件定义了一份电池列表,包括尺寸、乘用车或重型卡车的使用分类以及详细的电气性能参数。它们被标记为一个特殊的数字,表示一定的尺寸、应用和性能需求集。除了尺寸的差异之外,这些电池使用了直径比 EN 和 SAE 较小的不同锥形端子(T1)。

19.6　典型铅酸电池要求和测试程序的比较

在本节中,将介绍主要标准的典型要求和相关测试程序的详细信息,并将它们进行比较。目标是对差异和类似的方法进行概述。这样就可以根据一个规范来估计电池的预期性能,即使它符合另一种规范。

请注意,这些比较只能以定性的方式进行,不能保证一定会达到要求。例如,如果是根据特定规范要求的证书,那么根据此规范进行测试是强制的。另一方面,经常会出现一个问题,即根据不同标准合格的产品是否具有可比性。这可以用下面的比较来回答。

19.6.1　初始性能

初始性能参数是启动铅酸电池的关键特性。这些是总能量或容量含量以及在低温下用大电流放电以启动内燃机的能力。

由于可用能量取决于放电电流,因此需要定义电池温度和最小截止电压测试条件。对于多大电流分布能代表内燃机的典型启动情况,有相当不同的看法。大多数方法都要求两步启动曲线,代表短时间内开始转动冷发动机中的旋转部件所需的高功率,而较长时间表示在第一次点火发生之前使发动机加速的阶段。除了启动电流本身之外,还定义了在某些放电时间必须满足的某些电压水平。

应该指出,今天存在的所有启动测试都是几十年前研发的,且不再代表启动现代汽车内燃机的需求。然而,这些配置文件已经使用了很多年了,有很多经验指定电池的各种应用使用这些测试,即使它们不再代表实际的启动需求。

在任何测试规范中,充电方法都是另一个关键步骤。大多数文件遵循的方式是它应确保铅酸电池在每次单个测试后完全充电。目的是测试结果不受电池不完全充电状态影响。这意味着大多数充电系统使用的参数(特别是高充电电压)并不是汽车中的典型应用。

在初始放电和充电过程中,铅酸电池通常表现出性能特性的提升。因此,通常允许三次尝试来满足要求的性能值。一些文件还具体说明了某些需要进行的统计评估,并定义了测试合格标准的电池允许的范围和偏差。

表 19.1 列出了欧洲、美国、中国和日本在国际上使用的主要文件中提到的初始性能参数。

19.6.2 耐用性测试

耐用性测试评估铅酸电池反复放电和充电的能力,在某些情况下高温也会导致明显的过度充电应力。电池退化是通过循环负载下的电压水平或通过常规容量测试,在特定高速率放电脉冲期间的电压性能或这些基本性能评估的组合来测量的。电池耐用性由电化学系统的几种不同失效模式确定,例如板栅结构的腐蚀、活性物质脱落、酸分层、电解质损失或由于枝晶或极板扩展引起的短路。哪些影响限制了电池的性能取决于精确的测试参数,如温度、充电状态、放电深度、平均充电状态或休息时间。

研发耐用性测试的典型方法是研究实际应用中发生的失效模式。在此基础上,将设置一个测试程序在更短的时间内及在定义的条件下,在实验室测试中获得完全相同的失效模式。大多数时候时间压缩是通过增加测试温度和/或增加放电深度来达到的。

测试完成后,从现场使用情况来看,失效模式与电池进行了比较。通常需要几次尝试来优化测试以使其代表实际的失效模式。

根据 EN 50342-6(MHT)或 SBA S 0101 进行的微循环测试越来越受到关注。这些程序的目的是表示电池在具有启停功能的车辆中必须承受典型负载。

表 19.2 显示了主要铅酸电池文件中耐用性测试的比较。图 19.2 显示了EN 50342-1 50%放电深度(DoD)循环测试示例,图 19.3 显示了 EN 50342-6

表19.1 初始性能比较

		IEC 60095-1:2006	CENELEC EN 50342-1:2015	SAE J537:2011	SAC GB/T5008.1:2013	JSA JIS D 5301:2006
容量	选项一	20 h 容量 $C_{20,e}$ (25±2)℃水浴下，电流 $I_{20}=C_{20,n}/20$ h 直到电压 10.5 V	20 h 容量 $C_{20,e}$ (25±2)℃水浴下，电流 $I_{20}=C_{20,n}/20$ h 直到 10.5 V	电解质温度范围为 24~32℃，电流 25 A 直到电压 10.5 V 的	同 IEC	5 h 容量 C_5 (25±2)℃水浴下，电流 $I_5=C_{5,n}/5$ h 直到 10.5 V
	选项二	(25±2)℃水浴下，电流 25 A 直到电压 10.5 V 的备用容量。结果修正为 25℃，以分钟为单位		备用容量。结果修正为 27℃，以分钟为单位	同 IEC	同 IEC(首选)
冷启动	选项一	(-18±1)℃ I_{cc} 放电 30 s 0.6I_{cc} 放电 30 s 直到 6.0 V $U(10\ s)\geq7.5$ V $U(30\ s)\geq7.2$ V 总共 $t_{6v}\geq90$ s(可选)	(-18±1)℃ I_{cc} 放电 10 s 暂停 10 s 0.6I_{cc} 放电直到 6.0 V $U(10\ s)\geq7.5$ V 总共 $t_{6v}\geq90$ s	(-18±1)℃ I_{cc} 速度放电 30 s $U(30\ s)>7.2$ V	同 IEC	(-18±1)℃ I_{cc} 放电 30 s 暂停 20 s 0.6I_{cc} 直到 6.0 V $U(10\ s)\geq7.5$ V 总共 $t_{6v}\geq90$ s(首选)

续表

		IEC 60095-1:2006	CENELEC EN 50342-1:2015	SAE J537:2011	SAC GB/T5008.1:2013	JSA JIS D 5301:2006
冷启动	选项二	(-29±1)℃(若指定) I_{cc}放电30 s,暂停20 s 0.6I_{cc}放电直到6.0 V U(10 s)≥7.5 V U(30 s)≥7.2 V 总时间 t_{6v}≥90 s(可选)		(-29±1)℃ I_{cc}速度放电30 s U(30)≥7.2 V	同IEC	(-15±1)℃ 放电直至6.0 V 类型特定要求 U(5 s),U(30 s)和 总时间 t_{6v}
充电模式	富液式或排气式电池	选项一:恒流 2$I_{20.n}$直至电压或电解质密度稳定。 选项二:恒压与失水等级有关(14.8 V/15.2 V/16.0 V),最大 5$I_{20.n}$持续20 h和 $I_{20.n}$恒流4 h	尺寸根据 EN 50342-2(乘用车电池):恒压(16.0±0.05)V,最大电流 5$I_{20.n}$持续24 h。 尺寸根据 EN 50342-2(卡车电池):恒压(16.0±0.05)V,最大电流 5$I_{20.n}$持续20 h和 $I_{20.n}$恒流4 h	选项一:使用不同的电池参数计算恒定电流充电。 选项二:根据制造商的建议,用参数恒定电压和附加恒定电流相充电	同IEC 选项二:2$I_{20.n}$直至电压或电解质密度稳定和恒流 $I_{20.n}$ 5 h	选项一:恒流 $I_{5.n}$直至电压或电解质密度稳定。 选项二:恒流 2$I_{20.n}$直至电池电解质密度稳定。 选项三:恒压14.8 V,5$I_{20.n}$ 18 h,最大电流 $I_{20.n}$恒流6 h
	阀控式电池	选项一:恒定电流 2$I_{20.n}$直到14.5 V,并保持4 h。 选项二:恒压14.4 V,最大 5$I_{20.n}$持续20 h和 $I_{20.n}$恒流4 h	恒压(14.8±0.05)V,最大电流 5$I_{20.n}$持续24 h	根据制造商的建议进行充电	同IEC	

续表

	IEC 60095-1:2006	CENELEC EN 50342-1:2015	SAE J537:2011	SAC GB/T5008.1:2013	JSA JIS D 5301:2006
预测试的验收标准	至少三个执行要求中的一个应满足容量和启动性能要求	根据测试矩阵,容量和启动测试矩阵最多可执行三次。根据测试矩阵的所有测量容量必须满足统计要求:每个单个电池的最大值的平均值减去标准偏差等于或大于标称容量要求的0.95	至少三个可能试验中的一个应满足容量性能	至少三个执行要求中的一个应满足容量和启动性能要求	至少三个可能执行要求中的一个应满足容量和启动性能要求

表 19.2 耐久性测试参数

文件	名称	等级	电池类型	温度	初始充电状态	放电深度	放电曲线	充电状态	圈数要求	能量容量要求	截止标准	检测	持续时间/d	失效模式
EN 50342-1:2015	50% DoD	E1	轿车	40 ℃	100%	50%	$5I_n$	阀控式 14.4 V 富液式 15.6 V 二相充电至固定 充电系数 1.08	80	40	$U(\mathrm{EoD}) \geqslant$ 10.5 V	大电流放电 ($U_{30\,s} \geqslant 7.2$ V) 和容量测试 ($C_e \geqslant 0.5C_{20}$)	27	活性物质脱落
		E2							150	75			50	
		E3							230	115			77	
		E4							360	180			120	
		E1	卡车	25 ℃	50%	50%	$5I_n$	富液式 15.6 V 二相充电至固定 充电系数 1.10	80	40	$U(\mathrm{EoD}) \geqslant$ 10.5 V	大电流放电 ($U_{30\,s} \geqslant 7.2$ V) 和容量测试 ($C_e \geqslant 0.5C_{20}$)	27	活性物质脱落
		E2							150	75			50	
		E3							230	115			77	
		E4							360	180			120	
EN 50342-6:2015	深度放电后 50% DoD	M1	轿车	40 ℃	100%	50%	$5I_n$	阀控式 14.4 V 富液式 15.6 V 二相充电至固定 充电系数 1.08	150	75	$U(\mathrm{EoD}) \geqslant$ 10.5 V	大电流放电 ($U_{30\,s} \geqslant 7.2$ V) 和容量测试 ($C_e \geqslant 0.5C_{20}$)	50	活性物质脱落
		M2							240	120			80	
		M3							360	180			120	
EN 50342-6:2015	MHT	M1 M2 M3	轿车	25 ℃	85%	2%	第一步: 48 A/t_{dch} s。 第二步 300 A/1 s	14.0 V/100 A 最大	8000	160	$U(\mathrm{EoD})_{300\,A} \geqslant 9.5$ V 标准化平均值 $R_{\mathrm{dyn}} \leqslant 1.5 \cdot C_e \geqslant 50\%C_n$	充满电后的剩余容量和容量	54～70[1]	无预期的失效

续表

文件	名称	等级	电池类型	温度	初始充电状态	放电深度	放电曲线	充电状态	圈数要求	能量容量要求	截止标准	检测	持续时间/d	失效模式
EN 50342-6:2015	17.5%-DoD	M1	轿车	25 ℃	50%	17.5%	$7I_n$	14.4 V/$7I_n$ 最大	765(9 单元)	143	$U(EoD)>$ 10.5 V	每个单元 85 个周期后的容量	63	活性物质脱落
		M2	轿车/卡车						1275(15 单元)	238			105	
		M3			100%				1530(18 单元)	286			126	
IEC 6009 5-1	循环测试	1	轿车	25 ℃		25%	$5I_n$	阀控式:14.4 V、14.8 V 或富液式根据消耗水量:(N)14.8 V/(L)15.2 V/(VL)16.0 V,$10I_n$,且恒流相 $2.5I_n$(N)、(L)、(VL)、$0.5I_n$ 阀控式	120	30	$U(EoD)>$ 10.5 V	大电流放电 ($U_{30\,s}\geqslant7.2$ V)	20	
		2		25 ℃	50%		$5I_n$		90	45	$C_e\geqslant50\%C_n$	大电流放电且每 18 圈检测容量 ($U_{30\,s}\geqslant7.2$ V)	32.5	活性物质脱落
		3	>60 Ah~90 Ah	40 ℃		20 Ah	20 A	5 A 保持	$2.8C_n+82$		$C_e\geqslant40\%C_n$	每 25 圈检测容量		
			>90 Ah~200 Ah	40 ℃		40 Ah	40 A	10 A 保持	90					
		4	$C_r=$ 40~150 min	40 ℃或 75 ℃		每周:428×1.7 Ah(2.8%[4])	25 A	14.8 V/25 A 最大	$34C_{r,n}-581$	78[4]	$U_{30\,s}\geqslant7.2$ V	大电流放电 ($U_{30\,s}\geqslant7.2$ V) 每周	45[4]	

续表

文件	名称	等级	电池类型	温度	初始充电状态	放电深度	放电曲线	充电状态	圈数要求	能量容量要求	截止标准	检测	持续时间/d	失效模式
SAE J240	寿命测试		$C_r <$ 180 min 铸造正极板栅	75 ℃ (或 40 ℃ [4])	100%	每周:428 ×1.7 Ah (2.8% [4])	25 A	14.8 V/25 A 最大	无要求	每周约 715 Ah	$U_{30} \geq 7.2$ V	大电流放电 ($U_{30 s} \geq 7.2$ V) 每周	[4]	正板格栅腐蚀
SAE J2801	综合寿命测试		$C_r \leq$ 200 min $I_{cc} >$ 200 A	75 ℃	100%	每周: 68× 0.125 Ah 102× 0.75 Ah 6×2.5 Ah	25 A/3 A 概况 [3]	14.2 V/25 A 最大	无要求	每周约 100 Ah	I(EoC)>15 A U(EoD)< 7.2 V OCV<12.0 V	200 A 放电 $U_{10} \geq 7.2$ V 每周	[3]	正板格栅腐蚀
SBA S 0101	SBA		轿车	25 ℃	100%	1.6%~ 1.7%	第一步: 18.3I_{20}/59 s 第二步: 300 A/1 s	14.0 V/100 A 最大	失效, 参考值 30 k	约 500 [2]	U(EoD)< 7.2 V	每周只有 40~48 h 空闲, 无容量检测	失效, 典型 58~116 [2]	极耳变薄, 硫酸盐化

① 取决于 C_n (50~105 Ah)
② 以典型 60 Ah 电池为例进行计算
③ 每周 34 次"微循环", 其中 5 个微循环和 3.25 h 持续时间的重复组计为一个循环
④ 每周 428 次循环, 以 $C_r =100$ min 和 $C_n =60$ Ah 计算

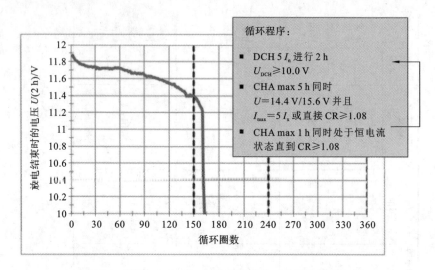

图 19.2 EN 50342-1 50%放电深度(DoD)循环测试示例

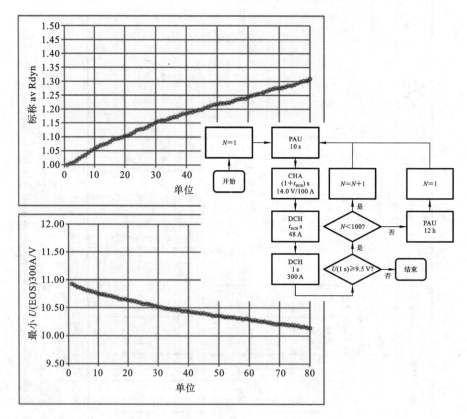

图 19.3 EN 50342-6 MHT 循环测试示例

MHT 循环测试示例。

19.6.3 电量保持/自放电

电量保持或自放电测试程序检测在温度升高的一定储能时间后的可用容量和/或功率。由于电化学过程,铅酸电池在储能时会失去一定容量和功率。自放电的速度取决于温度、铅合金的类型、活性物质配方和杂质。这是一个在大多数测试程序中要进行检查的性能参数,以确保即使在长时间停放后也能启动汽车。

19.6.4 充电接受能力

充电接受能力是电池在给定外部参数(如时间、温度、荷电状态、充电电压或电池历史记录)下接受和存储能量的能力。该参数已成为具有启停功能或任何再生制动功能车辆的电池的关键性能参数之一。

已经有相当多的努力用于研发新的测试程序,其不仅要在一定的温度和荷电状态下判断电池的静态特性,新的动态方法还考虑了当存储一定量的能量时电池的充电/放电历史。已经表明,这对电池的可能充电性能具有重要影响。

19.6.5 机械测试

除电气性能数据外,大多数文件要求电池具有一定的机械稳定性和耐用性。有关于容器、盖子和手柄或保持件等部件的稳定性的要求,并且有要求在电池经受振动或冲击时检查内部部件的稳定性。

大多数文件都考虑了振动在各种应用中的影响。普通轿车的使用根据最低要求。任何种类的越野车辆或施工设备都需要较高的抗振性能。这种应用的电池大多只在垂直方向上以固定的频率和固定的加速度进行测试。

重型卡车应用要求更高的抗振性,特别是将电池安装在车架末端时。相应的测试程序规定了三个独立方向的随机噪声振动曲线。通常电池需要特殊的内部固定方法才能达到这种要求。

由于铅酸电池含有稀硫酸作为电解质,因此有几项要求和测试程序可以检查其正常工作时是否发生泄漏。

19.6.6 过度充电/失水/腐蚀

铅酸电池在电压和温度条件不足的情况下会充电不利。因此,每个电池制造商都会根据电池温度提供最佳的充电电压。任一方向的偏差都会导致电池老化。如果电压不够高,则电池不会完全充电,并会遇到硫酸盐化和酸分层问题;如果电压过高,则会导致电解质分解和铅元件腐蚀。这两种情况都会降低电池的使用寿命,但是第二种情况通常被认为是最关键的,因为低电解质含量和腐蚀的铅成分可能导致充电气体内部着火而引起失效。为确保在电池正常使用期间不会发生这些效应,大多数文件都包含过充电、失水和腐蚀的测试要求和测试程序。

19.6.7 安全相关要求

铅酸电池使用腐蚀性硫酸作为电解质,在充电时析出氢气和氧气。因此,需要采取特殊措施来防止酸泄漏和充电气体着火。

大多数现代汽车电池设计使用集中排气系统,其收集所有单电池的充电气体并提供一个或多个明确定义的排气口,可以用管道来引导内部安装的电池的气体。为了防止外部点燃的充电气体闪回到电池中,在大多数集中排气系统内部使用所谓的阻火器。确认此行为的测试程序在多个汽车制造商测试规范以及 SAE J1495 中进行了定义。

在运输和搬运过程中可能发生的电池倾斜是不应导致电解质泄漏的。即使在碰撞事故中可能发生完全颠倒的情况,酸泄漏也不应该给乘客带来额外的风险。进一步地讲,合理的振动负载是不应该导致泄漏的。

通过在集中排气系统内设计特殊的迷宫式结构可以防止这种泄漏。这些设计必须确保在倾斜时将电解质保留在迷宫内,但气体仍然能够离开电池。回到平衡位置时,电解质应该流回其原始单电池中。国际标准和原始设备制造商(OEM)规范定义了适用于不同应用的多种要求级别的倾斜和振动测试程序。

用于铅酸电池外壳的聚丙烯材料具有巨大的表面电阻。这可能会导致静电放电问题,以至于点燃充电气体。通常通过对聚丙烯部件进行特殊的抗静电处理或通过特殊添加剂将这种风险降至最低。

19.7 相对于原始设备要求的外部标准

在汽车工业中,大型汽车公司在装配过程中对适合其车辆的电池(原始设备供应商(OES)电池)以及原装备用零件(原始设备制造商(OEM)电池)有大量的单独规格要求。这些要求通常包括容量和冷启动性能的区域标准测试,然后制造商在标签上通过参考这些标准进行说明标注。此外,每个汽车制造商都添加了专有的测试方法或提出至少满足特定需求的要求。其中一些要求被引入,以可靠地排除过去经历过的现场问题,或者通过新增加的车辆特征(例如启停)来防止发生这些问题。例如,一些 OEM 使用 EN 冷启动测试,但是允许的电压达到 6 V 所需时间比 90 s(EN 50342-1 要求)更长,因为他们知道现代直喷引擎不会出现如此长的启动过程,但是可以为不充足的充电条件和老化带来更大的空间。许多 OEM 已经增加了特定的耐久性测试,例如对于舒适性负载或启停操作带来的部分循环测试。几家欧洲 OEM 对水耗测试的温度和持续时间进行了改进。北美 OEM 将 SAE 在 75 ℃下进行寿命测试的要求提升至更高水平。这些变化正在降低对材料杂质的最大允许含量。除了性能和耐久性测试要求外,一些 OEM 还引入了明确的构架要求,例如板栅或隔板的最小厚度。

最近,汽车和电池行业已经采取了几个步骤来促进行业标准与 OEM 要求的协调一致,从而减少了之前发展的各 OEM 测试方法间的差异。如果需求级别可以良好分类,则可以为多家 OEM 提供通用电池设计,这不仅可以加速研发和测试迭代,还可以促进由于共享体积和减少非生产时间带来的成本降低。对于吸收性玻璃毡(AGM)电池,这些成本优势特别大,并且生产过程的更高的复杂性和灵敏度也会导致与重新设计相关的更高的工程风险。因此,自 2008 年以来,许多欧洲和北美 OEM 在一些新型启停车辆中引入 AGM 电池规格要求,大部分是从 20 世纪 90 年代已经用于具有高循环需求的德国高级轿车中非常耐用的 LN 形 AGM 电池继承而来的。对于其他启停车辆中的加强型富液式铅酸电池(EFB),来自汽车和电池行业的联合工作组共同发布了新标准,包括日本版(SBA S0101,2006 年第一版)和欧洲版(EN 50342-6,经过几年的协调工作)。因此,根据最近建立的行业标准,实际上启停和微混合动力电池可以在三个或四个要求水平上基本协调一致。个别 OEM 的额外要求可能会推动设计改进,但应该不用完全重新设计。例如:

● 具有更深层的循环能力的高端产品,传统的 AGM(满足或超过 EN 50342-6 M3 和 W5);

● 由循环和/或热环境带来的重工作负荷 EFB 的高耐久性要求(EN 50342-6 M2 和 W3 或 W4);

● 大幅度减轻重量的轻负荷 EFB(EN 50342-6 M1 和 W3 或 W4);

● 浅循环但高 DCA 装备的轻型 EFB 要求(SBA S0101:14)。

与这些跨 OEM 趋势相提并论的是,汽车平台设计的全球化以及制造与市场(即售后)地区之间车辆的交叉运输正在迅速缩小地区差异。特别是北美和日本的 OEM 似乎在 EN LN 系列上协调了容器尺寸。不过无论如何,汽车 AGM 电池几乎无法有其他尺寸,并且需要在大多数车辆平台中进行封装保护。可以预计,在 10~20 年内,EFB 以及传统的富液式电池也可能在很大程度上与 EN LN 的设计衔接,并用于新的批量 OEM 应用。

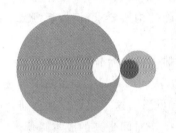

第 20 章
铅酸电池的
回收概念

R. D. Prengaman，A. H. Mirza
RSR 技术有限公司，达拉斯，得克萨斯州，美国

20.1　引言

如今，再生铅产量已经超过了原生铅，铅酸电池的生产是铅的主要消费市场。铅酸电池已经成为宝贵的资源，回收率也创下了历史新高。2015 年北美的铅产量约为 209 万吨，其中再生铅产量约为 180 万吨[1]。美国 1999—2013 年铅酸电池的回收利用率为 99％，而与之对应的铝罐回收率为 55％，报纸为 45％，玻璃瓶和橡胶轮胎都为 26％[2]。由于铅酸电池在储能领域变得越来越重要，这是一个非常有利的发展态势。在欧洲，铅酸电池约占铅市场的 60％，回收利用率极高。在亚洲和非洲，回收废旧电池的经济效益变得非常有吸引力，事实上几乎所有的电池都被回收利用。在减轻环境和健康危害的巨大政治压力与支持经济发展所需要的金属需求的共同作用下，回收铅主导了世界铅市场。在车辆中使用铅酸电池是建设世界经济不可或缺的一部分，但同时铅是最受管制的金属之一。铅酸电池回收利用的基本模式已经成型[3]。随着世界范围内大规模的汽车需要更换电池，从各类零售商采购的废旧电池都要通过反向分销渠道返回给电池分销商或制造商。本章考察了电池加工、冶炼和金属精炼在现代环保型铅回收利用中的动态。铅酸电池易于回收的特性使得其成为再生铅最受欢迎的使用。而且，在过去的几十年中，已经研发出能够

回收铅酸电池(如酸和塑料等)的其他部件的技术,这将进一步缓解环境问题。

从历史上看,再生铅主要用于制造铅酸电池的板栅和铅合金,以及车轮配重、铅板、焊料和电缆护套。原生铅主要用于铅酸电池的活性材料、铅化学品和颜料。然而,随着铅钙合金的引入,再生铅冶炼厂已经为电池板栅生产了大量的软铅和铅钙合金。现有的可检测低到十亿分之几的杂质含量的可靠检测技术、提高的精炼技术、将杂质元素浓度降低到极低水平的技术以及对铅中各种杂质及其电化学性能的影响,已经使得再生铅事实上几乎可用于所有电池应用。至少在北美,回收铅和原生铅已经几乎没有区别,因为生产的纯度较高的再生铅与原生铅具有相同的性能。随着现有电池制造商地位的日益巩固,铅的规格而非其来源变得更加有意义。

环境问题,尤其是二氧化硫处理和炉渣的浸出特性和处置,已经使得大量铅酸电池中的铅膏在原生铅冶炼装置中进行回收。$PbSO_4$ 中提供的额外的氧原子有利于去除烧结机器上的硫,也可以提高原生铅冶炼过程中的生产力,这些过程包括 QSL(Queneau-Schuhmann-Lurgi)[4]、ISASMELT[5] 和 Kivcet[6],它们可捕获 SO_2 使之转化为 H_2SO_4。这种被归类为原生铅生产的回收方法已经取代了各国的原生铅精矿处理,但本章对此话题不予讨论。然而,随着环境法规变得更加严格,以及运营过程需要安装更大的酸处理车间,预计未来该方法的使用量会增加。

世界上大多数铅回收商利用旋转炉进行再生铅冶炼,因为这类熔炉操作灵活,易于相对不熟练的工人操作,并在同一步骤中将铅块还原为金属。然而,美国的再生铅冶炼厂一般采用两阶段冶炼工艺。第一阶段在一个反射炉中进行,将大部分合金元素氧化成炉渣,然后排出二氧化硫并回收低锑铅锭,以便进一步精炼。第二阶段在高炉或电炉的炉渣中回收合金元素形成高锑合金。在过去的几十年中,美国铅回收行业正在进行重大的整合巩固工作。未来这样的整合巩固被期望于体现在其他地区,这是由于环保要求的推动,工厂需要更高的处理吨位来支持更高的环境管理成本。美国的平均工厂规模超过10 万吨,而世界其他地方的工厂规模小得多,约有 3 万吨。

20.2 铅回收过程

铅酸电池主要使用火法冶金路径进行回收,其回收过程包括最开始的物理分离过程,与随后用来将某些环境问题最小化的一些湿法冶金步骤,特别是铅膏脱硫、二氧化硫氧化与水基化学反应处理等。废旧铅酸电池在锤磨机或齿轮磨机中被破碎/粉碎,组件开始分解。破碎后,材料被传送到沉浮操作装置中。这种流体动力学过程将金属从隔板和外壳材料中分离出来。电池的外壳容器材料通常是聚丙烯(PP),丙烯腈丁二烯苯乙烯由于其较高的强度而被更加广泛地采用。根据材料之间的密度差,使用密度位于不同固相之间的流体来实现不同材料的分离。由于 PP 的密度小于水的密度,而铅金属/化合物的密度比水高得多,所以沉浮操作是非常有效的,几乎完成了全部定量分离。塑料在进行清洁之后用于制造新电池外壳或用于其他用途,然而,越来越多的塑料在回收设施内的塑料车间重新熔化,并产出小而均匀的颗粒。铅、板栅带、电瓶杆和电池膏(PbO_2、PbO 和 $PbSO_4$ 的组合)被从沉浮操作的装置底部取出,并且在熔炼之前送到存储室中以去除水。图 20.1 展示了再生铅回收的典型流程图。在回收过程的最后一步中,精炼软铅、硬铅(Pb-Sb)和 Pb-Ca 合金后被铸造成 65 磅的锭或更大的 2000 磅的锭。

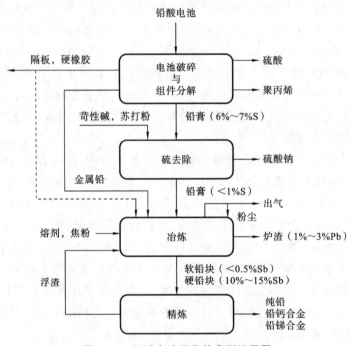

图 20.1　铅酸电池回收的典型流程图

20.3　硫去除

硫的去除是铅酸电池回收的重要环节。电池中的硫酸通常用苏打粉(Na_2CO_3)或苛性碱(NaOH)中和,经过处理去除重金属,并按照当地州和联邦法规排入公共下水道系统。当铅回收厂靠近电池制造厂时,可以通过溶剂萃取净化来回收电池中的酸[7]。去除铁、锑、有机物和颗粒物后,纯化后的酸可作为新电池中的电解液重新使用。在有废水处理车间(ETP)的回收工厂中,电池酸可用来调节洗涤器-氧化水处理系统中水处理反应器内的 pH 值。如果工厂具有结晶机,则可将硫酸盐溶液结晶成硫酸钠。由于酸被包含在玻璃纤维毡中,吸收性玻璃毡(AGM)电池存在酸回收问题,而且这增加了火法冶炼过程中的硫排放量。废电池材料中的硫($PbSO_4$)通过火法冶炼碳热还原生成SO_2,或通过湿法冶金与碱金属碳酸盐水溶液或氢氧化物水溶液反应将 $PbSO_4$转化成碱金属硫酸盐和 $Pb(O、OH、CO_3)$的方式来进行去除。许多冶炼厂已经建立了浸出循环装置,以便在熔炼过程之前从电池膏中去除硫酸盐,从而减少二氧化硫的排放,减少产生的硫量,并使产生的炉渣量减到最少。硫的去除通常采用方程式(20.1)和式(20.2)描述的化学反应,反应使用苛性碱或苏打粉作为反应剂进行。脱硫铅膏在压滤机中分离并送入炉中,而硫酸钠溶液进入结晶器。

$$PbSO_4(paste) + 2NaOH(aq) \rightarrow PbO(paste) + Na_2SO_4(aq) + H_2O$$

$$(20.1)$$

$$PbSO_4(paste) + Na_2CO_3(aq) \rightarrow PbCO_3(paste) + Na_2SO_4(aq) \quad (20.2)$$

在铅酸电池回收的两种脱硫方法中,火法脱硫更常见。在这一工艺中,硫捕捉分两个阶段完成:首先通过碳热还原 $PbSO_4$ 产生二氧化硫,然后二氧化硫通过洗气进行捕集。二氧化硫在氧化系统中被氧化成硫酸盐,如果该设备具有结晶器,则最终在结晶器中转化为硫酸钠沉淀;若没有,则可通过用石灰洗涤沉淀成为建筑业使用的石膏。

20.4 电池破碎

典型车载铅酸电池的组成如表 20.1 所示。

表 20.1 典型车载铅酸电池的组成

铅板栅	25%
铅膏	38%
$PbSO_4$	50%～60%
PbO_2	15%～35%
PbO	5%～10%
金属铅	2%～5%
其他	2%～4%

续表

聚丙烯箱	5%
隔板、硬橡胶等	10%
硫酸	22%

铅酸电池回收行业在20世纪80年代开始用自动化设备替代手动电池破碎系统[9-11]，随后通过高效的重力单元将破碎废旧汽车电池组件进行分离。首先，将电池装入电池粉碎机中，滚筒式齿轮破碎机或者摆动式锤式破碎机都可以在这里使用，电池在此处被破碎成小块以便随后进行分离。通过在转筒或振动筛中筛分，有效分离出浓缩的富硫铅膏。然后将回收的铅膏泵入反应罐中进行脱硫或直接送入压滤机。然而将AGM电池引入再生循环流中会产生玻璃纤维堵塞筛的问题，需要对筛进行大量的冲洗。

金属铅、聚乙烯和聚氯乙烯等其他塑料材料、玻璃织物等在重力式水力沉浮工艺中进行分离。这个过程会产生四个中间组分：①用于熔炼的铅膏；②用于熔化或熔炼的金属铅；③用于制作颗粒的PP或被电池制造商重新使用的PP；④会造成铅污染的塑料成分，必须进行消解或装入熔炉中，如果允许的话。

20.5 铅冶炼

20.5.1 反射炉冶炼

反射炉和高炉或电炉的组合主要在美国能被看到。这是一个两阶段的氧化-炉渣还原反应过程，其中反应材料主要由电池废料、铅废料、杂质和内部回收的粉尘与焦炭组成。炉料一般首先在旋转式干燥机中干燥，以将水分降低至1%或更低，并通过连续螺旋钻将其加入炉中。反射炉采用气体燃烧器。高的气体量导致热量在炉内反射，并为原料提供良好的热传递。该炉在微氧化条件下（氧气为25%~40%）运行，S元素转化为SO_2，将进料中的Ca、Al、Sb、As、Sn等合金元素氧化并进入炉渣相，从而剩下低杂质含量的铅锭，由于焦炭有助于降低炉渣中的PbO含量使其可以很容易地提炼成软铅。在烘干机耗气量为350~600 m^3/h时，反射炉每工作1 h产生12~20 t的铅锭。反射炉炉渣一般含有30%~55%的铅和进料中大部分的锑、砷、锡。根据进料成分的不同，冶炼产物产量与炉渣产量之比从3:1到7:1不等。炉渣随后被固化并送入还原炉中（如高炉），或者以熔融状态转移到电炉中[12]，在电炉中炉渣中的金属被回收并产生低硫含量的无害炉渣。反射式冶炼过程需要大量的进料,产生大量的铅锭,非常适合生产软铅和钙铅。结合用于从炉渣中进行金属回收的二次炉与实现原料或洗涤气体的脱硫工艺,这一系列装置实现了低 SO_2 水平排放、低颗粒排放、炉渣无害化并可消解,以及将电池的有机组分用作燃料。

来自反射炉的气体通过袋式过滤器去除灰尘和其他固体,然后通过洗涤器;在洗涤器中,SO_2 可以和石灰作用生成石膏($CaSO_4$),和碳酸钠作用生成 Na_2SO_4 或与氨反应生成 $(NH_4)_2SO_4$。硫酸铵用作肥料,硫酸钠结晶成无水晶体用于洗涤剂或玻璃工业,而石膏通常使用垃圾填埋处理或用于建筑业。

20.5.2 旋转炉冶炼

旋转炉是间歇式炉,通常使用氧燃料燃烧器限制废气的体积。旋转炉设计与固定炉相比,输入能量的利用率高,同时它们非常灵活,可以接受各种进料。由于是间歇炉,所以炉料的成分可以很容易地按重量或体积计算。炉子可以由相对没有技巧的工人来操作,他们将一批料装入炉内,在给定时间(4~6 h)内冶炼,然后挖出产品和炉渣。大部分旋转炉使用的炉渣是无光泽的 $FeS-Na_2S$。铁与焦炭一起作为还原剂加入,并产生氧化物渣,Queneau 等人详细地描述了这一工艺[13]。苏打炉渣的熔点低于 800 ℃,相比硅酸盐渣的熔点高于 1100 ℃ 而言,能有效减少熔炼时间。旋转炉可以在金属、废铅、粉尘、电池浆炼油渣及其任何组合的高进料条件下运行,它可以生产低杂质铅、低或高锑铅块、铜锍,以及高锡铅。旋转炉的尺寸为 3~10 m³,根据金属含量,每次进料可产生 3~30 吨铅锭。一般旋转炉炉渣含铅量较低(2%~4%)。一些工厂可能将铅锭和炉渣混合在一起,并在固化后去除炉渣。

Nova Pb 介绍了一种连续旋转炉操作[8]。该案例来自其三个使用改造的水泥窑进行干燥,并以连续的高通量为基础冶炼再生材料,目前仅剩最后那个。连续旋转炉采用与传统炉相同的 $FeS-Na_2S$ 炉渣化学工艺。较新的旋转炉将卫生气体与炉内处理气体混合,在进入袋式过滤器之前对其进行冷却。一般而言,旋转炉在袋式过滤器之后没有洗涤器,它们依赖于通过铅膏脱硫或者通过 Na_2CO_3-Fe 助熔剂吸收苏打锍中的硫去除进料中的硫。其他车间具有在袋式过滤器之前使用石灰或 Na_2CO_3 去除出料气中硫的能力,捕获的硫与灰尘一起返回炉内。炉膛结构的改进包括倾斜炉、自动进料系统、防止气体泄漏的完整炉壳、自动化灰尘回收和碳氢化合物控制的改进气体处理系统[14],它们已使旋转炉更高效和环保。Schwartz 和 Haase[15] 讨论了短旋转炉在破碎电池废料处理中的应用,Egan 等[16] 讨论了回转炉冶炼再生铅的技术。Forrest 和 Wilson[17] 发现短旋转炉冶炼在 0~20 t 的进料工作范围下更具有灵活性,进料可包括矿渣、电池极板,甚至整个电池。

20.5.3　整个电池的熔炼

炉技术的一个主要创新点是使用后燃器来燃烧含高浓度有机物质的废气[18-21]。虽然这解决了隔板和外壳材料的处置问题,但这个过程并未被视为先进技术,因为它不能回收昂贵的PP。欧洲的一些工厂利用Varta炉技术冶炼整个电池,这种炉就电池外壳由硬化橡胶制成,不能回收利用且必须进行填埋的问题进行了研发改进。在这个工艺中,电池破碎放酸后与回流炉渣、助熔剂和焦炭一起送入炉内。电池中的硫被固定,并且形成稳定、不可渗透的硅酸盐渣。

20.5.4　顶部浸没式喷枪

整个工艺概念由单炉或两炉配置组成。在单炉应用中,在炉中进行间歇的两阶段工艺,分别是冶炼和后续除渣。两炉应用是一种连续流工艺,第一个炉中熔炼废铅膏和/或金属材料产生的炉渣会流入较小的炉渣还原炉(后一种方法还没有用于原生或再生铅冶炼)。顶部浸没式喷枪技术来源于Sirosmelt顶部浸入式喷枪工艺[5]。它最初是为冶炼原生原料而研发的,但后来也用于从再生来源中回收铅。这个技术的原理在其他地方已经有了很好的描述[22],本章不再详细讨论。电池经破碎机破碎后的含铅材料通过位于炉子的倾斜顶盖内的进料口进入并融入熔体。所需的富氧空气和工艺燃料通过顶部浸没式喷枪系统从熔体液面以下注入。通过在喷枪表面敷上一层冷却炉渣的涂层对其进行持续维护,来保护不锈钢喷枪免受炉内高温物质的影响。顶部浸没式喷枪系统的主要工作原理是将气体直接注入炉渣中,在炉内产生紊流状态,促进物质快速反应,从而获得高熔炼能力。

20.5.5　碳热还原工艺

根据以下反应,在单批次旋转炉或连续熔炼炉(例如反射炉、高炉或Isas-melt / Aus-smelt)中,由铅氧化物和硫酸盐组成的电池膏通过碳热还原成铅。必须施加至少1500 ℃的高温才能将$PbSO_4$还原为铅、硫化铅和二氧化硫。也必须添加足量的石灰(CaO)以去除SO_2。添加过量的碳并不会促进$PbSO_4$生成更多的铅,因为碳会促进PbS的形成。

$$PbO_2 + Heat \rightarrow PbO + 1/2O_2 \tag{20.3}$$

$$PbO + C \rightarrow Pb + CO \tag{20.4}$$

$$PbSO_4 + 4Pb \rightarrow 4PbO + PbS \tag{20.5}$$

$$2PbO + PbS \rightarrow 3Pb + SO_2 \tag{20.6}$$

$$CaO + PbS \rightarrow PbO + CaS \qquad (20.7)$$

$$CaS + 3PbO \rightarrow 3Pb + SO_2 + CaO \qquad (20.8)$$

$$CaS + 3/2O_2 \rightarrow SO_2 + CaO \qquad (20.9)$$

$$PbSO_4 + 4C \rightarrow 4CO + PbS \qquad (20.10)$$

20.5.5.1　SO_2 洗气

如反应式(20.11)~反应式(20.15)所述,二氧化硫(SO_2)通过在水溶液中与碳酸盐或氢氧化物反应从而在废气洗气过程中被捕获。烟气中的二氧化硫溶于碱性水溶液中,产生含有高浓度亚硫酸钠的水溶液。产生的亚硫酸钠或石膏作为副产品可以进行销售或废物处置。

$$SO_2 + H_2O \rightarrow H_2SO_3 \, (aq) \qquad (20.11)$$

$$2H_2SO_3 + Na_2CO_3 \rightarrow 2NaHSO_3 + H_2O + CO_2 \qquad (20.12)$$

$$2NaHSO_3 + O_2 \rightarrow 2NaHSO_4 \qquad (20.13)$$

$$2NaHSO_3 + Na_2CO_3 \rightarrow 2Na_2SO_3 + H_2O + CO_2 \qquad (20.14)$$

$$2Na_2SO_3 + O_2 \rightarrow 2Na_2SO_4 \qquad (20.15)$$

当 ETP 洗涤-氧化系统的硫负载速率大于亚硫酸盐氧化速率时,传统的亚硫酸盐氧化化学过程很少出现,在这种情况下,将生成其他难以氧化的亚稳态硫氧阴离子(例如亚硫酸氢盐、焦亚硫酸盐、连三硫酸盐、连四硫酸盐和连二硫酸盐),但是不会按照 S-Na-H_2O 系统的 Eh-pH 平衡图中所描述的任意形式存在与分布[23]。亚硫酸盐是碱性溶液中稳定的除氧剂,它们在酸溶液中是不稳定的,会分解成 SO_2。在较低的浓度下,亚硫酸盐很容易被氧化成硫酸盐。亚硫酸盐反应随 pH 的变化是可逆的,而硫酸盐反应则不是。尽管 S-Na-H_2O 系统的 Eh-pH 图表明 Na_2SO_4 是 pH 为 2~14 的溶液中存在的主要物质,但是这里列出的亚硫酸盐氧化反应只在洗涤器上的硫负载速率小于亚硫酸盐氧化速率时适用于碱性洗涤器。

20.5.5.2　火法冶炼炉渣

炉渣在金属的顶部形成一层冷凝层,防止层下金属进一步氧化。炉渣管理是一个非常重要的问题,因为在高温(>1200 ℃)下,炉渣是一种通用溶剂,常常用来收集污染物,这样可以防止精炼过程中内部再循环流中的杂质元素积聚。铅可通过铁还原从炉渣中进行回收,用于还原的铁通常是回收得到的,会带来大量铁冶金属中常出现的金属杂质,例如镍、铬、铜、锡、锌,在随后的铅精炼步骤中需要去除这些金属。炉渣中锑、铝、锡和钙以氧化物形式存在,铁和铜以硫化物炉渣形式存在[13]。

在铅的火法冶炼过程中使用了两种一般类型的炉渣,其中一种是碳酸盐基(Na_2CO_3),也被称为苏打炉渣和硅酸钙铁炉渣[24]。硅酸盐炉渣由于可以减轻炉渣中残留元素的浸出问题,近年来变得越来越被普遍采用。随着二次电池回收厂在亚洲地区小规模的经营迅速扩大,苏打铁炉渣或其同类产品近来已成为铅回收中使用最广泛的炉渣体系。其原因可以简单解释为三个主要因素:第一,系统简单,技术投入最少;第二,运行成本低廉;第三,也是最重要的,由于 Na_2S Fe_2S Na_2O 体系允许在相当广泛的操作参数范围下进行工作,纯碱炉渣变得很受欢迎。这一特别的炉渣添加剂也有一些缺点,其中最大的问题是炉渣中含有大量的铅,有些情况下铅含量可能在15%以上。苏打炉渣黏度低,因此可以很容易地被敲碎,它能去除硫且能在将物料从炉中铲出过程中将金属与炉渣干净地分离开来[25]。

20.5.6 湿法冶金脱硫

湿法冶金脱硫对环境有益。其根据以下反应(式(20.16)~式(20.19))可将硫酸铅转化为碳酸铅、氢氧化铅或碱式碳酸铅[26]。氢氧化铅和碳酸铅的溶解度比硫酸铅低得多。当 pH>5 时,铅在化学反应平衡后的主要存在形式是碳酸铅;当 pH>13 时,铅主要存在形式是 $Pb(OH)_2$。

$$PbSO_4(s)+2NaOH(aq) \rightarrow Pb(OH)_2(s)+Na_2SO_4(aq) \tag{20.16}$$

$$PbSO_4(s)+Na_2CO_3(aq) \rightarrow PbCO_3(s)+Na_2SO_4(s) \tag{20.17}$$

$$3PbSO_4(s)+4Na_2CO_3(aq)+2H_2O \rightarrow Pb_3(CO_3)_2(OH)_2(s)$$
$$+3Na_2SO_4(aq)+2NaHCO_3 \tag{20.18}$$

$$2PbSO_4(s)+3Na_2CO_3(aq)+H_2O \rightarrow NaPb_2(CO_3)_2(OH)_2(s)$$
$$+2Na_2SO_4(aq)+NaHCO_3(aq) \tag{20.19}$$

20.5.7 其他湿法冶金工艺

位于加利福尼亚州的 Aqua Metals 研发了一种湿法冶炼的室温 AquaRefining 工艺来回收铅酸电池,声称,该工艺比传统的铅冶炼过程能耗更低,没有任何污染排放。2016 年 11 月,Aqua Metals 在内华达州麦卡伦的冶炼厂宣布首次生产出 99.99% 纯度的铅锭[27]。根据 Beck 等[27]人的文献,Aqua Metals 在内华达州的冶炼厂计划在 2017 年第一季度之前试运营 16 个模块,初步设计每天生产 80 吨铅。

20.6 铅精炼

世界各地的铅回收商大多使用火法精炼铅,精炼的产品是软铅、铅钙合金和铅锑合金。一般来说,再生铅精炼不会从铅块中去除银或铋,因为其当前含量不值得消耗成本去除它。制作铅酸电池活性材料的软铅主要需要去除的杂质是 Sb、As、Cu、Ni、Te、Se、Ca、Ba、Al、Fe 和 Zn。Prengaman 发表的文献[28]指出其中几种杂质的含量必须低于 1 ppm。如果锑含量低,则铅块通常通过施加氧气或 NaOH-NaNO₃ 进行软化,在这个过程中,Sb、As、Sn、Ca、Ba、Al 和 Zn 将被去除。Cu 和 Ni 使用黄铁矿和硫去除,如果需要进一步还原,则通过加入 Zn 或 Al 实现。碲和硒通过钠、钙或铝处理去除。Ellis 和 Mirza[23]详细讨论了用于先进铅酸电池的再生铅的精炼。

20.6.1　电化学重要杂质

电池中的析氢析氧会导致水分损失和快速失效。Lam 等人[29]研究铅中各种常见杂质在铅酸电池中对析气的作用影响。参考 Prengaman 和 Lam[30]并从中引用的表 20.2 概述了回收铅中 16 种常见杂质对阀控式铅酸电池浮动充电时正极板上产生氧气和负极板上产生氢气的影响。不像原生铅中的杂质根据铅矿产地化学元素分布决定,再生铅中的杂质主要来自制造现代铅酸电池的合金。产气电流的变化以每种元素改变 1 ppm 含量后的电池容量 mA-Ah 变化量的形式给出。是否所有杂质都对铅酸电池有害,即造成析气? 或者,有些杂质实际上是有帮助的,即减少气体产生? 研究发现铋和锌的存在实际上使产气量减少。因此,在回收的过程中去除这些元素是适得其反的。银杂质在铅的原生来源中含量非常低,在回收铅中则有 20～70 ppm。银在制造铅酸电池的过程中被有目的地添加以铸造 Pb-Ca-Sn-Ag 栅格合金,防止在较高温度下栅格线被渗透蚀穿。甚至用于二次电池的铅锡合金现在也要利用银在高温下延长寿命。虽然从表 20.2 可以看出,银会促进氧气的产生,是有害的,但是银可以从正极板转移到负极板,从而避免了这一问题。

在平衡条件下,在铅精炼的过程中发生了下列化学反应:随着温度的降低,铜的溶解度降低从而将铜去除,而锑、锡和砷发生氧化反应以形成氧化物渣被去除。其他过程如硫铁矿脱铜和烧碱精炼步骤由动力学决定[31]。表20.2表明,铅中最需要进行管理的痕量元素是镍、碲和硒。通过硫铁矿(FeS₂)和硫处理,镍与铜在精炼釜中被一起去除。精炼作用是由于诸如黄铜矿(CuFeS₂)和/或斑铜矿(Cu₅FeS₄)和类似的三元镍硫化物等(Cu、Ni)FeSₓ 化合物的形成所导致的,其将镍和铜含量降低到小于 0.005％的范围。随后添加 Zn 或 Al 去除镍以使其降至痕量水平。最后通过加入钠形成金属间化合物来将碲和硒降到小于 0.0001％的范围内。

表 20.2 杂质元素析气电流的变化率

元素	上限量 /(ppm)	变化率/(mA/Ah)			变化水平		
		浮动电流	H_2	O_2	浮动电流	H_2	O_2
Ni	10	0.03772	0.00019	0.03772	4	16	4
Sb	10	0.01860	0.00059	0.01828	6	5	6
Co	10	0.04332	0.00109	0.04252	4	7	4
Cr	5	0.01783	0.00010	0.01774	7	16	7
Fe	10	0.01958	0.00014	0.01951	6	19	6
Mn	3	0.04643	0.0008	0.04543	5	5	5
Cu	10	0.00625	0.00038	0.00583	33	13	34
Ag	20	0.00097	0.00006	0.00103	76	165	66
Se	1	0.1041	0.005	0.0995	2	1	2
Te	0.3	0.10167	0.00933	0.11233	1.5	0.5	1.4
As	10	0.00887	0.0003	0.00881	15	15	14
Sn	10	0.00393	0.00002	0.00399	49	150	48
Bi	500	−0.00026	−0.00001	−0.00026	500	500	500?
Ge	500	0.00041	0.00001	0.00042	673	250	658
Zn	500	−0.00003	−0.00002	−0.00001	500	500	500?
Cd	500	0.00027	0.00001	0.00026	901	706	903

20.6.2 其他杂质的去除

进料的金属部分含有多种合金元素,如锑、锡、砷、钙、铝、镉、铜、钡等。这些元素都会在反射炉中被氧化。来自隔板/塑料中的 SiO_2、Al_2O_3、氯和溴,石灰中的 CaO 和 $CaSiO_3$,废水处理污泥中的 FeO,熔炉砖中的 MgO 和 Cr_2O_3 也从炉渣中被去除。

$$2Sb(板栅或带子)+3/2O_2 \rightarrow Sb_2O_3 \qquad (20.20)$$

$$Sn(板栅)+O_2 \rightarrow SnO_2 \qquad (20.21)$$

$$2As(板栅或带子)+3/2O_2 \rightarrow As_2O_3 \qquad (20.22)$$

$$Ca(板栅)+1/2O_2 \rightarrow CaO \qquad (20.23)$$

$$2Al(板栅)+3/2O_2 \rightarrow Al_2O_3 \qquad (20.24)$$

因为锡和氧化锑具有较高的形成自由能,所以在精炼釜中使用氧气喷射去除锡和锑并将其含量降至小于 0.0005% 的范围,通常会用氧气还原锑从而软化铅,但是在这个过程中铅也被氧化了。因此,可获得的最小锑含量与可接受的铅损有关。高锑合金也可以通过氧气喷射来生产,铅会以生成氧化物的形式从溶剂中去除。在这一工艺中,锑含量最高可达 35wt%。

20.7 电化学实践

使用常规的冶炼工艺从废铅酸电池回收铅有几个问题。除了二氧化碳和二氧化硫的排放外,工艺还会产生其他几种废弃物,如炉渣、浮渣等,这些都必须进行妥善处置。二氧化硫必须被捕捉,并通过洗涤器氧化系统转化成硫酸盐,并以石膏、硫酸钠或硫酸铵等硫酸盐形式进行沉淀。为了避免与火法冶炼工艺类似的问题,电解精炼方法被研发以生产高纯度铅。大多数电解精炼工艺使用 Betts 工艺,使用不纯的铅阳极电解氟硅酸和氟硅酸铅。在电解精炼中铋被高效去除,因此可以生产 99.99% 纯度的铅。作为一种水性电冶金方法,不存在气体排放问题。然而,由于锡的还原电位,锡可能从阳极溶解但沉积在阴极上。因此在电解精炼之后需要额外的工艺去除锡。虽然处理过程不会产生气体排放,但为满足地方、州和联邦的各种污水排放法规,需要进行大量的水处理工序。其他电解工艺中会使用的反应剂电解质包括硫酸铵、甲磺酸盐、盐酸和乙二胺四乙酸。电解结束后,纯铅会沉积在阴极上,杂质会在阳极上形成残渣层,残渣层被收集并进一步精炼以回收金、银等贵金属和其他杂质(如铜和铋)。电解精炼的主要问题是阴极铅必须进行火法冶炼,进一步通过氧气软化去除锡和锑。

2011 年,来自密苏里州的道朗(Doe Run)公司和安奇泰克(Engitec)公司展示了安奇泰克 Flubor 工艺的中试装置,旨在通过在氟硼酸溶液中浸出方铅矿来生产铅。然而关于道朗工艺的更多信息却不能在公共资料或技术文献中找到。

Sonmez 等人[32]已经讨论了一种用于回收电池膏的新型湿法冶金工艺。Prengaman 和 McDonald[33-36]研究了湿法处理铅酸电池膏后跟进电解回收铅的 RSR(Revere Smelting and Refining)工艺,反应如下:

$$PbSO_4 + (NH_4)_2CO_3 \rightarrow PbCO_3 + (NH_4)_2SO_4$$

通过向碱金属碳酸盐中添加 SO_2,铅酸电池浆液中的 PbO_2 可能会被还原。因为 SO_2 会溶于碱金属碳酸盐中,形成碱金属亚硫酸盐和亚硫酸氢盐,

然后与 PbO_2 和 $PbSO_4$ 反应，或 PbO_2 单独反应生成碱式碳酸铅和硫酸铵。

$$PbO_2 + PbSO_4 + (NH_4)_2CO_3 + (NH_4)_2SO_3 + H_2O$$
$$\rightarrow PbCO_3 \cdot Pb(OH)_2 + 2(NH_4)_2SO_4 \tag{20.25}$$

$$2PbO_2 + 2(NH_4)HSO_3 + (NH_4)_2CO_3 \rightarrow PbCO_3 \cdot Pb(OH)_2 + 2(NH_4)_2SO_4 \tag{20.26}$$

由安奇泰克 Impianti(意大利米兰)研发的 Flubor 工艺是一种从铅酸电池废料[37]和铅精矿(PbS)[38,39]中的金属板栅中回收纯铅的水性电化学工艺。这实质上是一个简单的过程，其中铅被三价铁氧化溶解为氟硼酸铅。用于铅电解提取的电解质是在氟硼酸铁-氟硼酸体系中获得的氟硼酸铅溶液。溶液流到阴极室电沉积铅，然后将有再生三价铁离子的阳极电解液送入浸出反应器。作为中间纯化步骤，浸出液通过与铅颗粒的胶结作用来纯化，以沉淀锑、砷、铋、铜和银。由于锌和镉等元素不能通过胶结作用去除，因此它们将积聚在溶液中，可能不得不通过渗流去除。尽管从环境角度来看湿法/电法冶金本质上是极具吸引力的，但火法冶金工艺在经济上更有利，所以湿法还没有被用于商业上。此外，废电池的火法冶金工艺在不断发展炉膛和燃烧器设计、进料干燥、物料处理、通风，以及如袋式除尘器、洗涤器、湿式静电除尘器(WESP)等的环境保护技术。

$$PbS + 2Fe(BF_4)_3 \rightarrow Pb(BF_4)_2 + 2Fe(BF_4)_2 + S^o \tag{20.27}$$

$$Pb + 2Fe(BF_4)_3 \rightarrow Pb(BF_4)_2 + 2Fe(BF_4)_2 \tag{20.28}$$

$$Pb(BF_4)_2 + 2e^- \rightarrow Pb + 2BF_4^- \tag{20.29}$$

$$2Fe(BF_4)_2 + 2BF_4^- \rightarrow 2Fe(BF_4)_3 + 2e^- \tag{20.30}$$

20 世纪 90 年代中期，在阿萨科的东海伦娜铅冶炼厂[40]进行了一个使用带颗粒形状铅锭的 FLUBOR 工艺的中试工厂试验(45 kg/d)，它成功地生产了纯度为 99.9％的铅片。

Owais[41]发现，与电沉积法相比，直接在酸性浸出液中的钛网阳极上电解铅酸电池铅膏，其电流效率更高，能耗更低。Jin 和 Dreisinger[42]研究了甲磺酸(MSA)介质中铅的电解精炼，并研究了电流密度、电极间距、温度、铅离子和MSA 浓度等的影响。他们成功地生产了纯度高达 99.99％的铅，而且阴极电流效率大于 99％。中国的一些研究人员也一直在进行铅电解精炼。Zhang 等人在中国专利 CN 106011931 中介绍了在氟硅酸中进行再生铅电解精炼，并通过周期性洗涤阳极以去除阳极膜。Su 等人[44]分两个阶段精炼铅，第一阶段是火法冶炼去除铜和锡，第二阶段用电解冶炼去除所有其他元素。Li[45]在氟硅酸介质中使用动物明胶或木质素磺酸钠等添加剂对铅和电解泥分别进行电化学处理以回收贵金属。

20.8 最新发展

20.8.1 产品/过程研发

20.8.1.1 电池

铅酸电池是铅的主要市场。先进铅酸电池联合会(ALABC)一直致力于研发和推广可持续市场的铅基电池,如混合动力电动车(HEV)、启停汽车系统和电网规模储能应用。十多年来,ALABC 一直致力于在负极板上添加碳元素来延长电池使用寿命,并提高铅酸电池的动态充电接受能力。它已经发展成新一代铅碳(LC)电池技术,并已开始投入市场。2013 年,由美国能源部(DOE)资助的一个项目,ALABC 证明了由澳大利亚联邦科学与工业研究组织(CSIRO)和日本古河电池首先研发的超级电池™可以以本田思域混合动力汽车中 12 V 超级混合铅碳(SuperHybrid LC)电池应用的形式为投入市场做好准备。ALABC 还正在研制一款 48 V 铅碳电池版的轻混合动力车,以提高 25% 的燃油经济性。福特汽车公司正在与 ALABC 一起参与先进柴油机动力总成项目(ADEPT),该项目首次将"智能电气化"低压概念应用于柴油车[46]。

在过去的十年里,铅酸电池在加强型固定式应用中的市场不断增加,如智能电网频率调节设施和(不间断电源)UPS 系统。ALABC 还研发了先进的 VRLA 设计,如用于深循环应用的吸收性玻璃毡(AGM)电池。这样的进步使得铅酸电池可以满足日益增长的尤其是来自可再生能源的储能需求。先进铅酸电池的全球装机容量预计将从 2013 年的 77 MW 增加到 2020 年的 5044 MW[47]。

20.8.1.2 超软性铅(Supersoft Ultra)

铅精炼的一个重要发展在于用 RSR 工艺生产的超软性再生铅用于关键阀控式铅酸电池应用中。促进这种发展的源头是道朗公司位于赫库兰尼姆的原生铅冶炼厂的关闭,为了弥补北美原生铅量的下降,RSR 研发了火法冶炼工艺,生产出高纯度的超软性再生铅,这种再生铅在制备标准的灰色负极氧化物与红色正极铅氧化物的性能与原生铅一样好[48]。RSR 在 ALABC 的研究基础上研发了超软性再生铅,他们指出铅中的某些杂质(如锑和硒)比其他杂质在考虑电池析气问题时产生的危害要大得多。在生产超软性铅的过程中,除了去除锑和硒,其他会使电池析气的杂质锑、砷、镉、锰、镍、铜和锡也会降低到极低的水平。

在与道朗公司北极星电池中原生铅的对比测试中,制备的电池在自放电、产气率、浮充电流、循环寿命等方面几乎完全相同,而用超软性再生铅制造的电池在较长的一段时间内保有较高的容量。因此对于制作纯铅电池的重要板栅材料和 VRLA 浮动电池或循环电池的活性板栅材料而言,这种超软性再生铅是原生铅的可靠替代品。

20.8.1.3 聚丙烯的回收

回收 PP 是铅酸电池回收中最具经济效益的例子,其为铅酸电池中最主要的无铅材料。直到 20 世纪 80 年代中期,在分离过程中回收的塑料部分含有约 50% 的硬质橡胶,并在垃圾填埋场被丢弃。由于进入回收过程的 PP 数量的增加,许多工厂已经意识到回收塑料的重要性,并将其加入传统回收流程中。塑料回收工艺主要包括研磨和纯化过程,然后挤制出聚丙烯。

20.8.1.4 锂离子电池对铅回收的影响

随着锂离子电池占据了更多的汽车和固定电池市场,这些电池已经进入再生铅冶炼厂的回收链条中。这是非常不可取和令人担忧的事情,因为它已经导致美国和欧洲发生了多起再生铅冶炼厂的危险事件(火灾、爆炸等)。一些行业组织正试图通过改进标签要求或其他识别方法来解决这个问题,以防止不正确的电池进入铅酸电池回收再利用链条[49]。国际铅协会(ILA)预计将发布一份白皮书,详细说明产生与锂离子电池处理相关的事故(目前没有时间限制)的公司的调查结果。

一些锂离子化学物质的复杂性也日益增加,这也促使了 SAE 研发出更为有效的化学鉴定方法。目前的电池由多种化学品构成,在众多新应用领域中获得采用,尺寸或形状不再是鉴别电池化学构成的好方法。例如,一个锂离子启动点火和一个铅酸电池启动点火可能看起来相同,因为两者都将放在国际电池委员会(BCI)的箱子里,以减轻最终用户的搬运付出[50]。

20.8.1.5 再生铅冶炼炉渣的稳定

一些研究人员正在研究使用各种添加剂来将再生铅冶炼炉渣稳定在混凝土中的可能性。Knezevic 等人进行了技术和环境评估[51]。通过使用毒性特性浸出法,他们发现只要在氢氧化钡和石膏的存在下小心地对混凝土的固化过程进行控制,再生铅渣可以作为混凝土产品的一个组成部分。但需要在这个领域做进一步研究来证明其商业可行性。

20.8.2 条例和可持续性

美国环境保护署在 2008 年 10 月将"国家环境空气质量标准"(NAAQS)从 1.5 $\mu g/m^3$ 修改到了 0.15 $\mu g/m^3$。加利福尼亚州目前正在审查工人的血铅水平和允许暴露限值,以建立两者之间的关系。ILZRO(国际铅锌研究组织)一直与加利福尼亚公共卫生部合作,向 OSHA(职业安全与健康管理局)提供建议。国际铅协会一直与 IMO(国际海事组织)合作制定国际含铅矿石和精矿的运输准则,还与联合国合作研发 GHS(全球统一制度)铅标签制度[52],并评估铅的慢性水生影响。

铅的冶炼过程首先通过氧化硫酸铅进行,而后以碳热将其还原为单质铅。由熔炉产生两股含铅的液体,首先将第一股金属铅直接送到精炼炉中生产不含锑(Sb)的合金,接着第二股的炉渣被送入电弧炉中,用于回收高含量的 Sb 合金。这个过程的一个害处是会向周围的空气中释放污染物,包含如铅(Pb)、砷(As)、镍(Ni)和镉(Cd)在内的金属颗粒物在废料的处理、熔化和精炼过程中会被排放出来。历史上,为处理从铅的再生冶炼炉中产生的气体,曾使用湿式除尘器去除二氧化硫,以热氧化器去除一氧化碳,以布袋除尘器去除金属粉尘。为尽量减少员工暴露于有害环境,以及地区的大气有害物质管控和国家环境大气标准对铅排放减量的预期,人们正努力寻求减少再生铅冶炼炉排放铅的方法。

WESP 技术已经被安装在加利福尼亚州工业城和印第安纳州印第安纳波利斯的 RSR 冶炼厂中,预计于 2016 年在纽约 Middletown 的 RSR 冶炼厂安装。WESP 可以将铅尘排放量减少到每年不到 25 磅(1 磅 = 0.45359237 千克)。WESP 长期用于燃煤发电行业,是一种微粒控制技术,将颗粒物吸引到潮湿的收集表面,并从气流中收集和去除颗粒物。所有环节的产气都在通过 WESP 之后在一个公共的烟囱排出。为了氧化可能存在于原料干燥废气中的挥发性有机物(VOC),旋转干燥器下游的处理设备——再生热氧化器(RTO)也已经安装在加利福尼亚工业城的 RSR 冶炼厂。RTO 在 925 ℃ 的燃烧室中的放热反应中完全氧化 VOC。出口气体加热陶瓷床,再通过逆气流回收热量。RTO 通常能够回收约 95% 的注入热量。

WESP 将 As、Pb、Cd 和 Ni 的排放持续控制在非常低的水平。在 WESP 的洗涤器部分的砷排放大大减少,而其他颗粒金属化合物在电极收集部分被去除[53]。在安装完成 WESP 和 RTO 之后,2008 年 11 月至 2009 年 6 月在 RSR 工业冶炼厂进行了一系列测试,以确定设计的有效性。这些测试的结果在表 20.3 中给出。

表 20.3　废气成分在湿式静电除尘器(WESP)/再生式热氧化器(RTO)安装前后变化

元素	减排量/(%)
砷(As)	98.3
镉(Cd)	81.8
铬(Cr)	99.9
铅(Pd)	96.9
镍(Ni)	97.5

20.9　结论

原生铅和回收铅的主要区别是铋和银的含量。导致电池析气量最高杂质元素包括硒、镍、砷、碲、钴、铜、铬,其中硒、镍和碲是特别有害的。其他元素(如银、铋、锌、锡和镉)实际上可以补偿某些元素导致的电池析气反应,其中银、铋和锌是最有利的。银从正极活性物质中转移到负极,因此对正极板上的析气电流没有影响。负极活性物质中银含量高达 100 ppm 时析出的气体也不会增加。当银含量在 50～100 ppm 时,除了提高负极板的导电性和可充电性之外,还提高了放电容量。展望未来,从电池中回收的铅将成为全球铅供应的主要来源,尤其是经过精炼,可以将铅中重要的电化学杂质降低到很低的水平,回收的铅中将含有更高的铋和银。RSR 超软性铅工艺生产出的超软性铅在典型阀控式铅酸电池中与原生铅的性能一样好,标准负极灰氧化铅与正极红氧化铅将会弥补北美原生铅产量下降的问题。

目前回收铅产量实际上超过了原生铅,它可以与钙锡合金化制得板栅,其寿命与铋、银含量较低的原生铅所制得板栅寿命相同。铅的价格越高使得废旧电池价格相应升高,从而使世界范围内具有高的铅酸电池回收率。较高的环境标准已经迫使小工厂、大型工厂和改进的冶炼厂进行合并,以减少二氧化硫的排放量和垃圾填埋场危险废物处置量。大部分再生铅被电池行业利用,废电池约占冶炼厂投入量的 90%。对电池行业的依赖已经导致冶炼厂倾向于生产高纯度的软铅和铅钙合金,而不是传统的铅锑合金,并且如今与原生铅冶炼厂竞争相同的电池客户。随着其他含铅产品的流失,容易回收的电池成为铅的主要市场,这将导致未来生产更多的回收铅。

WESP 与 RTO 的结合使用可以大幅减少已经控制良好的再生铅冶炼厂的排放。砷和铅的排放量可以减少 95% 以上,大大降低环境铅含量,并显著减少有害的空气污染物。这两项技术在改造应用中效果良好,也适用于新建再生铅冶炼设施。

铅作为汽油添加剂(四乙基铅)、铅颜料、铅玻璃、阴极射线管的氧化铅等消耗性用途已经被减少或消除,因此废旧铅酸电池已成为再生铅冶炼厂的主要原料。此外,由于先进国家的汽车和工业系统的废旧电池的收集网络已非常发达,构建铅酸电池到铅的循环利用系统成为一个简单的过程。由于废料价格高,铅回收将继续主导印度和中国等新兴经济体的铅生产。然而,依靠手工和不安全的方式无组织地回收铅酸电池的现象,例如将电池的酸排放到当地河流中,在处理含铅灰尘、塑料等方面缺乏个人防护设备(PPE)等,可能在近期会继续存在,除非有关电池处理方面的法律得到执行。

缩写、首字母缩写词和首字母缩略词

ADEPT　Advanced Diesel Electric Powertrain Project　先进柴油电动动力系统

ALABC　Advanced Lead-Acid Battery Consortium　先进铅酸电池联合会

AGM　Absorptive glass-mat (battery)　吸收性玻璃毡(电池)

ABS　Acrylonitrile butadiene styrene　丙烯腈-丁二烯-苯乙烯

CRT　Cathode ray tube　阴极射线管

CSIRO　Commonwealth Scientific and Industrial Research Organization，Australia　澳大利亚联邦科学与工业研究组织

DOE　Department of Energy　美国能源部

Eh-pH　Potential-pH　电位-pH

ETP　Effluent Treatment Plant　废水处理车间

GHS　Globally Harmonized System　全球统一制度

HEV　Hybrid electric vehicle　混合动力电动车

ILA　International Lead Association　国际铅协会

ILZRO　International Lead Zinc Research Organization　国际铅锌研究组织

IMO　International Maritime Organization　国际海事组织

ISASMELT　Russian for flash-cyclone-oxygen-electric-smelting　俄罗斯闪光旋风氧气电冶炼

KIVCET　Furnace developed by Mount Isa Mines and CSIRO　艾萨山矿场和 CSIRO 研发的熔炉

NAAQS　National Ambient Air Quality Standard　美国国家环境空气质量标准

OSHA　Occupational Safety and Health Administration　美国职业安全与健康管理局

PEL　Permissible exposure limit　允许排放极限

PVC　Polyvinyl chloride　聚氯乙烯

QSL　Queneau-Schumann-Lurgi　凯诺-舒曼-鲁奇工艺

RSR　Revere Smelting and Refining　里维尔冶炼和精炼

RTO　Regenerative thermal oxidizer　再生热氧化器

SLI　Starting-lighting-ignition（battery）　启动照明点火（电池）

TCLP　Toxicity characteristic leaching procedure　毒性特征浸出工艺

USA　United States of America　美国

VOC　Volatile organic carbon　挥发性有机物

VRLA　Valve-regulated lead-acid　阀控式铅酸电池

WESP　Wet electrostatic precipitator　湿式静电除尘器

参考文献

[1] P. B. Queneau, R. Leiby, R. Robinson, World of metallurgy, ERZ-METALL 68 (2015) 149-162.

[2] M. O. Thorsby, Recycling Rate Study, Battery Council International, September 2015.

[3] R. D. Prengaman, T. Ellis, RSR Technologies, F. Fleming, NorthStar batteries, in: 9th International Conf. on Lead Acid Batteries, LABAT, 2014. Bulgaria.

[4] M. J. Walker, D. R. Reynolds, in: T. S. Mackey, R. D. Prengaman (Eds.), Lead-Zinc '90, TMS, 1990, pp. 919-932.

[5] S. P. Matthew, G. R. McKean, R. L. Player, K. E. Ramos, in: T. S. Mackey, R. D. Prengaman (Eds.), Lead-Zinc '90, TMS, 1990, pp. 889-901.

[6] A. Perillo, A. Carminati, P. Schuermann, in: T. S. Mackey, R. D. Prengaman (Eds.), LeadZinc '90, TMS, 1990, pp. 903-917.

[7] R. Leiby, M. Bricker, R. Spitz, in: D. L. Stewart, R. Stephens, J. C. Daley (Eds.), 4th International Symposium on the Recycling of Metals

and Engineered Materials, TMS, Warrendale, PA, 2000, pp. 141-151.

[8] R. D. Prengaman, in: T. Fujisawa, J. E. Dutrizac, A. Fuwa, N. L. Piret, A. Siegmund (Eds.), Lead-Zinc '05, Kyoto, Japan, 2005, pp. 73-87.

[9] R. M. Reynolds, E. K. Hudson, M. Olper, in: T. S. Mackey, R. D. Prengaman (Eds.), Lead-Zinc '90, TMS, 1990, pp. 1001-1022.

[10] Battery Recyclingusing the CX System at Tonolli Canada Limited, Report No. MIC-97-02646/XAB, Tonolli Canada Ltd, Toronto, Ontario, 1992, ISBN 0-7729-9162-6, p. 71.

[11] R. A. Leiby Jr., in: J. P. Hager (Ed.), EPD Congress 1993, TMS, 1993, pp. 943-958.

[12] D. J. Eby, in: T. S. Mackey, R. D. Prengaman (Eds.), Lead-Zinc '90, TMS, Warrendale, PA, 1990, pp. 825-839.

[13] P. B. Queneau, D. E. Cregar, D. R. Mickey, in: M. L. Jaeck (Ed.), Primary and Secondary Lead Processing, 28th Conference of Metallurgists, CIM, Halifax Pergamon Press, 1989, pp. 145-178.

[14] D. Millotte, in: T. Fujisawa, J. E. Dutrizac, A. Fuwa, N. L. Piret, A. Siegmund (Eds.), LeadZinc '05, (2005) pp. 885-898.

[15] W. Schwartz, W. Haase, NML Tech. J., Jamshedpur, India 6 (1964) 42-44.

[16] R. C. Egan, V. M. Rao, K. D. Libsch, in: J. M. Cigan, T. S. Mackey, T. J. O'Keefe (Eds.), LeadZinc-Tin '80, Metall. Soc. AIME, (1980) pp. 953-973.

[17] H. Forrest, J. D. Wilson, Lead-Zinc '90, in: T. S. Mackey, R. D. Prengaman (Eds.), Lead-Zinc'90, TMS, 1990, pp. 971-999.

[18] Z. Kunicky, in: A. Siegmund (Ed.), Lead-Zinc, John Wiley and Sons, Inc., Hoboken, NJ, 2010, pp. 743-746.

[19] J. Hoecker, Plettenbergstrasse, 15, 31675, Bueckenburg, Germany, AZZ Automobiltechnische Zeitschrift, 1995, pp. 42-44.

[20] B. Lundborg, DE 93500135/XAB; NEI-DK-1186, March 1992, ISBN 87-89309-61-8, p. 14.

[21] L. Theo, IEEE International Symposium on Electronics and the Environment, ISEE-1998 (Cat. No. 98CH36145) Oak Brook, IL, USA,

May 4-6，1998.

[22] J. E. Dutrizac, J. A. Gonzalez, D. M. Henke, S. E. James, A. H. -J. Siegmund, in: E. N. Mounsey, N. L. Piret (Eds.), Lead-Zinc 2000, TMS, 2000, pp. 149-169.

[23] T. W. Ellis, A. H. Mirza, J. Power Sources 195 (2010) 4525-4529.

[24] A. E. Melin, Annual Meeting 1992 of the European Tin and Lead Smelters Club, Munich, Germany, pp. 1-13.

[25] U. Kammer, G. Schenker, H. D. Wieden, in: J. P. Hager (Ed.), EPD Congress, 1993, pp. 917-926.

[26] A. G. Morachevskii, Z. I. Vaisgant, A. I. Rusin, M. N. Khabechev, Russ. J. Appl. Chem. 74 (2001) 1103-1105.

[27] M. Beck, Aqua Metals Produces Aqua Refined Lead. Recycling International, November 3, 2016. Retrieved online from: http://www. recyclinginternational. com/recycling-news/10027/research-and-legislation/united-states/aqua-metals-producesaquarefined-lead.

[28] R. D. Prengaman, J. Power Sources 144 (2005) 426-437.

[29] L. T. Lam, H. Ceylan, N. P. Haigh, T. Lwin, C. G. Phyland, D. A. J. Rand, D. G. Vella, L. H. Vu, ALABC Project No. 3. 1 Final Report, ILZRO, June 2002.

[30] R. D. Prengaman, L. T. Lam, in: T. Fujisawa, J. E. Dutrizac, A. Fuwa, N. L. Piret, A. Siegmund (Eds.), Lead-Zinc '05, (2005) pp. 1375e1389.

[31] T. R. A. Davey, in: J. M. Cigan, T. S. Mackey, T. J. O'Keefe (Eds.), LeadeZinceTin '80, Metall. Soc. AIME, 1980, pp. 477-507.

[32] M. S. Sonmez, V. P. Kotzeva, R. V. Kumar, in: A. Siegmund (Ed.), Lead Zinc, John Wileyand Sons, Inc., Hoboken, N. J, 2010, pp. 111e117.

[33] R. D. Prengaman, H. McDonald, U. S. Patent 4229271.

[34] R. D. Prengaman, H. B. McDonald, U. S. Patent 4230545.

[35] R. D. Prengaman, H. McDonald, in: T. S. Mackey, R. D. Prengaman (Eds.), Lead-Zinc '90, TMS, (1990) pp. 1045e1056.

[36] R. D. Prengaman, Recovering lead from batteries, J. Met. (1995) 31e33.

[37] M. Olper, P. L. Fracchia, U. S. Patent 4769116.

[38] M. Olper, P. L. Fracchia, U. S. Patent 5039337.

［39］M. Olper, M. Maccagni, in: J. B. Hiskey, G. W. Warren (Eds.), Hydrometallurgy, TMS, Warrendale, PA, 1993, pp. 1147-1167.

［40］F. Ojebuoboh, S. Wang, M. Maccagni, J. Met. 55 (2003) 19-23.

［41］A. Owais, Direct electrolytic refining of lead acid battery sludge, Berg-und Huttenmannische Monatshefte (BHM) 160 (2016) 134-144.

［42］B. Jin, D. B. Dreisinger, A green electrorefining process for production of pure lead from methanesulfonic acid medium, Separation and Purification Technology 170 (2016) 199-207.

［43］Y. Zhang, S. Fang, S. Jian, A big plate long period lead anode secondary electrolytic refining method Chinese Patent CN 106011931 (2016).

［44］M. Su, Y. Yang, G. Peng, S. Zhang, An electrolysis refining treatment method of crude lead. Chinese Patent CN 105887138 (2016).

［45］D. Li, Process for electrorefining of crude lead. Chinese Patent CN 104562085 (2014).

［46］ALABC Press Release, November 18, 2014. http://www. alabc. org/press-releases/ ALABC_IQPC_48V%20_conference_PR_18Nov2014. pdf.

［47］ALABC Report, 2014. http://www. alabc. org/publications/vrlas-instationary-energystorage.

［48］R. D. Prengaman, T. W. Ellis, 12th International Battery Material & Recycling Seminar, Fort Lauderdale, FL, 2008.

［49］R. Leiby, The Battery Show, 2014, in: http://www. thebatteryshow. com/conference/ conference-proceedings-2014.

［50］SAE Standard J2984, Issued June 22, 2012, Identification of Transportation Battery Systems for Recycling. http://standards. globalspec. com/std/1620181/sae-j2984.

［51］M. Knezevic, M. Korac, Z. Kamberovic, M. Ristic, Association of Metallurgical Engineers of Serbia AMES Scientific Paper UDC: 669. 43, 2010, pp. 195-204.

［52］ILA Annual Review, 2013. http://www. stc-metaux. com/documents/ Annual_Review_ 2013. pdf.

［53］R. D. Prengaman, A. H. Mirza, T. W. Ellis, COM, in: S. R. Rao, C. Q. Jia, C. A. Pickles, S. Brienne, V. Ramachandran (Eds.), Proceedings on Waste Processes and Recycling in Mineral and Metallurgical Industries, 2011, pp. 27-40.

延伸阅读

[1] Extractive Metallurgy of Lead and Zinc, in: C. H. Cotterill, J. M. Cigan (Eds.), AIME World Symposium on Mining and Metallurgy, St. Louis, MO, vol. II, Port City Press Inc., Baltimore, MD, 1970.

[2] Lead-Zinc-Tin '80, in: J. M. Cigan, T. S. Mackey, T. J. O'Keefe (Eds.), TMS AIME World Symposium on Metallurgy and Environmental Control, February 24-28, 1980, Las Vegas, NV, Metall. Soc. AIME, Warrendale, PA.

[3] Lead-Zinc '90, in: T. S. Mackey, R. David Prengaman (Eds.), World Symposium on Metallurgy and Environmental Control, February 18-21, 1990, Anaheim, CA, TMS, Warrendale, PA.

[4] Lead-Zinc, in: J. E. Dutrizac, J. A. Gonzalez, D. M. Henke, S. E. James, A. H-J Siegmund (Eds.), Proceedings of the Lead-Zinc Symposium, TMS Fall Extraction and Process Metallurgy Meeting, October 22-25, 2000, Pittsburgh, PA, TMS, Warrendale, PA, 2000.

[5] Lead and Zinc, in: T. Fujisawa (Ed.), Proceedings of the International Symposium on Lead and Zinc Processing, Kyoto, Japan, October 17-19, 2005, The Mining and Materials Processing Institute of Japan, 2005.

[6] Lead-Zinc, in: A. Siegmund, L. Centomo, C. Geenen, N. Piret, G. Richards, R. Stephens (Eds.), Proceedings of Lead-Zinc 2000 Held in Conjunction with COM 2010, John Wiley and Sons, Inc., Hoboken, NJ, 2010.

[7] Zinc and Lead Processing, in: J. E. Dutrizac, J. A. Gonzalez, G. L. Bolton, P. Hancock (Eds.), Proceedings of the 37th Annual Conference of Metallurgists, Calgary, Alberta, Canada, August 16-19, 1998, CIM, Westmount, Quebec, Canada.

[8] Waste Processing and Recycling in Mineral and Metallurgical Industries VI, in: S. R. Rao, C. Q. Jia, C. A. Pickles, S. Brienne, V. Ramachandran, Proceedings of the Conference of Metallurgists, Montreal, Quebec, Canada, October 2-5, 2011, CIM, Westmount, Quebec, Canada.

第 21 章
未来电动汽车领域的
铅酸电池：现状与前景

P. T. Moseley[1]，D. A. J. Rand[2]，J. Garche[3]

[1] 先进铅酸电池联合会，达勒姆，北卡罗来纳州，美国

[2] 澳大利亚联邦科学与工业研究组织，南克莱顿，维多利亚州，澳大利亚

[3] 燃料电池与蓄电池咨询公司，乌尔姆，德国

21.1 未来电动汽车电池：变革的驱动力

传统上，汽车中电池的功能是存储启动内燃机（ICE）的能量，在发动机不运转时为灯供电并为点火电路供电（所谓的 SLI 服务）。在这一操作过程中，当发动机运转时富液式电池在恒定充电电流下工作，以使荷电状态（SoC）尽可能高。电池的使用寿命 5～7 年已成为一个标准值。现在在全球范围内都在制订要求车辆制造商对二氧化碳平均排放量（g CO_2/km）进行逐步限制的立法。因此，对于汽车电池将会有更严苛的要求。欧洲在采取这些措施方面处于最领先的地位，其提出的目标是最严格的（见1.3.2节）。北美和亚洲设定的 CO_2 目标排放限制标准不那么严格，排放仍然存在全球下行压力，如图 21.1 所示。

未能达到正在实施的排放要求将导致严重的经济处罚。例如在欧盟（EU），对排放量的显著偏差超过车辆排放目标 3 g CO_2/km 的车将处以每辆每 g/km 95 €的罚款。实际上，一个"极限值曲线"用于根据车辆质量设定排放限值，如图 21.2 所示。该程序改变了较重的汽车必然比轻型汽车具有更高的排放。然而，只有车队平均值受到监管，因此制造商仍然能够制造排放量高

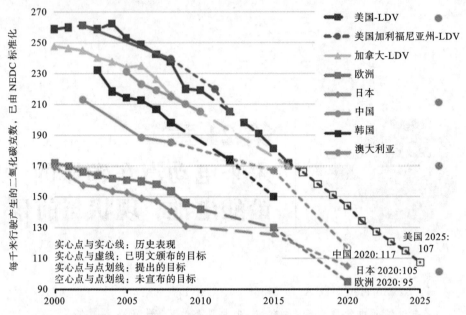

图21.1 逐步收紧汽车排放法规：规定的和计划的。LDV：轻型车辆；NEDC：新的欧洲驾驶循环。数据由国际清洁运输理事会提供，具有有效的知识共享许可

[1] 中国的目标设想的情景为仅使用汽油车的情形，如果包括了使用其他燃料的情形，则这一目标值会更低

[2] 美国与加拿大的LDV包括轻型商务车

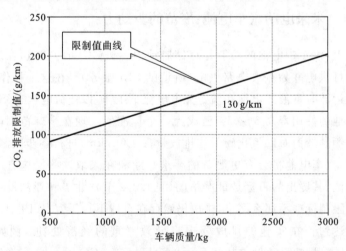

图21.2 用于计算单个汽车制造商车辆平均值的特定排放目标的极限值曲线。该曲线描述了 CO_2 排放目标与车辆质量之间的关系（以 kg 表示）。数据来源：http://ec.europa.eu/clima/policies/transport/vehicles/cars/images/car_graph_1_en.png

于曲线的车辆，前提是这些车辆的指标能被其他曲线下方的车辆平衡。

根据将于 2020 年分阶段实施裁决，到 2021 年，欧盟所有新车必须实现车队平均排放量为 95 g CO_2/km。"超级信用"也将适用于 2020 年至 2023 年的第二阶段减排。每辆低排放汽车将在 2020 年计为 2 辆汽车，2021 年为 1.67 辆，2022 年为 1.33 辆，2023 年为 1 辆。2015 年和 2021 年的目标与 2007 年的车队平均值 158.7 g/km 相比，分别减少了 18% 和 40%。

一些国家正在制定更深入未来的计划，这将进一步限制车辆排放。例如，2016 年 3 月，荷兰议会下院批准了一项议案，即所有汽油和柴油车（包括混合动力车型）将于 2025 年禁止在荷兰市场销售。根据该计划，将允许氢燃料电池车进入市场。此外，美国的八个州和五个国家（加拿大、德国、挪威、荷兰和英国）组成了国际零排放汽车联盟（ZEV Alliance），该联盟承诺到 2050 年所有销售的新车符合环保标准。

减少公路运输对大气中二氧化碳浓度影响的最初尝试包括使用替代驱动技术和引入新型燃料，如图 21.3 所示。

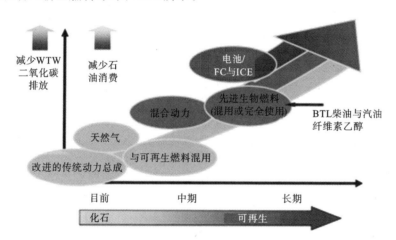

图 21.3 动力系统技术和替代内燃机燃料的研发与减少油耗和油井到车轮的 CO_2 排放有关。BTL＝生物质液体；FC＝燃料电池

还应该理解的是，道路车辆的逐步电气化不仅受到旨在限制二氧化碳排放的立法的驱动，而且受到安全性和舒适性需求增加的驱动。

驾驶员辅助系统以及最终的自动驾驶将要求更大的峰值电力和制动器的极高可靠性，其支持或仅执行车辆功能，例如转向、制动、悬架和车辆运动的稳定。

21.2 电动车辆以及其对电池的要求

下面将讨论为逐步减少二氧化碳排放而引入的各种类型的车辆。表 21.1 总结了各自的设计特征，并指出了相对减少排放的程度。然而，应该注意的是，这些数字只能视为近似值，因为它们取决于汽车的行驶方式。不同的测试循环周期会得到不同的排放值，并且实际驾驶通常会比受控排放驱动周期测量的排放量高。尽管如此，近似数字绘制了一条减少燃料消耗并因此减少二氧化碳排放的途径，其中动力系电气化发展从启停车辆（SSV）到各种形式的混合动力电动车辆（HEV），再到电池电动车辆（BEV）。

然而不幸的是，这些双重好处被成本增加的趋势所抵消，如表 21.1 所示。

表 21.1　可以逐步减少二氧化碳排放的车辆序列的特征

车辆类型	启停车/微混合动力车	轻混合动力车	全混合动力车	插电式混合动力车（10 英里自动驾驶）	电池电动车
电池电压/V	12	48	144～300	200～300	200～800
存储能量/kWh	0.5～1.2	0.3～1	0.8～2	3～4	20～50
电功率（推进和恢复）/kW	约 3	约 10	＞20	＞20	＞50
CO_2 排放减少量/%	约 10	约 15	约 25	30～100[a]	100
将每项技术添加到标准车辆的补充成本/欧元	100～400	800～1600	2000～5000	3000～8000	＞10000
CO_2 减排的具体成本/（欧元/%CO_2）	10～50	50～110	80～200	＞100	＞100

[a]插电式混合动力车中的燃料消耗与二氧化碳排放很大程度上取决于驾驶周期以及主要充电时间的频率，同时还有为确定电动里程份额与超级信用制订的法律法规等（同质化与符合二氧化碳排放的因素）。所有值都是许多公开数据的平均值。

虽然预计 12 V SSV 和微混合动力车的销量将达到高水平的市场渗透率，但仅靠这些技术还不足以将车队平均排放量降低到 2021 年目标以下。因此，由于引入了更有效的措施，从 2020 年起进一步减少排放，预计 SSV 和微混合动力车的使用量将达到峰值。为了应对这一挑战，车队需要包括大部分轻度混合动力(48 V)和/或全混合动力车,并且/或者必须包括大部分插电式混合动力车(PHEV)和/或 BEV。

21.2.1　车辆启停系统和微混合系统

SSV 只包括启停功能,该系统可以减少 5% 的 CO_2 排放。当在 12 V 的微混合系统中加入制动能量回收时(所谓的"再生制动"),CO_2 排放量的减少可以达到 12%。传统的富液式铅酸电池就可以实现这种功能,但是如果未经设计优化,电池的使用寿命会缩减。另外,加强型富液式铅酸电池(EFB)可以维持较长的浅度循环寿命,这项技术在第 5 章已经进行了讨论。值得注意的是,与标准富液式电池相比,EFB 更能承受电解液局部酸密度变化带来的问题,也就是所谓的"酸分层"。

EFB 的优势包括增加成本最小以及更能承受发动机舱内的温度升高。阀控式铅酸电池(VALA)采用吸收性玻璃毡(AGM),它是高级汽车和商用车辆的首选,这些系统要求电池具有稳定的深度循环能力,以实现超过微混合系统要求的电池性能。与富液式电池相比,AGM 技术相对成本较高,但提供了更强的抗局部循环能力,而且酸分层程度大大降低。为了在燃油经济性和 CO_2 排放方面实现最大效益,12 V 微混合动力电池应该在部分荷电状态(PSoC)窗口内的微循环操作期间始终吸收再生制动的高速率充电脉冲。这种充电能力通过动态充电接受能力(DAC)描述,单位为 A/Ah(见 1.5.4 节)。然而,许多现有的 EFB 和 AGM VRLA 电池不能在交流发电机输出 3 kW 功率时吸收其全部的能量。在第 7 章和第 12 章回顾了铅电极的优化,在铅电极优化后,可以使电池在实际工况下得到更加稳定的功率恢复效益。12 V 系统下电池吸收功率的典型值与电池类型和发电机电压水平的函数关系见图 1.5。

虽然中混合与全混合电动汽车是新一代 HEV 中首先实现商业化的汽车类型,但是它们的销量已经迅速被 SSV 和微混合动力汽车取代,这种变化趋势最开始出现在欧洲。在微混合汽车推出的 5 年内,它的销量已经达到大约300 万台,这主要是由于欧洲的汽车生产厂商看到了这种汽车设计的优势,它将汽车的启停系统和制动能量回收系统结合到一个经济、高效的 12 V 的供电系统中,用最低的成本实现了 2015 年将 CO_2 平均排放量控制在 130 g/km 的目标。图 21.4 预测到 2020 年,大约 50% 的新车都会采用微混合系统。

与传统的汽车设计相比,微混合电动汽车明显对电池的要求更高。除了要实现传统的 SLI 功能外,微混合电动汽车中的电池还要满足以下要求:

- 由于停止阶段和被动增压导致的更多和更深的放电;
- 更低的操作 SoC 以实现制动能量的成功再生;

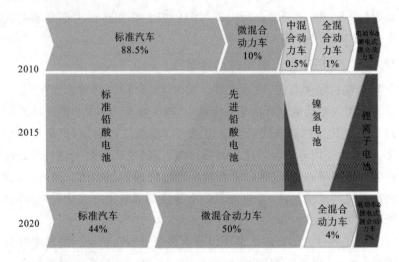

图 21.4 截至 2020 年全球汽车技术的变化。由 Ch. Pillot 提供

● 较高的吸收充电电流。

通过进一步改进动力总成控制，可以更好地减少二氧化碳排放。通过解锁离合器或自动变速箱（"空转滑行"）或甚至关闭发动机，如全混合动力车辆（"启停滑行"），可以最大限度地减少滑行期间的发动机阻力损失。相反，12 V集成式启动发电机不仅可用于重新启动发动机，还可用于提供低扭矩推进辅助。所有这些额外的微混合动力系统功能将对电池提出额外的要求，即更短的再充电时间、更长的电池循环和峰值放电操作的关键可靠性。

目前，微混合动力汽车一般采用 12 V 铅酸电池，但是这些电池在细节上的差别主要取决于所安装的经济刺激功能的类型。

21.2.2　轻混合动力汽车(48 V)

由于中混合动力汽车，甚至全混合动力汽车的成本溢价更高，这刺激着汽车生产厂商去寻找比微混合技术更节省燃油的替代技术。因此，正在考虑使用在 48 V 标称电压下运行的新电气系统来实现制动能量回收达到 7～11 kW（见图1.5）。然而，这不意味着计划将所有的电气系统改为 48 V，只是应用于少数高耗能功能中。像在全混合动力汽车和 BEV 中一样，使用 DC/DC 转换器可以为车辆中的许多传统的电动和电子系统供电。48 V 系统的电压边界安全定义为低于 60 V 的触电危险阈值。48 V 系统在燃油经济性方面具有很大的优势，它无需承担全混合动力汽车的全部成本，同时仍能实现未来 10 年全球所需的 CO_2 减排量。

根据驱动周期和负载使用情况，48 V 发电机回收的能量通常会超过汽车的正常电力消耗。因此许多 48 V 系统会引入轻混合推进辅助系统。首先,实现这种技术要将发电机转换为带有双向 AC/DC 转换器的电动发电机,即使机器可能仍然是爪极电机,但仍然封装在前端副带传动系统中。这些选择使成本的增加最小化,并且使相同引擎和汽车的传统版本和轻混合版本之间的动力组通用性最大化。相反,如果重点是在个别应用中最大限度地节省燃料和减少 CO_2 排放,则可以考虑其他的并联混合动力系统拓扑,即连接到曲轴、变速器或车轴的电机,这样可以使发动机阻力损失大大消除。利用回收的能量进行推进的另一种方式是使用电动增压器,该增压器可以彻底实现发动机小型化,并且不会影响驾驶性能,但在燃油经济性和 CO_2 排放方面有附带好处。

应该注意,对 48 V 电池的要求在很大程度上独立于对启动发电机的类型、传动系拓扑和增压技术(例如 supercharging)的选择。在未加燃料的减速期间(大约占据车辆运行时间的 10%,并持续超过客户数量的使用寿命)需要以 150～200 A 的电流进行能量的回收。

在发动机重新启动和车辆加速过程中,需要释放很大一部分的能量,无论是低功率事件,还是高功率事件,都要通过启动发电机或使用电动增压器。铅酸电池具有非常可靠和始终如一的放电性能,这一性质甚至可能使其优于大多数锂离子电池技术,尤其是在 48 V 系统辅助驾驶或功能安全至关重要的自动驾驶设备应用中。但是面对燃料经济性和 CO_2 排放,典型的铅酸电池会受到 DCA 本身的局限性、能量效率和循环寿命的挑战。目前有几个研究项目正在进行,它们通过发展先进的用于轻混合辅助推进的铅酸技术来克服这些弱点。对于一个成功的市场推广,在实现运行和耐久的目标后,必须用大规模生产的铅酸电池的成本优势来抵消铅的摩尔质量带来的不可比避免的重量损失。

21.2.3　中混合和全混合(144～300 V)

中混合和全混合动力电池存储的能量(1～2 kWh)略多于之前讨论的轻混合动力电池,它们提供更高的电压,且能应对更高的电机功率。由于助力模式中电能的使用和再生制动能量的回收,非常频繁充放电情况的需求对电池长寿应为有利因素,因为在大多数情况中,蓄电池 SoC 只有很小的变化。但是这种浅循环的应用需要功率-能量比超过 30 kW/kWh 高功率电池的。全混合使用多电池组,如果这些电池的寿命合适,就必须避免电池中 SoC 的不平衡,且保持整个组件的温度在规定范围内。电池管理系统可以满足这些至关重要的要求。大量可选的全混合动力汽车正在生产中,其在减少 CO_2 排放的性能方面有相当大的差异,通常在同系化反应条件下约为 20%～30%。

截至目前,绝大多数已售出的全混合动力汽车都使用了镍氢电池,而锂离子系统的应用也日渐广泛。铅酸电池在这些应用领域的挑战与上面所讨论的轻混合电池所面临的相当。高级铅酸电池协会(ALABC)框架的研究项目展示了先进 AGM 电池在多种中混合动力汽车中的应用,在第 12 章已讨论过。

21.2.4 插电式混合动力(200~300 V)

PHEV 使得用电板栅给电池充电成为可能。在城市交通中,车辆经常被用于中短程旅行,并且在车辆主要以电动方式运行的情况下,这种策略得到了应用。为了提供所需的全电动范围,车辆应该有一个远大于正常标准的全混合动力的电池,见表 21.1。此外,车辆还需要一个车载充电接口,并且与其他混合动力汽车相比,更大的电池和额外的电力组件这两个因素意味着成本增加。然而,PHEV 提供了在相当一部分时间运行的潜力(占大多数旅行情况的短途旅行)而不需要燃烧碳氢化合物,此外,为 BEV 不能避免的"里程焦虑"问题提供了解决方法。

已有两大类 PHEV 被研发出来:一种是普通的全电动汽车,续航里程约 10 英里(16 km);另一种续航时间更长,全电动续航里程可能达到 40 英里(64 km)。而对续航里程的选择取决于日常旅程的距离。不论其价值如何,应尽可能经常使用全电动范围;否则,载有额外的电池重量就没有必要了。每 10 英里(16 km)的全电动范围需要一个 3~4 kWh 的车载储能。

PHEV 可以在两种不同的模式下运行:"电量维持"模式或"电量消耗"模式。当全混合动力电池处于前一种模式时,电池保持在一个恒定的 SoC,通过再生制动和发电机充电来平衡动力辅助操作期间释放的能量;而在"电量消耗"模式下,电池在旅途中的放电量要高于其充电量,通过电源供电来补偿电力短缺。PHEV 中的电池不仅必须存储足够的能量来满足所需的全电动范围(例如 10~40 英里,即 16~64 km),作为一个深度循环设备运行,还必须提供高功率性能(尤其是充电时),这是所有混合动力汽车的要求。这是电池的一个严格的制度,但是外部来源提供电能确实减少了汽车使用的石油量,因此燃料经济性有了明显的实质改善。

PHEV 和标准全混合动力汽车之间的主要差异在于"电量消耗模式"下设计用于提供更大的全电动范围的电池的尺寸。ICE 依然是动力的主要来源,但如果要达到最佳性能,它必须与电动机一起工作。与混合动力模式相比,在全电动模式下加速度和最大速度可能会降低。

增程型电动汽车(EREV)是 PHEV 的一个变体,其旨在减小 HEV 和 BEV 之间的差距。EREV 提供纯电力推动,具有局部零排放的优点。当电池耗尽到指定水平(例如 20％SoC)时,一个小型 ICE 范围扩充器(例如 1.6 L)会给驱动汽车的电动机供能。大部分 PHEV 和 EREV 都使用锂离子电池,利用其高比能量(Wh/kg)。

尽管对于普通驾驶者来说其最初成本较高,但只有通过"日益电动化",主要汽车制造商才能实现更具有挑战性的减排目标,这是世界各国政府所期望的。

21.2.5　电池电动车(200~800 V)

BEV 是目前考虑道路运输技术中最不复杂的技术,组件比传统 ICE 汽车少得多,例如,没有点火系统,也没有变速箱。第一眼看上去,BEV 似乎也为替代化石燃料与消除环境污染提供了最终解决方案。然而,这一理想的效果只有当所有驱动车辆的电力都不是来自燃烧碳氢燃料的发电站时才能实现。在撰写本书时,全世界很少有地方存在这种乌托邦式的理想状况。例如,在欧盟,一次能源组合是这样的,配备锂离子电池的紧凑型 BEV 每行驶一公里,产生其电能的发电站对应的 CO_2 排放量就多于 60 g。相比之下,由于化石燃料在国家能源供应中占主导地位,在中国同样类型的车辆,每公里对应产生 180 g 的 CO_2。

如果大部分车辆充电可以在非高峰时间(夜间)进行,PHEV 与 BEV 的广泛使用将不会导致对发电厂需求的大量上升。基荷发电厂可以提供的电力利用量只会增加。

21.3　限制铅的使用

铅是一种剧毒的金属,无论是吸入还是吞咽,几乎都会攻击身体每一个器官和系统。美国国家职业安全与健康研究所建议八小时工作时间内每立方米空气接触限量为 0.050 mg,并建议工人血液中铅的浓度应低于每 100 g 血液 0.060 mg 铅。因此,全世界都在努力确保在严格的健康和安全标准下进行铅酸电池的生产、使用与回收。现代技术将人类与铅的接触减少到最低限度。然而,在一些国家,工厂仍在使用过时的技术。

在全球所有地区,都制定了危险物质的使用和处理条例,主要与制造业务和消费品有关。2000 年,欧盟出台了一项关于报废车辆 2000/53/EC(ELV)的指令,该指令旨在减少因车辆磨损而产生的废物。该指令的范围仅限于乘用车和轻型商用车。为进一步提高可回收性和使用回收材料,该指令禁止几种材料在车辆中使用(铅、汞、镉、六价铬),并列出 ELV 指令附件Ⅱ中的豁免清单。汽车电池属于这个豁免范围,并且其会进行定期审查,例如 5 年。在撰写本书尚未完成的 2015/2016 审查期间,有人建议定义使用铅的高压(75 V 以上)牵引电池的淘汰日期建议,实际上目前还没有用于任何 HEV 或 BEV。

总之,鉴于从废旧电池回收铅的效率极高以及随后的新产品制造工厂数在全球范围内的快速增长,没有充分的理由去完全淘汰铅酸电池汽车。此外,即使替代电池技术在性能和经济方面成功地展示其在大众市场应用方面的实用性,这一情况也不太可能改变。

21.4 铅酸电池技术能否跟上汽车电气化的步伐?

为了回答这一问题,首先分析铅酸电池技术的内在优点和缺点是很有用的。

这一技术的主要优点如下:

- 基本原料的单位成本较低:铅和硫酸(按每 Wh 或 kW 计算);
- 成熟且成本优化的制造技术;
- 操作条件的稳健性,例如低温放电功率(冷启动能力)和耐热性;
- 面对滥用体现出的稳健性,例如过度放电或过度充电;
- 低自放电(关键电流消耗数周后的启动能力)。

几十年来,这些优点掩盖住了以下严重的缺点:

- 铅的高摩尔质量限制了比能量和比功率;
- 电极反应是铅和二氧化铅转化为硫酸铅的"真实"化学转化,反之亦然,而不是插层或双层过程。这一特征限制了循环寿命,因为在每个放电-充电循环期间,微观电极结构被破坏和重建,从而导致正极的多孔结构逐渐崩解;
- 在高速 PSoC 工作中,负极板容易发生不可逆的硫酸化;
- 电解质水溶液中的水和正极板集流体中的铅在 PbO_2-Pb 系统的平衡电位下是热力学不稳定的,因此不可避免地会发生副反应,例如失水、析氢、板栅腐蚀和钝化。只有这些反应的动力学被抑制才能防止铅酸电池的自发分解,从而显著延长日历寿命;
- 电解质不是惰性的,在放电反应中会消耗掉。这导致在电池的高速操作期间的酸输送受限制,以及在多孔电极板的深度和高度上产生酸浓度梯度。这样的结果导致空间电流分布通常不均匀,并且导致次优材料的利用和局部老化。

虽然这些缺点是铅酸电池电化学系统所固有的,但在实际电池操作中,有一些方法限制这些影响。例如,Planté 电池在固定待机应用中的使用寿命超过 15 年，同时管式正极板可在牵引电池中实现很高的循环寿命。通常，这些优化只能以损失成本、重量和/或功率为代价。

对于每一种新的车辆设计，决定市场接受度的关键因素是成本、重量和故障前的使用寿命。很多车辆类别（HEV、PHEV、BEV）对其电池规定了不同的操作职责，如表 21.2 所示。充分利用制动能量回收的要求将导致增加 DCA 的压力，并且额外的电气负载需要循环使用比以前更大的电池容量。SSV 和微混合动力汽车的典型启停和回收事件中分别对 12 V 电池进行放电或充电，分数为 1 Ah 或远低于其额定容量的 1%。为了确保这些功能的一致实际可用性，需要为微混合动力操作策略保留稍大的能量窗口，即几个 Ah 或高达 5% 的额定容量的 12 V 电池，例如，在拥挤的交通中，启动-停止事件之间的充电时间短，或者在下坡行驶期间进行回收。相比之下，轻混合和全混合动力汽车牵引电池的容量完全适合这些功能，其中上限和下限 SoC 分别由充电和放电功率能力以及耐久性因素决定。因此，这种电池用于大功率操作的可用能量窗口通常达到其标称能量的 40%～70%（额定容量乘以额定电压）。降低燃料消耗和二氧化碳排放的增量效果，导致为动力系统电气化功能保留的电池容量的比例相应增加。对于提供全电动驾驶的车辆而言，这种趋势将达到最大值，其中必须能够在电力驱动整个电池的寿命期间循环高达 100% 的 Ah 容量。

表 21.2　用于减少燃料消耗和二氧化碳排放的电气功能对电池的要求

		启动照明点火（SLI）	启停	动态充电接受能力（DCA）	动力辅助	电能消耗模式	仅使用电力
可用于 CO_2 减排策略的电量/Ah		0	<1	≤3	约 3	≥15	≥60
类型	电压/V	是					
传统模型	12	是	是				
启停车辆	12	是	是	是			
微混合	12	是	是	是			
轻混合	48	是	是	是	是		
全混合	100+	是	是	是	是		
插电式混合动力（PHEV）	200+	是	是	是	是	是	
电池电动车（BEV）	600+			是		是	是

目前,铅酸电池实际上仅用于 SSV 和微/轻混合动力汽车中,以及双电压系统中 12 V 子网稳定化和备用装置。在这些应用中,电池的尺寸保持 1 kWh 左右,因此由任何铅酸电池比能量的实际改善来提供的重量减轻几乎无关紧要。然而,成本和使用寿命对铅酸候选物的可接受性产生相当大的影响。

为更进一步具体讨论,有必要区分电气化水平,如下。

21.4.1 启停车辆和微混合动力汽车(12 V)

对于采用 12 V 电源的车辆,铅酸电池具有作为现有(已建立)技术的优势。EFB 变体可以执行基本的 33V 功能而无需进一步修改,并且由于其成本优势,只要 SSV 具有相当大的市场份额,它可能仍然是所选择的电池。为了最大化制动能量回收并支持日益苛刻的电动汽车功能,下一个主要挑战是在不影响高温耐久性的情况下提高微混合动力车的 DCA。在过去的二十年中,通过添加某些形式的碳材料以及对负极的其他改进,实现 DCA 至少增加了 3 倍,不仅对于刚刚放电的电池,而且在 PSoC 下持续的客户操作期间也是这样(这项技术俗称"铅-碳材料")。然而,这些改进常伴随高温耐久性(通过已建立的标准测试方法测量)显著降低。虽然早期的证据表明,碳材料的添加如果不是可以忽略的话对高温耐久性的实际影响远低于实验室测试所显示的。十多年来,行业中的铅酸电池还未能系统地解决这一问题,而且大多数全球汽车公司仍然还未接受额外碳材料的使用能代表持久的解决方案的想法。唯一的例外可能是超级电池™的出现,它似乎有效地使用了碳材料而没有不良后果。这种独特的技术在第 12 章中进行过讨论。

应该认识到,汽车行业不仅仅在推动铅酸电池技术改进,而且在认真评估锂离子技术,将其作为一种可能的但尚未成熟的替代方案。在未来的汽车设计中,制造商有以下两种能源/电力存储选择。

(1)放置第二块电池,它不仅提供高和持续的 DCA,而且还提供简单的冗余功能,与铅酸电池并联,这对 12 V 电源功能性安全尤为重要的驾驶员辅助和自动驾驶系统至关重要。

(2)单独使用锂离子电池可以成为 12 V 铅酸电池的直接替代品,它可以显著减轻重量,同时提供高而持久的 DCA。

然而,锂离子化学仍然面临着重大挑战,任何针对冬季性能的改善都会降低其在高温下的老化性能。预计未来十年电池技术和成本降低将取得显著进展(见 2.5.1 节)。铅酸电池和锂离子电池的成本预测见图 21.5。虽然关于未来价格还存在很多争议,但铅酸电池有可能在未来一段时间内仍保持显著的成本优势。

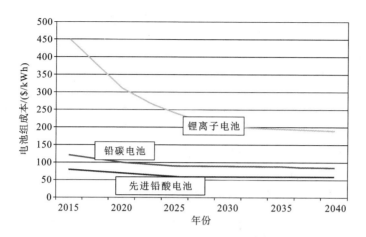

图 21.5　锂离子电池和铅酸电池的成本预测。 由 Advanced Lead-Acid Battery Consortium 2530 Meridian Parkway,Suite 115,Durham,NC 27713,USA 提供

鉴于来自其他电池化学品的竞争前景,铅酸电池行业应该在以下领域迅速加快创新步伐。

● 与汽车公司一起定义测试方法,以便对实地使用中的高 DCA 技术对高温耐久性的影响进行实际评估,最好采用协作方法,以便对各相互竞争的设计进行快速基准测试。

● 寻求技术的进一步优化,特别是在 PSoC 波动后将 DCA 增加到与可用的自由交流发电机电流相匹配的水平,即大约 2 A/Ah,同时仍然不会降低高温耐久性。

● 研发出具有可忽略不计的高温性能弱化的高 DCA 电池,快速跟踪其大规模生产和商业化。

● 通过设计具有大容量过剩的 EFB 来实现质量显著减轻,以补偿不良的活性物质利用率。

● 在现场验证基本 EFB 技术并取代 VRLA AGM 电池后,利用所有进一步降低成本的机会。

21.4.2　轻混合动力汽车(48 V)

鉴于全混合动力车具有额外的电气功能,这种车辆中的电池面临的任务变得更加困难,而存储的能量保持在相同的数量级(1～2 kWh),就像 12 V 系统一样。对功率-能量比,特别是对 DCA 的特定要求大大提高。同样,随着更高的能量吞吐量,循环寿命目标变得更具挑战性。与未改性的车辆相比,特别是当要使用更昂贵的电池化学品时,系统的成本也增加。据许多 OEM 称,

48 V 系统可以轻松安装在车辆平台上,与全混合动力车相比,它提供了更加实惠的成本效益比,如表 21.1 所示。

为了使铅酸电池在 48 V 轻混合系统中取得成功,必须研发一种极具成本吸引力的产品,以与锂离子电池竞争。虽然在重量、能量效率和固有循环稳健性方面不可避免地变差,但改进的技术至少必须在使用寿命期间将 DCA 维持在 $10 \sim 20$ Ah^{-1} 的范围内。与锂离子相比,在组装成本方面的一个显著优点是可以省去元件监测和平衡的操作。然而,研发和验证 48 V 铅酸系统的物质成分、电池设计、整体封装、制造技术和车辆集成将需要非常大量的前期投资。虽然锂离子电池及其销量正在快速发展,但如果 48 V 铅酸电池的生产成本接近同等重量的 12 V 汽车 VRLA AGM 电池,则其仍将具有引人注目的优势。这必然需要非常高的制造量,即达到每年数百万组,这样铅酸电池在 48 V 细分市场中可以达到高市场渗透率。

21.4.3 具有高电池能量、高电池电压、显著全电动续航里程和市电充电的车辆

由于规范车辆排放的立法是按照世界不同地区的不同时间表进行规划的,因此新环保技术的引入因地区而异。欧洲的进展看起来最为迅速,随着欧盟 2020 年及以后的排放法规的实施越来越临近,汽车制造商可能会寻求增加其销售车型中 PHEV 和 BEV 的份额。这种行动的刺激是双重的:①它将使销售战略更灵活,以实现 95 g CO$_2$/km 车型平均值;②如果立法进一步收紧,这些车辆将需要构成车辆生产的大部分。主要汽车制造商已经在为这种可能性做好准备。

PHEV 和 BEV 都采用了更大的电池,它们的工作周期与微混合、轻混合甚至全混合动力汽车的工作周期完全不同。作为主要要求,高 DCA 将被更长的深度放电循环寿命所取代。在涉及充电间隔期间的长距离范围情况下,锂离子电池将是必不可少的,即使存在成本问题。汽车制造商的发展目标已经包括大于 300 km 的续航里程。在可以接受较短续航里程的情况下,例如在城市中,可以考虑铅酸系统的较低成本的优势,但只有在可以保证 $2000 \sim 3000$ 循环的可靠深度放电寿命情况下,优选具有快速充电能力的系统。铅酸技术尚未达到这样的性能水平。

21.5 结语

汽车制造商寻求降低成本方法的持久本能将确保各种铅酸电池在任何其

能够执行所需功能的地方都可被视为选择。决定这种技术应用于何处的关键因素是汽车未来市场根据车辆需求的续航里程所细分的程度。从短期来看，EFB 可能足以保留铅酸电池在 12 V 电池车辆中的市场份额。对于给定的车辆设计，基于铅酸电池的产品的成本越低、重量越低、DCA 越高，任何其他不仅有更高价格而且还有额外车辆集成工作量的替代品的吸引力就越小。对于锂离子电池，其受到单独的电池监测和密切的热控制所带来的阻碍。最近英国谢菲尔德大学(尚未发表，2016 年)的研究表明，有三个因素会降低铅酸电池的 DCA 性能：①在 SoC 太高的情况下操作电池；②在温度过低时；③在充电后立即测量 DCA 而不是在放电后测量 DCA。通过在低于 60% 的 SoC、30°C 或更高的温度下工作，并且在正常启停序列中嵌入充电过程，可以实现合理的DCA 性能。为了加强铅酸电池技术的地位，未来可能的研究领域至少包括电池设计、更薄极板、更多用于正极板栅的耐腐蚀合金、更高活性材料利用率，以及用于负极板的性能增强添加剂。对于某些车辆技术，超级电池™ 的推出可能是一项重大发展。

除了这些考虑因素，虽然高 DCA 仍然有价值，但铅酸电池必须提供的关键特性是长而深的循环寿命。车辆电气结构的最终选择，以及是否会用到铅酸电池，将取决于每千米每克 CO_2 减排的目标成本、所需负荷时间表，以及电动舒适性和安全性的增加带来的市场趋势。尽管如此，电池是解决世界运输和能源挑战的组成之一，并且驱动未来走向碳减排的每一种展望，铅酸电池技术将位列其中。

缩写、首字母缩写词和首字母缩略词

AC　　Alternating current　　交流电

AGM　　Absorptive glass-mat　　吸收性玻璃毡

BEV　　Battery electric vehicle　　纯电动车电池

BTL　　Biomass-to-liquid　　生物质液体

DC　　Direct current　　直流电

DCA　　Dynamic charge-acceptance　　动态充电接受能力

EFB　　Enhanced flooded battery　　加强型富液式铅酸电池

EREV　　Extended-range electric vehicle　　增程式电动汽车

EU　　European Union　　欧盟

FC　　Fuel cell　　燃料电池

HEV　　Hybrid electric vehicle　　混合动力电动车

ICE　Internal combustion engine　内燃机

LDV　Light-duty vehicle　轻型车辆

PHEV　Plug-in hybrid electric vehicle　插电式混合动力电动车

PSoC　Partial state-of-charge　部分荷电状态

SLI　Starting-lighting-ignition　启动照明点火

SoC　State-of-charge　荷电状态

SSV　Start-stop vehicle　启停车辆

UK　United Kingdom　英国

USA　United States of America　美国

VRLA　Valve-regulated lead-acid　阀控式铅酸电池

WTW　Well-to-wheel　油井到车轮

ZEV　Zero emission vehicle　零排放汽车

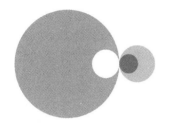

术语表

　　吸收性玻璃毡：一种用于阀控式铅酸电池设计的材料。电解质溶液被吸收在玻璃纤维基体中,玻璃纤维基体固定电解质溶液并将其保持在板的旁边。该材料在吸收电解质溶液后通过保持一定程度的孔隙率促进氧气向负极板输送,并且还充当了隔板,缩写为 AGM,这种材料也称为"吸收性玻璃微纤维"或"重组电池隔板垫"。参见:**气体重组;阀控式铅酸电池**。

　　吸收：液体或者气体被吸入固体渗透性空隙的过程。参见:**吸附;化学吸附;物理吸附**。

　　蓄电池：二次电池曾用的术语。

　　乙炔黑：在空气中由乙炔受控燃烧制成的一种特殊类型的炭黑。

　　酸分层：在铅酸电池中观察到的一种现象。在充电过程中,极板上产生高密度的硫酸,并且在重力作用下沉到电池的下部。在重复充放电循环中,硫酸不会移动,因此会产生垂直的浓度梯度。这种效应在采用富液式电解质溶液的电池中非常普遍。这种效应不允许一直存在,否则,由此产生的电流分布和活性物质利用的不均匀,以及正极板栅的不规则腐蚀和生长,都会导致电池不可逆的损坏。可能的解决对策是电池处于水平位置(仅适用于密封的、使用阀门调节的电池设计)和搅动电解质溶液,如摇动电池、在过度充电的过程中"产气"、使用起泡器或者泵循环。

　　活性炭：一种经过热处理或化学处理或活化来改变其孔隙结构以提高表

面积和特征吸附性能的碳。高度多孔,可以很容易地吸附气体、蒸气和胶体颗粒。它通过对木材、泥炭等进行热解,然后用蒸气或二氧化碳将所得产物加热至高温形成。参见:炭黑。

活化:在没有电解质溶液操作的情况下(既不引入电解质溶液,也不将电池浸入电解质溶液中)制备单电池的过程。对于热激活储备电池,该过程还涉及加热和固体熔化。

活化能:引发化学反应所需的能量,也称为阿伦尼乌斯活化能。

活化过电位:因电极 电解质界面处的电荷转移动力学限制而产生的超电势。

活性物质:在电池充放电过程中参与电池反应的物质。该术语通常适用于形容电极中包含的物质,因此包括"正(电极)活性物质"和"负(电极)活性物质",通常不称为"活性质量"。

活性物质利用率:通常以百分比表示,描述正极或者负极材料在放电期间不能再以有效电压输送电流之前参与反应的比例分数。

活度:反应体系中物质"有效浓度"的量度,按照惯例,这是一个无量纲的常数。纯物质在凝聚相(液体或固体)中的活度被认为是统一的。活度主要取决于系统的温度、压力和物质组成。在气体和混合物的反应中,一种组分气体的有效分压通常称为"逸度"。

活度系数:物质活度(有效浓度)与实际浓度的比值,是使热力学计算正确的无量纲校正系数。参见:**活度**。

绝热过程:一个没有热量进入或离开系统的过程(例如气体的膨胀);在可逆绝热膨胀中,当气体冷却时,气体内能通过对外部环境做功而减少。

吸附质:一种已经被吸附或者能够被吸附的物质。

吸附剂:具有吸附其他物质的能力或趋势的物质。

吸附作用:气体、溶质或液体分子被吸附在所接触的固体或者液体表面上的作用,与吸收(一种物质实际渗入另一种物质的内部结构的过程)不同。因此,有吸附、吸附剂。参见:**化学吸附、物理吸附**。

吸附等温线:一条描述吸附质的表面覆盖度如何受到其吸附吉布斯自由能、前体物质和产物浓度以及电化学势影响的曲线。参见:**吉布斯自由能**。

先进的汽车技术:具备高能源效率、低排放车辆的工程设计过程,包括直喷式、混合动力、燃料电池和电池驱动的车辆系统。

老化:由于电池(单电池)的使用和/或时间的推移而造成的电池容量永久性的损失。

碱性电池(单电池):具有强碱性电解质溶液的电池(单电池)。

交流电:向一个方向流动一段时间(半周期),然后向反方向流动的电流;常见的波形为正弦曲线。交流电比直流电更容易长距离传输,并且是大多数家庭和企业使用的电力形式。参见:**直流电**。

非晶材料:一种原子结构长程无序的固体材料。

安时效率:对于二次电池(单电池)来说,安时效率是放电期间放出的电量与通过充电存储在电池中的电量之间的比值(通常表达为百分比),也被称为"充电效率"或"库仑效率"。

阴离子:在电解质溶液中带负电荷并且在电势梯度作用下向阳极迁移的离子。参见:**阳极;离子。**

阳极:发生氧化反应(即失电子)的电极。在二次电池(单电池)中,阳极是充电时的正极、放电时的负极。在燃料电池中,阳极是消耗氢气的负极。在电解过程中,阳极是释放氧气的正极。

阳极电解质:与阳极接触的电解质溶液相。

人为排放:由人类活动直接或间接引起的排放。例如,由于使用化石燃料造成二氧化硫的排放是人类活动直接引起的,农田施用化肥造成氮氧化物排放是人类活动间接造成排放的。

水电池(单电池):一种采用化合物在水中解离产生离子从而形成导电介质作为电解质溶液的电池(单电池)。参见:**电解质**。

面能量密度:电池单位面积存储的能量(单位:Wh/m^2)。

面功率密度:电池单位面积提供的功率(单位:W/m^2)。

面比电阻:样品单位面积产生的电阻(单位:Ω/m^2)。

长宽比:对于任何图形,其较长边与较短边的比值。

不对称型电化学电容器:一种被设计为一个电极比另一个电极拥有更高容量的电化学电容器。因此,较大容量的电极的放电深度将小于较小容量电极。电容值比采用同种电极材料的对称电容器大。也称为"混合电容器"。参见:**电化学电容器;对称电化学电容器**。

汽车电池:一种被设计用来启动内燃机车辆的电池,并且在发动机不运转时为车辆电力系统供电。也称为"启动照明点火(SLI)电池"。

电池:多个含相同化学成分的串联或者并联在一个容器中的电化学单电池(注意该术语通常用于表示单个单电池,特别是在初级系统中)。

电池调理:可充电电池在制造出来以后,在精心控制条件下进行充放电的初次使用以达到满容量。

电池循环：对二次电池进行重复充放电。

电池占地面积：安装电池系统所需的（底板）面积。

电池化成：在电池制造或者安装中将活性物质转化为电化学储能所需物质种类的初始充电过程。

电池板栅：为电池活性物质提供机械支撑的电池极板框架，也用作集流体。

电池管理：充放电条件的调控、电池组件的维护和控制工作温度在适当的范围内。

电池模块：组成电池组的基本电池单元。

电池组：一些为给定的应用提供所需的功率和能量而连接在一起的电池。

BET 比表面积：通过将布鲁诺、埃麦特和泰勒（Brunauer、Emmet、Teller）模型应用于气体吸附等温线，获得的每单位质量的试样的表面积（通常以 m^2/g 表示）。

黏合剂：添加到电极活性物质中以增强其机械强度的物质。

双极板：将一个电池的正电极与另一个相邻电池的负极相连以形成一个"双极电池"的密集电子（不是离子）导体。这些电池是串联的，因此可以累积电压。双极板还被用作燃料电池的互连，并且还被用于将燃料或空气分配到电极，移除反应产物和传热。根据电化学电池的类型，极板可以由碳材料、金属或导电聚合物（可以是碳材料填充的复合材料）。也称为"双相"电极，特别是在 Leclanché 电池中。

叠箱模具：每一半各可加工一个板栅纹路的钢模具。当充满的熔融金属冷却之后打开模具，电池板栅铸造成型。参见：**电池板栅**。

母线：在几个电路之间建立公共连接的电导体。也用于描述：① 在电池内连接相同极性极板的刚性金属导体；② 将电池端子分别连接到电气系统的导体。通常简称为"巴士（bus）"。

巴特勒-福尔默方程：流过电极的电流与电极和电解质界面间电势的关系。在低过电位和高过电位情况下，其可以通过塔菲尔方程很好地进行线性关系拟合。参见：**塔菲尔方程**。

镉电极：用作参比电极，用来确定铅电池正/负极的电位，而且可以是镍镉电池（单电池）的负极。

日历寿命：在电池性能降低到不可接受的值之前可以使用的寿命。

甘汞电极：参见：**饱和甘汞电极**。

电容：电容器存储电荷的能力，单位为法拉。

电容电流(密度)：流过正在充电/放电双电层的电化学电池的电流(或电流密度)。这个电流不涉及任何化学反应(电荷转移)，它仅引起电极表面和电极附近的电解质溶液(双电层)中电荷的积聚(或去除)。当电极电位变化时，总会有一些电容性电流流过；而电位恒定时，电容性电流通常为零。其也被称为"非法拉第电流"或"双电层"电流。参见：**法拉第电流**。

容抗：与电容器相关的阻抗。大小用欧姆表示，等于电容(法拉)和电源角频率(单位为 rad/s)乘积的倒数。还引入了 $90°$ 相位角，使通过装置的电流导致所施加的电压。参见：**阻抗；电抗**。

电容器：参见：**电解电容器；电化学电容器；静电电容器**。

容量：在一定条件下可从一次电池或二次电池中放出的电量。通常以安时表示。参见：**额定容量**。或者，电容上的电荷(以法拉计)。

炭黑：碳的无定型形式，可由碳氢化合物的热分解或者氧化分解而商业化生产。它的表面积与体积比值较高，但这个比值低于活性炭。其经常在一些类型的电池和燃料电池中用作支撑电催化剂。参见：**活性炭**。

卡诺循环：可逆热机最有效("理想")的运行循环。如四冲程内燃机，它由四个连续的可逆操作组成，即等温膨胀和从高温储层向系统的传热；绝热膨胀；等温压缩和从系统向低温储层的传热；使系统恢复到初始状态的绝热压缩。

卡诺循环效率：热能流经温度梯度可以产生热力学功的最大效率。

汇流排铸焊：指铅酸电池制造中的一个术语，此时极性相同的多个电极的极耳(并联以增加容量)通过由铅合金制成的汇流带连接。汇流排铸焊接头将极耳引入盛在模具中的熔融合金中，然后通过空气冷却固定组件成型。

催化剂：一种增加化学反应速度的物质，但其本身在反应中不发生永久性改变。

阴极：电极上发生还原过程(得到电子)。在二次电池中，阴极在充电时是负极，在放电时是正极。在燃料电池中，阴极是消耗氧气的正极；在电解过程中，阴极是放出氧气的负极。

阴极电解质：与阴极接触的电解相。

阳离子：在电解质溶液中携带正电荷并且在电位梯度的影响下向阴极迁移的离子。参见：**阴极；离子**。

电池：参见：**电化学电池**。

电池逆转：通常由过度放电导致，当单电池容量的差异导致一个或几个单电池在其他单电池之前达到完全放电时，电池组中最弱的单电池(或多个单电池)的电极极性发生反转。

电池电压:电化学电池正负极间的电压的代数差。电压通常指的是非平衡条件下的,即当电流正流过电池时。当考虑电化学电池时,通常使用"电压"描述;当考虑电极时,通常使用"电位"描述。但是容易混淆的是,这两个概念有时可以互换使用。参见:**负极**;**正极**。

充电:向二次电池提供电能以转化为化学能存储。

充电接受能力(静态):电池在确定的荷电状态(SoC)中将活性材料转化为随后可以放电的形式的能力。对于车载电池来说,其是根据充电电流或在一个特定温度和充电电压下一小段时间内有效返回的电荷的百分比来量化的。参见:**动态充电接受能力**。

电量消耗模式:混合动力汽车或其他电动车辆电池中放电且荷电状态降低的运行模式。参见:**电量保持模式**。

充电效率:与安时效率相同。

充电系数:安时效率的倒数。

充电曲线:用于给电池充电的电流和电压的顺序。

充电率:用于给电池充电以恢复其可用电量的电流。参见:*C* 倍率。

荷电保持能力:电池在零电流条件下保持电荷的能力。

电量保持模式:荷电状态(SoC)被维持在狭窄范围(50%~60%)内的混合动力或者其他电动车辆的操作模式。例如,插电式混合动力电动车辆最初可以在电量消耗模式启动,然后在电量耗尽或者操作者晚上忘记充电时默认为电量保持模式。参见:**电量消耗模式**。

电荷转移系数:巴特勒-沃尔墨方程中用于电化学反应动力学处理的一个重要参数。该参数表示有助于降低电化学反应自由能垒的电极-电解质溶液界面电位的分数。参见:**巴特勒-沃尔墨方程**;**吉布斯自由能**。

电荷转移过电位:与活化过电位相同。

化学吸附:被吸附的物质(气体或液体)的分子或原子通过共价键被固定在固体材料表面的过程。参见:**吸附**;**共价键**;**物理吸附**。

气候变化:直接或间接由人类活动导致的统计上显著的气候变化。除了在有记录时期观察到的自然气候变化之外,还改变了全球大气的组成。要注意气候常被定义为"平均天气",这意味着使用统计数据来描述一段时间内天气(温度、降水和风)的平均情况和变化。世界气象组织使用 30 年为周期,但周期也可能短到几个月或长至数万年。参见:**全球变暖**;**温室效应**;**温室气体**。

冷启动放大器:车载电池的性能评级。通常定义为电池在保持特定端子电压的同时可以输送 30 s 的电流。对于铅酸电池,当电池是充满电的新的电池时,在 18 ℃条件下,每个电池的电压必须大于或等于 1.2 V。

浓度差过电位:由本体溶液和电极表面之间的载流子浓度的差异引起的电势差。它会发生在电化学反应足够迅速以使载流子的表面浓度低于本体溶液的表面浓度时。反应速度取决于载流子到达电极表面的能力("传质")。也称为"质量传输过电位""扩散过电位"。

变流器:用于将直流电转换为交流电的电气设备。

铜拉网:用于高的铅酸电池中来降低负极板栅的电阻;这种电阻往往占电池内部总电阻的大部分。这种板栅采用镀薄铅层的铜制成。该技术可以使电池中电流分布更均匀,从而改善电池性能。缩写为 CSM。

库仑效率:与安时效率相同。

对电极:电化学反应中仅用于与电解质溶液构成电连接的电极,使得电流可以施加于工作电极。对电极上发生的反应过程并不重要;它通常由惰性材料(贵金属或碳/石墨)制成以避免被溶解。也称为"辅助电极"。参见:**工作电极**。

逆电动势:与所施加的电压相反的电压。也称为"反电动势"。参见:**电动势**。

鞭裂效应:完全充电的铅酸电池(特别是在长时间浮动充电后)在放电开始时的电压(通常为 10～30 mV),随后根据操作条件在几分钟或一小时内恢复到负载电压。完全放电的电池在开始充电时也会出现类似的现象,在这种情况下,电池电压会跳到 10～80 mV 的峰值。这两个现象的明确解释尚未被发现,又称为"鞭裂效应"(电压陡降复升)。

电对:在电池中进行互补的电化学反应过程的正极和负极材料的组合。

C 倍率:以安培为单位的放电或充电效率,在数值上等于以安时表示的电池额定容量(C)。电池的充放电电流通常表示为 C 的分数或倍数(例如,额定容量为 20 Ah 的电池的 0.1C 和 5C 的电流分别为 2 A 和 100 A)。参见:**放电倍率;额定容量**。

结晶过电位:与电结晶的结晶步骤相关的过电位。结晶是整个电极反应的基本步骤。

原油:天然形成的、未经过精炼的,由碳氢化合物沉积和其他有机物组成的石油产品。原油精炼可以产生可用的产品,如石油、柴油和多种形式的石化产品。参见:**石油**。

集流体:将电子导入或导出活性材料的电化学电源组成部分。参见:**活性材料。

电流密度：在电化学电池中，每单位电极面积流过的电流。

电流效率：通常以百分比表示的流过电解池（或电极）用以实现所需电化学反应的电流比例。电极上发生的预期反应以外的反应或者消耗产物的副反应可能导致电池效率低下。预期的产量可以通过理论计算得出并与实际产量进行比较。参见：**电解池**。

截止电压：选定为电池充电或放电终止的特定电压。也称为"结束电压""最终电压"。参见：**终止电压**。

循环：电池的一次充放电。

循环寿命：电池在恶化至无法达到规定的性能标准前可以进行的充放电循环次数。在可充电电池中，当提供的容量达不到其额定容量的80％时，通常被认为已经到达了报废时间。参见：**额定容量**；**服务寿命**；**保质期**。

循环伏安法：参见：**伏安法**。

圆柱形电池：将正极板和负极板卷起放入圆柱形壳体的电池（与将电池堆叠在棱柱形的电池设计相反）。

深放电：一个表示电池放出大部分（通常大于80％）额定（或可用）电量的定性术语。参见：**浅放电**。

树突：描述金属电沉积期间可能形成并产生具有"树状"外观（通常具有很多分支）骨架结构的针状结晶的术语。具体而言，在电解质溶液离子电阻率的影响下，远离金属表面的位置过电位较低，使得电流密度较高，并且沉积的金属有向外生长的趋势，由于扩散现象，形成树突。这种现象可能会对电池造成严重损害，因为可能会导致电池短路和活性物质的损失。参见：**过电位**；**短路**。

放电深度：通常以百分率表示在给定倍率下从电池中释放的安时数与在相同条件下的可用容量的比值。缩写为"DoD"。

解吸附作用：与吸附相反的过程。分子从固体表面分离。参见：**吸附**。

电介质：一种电的非导体（绝缘体）物质（固体、液体或气体）。电介质中的电场使自身内部没有电流，而是施加的场使物质中的电子发生位移，从而在物质表面产生电荷。这种现象被用于制造电容器以存储电荷。参见：**电容器**；**介电常数**。

介电常数：在电场作用下电介质中场强降低的定量表示。真空中的介电常数是一定的，称为"相对介电常数"。

扩散：流体（气体或液体）中的分子、颗粒或离子从浓度较高的区域向浓度较低的区域自发、随机的运动，直到浓度达到均匀。这两个区域之间的浓度差称为"浓度梯度"。

扩散系数：物质通量与其浓度梯度之间的比例系数。

扩散极限电流：反应物可以通过电极表面的准静电附着层从本体电解质（或气相）扩散出来的最大倍率的单位面积电流，其不受对流或搅拌的影响。在多孔气体扩散电极内部不存在对流。然后电解质溶液通过固定的弯液面（其可以随高电流密度下的产物含水量的增加而改变）发生扩散，或者通过固体电解质中离子导体的电催化剂黏合剂薄层发生扩散。

二极管：一种固态电子器件，只允许电流向一个方向流动。

直流电：尽管电流幅度可能较大，但电流只在一个方向上流动。电化学电池产生的电为直流形式。参见：**交流电**。

放电曲线：电池放电时的电流-时间曲线。

放电倍率：电池放电的电流倍率。该电流通常以电池的额定容量 C 表示。注意，由铅酸电池提供的电量大小取决于放电倍率。因此放电倍率应表示为 C_x/t，其中，x 是小时速率，t 是特定的放电时间，通常以小时为单位。参见：**C 倍率**。

解离：在化学和生物化学中，通常以可逆的方式将离子化合物（配合物、分子或盐）分离或分裂成较小的分子、离子或自由基。可逆解离过程的平衡常数称为"解离常数"。

双电层电容：在电极-电解质溶液界面建立双电层所需的电荷。参见：**双电层**。

传动系统：推进系统（包括发动机、变速器、驱动轴和差速器）的组成部分，其从动力源传递机械能以驱动汽车。

干荷电：形容在极板化成以后排出电解质溶液的二次电池。在投入使用之前，电池使用电解质溶液激活，有时也短时间充电。

工作周期：电池在充电和放电倍率和时长方面的运行控制，以及处于待机状态的时间控制。

动态充电接受能力：电池在部分荷电状态（PSoC）范围内微循环操作期间吸收高倍率充电脉冲的能力，其中汽车应用的典型充电脉冲的特征在于制动能量回收（在适中温度下）或城市交通拥堵时发生的（在冬季条件下）两次启停之间的充电。缩写为 DCA，它为 PSoC 微循环序列的一个或所有再生制动脉冲上的平均充电电流（或电荷积分）量化表示，并且可以归一化为电池的标称容量，即 A/Ah。参见：**充电接受能力（静态）；部分荷电状态循环**。

双电层：一个电极和临近电解质溶液之间界面处的离子环境（电荷积累）

的模型。一般而言,该结构由紧邻电极表面的紧密带电层和电解质溶液中电荷扩散区域组成,简称为"双层"。

电动汽车:由电化学电源(如电池或燃料电池)独立供能的汽车,也可以由超级电容器提供电力。

电催化剂:一种加速电化学(电极)反应速率,但自身不发生永久性改变的物质。

电化学电容器:一种吸附在高表面积材料上,以离子(而不是电子)形式存储电荷的电容器。离子在充放电的过程中发生氧化还原反应。该装置也称为"电化学双电层电容器"或"超级电容器"。参见:**电解质电容器;氧化还原电对**。

电化学电池:在正极和负极之间通过离子导电的电解质介质传递电流(电子逆流)、将化学能转化为电能的装置。在电池放电(或燃料电池使用)过程中,负极(阳极)处发生氧化反应,向外电路释放电子;正极(阴极)发生还原反应,从外电路接受电子。注意,在二次电池充电(或电解池工作)过程中,现在是阴极的负极发生还原反应,现在是阳极的正极发生氧化反应。二次电池中的正极和负极材料在充放电期间保持相同的极性。过去也称为"电偶电池"或"伏打电池"。参见:**电解质;电解池;负极;正极**。

电化学阻抗谱:用于检测发生在电极表面的过程的技术。将一个宽频、小振幅的交流(正弦)激励信号(电流或电压)应用于所研究的系统,并记录其反应(电流、电压或其他感兴趣的信号)。通过这个小振幅的激励信号,可以获得数据并且不会扰乱系统的正常运行。通过在宽频率范围上进行测量,通常可以分离和评估如电子转移、质量传输和电化学反应等复杂序列的耦合过程。该技术通常应用于研究电极动力学和反应机理,以及用于表征电池、燃料电池和腐蚀现象。缩写为"EIS"。参见:**阻抗**。

电极:充当电化学反应中的电子来源或储槽的电子导体。

电极电位:与氢电极的标准电位(设定为 0 V)有关的由正极或负极单独产生的电压。国际纯化学和应用化学联合会将电极电位定义为电池电压,其中左边的电极为标准氢电极,右边的电极为所求电压的电极。参见:**标准氢电极**。

电解:电流通过离子物质(电解质,溶解于溶剂中或处于熔融态)导致电极表面发生反应或物质分离的过程。注意,目前正在研究用于从水中产生氢气的高温电解(也称为蒸气电解),其采用的是氧化钇稳定氧化锆的固体电解质。参见:**电解池;电解器**。

　　电解质：一种在溶解态或熔融态时离子化以产生导电介质的化合物，还有由于离子通过空隙或空晶体位置而在其晶体晶格结构中移动的固体材料。例如主要用于固体氧化物燃料电池的氧化钇稳定氧化锆。需要注意的是，在涉及溶解的物质时，将"电解质溶液"称为"电解质"从根本上来说是不正确的，但是以前的术语已经成为使用惯例。

　　电解电容器：一种与其他类型电容器相似的存储装置，但其导电相只有一个是金属板，另一个导电相是电解质溶液。电介质是在金属表面（通常是铝或钽）上非常薄的（被动）氧化物膜，后者构成电容器的一个导电相。浸没于溶液的另一个金属电极仅仅用于与溶液构成电连接。由于电介质非常薄（约 10^{-6} cm 数量级），因此通常电解电容器的电容比传统电容器的大得多。参见：**电介质**；**电化学电容器**。

　　电解池：由正极、负极以及电解质溶液构成的电化学电池，外部产生的电流流经该电解质溶液来发生电化学反应从而产生化学物质。注意，在充电过程中，二次电池基本上充当了一个电解池。参见：**正极**；**负极**；**电解质**。

　　电解器：一个被设计用来实现电解过程的电化学设备。

　　电动势：一个用于形容在电路中由电池或发电机产生电压的传统而不严格的术语。或者更准确地说，是由电源提供的在电路中驱动单位电荷的能量（以伏特表示）。应该指出的是，"势"这个术语是不恰当的。尽管如此，虽然它是不正确的，但这个术语因为十分地深入人心而仍在使用。缩写为"emf"。

　　电子：带负电荷的基本粒子。其电荷为 1.602×10^{-19} C，质量为 9.109×10^{-31} kg。

　　电负性：用于描述倾向于获取电子并形成负离子的元素的术语。卤素（氟、氯、溴、碘、砹）是典型的电负性元素。

　　电子显微镜：一种使用电子束而不是光束（如在光学显微镜中）来形成极小物体的放大图像的显微镜形式。参见：**扫描电子显微镜**；**透射电子显微镜**。

　　电渗：液体通过电位差驱动穿过毛细管或多孔固体的运动。

　　电正性：用于描述倾向于失去电子并形成正离子的元素的术语。碱金属（锂、钠、钾、铷、铯、钫）是典型的电正性金属。

　　静电电容器：用于存储电力或电能的电子设备。其由三个部分组成：两个电导体（通常是金属板），以及将其分隔和绝缘的第三部分——电介质。这些板分别带有等量的正电荷和负电荷。与电池中的"化学"存储相比，这是一种"物理"储电。也称为"平行板电容器"。参见：**电介质**。

　　电价键：结合失去或获得电子而形成离子的原子间的化学键。为电解质的性质提供了解释。参见:**离子键**。

  终止寿命:电池不能达到所要求的性能标准的阶段。

  吸热反应:从环境中吸收能量(热量)的化学反应。参见:**焓;放热反应**。

  终止电压:低于所连接工作设备的工作电压或不推荐在低于此电压下运行的电池电压。

  结束电压:与截止电压相同。

  能量:做功或产生热量的能力(单位为焦耳)。

  能量密度:电化学电池单位体积存储的可用电能,单位通常用 Wh/L 或 Wh/dm^3(大型存储设备使用 MJ/m^3 或 kWh/m^3)。参见:**理论能量密度**。

  能量效率:设备输出能量与输入能量的比值,通常以百分数表示。

  焓:一个热力学量(H),等于系统在一定压力下的总能量。当系统在恒定压力下反应时,反应的能量增加或损失可表示为焓的变化,以 ΔH 表示。当所有能量变化都表现为热量(Q)时,焓的变化等于恒定压力下的反应热,即 $\Delta H = Q$。ΔH 和 Q 的值在放热反应中(热量从系统中放出)是负的,对于吸热反应(系统吸收的热量)是正的。

  熵:一个热力学量,表示系统中不可用于做有用功的能量。当系统发生可逆变化时,熵变(ΔS)等于由系统损失或传递的热量除以该条件下的温度(T)。即 $\Delta S = Q/T$。在恒定压力下,热量(Q)的数值等于焓变(ΔH)。

  均衡充电:一种使电池组中电量不足的单电池恢复到满电状态而不损害已充满电的电池的充电模式。简称为"均衡"或"修复"。

  平衡电位:参见:**可逆电位**。

  平衡电压:参见:**可逆电压**。

  低共熔混合物:由两种或两种以上物质组成的、并且在这些物质中的所有可能混合比例中具有最低凝固点的固熔混合物。一组成分的最低凝固点称为"低共熔点",低熔点合金通常是低共熔混合物。

  交换电流密度:当电极反应达到平衡时,在正、反方向上均匀流动的单位面积电流。

  放热反应:向环境中释放能量(热量)的化学反应。参见:**吸热反应**。

  膨胀剂:一种添加到铅酸电池负极铅膏,并在充放电过程中维持极板孔隙率的化合物。

  失效模式:导致电池不能到达要求的性能标准的过程。没有公认的评级或定义来评估电池何时达到使用寿命。

  法拉第电流:流经电化学电池引起电极表面化学反应(电荷转移)发生或

被化学反应引起的电流。与电容电流相反。

法拉第反应:发生在电极表面的不均匀电荷转移反应。

快速充电:通常以高于或等于 C 倍率快速充电的充电过程。参见:C 倍率。

浮充电:在较长时间内使用恒压充电以维持电池处于满充电状态。当浮动电压施加到电池上时,被称为"浮充电流"的电流流入电池,并且恰好消除了电池自身的内部自放电电流。浮动电压是延长电池寿命的理想维持电压。参见:**自放电**。

富液式铅酸电池:用于表示具有游离(非固定)电解质溶液的铅酸电池。

式电位:类似于标准电极电势,除了氧化和还原物质以外都以单位浓度而不是单位活度表示。它不像标准电极电势一样容易定义,但是在活度未知的情况下是非常有用的。参见:**标准电极电势。**

外形因素:由电池内部多种连接方式所形成的电池配置的几何形状。

燃料电池:直接将燃料(通常是氢气)和氧化剂(通常为空气/氧气)的化学能直接转化为低压直流电流、同时释放反应产物(通常为水蒸气)和热量的电化学装置。燃料电池不同于大多数类型的电池,因为其活性物质(如氢气和氧气)不包含在电池内,而是由外部供应以与其消耗同步。

燃料电池电动车:由燃料电池系统为其电动机提供动力驱动的电动汽车。混合动力燃料电池电动车还可以从辅助电池或超级电容器获得驱动发动机的动力以满足超出燃料电池能力的功率需求。

原电池:一个过去的电化学电池术语,其中存储的化学能按需要被转换成电能。参见:**电化学电池**。

汽油:与汽油(英)相同。

气体复合:对于阀控式铅酸电池,这个术语是指充电时产生的氧气和负极板上的活性物质"再化合"生成水的反应。该反应使该极板部分放电并抑制析氢(注意氢重组循环在动力学上是不可能的)。由于负极同时带电,放电产物(硫酸铅)立刻被电化学还原为铅,并重新恢复电化学平衡。因此,传统的铅酸电池经历的水维护("补足")过程不再是必要的,并且该单元可以作为密封单元来运行。有关详细信息参见:**阀控式铅酸电池**。还可以使用某些类型的可充电碱性电池进行氧复合。例如,在正常的运行条件下,密封的镍-镉电池没有气体排出,因为电池有一个高空隙体积的薄而透氧的隔膜和一个带有薄的电解质的过度活化的镉负极。正极镍极板被设计为先过充电,再产生氧气,然后促进输运和负极复合。由于相对于正极而言是过度活化并且不断被氧气氧化,所以镉电极通常不会达到可以产生氢气的电位。密封的铅酸电池和二次碱性电池有安全排气口,在压力集聚的情况下会释放气体,但是通常倾向于在高内部压力的情况下运行,排气量很少。气体复合也称为"内部氧气循环"或"氧气复合"。

产气:在一个或两个电极极性下的气体产物的析出;通常由局部自放电或充电期间电解质溶液中水的电解产生。参见:自放电。

产气电流:水相电解质溶液中电解生成氢气和氧气的充电电流部分;这个电流随着电压和温度的升高而升高。

胶体(凝胶)电池:电解质通过形成凝胶而被固定的电池。对于碱性电池,凝胶介质通常由碱性水溶液和胶凝剂(如淀粉、纤维素和有机合成的有机聚合物)组成。对于铅酸电池,硫酸电解质溶液通过加入细分的、高表面积的二氧化硅粉末("气相二氧化硅")而被固定。

吉布斯自由能:在恒定压力和恒定温度条件下的可逆过程中释放或吸收的能量,换言之,是在恒定压力下驱动化学反应所需的最小的热力学功(如果是负值的话,反应可以完成的最大的功)。因此,吉布斯自由能是可以用来确定反应是否自发的热力学量。在一个化学反应中,自由能 ΔG 的变化由 $\Delta G = \Delta H - T\Delta S$ 给出,其中,ΔH 是焓变,ΔS 是熵变。这就是所谓的"吉布斯自由能"。参见:焓;熵。

全球变暖:所观测和预测到的地球大气和海洋平均温度的增加。这种变暖被看作是导致全球气候变化的原因。参见:气候变化;温室效应;温室气体。

晶界:固体中具有不同晶体取向的两个区域间的界面。

重量效率:储能装置存储的燃料质量与其本身的质量之比。

重量能量密度:与比能量相同。

重量功率密度:与比功率相同。

温室效应:温室气体吸收热量,使得太阳辐射能够通过地球大气,同时也阻止部分红外辐射从地表和低层大气中逃逸到外太空。这个过程使得地球的大气温度保持在 33 ℃左右。这个过程是自然发生的,但是也可以被人类的某些活动(如化石燃料的燃烧)增强。参见:气候变化;全球变暖;温室气体。

温室气体:大气中任何自然或由人类活动产生的气体都能吸收和反射地球表面、大气层和云层所发出的红外辐射光谱内特定波长的辐射。温室气体包括水蒸气、二氧化碳、甲烷、一氧化二氮、卤代碳氟化合物、臭氧、全氟碳和氢氟碳化合物。参见:气候变化;地球变暖;温室效应。

半电池反应:在单个电极板上发生的电化学反应。

硬铅:含有高含量杂质或合金元素(特别是锑)的铅锭或铅合金。参见:**软铅**。

硬硫酸盐:泛指电极上很难被转换为(充电)活性材料的大颗粒硫酸铅晶体。也称为"不可逆硫酸盐化"。

液面上空间:二次电池极板组上方的自由体积;可用于容纳富液式设计中的过量电解质溶液。

换热器:无需混合即可将热量从一种流体转移到另一种流体的装置。当温差较大时,换热器的运行效率最高。

高倍率部分荷电运行:在特定的荷电状态范围(例如 30%~70%)内以高电流对电池进行放电和充电,缩写为"HRPSoC"。参见:**部分荷电循环**。

小时速率:参见:**放电倍率**。

混合动力汽车:其推动力中的一部分由内燃机产生,一部分由电动机产生的汽车,或者使用内燃机给发电机提供动力来给电池充电,反过来以此驱动一个或更多的电动机。参见:**并联式混合动力汽车;插电式混合动力汽车;系列混合动力汽车**。

氢能经济:能源系统的概念,主要基于氢能作为能量载体和燃料,尤其是用于运输型车辆和分布式电源。参见:**分布式能源**。

亲水的:对水有亲和力。

疏水的:对水缺少亲和力。

理想气体定律:1 mol 理想气体在 273.15 K 和 101.325 kPa 的条件下体积为 22.4143 dm^3。

阻抗:类比为应用于交流电的电阻。这是一个电路对电流阻碍能力的指标。在很多情况下,由于导电液体或固体的性质,阻抗随所施加电位频率的变化而变化。在电化学中,电机的阻抗也与频率有关。

电感:线圈等元件在电路中以磁场形式存储能量的能力。当每秒 1 A 的电流变化引起 1 V 电压时,会产生 1 H 的电感。

感抗:施加稳态正弦电压激励时,电感中电流受到的阻抗或阻力。其值由 ωL 欧姆表示,其中 $\omega = 2\pi f$,f 是以赫兹(Hz)表示的正弦电压的角频率,L 是以亨利(H)表示的电感,相关相角使电流落后电压 90°。参见:**阻抗;电抗**。

互连:在固体氧化物燃料电池中,互连件是金属或陶瓷材料,其通常位于单独的单体电池之间以允许电池串联连接,并且允许燃料和空气分别通过负极(阳极)和正极(阴极)。

内阻:由电化学或光电化学电池内各种电子和离子产生的阻碍电流流动

的电阻。

内部氧循环：参见：气体复合；阀控式铅酸电池。

内部短路：与短路相同。

转换器：一个把低压直流电转换为高压交流电的电子设备。

离子：失去或者获得一个或多个轨道电子而导致带电的原子。

离子交换膜：由离子交换树脂形成的塑料薄膜。这种膜的用途是基于其只能优先渗透正离子(阳离子交换膜)或负离子(阴离子交换膜)。

离子键：参见电价键。

离子液体：基本上只含有离子的液体。在广义上，该术语包含了所有离子盐。然而现在"离子液体"一词通常用于熔点低于 100 ℃ 的盐类。具体而言，在室温下为液体的盐称为"室温离子液体"或"RTILS"。

离子化：任何原子、分子或离子获得或失去电子的过程。

IR 降：由电流流过内阻而引起的电池电压下降。也称为"欧姆损失"。术语"欧姆过电位"和"电阻过电位"也被使用。这种做法并不合适，因为 IR 降不是电极现象，所以不能表示为过电位。

同位素：具有相同原子序数但质量数不同的核素。同一元素的不同同位素具有相同的化学性质，但物理性质略有不同。

焦耳热：热量仅来自导体中的电流，也称为"I^2R 热"，其中，I 代表电流的大小(以安培为单位)，R 是导体的电阻(以欧姆为单位)，但要注意释放的热量 I^2Rt 单位为焦耳，其中 t 是时间，单位为秒。

科琴炭黑：一种由具有所谓"假石墨"结构组成的导电炭黑的形式。微晶聚集在一起形成初级颗粒，这些初级颗粒通过范德华力的作用黏附在一起形成团聚物从而生成结构。参见：范德华力。

拔钥匙负载：电池在车辆熄火时的放电。其来自静态负载和预定的负载，如灯、收音机、辅助加热器等。因为这些多余的负载会缩短电池寿命，因此也称为"寄生消耗"。

潜热：在恒定压力和温度下，物质改变其状态时(从固体到液体或相反)吸收或释放的热量。**比潜热**是指每单位质量物质在其状态改变过程中吸收或释放的热量。

生命周期评价：评估"产品的整个生命周期的方法"。也就是说涉及的所有阶段，如原材料采购、制造、分销和零售、利用、再利用和维护、回收和废物管理，以减少环境有害的物质。这个过程由三部分组成：库存分析(选择项目进行评估和定量分析)、影响分析(评估对生态系统的影响)和改进分析(评估减少环境负荷的措施)。同义词有"从摇篮到坟墓的分析""尘埃能源成本""生态平衡"和"从油井到车轮的分析"。

极限电流:以通过电极的电流表示电化学反应的最大倍率,其受电子转移以外的过程限制(注意电极反应涉及一系列物理和化学过程,包括反应物向电极表面的扩散、电子转移和产物从电极表面的扩散,给定电极电位下的电流由这些过程中的每一个的发生速率决定)。

线性扫描伏安法:参见:**伏安法**。

免维护的:描述在正常使用的寿命期间不需要添加水的电池。

质量传输(传质):将电极过程中消耗或形成的物质转移到电极表面或从电极表面转移。质量运输机制可能包括扩散、对流和电迁移。

质量传输过电位:与**浓度差过电位**相同。

最大功率放电电流:电池端子的放电电压等于可逆值的一半时并且最大功率被转移到外部负载的放电倍率。

膜:一层在两相之间作为选择性屏障的材料,当暴露在驱动力作用下时,特定的粒子、分子和物质不能渗透通过。一些组分可以通过膜进入渗透物流,而其他组分则被保留并积聚在渗余物流中。在燃料电池中,膜起到电解质的作用(离子交换),以及隔离正极(阴极)和负极(阳极)电极室中的气体。参见:**离子交换膜**。

记忆效应:表示当少于完全放电深度的连续循环施加到可充电电池上,并暂时无法在正常电压水平下使用其余容量的现象;常见于镍镉电池,在镍氢电池中也有发现。请注意,即使在每个循环中放电的水平不同,镍镉电池也能诱发记忆效应。记忆效应是可逆的。

介孔材料:表示孔径为 $2\sim50$ nm 的材料。

混合电位:在一个电极表面发生两个电极反应时的电极电位。混合电位的值在两个电极反应的平衡电位之间;这是一个稳态现象。

(质量)摩尔浓度:以单位质量溶剂溶解的溶质的摩尔数表示的溶液浓度。通常以 mol/kg 表示。

摩尔的:用来表示一种物质单位数量,通常是每摩尔的广泛的物理性质的术语(一个与体系的大小成比例的广泛的变量,例如体积、质量、能量)。

(体积)摩尔浓度:溶液浓度表示为每单位体积溶剂中溶解物质的摩尔数,表示为 mol/dm^3。

摩尔:包含与 0.012 kg ^{12}C 中一样数量原子个数(6.02×10^{23})的物质量(克数)。基本单位可以是原子、分子、离子、电子等。

摩尔分数:在混合组分体系中,给定体积中单一组分的摩尔数与体积中所有组分的总摩尔数之比。

模组:与电池模组相同。

单体:一种简单分子可以连接在一起(聚合)形成巨大的聚合物分子的化合物。

单极:传统的电池结构理论,部件单电池是分立的并且彼此外部连接的。

铭牌容量:与额定容量相同。

负极:电化学电池中具有较低电位的电极。

能斯特方程:表明在电化学电池中产生的电压是由反应物质的活性、反应温度和整个反应的标准自由能变化决定的热力学方程式。参见:**吉布斯自由能**。

标称容量:与额定容量相同。

额定电压:由平衡条件计算得出的电池电压。实际上,这个参数不容易测量,但对于非理想效应较低的电池系统,开路电压与标称电池电压很接近。因此通常根据制造商给出的电压来设计或定义电池或电化学系统。参见:**开路电压**。

不可再生能源:过去很长一段时间内创造和积累的能源,例如化石燃料,它们的产生速度比消耗速度小很多数量级,因此在目前的消耗速度下会在有限时间内耗尽。参见:**可再生能源**。

奈奎斯特图:从电化学阻抗谱所获数据的图解说明,其为表征电化学系统的试验方法。该技术测量系统在一定频率范围内的阻抗,从而揭示界面过程和结构的电化学响应。参见:**阻抗**;**电化学阻抗谱**。

欧姆损失:与 IR 降相同,也称为电阻损耗。

石油:参见:**原油**。

开路电压:当没有净电流时电源(如电池、燃料电池或光伏电池)的电压。

机会充电:在当天不使用电池的便利时间对电池尤其是牵引电池进行部分充电。

原始设备制造商:此术语有两个容易混淆的含义。最初的原始设备制造商是向其他经销公司供应设备的公司,或是在其他商品中使用相应经销商的品牌名字。许多公司,包括设备供应商和设备经销商仍然使用这个含义。最近,该术语指购买产品或者组件并在应用或组合后合并成具有自己品牌名称的新产品的公司。缩写为 OEM。

奥斯特瓦尔德熟化:一种晶体生长过程。当大、小晶体同时与溶剂接触时,大晶体以牺牲小晶体为代价生成。较小的晶体凭借较高的体积比表面积而具有较高的能量,这在能量上是不利的。其通过自发的过程实现热力学稳定性,即通过溶解-沉淀机制降低整体能量。较小的晶体溶解并释放与其较高能量相关的热量,从而使较大的晶体上发生重结晶。

过充电:向电池提供的电量超过了所有活性材料回到完全充电状态的所需电量。

过放电:电池放电超出正常使用的指定水平。

过电位:由电流引起的电极电位相对其平衡电位的偏移量。

过电压:电池电压(有电流流动)和开路电压的差值。过电压表示电池在所需的倍率进行反应需要的额外能量(以热量形式出现的能量损失)。因此,电化学电池(例如放电期间的可充电电池)的电压总是小于开路电压,而电解电池(例如充电期间的可充电电池)的电压总是大于开路电压。过电压是电池的两个电极的过电位和电池的欧姆损耗之和。不过,过电压和过电位有时也可以互换使用。此外,过电压也称为电池的极化,以及过电位作为电极的极化。正如词典中许多不同定义所证明的,这是一个不明确的具有误导性的术语。参见:**开路电压**。

氧复合:参见:**气体重组;阀控式铅酸电池**。

并联:类似电池或单电池端子互相连接形成的更大容量但具有相同电压的系统的连接方式。

并联式混合动力汽车:一种混合动力汽车,其中替代动力源能够产生动力并与动力传输系统机械连接。参见:**动力总成;串联式混合动力电动车**。

附加负载:电池的自然自放电;即使用户对电池没有电力需求,也存在恒定的电负荷。同时,电力对于运行燃料电池系统的电厂辅助设施也是必不可少的。参见:**电厂辅助设施;自放电**。

部分荷电状态循环:为了提高充电可接受性,这种充放电方案中可充电电池的循环既不达到完全荷电状态也不达到完全放电状态。简称"PSoC"。

钝化:固体表面阻碍电极上电化学反应层的形成,即为所谓的固体被钝化了。钝化膜常常是氧化物(也有例外)。表面氧化可由化学或电化学(阳极)氧化产生。在电化学钝化过程中,电流不随电位的增高而增加,反而减至极小值。

铅膏:一种浓稠的多组分混合物,被涂在板栅上并转化为电极活性物质。

峰值功率:在特定条件下从电池中获得的持续脉冲功率;通常用30 s内的功率(瓦特)表示。

调峰:电网中用以满足日常需求曲线中的短峰的电力存储容量。也可用于电表用户侧的蓄电。

渗透性：气体或液体通过多孔材料的扩散速率。对薄的材料,表示为单位面积的速率;对厚的材料,表示为单位厚度和单位面积的速率。

汽油(英)：英国用于表示从石油提炼中得到的轻烃液体燃料的术语,用于大多数火花点火内燃机。表示这种燃料的其他术语还有"汽油(简)""汽油"和"车用汽油"等。参见:**原油;石油**。

石油：原油、天然气、液化天然气和其他相关产品(烃和非烃化合物)的统称。它通常存在于地球表面下的沉积物中,并被认为其源于地层中过去动植物的遗骸。参见:**原油**。

普克特方程：表示铅酸电池的可用容量和放电电流之间的关系。$C=I^n t$,其中,C(安时)为电池的理论容量,I(A)为电流,t(小时)为时间,n是普克特数(无量纲)。该方程描述了电流越大,电池中可用的能量就越少的现象。

普克特数：一个表征铅酸电池在大电流下的性能指标的数值。当电池在大电流下放电时,其值越接近 1 表明电池性能越好;其值越大,电池可用容量越小。普克特数一般为 1.1～1.3,随老化时间变化而变化,并且通常电池的老化增加,其值增大。

pH：溶液酸度或碱度的一种量度,也称酸碱度。pH 值范围为 0～14(在室温下在水溶液中)。pH 值为 7 表示中性溶液;pH 值小于 7 表示酸性溶液,酸度随 pH 值的降低而增加;pH 值大于 7 表示碱性溶液,碱性或碱度随 pH 值的增加而增加。

光伏：指吸收太阳辐射并将其直接转化为电能的装置。

光伏电池：将光能转换为低压直流电的半导体元件。

物理吸附：气体在固体表面的吸附,即通过微弱的分子间吸引力(范德华力)而不是通过化学键来吸附气体。参见:**吸附;化学吸附**。

平整：当用于铅酸电池生产时,使铸造板栅表面整形生成厚度均匀的板栅过程。这个过程是由高度抛光的硬模或为平整设计的锤子的一系列快速击打或由平整机轧制实现的。

电极板：电池电极的一个常用术语。

电极板组：在单电池内一组并联的电极。简称为"组"。参见:**并联连接**。

插电式混合动力车：一种带有电池的混合动力电动车,它可通过将插头连接到电源来对电池充电。它同时搭载电动机和内燃机,因此,它既有传统混合动力车的特点,又有电池电动车的特点。参见:**电动车;混合动力车**。

极性：表示正电极和负电极。

极化：一个错误的具有误导性的术语，常用于过电位和过电压。参见：**过电压**。

极化曲线：电流-电压曲线的别称。

多态：化学物质以两个或两个以上的物理形态或晶型存在。

孔隙率：多孔物质的(可进入)孔隙体积与总体积的比率，通常用百分数表示。总孔隙率、气孔形状、大小和粒度分布等孔隙特性是燃料电池和影响电池性能的燃料电池电极的关键特性。

正电极：电化学电池中具有较高电位的电极。

极柱：同端子。

电位分析法：电分析化学领域中在没有电流的条件下测量电位的方法。测量的电位可以用来确定感兴趣的分析量，通常是分析物溶液中某些成分的浓度。定量测定中有很多这种基本原理的变体。参见：**分析物**。

恒电位仪：控制三电极电池和运行大多数的电分析化学实验所需的电子硬件。该系统通过调整辅助电极上的电流，使工作电极的电位保持在相对参比电极恒定的水平上。参见：**参比电极；工作电极**。

功率密度：单位体积电池的功率输出，通常表示为 W/L 或 W/dm^3，通常在 80% 的放电深度时得到。

功率因数：总有效功率(以瓦或千瓦表示)和总视在功率(电流有效值和电压有效值的乘积，单位为 VA 或 kVA)。

功率因数角：交流电系统中电流领先或滞后电压的角度(注意在直流电路中，电流和电压是同相的，角度是零度)。

电能质量：表示电网电压和频率的短期稳定性的术语。电力需求的突然变化可能会导致这两种性质的突然变化，即使是很小也不希望出现。

动力总成：车辆的推进系统，包括所有的传动部件及逆变器和/或控制器，但没有电池或燃料电池系统。参见：**传动系统**。

原电池(一次电池)：一种在制造过程中存储一定的电量，在电量被放完后不能再充电的电池(单电池)。

原生铅：铅冶炼厂生产的铅产品，通常使用方铅矿作为主要的原料。被认为是低杂质铅的来源。

方形电池：正极板和负极板堆叠而不是卷成圆筒状的电池。

赝电容：以在大面积电极材料(如二氧化钌)或在导电聚合物上的电吸附和表面氧化还原反应过程为电荷存储基础的类似电容器的行为。与依赖电位的静电荷积累无关，如在双电层电容器中一样，电荷通过法拉第化学过程间接存储,但其电气性能和电容是一样的。参见:**电化学电容器;电解电容器;双电层**。

拉贡图:电池的比能量与其比功率的函数关系图(通常是对数)。参见:**比能量;比功率**。

额定容量:由特定制造商规定的电池容量。全新但完全化成的电池在规定的条件下放电的最小期望容量。

额定功率:由特定制造商指定的电池的功率。

电抗:电阻抗的虚部,对正弦交流电阻碍的量度。电抗产生了电路中的电感和电容。参见:**容抗;阻抗;感抗**。

充电电池:参见:**二次电池**(或单电池)。

整流器:把交流电转换成直流电的电子设备。

氧化还原电对:参与电化学电池中电极上得失电子过程的一对化学物质。氧化还原电对包含还原性物质和氧化性物质。氧化还原电对包含一类能够为电极提供电子的还原性物质,从而产生化学氧化形式的氧化还原电对。一类可以接受电极的电子的氧化性物质,以接受电子形成化学还原形式的氧化还原电对。涉及这种电子转移的化学反应称为"氧化还原反应",而该物质类型称为"氧化还原试剂"。

参比电极:一种可恢复的、具有确定电位的电极,相对于此可用来测量其他电极的电位。

再生制动:将车辆制动过程中消耗的部分能量回收并存储到电池或其他储能装置中。减慢车辆速度的过程包括将动能引入马达,使其起到发电机的作用,从而使车轮产生旋转阻力。大多数混合动力汽车都采用再生制动。

相对密度:一种物质的密度(单位体积质量)与水的密度之比。在现代科学用法中,这个术语比"比重"更常用。

相对湿度:在相同温度下,空气中的实际湿度与饱和湿度之比。

可再生能源:一种能量的形式(如地热、水力、阳光、潮汐能、波能、风和有机物质)。它们流经地球生物圈,可供人类无限使用,但前提是它们流动的物理基础不会被破坏。参见:**不可再生能源**。

存储容量:在恒定的 25 A 放电倍率和特定温度(如 25 ℃)下电池可以维持有效电压(超过 1.75 V/单电池)的分钟数。

电阻过电位:有时用作"IR 降"的替代词。这种做法是不可接受的;电阻引起的电压降不是一个电极现象,因此不能被表示为一个过电位。电阻压降的可选择替代词是"电阻损耗"和"欧姆损耗"。参见:**IR 降**。

可逆电位：当没有净电流流过单电池时电极的电位。

可逆电压：构成电池的两个电极间的可逆电位的差值。参见：**可逆电位**。

纹波电流：整流器或类似的功率调节设备产生的脉动直流电的不良的交流电（纹波）成分。纹波电流产生的热量在充电过程中可能损坏电池。

粗糙度：真实（或实际）表面积与电极几何面积之比。

能量转换效率：同能源效率。

饱和甘汞电极：基于元素汞和一价汞（Hg_2Cl_2，"甘汞"）之间的反应参比电极。与汞和氯化汞接触的液相是氯化钾的饱和溶液。电极通常是通过一个多孔熔块（盐桥）连接到另一个电极所浸入的溶液。平衡电极电位是电解质溶液中氯离子浓度的函数。在 25 ℃，饱和甘汞电极相对标准氢电极的电位是 +241.2 mV。

扫描电子显微镜：能产生三维图像的电子显微镜，可放大 10～200000 倍。其发射一细束电子，被电磁铁聚焦在试样上，并移动、扫描、穿透，从样品中反射出的次级辐射由探测器收集，产生一个电信号，然后在电子屏幕上产生亮度点。屏幕上的点快速移动，与扫描电子束结合，形成样本的图像。缩写为"SEM"。参见：**电子显微镜**；**透射电子显微镜**。

二次电池（或单电池）：能够反复充放电的电池（或单电池）。也称为可充电电池（或电池）。

再生铅：铅废料（如废旧汽车电池和片状铅废料）回收利用产生的铅。通常称为回收铅，这种材料被提炼为与原生铅具有相似指标的铅。

自放电：由于内部化学反应和/或内部短路导致的在开路条件下电池容量的损失。自放电倍率取决于电池类型、环境温度、杂质、副反应（电池反应之外的反应）和电池组件中不希望存在的漏电流路径。自放电降低了电池的寿命，使电池电量在实际使用时比预期要少。参见：**短路**；**短路电流**。

半导体：一种固态晶体材料，具有介于金属和绝缘体之间的电阻率。半导体的导电性可以通过添加少量的外加元素来控制。其电导率不仅受带负电荷电子的影响，还受带正电空穴的影响，而且对温度、照明和磁场也很敏感。参见：**空穴**。

半透膜：能选择性透过离子的多孔膜。

隔膜/板：一种绝缘但离子能够渗透过去的材料，用于防止极性不同的电极接触。

串联：单电池或电池不同端子的组合，形成电压较大但容量相同的电池。

串联式混合动力汽车：一种混合动力汽车，在电池放电到一个既定的值之前,其像纯电动汽车那样在电池动力下运行,此时替代能源装置启动以给电池充电。参见:**并联式混合动力汽车**。

使用寿命:电池持续满足特定的设备达到其性能标准所要求的能量需求的持续时间;以年或性能下降到不可接受时的循环充放电次数来衡量。参见:**日历寿命;循环寿命**。

浅放电:只使用电池额定容量(或有效容量)的一小部分放电,通常为20%~30%。参见:**深放电**。

脱落:电池电极中活性物质的损失。

保质期:电池在生产后,在规定温度下仍能达到规定的性能标准的存储时长。例如,一般当连接到负载时,要求电池提供90%的初始能量。

短路:正、负电极在电池内部或外部的直接连接。

短路电流:通过无负载或电阻的外部电路的自由流动电流;可能的最大电流。

烧结:一种用粉末制造物体的方法。通过加热材料(低于其熔点:固态烧结)直到其颗粒互相附着。烧结用于制造固体氧化物燃料电池的膜。

软铅:杂质含量低的铅块或铅产品。就铅块而言,它是一种锑含量低于0.5 wt% 的产品。参见:**硬铅**。

太阳能电池阵列:太阳能(光伏)电池组件(也称太阳能板)电气连接在一起的集合。也称为"光伏阵列"。参见:**太阳能电池组件**。

溶液 IR 降:在工作和参比电极之间的三电极电池电解液中的 IR 降。这种 IR 降(表示为电位)总是包含在工作电极的测量电位中。因此,重要的是要尽量减少这个误差,并将参考电极尽可能地靠近工作电极。

比容量:每单位质量电化学电池的容量输出,通常表示为 Ah/kg。

比能量:单位质量电化学电池可用的存储能量,表示为 MJ/kg、Wh/kg 或 kWh/kg。参见:**理论比能量**。

比重:参见:**相对密度**。

比热:单位质量的物质温度升高一度所需要的热量,表示为 J/(kg·K)。

比潜热:参见:**潜热**。

比功率:每单位质量电化学电池的输出功率,通常表示为 W/kg。

比表面积:材料的总表面面积除以材料的质量,通常表示为 m²/g。参见:**BET 比表面积**。

螺旋卷绕:一种通过将电极和隔膜绕成螺旋卷状而形成的高表面积电极结构。

海绵铅:在铅酸电池负极上用作活性物质的多孔金属铅。

标准电池电压:电化学电池正负电极间标准电位的代数差。参见:**标准电极电位**。

标准电极电位:电极中所有活性物质在标准状态下的可逆电位。该标准状态由国际纯化学和应用化学联合会(IUPAC)规定,气体绝对压力为100 kPa(原101.325 kPa),单位活性元素、固体和1 mol/L溶液温度在298.15 K下。参见:**可逆电位**。

标准氢电极:一种标准的参比电极,通常由涂有铂黑的铂电极组成,并浸入通氢气的氢离子溶液中(通常是硫酸)。当所有物质的活度是1时,在所有温度下,它的电位被称为零伏特。因为不能测量单个电极的电位,只有两个电极电位的差是可测量的,因此需要一个零点。所有电极电位都表示在这个"氢刻度"上。在实践中,通常使用单位浓度(而不是单位活度)氢离子、单位压力(而不是单位氢气逸度)。另有其他经常使用的参比电极(例如,甘汞电极或银/氯化银电极),但其测量电极电位可以转换为氢电极电位。参见:**活度;饱和甘汞电极**。

启动照明点火电池:同汽车电池。

贫液电池:参见:**阀控式铅酸电池**。

荷电状态:电池的最大容量(或电容)中可继续放电部分所占的分数,通常以百分比表示,即荷电状态=[100-(放电深度%)]%。缩写为"SoC"。

健康状态:电池的健康状态与其理想状况的比,是衡量其状况的任意指标。业界对如何确定健康状态没有达成共识。任何下列参数(单独或组合)可用于推导任意值:内阻/阻抗/电导、容量、电压、自放电、接受电荷的能力、充/放电周期数。简称为"SoH"。

固定型电池:为固定或不可移动场所的储能而设计的电池。应用范围包括备用/应急电源、警报系统、负载均衡设施、可再生能源存储(风能、太阳能、波浪能)。

存储容量:同容量。

存储寿命:同保质期。

电池串:一系列串联的电池或电池。

超级电容器:参见:**电化学电容器**。

过饱和溶液:在给定温度下含有多于平衡溶液(饱和溶液)溶质的溶液。通过缓慢冷却饱和溶液可以得到过饱和溶液。这样的溶液处于亚稳定状态;如果增加一个小的晶种,多余的溶质从溶液中结晶。这种效应通常称为"过饱和"。

可持续能源技术(可持续):一套能无限期地满足人类需求而不产生不可逆转的环境影响的能源技术(注意:文献中有各种各样的定义,但它们都传达了同样的意思)。

对称电化学电容器:每个电极具有相同活性物质和相同电荷存储容量的电化学电容器。因此,在操作过程中每个电极的放电深度大致相同。参见:**不对称电化学电容器;电化学电容器**。

塔菲尔方程:电极的电流和过电位之间的关系。电极电位与电流密度对数的关系称为"塔菲尔图",产生的直线是"塔菲尔线"。斜率给出关于电化学反应机理的信息;当前轴的截距(横坐标)提供了反应的速率常数(和交换电流密度)的信息。参见:**巴特勒－福尔默方程;交换电流密度**。

渐减电池充电器:一种简单、经济的电池充电器,其在电池的低荷电状态提供适度的高充电电流,当电池电压升高和接近完全充电状态时逐渐降低(渐减)电流以较低倍率充电。

端子:电池的外部电连接。也称为"端接线柱"或"接线柱"。

理论容量:假设活性物质被100%利用时电化学电池的电荷输出量。

理论能量密度:指当活性物质100%使用时,仅相对于活性物质体积的电化学电池的能量输出量,表示为 Wh/L 或 Wh/dm^3。

理论比能量:指当活性物质100%使用时,仅相对于活性物质质量的电化学电池的能量输出量,表示为 Wh/kg。

热管理:使电池或燃料电池的温度保持在其工作温度范围内的方法。

热失控:一种不受控制的内部放热升温、破坏电池的状态;通常是温度升高时电流增加引起的(例如,恒压充电或短路放电)。

牵引电池:提供动力的电池。

变压器:一种升高电压和降低电流的电气装置(反之亦然)。变压器只能用于交流电。

迁移数:由特定离子负载的电解质相中流动的总电流的分数。亦称"转移数"。

涓流充电:一种连续长期、低倍率的充电,足以补偿自放电和偶尔的放电以维持电池处于完全充电状态。也称为"增压充电"。参见:**自放电**。

超级电容器:参见:**电化学电容器**。

不间断电源:用于在电网中不希望出现的损耗或跌落(或浪涌)情况下,使电子设备(如计算机)保持不间断电能供应的装置(如储能电池);用于关键应用,如网络服务器、电信系统,以及医疗、科学或军事设施。

阀控式铅酸电池：一种依靠只在特定条件下开启的压力阀（而不是简单排气帽）让气体逸出的密封设计的铅酸电池。该技术是基于内部氧循环，即在充电过程中，在正电极上产生的氧与负极活性物质发生反应，使其"再化合"为水。电解质溶液通过在玻璃毡隔板中吸附，或者与极细碎、高比表面积二氧化硅粉末（气相法硅胶）混合形成凝胶来固定。在以前的设计（有时被称为"贫液电池"）中，通过玻璃毡中的通道促进氧向负极板运输，后来因部分干燥和收缩而在电池寿命早期出现的凝胶裂缝来运输。参见：**吸收性玻璃毡**；**气体复合**；**胶体（凝胶）电池**。

排气阀：一种允许在充电过程中控制电池释放气体但防止电解液溢出的阀门。

黏度：流体对剪切力的阻力，因此流体可以流动。

电压：单电池的两个电极或电池的两个端子之间的电位差。

伏打电池：电化学电池的一个古老术语，它把存储的化学能按需要转换成电能。参见：**电化学电池**。

伏打效率：在放电过程中的平均电压与充电期间平均电压的比，通常用百分数表示。也称为"电压效率"。

伏安法：电化学分析的电化学测量技术。可用于确定电极反应的动力学和机理，以及用于腐蚀研究。"伏安法"是一系列具有共同特征的技术，即控制工作电极的电位（通常使用稳压器）并测量流经电极的电流。"线性扫描伏安法"涉及按时间线性扫描电势（线图被称为"伏安图"）。"循环伏安法"是在第一次扫描结束时以相反的方向继续扫描的线性扫描伏安法，该循环可以重复多次。在交流（AC）伏安法中，交流电压叠加在直流斜坡上。

体积能量密度：与能量密度相同。

体积功率密度：与功率密度相同。

瓦时效率：与能量效率相同。

工作电极：电化学系统中正在发生所关注反应的电极。可研究反应的动力学和机理，或用在工作电极上发生的反应来进行电解质溶液的电化学分析。根据所施加的极性，电极可以用作正极或负极。参见：**对电极**。

X 射线粉末衍射分析：一种分析技术，其中已知波长的 X 射线穿过待识别的样品以识别晶体结构。X 射线被晶体的晶格衍射，以不同的角度和不同的强度产生独特的"反射"峰的图案。通过衍射波位置和强度的测量，可以计算晶体中原子的形状和大小。缩写为"XRD"。